湖北省“十一五”重点图书规划项目
中国地质大学(武汉)“211 工程”专项资助教材
中国地质大学“十五”规划教材

应用地球化学

(修订版)

主　编　蒋敬业
副主编　程建萍　祁士华　向　武

中国地质大学出版社有限责任公司

图书在版编目(CIP)数据

应用地球化学(修订版)/蒋敬业主编;程建萍,祁士华,向武副主编.—武汉:中国地质大学出版社,2006.3 (2024.7重印)

ISBN 978-7-5625-3181-4

Ⅰ.应…
Ⅱ.①蒋…②程…③祁…④向…
Ⅲ.地球化学—高等学校—教材
Ⅳ.P59

中国版本图书馆CIP数据核字(2013)第165973号

应用地球化学(修订版)　　蒋敬业　主　编
程建萍　祁士华　向　武　副主编

责任编辑:王凤林　　责任校对:戴　莹

出版发行:中国地质大学出版社有限责任公司(武汉市洪山区鲁磨路388号)　　邮编:430074
电话:(027)67883511　　传真:(027)67883580　　E—mail:cbb@cug.edu.cn
经　销:全国新华书店　　http://www.cugp.cn

开本:787毫米×1092毫米　1/16　　字数:560千字　　印张:21.75
版次:2006年3月第1版　2013年7月第1次修订　　印次:2024年7月第7次印刷
印刷:湖北睿智印务有限公司　　印数:14501-16000

ISBN 978-7-5625-3181-4　　定价:32.00元

前　言

资源、环境、人口与可持续发展，是21世纪人类最为关心的几大问题。人类不仅需要包括矿产资源在内的丰富的物资资源，而且需要良好的生存环境。地球化学作为研究地球物质成分的学科在这方面大有用武之地，勘查地球化学在矿产资源勘查方面起着极其重要的作用，但还不能完全满足人类逐渐扩大的需求。近20年来，勘查地球化学家们在环境调查评价、农业土壤及生态地球化学、火山地震预测、地热调查评价、城市工程、环境工程地球化学以及其他方面的应用进行了大量有益的研究和探索，取得了丰硕的成果。为适应人类需求的增长和学科发展的需要，应将勘查地球化学拓宽到更广阔的应用领域，《应用地球化学》教材已是呼之欲出。

我们几位从事地球化学应用教学和科研的教员，经过近几年的酝酿、讨论和准备，参阅了勘查地球化学在其他方面的应用文献，在原阮天健、朱有光教授编著的《地球化学找矿》的基础上，将油气化探、环境监测评价、农业地球化学、火山地震预测、地热调查评价及地球化学工程学等方面的应用纳入《应用地球化学》教材中，并在课程体系上作了较大的改革。全书在结构上由两部分构成，将各方向应用的公共理论基础和地球化学调查的通用方法技术（如野外采样、样品处理、分析测试、数据处理与信息提取）编为上篇，称为通论——理论与方法；将各方面的应用分章讲述，称为各论——应用与实践。

本书前言、绪论、第一至七章、第十一章由蒋敬业编写，第八章由程建萍编写，第九章由祁士华编写，第十章由向武、任利民、蒋敬业编写，最后由蒋敬业统编定稿。

本书是在校、院各级领导的关心和支持及化探界同仁的关怀鼓励下得以完成的，特别是引用了阮天健和朱有光教授编著的《地球化学找矿》一书中的许多资料，在此对他们表示衷心的感谢。

本书编著过程中深感"地球化学找矿"经过几十年的应用实践，是一门很成熟的学科，其学科体系、方法技术、专门术语已成一格，严谨准确。相形之下，本次尝试编著《应用地球化学》，在无公开版本可供参考的情况下，在课程体系、内容安排、相关名词术语使用上难免有不妥之处，恳请读者提出批评指正和建设性意见，以使《应用地球化学》更加完善。

在本书出版过程中，中国地质大学出版社社长梁志同志及科技编辑室段连秀编辑、王凤林编辑均对本书提出了许多建设性的意见，在此一并表示感谢！

编　者

2006年3月

目　　录

下篇　各论——应用与实践

绪 论

一、应用地球化学的概念

人口、资源与环境是21世纪人类最为关注的三大课题，其中，资源与环境是与地球物质成分密切相关的。地球化学是研究地球物质成分的重要学科，它是从地球的化学成分出发去认识地球、解释地球形成及发展演化中的各种问题。

应用地球化学，顾名思义，是地球化学的实践应用，是地球化学的一个重要分支学科。它是将地球化学的基本理论和方法技术用于研究地球物质成分及其分布、分配给人类带来的利弊，即解决地球物质成分与人类的利害关系。具体地讲，地质作用中化学元素的迁移、演化，在何种条件、什么地方能够聚集成可供人类利用的矿产资源（金属、非金属和能源矿产）？如何科学地发现它、开采它，合理利用它？岩石圈表层中元素的富集、贫化与土壤的关系，以及各种成分差异的土壤对农作物（粮食、蔬菜、水果等）产量、质量有何影响？人类生活、生产、消费活动对地质环境改造及其对人类本身造成的影响如何（即人类经济活动的副作用）？这些都是应用地球化学所关心的、力图研究解决的问题。

由上所述，我们对应用地球化学可作如下的学科定义：它是一门运用地球化学基本理论和方法技术，解决人类生存的自然资源和环境质量等实际问题的学科。简而言之，是研究地球表层系统物质组成与人类生存关系，并能产生经济效益和社会效益的学科。

二、应用地球化学的形成过程

1. *矿产勘查地球化学的产生和发展*

矿产勘查地球化学是应用地球化学中形成最早、方法技术最成熟、最全面的分支。人类生存的三大基本要素是吃、穿、用，随着人类的发展进步，对物质的需求也不断扩大和提高，制造生产工具和武器需要金属，提高生活情趣需要饰品。因此早在古希腊和罗马时期就有用淘洗溪流沉积物的办法寻找金矿。R. W. Boyle推测，可能在公元8世纪以前，人们就已知道利用植物来找矿。1546年巴塞尔出版的一部《论金属》的著作中，就有水化学找矿的详细描述（A. A. 莱文森，1974）。我国2000多年前的《管子·地数篇》中记有“山上有赭者，其下有铁；上有铅者，其下有银；上有丹砂者，其下有钍金；上有磁石者，其下有铜金，此山之见荣者也”。由此可见，早在春秋战国时期，我们的祖先已摸索出某些矿物和元素的共生关系，已发现了矿产的垂直分带规律。在1500多年前的南北朝时期，“地镜图”中说“草茎赤秀，下有铅；草茎黄秀，下有铜”。这实际表明人类已有了生物地球化学找矿的经验了。

应用地球化学始于找矿、成长于找矿。真正的地球化学找矿应以利用分析技术，追踪元素的迁移分布来找矿。所以，真正的地球化学找矿文献当属1935年Б. И. 费罗列夫和М. Φ日宁发表的有关锡、铜矿床的锡量测量和铜量测量的文章。1936年，Н. И萨弗朗诺夫发表了矿床分散晕的论文。几乎与此同时，北欧国家也在20世纪30年代中期开展了地球化学找矿实践，如挪威的T. Fogt在硫化物矿床上的土壤、植物和水中进行了分散晕研究，芬兰的K. Rankama研究了镍矿床上植物中的镍含量。可以推测，地球化学找矿实践实际早于这些论文发表之前。

20 世纪 30～50 年代，地球化学找矿主要在前苏联得到了快速发展。这是因为十月革命在俄国取得胜利后，要改变在原资本主义社会相对落后的状况就需迅速恢复生产、发展工业，需要矿业原料，找矿工作受到国家高度重视。他们在 1930 年采用光谱分析技术进行土壤样品多元素分析，发展并逐渐使土壤地球化学方法成熟起来。从 1937 年起，C. Д. 米列尔、E. A. 谢尔盖耶夫、A. п. 索柯洛夫、B. A. 尤克耶夫、A. B. 柯罗列夫等人先后发表了多篇金属矿床的金属量测量(即土壤地球化学测量)的论文。1940 年，B. M. 克列特尔在《矿产普查和勘探》一书中，专章综述了铜、锡、金、钨、钼金属量测量和水化学测量。同年，A. E. 费尔斯曼出版了《地球化学和矿物学找矿》一书。至此，地球化学找矿从实践到理论形成，已走完第一段历程，成为比较成熟的找矿方法。当地球化学找矿从一个一个矿床的试点研究取得了较为满意的结果后，1948—1949 年，首次在哈萨克斯坦进行了中小比例尺的大面积的土壤地球化学测量(C. Д. 米列尔，1956)。1955 年，前苏联地质找矿部规定所有地质机构在任何比例尺的找矿工作中，都必须使用金属量测量(据 И. И. Гинзбург，金兹堡，1957 中译名)。

二次大战后，西方国家为恢复战争带来的损伤，急需矿业原料，找矿投资增加。1945、1947 年地球化学找矿先后在加拿大(F. N. Warren)和美国(H. E. Hawkes 等)开展了地球化学找矿研究(Govett，1986)。1950 年，英国帝国理工学院 J. S. Webb 教授考查了美、加两国的地球化学找矿工作后，回国组建了应用地球化学研究组，法国 1955 年才开始研究，很快在本土和非洲投入实际应用。西方国家和前苏联不同之处在于西方对使用半定量光谱分析不感兴趣，主要使用灵敏的比色分析，并促进了精确、快速的分析方法的完善和进步。西方国家在非洲投入的地球化学找矿工作(主要是英、法)，规模仅次于前苏联，1959 年全非地球化学采样量为 150 万件，其中 100 万件在中非。尤以在赞比亚和罗得西亚地区进行的土壤和水系沉积物测量成果证明是在露头稀少、风化强烈地区最有效的方法，为中非铜矿带的发现作出了重要贡献。

我国的地球化学找矿工作起步并不晚，建国伊始，百废待兴，1950 年东北地质调查局就开办了化探方法短训班。1951 年，谢学锦、徐邦梁等人在安庆月山进行了早期化探实验。1952 年地矿部成立不到三个月就在地矿司内设立了地球化学探矿室，开始了我国的化探创业历程。初期主要是学习、摸索、从援华的前苏联专家中学习化探技术。1954 年，开展了 1∶200 000 土壤金属量测量。1956 年，冶金部地球物理总队中成立了化探组，1957 年地质部成立物探研究所，其中设置了化探组。1960 年，原北京地质学院设立地球化学专业，开始系统培养化探方面的专门人才。至此，我国地球化学找矿走上正常发展的道路。但是“文革”十年，使我国化探工作几乎处于停滞状态。“四人帮”倒台后迎来了科学的春天，一大批高素质的勘查地球化学家以高昂的激情投身于地球化学勘查事业中，技术革新层出不穷，出现了一批全新的微量元素定量分析方法，微金分析技术达到 10^{-9} 水平，数理统计、计算机技术的应用使我国的地球化学找矿达到全新的阶段。第二代 1∶200 000 区域化探扫面工作全面开展，使我国区域化探达到世界先进水平，并取得了辉煌的成绩。据中国地调局资料，至 1997 年已完成区域化探扫面 575 $\times 10^4 km^2$(占可调查面积 90%以上)，发现异常 5 万多个，初步筛选后检查了 1.36 万个，对其中约3 000个异常进行验证，发现工业矿床 788 个，其中大、中型 312 处，潜在价值达万亿元之多。而且，地球化学方法在金矿勘查上，已成为公认的不可替代的找矿方法，金矿勘查中的突破性进展与区域化探的开展密切相关。

地球化学找矿在实际工作中的广泛应用，促进了理论地球化学的发展，异常解释评价、异常形成机制、影响控制因素等都需要地球化学理论支持，以提高找矿效果。因此，成矿作用地球化学、元素地球化学、区域地球化学等地球化学的分支学科得到快速发展，并密切联系找矿应用。此外，分析化学、分析技术、计算机技术和多元统计分析技术也因地球化学找矿的需要而得到快速发展。显然，地球化学找矿是应用地球化学前期的主要应用方向，是应国民经济建设和人类的实际需求而诞生发展的。

2. *应用地球化学从矿产勘查到多方位应用*

20 世纪 80 年代，矿产勘查地球化学无论从应用规模、理论水平、各类刊物上发表的论文数目上，都达到了空前的程度。这一时期，整个世界的工业生产和科学技术也已达到新的高度。以美国为首的西方发达国家已进入后工业化时期，即进入电子电器、计算机信息时代。对矿产原料的需求呈下降趋势。同时，当人类为所取得的物质文明和技术进步而欢欣鼓舞的同时，人们惊异地发现，人类生存的环境却面临着日渐恶化的现实：矿山的开采、冶炼伴随着绿水变荒山，大批的固体废料、尾砂，有毒的粉尘和废水，大规模的工业生产伴随着废弃物、有害物质的急剧增长，大气、水、土壤被污染。千百万年来地球各圈层间物质交换的地球化学平衡被破坏，正常的地球化学循环的链条被截断，个别地区甚至遭受到严重的污染。人类违背自然规律的经济活动，必然受到大自然的惩罚（图 0－1），大量排放的 CO_2 造成温室效应，酸雨降落，臭氧层的破坏，有害化学物质的排放，生物种数正以惊人的速度减少。1952 年 12 月伦敦的烟雾，短短四天比平时多死亡 4 000 多人，日本出现的水俣病（Hg 中毒）、骨痛病（Cd 中毒）引起人们的极度恐慌。工业国清醒后，首先从民间兴起了“环境运动”，要求政府采取有效措施解决环境问题。

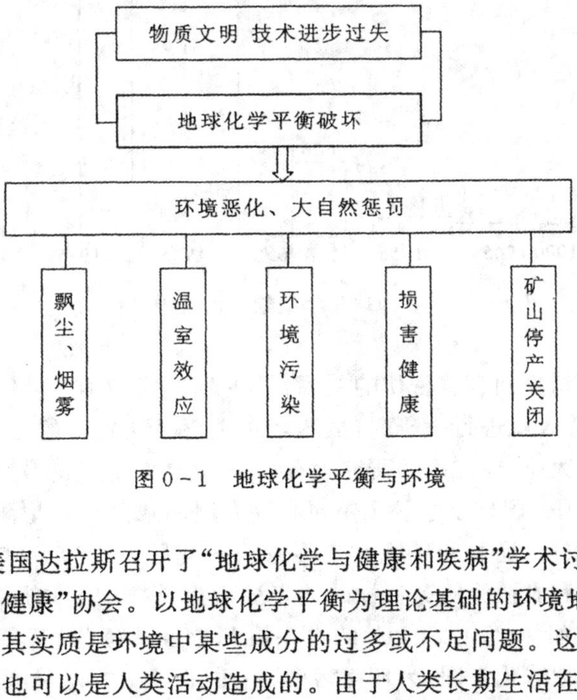

图 0－1　地球化学平衡与环境

1968 年 12 月在美国达拉斯召开了“地球化学与健康和疾病”学术讨论会，1972 年，美国成立了“环境地球化学与健康”协会。以地球化学平衡为理论基础的环境地球化学应运而生了。

大多数环境问题，其实质是环境中某些成分的过多或不足问题。这种过多或不足，可以是天然地质作用引起的，也可以是人类活动造成的。由于人类长期生活在地球系统中，与地球系统，特别是表层系统（即自然环境）处于平衡状态，对自然系统中物质成分的适应有一定范围，过高或过低都会引起健康受损。地球化学调查的实质就是对地球表层系统进行有组织、有目的地调查，对找矿来说，就是查明成矿元素及其伴生元素的高值区（偶尔也研究低值区），追踪矿源。而对环境地球化学来说，则是对所有元素都要从环境角度审视元素的过高或亏损造成的危害，特别是对有毒元素的监测更为迫切。因此，勘查地球化学的方法稍加改革，便可方便地在环境研究中派上用场。这也是地球化学应用首先"扩张"的领域，"捷足先登"成了环境研究中的生力军。一大批勘查地球化学家纷纷转而投身到21世纪人类最关注的课题中去大展宏图。1993年，国际勘查地球化学家协会主席丁·杰克斯指出，勘查地球化学领域的专家和地质领域专家一样，越来越多地参与解决环境保护的各种问题。为了更好地开发勘查地球化学方法在环境评价中的应用，国际勘查地球化学家协会成立了以戈朗兹曼为首的环境委员会，扩大与环境方面各种组织和机构的交流与交往，发展勘查地球化学方法在环境方面的作用。同时，国际勘查地球化学杂志宣布了新的办刊方针，除继续鼓励矿产勘查的新方法、新技术外，还特别鼓励环境调查、治理方面的理论与经验交流。

谢学锦院士根据C. G. Closs编辑的勘查地球化学文献目录所作的统计结果(图0-2)表明，1970—1985年间，是勘查地球化学全盛时期。之后，矿产勘查的论文数呈递减趋势。但这并不是说应用地球化学本身已无用武之地，而是表明它正从传统的矿产勘查向其他领域扩展，一部分力量在其他领域发挥作用。当然，勘查地球化学家不能简单地套搬矿产勘查的地球化学方法，必须对原有技术进行革新和改造，同时与医学、生物学、生态学、农学等学科密切结合，吸收其营养以弥补自身的缺陷，形成环境地球化学研究的新思路和新方法、新技术，推动环境科学向前发展。

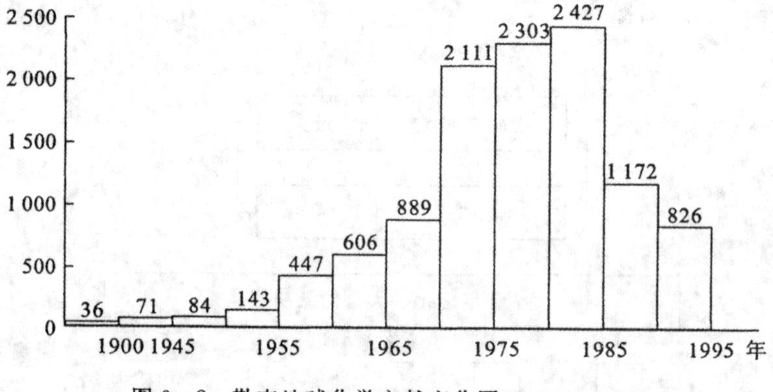

图0-2　勘查地球化学文献变化图(谢学锦，1996)

土壤中元素含量与植物间有着密切的关系，早在20世纪初期，兰卡玛·马柳加以及50年代维诺格拉多夫、华伦等人就进行了研究，虽然当时主要是从找矿的目的出发，但所获得的许多认识，对农业生产、畜牧业、地方病的研究大有启发，也为勘查地球化学在农业领域的应用打开了空间。60年代，英国帝国理工学院J. Webb等人利用水系沉积物测量编制的英国地球化学图，研究元素分布与农业、渔业和环境污染等方面的问题。1969年和1982年，美国分别在密苏里州进行了以环境和农业为服务目标的地表沉积物，耕作土、非耕作土的地球化学调查工作。1980年北欧诸国进行了$25\times10^4km^2$的水系沉积物及冰碛物、苔藓、重砂测量，出版了北苏诺斯坎迪亚地区区域地球化学图，为环境污染、地质、医学、农业、林业提供了一套基础资料。70年代起，前苏联地质研究所的化探人员与列宁格勒的土壤学家、土地规划工作者联合对原苏联西北部地区作了农业地球化学调查，编制了"1：600 000列宁格勒州农业化学图"、"1：600 000列宁格勒州土壤与成土岩石地球化学图"和"1：600 000列宁格勒州土被地球化学分区图"等系列图件。80年代以来，相继出版了《土壤地球化学与环境保护》(萨普雷金，

1984)、《农业化学与生物环境》(米涅耶夫,1984)。

近 20 年来,我国化探界人员利用 1∶200 000 区域化探资料在研究地方病、环保及农业方面,也进行了大量的探索。1988 年,原地矿部物化探研究所朱立新等人利用区域化探资料对河北青龙——山海关一带环境和农业进行了探讨,研究了水系沉积物中某些营养元素、有益元素与农作物的关系。1990—1993 年,朱立新等人在河北冀东 $2\times10^4 km^2$ 地区查明了营养元素 Zn、Mn、B、Mo、Co 元素的缺乏区,选择水稻、玉米、花生和苹果增施上述元素的微肥,平均单产增加 10%,取得了好的效益。他们在许昌地区针对烟叶质量下降,开展了土壤地球化学调查,发现低质低产烟田区缺乏 Fe、Mn、Cu、Zn、Mo、V、Ni、Co、Mg、B 等元素。

农业及土壤地球化学方面,为确定全国土壤元素背景值,"七五"期间进行的第二轮全国土壤调查取得了重要的基础资料,为农业地球化学研究提供了宝贵的资料。

农业地球化学调查是基础研究工作。农业的区域分区虽然是以气候为主要依据,但即使在同一区域、同一气候带内,农作物生长状况也不尽相同。一些名优产品在某些区域推广后,质量下降,很可能是由局部地球化学背景差异引起的。岩石是土壤之母,是土壤营养成分的供给者,不同岩石类型、不同区域岩石地球化学差异,造成了土壤微量元素含量的差异。因此,深入研究土壤中元素的组合、相关性、元素的存在形式、含量水平,是深化农业地球化学研究的重要途径。其次,一些地区土壤微量元素的贫化,可用微肥来补充。而微肥中,发展矿物岩石肥料,使之成为长效性、无毒性和低成本肥料,大有潜力。如超基性岩可提供 Fe、Mg、Cr、Ni、Co、V、Ti 等元素,海绿石提供 K、Mg、Al、B、Mn、Cu、Co 等。此外,利用自然矿物、岩石进行土壤改良,也大有作为。

应用地球化学除在环境、农业两方面进行了广泛的渗透并拓宽了应用,而且这两方面常常互有联系,可以在同一次调查研究中应用,提高资料的利用率,增加效益。此外,应用地球化学还在地热调查、地震预报、城市工程、考古等其他方面都有较成功的应用实例,大大拓宽了地球化学的应用领域,展示了它的广阔应用前景和强有力的生命力。

"十五"期间,国土资源部开展新一轮国土资源大调查,在厚覆盖区进行了多目标地球化学填图,将矿产资源评价、环境质量评价、农业土壤地球化学评价、地区资源评价等多种目标纳入统一综合的地球化学调查中,在江汉平原、成都平原、珠江三角洲进行试验研究,初步取得了好的效果。这显然是一次全方位的应用地球化学研究实践。

综上所述,应用地球化学的研究领域和方向可以用如下的框架来概述:

- 应用地球化学
  - 矿产资源勘查评价
    - 固体矿产(金属、非金属)勘查
    - 油气勘查
    - 地热田勘查
  - 环境质量调查评价
    - 环境地球化学:环境质量调查评价、环境防治与保护
  - 国土资源评价
    - 土壤地球化学与农业地球化学、国土规划、土壤改良与农业施肥
  - 水资源勘查与评价
    - 淡水资源(储量、质量、分布)
    - 矿泉水品质与分布
  - 其他应用
    - 地震监测、城市工程、考古等

三、应用地球化学研究对象、研究内容及研究方法

1. 应用地球化学研究对象

人类生存所必需的大气、水、粮食、蔬菜、水果以及保障生存的其他物质资源(如矿产资源、能源)等,主要与大气圈、水圈、生物圈和岩石圈表层(包括地表疏松覆盖物)有关,我们可以将之统称为地球表层系统。

因此,应用地球化学的研究对象即可简单归结为地球表层系统的物质组成。它可以进一步理解为研究表层系统中元素及其化合物的空间分布、分配、迁移演化、集中分散、演化富集以及存在形态(价态)及其与人类的关系。

目前,人类经济活动所涉及的范围,金属矿产开采最深达到3 500m,贱金属矿产一般不足1 000m(我国则多小于500m),石油开采深度大一些,可达5 000~7 000m。这一深度,相对于岩石圈来说,仍只是表皮。生物圈范围也不大,地表植物、动物活动深度几十米而已,海洋中深度大一些,可达数千米。大气与人类最密切相关的只是地表面500m。这些数据表明,应用地球化学研究的地球表层系统,最重要是地球表层界面上下1 000m之内的物质组成及其变化。对于更深部地壳内岩石组成,以及更高空的大气组成的研究,则多是理论地球化学家们所关心的。

2. 研究内容

(1)矿产勘查地球化学方面,研究成矿元素及其伴生元素的空间分布规律与矿产的联系。具体地讲是研究元素在集中分散过程中于矿体周围各类介质中形成的地球化学异常与矿床的时间、空间的成因联系,研究各类介质中地球化学异常形成机制、影响因素、发现异常和解释评价异常的方法技术。

(2)环境地球化学方面,研究对人类生存与发展、对人类健康有影响的化学元素的分布分配及其存在形态。其中特别重视对人类生命活动有益的必需元素的丰缺程度和对人体健康有害的有毒元素的富集程度。

(3)农业土壤地球化学方面,研究对作物生长有益或必需元素在土壤中的丰缺程度以及有毒、有害元素在土壤中的富集程度,即这些元素在空间的分布、存在形态对农、林、渔、牧业的影响。

(4)研究一切化学元素及其化合物在地球表层系统中的分布分配、活动演化可能给人类生存带来直接或间接影响,例如地震活动中的元素活跃显示为地震预报提供信息,地热田产生的地球化学异常,利用地球化学障、生物地球化学障进行环境改造与治理,利用地球化学作用于土壤改良、土壤施肥等等。

3. 研究方法

应用地球化学的研究方法基本可分为两方面,其一是现场采样调查评价研究,其二是实验研究。

采样调查是对地球表层各类介质,根据研究目的、要求,进行系统的样品采集,然后进行物质成分的分析测试。样品采集必须要对研究区的地质背景、景观地球化学条件有一定了解,然后才能根据要求进行采样点位的设计,对有代表性的介质进行样品采集。为查明表层系统中元素分布分配、活动迁移的规律,参照对比法采样是一项重要的工作部署原则。无参照对比便无大小差别,对比研究是一切自然科学研究的基本原则。元素含量的高低、贫化与富集,正常与异常,都是相比较而言的。因此,布置样品一定要考虑参照系统。如研究点源污染的空间,除研究污染源附近土壤、大气和水中各种污染指标外,还要对远离污染源的正常环境中土壤、大气和水中各类污染指标的背景特征进行调查研究。又如研究农作物中有害元素的含量特

征，常常不仅仅研究植物中的有害元素含量，还应对植物生长的土壤、形成土壤的母岩的化学成分特征进行研究。而且，还应对不同成土母岩、土壤类型及其作物中该元素的含量进行系统对比研究，以查明有害元素的来源、影响的程度等问题。

应用地球化学研究中，现代分析测试技术的应用是必不可少的，对采回的各类介质的样品，由于样品介质种类多，各类介质物理化学性质不同，要分别采用不同的仪器和分析方法，才能获得可靠的第一手材料。正因为地球化学样品介质的复杂性（气体、土壤、岩石、水、植物、动物及器官等），对分析方法和分析仪器的要求也高，这很大程度上促进了现代分析技术的进步。几乎现代仪器分析中的所有仪器，都在地球化学样品分析中占有一席之地。目前，在地球化学样品的分析中，比较常用的有原子吸收光谱分析、原子荧光光谱分析、电感耦合等离子光谱分析、X荧光光谱分析、质谱分析、中子活化分析、气相色谱分析、离子色谱分析以及其他化学分析（包括电化学分析）等。地球化学样品分析不仅涉及无机元素，还包括大量气体及有机化合物。不仅要求有高的准确度、精确度和灵敏度，而且要求最好多元素同时分析，还要经济、快速适用。

实验研究是应用地球化学研究中常常采用的另一种研究方法。诚然，采样调查研究是最直接、最常用的基本方法。但是，这种方法只能研究表层系统中各种地球化学作用的结果，不能说明这种结果的机制或原因。尽管通过所获数据，结合地质背景和景观条件能作一定推断解释，但仍只能是一种推测或假设，常常不能从根本上解决问题。因此，开展模拟实验、条件试验研究是必要的。这种试验研究，常常是尽可能地模拟自然地球化学环境，改变各种条件参数，以研究元素的活动、迁移、存在形态、转化机制、影响条件，最终提高认识，可以提高找矿效率，提高对环境治理和国土规划的水平。

四、应用地球化学与其他学科的关系

首先，应用地球化学是地球化学的一个分支，而且是极重要的分支。相对于理论地球化学而言，应用地球化学以实际应用为目的，以产生经济效益为特征。它在地球化学学科体系中的位置如图 0－3 所示。

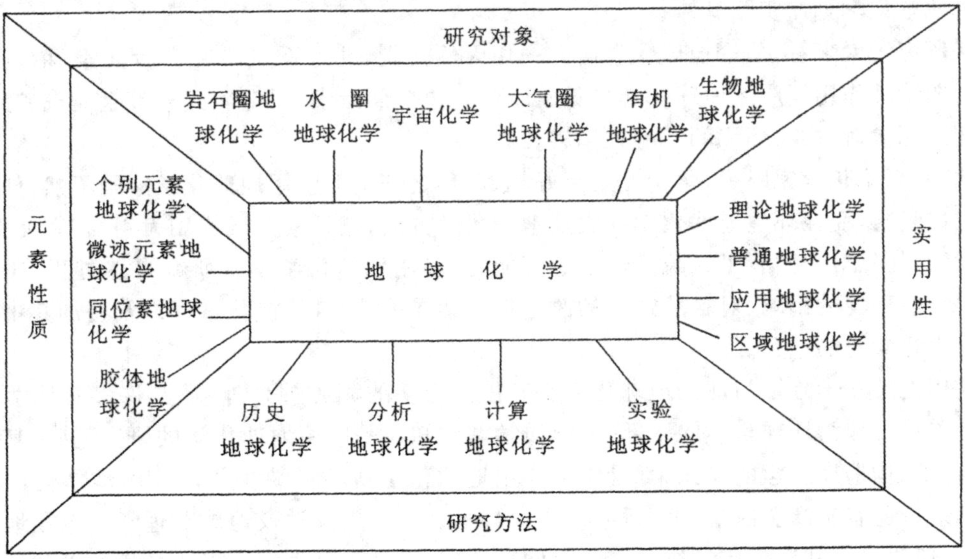

图 0－3　不同认识所作的地球化学分类（H. J. 勒斯勒，H. 朗格，1985，修改）

因此，应用地球化学具有地球化学学科的一切属性，都是研究地球中化学元素及其分布、分配、迁移活动、贫化富集。理论地球化学偏重于研究各类地质体中的化学组成、化学作用和化学演化；而应用地球化学的目标则是研究地球化学作用、化学演化的最终结果，以及这种结果与人类的利害关系（图 0-4）。

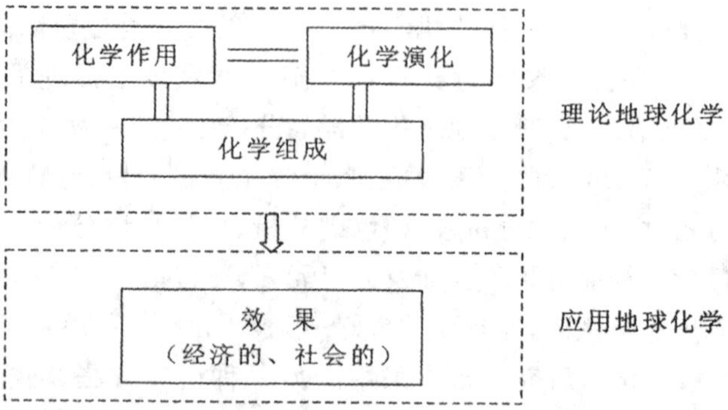

图 0-4　理论地球化学与应用地球化学关系

可见，理论地球化学偏重于追索化学作用、化学演化的过程，目的在于认识世界。而应用地球化学则更关心它的效果，关心化学元素的贫化富集、不足与过量的结果给人类带来的利与害、福与祸，目的在于服务人类。如果理论地球化学仅仅只停留在认识世界、解释世界上，而不服务于世界，这种理论是没有价值的，学科也没有生命力。只有理论与应用相结合，才能相互促进、生机勃勃，地球化学学科正是这样发展起来的。

其次，理论地球化学与应用地球化学研究的范围或系统不同。前者不仅研究地壳中的化学组成、化学作用与化学演化，而且整个地球，乃至宇宙的物质组成都是它的研究范围。而应用地球化学研究的只是与人类关系最密切的地球表层系统。一般是地表之下几百米到一千米，最深不过数千米（油气地球化学勘查）。可见，应用地球化学只是研究地球的表皮部分，较之理论地球化学更加实际具体。

从研究元素来看，理论地球化学研究一切天然元素，并且重点研究微量元素、稀土元素及同位素的示踪作用。应用地球化学更偏重于亲硫重金属元素、贵金属元素等金属成矿元素，以及重金属元素对农业、环境的影响和利害关系。

此外，理论化学家眼中，化学元素无好坏、恶善之分。但应用地球化学家则不然，他们更偏爱于成矿元素，而在环境地球化学和农业地球化学方面，把元素分成有用无用、有害无害、有益无益元素，显然对元素有了亲疏爱憎之感。而且，应用地球化学不仅研究自然过程，还把人类活动对自然环境的影响、对自然过程的改造也包括在内，即自然演化过程以及叠加其中的人类活动产生物参与的过程。

应用地球化学除了与理论地球化学有着极为密切的渊源关系外，还与许多其他学科有着密切的关系。作为地球科学的一部分，地质学基础知识是应用地球化学的研究基础，其中岩石学、矿物学、构造地质学的知识，都是学好应用地球化学所不可缺少的。应用地球化学涉及到的基础理论还有矿产资源学、生命科学、农业科学、医学、土壤学及地球物理学。应用地球化学研究中，还要涉及利用现代科技解决实际问题，其中最必不可少的是现代分析技术和计算技术（包括电子计算机技术、计算数学）。此外，水文学、自然地理、气象学等的有关知识，在应用地球化学中也会涉及到。我们将与应用地球化学有关的学科关系表示如图0-5,其中将关系很密切的用双线相连,较重要的用单线相连,有一定关系的用虚线相连。

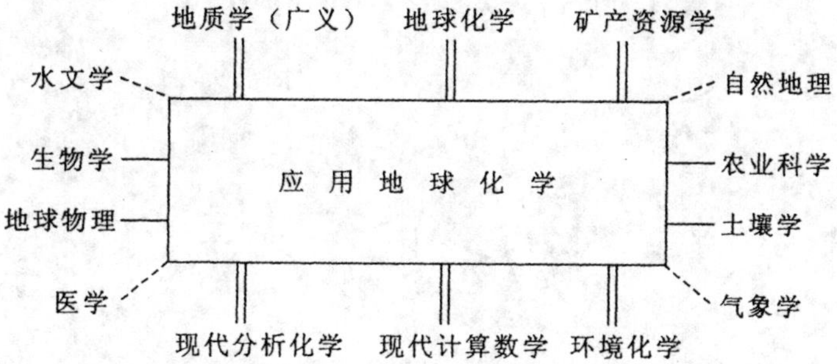

图0-5 应用地球化学与其他学科关系

应用地球化学是一门复杂性的学科,涉及知识面极广。要将地球化学知识用来造福人类,必然要有多学科的扎实功底。本课程将为地球化学专业的学生展示地球化学的应用方向,传授具体的方法技术,是通向工作实践的一座桥梁,为在实际工作中大展宏图插上腾飞的翅膀。

上　篇

通论——理论与方法

第一章　元素分布的基本规律

应用地球化学主要是通过调查地球表层系统中化学元素的分布特征来研究它对人类产生的直接或间接利害关系。因此，了解元素分布分配的基本规律是十分必要的。理解元素分布、分配有两重含义，其一是元素在地球各圈层的分布，特别是地壳表层各地质体间及各类岩石、矿物间的分布、分配，即了解空间上、宏观上的分布、分配。其二是元素在各地质作用过程中的分布、分配，即元素活动演化过程中的分布、分配。前者是后者的结果，是应用地球化学研究的主要内容。而后者是理论地球化学研究的主要内容，本教材中一般不涉及，感兴趣的读者，可参阅理论地球化学的有关章节。

第一节　地球化学旋回与元素分布

一、地球化学旋回

为了理解元素的分布，有必要引入元素的地球化学旋回的概念(图1-1)。

元素演化是以元素的赋存介质的变迁实现的。从图1-1中最下面开始，地幔物质分异出的岩浆及地壳物质重熔形成的岩浆上升，结晶形成岩浆岩，经构造运动隆升至地表或近地表，进入表生环境，遭受风化、剥蚀，搬运到湖、海盆地沉积成岩。沉积岩经沉降或俯冲到地壳深处，发生变质或部分重熔而形成新的岩浆，完成一个大旋回。在大旋回演化过程中，同时还存在不同级次的次级旋回。如沉积岩直接进入风化搬运，变质岩也可不遭受重熔而上升至地表遭受风化、剥蚀等。

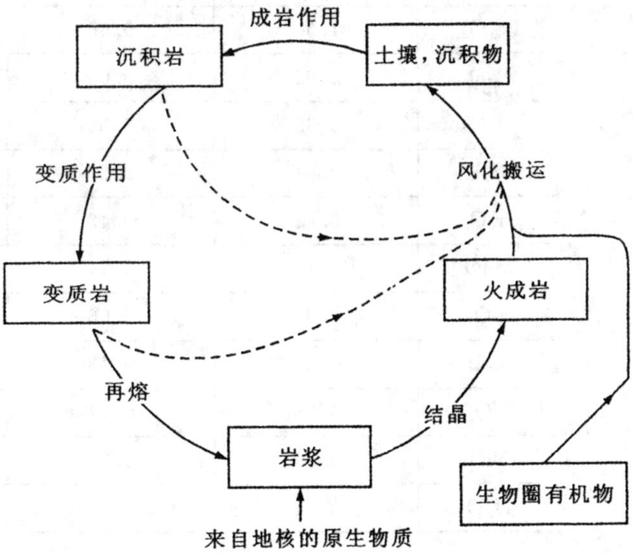

图1-1　地球化学旋回示意图(A. A. 莱文森，1974)

图1-1中外生环境与内生环境的分界一般说来相当于潜水面，之下为还原环境，之上为氧化环境。但在基岩断裂发育区，地下水下渗较深，也会对潜水面之下的岩石产生氧化作用。同时，我们还应当看到，地球化学旋回不是简单的机械重复，它始终伴随着物质形态的转变，化学成分的变化。可见，地球化学旋回的方式可以重复，但其物质成分的演化趋势是不可逆的，从而引起了化学元素的分异和演化，这种分异和演化是有规律的。

二、常量组分分布特征

地壳的物质成分与地幔，特别是上地幔最有成因联系，这是因为地壳物质起源点在地幔，地球化学旋回的最深点也在地幔。因此，研究元素的分布、分配的重点是地幔和地壳，特别是地壳。地壳岩石出露，便于采样研究，而地幔岩石极少出露地表，只能偶尔获得深源包裹体（主要是基性、超基性岩），并且深源包裹体在其形成和上侵过程中还遭受了一定的化学混染作用，成分已不能真正反映原始地幔的特征。研究地壳、地幔的物质组成，首先是通过直接样品分析获得，其次是与陨石物质对比和模拟上地幔的温度—压力条件对硅酸盐物质合成的实验研究获得。总的来说，地壳成分研究较为深入、准确，地幔成分研究尚在探索中，但由于它对研究地壳成分的起源及制约因素上的重要意义，正受到包括地球化学家在内的地质学家的高度重视，国际上地幔计划（UMP）代表了这方面的最新研究方向。

地壳是由地幔重熔分异演化而来，二者间既有联系又有差异，表 1 - 1 列出了地幔与地壳的主要氧化物成分特征。

表 1 - 1 地幔与地壳成分特征

成　分	地　幔（梅森，1966）	地　幔（林伍德，1975）	地　壳（罗诺夫，1969）	地　壳（黎彤，1965）
SiO_2	43.06	45.16	57.64	60.74
MgO	31.32	37.47	3.87	3.41
FeO	6.66	8.04	4.30	3.51
Fe_2O_3	1.66	0.46	2.43	2.80
CaO	2.65	3.08	7.01	5.61
Al_2O_3	3.99	3.54	15.45	15.35
Na_2O	0.61	0.57	2.87	3.30
Cr_2O_3	0.42	0.43		
MnO	0.13	0.14	0.15	0.13
P_2O_5	0.08	0.06	0.23	0.27
K_2O	0.22	0.13	2.32	2.36
TiO_2	0.58	0.71	0.88	0.86
NiO	0.39	0.20		
H_2O	0.21		1.33	1.22

由上表可见，虽然不同学者计算地幔、地壳的模型不同，但由于地幔发展演化形成了地壳，二者在成分上差异规律是一致的，即地壳中易熔的硅铝长英质成分（Si、Al、Ca）和 K、Na、水增加，而难熔组分 Mg、Fe、Ni、Co、Cr 比例减少。

岩石圈中十余种常量元素占总量的绝大部分，如地壳中 Si、O、Al、Fe、Na、K、Ca、Mg、Ti 九种元素占总量的 99%以上，它们是岩石圈成分的主体。由于这些元素含量高，它们遵循化学计量原则形成自然矿物，结果造成地幔中以铁镁暗色矿物为主、地壳中以长英质浅色矿物为主。上述规律反应了地幔与地壳在岩石矿物组成上的规律差异，这种差异正是地幔熔融、分异演化的结果。

三、微量元素的分布规律

微量元素的分布不同于常量元素，不受化学计量原则控制，其分布规律微观上受元素类质同象置换条件制约，以固熔体混合物形式分布于岩石中。宏观上，受元素分配系数制约以某种统计规律反应富集贫化趋势。微量元素在造岩矿物中多以类质同象混入物形式存在，服从概率分布规律，既有随机性，又有统计性。

还有少量微量元素的分布不是类质同象混入物形式，它们是超显微非结构混入物，是在矿物结晶生长时，混入晶格缺陷或机械包裹。如硅酸盐岩浆粘度大，一些成矿金属硫化物、氧化物不能聚集生长成大颗粒矿物，而以呈超细分散状化合物的形式分散在岩浆中，像黄铁矿、闪锌矿、方铅矿、辉钼矿和 Ti、V、Mn、U、Th 的氧化物，以及 Au、Ag、Pb、Bi、Hg 的原子态单元素自然矿物。

从地核到地壳的垂直方向上，分散在结晶矿物中的微量元素在地球化学旋回中产生了分异作用。如亲石大离子元素具有明显的从地核、下地幔向上地幔最终地壳逐步富集。谢尔巴科夫用元素的向心力和离心力描述这种向地球外圈贫化或富集的趋势。他将陨石成分(u)当作地球的平均成分，代表地球的原始浓度，玄武岩作为地幔平均成分，将玄武岩元素丰度(v)作为元素离心的基本参数；页岩是地壳中广泛分布的沉积岩，是地球表部各类岩石的平均成分代表(c)。从而根据 u、v、c 三个参数的比值特征将元素分为四组。

(1)向心元素　　$v/u<1$　$c/v<1$

Mg、Cr、Fe、Co、Ni、Cu、Rn、Rh、Pt、Os、Ir、Pd、Au

(2)最弱离心元素　　$v/u>1$　$c/v<1$

P、Na、Ca、Sc、Ti、V、Mn、Zn、C、N、Cl、Br、I

(3)弱离心元素　　$v/u<1$　$c/v>1$

Ga、Ge、As、Se、Sn、Te、Bi、Re、Mo

(4)离心元素　　$v/u>1$　$c/v>1$

Li、Rb、Cs、Sr、Ba、Y、REE、Zn、Hf、Nb、Ta、B、Al、In、Tl、Si、Pb、Sb、U、F、O

最强的离心元素当属在水圈、生物圈和大气圈中富集的元素，如 H、C、O、N 及惰性气体。岩浆结晶过程中，某些元素并不进入造岩矿物晶格，它们倾向于在富含水的流体相中富集。地球化学家用元素相容性来描述在结晶相或流体相富集的特征。不相容元素(incompatible elements)是指那些在结晶分异过程中倾向于残余流体相中聚集的元素。相容元素(compatible elements)则是指容易进入结晶相而在残余流体相中迅速降低的元素。地球化学家用分配系数(K_D)来定量刻划微迹元素在两相中的分配特征。

$$K_D = \frac{X_i^{\alpha}}{X_i^{\beta}}$$

K_D 为元素在两相间的分配系数，X_i^{α} 为在矿物晶体中浓度分数，X_i^{β} 为元素在熔体相中的浓度分数。

根据分配系数 K_D 的大小把微量元素分为弱不相容元素($K_D=0.1\sim1$)，如 Zr、Nb、Th、HREE；不相容元素($K_D<0.1$)，如 K、Rb、U、Th、Pb、LREE；把其中 $K_D<0.01$ 的称为强不相容元素，即 99%聚集于流体相中，如 Rb、Cs、K、U、Th、Ta、Nb、Ba、La、Ce 等。

不相容元素因其离子半径大，电荷高而不易进行类质同象置换，故又常称为亲石大离子元素，如 K、Pb、Sr、Ba、Na、Ta、W、LREE。

Hofman(1988)排出了亲石元素不相容性降低序列：Rb、Pb、U、Th、Ba、K、La、Ce、Nb、Pr、Sr、Nd、Zr、Na、Sm、Eu、Gd、Tb、Dy、Ho、Fr、Y、Tm、Ti、Ln、Cu、Sc、Co、Mg、Ni。

谢尔巴科夫的向心元素，主要是 $K_D>1$ 的相容元素，而离心元素则是不相容元素。谢尔巴科夫从宏观分布上研究了元素的分布趋势。分配系数则是定量刻画了元素在结晶分异过程中的分配特征。

地幔部分熔融形成岩浆，下地壳岩石在增温增压，特别是在含有一定水时可以重熔成岩浆。因此，岩浆分熔、结晶分异是元素地球化学旋回的原动力。每次重熔，不相容元素和相容元素都产生一次分离，从而使晚期的岩浆较早期的岩浆更富集不相容元素。我们以中国科学院贵阳地球化学研究所的华南地区花岗岩资料为依据，从早期花岗岩到喜马拉雅山期花岗岩的一些元素含量特征见表 1-2。

表 1-2　我国华南不同时期花岗岩中元素含量特征

成岩时期	雪峰-四堡期	加里东期	海西期	燕　山　期
研究岩体数	61	143	62	272
SiO_2(%)	69.30	70.53	71.23	72.76
K_2O	3.29	3.86	4.36	4.71
Nb	15	21	21	35
Ta	3	6	4	8
REE(总量)	208	209	152	256
WO_3	2.87	2.79		5.16
Li	67	58		96
Rb	190	214		358
Be	1.6	1.6		5.4
Cs	16	16	15	25
F	726	792		1 388
Sn	5	15	25	42
Cu	28	27	18	38
Pb	33	37	36	54
Cr	129	61	36	28
V	87	51	46	16
Co	10	4.6	6	1

由上表可以清楚看出，华南花岗岩的形成时代由老到新，岩石中 SiO_2、K_2O 的含量越来越高，相应的不相容元素 Nb、Ya、REE、W、Sn、Be、Li、Rb、Pb、F、Cu 等含量越来越高。巴尔特把岩浆岩演化的这种规律总结为极性演化，即酸性岩越来越酸性，基性岩越来越基性。这也为矿产评价与找矿提供了思路，即在时代最新的花岗岩类岩体中寻找不相容元素的矿床，如我国稀有金属元素总是与燕山期花岗岩有关，而相容元素的矿产如 Cr、Ni、Pt 等主要在最年轻的基性岩、超基性岩岩体中去找。

第二节 元素的共生组合

在地壳中某一特定条件下，一些元素倾向于密切伴生，共同产出，甚至在一系列地质条件极不相同的情况下始终保持共生特征。还有一些元素，在内生地质作用、岩浆作用、变质作用中通常共进退，相依相伴密切共生，但在表生风化和沉积旋回中却分道扬镳。因此，探索元素在内生和外生环境中的共生组合关系，对于应用地球化学具有十分重要的现实意义。

一、元素的亲合性

地壳是一个包含92种天然元素组成的自然体系。在其特定的温度、压力和酸碱环境中，这些元素互相组合，形成了特定的共生结合规律。

天然矿物一般按阴离子分类，地壳中常见的是含氧化合物、硫化物、卤化物及天然元素等。地球化学上把阳离子有选择地与阴离子结合的倾向性，称为元素的亲合性，并进一步按这种亲合性进行元素分类。华盛顿(1920)将与氧结合或与氟、氯结合的元素称为成岩元素，而与硫、硒、碲、砷、碘、溴结合的元素称为成矿元素。与之相似的是兰卡玛-萨哈玛划分的亲氧元素和亲硫元素。这显然是地质学中广为熟知的含氧化合物的造岩元素和以重金属硫化物为代表的金属硫化物元素（包括共价键结合的类硫化物矿物元素）。戈尔德施密特将冶炼炉中出现的四相（金属铁、硫化铁、硅酸盐矿渣和气体）与陨石中的铁陨石、陨硫铁和球粒陨石中的化学成分相比较，并结合地质作用中元素共生规律，提出了划分为亲铁、亲硫（亲铜）、亲氧（亲石）、亲气、亲生物元素的分类方案，并得到了广泛的认同。

亲铁元素：自然界倾向于以自然元素产出，价电子不易丢失，与氧、硫亲合力均弱，集中于铁-镍核中的元素，如Au、Ge、Sn、(Pb)、C、P、(As)、Mo、(W)、Re、Fe、Cr、Co、Ni、Ru、Rh、Pd、Os、Ir、Pt。

亲硫元素：与硫亲合力强，是因为这些元素的金属离子具有8～18过渡型结构，易于极化而与易极化的硫离子形成共价键，易熔于硫化铁熔体的元素，如Cu、Ag、Zn、Cd、Hg、In、Tl、(Ge)、(Sn)、(Pb)、As、Sb、Bi、Se、Te、Fe。

亲氧元素（又称亲石元素）：离子外层电子云为8个电子的隋性气体型稳定结构，与氧形成稳定的离子键化合物，易熔于硅酸盐熔体的元素，如Li、Na、K、Rb、Cs、Fr、Be、Mg、Ca、Sr、Ba、Ra、B、Al、Sc、Y、TR、C、Si、Ti、Zr、Hf、V、Nb、Ta、P、As、O、W、Mn、H、F、Cl、Br、I。

亲气元素：原子外层电子为8个电子型，原子容积最大，具有挥发性或易形成挥发性化合物，主要集中在气体中，如H、C、N、O、I、Hg、He、Ne、Ar、Rr、Xe、Rn。

亲生物元素：生物圈中富集于有机物中的元素，如H、C、N、O、P、S、Cl、(R)、(Ca)、(Fe)、(B)、(F)、(Si)、(Mn)、(Cu)、I。

将戈尔德施密特的元素分类置于周期表中（图1-2），发现元素的地球化学分类在周期表中呈规律分布，它可以和键的类型相联系。整体而言，离子键化合物为亲石元素，共价键化合物为亲硫元素，金属键化合物为亲铁元素。

戈尔德施密特的地球化学分类在矿产勘查中很有实际意义，亲硫元素和亲铁元素的结合特点与构成硅酸盐类的元素有很大区别。亲石元素多以类质同象分散于造岩矿物中，待这些硅酸盐矿物结晶后，亲硫元素常以硫化物脉出现，或自然元素在晚期不同环境以其独立矿物形

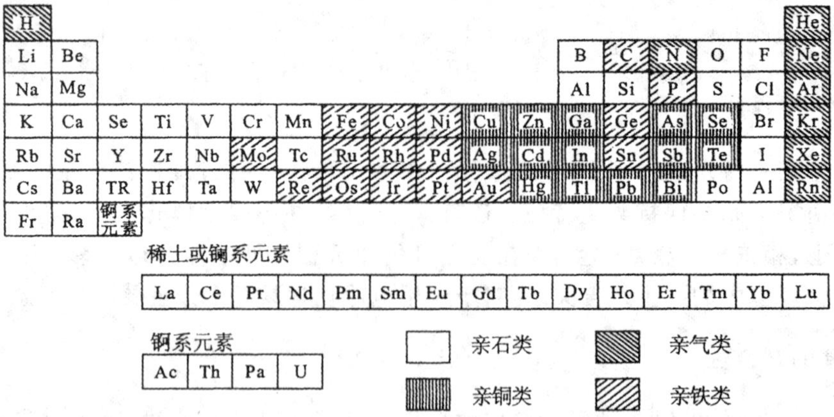

图 1-2　戈尔德施密特的元素地球化学分类

式出现。亲硫元素、亲铁元素与亲氧元素、亲气元素的差异造成了这些元素集聚成矿，尽管这些元素丰度低，但成矿能力却很强。另一方面，元素亲合性是我们在地球化学找矿中确定指示元素的依据。如选择亲硫元素作为硫化物矿床的指示元素，亲铁元素常是贵金属矿床和过渡金属矿床的指示元素。

莱文森(Levinsos，1974)根据大量文献资料，概括了常见硫化物矿物中的杂质元素及其含量特征，按含量高低，如方铅矿为 Ag、Sb、Bi、Cu、Fe、Mn、Ni、Tl、Sn、As 等，闪锌矿为 Fe、Cd、Se、Mn、Ag、Cu、Ga、In、Co、Ge、Sn、Hg、Ni、As、Tl、Sb、Bi，黄铜矿为 Se、Ag、Sn、In、Ni、Co、Mn，黄铁矿为 Se、Ni、Cu、Co、V、Pd、As、Ti、Mn、Ag、Sn、Zn、Tl、Bi、Sb，磁黄铁矿为 Cu、Se、Ni、Mn、Ag、Co，毒砂为 Mn、Co、Ni。

元素共生组合意义首先是为我们找矿确定指示元素，其次是为地球化学异常的解释评价，确定矿化类型提供了依据。另外，也为矿产开发副产品的利用提供了依据，如闪锌矿中的镉，方铅矿中的银，均是工业上主要利用的对象。比较遗憾的是缺乏金元素在硫化物中的分布数据，而金常是黄铁矿、毒砂、黄铜矿、闪锌矿中常见的元素，黄铁矿、毒砂还是主要的载金矿物。

二、成岩成矿作用的典型元素组合

岩浆作用中按鲍文反应系列的顺序结晶，各种矿物有规律地结晶沉淀，形成从超基性岩到酸性岩的各类岩浆岩，不仅主元素有规律地变化，微量元素也遵循类质同象的原则，规律地分散在造岩矿物中。沉积岩除继承原岩中元素分布特征外，还因表生沉积环境的变化，不同环境中形成的沉积岩，微量元素还有一套反映特定沉积环境的元素组合。表 1-3 列出了不同岩浆岩和沉积岩中的元素一般组合特征及常见矿石类型的元素组合特征。

各类岩石中的微量元素组合，主要反映了该岩石中主要造岩矿物的类质同象元素。如超基性岩主要由橄榄石和辉石组成，与铁、镁类质同象置换的钴、镍、铬、铜便是该类岩石的典型元素组合。而且，各类岩浆岩从超基性岩到酸性盐，还具有由相容元素组合变为不相容元素组合的特征。成矿主要元素为亲硫元素、亲铁元素，不易进入硅酸盐晶体而富集在残余流体或后期热液中。虽然同为亲硫元素，但成矿流体本身成分的差异性，不同矿床类型仅有一种或多种金属元素为主形成主要独立矿物，其他元素则以次要矿物或杂质元素出现，形成了上表中不同矿石类型的特有的元素组合，这为找矿确定指示元素提供了依据。

表 1-3　常见岩石、矿石类型中元素的组合特征

岩石类型	元素共生组合
1. 深成岩	
超基性岩	Cr-Co-Ni-Mg-Fe-Cu
基性岩	Fe-Mg-Ti-V-Sc
花岗岩	Ba-Li-W-Mo-Sn-Zr-Hf-U-Th
碱性岩	Ti-Nb-Ta-Zr-TR-F-P
碳酸盐	TR-Ti-Nb-Ta-F-P-U-Mo
伟晶岩	Li-Rb-Cs-Be-REE-Nb-Ta-U-Th-Zr-Hf-Sc
2. 沉积岩	
黑色页岩	U-Cu-Pb-Zn-Cd-Ag-Au-V-Mo-Ni-As-Bi-Sb
磷灰石	U-V-Mo-Ni-Ag-Pb-F-TR
蒸发岩	Li-Rb-Cs-Sr-Br-I-B
岩屑、砂岩	Au-Pt-Sn-Nb-Ta-Zr-Hf-Th-TR
大陆红壤	U-V-Se-As-Mo-Pb-Cu
火山来源红壤	Cu-Pb-Zn-Ag-V-Se
红土	Ni-Cr-V
铝土	Nb-Ti-Ga-Be
3. 内生-外生环境中	K-Rb　Ca-Sr　Al-Ga　Zr-Hf　Si-Ge　Nb-Ta
一般共生关系	TR　Pt-Ru-Rh-Pd-Os-Ir
4. 常见矿石类型	
一般硫化物矿石	Cu-Pb-Zn-Ag-Au-As-Hg-Sb-Se-Te-Mo-Co-Ni-U-V-Bi-Cd　S-Se　Zn-Cd　Rb-Tl
斑岩铜矿矿石	Cu-Mo-Au-Re-Te
低温矿石	Hg-Sb-As-Bi
多金属矿石	Pb-Zn-Ag-Cd-Ba
SK 岩型矿石	Zn-Pb-Cu-Ba-F-Sr
贵金属矿石 A(深成)	Au-Ag-Cu-Co-As
贵金属矿石 B(低温)	Au-Ag-Hg-As-Sb-Te
喷气成因矿石	Hg-Sb-As-Se

据 Levensos,1974,Hawkes and Webb,1962。

第三节　元素的空间分布

应用地球化学的核心是研究地球表层系统中化学元素含量的变化,以及这种变化可能给人类带来的利弊,说到底就是元素含量相对于正常分布的增溢或亏损给人类带来的好处和危害。因此,研究化学元素的空间分布,就成了应用地球化学研究的最基本、最重要的内容。

一、正常分布与异常分布

地球化学的正常分布,是某一空间中多数位置上元素含量所具有的相对波动不大的特征。

地球化学中的异常，最早使用于勘查地球化学中，是指矿化区段的地球化学特征（如某些元素含量的高低，元素含量分布的均匀性，元素赋存形式的差异）明显不同于周围无矿背景区的现象。地球化学异常包含了三个方面的含义：地球化学特征不同，具有一定的空间范围，元素含量或地球化学指标值偏离背景值。简言之，由异常现象、异常范围、异常值三层含义构成了完整的地球化学异常概念。由此可知，异常是相对于地球化学背景而存在，相对于背景的"正常"而言的。因此了解背景的正常分布，更有助于理解异常分布。

无矿化作用影响的地段，微量元素的分布主要受类质同象原则控制，它的分布带有随机性，遵循数理统计的概率分布理论。如果在这种"正常"的背景区随机采集 n 件样品，背景区元素含量总是在上限 C_1 和下限 C_2 之间变动（图 1－3），接近 C_1 或 C_2 含量值的样品是少数，大多数接近平均值 C_0。通常 C_1—C_2 称为背景（正常）含量区间（范围），把 C_1 称为背景上限，C_2 称为背景下限。大于 C_1 的称为正异常，小于 C_2 的称为负异常。背景区 n 件样品的平均值称为背景值。n 越大，接近平均值的样品越多，背景区（正常区）元素含量分布较为集中，变化不大而且均匀，遵守"大数定律"，这种分布称为正常分布，也叫正态分布，又称高斯分布。

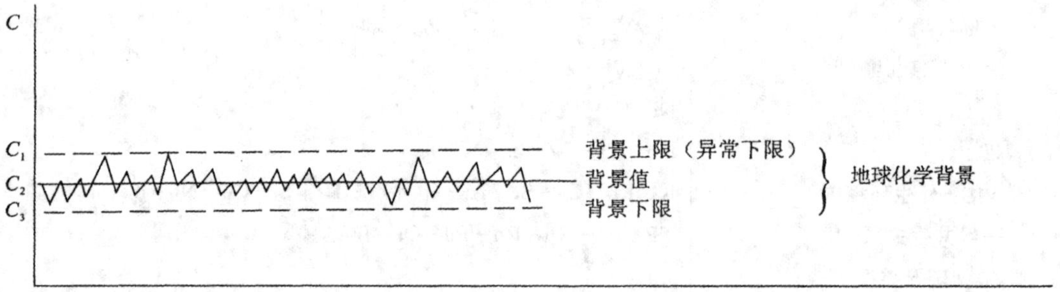

图 1－3　元素含量的背景分布图

异常区，微量元素分布与正常区不同，它不服从"大数定律"，偏离平均值的样品屡屡出现。异常区内高于正常上限 C_1 的样品数 n' 与总样品数 n 的比值 n'/n 称为异常率。异常率的大小，与成矿作用的强度和规模有关。就元素含量而言，正常与异常具有相对性，背景的范围、尺度不同，异常的规模与性质也就不同。如图 1－4 所示，如果将元素的全球地壳丰度值作背景，则地球化学省是最大的一级异常，在地球化学省上发育的成矿区带是区域地球化学异常，地球化学省则是区域异常的背景，区域异常又是局部异常（矿床异常）的背景。

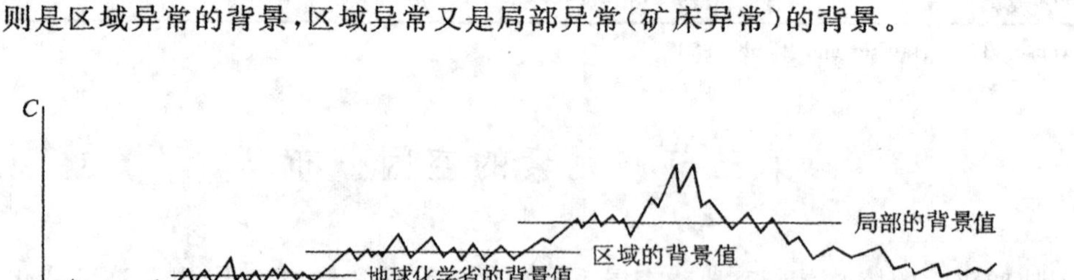

图 1－4　不同级次的背景与异常

二、元素区域分布——地球化学省

从局部地区看，背景区元素含量分布具有相对的均匀性，但是从大区域看，元素含量不均匀性是绝对的，各区域间的差异是显著的。特别是不同区域金属矿产资源分布的极不均衡性充分反映了这一点。

据莫宁(Morning，1981)的统计，全球铬储量为 3.7×10^9 t，资源量为 3.6×10^{10} t，但绝大部分集中在南非，其储量占全球的68%，资源量占全球的69%。据马修斯和西布利(Muthews、Sibey，1981)统计，全球镍储量为 6×10^7 t，资源量为 2.28×10^8 t；澳大利亚占全球储量的57%，资源量的59%；加拿大占镍储量的14.5%，资源量的9%；南北美洲占全球铜储量的59%，资源量的52%；南非占有全球金储量的一半。此外，锡矿资源集中在东南亚及我国的云南省、广西省，钨矿资源集中在我国的江西、湖南、广东。可见地壳中金属矿产分布是不均匀的，在地壳的某一大范围(几千平方千米到几万甚至十几万平方千米)某些成分富集特征特别明显。该区域不止是一两类岩石中该元素丰度特别高，该种元素的矿床常成群出现，而且在历史演化中，该元素的矿产出现率也特别高。通常将地壳的这一区段称为地球化学省。地球化学省实质上是一种地球化学异常，它是以全球地壳为背景的规模巨大的一级地球化学异常。

地球化学省的界定，目前主要是根据某些元素的矿床、矿化密集分布情况而定的。也有少部分地区有少量的岩石、矿物的分析资料佐证。例如，东南亚锡矿省，马来西亚、印度尼西亚以及我国的广西、云南属此省的西北延伸部分。那里的花岗岩的锡含量普遍在 40×10^{-6} 左右，而全球花岗岩的平均含量是 3×10^{-6}，高出普通花岗岩的十几倍，是一个明显富锡的地球化学省。美国根据西部12个州137个火山岩样品Be含量分布圈定出两个明显富Be地球化学省(图1－5)，大多数已知的Be矿床都分布在这两个省。

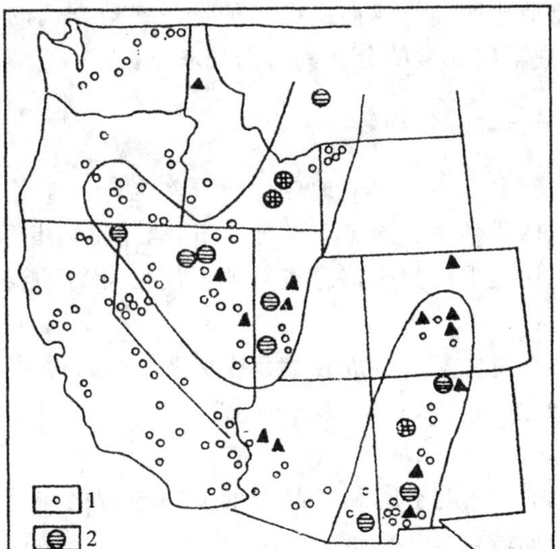

图1－5 美国西部火山岩中Be的分布(科茨等，1962)

Be的含量：1. 7×10^{-6}；2. $(8\sim20)\times10^{-6}$；3. $>20\times10^{-6}$；4. 铍矿床

以上事实充分证明地球化学省确实是地壳上的一个特殊异常段，它是某种金属元素或元素组合的异乎寻常的富集段。在几万甚至十几万平方千米内，尽管岩石组成类型复杂，但大部分岩石，特别是反映该地壳段重熔的花岗岩(经常是形成时间不同的)表现出相似的地球化学特征，显然是有原因的。前面已经讲到，地壳是长期演化形成的，地壳物质主要是由地幔分异演化而成。因此，地壳中元素分布的这种不均匀性应当从地幔成分上去查原因。

早期认为地幔物质是均匀的，但随着地球物理和地球化学研究的深入和资料的积累，认识到了地幔物质的不均一性。首先是地震波的横向不均一性改变了以前认为地幔成分是均一的认识。其次是同位素组成的差异，如 Hamelin(1986)等对洋中脊玄武岩的 Pb－Sr 同位素研究表明，太平洋与大西洋中脊具有明显不同的同位素组成。Allegre(1987)研究大洋玄武岩的同位素组成后，将全球划分为 7 个端员组成的地幔。朱炳泉对我国地幔同位素研究后认为，我国南北地幔差异明显，并进而将我国东部划分为 7 个不同的地幔区。引起地幔组成不均匀的原因，首先是行星吸烬形成过程中自身存在着原始化学组成上的不均一性，这由各类陨石中 U/Pb 比值差别很大可以证明。因此地球形成初期捕获了成分不同的陨石和小行星体，初始组成物质的差异是最本质的。其次，在地球形成分异过程中，地幔中形成了不同的对流圈，不同对流圈之间的物质交流是有限的，各对流圈自身循环为主，每一对流圈保持了自身组成的相对独立的特征。

地球化学省的存在对找矿具重要意义，提供了找矿的战略方向和空间。一种类型矿床的存在不是孤立的，预示着在一个地球化学省范围内存在着相同矿化。国家可根据需求在某一地球化学省内进行矿产勘查。同时，不同地球化学省有不同的成矿特色，找矿重点也应该不同，不要在钨锡地球化学省中花费过多的人力物力去寻找钨锡以外的其他矿种。另外，地球化学省还与环境和生物学有密切关系，该区明显富集的元素可能对环境和生态造成影响。维诺格拉多夫(Виноградов)最早提出了“生物地球化学省”的概念就是基于一定区域土壤中某些元素过剩或缺乏可能对生物造成明显影响而提出来的。一些地方病的分布明显具有地域性(详见第九章)就与该段地壳中某些元素的分布具有密切联系。

三、元素的时空分布——地球化学场

如果把地球化学背景和发育在其中的地球化学异常当作一个整体来看待的话，元素在这一体系中的分布便构成地球化学场。除了元素外，一切地球化学指标，都具有自己的地球化学场。地球化学指标是指一切能提供找矿信息或其他地质信息的、能够直接或间接测量的地球化学变量。

将地壳或者地球表层系统中某一点放在直角坐标系 (x,y,z) 中，该点任一时刻 t，存在着 j 个相，每个相有 i 个地球化学指标，该点指标 i 可表示为：

$$C_{ij} = F_{ij}(x,y,z,t)$$

我们把地球化学指标 i 在三度空间和时间上的分布与演化称为地球化学场，即具体某一时刻定位于三度空间上的地球化学指标值。

地球化学指标应用最多的是元素含量，其次是地球化学环境标志，如 pH、Eh、T、P 等，地球化学场研究最多的是元素的分布。

元素在空间上不同位置的含量差异，反映了地球化学场最重要的属性是具有空间性、时间性。由于地球化学旋回在永不停顿地进行着，地质作用中岩石、矿物的形成、改造永无休止，元素的活化、迁移、再沉淀，从未间断。因此，元素在空间上某一时刻的停留是暂时的，运动是永

恒的。这种空间属性与时间属性的统一，构成了地球化学场的全部意义。

地球化学场有以下特征：

(1)与地球物理场相比，它没有严格的数学公式或化学定律进行准确地描述、推断或延拓，它是具体点上地球化学环境（化学、热力学、动力学）综合制约的结果，可以定性推测而不能准确计算。地球物理场则可以严格按照物理定律进行计算和推演。

(2)地球化学场是一个连续的非均匀场。三度空间中任何一点，都有相应的地球化学指标值，从这一含义上讲是连续的，但是此点与彼点既有结构上的连续性，又有指标值的随机性、波动性、不确定性，是一个非均匀场。

(3)地球化学场是一个不可逆动态演化的非稳定场。地壳体系中，元素主要以固体状态（矿物、岩石）存在。但元素的这种存在形式是暂时的，不可能固定不变。在一定条件下要发生质量转移，参加地球化学旋回，因此，只能是某一时刻的分布特征。所以，只可以有某一地区某一时期的地球化学场，如晚太古地球化学场、寒武纪地球化学场等。现在所作的水系沉积物测量，则是当代表层疏松物质的地球化学场，它是各个水系沉积物样点的汇水盆地内表层基岩风化物的平均值。

(4)地球化学场的指标不具有传递性，这与地球物理场显然不同。地球物理场中物质的物理性质，如磁性、重力、放射性等，是依靠场来传递的。而地球化学场中，只有气态物质可呈分子状态垂直向上或向压力降低方向穿透性传输，部分可溶于水的元素或化合物被水介质缓慢传输。以固体物质存在的元素，不能由深部直接传输到地表，元素含量的变化只能通过元素赋存物质的相态改变、活化迁移、再沉淀固结来实现。

通过与地球物理场的对比分析研究可知，地球化学场不能像地球物理场那样用仪器在地表探测天然的或者人工的场的变化来推断解释地质构造和异常物质的分布，它只能根据研究精确程度的需要，进行系统的地球化学采样，分析测试地球化学指标（如元素含量），近似逼近地球化学场的真实特征。地球物理场由严格的物理定律定义，而地球化学场强调的是同一点上各地球化学参数的动态关系，它们受物质组分、地球化学条件和化学、热力学定律制约。

地球化学场公式积分形式具有总量的意义，它可以按线、面、体分别积分。为简便起见，将下标 i、j 省略，表示为：

$$M_l=\int_l \rho c\,\mathrm{d}l \qquad M_s=\int_s \rho c\,\mathrm{d}s \qquad M_v=\int_v \rho c\,\mathrm{d}v$$

式中，ρ 为密度，M_l、M_s、M_v 分别称某元素的线地球化学量、面地球化学量和体积地球化学量。

对于线、面、体的平均含量可定义为：

$$\overline{C_l}=\frac{\int_l \rho c\,\mathrm{d}l}{\int_l \rho\,\mathrm{d}l} \qquad \overline{C_s}=\frac{\int_s \rho c\,\mathrm{d}s}{\int_s \rho\,\mathrm{d}s} \qquad \overline{C_v}=\frac{\int_v \rho c\,\mathrm{d}v}{\int_v \rho\,\mathrm{d}v}$$

对每一个样点的具体分析资料，实际上只是取样点小范围的平均值，根据调查研究的精确度（测量比例尺），实际将该分析值外推一定距离进行计算。计算结果只能是不同条件下的近似模拟结果。

第四节　元素含量的概率分布

一、概述

已有的研究表明地壳中元素空间分布既具有结构性、又具有随机性。所谓结构性是指地壳中某一空间范围受某种地质作用控制，元素含量变化受其制约，有一定的变化规律。所谓随机性，则是指元素含量变化出现不确定性，即使在某一明确地质因素控制范围内我们可以预计某一位置可能出现的含量区间，而具体值难以预定。具体含量值出现具有随机性，只能说某种含量出现的概率有多大。显然，地质体中元素含量是一种随机变量。研究随机变量的科学方法是概率统计方法。

数理统计告诉我们，描写一组随机变量最严格的办法是求得它的概率分布函数，即概率 P 与含量 c 的依赖关系。

$$F(x) = p(c \leqslant x) = \int_{-\infty}^{x} f(c)\,\mathrm{d}c$$

式中，x 为随机变量，$f(c)$ 是概率密度函数，$p(c \leqslant x)$ 是指随机变量小于等于给定值 x 时的概率。

地球化学家们相信，对于任何一种地质体中某一元素来说，概率分布 $F(x)$ 是客观存在的，至于具体概率分布是何种形式，须视具体地质体中元素分布特征而定。我们把一个具有某种分布型式的地质体叫做总体（或母体）。对于一个地质体中元素含量的概率分布 $F(x)$ 的具体型式，是一个长期有争议的问题。争论问题之一是是否存在某种概率分布型式？一部分学者根本不承认存在某种概率分布型式，认为分布是一种复杂的，不可知的。另一部分学者则坚持认为有某种概率分布型式，可以拟合实际分布。争论问题之二，则是在具体分布型式上，一部分学者坚持认为元素含量服从正态分布，另一部分学者则认为是对数正态分布。

二、正态分布

所谓正态分布，概率论中已经证明，对于一个随机变量 x 只要它的各次观测值之间的差别是多因子，而且这些因子中没有一个是特别突出的、起主导作用的，那么它的概率分布自然倾向于正态分布（大数定律）。这一概率分布函数是数学家高斯推导出来的，所以又叫高斯分布，也叫正常分布。正态分布的密度函数有如下形式：

$$f(x) = \frac{1}{\sigma\sqrt{2\pi}} \mathrm{e}^{-\frac{(x-\mu)^2}{2\sigma^2}}$$

它的积分式为：

$$F(X) = \int_{-\infty}^{x} f(c)\,\mathrm{d}c$$

式中，σ 和 μ 是正态分布的两个重要参数，μ 称为该随机变量 x 的数学期望值，σ 叫做标准离差。对于一个正态分布的随机变量，算术平均值$(\overline{X})$ 是数学期望值的最佳估计值。

$$\overline{X} = \frac{\sum_{i=1}^{n} C_i}{n}$$

均方差 S 是标准差的无偏估计值：

$$S=\sqrt{\frac{\sum_{i=1}^{n}(C_i-\overline{C})^2}{n-1}}$$

当 $\mu=0,\sigma=1$ 时的正态分布，称为标准正态分布。图 1-6 为标准正态分布的密度函数和标准正态分布的积分函数(概率函数)。正态分布的积分函数已制成表格可查，见附录 6。

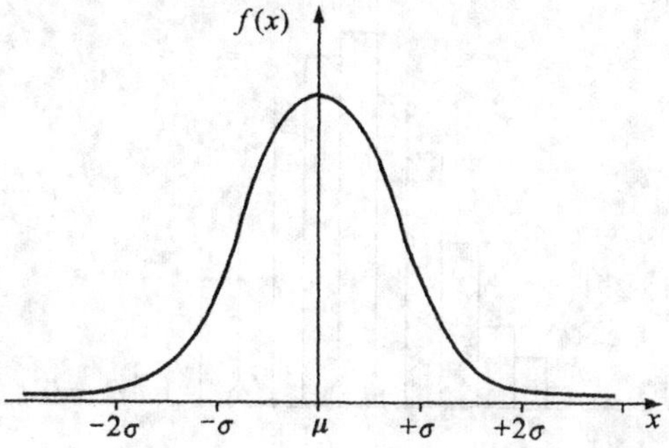

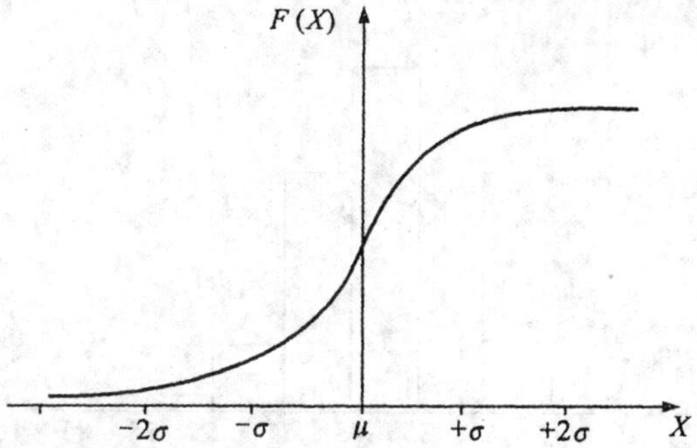

图 1-6　标准正态分布密度函数(左)和积分函数(右)

正态分布的概率密度函数图具有如下特征：

(1)图形呈钟形单峰对称分布，最大峰值在 $C=\mu$ 处，频率最大。

(2)图形对称轴为 μ。

(3)参数 μ 和 σ 决定了图形形态，μ 决定对称轴的位置，σ 决定了钟形的“胖”、“瘦”程度(图 1-7)，σ 较小时，曲线较陡，峰值高，图形“瘦”；σ 较大时，曲线较宽缓，峰值低，图形“胖”。

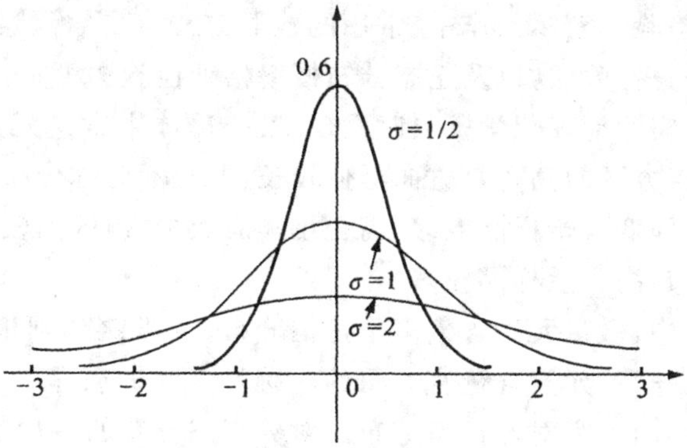

图 1-7　不同 σ 值的正态分布图

(4)C_i 趋向极大或极小值时，f_i 趋向于 0，当 $C_i=\bar{c}$ 时，该组频率最大，为

$$f(x)=\frac{1}{\sigma\sqrt{2\pi}}e^{-\frac{(\bar{c}-\mu)^2}{2\sigma^2}}=\frac{1}{\sigma\sqrt{2\pi}}$$

当 $C_i=\bar{c}+S$ 或 $C_i=\bar{c}-S$ 时，该组频率为最大频率值的 0.607 倍，即

$$f(x)=\frac{1}{\sigma\sqrt{2\pi}}e^{-\frac{(\overline{C}+S-\mu)^2}{2\sigma^2}}=\frac{1}{\sigma\sqrt{2\pi}}e^{-\frac{1}{2}}\approx\frac{1}{\sigma\sqrt{2\pi}}\times 0.607$$

当 C_i趋向极大或极小时，$f(x)$趋向于0，说明变量 X 在 μ 值附近概率密度最大，离 μ 值越远概率密度越小。

在整理地球化学资料时，由于原始资料甚多，大家习惯于将原始含量分成间隔组，统计每组中的样品数（频数 f_i^*，表示第 i 组的样品数），然后除以样品总数 n，求出该组频率（f_i），以频率 f_i为纵坐标，含量间隔为横坐标，作出分布直方图（图1-8a），间隔越小分组越多，越逼近真实分布（图1-8b）。

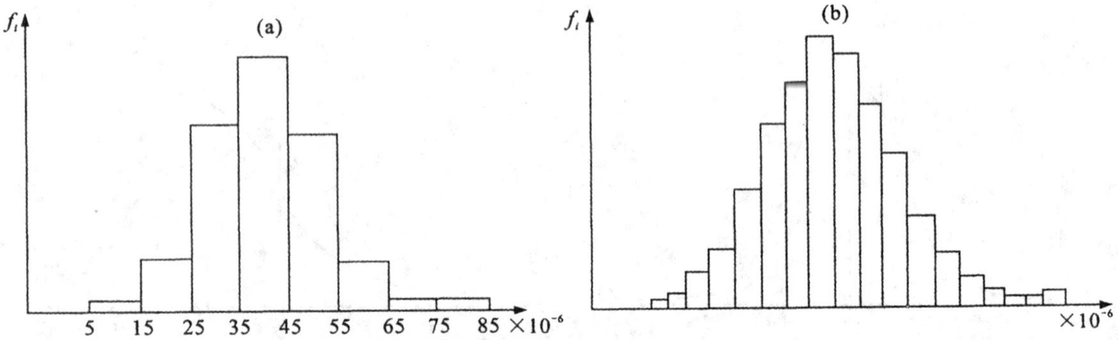

图1-8　元素含量分布直方图

在分组研究概率分布型式时，可利用下面的公式计算算术平均值 $\overline{C}$ 和均方差 S。

$$\overline{C}=\frac{1}{n}\sum f_i^* C_i \qquad S=\sqrt{\frac{1}{n-1}\sum f_i^*(C_i-\overline{C})^2}$$

式中，n 为样品分组组数，f_i^* 为第 i 组中的样品数，C_i为第 I 组组中值。利用计算所得的 $\overline{C}$ 和 S，分别代入密度函数公式就可以得到一条以 $\overline{C}$ 为 μ、S 为 σ 的理想正态分布曲线。将曲线与分布直方图的拟合曲线对比，看其符合程度，就可以判断研究母体元素含量是否服从正态分布，这就是分布型式检验。实际工作中，常用的检验方法有 X^2 检验法、偏度丰度检验法、柯尔英哥洛夫—斯来尔诺夫检验法，以及正态分布概率格纸检验法等。

许多研究者在整理实际地球化学资料时发现，某一母体中常量元素含量比较接近正态分布，而微量元素的分布直方图向高含量方向延伸较长，形成不对称分布。最大频率直方柱偏向左边的，称为正偏分布，即低含量样品数多，高含量样品数少，但区间较宽。最大频率直方柱偏向右边的，称为负偏分布，高含量样品较多。

实际地球化学数据中，微量元素含量多呈正偏分布。1954年，阿伦斯（Ahrens）发现，将原始数据转换成对数后再作图，元素含量直方图的对称性大大改善了。将原始数据取对数后所作的图形呈正态分布形式，称为对数正态分布。对数正态分布的平均数的真数叫几何平均值，而方差叫做对数方差。

对实测元素含量进行分布形式研究的目的，首先是为了得到母体的分布参数，这一参数对理解所研究地质体的基本地球化学特征具有重要意义：其一是集中性参数值，其二是样品含量的离散程度。有了这两个参数，对该母体的地球化学特征就有了基本的认识。

随机变量的集中性参数可以用平均值（$\overline{X}$）、中位值（Me）和众值（Mo）来表征。当随机变量服从正态分布时，$\overline{X}=Me=Mo$。

随机变量的离散性参数可以用均方差（S）、极差（R）来表示。用均方差来反映一个母体的元素含量分布的离散程度还有局限性。因为不同元素地壳丰度值的绝对含量值相差甚大，如

Ti一般可达 $n\times10^{-3}$，而超微量元素如Au仅为 $n\times10^{-9}$，相差6个数量级。两元素均方差绝对值不可比，如有Ti、Au含量的两组数据：

Ti含量(10^{-6})1 000、1 200、1 500、1 300、1 100、1 400、1 250、1 400，$X=1\ 250$，$S=156$，$R=500$

Au含量(10^{-9})15、3、3.5、2.8、10、5、3.2、1.5、1，$X=5$，$S=4.3$，$R=14$

如果仅从均方差和极差绝对值来看，Ti元素的离散程度明显大于Au元素。但从两组数据分布来看，Ti元素明显围绕平均值变化不大，而Au元素变化要大得多。因此数理统计中又引入变化系数(C_v)来表示相对离散程度。不同元素的均方差(绝对值)不能直接对比，而变化系数(C_v)是用均方差除以平均值，即相对于一个单位均值的离散程度，计算公式如下：

$$C_v(\%)=\frac{S}{X}\times100\%$$

变化系数是相对于一个单位均值的百分变化率，它反映了这组数据的均匀性程度。因此，变化系数可以度量地质体中不同元素的均匀性程度，是一绝对值可比的离散度参数。对于一个地质体元素的含量，我们研究确定了它的分布型式、均值、均方和差变化系数后，对该元素的分布特征就有了较深刻的理解了。

以前，勘查地球化学工作者喜欢将数据取对数后进行处理研究。但是，也有一些数据，即使是经过对数转换，仍不服从正态分布。于是，有人提出了其他数据转换方法，如指数转换、平方根转换等，这些转换的目的主要是为了适应某些多元统计方法(如因子分析)的应用条件，而不是为了研究原始数据本身。

自从1941年列文生-列信格指出喷出岩中多数常量元素的含量服从正态分布，1964年拉祖莫夫斯基指出许多元素含量服从对数正态分布以来，很多地球化学家对岩石中元素含量的概率分布型式进行了研究，认识各异。20世纪50年代阿伦斯(1954,1957)提出常量元素服从正态分布、微量元素服从对数正态分布规律，概括了当时最有影响的认识。

后来人们发现，地质体中元素含量的概率分布型式与该地质体经历的地质作用过程有关。维斯捷里斯(Visteelus,1960)的研究最有代表性，他认为，单一地球化学过程所形成的地质体，元素含量服从正态分布，由数个地球化学作用过程叠加所形成的复合地质体中元素含量偏离正态分布，并且多为正偏分布(其中有些服从对数正态分布)。他将这一结论称为“地球化学过程的基本定律”。多次地球化学过程的叠加结果，导致元素偏离正态分布，这种复合分布的概率密度函数为：

$$F(X)=\sum_i P_i f_i(x)$$

式中，$f_i(x)$ 为第 i 个正态母体的密度函数，P_i 为第 i 个母体在总母体中的权系数，i 为地球化学过程的期次。

由上式可以看出，元素含量概率分布偏离正态分布是由于母体经历了多次地质作用，由多个正态母体混合叠加所致。根据这一认识，可以采用多重母体分解的方法来分解各种地质作用的子体，研究各子体中元素含量的概率分布及分布参数。

戈维特(Govett)等(1975)通过计算机模拟研究支持了维斯捷里斯的观点，得出在给定随机数据的正态分布母体上，再局部叠加另一随机变量的正态分布母体作“异常”，结果导致正偏分布。所以他们认为对数正态分布是不存在的，他们极不赞成对数据进行对数转换，认为取对数的做法是自取失败。在勘查地球化学确定异常下限时，取对数的做法大大提高了异常下限，损失了大量有意义的矿化信息。

我国著名地球化学家於崇文院士认为(1986),笼统地用所研究地质体全部样品元素含量平均值来表示该地质体的元素丰度是不恰当的,因为这种方法未能真实反映丰度概念中包含的内涵,即该地质体未遭受后期地质改造的初始含量特征。为此,他提出以维斯捷里斯的"基本定律"为基础,应用柯尔莫戈洛夫正态检验的方法,在计算机上自动剔除不服从正态分布的"离群样品"求得服从正态分布的反映初始本底的元素丰度。

在此基础上,於崇文院士进一步提出用地质体中元素含量的总体平均值(M)与初始本底丰度值(A)之比作为后期叠加强度系数,以反映该地质体遭受后期各种地球化学作用(包括成矿作用)叠加影响的强度。在韶关地区区域地球化学研究中,成功地利用这一系数判断成矿元素的赋矿层以及地质体提供成矿物质的可能性。

总结已有的元素含量分布型式研究资料,可以概括为:

(1)单一地球化学作用所形成的单一地质体,化学元素含量服从正态分布。

(2)由两个以上地球化学作用叠加形成的复合地质体中,化学元素含量偏离正态分布。但两个 μ 值相差不大的正态母体的叠加,元素含量分布仍服从正态分布或近似正态分布。

(3)一般情况下,常量元素服从正态分布,微量元素服从对数正态分布。

(4)结合在多种矿物中的元素服从正态分布,如基本造岩元素和亲石分散元素。而结合在一两种矿物中的元素呈对数正态分布,如成矿元素以硫化物形式存在。

(5)通过扩散作用形成的元素含量对数正态分布,而通过对流混匀作用形成的元素含量服从正态分布。

研究地质体中元素含量分布型式具有以下意义:

(1)可以认识所研究的地质体经受地质改造作用过程的情况,了解该地区地质作用过程,为矿产勘查提供依据。一般来说,成矿作用总是出现在地质构造复杂、地质作用多次叠加的地区。因此,不服从正态分布的地质体,才具有找矿前提,特别是 M/A 比值越大、叠加强度越强的地质体便是找矿有利的对象。

(2)可以对两个地质体的地球化学特征进行对比,以判断两个地质体的相似性,即分布型式相同、参数相近似的两个地质体可能具有同源性或相似性。

(3)在地球化学勘查中,为确定背景值和异常下限提供了计算的理论依据和具体的计算方法。

确定背景与异常界限时,首先要确定服从正态分布的背景母体。当变量 x 服从 $-\infty$ 到 $+\infty$ 时,对标准正态概率密度函数积分为1,即曲线范围内整个面积用1表示。当变量 x 处于两个固定值之间(如 x_1 与 x_2 间)的概率,则等于 x_1 与 x_2 之间曲线内的面积,以百分数表示。例如,当 x 变量处于 $\{\mu-k\sigma,\mu+k\sigma\}$ 之间,k 为选择置信概率的系数,本书称信度系数。

当 $k=1, p\{\mu-\sigma,\mu+\sigma\}=68.4\%$

$k=1.96, p\{\mu-1.96\sigma,\mu+1.96\sigma\}=95.0\%$

$k=2, p\{\mu-2\sigma,\mu+2\sigma\}=95.6\%$

$k=3, p\{\mu-3\sigma,\mu+3\sigma\}=99.7\%$

由此,根据实际需要确定了显著性水平(α)时,即可计算背景范围和异常界限。如 α 取 0.10,则 $k=1.65$;$\alpha=0.05$,则 $k=2$;$\alpha=0.01$,则 $k=3$。

(4)对某一具体研究母体,知道某元素含量的概率分布型式后,可以预知某一含量出现的概率,了解该样点的地质意义及出现的概率。

第二章　原生地球化学环境与元素的原生分布

元素在天然介质中的状态(存在形式、价态、含量等)是与所处的环境有关、与所处环境取得平衡的。地球化学环境是元素在地球化学系统得以保持平衡的各种物理化学条件的综合。地球化学环境主要由物理参数(温度、压力)和化学参数(化学元素种类、丰度、f_o、f_s、pH、Eh)确定。这些参数决定了该环境条件下哪些矿物是稳定的,哪些矿物是不稳定的。Hawkes 和 Webb(1974)将天然环境分为两大类:原生环境和次生环境。①原生环境,指天然降水循环面以下直到岩浆分异和变质作用发生的深部空间的物理化学条件的总和;②次生环境,是地表天然水、大气影响所及的空间所具有物理化学条件的总和。在地表发生风化、土壤形成和沉积作用以及到大气圈、水圈、生物圈和地球表层疏松物所处的环境都属表生环境。

原生环境是一种高温、高压、游离氧缺乏、水和其他流体循环受限制、无生物作用参加的环境,矿物岩石保持了形成时的状态。因此,原生环境中岩石的物质组成与状态,元素的分布是深部地球化学作用的记录,是研究深部地质作用最直接的证据。因此,研究原生分布,也就是研究未遭受风化影响的基岩中的元素分布。第一章中实际已讲述了元素在原生环境中分布的一般规律,本章将更加深化和详细阐述元素含量分布的特征。

第一节　地壳的物质组成与元素丰度

地壳是地球莫霍面以上的固态结晶物质,是人类生存的物质基础,是与人类休戚与共的最密切的部分。构造运动以及多种地质作用(包括成矿作用)都发生在地壳内,地壳上部又可以通过直接采样进行研究。因此,地壳是人类认识地球最直接、研究最详细的部分。

一、地壳的结构与物质组成

广义地壳包括岩石圈、大气圈、水圈和生物圈。狭义的地壳则专指岩石圈中莫霍面以上的部分。

地球物理、地球化学和岩石学的研究证明,地球可以分成若干地球物理、地球化学性质不同的圈层(图 2-1)。

莫霍面是地表到上地幔间的一个不连续面,地震波(P 波)通过这个面时,由上部的平均速度 6.0km/s 突增至 8.0km/s。这一突然变化标志着物质的化学成分和晶体结构的变化。莫霍面之上的地壳在大陆上的平均厚度约 35km,在板块碰撞边界,如青藏高原、安第斯山等地区则增高至 60～70km,而在大洋中地壳厚度仅有 5～10km,最薄处(现代大洋中脊)仅为零。大陆地壳以康氏面分为上地壳和下地壳,上地壳厚 5～12km,由偏酸性的火成岩(花岗岩)和沉积岩组成,又称硅铝层。下地壳由麻粒岩、玄武岩等中酸性、中基性岩石组成,又称硅镁层,富铁镁质,而且在组成上比上地壳均匀。洋壳则由玄武质的下地壳物质及其上面厚约 0.5km 的海洋沉积物组成。岩石圈是地球软流圈之上的刚性岩石外壳,它包括了地壳和地幔上部约 100km 厚的结晶质固态物质,戈尔德施密特称上地幔为榴辉岩圈,是一更富铁镁而贫铝的榴辉

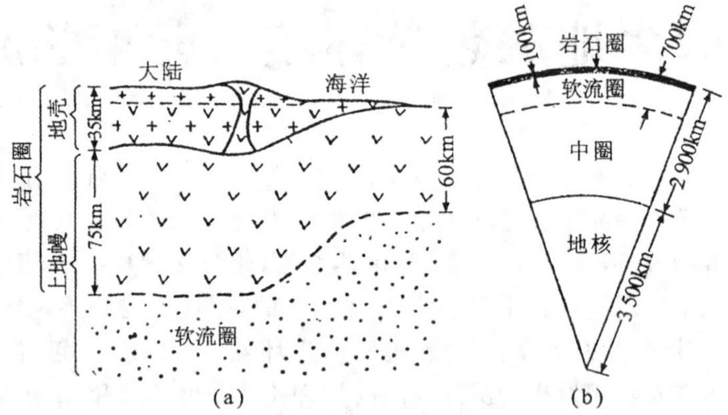

图 2-1 地球的圈层结构(涂光炽等,1984)

岩、橄榄岩带,平均密度达 3.8g/cm²,明显高于地壳(平均密度为 2.7~3g/cm²)的高密度带。

二、地壳的元素丰度

地壳元素丰度是指地壳中化学元素的平均含量,又称为克拉克值,是为了表彰在这方面作出卓越贡献的美国化学家克拉克而命名的。此外戈尔德施密特、维尔纳茨基、费尔斯曼、梅逊、维诺格拉多夫、泰勒以及我国的黎彤在这方面也作出了重要贡献。

克拉克从所收集到的 48 个地区 8 600 件火成岩样品中精选 5 159 件样品,加权平均计算火成岩的平均化学成分。从所选择的 676 件沉积岩样品,按页岩 4%、砂岩 0.75%、灰岩 0.25%的比例计算沉积岩的平均成分。最后按火成岩 95%、沉积岩 5%的比例计算地壳的元素丰度。计算的有效深度是 16km,因当时所知世界上最高山峰与最深海沟之和约为 16km。附录 1 中所列是 1924 年发表的结果。克拉克计算中最主要的问题是所选样品的 71.60%来自仅占地球面积的 21.76%的欧洲和北美洲,代表性不足;其次是地壳模型过于简单。

戈尔德施密特发现在挪威南部古老片麻岩区广泛分布冰川黏土,他分析了 77 件冰川黏土样品后发现,除 Na_2O 和 CaO 偏低外,绝大多数元素的平均含量值与克拉克公布的地壳丰度很一致。他认为这种冰川黏土代表了结晶岩的平均成分。1937 年,他对许多微量元素作了补充和修改,发表了岩石圈元素丰度(附录 1)。

1962 年维诺格拉多夫发表了元素的地壳丰度(附录 1),他用两份酸性岩的平均成分加一份基性岩的平均成分计算地壳的元素丰度。这一比例大体相当于大陆地壳内两类岩石的质量比。

1964 年泰勒发表了大陆地壳的元素丰度(附录 1),他采用花岗岩与玄武岩之比为 1∶1,并用标准样 G-1 代表花岗岩的平均成分,用标准样 W-1 代表玄武岩的平均成分。从现代地壳结构模型看,他采用的这种比例接近包括大洋地壳在内的整个地壳质量比例。因此,与维诺格拉多夫的结果比较,他的地壳元素丰度中 Fe、Mg、Ca 偏高,而 Al、Na、Si、K 等偏低。

1985 年泰勒发表了以地壳增长模式为基础重新计算的大陆地壳元素丰度,他认为地壳的 75%是前太古宙的双峰岩浆岩形成,25%为后太古宙的岛弧安山岩组成。他对稀土元素分配特性的研究发现沉积过程中稀土元素没有发生分异,沉积岩代表了地壳表面大面积的取样。因此,他用后太古宙页岩的平均值减去 20%作为上陆壳的元素丰度值(表 2-1)。

表 2-1　洋壳、陆壳、上陆壳元素丰度　（单位：$\times10^{-6}$）

元素	洋壳	陆壳	上陆壳	元素	洋壳	陆壳	上陆壳
SiO_2	49.5	59.3	66.0	Rh	1.0		
TiO_2	1.5	0.9	0.5	Pd	$<2\times10^{-4}$	1×10^{-4}	5×10^{-4}
Al_2O_3	16.0	15.9	15.2	Ag	0.026	0.080	0.05
FeO	10.5	9.1	4.5	Cd	0.130	0.098	0.098
MgO	7.7	5.3	2.2	In	0.072	0.050	0.050
CaO	11.3	7.4	4.2	Sn	1.4	4.5	5.5
Na_2O	2.8	3.1	3.9	Sb	0.017	0.2	0.2
K_2O	0.15	1.1	3.4	Te*	3×10^{-3}		
Li	10	13	20	Cs	0.03	1.0	3.7
Be	0.5	1.5	3	Ba	250	250	550
B	4	10	15	La	16	16	30
Na	2	2.3	2.89	Ce	33	33	64
Mg	4.64	3.2	1.33	Pr	3.9	3.9	7.1
Al	8.47	8.41	8.04	Nd	10	16	26
Si	23.1	26.77	30.8	Sm	3.3	3.5	4.5
K	0.125	0.91	2.8	Eu	1.3	1.1	0.88
Ca	8.08	5.29	3.0	Gd	4.6	3.3	3.8
Sc	38	30	11	Tb	0.87	0.60	0.64
Ti	9 000	5 400	3 000	Dy	5.7	3.7	3.5
V	250	230	60	Ho	1.3	0.78	0.80
Cr	270	185	35	Er	3.7	2.2	2.3
Mn	1 000	1 400	600	Tm	0.54	0.32	0.33
Fe	8.16	7.07	3.5	Yb	5.1	2.2	2.2
Co	47	29	10	Lu	0.56	0.30	0.32
Ni	135	105	20	Hf	2.5	3.0	5.8
Cu	86	75	25	Ya	0.3	1.0	2.2
Zn	85	80	71	W	0.5	1.0	2.0
Ga	17	18	17	Re	9×10^{-4}	5×10^{-4}	5×10^{-4}
Ge	1.5	1.6	1.6	Os	$<4\times10^{-6}$		
As	1.0	1.0	1.5	Ir	2×10^{-5}	1×10^{-4}	2×10^{-5}
Se	160	50	50	Pt	2.3×10^{-3}		
Rb	2.2	32	112	Au	0.23×10^{-3}	3×10^{-3}	1.8×10^{-3}
Sr	130	260	350	Hg	2×10^{-5}		
Y	32	20	22	Tl	0.012	0.360	0.75
Zr	80	100	190	Pb	8×10^{-4}	8	20
Nb	2.2	11	25	Bi	0.007	0.060	0.127
Mo	1.0	1.0	1.5	Th	0.22	3.5	10.7
Ru	1.0			U	0.10	0.91	2.8

附录1中所列各学者发表的地壳元素丰度，一般来讲，越新发表的资料越是可靠，克服了以前研究者在计算方法、分析方法以及地壳模型等方面的不足。目前以泰勒的地壳丰度值最被广泛应用。

根据地壳的元素丰度可以看出，元素含量分布是极不均匀的，O、Si、Al、Fe、Ca、Na、K、Mg 8元素之和占99%以上，其余80多种元素之和不足1%。因此，前者被称为基本造岩元素，后者被称为微量元素。通常将元素地壳丰度>1%的叫作常量元素，0.1%～1%的叫作少量元素，<0.1%的称为微量元素。常量元素和少量元素的含量通常用“%”表示，微量元素含量以前在化探中通常用“ppm表示”，统一国际标准计量单位以后用10^{-6}表示，对于<10^{-9}的元素又称超微量元素。

三、地壳元素丰度在应用地球化学研究中的作用

1. 衡量研究区化学元素富集或贫化的程度

元素的克拉克值最广泛地被看作地壳的全球背景，作为衡量地壳的某一区段或所研究区域中元素富集或贫化的标准。如果所研究体系中某元素明显高于其克拉克值，这表明该元素在此体系中明显富集，具有了成矿的物质基础或成矿前提。地球化学省是区域克拉克值增高的典型代表，是成矿的密集区。如果这些元素是对人体健康有害的，则可能形成地方病。相反，如果区域元素含量明显偏低，特别是人体必需元素则也会影响人体健康而形成地方病。区域元素丰度对农作物的生长也有类似影响。

2. 作为选择分析方法灵敏度的依据

地球化学研究工作中，对具体地区的地球化学背景值，应该经过实际调查结果来具体确定。因为地球化学背景值具有相对性。讨论地球化学背景的一个基本信念就是在任何一个样品中甚至在一滴天然水中，周期表内的稳定元素都存在。只要分析方法有足够的灵敏度，都可以把它们测出来。应用地球化学调查研究天然水中元素含量分布特征就是基于这种认识。元素的地壳丰度值提供了各元素背景含量的大致范围，在制定和选择分析方法时，地壳丰度值是必须参考的依据，要求分析方法的灵敏度要低于或接近于克拉克值。

3. 判断特殊地球化学过程

某些地球化学性质相似的元素对以克拉克值比值为标准，可以判断某一地质体中发生过特殊的地球化学过程。常见的有V/Fe、Se/Fe、Ni/Co、Se/S和Se/Te。对于硫化物来说，这种比值比Se、Te本身含量重要得多。REE族元素，Zr和Hi、Nb和Ta、K和Rb都是难以分离的伴生元素，如果它们之间的比值偏离了克拉克值的比值，则说明发生了某种特殊的地球化学过程。如Th/V、Se/Te，Se是典型的亲硫元素，与硫发生广泛的类质同象，在热液活动，特别是火山岩浆活动区有高含量的Se出现。Se/Te克拉克比值为50，当某区域Se/Te值大于50时，表明该区具有广泛的热液活动，具有中低温多金属矿化，特别是浅成低温热液成矿活动。

4. 作为矿产资源评价预测的基本资料

地球上存在的物质都是可为人类利用的资源或潜在资源。有了地壳元素丰度值，我们可以方便地算出全球地壳或某一区域地壳中某元素的总质量。例如按泰勒的地壳元素丰度值，地壳密度按平均值$2.7g/cm^3$计算，则每$1km^3$地壳中含有1.5×10^8t铁、15×10^4t铜、7.5t铀、5t金。显然这相当于一个大型或中型矿床的储量，只是在目前的技术条件下，还不能经济地提取出来。我们把地球化学系统中元素的总质量称为地球化学储量。在地球化学储量中，能被人类开采利用的部分叫作资源，资源中被探明的部分叫作矿产储量。资源量占地球化学储量的百分比叫作矿化度。

根据经济地质学家的研究，某一元素的资源与地壳丰度有密切关系。美国地调所麦克尔维(Mckelvey，1960)研究美国的矿产储量(R)与地壳丰度存在如下关系：

$$R = A(\%) \times 10^{9\sim10}$$

式中,R 单位为短 t(1 短 t=0.91t),A 为地壳丰度。

日本塞基尼(1963)和前苏联奥甫钦尼柯夫(1971)也提出了地壳丰度与资源量的关系模型:

塞基尼(1963) $R = A \times 10^{8\sim9}$

奥甫钦尼柯夫(1971) $R = A \times 10^{10.51}$

综上所述,资源与地壳丰度间可表示为:

$$R = K \cdot A$$

式中,K 为估计系数,与该元素的矿化度、地壳总质量、预期开采深度及矿床分布密切有关。

戈维特(Govtt,1976)等统计了 16 种常见的金属元素的世界储量与大陆地壳元素丰度关系(图 2-2),表明成矿元素的丰度愈高,它的可利用工业量愈多。这种正相关的比例表现出的资源趋势是每一种元素的矿产资源总量最低可达到 $R=A\times10^7$ t。如果某些元素的矿产资源低于对应的丰度比值,则进一步发现这种矿产的潜力极大。

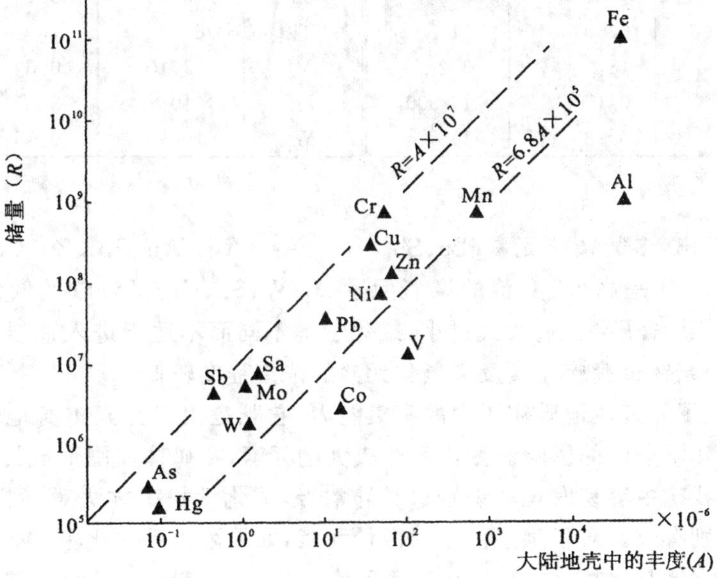

图 2-2 地壳丰度与资源关系图

地壳元素丰度与矿产资源的这种关系,为矿产统计预测提供了基础。资源评价中的丰度估计法就是根据研究单元中元素的丰度与该元素已知的资源统计量和资源级别的比例关系,建立预测模型,再进一步推广到地质条件类似的区域中估计资源远景。

四、成矿元素的浓集系数

化学元素在某一局部地段或某一地质体中的平均含量与地壳丰度之比叫做相对丰度,也叫浓度克拉克值。相应地,矿床作为一种特殊的地质体,以矿石的平均品位与该元素地壳丰度值之比称为矿石浓度系数。但矿石的平均品位因不同矿床而异,进而采用最低可采集品位与其地壳丰度之比,称为最低浓集系数。它表示相应矿床形成时所需的最低富集倍数。虽然成矿元素在地质体中的丰度一般都较低，但在特定条件下形成的矿床中却是相当富集的。元素的地质作用不同，富集程度也不同。常见的主要成矿元素的最低浓集系数见表 2-6。

表 2-6 主要成矿元素的最低浓集系数

元素	地壳丰度(%)	最低可采品位(%)	最低浓集系数	元素	地壳丰度(%)	最低可采品位(%)	最低浓集系数
Ag	1×10^{-5}	0.02	2 000	K	2.6	30	12
Al	8.8	25	−3	Li	6.5×10^{-3}	0.5	80
As	5×10^{-4}	2	4 000	Mg	2.1	13	～6
Au,Pt	3×10^{-7}	3×10^{-4}	1 000	Mn	9×10^{-2}	10	110
B	3×10^{-4}	5	17 000	Mo	3×10^{-4}	0.04	130
Ba	5×10^{-2}	～30	600	Na	2.64	39	15
Be	6×10^{-4}	0.4	670	Ni	8×10^{-3}	0.6	70
Bi	2×10^{-5}	0.5	25 000	Pb	1.3×10^{-3}	1	770
Ca	3.6	40	11	Sb	4×10^{-3}	1	25 000
Co	3×10^{-3}	0.1	30	Si	27.6	～46	～1.5
Cr	1×10^{-2}	～8	800	Sn	1.7×10^{-4}	0.15	882
Cu	5.5×10^{-3}	0.5	91	Ti	0.6	10	～7
Fe	5.1	18	3.2	V	1.5×10^{-2}	0.5	30
Hg	7×10^{-6}	0.1	14 000	Zn	5×10^{-2}	3	600
Li	2×10^{-3}	0.23	115	W	1.1×10^{-4}	0.15	1 364

注："～"表近似。

从上表可以看出，多数亲硫元素(Ba、Sb 、Hg 、As 、Ag 、Au、Pb 、Zn、Cu)的浓集系数最大，高达数万倍。其次是高价、变价的亲氧元素(B、W、Sn、Cr、Mo)以及低价亲氧元素(Li、Be)，它们因其电价或离子半径过大或过小，或化学键不同而不适于进入造岩矿物晶格而在后期发生相对富集。亲铁过渡族元素及亲氧化元素的浓集程度较低。

浓集系数反映了元素在地质作用中的富集能力，它既是由于元素本身地球化学性质所决定，又受环境物理化学条件的影响。浓集系数较大的元素，在矿体周围形成的地球化学异常范围也大，地球化学找矿中容易发现和识别这类异常，地球化学找矿方法对寻找这类矿床(如金属硫化物矿床)特别有效。对于某些伴生的微量元素，如果浓集系数比主成矿元素的浓集系数还要大，则这些元素便是寻找该类矿床的指示元素。Hg、As、Sb、Bi 成为金矿床的极佳指示元素便是这个道理。

第二节 各类岩浆岩中化学元素的丰度

岩浆岩与变质岩占整个地壳总质量的 95%，其中又以岩浆岩为主，按其化学成分或矿物成分可以分成五大类：超基性岩(橄榄岩、纯橄岩)、基性岩(辉长岩、玄武岩)、中性岩(闪长岩、安山岩)、酸性岩(花岗岩类)及碱性岩。岩浆结晶过程通常按鲍文反应系列进行，因而在不同类的岩石中，化学元素的含量有着系统的变化。这种变化有着深刻的地球化学意义，它是地壳全球原始分异及地壳—地幔物质交换的记录。

研究地球化学元素在各类岩浆中的平均含量对于应用地球化学是十分重要的。因为正是不同岩石中的平均含量决定了各元素局部的背景值。此外，对于岩体评价，异常解释都是不可缺少的基础知识。

各类岩浆岩中化学元素的平均含量见附录2。

根据相当于超基性岩的球粒陨石是形成地球的原始物质的认识，可以把其他各种岩类看成是由超基性岩分异而来的。虽然，对于一个具体的超基性岩体来说，它未必能分异出多少酸性岩体。但总体来看，从地幔到地壳可以看成从超基性岩到酸性岩的一个总的分异过程。根据化学元素在这一分异过程中各岩石类型元素的平均含量，可以看出如下规律：

(1)碱金属元素：Li、Na、K、Rb、Cs从超基性岩—基性岩—中性岩—花岗岩—正长岩逐步增高，最高含量都在正长岩中，次高含量在花岗岩中(Na除外)。与超基性岩比较正长岩中相对富集程度可达数十倍(Na,Cs)、数百倍(Li)，最高甚至达数千倍(K,Rb)以上。因此偏碱性岩石中碱金属元素丰度最高。

(2) 稀土元素：La、Ce 、Pr、Nd、Sm、Eu、Gd、Tb、Dy、Ho、Er、Tm、Yb、Lu以及Ba、Zn等，具有与碱金属元素相似的分布特点，向偏碱性岩石富集的趋势很强。

(3)其余亲氧元素：Si、Be、Y、Sn、W、Ta、Th、U、Ti等含量从超基性岩、基性岩、中性岩至花岗岩明显增高，最高含量在花岗岩中。富集程度从数倍(Sn、W、Ta)、数十倍(Be、Tl)、数百倍(Y)至数千倍以上(Th、U)；从花岗岩向正长岩这些元素的含量略有降低。值得注意的是亲硫元素中的Pb在岩浆岩中的分布具有类似的特点。显然，Pb在岩浆岩中的积累与放射性元素U、Th的丰度有关。Al、B、P偏离上述规律，最高丰度出现在中性岩中。

(4)亲铁元素：Fe、Mn、Cr、Co、Ni明显地从超基性岩—基性岩—中性岩至酸性岩降低，最高含量在超基性岩中。与酸性岩比较，这些元素在超基性岩中的富集程度由数倍(Fe、Mn)至数百倍(Cr、Ni、Co)。亲氧元素中的Mg具有与上述元素十分相似的分布特点。亲硫元素Au也有相似但较为微弱的分布趋势，这与Au的原生亲铁性不无关系。

(5) 亲硫元素：Cu、Zn、Ag、Cd和碱土金属Ca以及过渡元素V、Ti、Sc最大的丰度不在超基性岩而在基性岩中，并且除Ca、Sr、Zn、Ti向偏碱性岩中有增高外，其余元素皆降低。

(6) 卤族元素：总的趋势向偏碱性岩石增高。但不同元素略有差别：F、Cl的最高丰度出现在正长岩中，与K、Na变化趋势相同；而Br则在中性岩和在高钙花岗岩中最丰富，与Al相似；I无明显变化规律。

另外，还有些元素从数值上看没有一定的分异趋势，如Te、Se、Mn、S、Zn、Ge、Cd、Ag等，有的可能是由于含量太低分析资料不可靠。

利用维诺格拉多夫(1962)的数据作出各岩类中元素分布图(图2-3)，可以发现，各岩类的标型元素组合为：

(1)超基性岩元素，这类元素的典型代表是Cr、Ni、Co、Mg及Pt族。它们在分异的早期就晶出。

(2)基性岩元素，属于这类元素的有Cu、Fe、V、Ti、P、Mn、Ca、Sc、Sb等。

上述二类元素的共同特点是它们的某些矿物耐高温，在岩浆冷却时最先晶出，而在岩石重熔时最后留在残余熔体中，所以有人称它们为“耐火”元素。

(3)亲中性岩元素，以Al、Ga、Zr、Sr等为代表。

(4)亲酸性岩元素，种类最多，以Li、Be、Ta、U、Th、K、Rb、Cs、F、B为代表。这类元素在岩浆中以大半径低电荷的离子存在，在高温高压条件下不利晶出。所以在西方文献称为不相容元素。

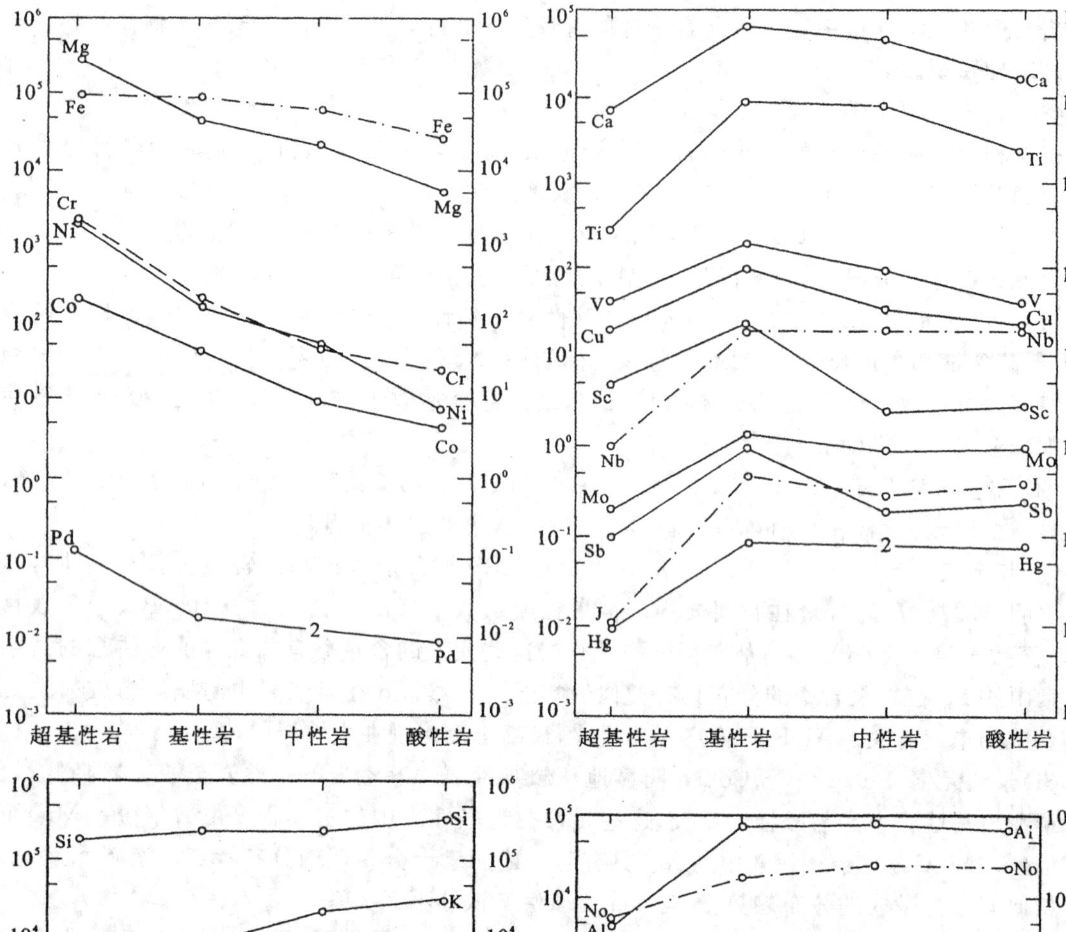

图 2-3　各类岩浆岩中元素含量变化曲线

(5)碱性岩以富含 Nb、Ta、Be 及稀土元素为特征。

岩浆岩中元素丰度的变化规律具有重大的找矿意义，某种元素的内生矿床总与该元素丰度最高的岩浆岩有成因关系。如 Cr、Ni 矿床产在超基性岩中，V、Ti 矿床与基性岩有关，U、Th 矿床与花岗岩有关等。

但是上述规律，还只是一般性的。如果把岩石的产状考虑进去，情况将会变得复杂。如同一岩石的侵入岩与喷发岩，年龄较轻与年龄较老，侵入的围岩不同，标本采集的岩体部位不同，都会引起含量的变化。

一般说来，喷出岩中微量元素的分异程度应当比相似成分的侵入岩低。因此，酸性喷出岩与酸性侵入岩的区别，就在于前者的亲基性岩元素（“耐火元素”）含量较高而亲酸性岩元素（“不相容元素”）含量较低。对于超基性岩来说，情况正好相反，Mg、Ti、Mn 等在基性喷发岩中的含量比相应侵入岩中高。

在研究岩浆岩的形成时代与其中所含微量元素的关系时发现，酸性岩体随时代的变新，亲基性岩的元素减少，而亲酸性岩的元素增高。基性岩则相反，随着时代的推移，亲基性岩的元素含量增高，而亲酸性岩的元素含量降低。由此可见，随着全球性分异的进程，总的方向是酸性岩浆愈来愈酸性，基性岩浆愈来愈基性。

对于地球化学找矿来说，了解这些规律，就可以加深对背景值的认识，懂得其地质意义，知道某些特殊岩石会造成“非矿异常”。

如果知道某种岩石应当富含什么元素，就可以利用它来填图。在实际工作中，用 Cr、Ni、Co、Nb 来寻找金伯利岩筒在内的超基性岩体；利用 Ni、Co 含量追索角闪岩脉等都有成功的例子。例如河北武安崔炉公社一带有岩体出露，以前定为中性闪长岩，但区测队在发现了 Ni、Co 异常，后来经复查证实，这些岩体大部分实为超基性岩体。

第三节　沉积岩中化学元素的丰度

沉积岩的重量在整个地壳中所占比例不高，约 4%。但是，在地表分布极广，约占 50%。因此，研究沉积岩中的元素分布规律对于了解地球化学背景是很有意义的。火成岩进入表生带后，处于与内生环境完全不同的表生条件下，必然重新组合达到在表生环境中的稳定状态。内生火成岩经过风化、剥蚀、搬运、沉积成岩等一系列表生作用过程后，元素无论在绝对含量、相对比例，以及存在形式上都与原火成岩显著不同，产生了比内生作用更强的分异作用，甚至可以形成成分极其简单的岩石，如石英砂岩、硅质岩、灰岩、岩盐等。内生作用中，从超基性岩到酸性岩，SiO_2分异由 45%增加到 73%。但表生作用中纯净的石英砂岩中 SiO_2的含量可以>95%，灰岩中的 SiO_2可以低到 2%，由此可见表生化学分异的强烈。主要类型沉积岩中化学元素的平均含量列于附录 3 中。

沉积岩可以分为碎屑岩、泥质岩和化学沉积岩三个类型。三类沉积岩中化学元素的分布具有如下明显的规律：

(1)碎屑岩。由于碎屑岩主要是由抗氧化的矿物组成。石英、长石是碎屑岩的主要成分，因此，Si、Zr、Hf 及稀土元素 Ce、Pr、Nd、Sm、Gd、Lu 等元素含量较高，其他微量元素含量较低。

(2)页岩、泥质岩。这类岩石主要由黏土及细碎屑质点组成。由于黏土有吸附水体中简单离子和络合物的特点，因此，页岩、泥质岩中富集了碱金属元素（Li、Na、Ra、Rb），以及 Be、B、

Al、Se、Ti、V、Cr、Fe、Co、Ni、Cu、Zn、Cd、Pb、Sb、Hg、Tl、Ga、As、Nb、Ta、Sn、W、Ba、La、Th、V等元素，几乎包括了所有亲铁、亲硫元素，亲氧元素中的高价、变价及离子半径特大或特小的元素。总之，泥质岩中富有大多数微量元素。特别值得提出的是黑色页岩，由于富含有机质，吸附或络合了许多金属元素，成为重要的金属矿源层。如我国南方寒武系底部的黑色页岩，富集了Mo、V、Ag、U、Ni、Ba、Pb、Zn、Cu、Cr、As等元素，已在湖北、江西的寒武系页岩中找到了银、钒、铀、金等矿床。

另外，深海泥质岩也是一种特殊的还原环境下形成的泥岩，以富锰最为典型。海洋调查表明，大洋深部覆盖有一层锰结核，不仅可以作为锰资源（最高含量达20%）而在氧化锰沉淀时吸附了其他金属离子，如Ni、Co可以综合回收。其他如B、Na、Ba、P、S、Cu、Mo、Pb及卤族元素F、Cl、Br、I在深海泥质岩里的含量都超过了普通页岩。

(3)碳酸盐岩。是一种化学沉积岩，沉积作用受质量作用定律控制，只有达到浓度积的化合物才能沉积。因此，水溶液中元素含量和沉积环境具有控制作用。化学沉积是一种简单沉积，具有对其他元素"净化"的作用。因此，化学沉积岩中，除Ca、Mg、Ba、Sr、Mn等元素能在碳酸盐岩中富集外，其他元素含量都很低。

不同层位的沉积岩，由于物质来源和沉积环境不同，往往会有元素含量水平与组合的系统变化。例如，直接从古老地块补给的沉积岩中，铁族元素含量较高，在还原条件下沉积的岩石中，锰的含量较高等。

沉积岩中元素的分布及富集规律，是找矿与预测沉积矿产及沉积变质矿产的重要依据。利用微量元素在地层中的这些特征，还可能用来帮助划分与对比缺乏化石的所谓"哑地层"，并已发展成元素地层学这一方向。例如，陕西山阳地区，锰的含量从上泥盆统到上石炭统明显地升高，而V/Ni随地层由老到新逐渐变小。此外，还可以利用沉积岩中的微量元素来恢复古环境、古气候，这已成为古环境研究的重要依据。

第四节　地壳中元素的赋存形式

元素的赋存形式也称赋存状态、结合形式、相态等，它是元素在地球化学旋回演化某个阶段所处物理化学条件下元素与其他共生元素的结合特征。赋存形式包括元素所处的物态、化合物种类与形式、键型、价态在晶体结构中的位置等多方面的物理化学特征。因此，元素的赋存形式是体系各种条件的函数。目前观测到固结相元素的赋存状态能反映形成时的环境条件，对追踪元素迁移历史、探索地球化学作用的过程与条件具有重要的意义。

以铅元素为例，在岩浆熔体中铅以简单离子（Pb^{2+}）形式或部分以PbS分子的形式存在。在岩浆岩中80%以上的铅以类质同象置换K的形式存在于长石中，长石中含铅可达（30～100）$\times 10^{-6}$，<20%的铅以微细颗粒PbS的形式分散于岩石中。热液活动中，铅与Cl^-、F^-、HS^-以络合离子的形式活动迁移，热液活动产物中出现方铅矿、铅硫盐类矿物，还有相当部分以类质同象形式存在于闪锌矿、黄铜矿和黄铁矿晶格中。表生风化作用中，铅可以呈真溶液、胶体溶液、络合物形式迁移，形成的次生矿物以白铅矿为主。土壤与黏土页岩中还存在吸附态的铅。以上事实说明，一定的地质作用和物理化学条件造成元素的特定的结合状态。

一、元素的赋存形式

原生环境中元素的赋存形式可以按形成矿物的观点分为矿物形式和非矿物形式。矿物形式:独立矿物、副矿物、主矿物中的机械包裹体、固溶体分解物、液相包裹体中的子矿物。非矿物形式:类质同象混入物,元素呈离子、分子、胶体被矿物表面吸附,超显微非结构混入物,有机结合物。

1. *矿物形式*

独立矿物,也称显微矿物形式,指能够形成肉眼或显微镜下进行矿物学研究的颗粒(粒径大于0.001mm),并可以用机械或物理方法分离出单矿物颗粒。

形成独立矿物的地球化学意义在于出现宏观的相,表明体系中某元素达到一定的浓度。常量元素在地壳中主要以独立矿物存在,常称为造岩矿物。微量元素只有在特殊条件下总量中的小部分可局部浓集到形成独立矿物,通常称为副矿物。副矿物也可以是岩浆岩中分散存在的独立矿物,也可以是造岩矿物中的机械包裹体,如白云母中的锡石、长石中的锆石、磷灰石。有些矿物,如硫化物及与之类似的化合物中广泛分布固、溶体分解矿物,它们在高温时均匀混为一相,低温时分解为两种固相,在主矿物中形成独立细小的矿物包裹体,如黄铜矿中的黄锡矿"乳状浸染"分布;磁铁矿中的铁钛矿薄板状析出物;方铅矿中的自然银等。

2. *非矿物形式*

(1)超显微非结构混入物,大量的观察和分析表明,一些微量元素以一种极其细小的颗粒(<0.001mm)呈混入物形式存在于矿物中,但不占据主矿物晶格的位置,是一种独立的化合物,但又没有形成可供矿物学研究的颗粒。其成因介于独立矿物与类质同象之间的特征,具有独立的化学性质,可用化学处理方法进行分离和研究。

岩浆岩,特别是喷出快速冷却时,由于岩浆粘度很大,一些金属硫化物和氧化物来不及聚集生成大颗粒的副矿物,有的仅为晶核或稚晶,呈超细分散状化合物分散于岩浆岩中。研究证实的有黄铁矿、闪锌矿、方铅矿、辉钼矿以及钒、钛、锰、铀、钍的氧化物。此外,还有呈原子状态存在的金、银、铅、铋、汞等。一些实验研究,用稀盐酸处理花岗岩,可浸出18%～75%的Pb、Zn、Mo、V。据张祖送等对某石英正长岩进行诱发裂变径迹研究表明,在微斜条纹长石中出现不少直径$1\times10^{-1}n\sim10^{0}n\mu m$的星点状裂变径迹中心,其数量随铀含量增加而增多。美国克莱麦克斯斑岩铜矿中发现黑金红石中存在<1～10μm的含铀黑稀金矿。显然超显微结构混入物是一种普遍的存在形式,而且是属于一种活性的存在形式。

(2)类质同象结构混入物,元素由于晶体化学性质与主矿物元素相近而可以替代主元素占据晶格位置,用机械的或化学的方法都不能使二者分离,属于结合牢固的形式,类质同象已在矿物学、地球化学中详细介绍过了,本书不再重复。

类质同象形式的赋存状态总体属于分散的形式,如果主矿物是造岩矿物,微量元素接近于克拉克值的分散分布,如Ga、Ge、Rb、Tl等。如果主矿物是含量不高的造岩矿物(如黑云母)或副矿物,混入其中的微量元素就有一定的富集,有时可达到工业利用的程度,如Au、Ag、Cd、Ge、Re、Ta、Hf等。

(3)胶体或离子吸附状态,元素以离子或化合物的形式被胶体颗粒、矿物晶面、解理面吸附,或以岩浆期后热液中的离子形式存在于矿物颗粒间的粒间溶液(即固态体系中保留的残余气—液相物质)中,有的则以矿物液态包裹体形式赋存于矿物的晶格缺陷中。前者以离子或分子形式存在,不参加寄主矿物晶格,是一种结构很弱,易于交换、萃取的活性形式。后者虽不与主矿物结合,但被包裹,须将主矿物破碎后才呈活性形式而易被提取。

(4)与有机质结合的形式,地壳中广泛发育的生物及各种有机质,除集中了亲生物元素(C、H、O、N、S、P、Ca等)以外,还吸收了大量的金属、非金属元素。其结合的主要状态有:金属有机化合物、金属有机络合物和螯合物，以及有机胶体态吸附态金属离子等。特别是沉积岩、有机质页岩中与有机质形式结合的微量元素比例更高。

二、不同赋存形式的研究方法

1. 矿物学研究方法

除用肉眼或显微镜直接研究外，还可用机械碎至一定的粒度，将不同矿物解离后，用物理(密度、电磁性差异)方法分离集中。还可用 X 光衍射方法，测定晶胞参数以确定矿物种类。

2. 电子探针微区分析

它是由 X -荧光光谱(确定元素种类)和电子显微镜(图像显示)两种主要部件联合使用，同时进行矿物成分和图像的测定。电子探针探测微区直径为 0.001mm，分辨率极高，它不破坏矿物的原始结构，是微量元素赋存状态的重要研究方法。

3. 化学提取法

(1)偏提取法。也称浸取法或者部分提取技术。它是通过选择某种合适的提取剂，只溶解某一种结合形式部分，对其他结合形式不溶解从而使所研究的那种结合形式部分被提取出来。偏提取法一般用于结合不够牢固的那种赋存形式。例如，应用蒸馏水可以提取固态体系中的离子吸附态形式，用稀盐酸可提取超显微非结构混入物，用抗坏血酸加双氧水可以溶解硫化物而不破坏硅酸盐矿物结构，只提取矿化作用带入部分，达到强化异常指导找矿的目的。

(2)顺序提取法。它是根据不同试剂提取结合牢固程度不同的部分，从结合最弱的活动态离子—有机络合物—超显微结构混入物—硫化物到结合最牢固的硅酸盐，试验研究某些试剂进行依次提取。

目前对试剂的选择主要还是凭经验，据已有的文献资料，已试验过的弱提取剂有冷的稀盐酸、柠檬酸、草酸、醋酸、EDTA、次氯酸、盐酸羟胺等，强提取剂有过氧化氢、硫酸、硝酸、王水、氢氟酸等。按提取对象不同，相应的提取剂选择可参考表 2-10。

表 2-10 不同存在形式与其相应的提取剂

元素存在形式	提取试剂
吸附态	蒸馏水(pH=3)，稀柠檬酸(盐)
有机化合物	焦磷酸钠、次氯酸、过氧化氢
非结构物	稀盐酸(1+1,1+5)
硫化物	抗坏血酸+过氧化氢
硅酸盐	王水、氢氟酸

各种试剂的提取能力，目前主要还是经验性的，设计提取方案时，要根据研究目的、各种试剂的作用以及操作条件来进行。经验证明，提取方案不可太复杂，划分过细反而会使所得结果的统计显著性降低，以致失去地球化学意义。

第三章　表生地球化学环境与元素的表生分布

深成成岩作用形成的岩石(包括矿床)进入表生带后，处于一个与原生环境完全不同的物理化学环境，要与新的环境条件取得平衡必将发生深刻的变化。这种变化，无论从内容(元素的含量、结合方式、元素组合)到外貌(形貌、粒度等)都将是非常彻底的。现在我们实际采集、观测到的地球化学样品，除了采自深部钻孔或坑道中外，都或多或少经历了表生变化。目前采集的地球化学样品，80%以上来自表生带内，它与人类关系最为密切。同时，为了恢复和追索原始分布情况，了解表生作用对原始分布的改造规律是十分必要的。

第一节　表生地球化学作用的一般概念

表生地球化学环境与原生环境截然不同:温度不高且变化迅速，日变超过日平均温度两倍以上，年变超过年平均温度数十倍;压力为常压且变化小;有广大自由空间富含氧气及二氧化碳;水可以以气、液、固三相参加作用，有生物作用参加，有人类活动参加;与内生的吸热作用相反，表生化学作用多为放热反应。因此，表生作用必然处于一个温度压力低，以含有二氧化碳和多组分水为介质的物理化学综合环境。结果，完好粗大的晶体被细粒土状物质代替，致密坚硬的岩石变成松散物，结构严密的结晶物被无定形物取代，大分子量及分子量不定的物质大量出现;化学反应的可能数目剧增(仅无机反应已测定出 1 200 多个)，化学元素间各种过渡型结合形式大量出现，表生矿物数目大大超过原生矿物数，但它们的粒度很少超过 0.1mm。此外，生物活动在表生带内的作用比人们估计的要强烈得多，若以无机化学的观点来看待表生作用，就会对稳定的硅酸盐矿物会被溶解难以理解。我们把内生物质在表生环境中的这种改造过程叫做风化。

广阔的自由活动空间，使元素的活动性这一概念需要重新给以更明确的定义。在地球化学中，人们习惯于说一种元素一旦转入固相就不再活动了，这对内生过程来说一般是正确的(但岩浆活动、火山喷发仍属于固相机械运动)，把化学反应看作一个过程来分析也是对的。但在地表重力作用、水流作用下，碎屑物质的搬运可以把固体物质迁移极大距离。而且，从数量上来看，固相迁移大大超过了液相和气相迁移，这在次生地球化学异常形成中起了主导作用。

总之，表生环境是一个在太阳能和重力能的驱使下，以内生过程提供的岩石、矿石为物质原料，固相、液相、气相共同存在，物理、化学、生物作用综合进行的多组分的巨大动力学体系。表生作用的结果导致致密的岩石物质松懈瓦解直至被分解，抗风化的一些原生矿物残留下来，同时形成大量适应新环境的新矿物(次生矿物)。残留原生矿物与新生矿物一起形成了覆盖于岩石上的疏松层，它被称为土被(Vegolith)。在物理、化学、生物的继续作用下，形成具有垂直层位序列的土壤，这就是成壤作用。

表生带内，风化与成壤的产物，还可能遭受剥蚀、搬运，并在另外地点重新沉积。风化产物的分散首先受水的流动控制，水可以在土壤中移动，可以沿水系流动，它可以将风化产物以固体(悬浮形式)或液体(溶解形式)形式搬运。风化、成壤、侵蚀、搬运与沉积的过程，总起来构成了元素的表生地球化学旋回。

内生过程一般易于进行全球对比，如南半球的花岗岩与北半球的花岗岩就没有本质的不同。但同类花岗岩在不同地区遭受表生风化后，却表现出极大的差别。因此，表生作用是非常多样复杂的。所有影响表生作用的外部因素的总和叫做地球化学景观。前苏联学者波雷诺夫(Полынов)提出的景观地球化学，就是研究化学元素在各种景观条件下迁移沉淀的规律。实践研究证明，同种元素的同类矿床，在一个地区可能形成从矿体向外延伸数百米到数千米的表生异常，而在另一个地区却只能形成数米到数十米的表生异常，即异常的规模和强度明显受景观条件控制。另外，不同景观条件下，元素在表生地球化学环境中的存在形式也明显不同，能被植物吸收和影响人体健康的活动性元素的量因景观不同而异。因此，地球化学景观不仅对地球化学勘查有重要意义，对环境地球化学、农业、土壤地球化学也同样具有重要意义。

第二节 风化与剥蚀

一、物理风化

物理风化是风化作用的初级阶段。当岩石上升到一定高度，由于上覆岩石压力减小，应力平衡破坏就开始了。无论何种岩石都形成于一定压力下，它被巨厚的岩层压置而承受巨大静压力。一旦外部静压力消失，整块岩石内部结构的不均一性便显示出来，产生向外不均一膨胀作用，使岩石主要沿结晶面破裂，形成一系列的席裂构造，产生节理、片理。风化作用要消除物理上的不均一性，它只能通过颗粒变小，以保证每一颗粒内部均匀，从而在表生环境中稳定存在。所以，物理风化最终只能随颗粒变小而终止，它不能改变岩石的化学成分和矿物成分。

物理风化的营力是多种多样的，主要有气温、重力、冰冻与溶解、盐类结晶和植物生长等。

气温的周期性变化使岩石重复地热胀冷缩，虽然变化的幅度不大，但年复一年，从地质时间尺度看，必将导致岩石的疲劳与破坏。我们知道，岩石是由不同矿物组成的，不同矿物的热膨胀系数不同，如石英为31×10^{-6}，普通角闪石为28.4×10^{-6}，长石为17×10^{-6}，矿物的不均匀膨胀以及岩石的结构构造不均一，均导致了岩石因热胀冷缩而崩解。

当雨水渗入岩石微裂缝、冬季结冰时，体积膨胀(由水结晶成冰，体积膨胀1/11)，对两壁产生可达2 100～3 600kg/cm^{2}的压力，这一压力远大于一般岩浆岩或沉积岩的抗压强度(一般抗压强度：岩浆岩1 200～2 200 kg/cm^2，沉积岩700～1 000 kg/cm^2)。这种膨胀压力使岩石进一步裂开、破坏，被称为冰劈作用。冬季水管冻裂屡见不鲜便足见冰冻的巨大力量。

盐类结晶膨胀也对四壁产生了强大的压力，如明矾从溶液到结晶，体积增大0.5%，产生强大的挤压力。有人做过有趣的实验，常温下将花岗岩浸于饱和Na_2SO_4溶液中，于105℃干燥7h，使Na_2SO_4结晶。反复实验42次后，坚硬的花岗岩崩解了。

植物根系可以沿岩缝生长，将岩石挤开，悬崖峭壁的石缝中常常生长着一颗颗青松翠柏，根须顽强地深入裂缝。植物生长过程对两壁的压力达10～15Pa，这种作用称为根劈作用。根劈作用仅次于冰劈作用，植物强大的生命力，随处可见对岩石产生的破坏效果。

岩石碎块在重力作用下崩塌、滚动、磨蚀、破碎，使岩石粒度一步步变细变小，深化着物理风化。

物理风化的强度，明显受绝对高程、相对高差和气温控制。在高寒山区和极地，物理风化占绝对优势。我国高寒山区面积达 $100\times10^4 km^2$ 以上，在那里，作为物理风化产物的石流、石海、倒石堆广泛分布。由于物理风化产物不改变化学成分，因此，观察分析碎屑岩石成分，可以了解基岩区的成分特征，这是利用机械分散流进行地球化学勘查的有效区域。

二、化学风化

与物理风化相比，化学风化营力对于岩石和矿物的分解要强烈得多。在极端情况下，岩石的组分、结构和特征被改造得面目全非。例如，在合适条件下，粗粒的硅酸盐岩可以变成极细的黏土矿物；灰岩、白云岩被完全淋失，仅剩下少量不溶物残渣；不同类型的岩石，在强烈化学风化下发育成厚层的简单的水化铁铝氧化物(砖红土和铝土矿)。

化学风化几乎都与环境中的水、水中溶解的阴离子和 CO_2、O_2 有关，有水参加才能使反应有一定速度，反应物被水带走才能使反应过程继续进行。即使是纯水，矿物都或多或少能够溶解一些。水中溶解的 O_2、CO_2 以及海洋和人类生活、工业活动带来的氯化物、硫氢化物，大大增加了天然溶液的溶解能力。雨水在土壤中渗透时又吸收了腐殖酸络合物，更多的 CO_2，从而使土壤水具有更强的腐蚀性。同时，有生物活动参加更不同于内生作用，生物营力的物理、化学作用(包括微生物作用)对坚硬岩石的分解具有极为重要的意义。

风化过程中的化学反应复杂多样，但可以归结为：水解、水合、氧化、酸解及微生物作用等。这些过程很少单独起作用，一般都是两三种作用互相配合，同时进行。为了便于理解，我们逐一剖析这些化学过程。

1. 氧化作用与还原作用

(1)氧化作用。氧化的实质是在表生带富氧条件下，含有变价元素的原生矿物，在氧、水的共同作用下，使低价离子失去电子，形成高价氧化物或含氧盐及氢氧化物。例如铁橄榄石的氧化：

$$2Fe_2SiO_4+O_2+4H_2O\longrightarrow 2Fe_2O_3+2H_4SiO_4$$

其他含铁硅酸盐矿物同样按这种方式进行氧化，最后形成不溶的 Fe_2O_3(赤铁矿)和硅酸。例如含铁硫化物的氧化：

$$2FeS_2+7O_2+2H_2O=2FeSO_4+2H_2SO_4$$

氧化结果形成的硫酸提高了水的腐蚀作用，进一步加速氧化。

(2)还原作用。由于种种原因造成局部缺氧时，就会形成还原环境，如潜水面之下的缺氧环境，有机质分解耗去游离氧，细菌繁衍吸收氧等。在这种环境条件下，就会发生还原作用。还原作用是氧化作用的逆过程。氧化带广泛出现的三价铁还原为亚铁，硫酸盐的高价硫被还原为负二价硫。

近 20 年来，对细菌参与氧化和还原反应的问题，已进行了许多研究。已查明喜氧细菌中存在一种嗜铁杆菌能把 Fe^{2+} 氧化为 Fe^{3+}，另一类嗜硫杆菌能把硫化物的硫氧化成硫酸盐。另外，也发现能起还原作用的厌氧细菌，如 *Desulforibrio* 和 *Desulfomaculumi* 类细菌，能把 SO_4^{2-} 还原为 H_2S：

$$SO_4^{2-}+8e+10H^+\xrightarrow{\text{细菌}}H_2S+4H_2O$$

表生带中金属硫化物的形成，可能与细菌的还原作用密切有关。

2. 水解

水解的实质是水电离的 H^+ 或 OH^- 进入矿物晶格分别取代其中的阳离子、阴离子，从而使矿物解体形成新的矿物。例如，正长石的水解形成高岭石的反应为：

$$4K[AlSi_3O_8]+6H_2O \longrightarrow Al_4[Si_4O_{10}](OH)_8+2SiO_2+4KOH$$

水解反应受 pH 值控制，当水解反应使溶液偏碱性时，天然水吸收大气、工业废气中的 CO_2，以及土壤有机质腐解产生的 CO_2、HCl、H_2S 等调节，使雨水 pH 值保持在 5～7，增加了水解的活力。同时，不同 pH 条件下，硅酸盐矿物水解可形成不同的次生矿物，例如白云母的水解过程：

$KAl_2[AlSi_3O_{10}](OH)_2 \longrightarrow K_{1-n}Al_2[AlSi_3O_{10}](OH)_2 \cdot H_2O$　　pH＝7.8～9.5

伊利石

$\longrightarrow Al_2[AlSi_3O_{10}](OH)_2 \cdot nH_2O$　　pH＝7.5～8.5

贝得石

$\longrightarrow Al_2[Si_4O_{10}](OH)_2 \cdot nH_2O$　　pH＝7～8.5

蒙脱石

$\longrightarrow Al_4[Si_4O_{10}](OH)_8 \cdot 4H_2O$　　pH＝6～7

埃洛石

$\longrightarrow Al_4[Si_4O_{10}](OH)_8 \cdot 2H_2O$　　pH＝5～6(?)

变埃洛石

$\longrightarrow Al_4[Si_4O_{10}](OH)_8$　　pH＝3.5～8

高岭石

硅酸盐矿物水解后，碱金属和碱土金属阳离子与 OH^- 离子一起进入海水，而与硅铝阴离子结合在一起的 H^+ 则进入黏土矿物，这些黏土矿物一般为难溶解的弱酸性物质，是土壤的主要组成部分。

3. 水合作用

水合作用的实质是水分子整体进入矿物晶格中，从而矿物体积增大。如：

$$Fe_2O_3+nH_2O \longrightarrow Fe_2O_3 \cdot nH_2O$$

赤铁矿　　　　水针铁矿

$$CaSO_4+2H_2O \longrightarrow CaSO_4 \cdot 2H_2O$$

硬石膏　　　　石膏

类似的还有长石变为水云母，黑云母变为蛭石，均是水合作用的结果。

4. 碳酸化作用

天然水中最常见的碳酸根(CO_3^{2-})和重碳酸根(HCO_3^-)离子，与矿物或岩石相互作用后引起碳酸盐化。结果使矿物部分或全部溶解，如灰岩的溶解过程为：

$$CaCO_3+H_2CO_3 \longrightarrow Ca(HCO_3)_2$$

重碳酸盐比碳酸盐的溶解度高几十倍，从而使灰岩溶解了。

铁橄榄石的碳酸化过程为：

$$Fe_2SiO_4+4H_2CO_3 \longrightarrow 2Fe(HCO_3)_2+H_4SiO_4$$

三、生物风化

生物风化是指由生物营力引起的物理风化和化学风化。岩石的风化常常是以生物风化开始的。当岩石还是致密块状时，生物风化即已开始，细菌、真菌、藻类及地衣等低等生物附着在岩石上，分泌有机物，分解岩石，并从基岩中吸取养料。据资料记载，在天山、高加索一带，裸露的花岗岩裂隙中的黑色地衣残体含 Cu300$\times10^{-6}$,Mn700$\times10^{-6}$,而岩石本身含 Cu 仅 20$\times10^{-6}$,Mn80$\times10^{-6}$,显然是这些岩生植物富集的结果。地衣死后的残骸变为细土,为高等植物的生长提供条件。地表的各种微生物具有强大的适应力,无处不在,对岩石、矿石的分解起着巨大的作用。每克土壤中有各种细菌上亿个,细菌可以分为自养型和异养型两类。自养型细菌可以直接依靠无机物存活,异养型则依靠其他有机物生活。地球化学中,自养型嗜硫杆菌特别重要,它能把二价铁氧化成三价铁,把硫化物氧化成硫酸盐。一些异养型细菌在分解植物残体时,产生 CO_2、CH_4、NH_3 等气体,造成局部还原环境,使铁还原成低价铁而溶解迁移,使 SO_4^{2-} 还原成 H_2S,形成硫化物而对金属起固定作用。微生物还有特殊的触媒作用,使在常温常压下难以实现反应很慢的过程加速进行,起催化作用。如黄铁矿在细菌作用下的迅速氧化:

$$4FeS_2+15O_2+2H_2O\longrightarrow 2Fe_2(SO_4)_3+2H_2SO_4$$

利用这一原理于选矿上便是生物选矿。在美国每年生产的原铜中,有 10%以上的产量是通过细菌分解废石淋滤出来的,成为尾矿再利用的重要方法。

此外,动物的机械破坏,田鼠、蚂蚁、蚯蚓的挖洞掘穴,使岩石破碎,促进风化。动植物死亡后残体腐解产生 CO_2,有机酸进一步加入化学风化作用。

总之,生物的风化作用,远远比人们预想的要强烈、广泛得多。

物理风化、化学风化和生物风化是同时存在、相互促进的。例如物理风化时,1m³ 的整块岩石表面积为 6m²,如果把它破碎为 1mm³ 的小碎块,表面积增至 6 000m²。由于化学风化是与矿物岩石的表面进行化学反应,物理风化的结果大大加速了化学风化的进程。

四、影响风化作用的因素

影响风化作用的因素可以分为区域性因素与局部性因素两大类。区域性因素有地形、气候、植被和大地构造单元,局部性因素有岩性、微地形、小构造等。

(1)地形。地形特点由两个参数来描述,即绝对高程和相对高差。图 3-1 为我国山地分级图。海拔 3 500m 以上、相对高差 1 000m 为高寒山区,分布于西藏、青海、四川、新疆、甘肃等省区,属青藏高原隆升区。这类地形区,物理风化为主,但化学风化也不可忽视,化学风化主要在山脊以下较为活跃。据任天祥(1997)等在青海纳日玛地区的研究,用柠檬酸铵冷提取疏松物中的 Cu,上坡地段(5 400m 左右)提取率仅 1%～3%,而在下坡地带(5 050m)增至 4%～10%。

中低山区,化学风化、生物风化起主导作用。但是这些地区是由高山区经夷平作用形成,以前地质历史上有过的物理风化阶段及其产物,如石海、倒石堆的残余物,再次经历了化学风化、

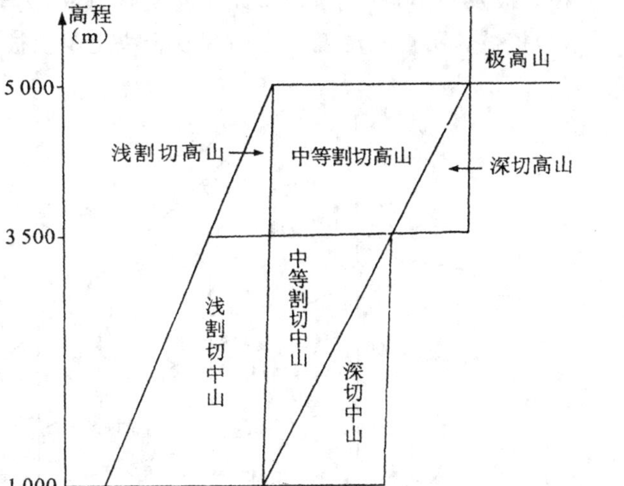

图 3-1 地形等级的划分

生物风化。

与山区相比，平坦地区侵蚀作用不活跃，地下水位高，运动迟缓，高水位处通常处于还原的潜育沼泽条件。在这类地区，低速率的侵蚀使岩石分解减缓下来，直至达到平衡，这时风化过程实际上趋于停顿。

(2)气候。对风化有影响的气候因素有雨量和温度，其中雨量占主导地位。因为没有水，不但失去了水的机械搬运能力，也因无水，化学反应难以进行。温度影响化学反应的速率，特别是有机物质分解的速率，进而影响化学分解的速率。

表 3-1 给出了英国温带气候条件和印度热带气候条件下粗玄岩的风化产物。热带强化学风化后，土壤中主要保存 Al_2O_3 和 Fe_2O_3，其他几乎淋失殆尽。

表 3-1　粗玄岩在温带与热带化学风化的结果(霍克斯，1962)

组　分	粗　玄　岩 英国斯塔弗德歇尔		粗　玄　岩 印　度　孟　买	
	新鲜岩石	上覆黏土	新鲜岩石	上覆黏土
SiO_2	49.3	47.0	50.4	0.7
Al_2O_3	17.4	18.5	22.2	50.5
Fe_2O_3	2.7	14.6	9.9	23.4
FeO	8.3		3.6	
MgO	4.7	5.2	1.5	
CaO	8.7	1.5	8.4	
Na_2O	4.0	0.5	0.9	
K_2O	1.8	2.5	1.8	
TiO_2	0.4	1.8	0.9	0.4
P_2O_5	0.2	0.7		
H_2O	2.9	7.2	0.9	25.0
总　量	100.4	99.3	100.5	100.0

在北极及干旱条件下，物理风化起主导力量，化学风化强度最小。

(3)植被。雨量和温度两个因素联合决定了植被的发育情况(图 3-2)，在炎热多雨地区，

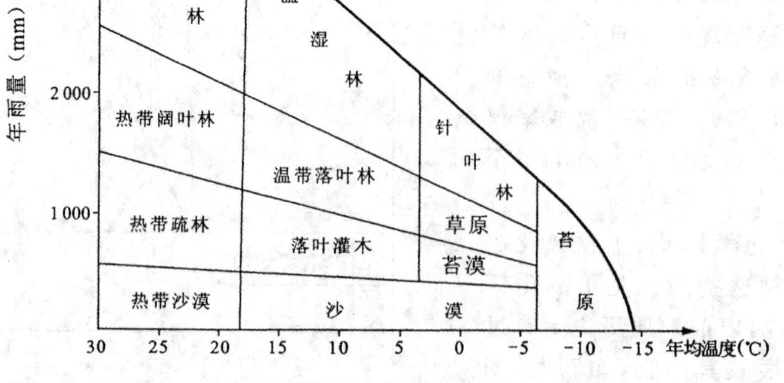

图 3-2　气候对植被的影响(Whittaker，略加修改)

地表植被极为发育(热带雨林),淋滤作用最为强烈,连 SiO_2 这样难溶的物质也被水溶解带走,难以留下,剩下来的只有 Al_2O_3 形成富铝风化壳,极端条件下形成铝土矿。铁与铝的行为相似,在热带多雨地区形成砖红土。植被发育程度直接关系到有机风化,有机质腐解产生 CO_2,有机酸促进化学分解,丰富的有机质是微生物繁衍的基础,植物根系生长促进了岩石的机械破坏。因此,植被发育程度是有机风化强烈程度的标尺。

(4)母岩性质。母岩性质中影响风化的因素有两个:矿物抗风化能力和岩石结构构造。不同矿物对于抗风化能力相差很大,普通造岩矿物的抗风化排列次序正好与鲍文反应序列相反,最高温无水条件下结晶的矿物(如橄榄石)比低温含水条件下结晶的矿物更易风化。一般规律是越接近表生条件下形成的矿物对风化越有抵抗力,见图 3-3。

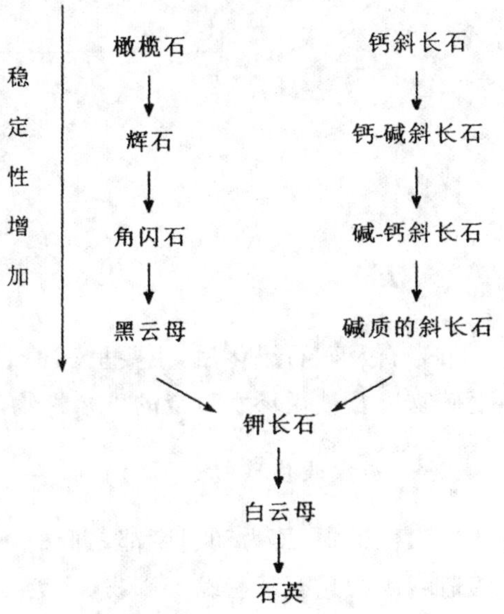

图 3-3 表生条件下普通造岩矿物的相对稳定度

金属矿物中,硫化物最易氧化,因为 S^{2-} 在富氧条件下最易被氧化为 S^{2+}、S^{4+}、S^{6+} 等不同价态的硫离子。金属氧化物一般比硫化物抗风化,但含低价金属阳离子的氧化物比高价氧化物更易被氧化。沉积岩抗风化能力比岩浆岩、变质岩强。这类岩石是由风化作用中形成的次生矿物组成的,这些次生矿物已适应表生风化环境,当它们组成的岩石重返氧化带时,它们经受的化学风化要轻微得多。这时,风化作用主要表现为物理风化,将已固结成岩的沉积岩重新离解为原组成矿物。但是化学沉积岩例外,化学沉积岩(灰岩、白云岩)在表生酸性雨水环境中是极易化学溶解的。岩浆岩抗风化能力最弱,常形成各种负地形。岩浆岩中又以超基性岩抗风化能力最弱。

无论岩石或矿石,它们风化强度还受矿物组合的结构、孔隙度、渗透性等的影响。粗颗粒岩石比细粒岩石易遭分解,不等粒结构、斑状结构比等粒结构易受风化,多孔岩石更易被水渗透而易被溶解。

上面对各影响因素进行一一分析是为了便于理解。实际上,作为一个地球化学体系,这些表生环境因素是综合起作用的。只是具体一个景观区,某一因素特别突出一些,从而成为该景观条件下影响风化的主导因素。

五、风化与剥蚀的平衡

风化作用使地表松散层变厚,结果使风化速度变慢以至中止。但另一方面,厚层松散物的表层极易被外力带走,使其厚度变小。当剥蚀速度大于风化速度时,地表不可能形成发育完好的覆盖层,甚至基岩直接出露。反之,当风化速度大于剥蚀速度时,就能使松散层厚度加大,它的表层就有可能逐渐熟化而发展成为土壤。当两种速度相等时,整个松散层的厚度与结构保持不变,而绝对标高以一定的速度下降,这种速度在山区为每年 1～10mm。图 3-4 表示了理想的平衡过程。在大多数现代山坡上,正常坡积物的厚度一般为 2～3m,正是风化与剥蚀平衡的表现;而在山顶及山脚,产生相应的不平衡,山顶上剥蚀速度较高,而在山脚下较低。

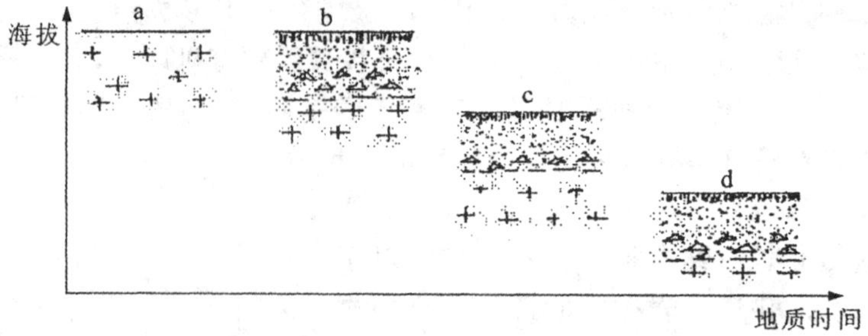

图 3-4 风化与剥蚀的平衡

第三节 风化产物

岩石及矿石风化后，主要呈三种形式存在：残余的原生矿物、在表生环境中稳定存在的次生矿物以及被循环水带走的可溶性物质。

一、残余原生矿物

表生带中，压力和温度都是低的，而水、二氧化碳和游离氧很多，在这种情况下，较为稳定的造岩矿物只有某些黏土矿物、石英、水云母以及一些绿泥石类矿物，这些主要是沉积岩中的造岩矿物。大多数火成岩和变质岩的矿物都不稳定，只是由于风化作用进行的阶段性、彻底性不同，它们转变成稳定形式矿物的速率不同，有的还未完全被改组情况下才被保存下来。造岩矿物在所有分解阶段都可呈风化残余产物的常见组分出现。最耐风化的矿物，如石英、锆石、磷灰石等才能坚持到最后，其结果是残积土中常见的原生组分主要是白云母及一些副矿物，如磁铁矿、钛铁矿、金红石等。

矿石矿物中，自然金、铂钯矿、锡石、铌钽铁矿、铬铁矿及绿柱石是常见的原生矿物，它们多是自然元素矿物或氧化物类。而硫化物、硫盐类矿物多被氧化。有些矿物虽然耐风化，但是太脆或太软，难以经受物理磨蚀。如黑钨矿、白钨矿、重晶石在土壤中能坚持下来以残余产物存在，在冲刷搬运中，或被粉碎、或被磨蚀而不复存在。

二、次生矿物

原生硅酸盐矿物经过化学风化、生物风化后，形成一系列新生次生矿物。这些次生矿物主要是黏土矿物类及铁、锰、铝的含水氧化物。新生矿物除了严格发育在“原地”外，相当多的新矿物还可以由胶体的凝聚及从溶液中沉淀、脱水形成。如含水氧化铁、无定形二氧化硅以及次生碳酸钙等，几乎所有的次生矿物的颗粒都极细小，一般都小于 0.02mm。

现介绍一些主要次生矿物的地球化学性质，以加深对表生风化物地球化学特征的认识。

1. *黏土矿物*

它们是 Al、Fe、Mg 的含水硅酸盐。平时我们所说的黏土，其意义十分含糊，一般指粒度 $<2\mu m$ 的所有疏松颗粒物。但粒度 $<2\mu m$ 的物质并不一定是黏土矿物。黏土矿物是具有相对稳定的结晶构造的物质，X-粉晶衍射可以测出它们的晶胞参数。黏土矿物由两种基本芯片

构筑而成，即铝硅氧的四面体芯片和八面体芯片。四面体由一个 Si 或 Al 的离子被 4 个 O^{2-} 包围。四面体两面都带负电荷，以便与阳离子结合。八面体芯片则由一个 Al^{3+} 或 Fe^{2+}、Mg^{2+} 阳离子和周围 6 个 O^{2-} 或 OH^- 离子包围。黏土矿物的种类就是由八面体中阳离子种类和八面体芯片与四面体芯片排列方式及芯片间平衡电荷的阳离子种类而定。

由一层四面体芯片与一层八面体芯片构成的黏土矿物叫做 1∶1 型，层间连接靠共同的 O^{2-} 或 OH^-，因此粘合较牢固。二层单元之间，则靠较弱的氢键或阳离子连接，从而构成整个矿物。高岭石、蛇纹石、埃洛石属于这类构造。蛇纹石与高岭石不同，就在于八面体中的 Al^{3+} 被 Mg^{2+} 取代。埃洛石的特点则在于二层单元之间夹有一层水分子。

1∶1 型黏土矿物的离子交换能力较弱。大部分黏土矿物属于 2∶1 型构造，即二层四面体芯片夹一层八面体晶片，如云母类矿物、蒙脱石、伊利石(水云母)等结构就是这样。云母类矿物四面体晶片中约有 1/4 的 Si 被 Al 置换，电荷差由层间的 K^+ 平衡，除 K^+ 外，还可能有 Na^+、Rb^+、Cs^+、Ba^{2+}、Ca^{2+} 等。如果四面体中 Al 置换 Si 过多，八面体中的 Al 会被更多的二价阳离子(如 Fe^{2+}、Mg^{2+})取代以平衡电荷。此时，层间有 Ca^{2+}、Na^+、Fe^{2+} 等阳离子出现，使三层单元之间联系较弱，甚至水分子、有机分子也可进入，使这类矿物具有膨胀性。三层单元之间的阳离子是可以交换的，所以这类矿物具有较大的阳离子交换容量(表 3-2)。

表 3-2　黏土矿物阳离子交换容量

矿物	高岭石	多水高岭石	伊利石	绿泥石	蒙脱石	蛭石	有机质
交换容量毫克当量/100g	3～15	5～50	10～40	10～40	80～150	100～150	150～600

从黏土矿物形成环境看，高岭石是在酸性环境中，Na、K、Ca、Mg 等阳离子淋洗很强的条件下形成的；而蒙脱石、水云母等则形成于中性到碱性环境。黏土矿物是层间电荷和晶体边缘的阴离子吸附阳离子。因此高价阳离子优先被吸附，吸附阳离子的一般顺序是：

$$Li^+ < Na^+ < K^{2+} < Rb^+ < Cs^+ < Mg^{2+} < Ca^{2+} < Ba^{2+} < H^+$$

其中 H^+ 因半径特别小是一突出例外，它可以把其他阳离子挤出来而占据之。可见黏土矿物的最大地球化学特征是，具有吸附阳离子的能力，在地球化学勘查时，采集细粒物质以提高异常强度便是这个道理。在环境地球化学中，可用它治污；生产纯净水时，用它作吸附剂。

2. 铁锰氧化物

风化产物中除广泛分布的黏土矿物外，Fe、Mn、Al 的氧化物也很常见。它们通常不在水体中出现，而呈结核、岩石表面的被膜和黏土中的锈斑出现。这一组矿物的最主要的代表是褐铁矿($Fe_2O_3 \cdot nH_2O$)、水赤铁矿($2Fe_2O_3 \cdot H_2O$)、针铁矿($Fe_2O_3 \cdot H_2O$)、水铝石($Al_2O_3 \cdot H_2O$)、三水铝石($Al_2O_3 \cdot 3H_2O$)、软锰矿(MnO_2)和硬锰矿($MnO \cdot nH_2O$)等。大多数褐铁矿可能是针铁矿和赤铁矿的混合物。氧化条件下，含铁矿物形成高价含水氧化物沉淀，而大量形成的黏土矿物并不需要铁。氧化铝则直接从铝硅酸盐氧化形成，在潮湿炎热气候带，含水的铁、铝氢氧化物最易形成，如果再具备排水畅通、淋滤良好的条件下，它们形成风化最终的固体产物，可堆积成巨厚的砖红土层或形成铝铁矿。

含水氧化物，特别是铁、锰的氧化物最特征的地球化学性质是在其形成过程中，对其他微量元素具有强烈的吸附及沉淀作用。

铁、锰氧化物的吸附特征与黏土矿物不同，后者是结构性的，靠晶体边角上的 O^{2-} 未平衡电荷的静电吸附及层间阳离子交换吸附微量元素。而铁、锰氧化物是靠颗粒上附着的 H_2O 的电离或附着的 OH^- 电荷吸附阳离子：

$$Mn-H_2O \longrightarrow Mn-OH^-+H^+$$

$$Fe-H_2O \longrightarrow Fe-OH^-+H^+$$

此时的铁、锰氧化物表面获得负电荷。而当溶液为酸性时，反应逆转：

$$Mn-H_2O \longrightarrow Mn-H^++OH^-$$

$$Fe-H_2O \longrightarrow Fe-H^++OH^-$$

此时氧化物表面带正电荷。表面电荷与 pH 的关系如图 3-5 所示。

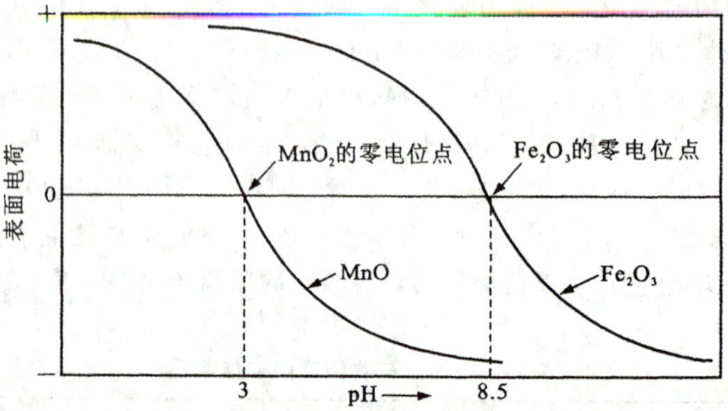

图 3-5 铁、锰氧化物表面电荷与 pH 关系

由图可见，锰的氧化物在 pH>3 的弱酸到中性溶液中表面带负电荷，pH=0 时表面不带电荷，称为零点电位。而铁的氧化物在 pH>8.5 的碱性溶液中才带负电荷。因此，几乎所有天然水溶液条件下锰的氧化物都能吸附阳离子。表明锰氧化物吸附阳离子的能力强，在大多数自然环境下都具有吸附阳离子的能力。

零点电位之外的条件下，铁锰氧化物的吸附性是不可逆转的，一旦被吸附后，当外界被吸附离子浓度降低，也只有部分被吸附的离子解脱出来。这可能是由于被吸附离子向氧化物内部扩散或氧化物晶化，使被吸附离子进入晶格。如果氧化物干燥，晶体"老化"，被吸附离子就被牢固地结合在其中了。

总之，铁锰氧化物通过形成时的共沉淀和形成后的吸附作用，能从水溶液中吸附微量元素，成为一种天然的"清除剂"。

克拉斯科夫(1955)总结了铁锰氧化物中微量元素的平均含量(表 3-3)，表明锰的氧化物吸附更强。

表 3-3 天然铁锰氧化物中的微量元素丰度与地壳丰度(Krauskopf,1955) (单位：10^{-6})

元素	地壳丰度	铁氧化物中丰度	锰氧化物中丰度
As	2	10～700	70
Ba	580	90～370	1 000～7 000
Cu	50	180	2 000～20 000
Mo	1.5	—	300～3 000
Ni	75	20～200	1 600～2 000
Se	0.1	0.5～5.0	—

诺兰(Nowlan,1975)根据多元相关分析,研究了铁锰氧化物吸附微量元素的差异:

(1)不被铁锰氧化物吸附的元素:B、Cr、K、Mg、Rb、Sc、Ti、V、Zr。

(2)可能不被铁锰氧化物吸附的元素:Ag、Be、Ca、Ga、La、Sb、Y。

(3)被铁锰氧化物弱吸附的元素:Cu、Mo、Pb、Sr。

(4)被铁锰氧化物吸附的元素:Ba、Cd、Ni、Te、Zn。

(5)被铁锰氧化物强烈吸附的元素:As、In。

诺兰的报道与早先文献有很大出入,应用中仅供参考。

铁锰氧化物吸附大量微量元素,对勘查地球化学来说,可能造成一种非矿异常,但若应用得当,可以提高异常强度,强化异常。一般利用微量元素含量除以铁锰含量予以标准化。对环境地球化学来说,土壤铁锰氧化物多,可以提高土壤自净化能力。

三、有机物

表生条件下,有机物可以说无处不在。严格讲,有机物不是地壳岩石风化的产物,而是风化过程相伴的形成物。但它已普遍存在,与岩石风化物混在一起,而且具有重要的地球化学性质,因此暂时把它也归入风化产物中予以介绍。

自然界的有机化合物有碳氢化合物、碳水化合物、氨基酸、有机染料(色素)、维生素、腐殖质等。从地球化学角度讲,主要是研究它们对金属元素的溶解迁移与沉淀的作用。

土壤中简单有机物的浓度约为 10^{-3} mol;较复杂的有机物如氨基酸、脂肪酸、有机染料等,一般浓度为 10^{-5} mol(Stevenson,1972),它们是活的有机物的代谢物,虽然浓度不大,但对 Fe、Mn、Al、Co、Ca、Zn 等元素的表生迁移有重要影响,某些铁锰结核就具有生物结构残余。

地表大量存在的有机物是腐殖质,它是一种深色酸性的高分子有机化合物。它们可由植物腐解或微生物合成而来,分子量从数百、数千到上万,没有一个确定的分子量。它们的结构十分复杂,主要由多苯环及其衍生物在三度空间上集结而成,其形状为球形、长条形或不规则形。它们从中心向外,伸出各种能反应的官能团,因此有很大的活动性。腐殖酸是腐殖质的主要部分,也是腐殖质中能溶于碱的那一部分,溶于碱中又能被无机酸(硫酸或盐酸)沉淀的那一部分成为胡敏酸;酸化也不沉淀者称为富里酸(富啡酸)。其实,上两种化合物性质相似,只是富里酸是小分子量(<500)化合物,而胡敏酸分子量较高,多大于 1 000~5 000。它们在结构上向外伸出$-$COOH、$-$OH 及$-$C=O 基,其中的 H 可以电离使之具弱酸性。当它们溶解在水中时,一般带负电。

有机物与金属的作用有三种方式:

(1) 形成有机盐:有机酸结构中的$-$COOH、$-$OH 电离出 H^+,金属取代 H^+,形成有机盐。这种结合的键能较弱,反应式为:

$$HA + Me^{n+} \longrightarrow MeA + H^+$$

上式中:A 为有机物大分子,该反应产物中有 H^+,所以受 pH 控制。上式的平衡关系可以表示为:

$$\frac{[MeA]}{[Me^{n+}]} = K\frac{[HA]}{[H^+]} \qquad 或 \qquad K = \frac{[MeA]\cdot[H^+]}{[Me^{n+}]\cdot[HA]}$$

平衡常数 K 对于不同的 Me 和 A 是不同的,它表示了某种有机物对不同元素的亲和性。据测定,二价阳离子的亲和性次序为:Ni>Co>Pb>Cu>Zn>Mn>Ca>Mg,但也可能是:Cu>Ni>Co>Pb>Ca>Zn>Mn>Mg(LaVenson,1979)。

(2) 金属直接与C、N、P、S等给出电子后的原子连接，这种结合就比较强，形成有机金属化合物。

(3)形成有机螯合物，金属与有机物结合形成环状多键的化合物，这种结合最牢固。地球化学样品分析中，即应用螯合剂来掩蔽干扰元素。

有机物对许多金属元素的固定作用是肯定的。泥炭、石煤、黑色页岩中富含Cu、Zn、V、Mo、Ag等元素，有时甚至形成工业矿床。

腐殖酸对金属的迁移具有双重影响，一方面起固定作用，如大分子的胡敏酸结合的金属，不易迁移而固定。但是，有机酸形成有机络合物后，大大增加了元素的溶解，如小分子的富里酸对细粒方铅矿、闪锌矿、辉铜矿、赤铁矿、自然金等，都具有极强的溶解能力。Baker(1978)用含 550×10^{-6} 的有机酸溶液与金接触，50天后发现溶液中含金达 330×10^{-9}。

四、可溶解物

主要是原生矿物化学分解时释放出的，在形成次生矿物所不需要的组分，如碱金属和碱土金属K、Na、Ca、Mg等阳离子。硫化物氧化，产生大量的金属阳离子和 SO_4^{2-} 离子，即使硅酸盐矿物和很稳定的金银矿物，也能产生一定溶解。因此，水中可溶组分一般能反映母岩的成分特征。如 Ca^{2+}、Mg^{2+} 及 CO_3^{2-} 含量高的水反映的是碳酸盐岩石的风化产物，铁镁质岩风化区水中产生Fe、Mg高，花岗岩、长英质岩及泥质岩风化区水中以K、Na较高。一般来说，Ca^{2+} 较 Mg^{2+} 更易被移走，因为 Mg^{2+} 可以被黏土强烈吸附，或者加入蒙脱石、绿泥石的构造中。K^+ 可以保留于伊利石中，而 Na^+ 几乎完全溶于水中被移走。铁和锰在还原条件下也可溶解，氧化条件下，一部分氢氧化铁也可以胶体形式移去。

矿石在风化时产生类似的可溶物，而且硫化物矿床氧化使水呈强酸性环境，更使大量金属呈易溶阳离子而被溶解，只是一部分被截留在次生矿物中。矿石风化过程比硅酸盐岩风化要复杂得多，次生矿物的稳定场也比较复杂。当地下水循环很活跃时，相当大量的金属将被移走(表3-4)。

表3-4 流经硫化物矿床的地下水组分

元素	水中含量(10^{-6})	
	A	B
Ca	68	260
Mg	41	49
Na	23	13
K	20	3.2
SiO_2	56	23
Al	433	12
Fe	2 178	
Cu	312	143
Zn	200	345
SO_4	6 600	1 650
Cl	0.1	3.7
盐度	9 990	2 500

注：A. 田纳西州伯腊—巴拉矿山；B. 密苏里州维多利亚矿山(Hawkes,1974)。

五、主要类型岩石的风化特点

沉积岩中碎屑岩风化时(砂岩、页岩),化学溶解十分微弱。因为组成碎屑沉积岩的主要矿物是上一个风化旋回中形成的次生矿物,已经过水的浸洗,所剩下的是稳定的石英,少量钾长石及各类黏土矿物。沉积岩再风化时只是再度松散而已,有的体积略有膨胀变大,微量元素含量变化小。如果胶结物为钙质,则产生金属的溶解,若为铁质胶结,则产生氧化铁锈斑。

碳酸盐类岩的化学风化强烈,在溶解了CO_2的水的作用下,Ca、Mg 大量溶解:

$$(Ca、Mg)CO_3 + H_2O + CO_2 \longrightarrow (Ca、Mg)(HCO_3)_2$$

Ca、Mg 的重碳酸盐溶解度大,可以被水一直带入江河湖海,或在CO_2逸失情况下,以石灰华或石钟乳形式析出。十分纯净的灰岩,风化结果所剩残渣甚微。如果含有10%的不溶杂质,10m 厚的灰岩风化可形成 1m 厚的残余物。灰岩风化的主要残余物是 Fe、Mn 的氢氧化物,以及少量黏土微粒。由于碳酸盐风化产生碱性环境,加之 Fe、Mn 氢氧化物的强烈吸附性,灰岩中的重金属元素几乎全被残余富集起来。表 3－5 为广东凡口灰岩及其风化产物中的元素含量。

表 3－5　广东凡口灰岩及其风化产物中的元素含量对比　(10^{-6})

元　素	Cu	Pb	Zn	Ni	Fe
灰岩	32	32	141	13.6	9 220
风化物	50	200	178	53	55 000
富集系数	1.6	6.25	1.3	3.9	5.96

可见,灰岩风化产物中,金属元素往往产生较大的富集。因此,勘查地球化学评价异常时,要特别注意原岩类型可能引起的非矿异常。

岩浆岩风化时,由于岩性不同,风化产物的地球化学特征也不相同。

超基性岩风化时,由于主要造岩矿物是橄榄石、辉石,它们在表生环境中最不稳定,甚至在地表以下很大深度上即已发生分解反应。在地表,所有原生矿物几乎完全消失。大量 Ca、Mg 及部分SiO_2被溶解带走。当地形平坦时,在一定深度上以菱镁矿、方解石、蛋白石形式出现,形成所谓碳酸盐风化壳。在 Ca、Mg 移走同时,发生氧化,形成褐铁矿、水针铁矿。如果原岩中含有一定硫化物,还能形成黄钾铁矾。所有这些含铁矿物集合起来,使超基性岩风化残积物形貌酷似铁帽(强烈化学风化区)。当化学风化不很强烈时,少量金属和碱金属元素(Mg)还结合在硅酸盐内,这时形成绿泥石及绿高岭石等黏土矿物,使超基性岩的残积土呈现暗绿色,在野外是一种很特征的识别标志。

超基性岩中含有很高的 Ni、Cr、Co 等元素,Cr 主要存在于稳定的尖晶石族矿物中,较少遭受化学溶解。Co 氧化成三价后易与Fe^{3+}一起进入$Fe(OH)_3$中沉淀,也很少进入溶液。只有 Ni 可被水溶解走而贫化。因此,超基性岩风化产物以富含 Cr、Co 为特征,其次 Ni 含量也较其他岩风化产物高。

中酸性岩的风化,可以其主要造岩矿物长石类的风化为代表,它们的反应式可以表示为:

$$(Ca、Na_2、K_2)O \cdot Al_2O_3 \cdot 6SiO_2 + 2H_2O + CO_2 \longrightarrow Al_2O_3 \cdot 2SiO_2 \cdot 2H_2O + (Ca、Na_2、K_2)CO_3 + 4SiO_2$$

反应产物的第一项为高岭石,保留原地,第三项为无定形硅酸,最后形成次生石英,第二项为可溶性盐类,在潮湿地区被雨水带走,可溶性碱金属、碱土金属被移出,形成硅铝质风化壳,环境为弱酸性,金属元素明显贫化。干旱地区则形成钙积层或钙质风化壳,此时环境呈碱性,产生碱性障,大多数金属元素活动性都很小,形成金属元素相对富集的特征。钙积层产生的深度因降雨量不同、干旱程度不同而异。在降雨量<50mm 的极干旱区，地表 10cm 以内即可形成钙积层，而 50～150mm 降雨区。钙积层深为 10～30cm，降雨 250～500mm 时，钙积层出现在 30～50cm 的深度上。随着降雨量的增加，到 1 000mm 时，钙积层基本不再出现。

以上是对岩浆岩风化最终结果而言的。实际上，风化进程是逐步分阶段进行的，每一个阶段都有特定的矿物为标志，图 3－6 是不同原生矿物随风化作用的进行所转变的系列次生矿物的转变过程。任何矿物彻底风化后，只形成铝土矿和石英，加上暗色矿物中的 Fe 以 Fe(OH) 形式保留下来，成为最彻底的风化壳——铝铁风化壳。在贫铁岩石风化后则形成铝土矿，这种彻底的风化产物在热带地区最常见到。

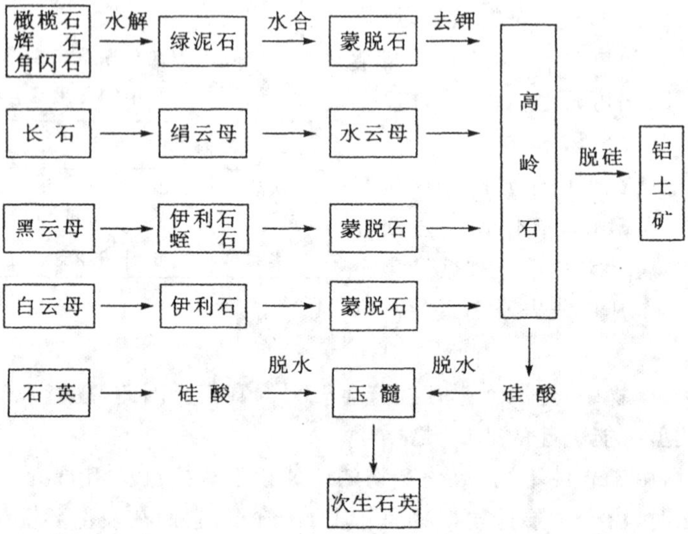

图 3－6　风化不同阶段的特征性矿物组合

(Fieldes and Swindale，1954，改编)

六、特殊风化物——铁帽

真的铁帽是指含铁硫化物、氧化物风化后形成的铁的含水氧化物土状或结核物质。由于高价铁具特征的红褐色，铁帽极易识别。许多著名矿床都是通过铁帽而发现的。因此，铁帽作为主要找矿标志，在矿床学及找矿勘探上均具有重要意义。关于硫化物矿床氧化带的形成及特征，在矿床学、地球化学等有关课程中已有论述。对其他成因铁帽通常被称作假铁帽。判别其他成因铁帽，从地球化学特征上来说是不难的，这对于预测找矿是十分有意义的。

1. 铁帽成因及地球化学特征

铁帽可以在原生露头上出现，也可以在山坡、沟谷中以转石出现。铁帽的来源是多种多样的，到目前为止，已认识到有如下几种：①硫化物矿床氧化，这是原始意义上的铁帽；②超基性岩风化形成；③菱铁矿($FeCO_3$)氧化形成；④富铁沉积岩淋滤形成；⑤古风化壳出露。

区分铁帽的来源可以根据野外产状、矿物成分、结构构造、次生矿物及残留原生矿物等传统方法。但由于有的铁帽已离开原地，有的结构构造发生变化，识别很有困难。这时，根据其化学成分的差异，则是比较容易判别的。根据原地矿部物化探研究所的研究总结，不同成因铁帽成分特征见表 3－6。

表 3-6　不同成因铁帽的地球化学特征　（单位：10^{-6}）

铁帽来源	贱金属（Cu、Pb、Zn）	贵金属（Au、Ag）	Ni、Co	Mn	Sr、Bu
硫化物矿床	＞2 000	有时较高	n·10	变化大	低
超基性岩	n·100	难检出	n·1 000	低	很低
菱铁矿层	n·10	难检出	n·10	高	高
富铁岩层	n·100	难检出	n·10	高	低
古风化壳	n·100（以 Pb 为主）	难检出	n·10	高	低

具体到一个地区，矿化类型不会很多，铁帽的来源也很有限，通常对具体矿床类型及其主要伴生元素掌握后，区分区内的真假铁帽是不难的。

2. *推测矿石类型及品位*

大量分析资料证明，铁帽中的元素成分虽然经历了淋滤作用，但自然过程不可能把原有的元素完全溶解。相反，成矿元素及伴生元素的残存率是相当高的。残存率是指铁帽某元素平均含量与下伏矿体品位之比。严格讲，这只是一种近似量度，因为真正形成铁帽的原始矿石已不复存在。我国长江中下游地区气候温热、雨量较高、地形低缓、侵蚀缓慢、氧化作用进行较为彻底、铁帽分布广泛。原地矿部物化探研究所总结了该区上百个铁帽的资料，统计的残存率见表 3-7。

表 3-7　8 个已知铜矿床中 Cu、Pb 的残存率表

矿　石	铁帽中含量（10^{-6}）		残存率（%）		样品数
	Cu	Pb	Cu	Pb	
含铜硅卡岩	7 080	78	44	61	56
含铜硅卡岩	3 340	39	32	81	21
含铜硅卡岩	3 720	29	43	—	5
含铜黄铁矿	2 820	178	28	57	17
含铜黄铁矿	2 420	43	30	70	32
含铜黄铁矿	3 890	52	31	—	7
含铜黄铁矿	3 270	527	27	—	12
含铜多金属矿	1 820	1 660	23	81	64

由表可见，各类矿床 Cu 的残存率相当稳定，平均约为 33%，考虑到铜的边界品位为 3 000 $\times10^{-6}$，可以把铁帽平均含 Cu 量达到 1 000$\times10^{-6}$时，划为工业铜矿床的铁帽。铅的残存率较高，变化范围稍大，如以 5 000$\times10^{-6}$为边界品位，则平均含 Pb 达 3 000$\times10^{-6}$的铁帽，可以作为铅矿床铁帽。

3. *铁帽本身的经济价值*

具有一定规模和铁含量较高时，可直接作为铁矿开采利用。同时还应特别注意伴生金属元素的价值，长江中下游不少铁帽中金已达工业利用水平，成为铁帽型金矿。由于硫化物风化后，包裹的金裸露出来，极易堆浸，成为极易开采利用的金矿。

第四节　表生带中元素的存在形式

基岩经过化学风化和生物化学风化后，元素在疏松覆盖物中的存在形式具有很大的不同。风化后形成了活动态的离子或自由分子、形成了次生矿物、形成了有机化合物等。不同存在形式，反映了表生地球化学环境的不同，元素活动的途径和演化阶段不同。对于应用地球化学来说，研究表生介质中元素的赋存形式具有重要的实际意义。

一、元素存在形式

(1)残余原生矿物及其中的混入物(包括类质同象、机械混入物和气液包裹体)。残余原生矿物的多少与物理风化、化学风化的比例、风化作用的环境条件及风化程度有关，随着表生风化作用的深入，它们所占的比例逐渐减小。强烈风化后，只有那些耐风化能力特别强的矿物，如锡石、金红石、黑钨矿、铌钽矿物、电气石、自然金等能保存下来。但是也不可避免地留下了表生风化迁移的烙印：粒度变小、棱角磨圆、形态改变等。人们也正是利用这一点来推断它们迁移的距离。

(2)次生矿物及其中的混入物。次生矿物系表生化学风化的产物。除了前面讲过的各种黏土矿物，铁、锰、铝的氢氧化物外，对于金属元素来说，还有次生碳酸盐、硫酸盐、砷酸盐、磷酸盐及各种氢氧化物。此外，可能还有少量次生硅酸盐和次生石英。在干旱地区，一些易溶的矾类矿物也可存在。次生矿物是在动态条件下生存的，一般难以形成粗大的晶体而常呈土状物，难以用矿物学方法鉴定。

(3)呈有机分子状态。表生作用中，大量有机物积极参与活动，金属元素常成为有机物结构的一部分。

(4)被吸附的离子、分子。这种形式是土壤或水系沉积物中不能形成独立矿物的微量元素的主要赋存形式。风化过程产生的离子、分子和胶体，是吸附与离子交换形式存在的基础。

(5)自由离子、分子状态。这是指在表层疏松物孔隙溶液中的溶解物和孔隙中的气态分子。这部分元素与风化物颗粒联系最弱，因而活动性最强，但它所占比例很小。

二、存在形式研究方法

表生介质中元素存在形式研究方法与原生岩石中的研究方法基本相同，如通用的矿物学研究方法，物相分析方法。但由于表生介质中，出现有大量次生矿物、有机物、吸附态、自由态离子等，因此在物相分析中设计了不同的分析流程和分析方案，原则上可以分为两大类：顺序提取和平行提取法。

所谓顺序提取，是假定不同存在形式的结合强度不同，可用一份试样，利用分解萃取能力不同的化学试剂，先提取结合最弱部分，或者某一特定部分，而其他部分保留于残渣中。分离后，再换一种试剂提取次弱结合部分，如此一直到提取出结合最强的部分。

平行提取是假定不同萃取能力的化学试剂能提取某一结合强度以上的总量。因此，这种方案要将样品分为许多试样，用多种萃取能力不同的化学试剂，同时进行萃取，根据它们的差值来计算各种形式的分量。

这两种方法的对比如图 3－7 所示。平行提取法可以并行操作不需要冗长而易引入分析误差的分析分离步骤，但要保证平行提取的原始样品中元素分布的均匀性。而这一点常常是地球化学样品难以保证的。因此，在目前的物相分析，更常使用顺序提取法。

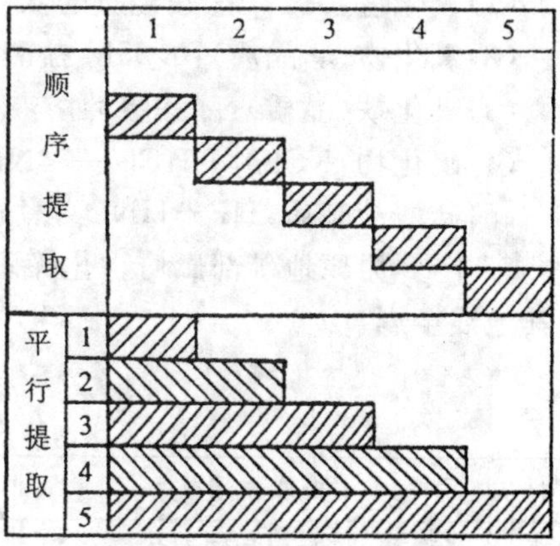

图 3-7　两种不同的物相分析

目前，对提取剂的选择主要还是凭经验。从文献报道的资料来看，试用过的弱提取剂有稀冷盐酸、柠檬酸、酒石酸、草酸、醋酸缓冲液、EDTA 溶液、盐酸羟胺等。这些试剂提取的最后结果究竟提取的是何种形式，分析人员也并不是十分有把握，只能根据结果来判断或人为地把某种试剂提取的部分称为什么形式。例如人们习惯用蒸馏水提取水溶液相存在形式部分，推测主要是活动自由离子、分子。实际上，次生矿物的可溶解部分、Fe、Mn 氧化物的水解作用、吸附交换作用、二次交换作用等复杂过程，都可能或多或少地贡献出了所分析元素的部分含量。因此，某种试剂提取的存在形式是该元素一定结合强度下的含量总和。以前文献中常称为相态分析，显然不够严谨，应称为某种形式的结合态为好，如碳酸盐结合态，铁锰氧化物结合态等。

具体用何种试剂提取某一结合态形式，不同研究者都以自己的经验提出。如赛特和涅斯维什斯卡娅(1974)建议：水溶相部分用 60％的乙醇溶液或双蒸馏水，碳酸盐和不溶于水的硫酸盐用 pH＝4.2～4.4 的醋酸盐和氨的缓冲溶液，金属有机化合物用过氧化氢萃取等。

现将常用试剂的分解提取作用介绍如下：

纯水——提取活动性的自由离子部分。通常提取仅占总量的百分之几，需要根据样品中某元素可能含量高低确定称样量。对干旱区样品有效，对潮湿区样品效果较差。

过氧化氢——又称双氧水，为强氧化剂，可以氧化硫化物、有机物。

次氯酸钠——强烈氧化剂，破坏有机物，氧化硫化物成硫酸盐。在碱性条件下应用可以使铁锰氧化物不溶解。

草酸——为一种还原性弱酸，常与其他盐类联合应用。草酸不破坏黏土矿物，而能使高价铁还原为二价铁，然后被络合而溶解。草酸的还原作用受光线影响，弱光下还原能力弱，不致溶解晶质铁锰氧化物。

盐酸羟胺——为一种有机还原试剂，能使三价铁还原为二价铁，从而使铁的氢氧化物溶解。盐酸羟胺对晶质铁的氧化物作用较慢，因此可以通过控制反应时间来分别提取晶质与非晶质铁锰氧化物。试剂对提取后的分析往往具有良好的作用，所以经常被选作提取剂。

连二亚硫酸盐——对晶质铁锰氧化物有较强的提取能力，特别是在稍微加温时，如 80℃条件下对晶质铁锰氧化物有较强的萃取能力。为了防止 Fe^{3+} 的水解，经常与柠檬酸盐配合使用。

柠檬酸盐与酒石酸——是一种有机络合剂，与 Fe^{3+} 生成稳定络合物，即便在碱性条件下也不会产生 $Fe(OH)_3$沉淀。经常用在冷提取步骤中，用以测定被胶体吸附的重金属元素。

焦磷酸钠——用以提取有机金属化合物。

醋酸、醋酸铵——弱酸，常用的缓冲剂。但用原子吸收光谱分析后，对喷雾系统要经常清洗。

$MgCl_2$——这是一种强电介质无机盐，常用以交换吸附态的金属离子。

Chao 和 Theobald(1976)为了提高水系沉淀物中硫化矿床氧化产物与背景硅酸盐之间金属含量的衬度，提出的顺序分析程序是：

(1)氧化锰：0.1M 盐酸羟胺的 0.01M HNO_3溶液，室温提取 30min。

(2)氧化铁(非晶质)：0.25M 盐酸羟胺的 0.25M HCl 溶液，70℃提取 30min。

(3)氧化铁(晶质)：醋酸缓冲溶液中的连二亚硫酸钠，pH=4.75，50℃提取 30min。

(4)硫化物：$KClO_3$＋HCl——4NHNO_3，煮沸 20min。

(5)硅酸盐基质：HF＋HNO_3，煮解。

表 3-8 为原地矿部廊坊物化探研究所周丽沂等研制的铜的七相态顺序提取方案，亦可用于其他贱金属。

表 3-8　铜的顺序提取方案

顺序	提取物形式	提取剂与方法
1	水溶相、吸附相和碳酸盐相	1MHAC 溶液，振荡分离，清液供测定。残渣留作下一项
2	氧化锰及结合的金属	向上步残渣加入 0.1M $NH_2OH \cdot HCl$ - 0.01M HNO_3 的混合溶液，振荡，离心分离用 0.1M HCl 洗涤，合并清液，用于测定，残渣作下一步
3	有机物结合的金属	向上步残渣加入 0.1M $Na_4P_2O_7$(pH=10)的溶液，振荡，强离心分离用 0.1M HCl 洗涤，合并清液，用于测定，残渣作下一步
4	非晶质铁的氧化物及其捕获的金属	0.25M$HN_2OH \cdot HCl$ - 0.25M HCl，恒温振荡，离心分离，0.1M HCl 洗涤残渣，分离，清液测定。残渣作下一步
5	结晶铁氧化物	2.5%连二亚硫钠＋柠檬酸钠—盐酸缓冲溶液(pH=4.5)在恒温 50℃条件下振荡 20min，离心分离，清液用于测定，残渣作下一步
6	硫化物及稳定的晶质	$KClO_3$ 和浓盐酸，在电热板上加热溶解，蒸干，用 5%硝酸溶解，离心分离，清液用于测定，残渣作下一步
7	硅酸盐残渣结合的金属	将上步残渣转入塑料坩埚，加入氢氟酸、高氯酸于电热上蒸至白烟冒尽，加硝酸反复蒸干三次。加 1ml 硝酸少许水溶解残渣

朱有光、蒋敬业等(1993)在总结前人的分析方案上提出金的八相态顺序提取方案，见表 3-9。

表 3-9　金矿区土壤中金的顺序提取相态分析方案

顺序	提取物形式	方　案
1	测定水溶态金	称取 10g 样品，加入 100ml 双蒸馏水，振荡 1h，离心分离出清液，测定金含量
2	测定吸附态金	在上步残渣中加入 100ml 5%柠檬酸铵溶液，振荡 1h，离心分离出清液，测定金含量
3	测定游离的自然金	在上步残渣中加入 7%I_2 和 15%KI 混合溶液 100ml，振荡 1h，离心分离出清液，测定金含量
4	测定被碳酸盐包裹的自然金	在上步残渣中加入 4mol/1HAc50ml，振荡 20min，再加入 7%I_2 和 15%KI 混合溶液 50ml，振荡 40min，离心分离出清液，测定金含量
5	测定有机结合态金	在上步残渣中加入 25ml 5%次氯酸钠溶液，放置 15h，煮至近沸 3h，离心分离倒出清液，再如上处理一次，离心分离后用 0.1mol/1 盐酸 20ml 洗 2 次，离心，合并清液，清液中加 20ml 盐酸，5ml 硝酸，煮沸半小时，冷却，测定金含量

续表 3-9

顺序	提取物形式	方案
6	测定被铁锰氧化物包裹的自然金	在上步残渣中加入 50ml 2.5%连二亚硫酸钠溶液，振荡 1h，再加入 7%I_2和 15%KI 混合溶液 50ml，振荡 1h，离心分离出清液，每次用 20ml 蒸馏水洗残渣 2 次，离心，合并清液，向清液中加 10ml 王水，测定金含量
7	测定硫化物矿物中赋存的金	将上步残渣移入 40ml 瓷坩埚中，放入马弗炉内，先在 200℃以下烘干，再升温至 400℃灼烧 2h，取出冷却，再将残渣转入 250ml 三角瓶中，再加入 7%I_2和 15%KI 溶液 100ml，振荡 1h，离心分离出清液，向清液中加 10ml 王水，测定金含量
8	测定赋存于石英及硅酸盐矿物中的金	将上步残渣移入塑料坩埚中，加入 15ml 氢氟酸，2ml 硝酸，蒸干，加入 10ml 王水，于电热板上温热溶解至清亮，取下，用水稀释至 20ml，过滤吸附，测定金的含量

第五节　表生带中元素的活动性

所谓元素的活动性，是指元素在某种专门介质中能够运动的特性，而水既是化学反应的中间介质，也是化学反应的积极参加者。对于微量金属元素来说，能够在水中运移，显然必须是阳离子形式与阴离子或络阴离子结合。以离子态形式存在的金属元素，若是有毒元素，将会对环境造成严重的危害；若是对生物有益或必需的元素，则是人们需要的；若是成矿元素，活动性强的金属元素易于形成大范围的分散晕，对于地球化学勘查来说正是所要研究的。因此，研究化学元素在表生环境中的活动性是十分重要的。

为了确定元素在化学风化过程和以后迁移带出过程中的活动性，波雷诺夫建议通过比较河水中元素的含量与河流汇水区岩石中该元素的平均含量来研究不同元素活动性差异。由此导出了水迁移系数的概念(k_x)：

$$k_x = \frac{m_x \cdot 100}{a \cdot n_x}$$

式中：m_x 为元素在河水中的含量，以 mg/L 表示；a 为水中不溶残渣的质量，以 mg/L 表示；n_x 为元素在汇水区岩石中的平均含量(%)。

后来，别列尔曼等(1962)改进了波雷诺夫的计算方法，他利用前苏联许多地区河水中元素的含量(m_x)和该元素在岩石圈中的含量(n_x)(实际计算中采用克拉克值)的比值，利用上式计算了不同景观条件下元素的水迁移系数。表 3-10 是部分元素的水迁移系数。

表 3-10　某些元素的水迁移系数计算表

参数名称	含量单位	Si	Ca	Zn	Cu	Fe
m_x	mg/L	10	50	5×10^{-2}	3×10^{-3}	1
n_x	%	29.5	2.96	8.3×10^{-3}	4.7×10^{-3}	4.65
k_x		0.07	3.3	1.2	0.12	0.04

注：水中不溶残渣为 500mg/L。

k 值越大，说明该元素自岩石中淋滤进入水体中的质量越多，迁移能力越强。由表可见，Zn 的迁移能力是 Si 的 17 倍，Ca 最活跃，迁移能力是 Si 的 47 倍。

实际上元素的活动性十分复杂，除了元素本身的地球化学性质外，表生地球化学环境条件更加重要。别列尔曼仅按氧化环境和潜育环境两类来总结元素的表生活动规律似嫌粗略了一些。我们在介绍化学风化时，特别强调了水介质的重要作用，而影响元素在水中溶解迁移的因素除了氧化还原电位(Eh)外，更重要的是水的酸碱条件。元素的溶解度及其化合物的稳定性对水介质的 pH 极其敏感。只有少数元素如 Na、K、Rb 等碱金属元素和 Ca、Mg、Sr 等碱土金属元素，以及能形成酸根的一些元素(如 N、U、F 等)，才在任何 pH 值条件下可溶。多数金属元素只有在酸性介质中才溶解，并在 pH 增高时，倾向于以氢氧化物或碱式盐形式沉淀。人们习惯于将元素的氢氧化物沉淀时的 pH 值定名为水解的 pH 值。表 3-11 按水解 pH 增高的次序排出了部分元素的水解 pH 值。

表 3-11　稀溶液中(0.025～0.002 5M)某些元素的水解 pH 值

元素	pH	元素	pH	元素	pH	元素	pH
Fe^{3+}	2.0	Al^{3+}	4.1	Cd^{2+}	6.7	Pb^{2+}	7.1
Zr^{4+}	2.0	U^{6+}	4.2	Ni^{2+}	6.7	Hg^{2+}	7.3
Sn^{2+}	2.0	Cr^{3+}	5.3	Co^{2+}	6.8	Ce^{3+}	7.4
Ce^{4+}	2.7	Cu^{2+}	5.3	Y^{3+}	6.8	Ag^{+}	7.5～8.0
Hg^{+}	3.0	Fe^{2+}	5.5	Sm^{3+}	6.8	La^{3+}	8.4
In^{3+}	3.4	Be^{2+}	5.7	Zn^{2+}	7.0	Mn^{2+}	8.5～8.8
Th^{4+}	3.5	Pb^{+}	6.0	Nd^{3+}	7.0	Mg^{2+}	10.5

表生环境中最不活跃的是 Fe^{3+}，只能在极端的条件下，如黄铁矿矿床氧化的极酸性水(pH<2)中，Fe^{3+} 才能留在溶液中，其他条件下都以 $Fe(OH)_3$ 形式沉淀，到处可见铁帽，南方普遍出现红壤、第三系的红层，都是 Fe^{3+} 引起。另外一些元素只有在较高的 pH 值时才沉淀，如 Cu 在 pH=5.3 时沉淀，Zn 在 pH=7.0 时沉淀。显然水溶液的酸碱性是决定元素活动性的重要因素。

氧化电位(Eh)是元素结合或丢失电子过程中所产生电势的大小。结合在岩石矿物中的元素，只有当价态发生改变不能再稳定地占据晶格位置时，才能从矿物结构中活化出来，也才具有了活动的可能。因此，Eh 值也是控制元素活动性的重要因素。显然，环境的 pH、Eh 联合控制了元素的表生活动性，许多有意义的地球化学反应都取决于 pH—Eh 的关系。

在有机物质很多的地方，特别是排水差时(如沼泽土中)，很低的 pH、Eh 值使 Fe、Mn 和其他一些元素溶解淋滤，被地下水带走，而在 pH、Eh 变高的其他地方沉淀。一般来讲，金属在地下水环境比地表水中更易溶解迁移。

此外，表生环境中微生物的存在、水体中络阴离子的类型与数量、水溶解 CO_2 的多少、岩石化学性质、物理性质等因素，都影响具体环境条件下元素的活动性。考虑到问题的复杂性，并以 pH、Eh 两个重要条件为依据，莱文森(1974)对表生环境中的活动性进行了综合评价(表 3-12)。这个分类较别列尔曼的分类更加准确、实用。

表 3-12　表生环境元素活动性对比表

相对活动性	环境条件			
	氧化的	酸性的	中到碱性的	还原的
很高	Cl、I、Br S、B	Cl、I、Br S、B	Cl、I、Br S、B Mo、V、U、Se、Re	Cl、I、Br
高	Mo、V、U、Se、Re Ca、Na、Mg、F、Sr、Ra Zn	Mo、V、U、Se、Re Ca、Na、Mg、F、Sr、Ra Zn Cu、Co、Ni、Hg、Ag、Au	Ca、Na、Mg、F、Sr、Ra	Ca、Na、Mg、F、Sr、Ra
中等	Cu、Co、Ni、Hg、Au As、Cd	As、Cd	As、Cd	
低	Si、P、K Pb、Li、Rb、Ba、Be、Bi、Ge、Cs、Tl	Si、P、K Pb、Li、Rb、Ba、Be、Bi、Ge、Cs、Tl、Sb Fe、Mn	Si、P、K Pb、Li、Rb、Ba、Be、Bi、Ge、Cs、Tl、Sb Fe、Mn	Si、P、K Fe、Mn
很低，不活动	Fe、Mn Al、Ti、Sn、Te、W、Nb、Ta、Pt、Cr、Zr、Th、Tr	Al、Ti、Sn、Te、W、Nb、Ta、Pt、Cr、Zr、Th、Tr	Al、Ti、Sn、Te、W、Nb、Ta、Pt、Cr、Zr、Th、Tr Zn Cu、Co、Ni、Hg、Ag、Au	Al、Ti、Sn、Te、W、Nb、Ta、Pt、Cr、Zr、Th、Tr S、B Mo、V、U、Se、Re Zn Cu、Co、Ni、Hg、Ag、Au As、Cd Pb、Li、Rb、Ba、Be、Bi、Ge、Cs、Tl

元素的活动性显然要与具体的 pH－Eh 相联系，如 Cu、Co、Ni、Hg、Ag、Au 这一组元素，在氧化条件下是中等活动的，在酸性环境下是高度活动的，而在碱性环境、还原环境则是不活动的。铜和钼在氧化、酸性介质中都具有中等的或很高的活动性，但是在中性和碱性条件下，钼是很活动的，钼形成钼酸根络阴离子，在水中稳定迁移。而铜是不活动的，铜生成碱式碳酸盐沉淀，或生成砷酸盐、硅酸盐，或被胶体吸附。斑岩铜矿中，铜钼伴生是普遍规律，但在中-碱性环境（地表水普遍特有）中，钼比铜活动性更强，能形成更大的水化学晕，可以作为斑岩铜矿的有效找矿标志。

Pb与Zn在内生活动中地球化学性质相似，形影相伴，密切伴生，但在表生作用中却分道扬镳。尽管闪锌矿、方铅矿氧化电位低，极易氧化，但因氧化产物$PbSO_4$溶解度很小，极易沉淀，而且经常在方铅矿表层氧化沉淀形成一个保护壳，使氧化作用不能深入，所以氧化矿石中常见方铅矿的残余晶体。在溶液中含有CO_3^{2-}时，$PbSO_4$将进一步转变为更加稳定的$PbCO_3$(白铅矿)。所以，Pb虽然氧化了，形式改变了，但其氧化产物残留原地，实际上属于不活动元素。而Zn则不同，闪锌矿氧化形成的$ZnSO_4$溶解度很大，易随水迁移，形成水分散晕。只有在碳酸盐岩分布区，才转变为$ZnCO_3$沉淀下来，形成菱锌矿。由于铅锌表生地球化学活动性的这种差异，在地球化学勘查中评价异常时，要特别重视这一点，不要被表生假象迷惑。

根据别列尔曼和莱文森的研究资料，可对元素表生活动性分为如下几类：

(1)各种介质条件下均活动性很高的元素，如Cl、I、Br、B等；活动性高的元素如Na、Ca、Mg、F、Sr、Ra等。

(2)各种介质条件下活动性很低或极低的元素，如Al、Ga、Ti、Sn、Te、W、Ta、Nb、Be、Pt族元素、Au、Cr、Zr、Si、P、K等。

(3)除还原环境中活动性低外，其他条件下活动性高的元素，如S、Mo、V、U、Se、Re。

(4)亲硫元素Zn、Cu、Cd、Co、Ni、As等，氧化酸性环境活动性较高，而碱性、还原条件下活动性低。

(5) Pb、Li、Rb、Ba、Bi、Sb、Ge、Cs、Tl等元素，酸碱度对其活动性影响不大，还原条件下一般不活动，氧化条件下活动性有所增高。

(6)Fe、Mn与5类元素相反，在碱性氧化条件活动性低，酸性还原条件下活动性有所增加。

第六节　土壤及土壤中的元素分布

土壤可以看作是未风化基岩之上风化作用的残留疏松物。土壤与其下伏基岩最大的不同在于土壤富含更多的有机质和水分，能够支持植物生长。然而地质学家对地表覆盖如此之广(占地表72%)、与人类关系如此密切的土壤却知之甚少。因此，本节将在介绍土壤的一般知识的基础上，再介绍化学元素在土壤中的分布特征。

一、土壤剖面

风化疏松物质在垂直水溶液渗滤过程中，经过各种复杂的化学作用，形成了颜色、物质成分、结构构造不同的分层现象。这种垂直有序的分层叫做土层。各土层厚度不等，土层间分层清楚，但层间界限有的清楚，有的为逐渐过渡。

土壤剖面发育情况由于其成因和地理环境不同而有变化，从上到下一般可以划分为A、B、C、D四层，每一层又可以根据更小的标志划分亚层(图3-8)。

A层　淋溶层。主要因雨水向下渗漏而造成物质淋溶或机械移出，使原始物质遭到部分损失。

A_0层　又称垫积层，主要为植物残体(枯枝落叶)未分解或部分分解物。

A_1层　腐殖层，深色层位，富含有机质，由砂、粉砂和黏土组成，又称暗色层。

A_2层　淋溶层，由于大量可溶性碱及碱土金属和其他微量元素铁锰铝氢氧化物及有机质被淋溶移走，主要由砂(SiO_2)组成，含少量黏土，粘性差、松散、色浅，又称浅色层。本层厚度一般不大，土壤成熟度不高时，缺失A_2层。

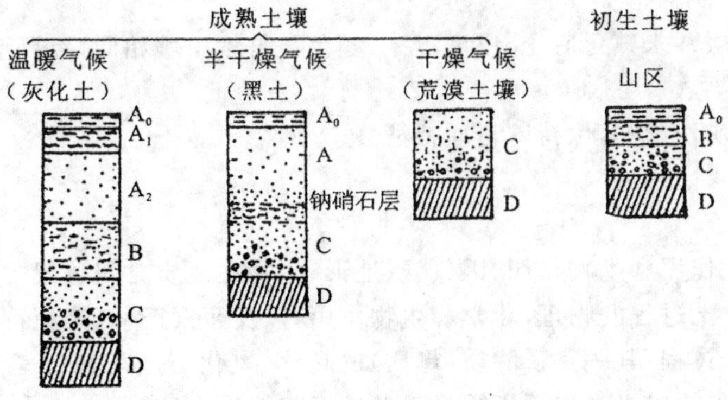

图 3-8 土壤剖面示意图(A. A. 莱文森,1974)

B层 淀积层。由A层淋溶下来的Fe、Al、Mn及其他微量元素及黏土质点,由于下渗土壤水的酸性组分消耗殆尽,失去了淋溶能力,带来的物质在此层淀积。本层富含黏土,富含Fe、Mn、Al的氢氧化物及倍半氧化物,粘性强,黏土结构(块状、棱状)明显。由于Fe、Mn氢氧化物的存在,本层多呈黄褐色、棕褐色。有时下伏层中可溶性物质也可靠土壤毛细管上升水带入,本层多为微量元素富集的层位。

C层 母质层。主要由风化程度不等、以物理风化为主的原岩碎屑组成,岩石部分被分解。本层含有机质最少,所含黏土也少,母岩的残余结构构造有一定保存。

D层 未风化基岩。

A层与B层构成土层或真土层。美国的土壤概念就只指A层和B层。

各土层厚度变化范围较大,A层:0～1.2m,B层:$n\cdot$10cm～2m,C层厚度比其他层要大些,在我国南方,风化基岩可深达数十米。

以上是比较典型的温暖湿润气候环境所形成的土壤分层特征。实际上,由于地理环境的复杂性,具体到一个地区的土壤剖面上,并不一定各层总发育完整。不成熟的土壤往往出现在缺乏B层、坡度较大的斜坡上,有时连A层也不发育,C层直接暴露地表。

以上是自然土壤层的剖面成因层特点。传统分层代号与国际现行代号对比见表3-13。

表3-13 自然土壤层传统代号与国际代号对比表

土层名称	枯枝落叶垫积层	泥炭层	腐殖质层	淋溶层	淀积层	母质层	基岩
国际代号	O	H	A	E	B	C	R
传统代号	A_0	A_1	A_1	A_2	B	C	D

农业区土壤受耕作翻动的影响,自然层被破坏。农业土壤一般分为三层:熟土层、生土层和底层。

熟土层进一步分为三层:

(1)耕作层:厚度20～30cm,由于耕作、施肥影响,有机质含量较高,颜色较深,土层疏松。

(2)犁底层:厚10～15cm,在耕作层之下,受犁具耕作影响,土层结实,有机质含量较少,颜色较浅,以水稻土最为明显。

(3)半熟土层:犁底层之下,厚度视土壤熟化程度而不同,由于局部受肥料影响而颜色不够均一。

生土层(心土层):未熟化底土,厚度不一,颜色与自然土壤相同,经翻动施肥可变为半熟土或熟土层。

底层土:不受耕作影响,保持着母质特征。

二、成土过程

岩石经过风化作用和生物作用,因气候、地形、生物在地质时间过程中作用于母岩的结果,形成了土壤。从成土过程的物理、化学和生物作用,以及元素迁移、聚积特点来看,可以把土壤的形成归结于两个过程,其一是矿物质(母质)的转化(风化)过程,其二是有机物的转化过程。这样,可以把自然界的成土过程因不同景观条件而归结为8种。

(1)原始土壤形成过程。这是以土体的矿物质部分的转化为主导作用的成土过程。在低等植物和微生物的作用下,开始积累有机物质。这是土壤发育的最初阶段。

(2)灰化过程。在寒温带湿润气候条件下,土壤受酸性腐殖质的影响,强酸性的富里酸对土壤中难移动的物质,如三氧化二物($R_2O_3 . nH_2O$)从土壤中淋失,土壤上层形成灰白色灰化层。灰化层中有机质残体少,或进入的数量虽多,但能迅速分解。具有特殊的微生物使有机残体分解后形成强酸性的富里酸使母岩盐基明显减少。

(3)富铝化过程。在热带潮湿气候下,降雨量超过蒸发量,化学风化强烈,矿物彻底分解,可溶性风化产物不断淋溶带走,土壤中可溶性盐基如Ca、Mg易于流失。随着盐基物质的流失,溶液变为酸性,铁、铝氧化物在强酸性时也被溶解。这一过程由于淋失大量盐基,相对堆积Al、Fe,因土壤上层呈红色,因此叫富铝化过程。

(4)腐殖质堆积过程。这是在植物的作用下,土壤发生腐殖质累积的过程。一定厚度腐殖质的形成是一切成土作用的特点,形成腐殖质应具有大量有机残体进入土壤上层,同时母质中富含盐基如Ca、Mg。气候条件应当是有利于有机质的形成,不利于它的分解。

(5)沼泽化过程。土壤处于经常被水饱和的情况下,土壤中的大部分毛细孔隙被水充满,处于长期水饱和状态,生长耐湿的草本或沼泽植被。土壤中形成嫌氧条件,产生嫌氧细菌,而好氧细菌消失。因而有机质的腐殖作用和矿质化作用进行得很缓慢,使半分解的植物残体堆积在土壤表面,逐步形成泥炭层。

(6)潜育作用过程。通常发育在氧气难以进入的土壤。这种过程与一系列矿质化合物(主要是铁)在嫌氧条件下,由氧化态还原为还原态有关。遭受这个过程的土壤具有灰蓝色、浅蓝色或浅绿色,并带有褐色或赭色的斑点。潜育作用过程在自然界分布很广泛。经常与泥炭堆积过程相结合,但也可独立出现。

(7)钙化过程。在干旱或半干旱气候条件下,成土母质富含碳酸盐,土体孔隙较发育,土壤溶液中碳酸盐成分较多,沿土壤孔隙向下移动,到达一定深度累积成钙积层。

(8)盐渍化过程。这是从地下水沿土壤孔隙上升易溶盐类沉积的过程。这一过程主要发生在干旱气候条件,地下水位离地表不深的低洼地形部位上。土壤含碳酸盐、硫酸盐及氧化物等成分达0.1%以上,对作物生长产生影响,这种土壤通常为盐渍土。引起土壤盐渍化过程的原因很多,但主要是地下水位高,蒸发作用强烈这两个因素。

三、影响土壤形成的因素

影响土壤形成的因素有5个:母岩性质、气候、生物活动、地形和成壤时间。在风化作用中，这些因素均已讲过，下面仅做一些补充。

(1)母岩性质。母岩性质决定了抗风化能力大小，是控制成壤特征的最重要因素，但由于其他因素的相互作用，致使这种推测不易被认同。实际上，母岩性质决定了物理风化、化学风化和成壤物质成分。母岩结构构造决定了物理风化的难易程度和风化速度，斑状结构、不等粒结构较致密块状更易风化。化学沉积岩较岩浆岩、岩浆岩较沉积岩更易风化，岩浆岩风化难易又按超基性岩—基性岩—中酸性岩递减。从大的规模来看，气候在决定土壤类型上似乎比地质因素更有力。但是，即使在风化最深、土壤类型多样的情况下，只要覆盖层是残积成因的，就往往能在其中发现下伏岩石的特征，如耐风化矿物组合特征，土壤中元素组合特征等。

(2)气候。温度和雨量是影响土壤形成的最重要的两个方面，前面已有述及。人们早就发现，相同的母岩，可以发育成极不相同的土壤。降雨提供了化学反应和可溶物质搬迁所必须的水，没有水，化学风化几乎不能进行。温度的作用则影响化学风化速率，据测定，温度每升高10℃，化学反应速度提高2～3倍。温度还影响水的蒸发和冰冻速度，也对物理风化有重要影响。温度和雨量联合控制了蒸发与水下渗的比例，影响土壤水的垂直运动和地下水位的高低，影响可溶物及碱金属迁移、沉淀。这样，在干旱、半干旱地区土壤呈碱性和形成钙质层，而潮湿地区土壤的典型特征是土壤呈中性到中酸性。温度和雨量还联合决定了植被的发育，进而影响生物风化的进行。

近年来，更倾向于用干燥度来表征气候的湿润程度。所谓干燥度是蒸发量与降雨量之比。我国秦岭淮河以南地区干燥度<1，属湿润气候区，向北逐渐增大，华北大部分地区在1～1.5之间为半湿润气候。内蒙古大部分地区属半干旱—干旱气候(1.5～4.0)，贺兰山以西地区超过4属干旱气候。

一般来说，气候对土壤形成的影响在沙漠干燥条件和热带雨林条件下是一目了然的。沙漠条件下成壤最差，有机质少，钙积层层位高而厚度大，土壤分层最差，土壤成熟度差。在潮湿地区，土壤有机质丰富，缺钙积层，土壤分层好，土壤成熟度好。

(3)生物活动。生物因素主要是植被的作用，植被的种类与数量决定了腐解产物及微生物，决定了生物风化作用。另一方面，植被发育，保护土壤免受侵蚀，限制土壤潜动扰乱，有利于土壤剖面的成熟。植被的发育最受气候的影响，因此，从某种意义上讲，它是一个从属的影响因素。

(4)地形。地形主要影响风化与剥蚀的比例关系。剥蚀活跃处，土壤维持幼年发育状态，只有薄的、不清晰的层位，含大量不完全风化的岩石碎屑，这种土称为粗骨土。山区地形对土壤有如下影响：①低山、丘陵及高原，土壤类似发育成熟的土壤；②中山区，山坡上部为粗骨性质，山脚细粒，土壤厚度向山脚增厚，山坡下部土壤与下伏基岩常缺乏成因联系；③高山区，高度发育粗骨土，土层薄，分层不清，土层强烈侵蚀；④山谷及峡谷土壤，机械组分变化大，很少有分层现象。

(5)成壤时间。时间是土壤成熟成层的基本条件。一般来讲，在一个中等湿热、排水通畅条件下，经过几十年时间，风化母质中便可形成模糊的A层。发育成熟，形成清晰的B层则需要很长的时间，往往需要几个世纪，甚至几万年时间。如我国黑龙江五大连池火山喷发于1919—1921年，至今仅在山坡下部土壤剖面形态才开始发生分异，尚处于幼年发育阶段(龚子同，1999)。

四、土壤类型及分类

从影响土壤形成的因素分析可见，可以分成区域性因素(气候、生物)和局部因素(岩石、地形)两大类。早期的土壤学家认为影响因素中植物是更重要的影响因素，而影响植物发育分布与气候密切相关，从而形成以俄罗斯著名土壤学家道库恰耶夫(Dokuchaef)及其学生组成的地理发生学派。直到20世纪50年代,在土壤学领域仍十分有影响,从而成为地带性土壤分类的理论基础。分带土壤是指土壤类型受气候和植被两大因素所决定,与气候关系最为密切。在气候和植物因素起作用的同时,局部因素占主导优势时所形成的土壤称为带间土壤。没有明显成因层或根本不发育成因层的土壤称为非分带土壤。美国农业部1938年公布的土壤分类就是一种地带性分类,所采用的三个土纲名称,即显域土、隐域土和泛域土就是道库恰耶夫的学生Sipirtsev提出的。这一分类至今仍被许多土壤学家所采用。表3-14是美国的地带性土壤分类,显域土就是分带土壤,隐域土就是指带间土壤,泛域土就是指非分带土壤。

表3-14　美国的地带性土壤分类

纲	亚　纲	大土组
显域土	1.寒带土壤	冰沼土
	2.森林地区浅色灰化土	灰化土 棕色灰化土 红黄色灰化土 灰色灰化或灰色森林土
	3.温带及热带森林地区土壤	各种红化土类,还需作进一步分类
	4.森林—草地过渡土壤	变质黑钙土 无钙质棕色土
	5.半干燥、次潮湿及潮湿草地的暗色土	湿草原土(半灰化土) 红色湿草原土 黑钙土 栗钙土 红色栗钙土
	6.干燥地区浅色土	棕壤 红—棕壤 灰漠土 荒漠土 红色漠土
隐域土	1.湿地、沼泽、平地及渗出地区的水成土	腐殖—潜育土 高山草甸土 沼泽土 半沼泽土 低腐殖—潜育土 粘盘土 潜水灰化土 潜水红化土
	2.排水不良的干燥地区和海岸区的盐成土	盐土 盐渍土 碱土 脱碱土
	3.钙成土	棕色森林土 黑色石灰土
泛域土	无亚纲	粗骨土 浮土(包括干砂土) 冲积土

近代土壤分类在经典地带性土壤分类的基础上，更加重视土壤剖面的性质，建立起在野外直接观察和分析资料为基础的定量分类。美国从 1951 年至 1960 年进行了 10 余年的讨论研究七易方案，于 1960 年提出第七方案，是最有影响的分类法。以诊断层和诊断性特征为基础，该方案共划分 10 个土纲(表 3－15)、47 个纲、185 个土类、920 个亚类、4 500 个土族、12 000 个土系。

表 3－15　美国十大土纲检索表

土壤如果有：	土纲	公认地质术语
1. 土表至地面以下 40cm，有机碳含量≥180g/kg 或≥[120g/kg]＋(粘粒含量 g/kg×0.1)	有机土	泥炭沼泽土
2. 其他土壤 2m 内具有灰化淀积层	灰土	灰化土、棕色灰化土
3. 其他土壤 2m 内具有氧化土层，并且无粘化层	氧化土	红土
4. 其他土壤在所有土壤剖面中有粘粒(大于 2μm)含量＞30%；至 50cm，深度内当土壤干燥时有些裂隙	变性土	腐殖土、富膨胀性黏土矿物
5. 其他土壤一年中多于 50%的天数具干旱水分状况	干旱土	荒漠土、碱土
6. 其他土壤具有粘化层，但在深 1.8m(pH＝8.2 时)盐基饱和度＜35%	老成土	红黄色灰化土、红棕色土
7. 其他土壤具松软表层	软土	栗土、黑土、草原土
8. 其他土壤具粘化层(pH＝8.2 时)盐基饱和度＞35%	淋溶土	灰—棕色灰化土灰色森林土、退化黑土
9. 其他土壤具有下述表层，暗色表层，松软表层，或厚粗表层或皱形层(含原始矿物)	始成土	棕色森林土、灰—棕色森林土、A 层富有机质
10. 其他土壤(存在原始矿物)	新成土	不分带土壤、岩屑土

表中盐基系指土壤中可变换阳离子占阳离子总量的比例。

美国的系统分类方案从 20 世纪 70 年代起，在世界上广为传播，已有 170 多个国家和地区在应用。联合国土壤图图例单元也是在其影响下建立的。

我国土壤普查办公室于 1984 年草拟了“中国土壤分类系统”，1993 年修订完善。1991 年中科院南京土壤研究所提出了“中国土壤系统分类”(首次方案)，1995 年发表修订方案。表 3－16 为南京土壤研究所发表的最新的分类方案与美国、联合国的方案对比表。

多数地质学家和地球化学家目前都不大采用新的分类，他们发现这些分类太专业化，十分繁杂而详细。一些术语也不确切。Hunt 的调侃最具有代表性，他说：“美国在技术上是首屈一指的。第七分类法在名词的数量方面可以把美国推为第一”。他的说法不能说没有道理，地球化学家、地质学家对土壤的兴趣，主要在于成土过程、成因和环境的联系，以及元素的迁移演化规律。因此，地带性、土壤性分类更接近地学界的观点。

表 3-16　中国土壤系统分类土纲一级单元划分与国际上对应

中国土壤系统分类（修定方案，1995）	美国土壤系统分类（1994）	联合国土壤图例单元制（1988）
人为土	—	人为土
有机土	有机土	有机土
火山灰土	火山灰土	火山灰土
干旱土 盐成土	干旱土	钙积土 石膏土 盐土 碱土
新成土	新成土	冲积土 薄层土 防松岩性土
皱形土 潜育土	始成土	皱形土 潜育土
均腐土	软土	黑钙土 黑土 栗钙土
灰土	灰土	灰壤
铁铝土	氧化土	铁铝土 栗铁风纹土
淋溶土	淋溶土	高活性淋溶土 高活性强酸土 灰化淋溶土 粘盘土
变性土	变性土	变性土

五、我国的土壤及其分布特征性

首先从传统的地理发生学的观点，介绍我国地带性土壤及分布。气候是影响岩石风化的最重要因素，也是影响植被发育的最重要因素。我国的自然地理特征，明显影响了我国区域气候的规律变化。我国东临太平洋，地形西高东低，使我国气候中东部受大洋季风控制，而西部为有世界屋脊之称的青藏高原，喜马拉雅山脉阻止了印度洋的暖气流北进，从而形成了我国东部温暖潮湿，西部高寒干旱，整体上由东向西，由南向北温度降低、雨量减少。植被上也由东部的森林向西部草原——荒漠变化。只是由于东部平原丘陵地区人口稠密，工农业发达，土地已被高度开垦，只有大、小兴安岭和长白山等中高山区才保持了原始森林土壤特征。

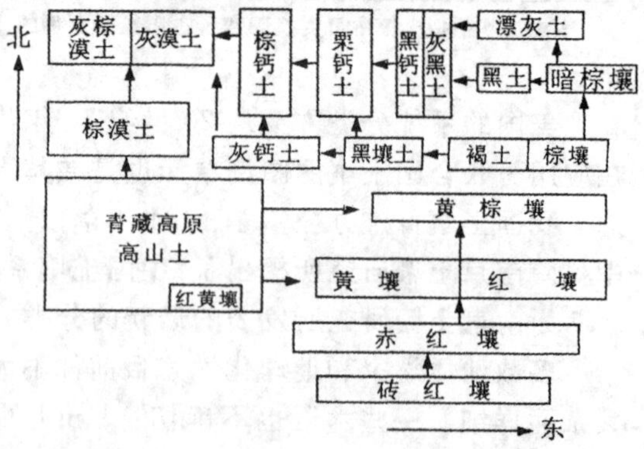

图 3-9　中国地带性土壤分布示意图
（李天杰，1979）

划分地带性土壤的最方便的标志是根据植被，从最发育到最不发育可以分为：森林土壤、草原土壤、荒漠土壤及苔原土壤。我国的主要类型土壤及其分布见图 3-9。

1. 森林土壤

森林土壤是指森林植被下发育的土壤。它们占全世界陆地面积的三分之一强。我国的森林土壤主要分布在东半部广大地区及西部山地的一定高度上。这种土壤常呈酸性、交换性盐基不饱和状态，腐殖质含量变化大，金属元素的化学迁移比较活跃，有可能发生淋溶及淋积现象。有些地区，地表异常可能全部淋失，取样时需要高度重视。

由于不同的森林分布在不同的气候带，从而形成一系列的森林土壤类型。自北而南依次为漂灰土（即灰化土，寒温带）、暗棕壤（温带）、棕壤和褐土（暖温带）、黄壤和红壤（亚热带）及砖红壤（热带）。

漂灰土是寒温带湿润气候针叶林下发育的土壤。主要分布在大兴安岭北端和青藏高原边缘的某些山区。它的基本特点是表层有机质含量很高，可达 20%，腐殖质的富里酸占优势，土壤 pH＝3.9～5.0，表层 SiO_2 富集，呈灰白色，因而也叫灰化土。由于金属元素大量淋滤，灰化层中不能发现地球化学异常，灰化层各地厚度不等。在灰化层发育的同时，淋积层在一定深度上出现，野外观察可见深色层位，黏土及铁锰氧化物增加。通常这一层是较好的取样层位。

暗棕壤及黑色森林土分布地区，它主要分布在大兴安岭东坡、小兴安岭和张广才岭、长白山山地。成土母质主要为残积物、坡积物和一部分湖积物、冲积物。成土过程一般不甚彻底，从 C 层到 B 层，可观察到云母类矿物逐渐转化成水云母及蛭石。在表层的腐殖质中胡敏酸含量较高，A 层盐基饱和度亦高。因此，一般来说不可能产生强酸性淋溶灰化过程。所以暗棕壤剖面各层并无明显的分层现象，既无淋溶，也不存在淋积。发育正常的剖面，在表层可见 4～5cm 厚的 A_0 层，A_1 层为棕灰色，其下为棕色的 B 层。暗棕壤的各种基本组成部分沿剖面变化不大（除有机质外），所以对土壤地球化学找矿来说困难较小。

棕壤和褐土，这需要湿润的暖温带气候。分布范围纵跨辽东与山东半岛，也可出现在一些山地垂直地带中。棕壤所处地形主要为低山丘陵。原生森林为落叶林，但早已破坏。现多为次生夏绿阔叶林。棕壤的形成伴有较明显的粘化过程及淋溶过程。由于棕壤区温度较高，冬季结冰较浅，微生物的作用在全年大部分时间都可以进行。有机质的分解作用很盛，故有机质含量较暗棕壤要低。棕壤因 B 层具有鲜棕色而得名，厚 30～40cm。粘粒聚积明显，质地粘重，棱块结构明显，结构面多覆有铁锰胶膜。在表层有一定的钙化过程，金属元素在剖面上的分布一般趋于均匀，是一种比较简单的取样介质。

黄棕壤分布范围大致是秦岭、淮河及长江下游一带，一般分布于低山丘陵、农业发展的古老地区。土壤原始分层已为耕作所破坏。

黄壤是我国南方山区的主要土壤，是土壤地球化学找矿最常遇到的土类，它形成于湿润的亚热带气候条件下。但由于雾天多，雨量相对较少，蒸发量低，富铝化作用表现较弱。由于土体内水分较丰富，氧化铁多呈水化状态，如水针铁矿、多水氧化铁等，使土壤带上黄色或蜡黄色调，尤其是沉淀层，黄色鲜明。黏土矿物以蛭石为主，高岭石、水云母及蒙脱石较少。但某些纬度较低的山地黄壤，仍以高岭石为主，土壤呈酸性（pH＝4.5～5.5）。当黄壤在森林下发育时，由于有机物分解，在表层往往出现一层厚约 10cm 的灰化层，在土壤学中称为灰化黄壤。此时在深部相应地形成一层淋积层（约 0.5m 以下），主要由铁锰结核组成。这就使土壤中金属元素的分布类似灰化土，在实际工作时必须注意。

红壤在我国主要分布于长江以南广阔的低山丘陵，包括湘赣大部，闽、粤、滇、黔北部及皖、浙、川、贵的南部。红壤的形成需要有温暖的气候（年均温 16～26℃），充沛的雨量（年雨量 1 500mm），繁茂的植物（以常绿阔叶林为主）。在这种热带、亚热带气候条件下，多种成土母质，包括花岗岩、片麻岩、千枚岩、灰岩、砂页岩及第四纪黏土，都能改造成红壤。因为在这种条件下，原生及次生铝硅酸盐迅速分解成氧化物，可溶性的盐基（Ca、Mg、Na）大量流失，剩下高价铁的氧化物使土壤呈红色。在地表，Fe、Al 相对富集。土壤呈酸性反应（pH＝5～5.5），大多数金属元素可能从表层流失，某些元素又可能发生残余富集。

砖红壤分布在我国的最南部，如海南岛、雷州半岛、西双版纳和台湾南端。这是在热带雨林和季雨林条件下，富铝化作用高度发育的结果。在下部往往有数米或数十米的酸性富铝风化壳。从上至下，铁铝氧化物都有明显的积聚，而 Si、Mg、Na 等，则可流失 85%～100%。砖红壤土层一般深厚，质地粘重，粘粒有下移现象，土壤呈酸—强酸性反应，黏土矿物中高岭石占 60%以上，并有三水铝石及高价氧化物大量存在。一般说来，存在于稳定矿物中的元素，如 Zr、Nb、W、Sn 等，富铝化作用不会使它们淋失，而在表层富集，有时甚至形成风化壳矿床；而大多数硫化物中的元素，很可能在地表难以发现异常，有时甚至形成风化壳矿床。因此需要注意采样深度或采用稳定性高的指示元素，如 Au、Te 等。

砖红壤中有机质生长快，分解也快，所以腐殖质分子结构比较简单，大部分为富里酸及简单形态的胡敏酸。

2. 草原土壤

草原土壤是指草甸草原及草原植被下发育的土壤。它们主要分布在温带、热带的大陆内部，约占全球陆地面积的 13%。草原土壤的共同特点是在气候较干旱的条件下形成的。其中淋溶作用弱，土壤中盐类积聚，下面常有钙积层，土壤呈碱性。上述特点与森林土壤恰成对照。

我国的草原土壤分布相当广泛，自东向西随着雨量的减少，依次出现黑土—黑钙土—栗钙土—棕钙土—灰钙土。由于草原土壤形成过程中化学元素淋溶极弱，所以异常的保存性应当是很好的，但草原土壤的成土母质与下伏基岩的关系比较复杂，与当地近期地质历史有关。在潜水面不太深的地方，利用次生盐类的异常可能有效。但在大规模开展工作前，须认真进行试验工作，关键是调查成土母质与下伏基岩的关系。如为残积成因，则开展土壤地球化学测量必能取得很好的效果。如经过长距离搬运，而来源又不清楚，则在表层取样时就很难解释所得结果。

3. 荒漠土壤

荒漠土约占全球大陆面积的 10%。我国有 20%的面积属于荒漠土壤，分布在内蒙、宁夏、青海、甘肃、新疆等省区。

荒漠土是在干旱、温差极大、植被极端稀疏的自然条件下形成的。生物作用及化学作用很弱，土体厚度很薄（$n \cdot 10$cm），保存着成土母质的原始性。由于水溶液稀少，各种元素只能发生机械迁移，只有易溶盐类、石膏、碳酸钙在地表积聚。

荒漠土壤地区人烟稀少，交通不便，矿产普查工作一直是薄弱的地区。地质调查主要是概略性的。

4. 苔原土壤

苔原土壤是在寒冷潮湿、苔原植被下发育的。年平均温度在 0℃以下，降水也很少。植被以苔藓、地衣为主，仅有少数草本植物。虽然降水少，但由于气温低，常年冻土发育，蒸发量少，夏季土壤表层可以融化，所以土壤湿度很大。据青海化探队的观察，在这种地区的化学迁移，比原来设想的要显著。苔原土壤主要分布在我国青藏高原厚 5 000m 以上的高山区。

冰成土一般以冰碛物、残积物、冰水沉积物为母质，土层浅薄，仅 20～30cm，土壤的成熟度差。但由于土壤湿度大、气温低、有机物分解很慢。虽然植物的生长速度不快，然而在低温嫌氧条件下，却能以泥炭的形式积累起来。矿物质也多处于还原状态，Fe、Mn 呈低价，形成蓝灰色的潜育层，有时伴有灰化现象。地表淋滤甚剧，观察不到 Cu、Zn 等次生异常。

5. 非地带性土壤

非地带性土壤是在总的气候带背景上，由于某种决定性的局部因素，如地形、水文、母岩等，而产生的特殊土壤。

由于气温随海拔高度的增加而降低，平均每升高 100m 下降 0.6℃，植被也随之变化，从而发育出不同的土壤的垂直分带。如云南三江地区、西藏雅鲁藏布江地区，就包括不同的垂直地带。土壤的垂向分布又必须联系水平分布来考虑，也就是说，各个水平地带都有相应的垂直地带谱。

我国南方广泛分布的水稻土，北方的风砂土，都是非地带性土壤。

六、土壤中的元素分布

1. 土壤剖面中元素的分布

不同母质土壤剖面中常量元素的分布有一个共同特点，即愈向土壤的上层，含量的差异愈小，与母岩中的原始含量关系愈不密切。表 3－17 为灰岩及花岗岩风化的土壤剖面上常量元素的分布。从表中可见，两种原岩中的 Si、Ca、K 等相差悬殊，而在 B 层就相当接近了。

表 3－17　不同母岩所成土壤层位的主要化学成分

母岩	层位	含量(%)						
		Si	Al	Fe	Ca	Mg	K	Na
灰岩	B	30.0	5.9	7.0	2.8	1.7	2.7	2.4
	C	24.2	6.1	5.9	12.9	3.1	1.6	1.4
	基岩	13.6	0.33	0.5	42.0	0.21	0.24	0.03
花岗岩	B	28.9	11.7	6.4	1.25	1.01	1.44	1.42
	C	29.2	11.5	5.8	0.97	1.25	1.83	1.09
	基岩	32.3	7.7	2.7	1.52	0.56	3.34	2.77

这一特点表明，土壤中的常量元素不能用来反映下伏岩石的成分。但若分析其中的微量元素，却能与基岩成分趋于一致。

至于土壤中的微量元素，尽管实际曲线会有各种不同的形状，但归纳起来，主要有下列 5 种情况：

(1)元素含量从上至下变化在分析误差范围之内(图 3－10a)。这是在干旱寒冷地区的山坡上，因生物及化学风化极弱，坡积物不断被剥蚀作用所更新，物理风化占绝对优势，成土作用处于原始阶段的特殊情况。

(2)由地表向下，元素含量越来越高(图 3－10b)，这代表强烈淋滤和淋失的情况。在热带、亚热带潮湿气候条件下，Cu、Zn、Mo、U、Ni 等元素在非碳酸盐母岩上具有这种分布。此时，取样的深度对异常的发现有决定性的意义。

(3)地表发生了残余富集(图 3－10c)，是由生物积聚或盐渍化作用造成。残余富集在灰岩地区是最典型的，这时 Zr、Ti、Pb、Sn、Fe 等元素，随着大量的 $CaCO_3$ 流失而相对富集起来。生物积聚是由植物根系从深处吸收了某种营养元素，然后以落叶的形式富集在地表层。Zn、

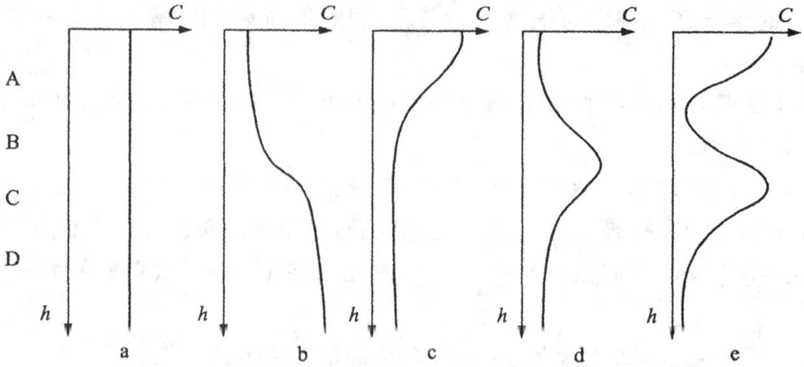

图 3-10　微量元素含量在剖面上变化的基本类型

Mn 等元素在寒冷地区有机物分解慢的条件下，往往有这样的分布。在干旱地区，由于蒸发量大于降雨量，土壤水分带来的可溶盐由于水分的蒸发，在地表析出，造成盐渍化，这对农业生产造成很大危害，但对找矿来说，却提供了发现下伏矿化的机会。

(4)高含量出现在某一层位上(淋积层)，在发育完好的土壤剖面上，经常可以看到白色的黏土层、结核或菌丝状的钙质层、红色或褐色的铁锰层等等(图 3-10d)。某些金属元素往往富集在相应的层位中。也可能由于 Eh、pH 的变化造成这种富集层位。

(5) 复杂的情况，表示有几种作用共同存在(图 3-10e)。此外，原始母岩中各种元素含量的分布的不均匀性可以保存在由它所形成的残积土壤内，造成土壤剖面中元素的一些不规则分布。

综上所述，在对地表物质的取样时，为了使结果可以互相对比，必须注意层位的一致性，而不能机械地保持深度一定。只有层位厚度变化不大的条件下，取样深度的一致性才有意义。由于样品落在不同层位而带来额外的含量变化，会给解释工作造成困难。

2. 中国及世界土壤元素丰度

地球化学文献中，针对土壤中微量元素的分布文章不太多。大部分是前苏联出版的，但许多土壤类型，如红壤、砖红壤在前苏联少见。维诺格拉多夫(1949)发表了世界土壤元素的丰度、资料较为陈旧。1974 年，莱文森总结了土壤中的元素含量，1979 年 Bowen 通过大量资料重新总结了世界土壤元素丰度(附录 4)。

我国在“七五”期间全国 29 个省区开展了系统的土壤背景值调查，并获得了一批高质量的资料。表 3-18 中是 A 层 20cm 内土壤的含量范围中位数，算术平均值和几何平均值，同表列入了纬度与我国相似的美国土壤元素丰度资料以资对比。结果表明：

(1)我国土壤元素丰度与美国的相比，各元素含量大致相当，说明我国土壤元素丰度的研究水平较高。

(2)我国土壤 Hg、Cd 比较低，说明工业化活动影响比较小。

(3)我国土壤背景值中全面分析了稀土元素，这在全世界土壤背景值研究中属首次，为土壤及其他研究提供了丰富的资料。

我国土壤背景值调查结果，每省区都计算了各省的土壤背景值，本书不一一列出，需要时可参阅文献，这为土壤地球化学研究提供了更加具体的背景资料，具有十分重要的实际意义。

表 3-18 中国及美国土壤元素丰度对比

元素	中国				美国		
	R	*Me*	*AM*	*GM*	*R*	*AM*	*GM*
As	0.01～626	9.6	11.2	9.2	<0.1～97	7.2	5.2
Cd	0.001～13.4	0.079	0.097	0.074	—	—	—
Co	0.01～93.9	11.6	12.7	11.2	<0.3～70	9.1	6.7
Cr	2.2～1 209	57.3	61.0	53.9	1～2 000	54	37
Cu	0.332 72	20.7	22.6	20	<1～700	25	17
F	50～3 467	453	478	440	<10～3 700	430	210
Hg	0.001～45.9	0.038	0.065	0.040	<0.01～4.6	0.089	0.058
Mn	1～5 888	540	583	482	<2～7 000	550	330
Ni	0.06～627	24.9	26.9	23.4	<5～700	19	13
Pb	0.68～1 143	23.5	26.0	23.6	<10～700	19	16
Se	0.006～9.13	0.207	0.290	0.216	<0.1～4.3	0.39	0.26
V	0.46～1 264	76.8	82.4	76.4	<7～500	80	58
Zn	2.6～593	68.0	74.2	67.7	<5～2 500	60	48
Li	2.0～225	30.6	32.5	29.1	<5～140	24	20
Na*	0.01～6.07	1.11	1.02	0.68	<0.005～10	1.2	0.59
K*	0.03～4.87	1.88	1.86	1.79	0.05～6.3		1.5
Rb	1～435	106	111	107	<20～210	67	58
Cs	0.001～195	7.02	8.24	7.21	—	—	—
Ag	0.01～0.84	0.10	0.13	0.11	—	—	—
Be	0.001～10.0	1.90	1.95	1.82	<1～15	0.92	0.63
Mg*	0.02～4.0	0.74	0.78	0.63	0.05>10	0.90	0.44
Ca*	0.01～47.9	0.93	1.54	0.71	0.01～32	2.4	0.92
Sr	6～5 957	147	167	121	<5～3 000	240	120
Ba	5～1 675	545	469	450	10～5 000	580	440
B	1.0～768	41	47.8	38.7	<20～300	33	26
Al*	0.005～27.3	6.65	6.62	6.41	0.5～>10	1.2	0.47
Ga	1.7～46.0	17	17.5	15.8	<5～70	17	13
Iu	0.11～0.25	0.064	0.068	0.061	—	—	—
Tl	0.036～2.38	0.58	0.62	0.58	—	—	—
Sc	0.03～61.7	10.8	11.1	10.6	<5～50	8.9	7.5
Y	0.56～130	22.1	22.9	21.8	<10～200	25	21
La	0.26～242	38.0	39.7	37.4	<30～200	37	30
Se	0.02～265	65.2	68.4	64.7	<150～300	75	63
Pr	0.10～40.5	6.17	7.17	6.67	—	—	—
Nd	0.05～100	25.2	26.4	25.1	<70～300	46	40
Sm	0.004～20.1	4.99	5.22	4.94	—	—	—
Eu	0.01～5.15	1.00	1.03	0.98	—	—	—
Ga	0.19～16.8	4.44	4.60	4.38	—	—	—
Tb	0.005～3.10	0.59	0.63	0.58	—	—	—
Dy	0.07～14.4	4.03	4.13	3.93	—	—	—
Ho	0.04～3.04	0.84	0.87	0.83	—	—	—
Er	0.13～9.37	2.47	2.54	2.42	—	—	—
Tm	0.04～1.40	0.36	0.37	0.35	—	—	—
Yb	0.02～7.68	2.35	2.44	2.32	<1～50	3.1	2.6
Lu	0.002～1.90	0.35	0.36	0.35	—	—	—
Ce	15.4～492	142.8	143.2	136.9	—	—	—
Y	2.6～182	37.9	37.2	35.6	—	—	—
TR	18.0～582	181.1	187.6	179.1	—	—	—
Th	0.03～100	12.4	13.8	12.8	2.2～31	9.4	8.6
U	0.42～21.1	2.72	3.03	2.79	0.29～11	2.7	2.3
Ge	0.50～7.6	1.7	1.7	1.7	<0.1～2.5	1.2	1.2
Sn	0.10～27.6	2.3	2.6	2.3	<0.1～10	1.3	0.89
Tl*	0.05～8.22	0.381	0.380	0.363	0.007～2.0	0.29	0.04

注：*R* 为含量区间；*Me* 为中位数；*AM* 为算术平均值；*GM* 为几何平均值；

* 表示常量元素，10^{-2}；其他 10^{-6}。

第七节 水圈中元素的分布

水在风化、土壤形成和对元素活动性的影响上起着十分重要的作用，它是元素表生地球化学循环的纽带。由于它参与了整个表生地球化学循环，它的化学元素组成已不再是简单意义上的 H_2O 了。如果分析灵敏度足够高的话，它含有了岩石、土壤中的所有元素。水是生命之源，水中含有的可溶元素是生物的无机营养来源。同时，利用水与循环途径的成因联系，在矿产勘查，特别是预测隐伏矿、盲矿方面也有重要意义。本节将介绍天然水中元素的背景分布。

一、天然水及其化学成分特点

地球上水圈中的水以气态、液态和固态 3 种形式存在于大气圈和地球表面，地球表面的水又以潜水面为界分为地表水和地下水。

地球上绝大部分水储存于海洋中，只有不到 2.8%的水分布在陆地上。而陆地上的 75%为冰盖、冰川和咸水，剩下可供人类直接利用的已不多了，而其中主要部分又为地下水。降雨除部分直接形成地表径流汇入河流外，相当大的一部分通过土壤下渗进入地表疏松物和岩石中。在地表可将水的赋存分为饱水带和包气带。在自由潜水面之下，岩石的全部孔隙、裂隙、溶隙都被水充满，称为饱水带。在潜水面之上称为包气带，在包气带中岩石、土壤孔隙除一部分为水占据外，还有部分充填有空气。

天然水溶解有各种不同的离子、原子、分子、化合物，成分相当复杂。根据现代分析技术，天然水中已发现有近 80 余种元素，包括了无机成分、有机成分、气体和微生物。

无机组分中，Cl、S、C、Na、Mg、Ca、K 及 H、N、Si、P、Fe、Al 10 余种元素经常出现，分布广、含量高，称为常量组分。它们占据了地下水无机组分的 90%～95%。微量组分是指平均含量低于 10mg/L 的元素，如 Br、I、B、F、Pb、Zn、Li、Rb、Sr、Ba、As、Mn、Cu、Co、Ni、V、W、Sb、Be、Ag、Hg、Bi 等。它们不决定水化学类型，但对矿产勘查、环境和农业有重要意义。水中常见的阴离子有 OH^-、Cl^-、SO_4^{2-}、NO_2^-、NO_3^-、HCO_3^-、CO_3^{2-}、SiO_3^{2-}、PO_4^{3-} 等。水中有广泛分布的不同类型的有机物，如氨基酸、蛋白质、糖、有机酸、烃类苯酚衍生物及脂肪酸等，它们多是生物排泄物及遗体分解物。水中溶解的气体成分有 N_2、O_2、CO_2、H_2S、CH_4、H_2、SO_2、Rn、NH_3 等。它们主要来自大气、岩层、土壤中的生物作用，岩石变质作用及地下深部脱气。此外，水中有微生物活动，水中的细菌可分为喜氧细菌和厌氧细菌两类。微生物的生命活动对水的酸碱度和氧化还原环境产生显著影响，对水的化学作用和化学演化起着重要的作用。

存在于水中的离子、分子及化合物的总含量称为水的矿化度，以 g/L 表示。矿化度的高低表示了含盐量的多少。按矿化度的大小将天然水分为淡水、微咸水、咸水、盐水及卤水 5 类(表 3－19)。

天然水的酸碱度则以水的氢离子浓度或 pH 值来衡量。按 pH 值大小将天然水的酸碱程度分为 5 类(表 3－20)。

水化学成分反映了不同的形成条件、不同的自然环境。尽管水化学成分十分复杂，但决定水化学类型的只是 10 余种常量成分。阳离子中最重要的是 K^+、Na^+、Ca^{2+}、Mg^{2+}，阴离子中最重要的是 HCO_3^-、SO_4^{2-}、Cl^-，将性质相似、含量较低的 K^+ 归并入 Na^+ 后，即三种阳离子、三种阴离子决定了水化学的类型。水化学分类有多种方法，比较通用的是舒卡列夫分类法，简单

表 3-19　天然水按矿化度分类

天然水类别	矿化度(g/L)
淡水	<1
微咸水	1～3
咸水	3～10
盐水	10～50
卤水	>50

表 3-20　天然水按酸碱度分类

天然水类别	pH 值
强酸性水	<5
弱酸性水	5～7
中性水	7
弱碱性水	7～9
强碱性水	>9

易懂。它是将 6 种主要离子按毫克当量百分数含量大于 25%的进行不同组合，共划分为 49 种化学类型(表 3-21)。确定水类名称时，习惯将含量大的放在前面，如自然界广泛分布的重碳酸钙型水，即阴离子 HCO_3^- 毫克当量数的百分数>25%，阳离子 Ca^{2+}>25%(即第一类型水)。又如第四类型为重碳酸钙钠型(HCO_3-Ca-Na)水，表示 Ca^{2+}毫克当量百分数含量大于 Na^+、HCO_3^- 毫克当量百分数大于 25%。

表 3-21　舒卡列夫水化学分类

超过 25%*Meg* 的离子	HCO_3^-	HCO_3^-,SO_4^{2-}	HCO_3^-,SO_4^{2-},Cl^-	HCO_3^-,Cl^-	SO_4^{2-}	SO_4^{2-},Cl^-	Cl^-
Ca^{2+}	1	8	15	22	29	36	43
Ca^{2+}、Mg^{2+}	2	9	16	23	30	37	44
Mg^{2+}	3	10	17	24	31	38	45
Na^{2+}、Ca^{2+}	4	11	18	25	32	39	46
Na^+、Ca^{2+}、Mg^{2+}	5	12	19	26	33	40	47
Na^+、Mg^{2+}	6	13	20	27	34	41	48
Na^+	7	14	21	28	35	42	49

舒卡列夫分类法较为通用，但仍然过于详细。在舒卡列夫分类法的基础上，通常把天然水的化学类型按阴离子划分为更为简便的 4 大类(表 3-22)。

表 3-22　四种常见水化学典型的基本特征

水化学类型	矿化度(g/L)	pH	阴阳离子特征
淡水型	<1	中性－弱碱性	6 种离子含量均低
重碳酸盐型	0.3～4	中性－弱碱性	HCO_3^->2×(SO_4^{2-}+Cl^-),SO_4^{2-},Cl^- 均低于 0.5*Meg*/L
碳酸盐型	1～10	酸－弱酸－中性	含较高的 HCO_3^-、Cl^-,少量 SO_4^{2-},混合类型
氯化物型	>10	中性－弱碱性	含大量 Cl^-,Na^+

二、水化学成分的形成作用

1. 直接溶解作用

溶解包括气体溶解和岩石矿物中可溶成分的直接溶解过程。大气中的 O_2、N_2、CO_2、

H_2S、CH_4 等在水中都有一定溶解度。岩浆脱气产生的 H_2O、H_2、CH_4、CO_2、H_2S 及放射性衰变过程产生的 He、Rn 及 Ar 等也在与地下水接触时被溶解。岩石、矿物中富含有一定可溶物质时可直接被下渗循环水溶解。如盐类物质被直接溶解使地下水富含 Na^+、Cl^-，石膏被溶解而使地下水富含 Ca^{2+}、SO_4^{2+}；碳酸盐岩被溶解而使 Ca^{2+}、Mg^{2+}、HCO_3^- 浓度增高。石油、天然气矿田上方的烃类气体在水中也有较大溶解度。

2. 金属硫化物氧化溶解和电化学溶解

一般情况下，金属硫化物在水中的溶解度很小，但在表生带富含游离氧作用下，能形成易溶的硫酸盐及游离硫酸，使水 pH 降低，在氧化产生的硫酸作用下更加速了硫化物氧化。硫化物氧化后溶解度大大增高(表 3-23)。

表 3-23 某些金属硫化物及其硫酸盐的溶解度

硫化物	溶解度(g/L)	硫酸盐	溶解度 g/L
ZnS	3×10^{-10}	$ZnSO_4$	531.2
MnS	3×10^{-10}	$MnSO_4$	393
NiS	1.7×10^{-6}	$NiSO_4$	274.8
FeS	2.2×10^{-4}	$FeSO_4$	157.0
CoS	2.9×10^{-7}	$CoSO_4$	265.8
PbS	3×10^{-15}	$PbSO_4$	0.04
CuS	5×10^{-22}	$CuSO_4$	172.0
Ag_2S	7.5×10^{-6}	Ag_2SO_4	7.7

每种金属硫化物同水溶液的接触面都造成电位差，与金属的电极电位相类似(产生于金属与其溶液间的电位叫金属的电极电位)。不同硫化物的电极电位不同，不同硫化物相接触，在以水溶液为介质的条件下，使构成一组原电池。在电位差的作用下，低电位的硫化物容易失去电子而构成阴极，金属则呈离子转入溶液溶解，这便是电化学溶解(详见第七章)。

3. 铝硅酸盐水解作用

氧化带铝硅酸盐水解过程，释放出 K^+、Na^+、Ca^{2+}、Mg^{2+} 等碱金属和碱土金属，成为活动的可交换阳离子，同时释放出 H_4SiO_4 溶解于溶液中迁移，最后经沉淀析出形成蛋白石。硅酸盐水解的结果，金属阳离子与 OH^- 进入水体流入大海，而铝硅酸阴离子与 H^+ 结合形成黏土矿物残留原地，详细反应过程参见风化作用一节。

4. 阳离子交换作用

吸附于矿物中的一种或几种阳离子被其他阳离子交换而不破坏，或不改变矿物结构的过程，称为阳离子交换作用。许多黏土矿物(如蒙脱石)具有较大的阳离子交换能力，在矿物构造层之间被吸附的阳离子以较低的能量连结着，很容易进行交换。例如当含有硫酸钙和镁的地下水与已吸附有 Na^+ 的海成黏土矿物相遇时，则发生 Ca^{2+}、Mg^{2+} 交换 Na^+ 的反应：

$$\boxed{黏土}-2Na^+ + CaSO_4 \rightleftharpoons Na_2SO_4 + \boxed{黏土}-Ca^{2+}$$

结果钠由黏土结合转入溶液，而黏土则由典型的海相含钠型黏土变为陆相钙镁型。

5. 脱硫酸、脱碳酸作用

还原环境中脱硫酸细菌能使 SO_4^{2-} 还原为 H_2S：

$$SO_4^{2-} + 2C + 2H_2O \longrightarrow H_2S + 2HCO_3^-$$

结果使水中 SO_4^{2-} 减少，HCO_3^- 增大，碱性增强并富含 H_2S，这是地下封闭环境在有机质存在时最常进行的化学作用。

地下水溶解碳酸盐的能力取决于水中的 CO_2 含量。当温度升高或压力降低时，一部分 CO_2 从水中逸出，这时水中 HCO_3^- 与 Ca^{2+}、Mg^{2+} 结合形成 $CaCO_3$ 或 $MgCO_3$ 沉淀：

$$Ca^{2+} + 2HCO_3^- \longrightarrow CO_2\uparrow + H_2O + CaCO_3\downarrow$$

$$Mg^{2+} + 2HCO_3^- \longrightarrow CO_2 \uparrow + H_2O + MgCO_3 \downarrow$$

这一过程称脱碳酸作用。结果，使水中 HCO_3^-、Ca^{2+}、Mg^{2+} 减少，矿化度降低，pH 增大。深部地下水上升，在泉口附近常形成泉华沉淀就是这种脱碳酸作用的产物。

三、海水中化学元素的丰度

海水中含有已发现的绝大多数元素，按其含量和性质可分为常量元素、微量元素、放射性元素、溶解气体和有机质。主要阴离子有 Cl^-、SO_4^{2-}、HCO_3^-、Br^-、I^-、F^-、BO_3^{3-}，主要阳离子为 Na^+、Mg^{2+}、Ca^{2+}、K^+、Sr^{2+}，它们占总量的 99.9%以上。其中 Cl^- 占 55%，Na^+ 占 30%，此外以富含大量的 Br、I、F、B、Sr 而显著不同于陆地水。海水中主要离子浓度见表 3-24。

表 3-24　海水中主要离子含量　（单位：g/kg）

离　子	Ю. А. Алёкин(1970)	J. Greeb(1969)	P. Хорн(1972)
Cl^-	19.353 4	19	19.35
SO_4^{2-}	2.707	—	2.713
HCO_3^-	0.142 7	—	0.142
Br^-	0.065 9	0.065	0.067
F^-	0.001 3	0.001 3	—
BO_3^{3-}	0.026 5	0.004 6	—
Na^+	10.763 8	—	10.76
Mg^{2+}	1.297 0	0.135	1.294
Ca^{2+}	0.408 0	0.4	0.413
K^+	0.387 5	0.38	0.387
Sr^{2+}	0.013 6	0.100 8	0.008

海洋水中各离子一般存在 $Cl^- > SO_4^{2-} > HCO_3^- > CO_3^{2-}$ 和 $Na^+ > Mg^{2+} > Ca^{2+} > K^+$。开阔海洋平均盐度为 3.5%，区域性变化为 32%～37%。只有蒸发量大、降雨量比渗入量小的地方，如红海波斯湾盐度可升高达 4.1%，而大河淡水注入处，盐度有所降低。

海水中的微量元素可以分为三类，其一是简单的和复杂的离子及很稀的溶解状态的分子；其二是与矿物颗粒结合在一起的离子，较粗颗粒主要分布在陆缘及河口部分，而胶体微粒则分散于海水中；其三是进入死亡有机质中的元素。

大洋海水具有很高的均一性，水中主要离子浓度间一般具有恒定比例关系。如：Na/Cl=0.554 9～0.556 7，Mg^{2+}/Cl^-=0.066 07～0.068 14，Ca^{2+}/Cl^-=0.020 90～0.0213 3，K^+/Cl^-=0.019 1～0.020 8，SO_4^{2-}/Cl^-=0.139 5～0.141 4。往往测定一种组分后，可以推算其他组分含量。因此，海水成分资料的精确性一般较高。

海水中微量元素含量相差达 10 个数量级，Br、Sr、F、Si、B 在 1 000μg/L 以上，Li、Rb、I、Ba 浓度超过 10μg/L，Mo、Zn、U、Ni、V、Ti、Cu 等在 1～10μg/L 间，其他元素仅为 $10^{-1}n$～$10^{-2}n$μg/L。海水中其他微量元素含量见表 3-25。

表 3-25　海水微量元素(P. Хорн,1972)　(×10^{-9})

元素	含量	元素	含量	元素	含量
Li	170	Ga	0.03	La	0.012
Be	0.000 6	Ge	0.07	Ce	0.005 2
Al	10	As	3	Nd	0.009 2
Si	3 000	Se	4	Gd	0.002 4
P	70	Rb	120	Dy	0.002 9
Sc	0.04	Nb	0.01	Er	0.002 4
Ti	1	Mo	10	Yb	0.002
V	2	Ag	0.04	Lu	0.000 48
Cr	0.05	Cd	0.11	W	0.1
Mn	2	In	<20	Au	0.004
Fe	20	Sn	0.8	Hg	0.03
Co	0.5	Sb	0.5	Tl	<0.01
Ni	2	I	60	Pb	0.03
Cu	3	C	0.5	Ni	0.02
Zn	10	Ba	30	Pa	2×10^{-6}
				U	3

海洋中可溶性微量元素没有发生明显聚积,海洋沉积物的吸附作用和生物活动使海水—沉积物间保持平衡。深海沉积物主要有碳酸盐型和黏土型沉积,它们为古海洋、古气候、地层学等方面提供了许多主要信息,这方面的内容超出了本书范围,需要时可参阅有关著作。

四、河水中的元素丰度

尽管河水只占天然水总量的极小部分(10^{-6}),但是,河水与农业、水产养殖、生态环境以及矿产地球化学勘查有着密切关系。因此,研究河水中微量元素的分布有重要意义。

大陆河水主要是淡水,只有在内陆地区局部存在咸水。大陆天然水成分的最大特征是水中溶解物质及含量受局部因素影响,如降雨量、水流动及汇水区岩石成分特征和生物、植被覆盖情况等。因而不同地区淡水成分具有较大差异。而且从河水来源看,主要由两部分组成:①大气降雨及其后短期内可进入河系的直接地表水;②渗流入河中的地下水。前者只短时间与地表土壤接触,可溶物少。地下水中可溶物则多得多。雨季地表水对河水的影响大大超过地下水。图 3-11 是加拿大堪萨斯州萨林河水流量与电导率的关系。表明平水期取样才有代表性,这时地下水是河水的主要组成。

1963 年,Livingstone 发表了世界河水分析结果最完整的一份报告,同表(表 3-26)列入了地下水、地热水和雨水的对比资料,表明河水比雨水含的可溶物高,而比地下水低。地下水的成分差别最大,表明汇水区岩石类型不同将严重影响河水化学成分。

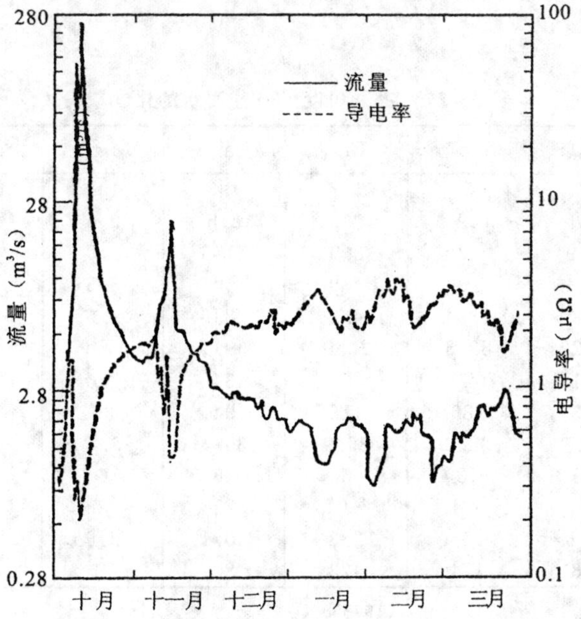

图 3-11　水流量与电导率的关系（LeVinson，1974）

表 3-26　河水、地下水、地热水、雨水中主要组分　（单位：mg/L）

	河水(1)	地下水			地热水(5)	雨水(6)
		灰岩中(2)	黏土页岩中(3)	流纹岩中(4)		
Na^+	6.3	8.1	362	62	352	9.4
K^+	2.3	5.7	14	2.0	24	0.0
Mg^{2+}	4.1	28	143	1.0	0.0	1.2
Ca^{2+}	15	79	416	8.0	0.8	0.8
HCO_3^-	58.4	267	104	131	—	4
SO_4^{2-}	11.2	51	2 107	22	23	7.6
Cl^-	7.8	29	38	16	405	17
NO_3^-	1	28	0.2	6.7	1.8	0.0
SiO_2	13.1	8.4	26	52	363	0.3
其他	0.67	0.07	64.8	0.92	42.06	0.02
总计	120	504	3 300	302	1 310	38
pH	—	7.3	6.3	7.9	9.6	5.5
温度	—	—	6.1	15.6	94	—

注：(1)世界河水平均成分；(2)取自白云质灰岩钻孔；(3)取自黏土页岩钻孔；(4)取自流纹岩中泉水；(5)取自黄石公园的温泉；(6)取自明罗公园的雨水。

河水中微量元素主要由地下水供给，因此，其基本成分与地下水相似。但是，不同地区，由于岩石组成不同，气候条件不同，河水成分有一定差异。当河流流域主要是硅酸盐岩石时，河流只能获得少量离子；当流域以灰岩为主时，河水将富含 Ca^{2+}、HCO_3^-；当流经膏盐地层区时，会获得大量 SO_4^{2-}，而且总盐度也会提高；当流域为富含吸附离子的页岩、泥岩时，河水中

Na^+、K^+及其他金属阳离子会增高。表 3－27 是我国和世界一些著名河流河水的主要离子及其总量特征。

表 3－27 我国和世界一些河水的化学成分 （单位：mg/L）

河流	HCO_3^-	SO_4^{2-}	Cl^-	Ca^{2+}	Mg^{2+}	$K^+ + Na^+$	总量
亚马逊河*	17	3	1.7	4.3	1.1	1.8(Na)	36
闽　江	20	49	0.5	2.6	0.6	6.7	35.5
黑龙江	54.9	6.0	2.0	11.6	2.5	6.7	83.7
松花江	64.4	5.9	1.0	12	3.8	6.8	93.9
长　江	12.89	13.4	4.2	28.9	9.6	8.8	19.36
黄　河	16.20	82.6	30.0	39.1	17.9	46.3	377.9
密西西比河*	101	41	5	34	7.6	11(Na)	221
科罗拉多河*	183	289	113	94	30	124	853
勒拿河**	108.9	36.8	36.9	36.4	9.7	31.5	260
鄂毕河**	109	13	5	28	6	26	187
叶尼塞河**	72	6.1	1	21	3	1.6	105
阿穆尔河**	42.6	5	2.3	10.1	2.6	3.5	66
约旦河*	238	174	473	80	71	253	1 310

* 据 A. ALevinson(1974)；** 据 A. A. Беус(1976)。

由表可见，世界降雨最丰区的亚马逊河可溶物最低，而最干旱的约旦河溶解物最高。我国河流情况也类似，福建闽江水中可溶物最低，流经干旱、半干旱区的黄河可溶物最高。

H. J. M. Bowen(1979)归纳总结了世界淡水河流各元素的组成(附录 5)，是一份比较全面的世界河水元素丰度值。其中稀有元素的资料还需要证实，表中为估算平均值。

长江是我国重要河流，世界第三大河，流域 $180\times10^4 km^2$。"七五"期间，以中国科学院、大专院校和有关 13 个单位，对水系不同主干支流不同环境河水成分进行了背景含量研究。表 3－28 是河水总含量特征，表 3－29 是 0.45μm 滤膜过滤后溶解态各元素含量。

表 3－28 长江不同环境单元元素背景值(全量)(张立成等，1997) （单位：μg/L）

元素	长江河源区	金沙江上游及北岸	金沙江下游及南岸	乌江赤水	岷江沱江	汉水	清戈江	鄱阳湖	全水系
Cu	3.010	3.53	1.50	1.27	0.88	3.25	0.74	0.78	1.26
Pb	3.180	1.49	1.80	0.29	0.46	0.87	0.44	0.85	0.71
Zn	6.460	7.78	1.45	3.62	2.57	3.39	6.55	6.21	4.18
Cd	0.046	0.074	0.097	0.015	0.012	0.018	0.065	0.021	0.019
Hg	0.009	0.007	0.024	0.023	0.030	0.03	0.006	0.006	0.023
As	3.320	1.92	0.59	0.710	1.22	1	0.8	0.85	0.88
Co	0.940	1.34	0.55	0.16	0.18	0.11	0.2	0.17	0.3
Ni	1.170	4.04	0.49	0.21	1.30	0.42	0.59	0.35	0.61
Cr	12.600	4.49	1.15	1.54	0.64	0.88	0.79	0.82	0.9
Se	0.170	0.21	0.18	0.11	0.21	0.054	0.138	0.142	0.165
Mn	50.19	46.31	23.68	16.79	11.28	7.6	20.99	16.34	19.31
Mo	0.99	0.81	0.39	0.68	0.90	0.7	0.59	0.16	0.68
V	3.58	6.24	1.70	1.49	2.25	1.05	1.29	0.42	1.29
Fe	1 996.24	1 806.1	354.5	165.80	109.00	338.9	241.53	121.85	215.5
F	0.19	0.31	0.12	0.075	0.17	0.2	0.16	0.15	0.13

由表 3-28 可见河水中元素浓度具有由上游向下游明显降低的趋势，特别是河源区。金沙江及北岸水系，除 Hg、Zn 外，向下游均具明显降低。Fe 是标志性元素，从河源区至鄱阳湖区，由1 996.24μg/L降至 121.85μg/L，降低十几倍。V、Mo、Cr、Pb 也下降 50%。造成这一现象的主要原因是上游水量小，加之物理风化强烈，地表植被差，河水悬浮物颗粒迁移占主要地位所至。

表 3-29 为 0.45μm 过滤后的成分。不同支流单元环境不同，水化学组成差别明显。如金沙江下游及南岸区，Cu、Pb、Cd、Co、Ni、Cr、Fe 处于高背景水平。Zn、Fe、Mn 向下游鄱阳湖明显增高。Pb、As、Co、Se、Mo、U 差别不大，但下游有增高趋势。这种原因有双重原因制约，其一是中下游地区水热条件有利于化学风化，且花岗岩广布，河水偏中酸性，有利于元素风化进入水体。其二是降水增加，使化学风化因素影响减小。乌江、赤水流域以灰岩为主，河水偏碱性，水中元素含量相对偏低。

表 3-29　长江水系不同环境单元过滤水元素背景值含量(张立成等，1997)　　(单位：μg/L)

元素	长江河源水系	金沙江上游及北岸	金沙江下游及南岸	乌江赤水	岷江沱江	汉水	巢湖	青戈江	鄱阳湖	全水系
Cu	0.63	0.74	0.95	0.46	0.39	2.53	0.68	0.60	0.47	0.57
Pb	0.76	0.14	0.65	0.16	0.20	0.51	0.06	0.08	0.32	0.23
Zn	0.68	0.86	0.97	2.30	1.92	3.08	1.54	2.89	4.81	1.89
Cd	0.015	0.021	0.043	0.008	0.006	0.014	0.024	0.036	0.006	0.009
Hg	0.002	0.003	0.014	0.14	0.023	0.027	0.002	0.004	0.003	0.016
As	0.86	1.08	0.46	0.28	0.55	0.73	1.05	0.44	0.60	0.53
Co	0.24	0.26	0.26	0.05	0.08	0.07	0.07	0.03	0.08	0.10
Ni	0.18	1.24	0.31	0.14	0.90	0.24	0.61	0.40	0.24	0.37
Cr	0.26	0.62	0.58	0.55	0.32	0.50	0.28	0.15	0.71	0.40
Se	0.127	0.190	0.140	0.65	0.170	0.025	0.114	0.102	0.105	0.114
Mn	2.53	2.21	3.52	3.01	3.29	2.80	5.52	7.71	7.53	3.99
Mo	0.72	0.41	0.30	0.52	0.72	0.53	0.35	0.38	0.13	0.46
V	0.23	0.96	0.50	0.40	1.80	0.79	0.87	0.68	0.29	0.52
Fe	12.53	9.12	21.03	4.75	13.00	8.72	20.25	13.29	24.45	15.36
F	—	0.12	0.11	0.08	0.16	0.18	0.13	0.15	0.13	0.12

过滤水中各元素含量明显低于水中总含量，两表对比表明悬浮物是河水中物质搬运的主要形式。悬浮物控制了水中元素主要特征。但是，悬浮物在水中的含量受多种因素影响，不能真实代表水组成特征，不易对比。因此，近年来进行水化学研究时，大多采用 0.45μm 滤膜过滤水进行分析，以确保对比条件的一致性。

第四章　地球化学调查工作方法

获取第一手实际资料，对完成任何一项地质工作都是必不可少的。一项完整的地球化学调查，一般可以分为三个阶段：野外调查与样品采集、样品加工与样品分析、资料整理与报告编写。这是一个有组织、有计划、有系统的研究工作。所以地球化学调查不仅要有科学性、技术性，还要有一个管理组织优化的问题。即如何优化工作程序，以最省时间和经费，获得最佳的效果。三个阶段的工作环环紧扣，而且后者以前者为基础。第一个阶段的工作决定了整个工作的最终效果。正因为如此，我们应当特别重视第一阶段的工作，要有正确的工作程序，最佳的工作方案，合理的采样布局，正确地布置采样点位，选择最恰当的采样介质，使所采样具有典型性和代表性。要确保整个工作科学合理地开展，就必须制定严格的技术管理条例。

第一节　工作设计

设计书是指导工作开展和圆满完成的保障，就象楼房建筑必须事先要有设计图纸一样。任何一个项目，无论是指令性计划还是投标竞争获得的项目，在具体实施前都必须编写工作设计书。设计书要由专门设计小组组织讨论后认真编写，并经由上级主管部门审批，已通过的设计要严格执行，没有特殊理由不能轻易改动。编写设计书时，对认识尚不清楚或处于试验的或情况复杂多变的要留有机动性。为了使设计符合实际，科学可行，要组织专门人员进行可行性研究，专门的踏勘、试验后，再编写设计书。

一、设计书编写程序

1. 资料收集

接受任务后，负责编写设计的人员必须先收集研究工作区或该项目研究任务以往的工作、研究历史。首先要收集研究区及邻区已有的资料，包括区域地质、区域矿产等资料。前人对该区域的研究报告、公开发表的论著。此外，还应收集研究区的自然地理及交通、人文情况，如气温、雨量、雨季的分布、工作区的地形特征（收集或购买相应的最新地形图）、交通特征、通行情况等。这些资料是编写工作设计，特别是工作部署安排必不可缺的。

2. 选区踏勘

无论是何种项目，对所确定的研究区，在开展工作前，都要现场踏勘，了解以下情况：①区域景观条件：植被覆盖情况、露头出露好坏、水系分布、地形地貌。②地质概况：地质构造、地层、岩体特征与已掌握地质图吻合程度，认识差异：已有矿山、老硐、矿点分布、典型矿山观察。③自然地理交通：道路分布，有无地图上没有标明的新建公路、简易公路、居民点，为今后的后勤工作做到心中有数。

3. 方法试验

(1)技术条件试验。采样介质的合理性（先采集多种介质进行试验）试验，采样密度试验（如作一条地质地球化学剖面），采样层位、深度、粒度试验。

(2)方法有效性试验。如对拟采用的方法在研究区地质、景观条件下效果如何,先作少量试验以确定其有效性。

(3)专项试验。根据本项目的需要作必要的试验工作。对试验研究采集的试验样品立即组织分析测试,为编写设计提供资料。

4. 编写设计

编写设计书的基本原则是既要体现积极进取精神,又要留有余地,做到依据充分,任务明确,方法正确,技术要求合理,工作布署恰当,施工计划安排有序,人员装备配置合适。

具体编写内容:

(1)目的任务。应将项目申报的总任务进行具体落实,分别说明,特别是勘查地球化学可能采用的几种方法,对各方法的任务要分别说明,并对实现目标可行性进行必要的论述。

(2)工作依据。根据已有的地质、矿产资料阐明有利和不利条件。即利用已有的地质、物化探方面的工作成果和经验,以及工作区的地质、矿产、地形、气候、植被、覆盖、基岩出露条件,论证已选定工作方法的有效性,或者引用国内外已有类似工作的经验、成果可借鉴性和与本项目的相宜性。

(3)工作方法与技术要求。阐明选用的方法,确定各方法的技术指标和要求;规定采样布局、采样方法、采样密度、样品重量,野外初步加工、保存,采样质量检查,重复采样的按排原则,规定分析方法,分析元素和分析要求(分析质量监控有无特殊要求)。

(4)实施方案。根据项目任务,编制具体的实施方案,应包括实施顺序、分解任务后各子项目的任务、要求。采样布局,采样细则、分析项目、质量要求。

(5)人员编制、装备经费预算。

(6)预期成果。

第二节　采样布局

采样工作是地球化学工作中获取第一手实际资料最重要的一步,是基础中的基础。所以一定要认真、踏实地做好。采样工作先要做好样点布局,然后再具体实施采样。

采样布局要根据任务性质来决定。就大规模的区域地球化学调查来看,以矿产勘查为目标的调查是要查明区域地球化学场与矿产资源的联系,特别重视次生分布与原生分布的联系,进而追溯矿源和靶区。而对环境和农业生态地球化学调查来说,特别重视原始的自然分布与人类活动影响下的人为分布的关系,特别重视从有毒有害元素和有益元素两方面来研究两种分布对生态环境的影响。尽管如此,但都是以研究元素区域地球化学场的特征手段来达到预期目标的。因此,研究方法上是相似的,都要对母体均匀、随机地抽取一定样品,来拟合、刻画母体的元素分布特征。

一、采样单元

利用统计抽样的原理,用少数抽取的样品去估计母体的分布特征(包括分布参数和分布结构),了解地球化学场的结构特征,这就要用一定密度的均匀样点控制整个研究区。元素在地球化学场内分布是不均匀的,但是,当把研究区按一定面积分割成若干足够小的单元时,可以近似把这一单元内元素看作是均匀分布的。这个最小单元,地球化学上通常叫做采样单元。

这样，每个单元采集至少一件样品，就可以知道整个研究区内的元素空间分布特征。这个采样单元的大小，根据工作目的，制图比例尺不同而不同。战略远景性的概略调查，希望用较少量样品了解整个区域地球化学场的大型结构。而局部结构，则要在小范围内用更加密集的样品控制，以精细刻划结构的细微特征。因此，要用详略不同、比例尺大小不同的采样密度来实现刻划地球化学场的目的。采样单元的大小，国内外通常用成图时不同比例尺图件上 $1cm^2$ 作为最小采样单元，即 1：200 000 比例尺时，$4km^2$ 为一个采样单元；1：50 000 比例尺时，$0.25km^2$ 为一个采样单元。

按照采样单元布置采样，通常用于中小比例尺的地质、地球化学调查中。这种调查带有战略性的，只希望了解地球化学场结构上的粗略轮廓，找到地球化学的高(或低)含量区段(地球化学省、地球化学带、矿田或大型矿床的地球化学异常等)，以确定进一步找矿的战略远景区。对于农业土壤地球化学调查来说，是为省、地、县级农业主管部门提供土地规划，农业决策的依据。

二、矿产资源地球化学调查的采样布局

矿产资源在规模和空间上具有不同的显示特征，如成矿省、成矿带、矿田、矿床、矿体等。相应地在地球化学上表现为地球化学省、地球化学区带、矿田晕、矿床晕、矿体晕等不同级次的异常。每个异常只要有一个以上的点有异常显示，则矿产信息就不会丢失。对大型异常(如几十～几百 km^2)，可用大采样单元，少量样品布控全区即达目的。对矿床晕、矿体晕(小于几 km^2)，则要用更多的样品、小的采样单元去采样研究。这就构成了勘查地球化学中区域化探—化探普查—矿区化探的不同找矿阶段，不同工作精细程度的差别。

1. 区域化探

一般指对工作程度较低的地区，为了尽快在较大范围中(可以是几百、几千甚至是上万平方千米)确定找矿远景区，查明资源分布概况，为区域找矿决策提供依据，一般采用低密度的水系沉积物测量方法。工作成果比例尺采用 1：200 000、1：100 000 及 1：50 000，通常按国际分幅系统地覆盖全区、全省乃至全国。有时区域化探工作与同比例尺地质调查工作同时匹配进行。但由于区域化探完成一幅图的速度比区域地质调查要快得多，总是提前完成，对后面的地质调查有很大的促进和帮助。因此，前苏联把低密度小比例尺地球化学找矿称为超前地球化学测量。我国从 1978 年起，用新的统一要求，重新用 1：200 000 比例尺扫面，称为第二代区域化探扫面，采样介质为水系沉积物，采样密度为每 $1km^2$ 一件样品，四个样品组合成一个组合样以减少分析样品数量，节约经费。当发现异常后，再调出原始单样进行分析，这样大大加快了速度，提高了精度。到目前为止，已完成近 $600\times10^4km^2$ 的区域化探扫面工作，除极高山区、沙漠覆盖或其他厚覆盖区外，能适宜进行化探扫面工作的地区 90%都已完成。并取得了明显的找矿效果。

区域化探中，对交通特别不便的地区，还可开展更小比例尺概略调查。如黑龙江省地矿局曾在大兴安岭地区开展过 1：1 000 000 水系沉积物区域化探。“八五”期间，国家 305 项目在西天山组织了 1：500 000 区域化探。将来仍可能在交通极不方便的高山区开展类似的区域化探工作。

另外，在一些成矿有利的地区，也可开展比例尺更大一些(如 1：100 000、1：50 000)，面积小一些，也可采样密一些的区域化探工作。

化探工作中，主要的采样介质采用水系沉积物。因为，它具有控制范围大，介质元素分布

均匀、样品代表性好、沿沟谷布样交通条件好、样品易采集易加工、工作效率高等优点，成为区域化探中的首选方法。其次，在沟谷河流密度小的低缓地形区，也可用土壤采样来代替。此外，为克服土壤样品控制范围小的缺点，常常采用加大采样数量，用分析组合样的办法来减少分析样品数。

不同比例尺的区域化探水系统沉积物采样密度见表 4－1。

表 4－1　不同比例尺的采样密度

比例尺	水系沉积物(化探)	
	取样点距(m)	每 km^2 点数
1：250 000	3 000～2 000	1
1：200 000	1 000～500	1～4
1：100 000	400～200	2～8
1：50 000	200～100	8～20

2.化探普查

一般是在成矿条件较好、成矿规律、特点基本明确的区域上，为进一步查明矿床和发现新矿化的具体分布范围，需要开展中比例尺的化探普查工作。找矿目标是矿田和大型矿床级的异常。在地形切割强烈，沟系发育地区，一般优先采用水系沉积物测量(表 4－2)。在地形平缓、沟系稀疏、地面覆盖大的地区，只能选用土壤地球化学测量方法。这时，必须加大采样密度，才能保证有足够的代表性。为了取得好的找矿效果，一定要查明区域控矿条件，将测线垂直于主要控矿构造线，放稀线距，加密点距。

表 4－2　化探普查水系沉积物测量和土壤测量测网

工作比例尺	水系沉积物测量			土壤测量		
	点距(m)	密度(点/km^2)	备注	线距(m)	点距(m)	密度(点/km^2)
1：25 000	100～200	16～32	最后一点距分水岭<200m	200～250	50～100	40～160
1：10 000	50～100	50～200	最后一点距分水岭<100m	100	20～40	200～50

化探普查主要用于 1：50 000 区域化探所确定的成矿带中异常集中段，为进一步确定矿床可能赋存位置提供可靠依据。有色金属总公司所属的物化探队开展这方面的工作较多，为大型矿山寻找后备基地。

在进行土壤地球化学测量时，可以适当配合进行井水、泉水及地表水的水化学找矿工作；在森林覆盖区开展生物地球化学取样试验；在厚层外来物覆盖区，没有可靠地表异常时，采用气体地球化学测量也是很有效的。有的地方还开展深部取样(用浅钻 10～20m 的轻便钻具取样或汽车钻取样)是行之有效的。

3. 化探详查

目的是确切地圈定矿化范围，初步评价地表矿化，找矿目标已被锁定在确定矿床范围和寻找矿体，评价矿体剥蚀程度，深部矿化趋势。工作区多选择在化探普查已确定的矿化地段或已知矿床四周，控矿构造中已知矿体延伸方向上。这一阶段的工作通常叫做矿区化探，主要采用土壤测量和岩石测量的方法。测网的选择指标见表 4－3。

表 4－3　化探详查测网

比例尺	线距(m)	点距(m)	密度
1：5 000	50	20～10	1 000～2 000
1：2 000	20	10～5	5 000～10 000

是选择土壤测量还是基岩地球化学测量，主要视露头出露情况而定。如果露头出露好(包

括人工露头），应主要开展基岩测量，采样点的布置需考虑天然露头的分布，岩性的变化、构造断裂的展布，蚀变与矿化的特征，对于测网的规定不要过于严格，要灵活运用，以较均匀的点控制工作区即可。在采样时，要充分发挥工作人员的经验和知识，以突出反映矿化信息为目的，采集矿化、蚀变裂隙样品。在构造复杂、矿化蚀变强烈地区，可适当加密取样。本阶段工作，样点定位要准确，要用仪器或半仪器法测定，并用红漆标注点号。因为本段所获异常在查证时，多要动用山地工程，而且要用重型工程，因此，位置一定要准确可靠。

为了预测深部矿化，及时指导勘探工程的布置，在工程勘探时，也常常配合开展深部原生晕研究，及时对钻孔岩心、掘进的坑道进行采样，以便发现异常，并对异常指示矿化体的部位进行评价预测。其他布局方式，除了上述比较正规的系统工作之外，勘查地球化学中还有其他的专项研究和找矿工作，可以采用相应的灵活的采样方式。如岩体评价时，可对穿越岩体作十字形或井字形布置基岩剖面。

三、环境及农业生态地球化学调查采样布局

地球表层系统中的土、水、气是影响环境和农业生态的主要物质，其中，土壤是核心和关键。因此，研究土壤元素地球化学场的特征是环境、农业生态地球化学调查的最基本、最核心任务。这也是我国目前在东部经济发达的平原浅丘农业区开展多目标地球化学调查的核心工作。因此，在此主要介绍土壤调查的采样布局。由于要重点了解自然分布与人为分布造成的环境和生态效应，因此采用深层采样（1.5m）以了解自然分布特征，而用表层采样（0～20cm）以了解自然分布加人为分布的综合分布特征。1：250 000 多目标地球化学调查中土壤采样布局见表 4-4，每一单元内的 4 件样品组合成一件组合样送实验室分析。对于 1：100 000 的土壤调查，采样密度为 1 件/km^2，1：50 000 的土壤调查为 2 件/km^2。采样时，每一点上可在 50m 内采 3～5 处的同层样品组合为一件。至于水、气的采样布局和采样，由于其特殊性，将在第九章再作介绍。

表 4-4　多目标地球化学调查土壤采样密度

表层土壤		深层土壤	
采样单元	件/km^2	采样单元	件/km^2
4	1	16	0.25

第三节　样品采集

一、采样的基本概念

一项地球化学调查工作研究的整个对象，称为总体。总体范围一般是相当大的，要将地表全部介质采集起来分析，是不可能的。既使是一个不大的岩体，也不可能把地表 10cm 之内的表面全部切下进行分析。只能按统计抽样的原则，抽取数量有限、重量有限的样品来分析，用它来估计，或近似模拟原地球化学场的分布特征，如总体的概率分布参数特征（平均值、均方差、变化系数等）和空间分布结构特征。

对于抽取的每一个样品来说，分析结果就取得了一个具体的地球化学指标值 x_i。要用 x_i 代表总体的平均值 $\overline{X}$ 是不现实的，因为只有假设总体分布是绝对均匀时才有可能。在将整个

总体均分成若干取样单元(网格)后,是比较均匀的,若在第 j 单元内任取一个样品 x_{ij},x_{ij} 的实际观测值与 x_j 单元的平均值 u_j 之间,总会有微小差异,习惯上把这两者之间的差叫做取样误差 ε_{ij}:

$$\varepsilon_{ij} = x_{ij} - u_j$$

每一单元的理想含量组 u_j 与总体平均值 μ 差,叫做地球化学变差 W_j。

$$W_j = u_j - u$$

将上两式合并整理,任一点观测值 X_{ij} 可表示为:

$$X_{ij} = u + W_j + \varepsilon_{ij}$$

即地球化学场中任一点观测值可以分解为三部分:研究区总体平均值,地球化学变差和采样误差。地球化学工作要求采样误差越小越好。而地球化学变差尽可能大。这样,就要求取样单元越小越好,但划小取样单元就势必增加采样量,这在经济上、工作速度都是不利的。因此,实际工作中取样单元的大小是由工作目的、性质来定的。

为了减少采样误差,使观测值更接近 u_j,可以在同一取样单元内取几件样品,然后取其平均值 $\overline{X_j}$,$\overline{X_j}$ 就大大缩小了取样误差。因为数理统计已经证明,平均的方差比单件样的方差小 $\frac{1}{\sqrt{n}}$ 倍。这就是使用组合样的优点。

$$\overline{X_j} = \frac{1}{n}\sum_{i=1}^{n} X_{ij}$$

除了采样研究元素含量的空间分布特征外,常常还要统计分布的参数特征($\overline{X}$,S)。为了使统计参数具有代表性,对参与统计的样品数是有要求的。

在这里,我们引入一个正态母体的最小采样数量的概念。设研究客体的地球化学指标服从正态体分布 $N(u,\sigma)$,统计量 $t = \frac{\mu - \overline{x}}{\frac{\sigma}{\sqrt{n}}}$ 为一标准正态变量。

由变化系数 $v=\frac{\sigma}{\overline{x}}$,相对误差 $\delta=\frac{\mu-\overline{x}}{\overline{x}}$,经过推算可导出 $n=\frac{t^2 v^2}{\delta^2}$。

取信度 $\alpha=0.05$,则正态分布的概率分度 t 为 $1.96\approx2$。若相对误差一般情况下允许相差 20%的话,则上式变为:

$$n=\frac{4V^2}{0.04}=100V^2$$

这样,从统计理论来说,一个正态母体的最少取样数与地球化学指标分布的均匀性(变化系数)是很有关系的。若变化系数为 50%,则 $n=25$。

根据 A. A. Смнснов(1979)的研究,各类基岩中元素的变化系数大多在 0~60%(概率为 70%~77%)。一般把变化系数 $V<50\%$ 的,称为分布均匀,$V=50\%\sim70\%$ 为较均匀的,$V=70\%\sim100\%$ 为极不均匀的,$V>100\%$ 称为极均的。对于分布很均匀的区域,如 $V\leqslant50\%$,则对于一个统计单元来说,最少样数要 25 件。分布较均匀时,n 为 36;分布不均匀时,n 为 64;分布极不均匀时,最小样品数则要 100 件。

对于土壤来说,元素含量的分布比基岩要均匀得多。所以,农业部门在进行土壤调查时,样点的设置要稀疏得多,就是这个道理。

二、水系沉积物采样

水系沉积物测量一般在小比例尺调查时使用。因此，要求一个样品能代表相当大面积内元素的平均含量，所以采样的具体位置与取样的具体物质都要慎重考虑。

取样时，要选择河流中最年轻的活动物质，它们代表了汇水区正在受到剥蚀的地表。而下层老沉积物则代表过去受剥蚀的地表。两岸岸边物质易受两侧崩塌物影响，或有近侧边坡滚入物，不能代表整个汇水盆地，取样时要尽量避开。如果上游有人工开采活动，表层就最易受污染，此时应考虑取下层物质。因此采样时一般要拨去最表层物质。如果采矿活动强烈，河流污染严重，则应考虑采两侧阶地上的样品。在北方干旱、半干旱地区，上游大都只有间歇流水，在干河道和浅水溪流中，在主干道中心部位采样没有困难。但在雨水充足的南方，水流湍急，河床中心采样困难，可在河流流速减慢处、河流沉积沙滩一侧，或局部细粒物沉积地点采样。为了取得足够的有代表性样品，也可在 20～30m 范围内，选择数个类似的地点采集多点样合并为一个样。

由于水系沉积物中不同粒级中金属元素含量不同，所以对所选指示元素要进行富集粒度试验，保证全区样品保持采集同一粒级样品，由统一筛子筛分出所需粒级样品。一般来说，抗风化矿物易保留在中粗及粗粒级中。而易风化矿物，特别是化学风化强的矿物，化学元素易以离子形成迁移，多保存在黏土矿物、铁锰氧化物中，细粒级的黏土、亚黏土中最富这类元素。这样，用一个粒级往往只能保持某一种元素富集，而其他元素可能不富集。因此，目前比较流行粗细两级合并的办法。例如湖北物探队对全省 28 个不同类型金属矿床水系沉积物中元素富集粒度的研究，表明大多数元素主要在较粗粒级（＞60 目）和较细粒级（＜140 目）中富集，而在中等粒度（60～140 目）中是贫化的。因此用＞60 目和＜140 目的样组合送样，可以确保多数元素均较富集。一般来说，细粒级中黏土矿物多，易吸附较多的金属元素。故水系沉积采样要尽量采集细砂、粉砂和淤泥，粗粒岩屑或砂子中元素含量最不稳定，应尽量避免。

对于筛分样品，我国通常用干筛，干样品由于固结，粒度不可靠。而湿筛对粒度比较可靠，但需要有水，在干旱地区就不适用，也较麻烦。干筛法可以在室内样品加工时再筛，可以提高野外工作效率，所以大家较喜欢用干筛法筛样。

水系沉积物测量时，为了获取更多的信息，有时采用多介质采样同时进行。如英国的地质科学院就要求在采样点上同时采集淤泥、粉砂、重砂、水样、砾石样等。另外，也可适当加大每一样品的样量，如采集 1～2kg，回来后，对一部分样品简略淘洗，淘去浅色轻的长英质矿物，保留下深色重矿物，金属矿物，再细磨至分析粒级进行分析，这样可以大大提高异常强度。这种方法又被称为灰砂测量，它是介于重砂测量和分散流方法之间的一种过渡方法，具有强化异常的作用，又不增加太多的野外工作，值得提倡。水系沉积物采样重量一般要求要＞300g。

取样时间对于矿产勘查来说，以能否采到矿化物质为目的。对于水流具有周期性变化的地区，雨季带来汇水区新风化物质最多。这样，在雨季后期采样较为有利。而对四季雨量变化不十分明显的地区，如我国南方，则无时间限制。

三、土壤采样

土壤采样有三个基本问题：层位（或深度）、成分和原始重量。

在正常的坡积物中，B 层取样是通用的方法。因为大量的试验工作及生产实践已经证明，B 层富含黏土矿物、铁锰氧化物，从 A 层含有机酸和无机酸的酸性溶液淋渗下来的微量元素，容易在B层中被吸附而沉淀下来。此外，山区残坡积土壤形成历史不长，元素分异弱、土层薄，只要穿过A层，总能获得B层的分散晕。A层是有争议的取样对象，有人主张直接在A层取样，因为它既易采集，又易于生物积累作用使微量元素增高。但多数人持保留意见，因为A层影响因素多，淋滤作用强，而且会给后面的分析工作带来麻烦，因为大量有机物对化学分析和光谱分析都会有干扰。因此，通常采集B层样品是较为合适的。但对具体地区，最好要先作富集层位，富集粒度试验，不同景观条件下是有明显差别的。如高寒草甸区，由于存在永冻层，该层中强烈溶解—冰冻活跃层位，常常是微量元素贫化的层位。甘肃大水拉尔玛金矿土壤剖面中Au在该层贫化就是例证(图4-1)。因此，并不是取样深度越深越好。但在下列情况下，要考虑深部取样。

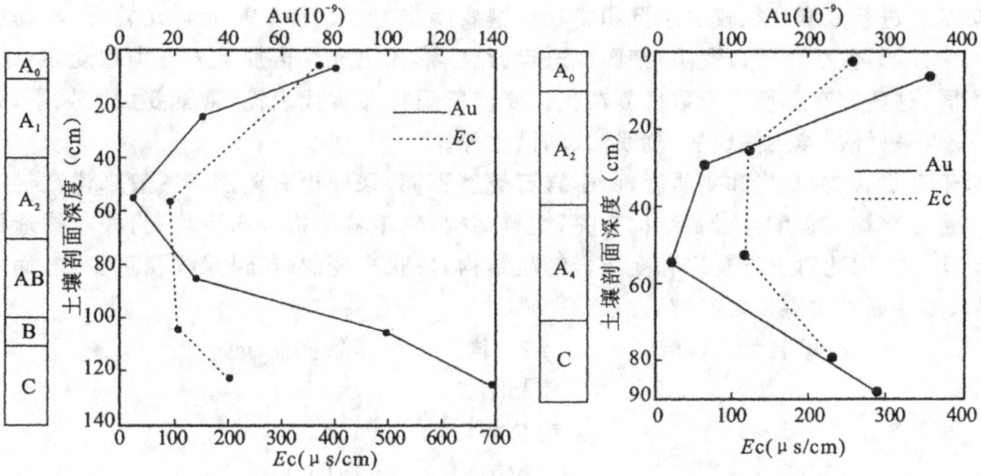

图4-1　甘南高原草甸景观土壤剖面Au的分布

(1)外来覆盖物厚，又无后生叠加异常形成时，只能穿过外来物取样。如冲积平原，冰积物地区，用浅钻取深部残积层，可取得好的找矿效果。

(2)厚层残积物区，由于气候影响，围岩性质及元素表生活动性使地表强烈淋滤造成贫化。在广东、广西、云南、福建这些强风化区，一般要加大取样深度。如福建在大片火山岩残积物区，以20～30cm深度取样未发现异常，而用土钻在50cm取样，发现了一个Cu-Mo矿床。这是因为该地炎热多雨，火山岩本身又裂隙发育，且普遍发育黄铁矿化，氧化造成酸性环境，使Cu-Mo等元素在表层贫化。

(3)水稻田分布区，这是我国南方普遍遇到的景观。大片平原及山间盆地、缓坡地均为水田耕地，地表反复耕作翻动。只要穿过耕作层采到残积物，通常会取得好的找矿效果。广东物探队的经验就是在田埂下穿过50cm深度取样，发现了水稻田下的一个大铜矿。

在取样时，判断覆盖物性质是非常主要的，因残积物、坡积物、冰积物及其他远程运积物与下伏基岩的成生联系密切程度不同，对异常解释具有重要意义。

取样物质成分选择上，一般确定了采样层位后，即采取该层细砂土、黏土，剔除岩石碎块。因为细粒部分元素分布均匀，代表性好。但在一些特定情况下，要采取特殊物：①寻找一些抗风化矿物的矿床时，如Nb、Ta、W、Sn矿床，可采用淘洗富集法；②在风成物强烈影响区，为了降低风成物的影响，可以利用风成沙搬运较远，粒度较细的特点，剔除其影响。如内蒙物探队发现在40～120目粒度内，异常最清晰，而<120目粒级，由于风成物的影响只出现微弱异常；③在一些专门性调查中，为了强化异常，需要采集某些特殊物质，如断层泥、裂隙充填物、钙质结核、铁锰结核等。由上可见，在取样物质上，除了一般原则外，还应根据具体的目的、任务采取灵活的办法，补充采集其他物质。

采样重量，主要取决于介质中原始物质粒度、富集粒度在原始样品中所占的比例等因素。一般情况下，取300g就足够了，但要求特殊研究时，要增加采样量。如要利用淘洗富集金矿物（W、Sn矿物）时，采样量要>1 500g。对于存在形式研究样品，也要>1 000g，土壤溶液研究样品，必要时还要蜡封，低温保存。

四、岩石取样

对基岩进行取样往往较水系沉积物和土壤要困难得多。首先是元素在岩石、矿物中分布的不均匀性，某些矿物常以裂隙、细脉或斑点、结核形式出现。再加上岩石类型众多，结构、构造的不同，这些因素都使岩石取样复杂化。要使所采样品有代表性，常常要加大采量，如梅花式5～7点采样法、连续拣块法、刻线法、刻槽法等。

对于岩浆岩、沉积岩和变质岩，由于岩石类型不同，采样也有差别。一般来说，岩浆岩中，元素含量分布均匀程度与岩石结构有关，细粒结构、较粗粒结构分布更均匀，块状构造比斑状构造更均匀。因此对于岩浆岩和变质岩细粒结构、块状构造的岩石，采样量可少些，而对粗粒的，要求多些。莱文森建议(1974)：

颗粒大小(cm)	结　构	样品重量(g)
3	伟晶结构	5 000
1～3	粗粒结构	2 000
0.1～1	中粒结构	1 000
0～0.1	细粒结构	500

对于沉积岩和变质岩，则要依原岩性质而定，一般来说，沉积岩中元素分布要均匀些，如泥质岩、细碎岩、碳酸盐岩中，元素分布很均匀。但由于各岩类间差异特别大，当这些岩石形成薄层互层时，如对复理石建造采样就不能将不同岩类混在一起。这时有两种方法供选择，其一是在一定长度范围内，按不同岩类比例、等比例采样混合；其二是分别按岩性采样，各作一件分析，但要记录下不同岩性岩石的厚度及比例，以便整理计算。

另外，研究目的不同，采样要求也不一样。如研究岩石圈或区域地壳丰度，区域发展演化、环境背景值研究等，须真实了解背景含量分布特征。这就要求避开矿化影响、表生因素影响，要尽量采集未风化、新鲜的、未遭受矿化蚀变影响的岩石。对找矿而言，则要对有矿化显示的样品、或易于富集矿化元素的部位进行针对性采样。如采集石英、方解石脉等热液活动产物、金属矿物蚀变带、暗色矿物带，铁锰氧化物密集部位，断裂带、节理及微裂隙面等，以增强矿化信息。对这种矿化信息明显的样品，记录时要详细。以上表明，岩石采样具有较大的主观性，采样人员的知识水平和工作经验都会影响到采样质量。

五、水样采集

水样采集看似简单实际复杂。水样采取是简单的，因元素在水中扩散快、分布均匀。但要正确采样，使样品性质不变，真实反映原始特征，不受污染，实为不易。采样中要注意以下要求。

(1)采样器具清洁、防止污染，对样瓶需用10%HCl溶液清洗，并用蒸馏水冲洗数次。

(2)样瓶以无色聚乙烯薄塑料瓶为好，带色的避免使用。

(3)采样前，用所采水样清洗三次。

(4)采样时，按要求用不同密度的滤纸或滤膜过滤，滤去悬浮物。

(5)水瓶装样不宜过满，留10%的空隙，防止温度升高将塞子冲开。

(6)对进行阴离子分析和金属阳离子分析的水样，要分别采集。用作分析阴离子（如SO_4^{2-}、Cl^-、F^-等）的水样，直接装瓶，回驻地立即分析。用作金属阳离子分析的，需要酸化以保证阳离子不沉淀，不被瓶壁吸附。至于使用盐酸或硝酸，视主要所测元素而定，要求酸化至pH≤2。这样酸化的水样，可保存三个月左右。

(7)为了减少水样保存运输的不便，最好在现场采用共沉淀法（如PAN—CdS沉淀法），泡塑吸附或离子交换树脂，对待测组分进行富集。

(8)现场观察和简易测定，水的气味、颜色、浑浊度、汇水区景观特征，有无人类活动污染可能。简易测定包括：水温、气温、pH、Eh、*Ec*等。

对于分清水体性质十分重要。地表水是指溪流、河水、湖塘，其成因来源多样，要注意水流向。地下水为泉水、井水、钻孔水、坑道水，反映深部渗流围岩性质特征。前者遭现代污染最易，后者一般不受污染。对于水化学找矿来说，以后者为主要采样对象。但在旱季，Ⅰ、Ⅱ级水系的水主要是地下水补给，能起到与泉水、井水同样的效果。对于较深的湖泊、水库、由于水的分层现象，要采不同深度的水以了解水中组分的垂直特征。其他水体中采样，一般采水下0.3m深的水，避免表层漂浮物的影响。

水样采集时，对地质和景观环境要作详细记录，这对成果解释具有重要作用。除了定点、标号外，应注意：①水体性质（泉、湖、河流……）；②井水的井深、结构、水井使用情况；③地表水特征、流量、流速；④水的物理性质（颜色、气味、透明度、浑浊度等）；⑤当日气候，近期气候，采样在雨前、雨后时间、雨量大小等。

六、气体样品采集

气体与固体、水的物理性不同，易于扩散、挥发，不易保存。目前气体采样分为主动式和被动式采样。主动式分为直接主动式和主动浓集式。

直接主动式是人工抽气，控制采样体积，用抽气装置将气体抽入预抽为真空的瓶子或橡胶袋中，或抽入活塞式针管内。但是，这种方法采集样品体积大，储存、密封、运输均较困难。有的气体穿透力极强，如He、Hg、H_2，不但可以穿过塑料器壁，甚至可以穿过玻璃。有时为了采取这些气体，需要用金属容器来取样。

主动浓集式是人工抽取气体的同时，将气体浓缩在捕集剂上。捕集剂可以是液体的，也可以是固体的，对捕集剂的要求是要能释放出来。如金能与汞气形成汞齐合金，于是可以用金丝管或镀金膜载体（石英金膜管）捕集汞气（图4-2），活性炭也可捕集汞气，但效果不如金丝管。活性炭还能吸附烃类气体、Rn气。分子筛吸附SO_2等气体。目前应用较普遍的用金丝管或镀金膜捕汞管捕集汞气。

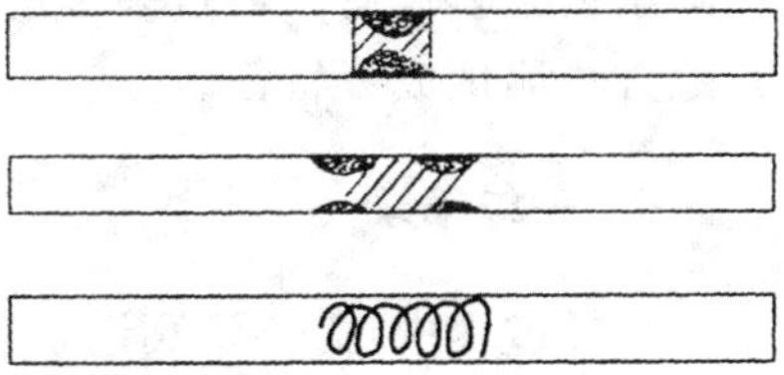

图4-2 捕汞管

目前，在环境地球化学采样中，还广泛使用液体富集剂（吸收剂）溶解待测气体。主要通过试验研究待测气体的最佳溶剂。一般来说，酸性气体可用碱溶液溶解，碱性气体用酸溶解。例如：30％～35％的 KOH 溶液，每毫升吸收剂可溶解 CO_2 150ml，H_2S190ml，氯及其他酸性气体。醋酸镉溶液(80g 醋酸镉溶于是 100ml 水中)每毫升吸收：H_2S50ml，$SO_2$90ml，H_3As40ml。

吸收液选择上，应选择具有溶解度大、吸收率高、吸收后溶液性质稳定、价格便宜、易于购买、对操作人员和环境无污染的物质。

通常将吸收液灌入富集瓶，用大气取样器抽气通过吸收瓶，将气体分散成微泡，控制抽气速度，使其充分溶解吸收(图 4－3)。然后分析吸收液。常用吸收瓶有气泡式吸收瓶、多孔筛板吸收瓶、玻璃筛板吸收瓶和冲击式吸收瓶(图 4－3)。各类吸收瓶中，多孔筛板、玻璃筛板吸收瓶吸收效果好，因为它是将气流经多孔筛板分散为微泡，使之与吸收液广泛接触而被吸收。

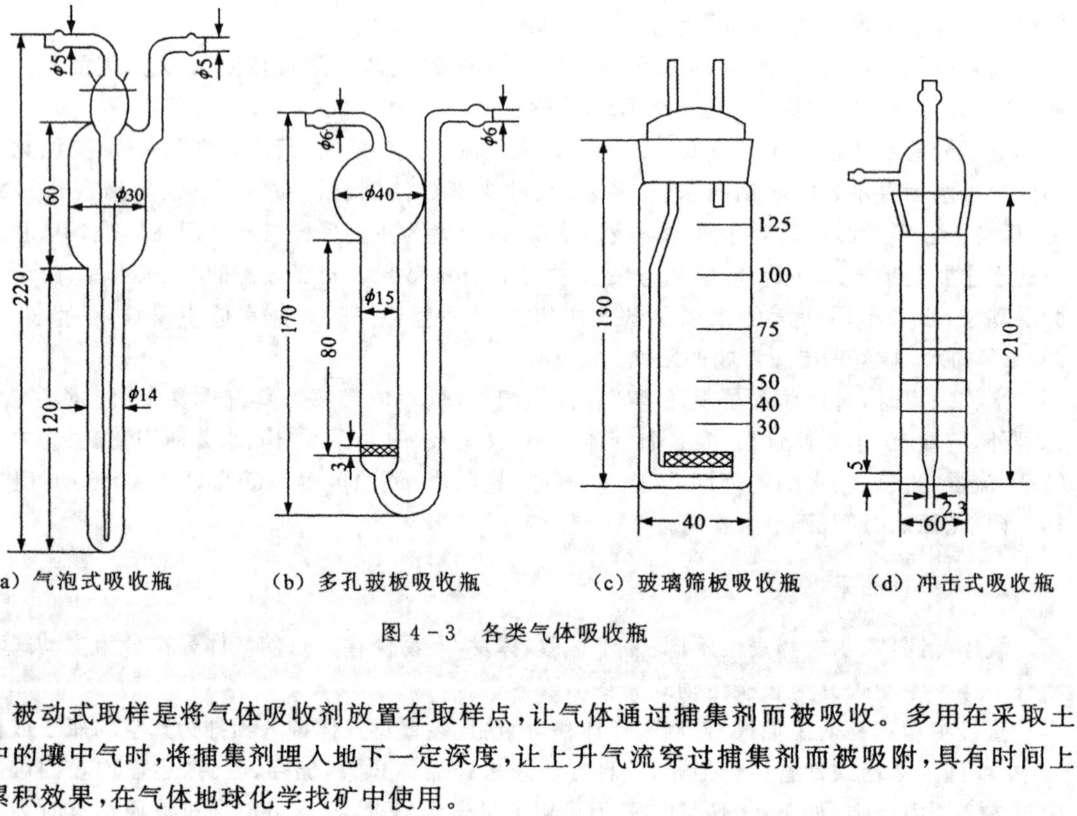

(a) 气泡式吸收瓶　(b) 多孔玻板吸收瓶　(c) 玻璃筛板吸收瓶　(d) 冲击式吸收瓶

图 4－3　各类气体吸收瓶

被动式取样是将气体吸收剂放置在取样点，让气体通过捕集剂而被吸收。多用在采取土壤中的壤中气时，将捕集剂埋入地下一定深度，让上升气流穿过捕集剂而被吸附，具有时间上的累积效果，在气体地球化学找矿中使用。

对大气颗粒物取样，大气中颗粒物分为飘尘(0.5～5μm)和降尘(5～100μm)，总称悬浮颗粒物(TSP)，主要是用滤膜过滤法取样。即用大气采样器抽取气体通过滤膜，使空气中的飘尘和降尘被滤膜过滤。通过采样前和采样后两次称重获得 TSP 的总重量，经电子显微镜扫描或其他方法测试成分特征。

七、采样编录

采样过程中，需要认真记录点、线号、样品号，以及附近的地质、地形、植被、人工污染等一切与资料解释相关的现象。为了提高效率，有时采用统一式的格式记录，以便计算机按顺序输入。

第四节　样品加工

除水样和某些现场的冷提取分析样外，原始样品总要经过或多或少的加工才能进行分析。首先是除去水分，因为潮湿样品不但难以进一步加工而且极易发霉，不便运输和保管。其次是分出有效部分，最后研磨均匀以达到分析的要求。因为大多数分析方法只取很少的试样(称量)进行分析，要使这样小的称量代表全样就必须使样品中待测元素分布非常均匀，一般天然状态是达不到如此高的均匀度的，只有靠人为的研磨才行。

一、样品加工方案

地球化学样品的加工一般包括干燥、破碎、揉碎、过筛、淘洗、缩分、研磨、混合等步骤。这些步骤的一定组合形成一种加工方案，加工方案视样品的性质、工作目的、分析方法而异，需要合理选择。

样品加工这一环节的重要性往往受到忽视，因为由此引起的问题很难察觉，它经常被当作分析误差与取样误差处理了。因此，加工时更应小心防止问题的发生。

样品的干燥可用日晒或烘干，如需分析汞及其他挥发成分，则不要使温度超过 60℃，以免损失太多。对于黏土质样品，干后易固结成块，需要在干燥过程中不时搓碎之。

图 4-4、图 4-5 分别为我国常用的岩石、土壤及水系沉积物样品的加工方案。

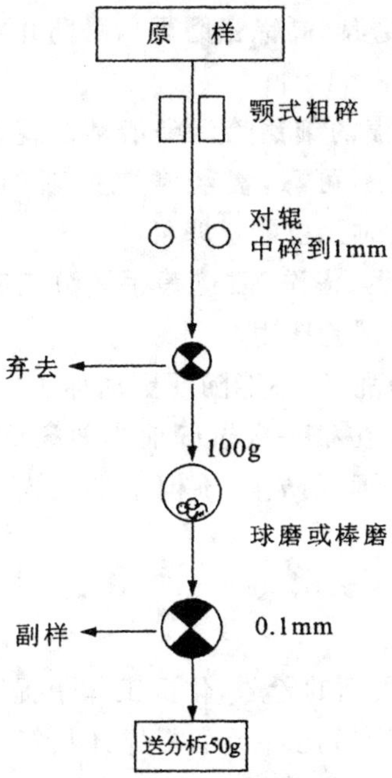

图 4-4　岩石样品加工方案

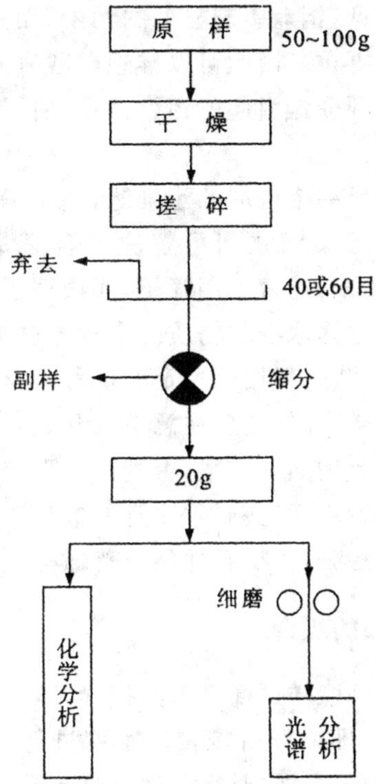

图 4-5　土壤与水系沉淀物样品加工方案

加工过程中最大的问题是污染。第一种情况是样品之间的污染，只要操作认真，而且加工按测点顺序进行不会引起问题。为避免样品中极高含量样品对下一工序的污染，在对所采样品性质清楚的情况下，要按普通背景样品——矿化蚀变样品——矿石样品的顺序安排。第二种情况是样品被加工工具污染，尤以碾磨与过筛两道工序为甚。表 4-5 为不同磨盘污染的对比。

表 4-5　不同磨具污染试验结果(A. T. Mycts 等，1970)　　(单位：10^{-6})

元素	石英岩				脉石英			
	钢	磨	瓷	磨	钢	磨	瓷	磨
Co	2	微迹	0	0	3	6	0	0
Cr	9	2	0	0	10	4	0	0
Cu	3	7	0	3	10	40	0	1
Mo	10	0	0	0	20	0	0	0
Mn	60	54	0	0	100	300	0	0
Ni	30	3	0	0	60	20	0	0
V	5	2	0	0	7	7	0	0
Fe	900	4 000	0	0	—	—	0	0

由表可见，钢盘引起显著的污染，而且随被碾磨物质的不同而变，较硬的物质(如脉石英)引起的污染更重。由此可以推想碾磨时间长也会有同样的结果，对化探工作是最不利的。但表上也可看到瓷盘引起的污染极小，所以采用高纯度的硬瓷磨具(高铝瓷磨具)，是防止污染的好办法。

筛子是另一个可能的污染源，其中铜筛，尤其是生锈、破损的细铜筛污染最甚。现在多已使用尼龙筛污染问题当可解决。但尼龙筛易变形，孔目很不可靠，需经常更换新的网布。<150目的粉末，通常不用筛子，而根据手感决定，即用手指搓时无粗糙感即可。

除了上述筛取细粒物质的常规方法外，有时需要采用去泥、淘洗、磁选等手续分离有用的粒级，这种方法一般用于特定的矿种，需根据当地的情况通过试验选用。

在加工样品时，还应注意下列几点：①防止样品号码的错乱；②不能随便更动加工方案，至少一个工区要用同一方案，否则产生系统偏差；③疏松物样品在第一次过筛前不要研磨，以保持样品的原始粒度比例；④注意改进加工工作的劳动条件，如通风防尘，不但维护工人健康而且可以减少污染；⑤矿石样品与普通样品要严格的分别加工。

二、样品的组合

为了解决取样过稀易于漏掉异常，而取样过密增加分析负担的矛盾，化探工作中提出了样品组合方法，即取样时按较高密度进行，保证异常落入，加工时，把若干个相邻样品等质量混合，做成一个组合样，对组合样品进行分析，发现异常后，再对原样分析找到确切位置，这样总的分析可以大大节省。

但是组合数也不能用得太大，因为太大不但易于漏掉异常，而且重新进行单项分析工作量可能又会抵消组合所带来的节省量，所以一般选在 2～6 之间。我国区域化探样品规定四个样品组合，对于多元素分析是否能够完全照顾，仍是个值得研究的问题，但从解决矛盾这一点上来看是一个可行的办法。从圈定区域异常要求来看，则是更加合理的。因为可以把它看成是一个压制取样误差的积极步骤，而不再是为了节省分析工作量的一个消极办法。所以推广组合样不但有经济效益，而且可以提高化探方法的技术水平。

第五章　地球化学样品分析

地球化学样品分析是获取地球化学信息资料的重要环节。其目的是了解天然介质中元素的种类、含量及赋存形式，为各项研究提供可靠的数据资料。早期的地球化学工作者，如著名的克拉克和华盛顿本身就是分析化学家，许多勘查地球化学工作者同时也是分析人员，他们在现场进行样品分析，对分析数据的意义了如指掌，对结果的解释准确恰当。随着科学技术的不断进步，许多高、精、尖的现代化仪器设备不断涌现，地球化学样品分析技术也在飞速发展。由于各种分析仪器的先进性、复杂性、专业性，使分析工作逐渐分化出来由专门人员在装备精良的实验中心进行。这不仅对现代分析化学家在分析理论技术方面提出了更高的要求，而且对未来的地球化学家来说也需要加强对这方面的了解。尤其应当加强地球化学调查与分析测试的联系，提高地球化学工作者的测试分析理论技术知识，使样品采集更加科学、合理。同时掌握各种简便快速的野外现场分析仪器和分析方法，以保证那些不易搬运、不易保存的样品，尽量在现场进行分析。而对那些要求高的样品则必须送到装备精良的实验室内，在严格控制的条件下进行分析。本章将介绍地球化学样品分析的一般知识和方法技术，以便使地球化学工作者对分析的方法技术有一初步而较全面的了解。有关分析方法的详细讲述请参阅有关专门的著述。

第一节　地球化学样品分析的特点和要求

一、常用术语

(1)检出限：定义为某一分析方法或分析仪器能可靠地测试出样品中某一元素的最小质量(μg 或 ng)。对仪器分析来说，检出限受仪器内部噪音的影响，所谓噪音是指仪器内部一系列偶然因素而引起的观测值的变动。如激发源、传感元件、电路参数的微小变化引起的输出信号的变动。国际分析化学会议规定，重复分析($n>10$ 次)元素含量产生的讯号相当于 10 倍噪音水平的，其标准离差三倍相对应的含量为该方法的检出限。

(2)分析灵敏度：指某一分析方法在一定条件下能够可靠地检测出的相对最低含量(μg/g，μg/L 或 10^{-6}，10^{-12})，有的分析人员称之为检出下限。分析灵敏度与分析方案、仪器性能、待测元素有关，同一台仪器，使用分析方案不同，分析样品的灵敏度也就不同，分析不同的元素灵敏度也不同。例如，发射光谱分析中，使用同一台仪器用单电极和用加罩电极两种方法灵敏度不同，又如用同一台原子荧光仪测试砷和汞的灵敏度也不相同等。

(3)精确度：又称精密度或重现性。指某一样品在同一条件下多次观测，各次观测值彼此接近的程度。通常用相对标准偏差($RSD\%$)表示：

$$RSD\%=\frac{\sigma}{C}\times 100\%$$

σ 是 n 次测量的标准离差($n>10$)；

$\overline{C}$是 n 测定的算术平均值。

化探工作者常用相对误差($RE\%$)来衡量分析资料的精确度：

$$\text{相对误差}\quad RE\% = \frac{C_2 - C_1}{(C_1 + C_2)/2} \times 100\ \%$$

(4)准确度：指样品分析含量值与样品的真实含量值接近的程度。严格地讲，样品的真实含量值是不可能确切地测出的，无误差分析是不可能的。实际上，检验分析准确度是通过分析地球化学标准样(标准参考物质)来实现的。根据对标准样的分析结果与标准样的推荐值之差来确定它的准确度。通常用含量值的对数差 $\Delta\lg C$ 或相对误差表示：

$$\Delta\lg C = \lg\overline{C} - \lg C_s \qquad \text{或} \qquad RE(\%) = \frac{\overline{C} - C_s}{C_s} \times 100\%$$

式中：C_s 为标准样的推荐值；$\overline{C}$ 为 n 次分析该标准样的平均观测值。

(5)地球化学标准样。标准参考物质是国家标准局或高级实验研究机构联合研制发行的，化学组成经过多家研究机构实验室、多种方法、多次精密测定、化学组成均匀、稳定的一组样品。它和计量局发行的用于检验长度的标准米尺、检验衡器(重量)的标准砝码的作用是一样。用于对分析仪器和分析方法的质量进行监控，进行全国、全球标准化。

标准样的制备是通过采集有代表性的物质，进行无污染粉碎，均匀后分送多个高级别标准的实验室，至少用两种原理不同的分析方案进行分析测试。再根据分析测试的结果，统计处理，然后推荐该样品的含量作为标准样品的含量值，该值称为推荐值。

国际勘查地球化学家协会(1976 年)公布的 6 件标准样品是分送到世界各国 189 个著名的实验室分析测定后，统计处理做出推荐值的。我国原地矿部系统自 1975 年以来已研制了 4 批地球化学标准样，其中超基性岩、铬铁矿和 8 件水系沉积物标准样已被列人国际标准样。原地矿部物化探研究所实验室研制的 8 件水系沉积物标准样，采用了包括中子活化分析、火花源质谱分析、同位素稀释法在内的 17 种分析方法在全国 39 个实验室进行 30 000 多次分析测试后得出推荐值。物化探研究所实验室已被认定为国家级制备标准样的实验室之一。

由国际认可的国际权威机构发行的标准物质称为国际标准样，由国家标准局发行的标准物质称为国家一级标准样，由省局或某分析实验中心自己研制的称为国家二级或三级标准样。

二、地球化学样品分析的特点

(1)采集样品数量大。由于地质体中元素分布的不均匀性，要使认识可靠，通常要采集足够的样品，以满足统计的代表性。对于勘查地球化学来说，要研究某一空间地球化学场的特征，样品则以一定密度控制全区。如一幅 1∶200 000 水系沉积物测量，采样密度要求 1 件/km^2，全幅图则达七、八千件样品。

(2)分析项目多。由于调查研究任务不同，周期表上几乎所有元素都曾被研究使用过。我国 1∶200 000 水系沉积物测量全国化探扫面，要求分析的元素为 39～43 种，矿区化探中，分析元素相对较少，但也有十几种之多，除了主成矿元素外，一般包括重要的伴生元素、前缘晕元素和尾晕元素。

(3)样品性质多样。地球化学研究中，几乎采集了地表的一切天然物质，如岩石、土壤、水系沉积物、水、植物、气体；环境地球化学研究中还常采集生物活体、血液、毛发等。不同的样品性质和物质组成不同，因而对分析样品的制备、预处理、保存都远比工业分析要复杂得多。

(4)元素含量变化大。工业分析中，有用或有害成分较为稳定，含量变化不大。而地球化学样品中，同一元素含量可从低于克拉克值到工业含量品级，变化达到几个到十几个数量级。而测量水或生物体中的微量元素，甚至低于 10^{-9} 到 10^{-12} 含量级别。

三、对分析技术的要求

(1)要求较高的灵敏度和分辨率，分析方法的灵敏度一般要达到克拉克值的水平，最好低于克拉克值。因为地球化学研究元素的活动迁移，贫化富集都是以元素地壳丰度为标准，元素活动迁出的含量会比克拉克值更低。

灵敏度是否满足要求，由最终数据报出率来决定，一般要求报出率在 90%以上。报出率在 80%左右时，基本满足要求，如果报出率<50%，则该分析方案不能使用。

分辨率是样品含量变化引起的分析讯号的变化，定义为：$\frac{\Delta S}{\Delta C}$，$S$ 为分析讯号。它反映所采用的分析方案对含量微小变化的鉴别能力，表现在分析结果上是数据资料的连续性。有些半定量分析、比色分析只能辨别出几个明显变化的界限，报出的结果是少数几个离散的数值。比如比色分析的 Cu 的含量只报出 5×10^{-6}、10×10^{-6}、15×10^{-6}、20×10^{-6}、25×10^{-6} 等。这些数值在数据处理时，会遇到困难，如编制分布直方图时会引起畸变。

(2)要求分析有足够的准确度和精确度。对于高精度的地球化学研究，如区域元素丰度、地壳发展演化、岩石圈性质研究等，一定要有很高的准确度和精确度。对于以发现圈定异常为目的的勘查地球化学，对精确度要有足够的要求，而对准确度要求可以适当降低。但是，对于区域地球化学填图、国际地球化学填图、多目标地球化学填图，为便于参照对比，也对准确度的要求很高。

精确度与准确度与样品的含量有关，当样品中的元素含量很低，接近灵敏度时，相对误差 *RE*%增大。样品中元素含量增高时，相对误差减小。因此选择分析方案时要考虑到这一点，要求微量元素分析精确度达到常量元素分析的精确度是很困难的。我国区域化探扫面对精确度和准确度的要求见表 5-1。

表 5-1　区域化探对分析方法的准确度和精确度的要求

含量范围	准确度		精确度
	$\Delta\lg C$(*GSD*)	*RE*%(*GSD*)	*RSD*%(*GSD*)
<0.01(10^{-6})	≤±0.2	≤±45	≤35
0.01~5(10^{-6})	≤±0.13	≤±30	≤23
5~10 000(10^{-6})	≤±0.08	≤±20	≤15
1~5(10^{-2})	≤±0.04	≤±10	≤8
>5(10^{-2})	≤±0.02	≤±4	≤3

根据“区域化探全国扫面工作方法若干规定”；*GSD* 为国家一级标准样。

分析灵敏度、分辨率、准确度和精确度等分析技术指标是相互关联的。例如，降低精确度，必然导致分析的准确度变低；极低分辨率，容易造成分析精确度很高的假象；精确度好的，准确度不一定好，但准确度高的精确度一般会很好。

(3)要求分析测试方法有足够大的量程。前面已讲过同一元素含量级别可达几个甚至十几个数量级，因此，在选择分析方案时要考虑到量程大的这一特点。

(4)经济、快速。地球化学样品数量多、测试项目多，降低每一项的分析成本具有实际的意义。如果分析费用过高，主管部门将会放弃这一方法或减少样品量。当然，专门性的基础研究，高精度的专项分析仍是必要的。

(5)多元素同时测定。能同时报出多种元素含量的测试数据是实现经济、快速、降低成本的主要手段。多元素同时分析测试是地球化学样品分析的发展趋势。

(6)要求对元素的赋存状态、价态的分析。地球化学研究不仅要了解地球化学样品中的总含量的变化规律，而且还需要对元素的赋存形式、价态有所了解，只有通过元素的量与质(存在形式)的统一研究，才能对元素的迁移活动、沉淀机制有深刻的认识。对农业地球化学来说，植物只能吸收在土壤环境中以无机盐存在的微量元素，土壤环境中元素的活动部分(土壤化学中称为有效态)是我们最关心的。对于环境地球化学来说，除了关心活动态部分外，元素的价态和存在形式也是很重要的，如 Cr^{3+} 是无毒的，而 Cr^{6+} 是剧毒物质。因此地球化学样品分析对存在形式和价态的分析提出了更高的要求。

第二节　分析误差及分析质量监控

要科学合理地使用分析资料，必须了解分析资料的可靠性，了解分析误差的大小和来源。

一、误差的性质

1. 随机误差

它是采样、制样、分析过程和仪器工作过程中的偶然因素引起的误差。如岩石中元素分布不均匀性、存在形式的多样性，它影响到采样、制样的代表性。如元素以包裹体或独立稀少的矿物出现，对分析结果就大有影响。据弗莱切(Fletchry，1987)资料，含锡石英脉中，锡石占总锡的80%以上，脉石含 Sn 仅 1×10^{-6}。由于锡石分布不均匀，而光谱分析用样量仅几十 mg，必将影响分析结果。假设样品破碎至 100 目(150μm)，一粒锡石重 23.6mg。若 1g 样品中有一粒锡石，样品含 Sn 应为 20×10^{-6}。若 1g 样每次取 30mg 送入分析，则可取 33 次，其中只有一次取到那粒锡石，分析结果可达 630×10^{-6}。而其余 32 次则为 1×10^{-6}。可见元素的分布与存在形式对分析结果造成的误差之大。这种由样品分布引起的误差有三次机会，第一次是野外采样，第二次是碎样缩分，第三次是分析前的称取样品，每次都可能引入误差，这种误差是随机的、偶然的、不可避免的(对某一确定的方法而言)。此外，称样量的微小误差、样品分解、萃取过程、温度条件、振荡条件的差异、试剂加入量的微小差异、供电电压的波动、电器元件的工作状态等都会引起偶然误差。

偶然误差是不可避免的，但可以在分析人员的高度责任心和严格执行科学合理的操作规程的情况下，把偶然误差降低到最小程度。

2. 系统误差

它是有规律因素造成的误差，包括正向和负向的偏离。它常常是不同实验室的工作条件的差别、不同分析方法、不同分析人员间以及同一台仪器不同时间的差异所造成的误差。系统误差还可以由以下原因造成。

(1)沾污与污染。破碎样品的设备、包装用品、分析用的器皿、试剂的纯度等都会引起系统误差。如钢铁磨盘式粉碎机可能带入 Fe、Co、Cr、Cu、Mo、Ti、Ni、V、W 等元素，氧化铝陶瓷罐可能带入 Al、Cu、Fe、Ga、Li、Ti、B、Ba、Co、Mn、Zn、Zr 等元素。碳化钨磨球会带入 Co、Ti、W 等。只有玛瑙磨具相对而言带入元素最少，但它只是在细碎过程中减少污染，粗碎、中碎过程仍难以避免钢铁磨具的污染。至于试剂的纯度就更为重要，如盐酸中含有较高的杂质元素(铅)，即使分析纯的试剂也含有一定的杂质元素。

(2)样品制备过程。上一道工序的残留物、空气中的粉尘污染而造成误差。

(3)分析流程。上一步对下一步的影响，上一个样品对下一个样品的影响，如原子吸收分析中，喷雾过程中对残留物的清洗干净程度明显影响下一个样品的报出数值。

(4)仪器漂移。主要仪器系统工作过程中由于“疲劳”对信号响应产生的系统变化，大多具有逐渐降低、变缓慢的趋势。漂移是影响系统误差的主要来源，要通过经常校正来减少漂移。

(5)样品的物理化学性质。它在样品分析时，影响结晶物质被打开的程度、影响微量元素的“释放”。如硅质岩和碳酸盐，前者不容易分解，后者容易分解，组分复杂的硅酸盐样品，有的矿物易分解，有的矿物不易分解，也会引起元素“释放”程度的差异。

二、误差来源分析

偶然误差既影响分析的准确度，也影响分析的精确度，且以后者为主。而系统误差则主要影响分析的准确度。

系统误差有两种表现形式，如图 5-1 所示。第一种情况是系统地相差一个倍数，往往由于工作曲线的斜率变化所致。第二种情况是系统地相差一个常数，往往是由工作曲线平移造成的。前者是由于仪器或试剂有问题，应查清原因，对症解决。后者则是标准溶液浓度测定不准确造成的，应重作工作曲线。

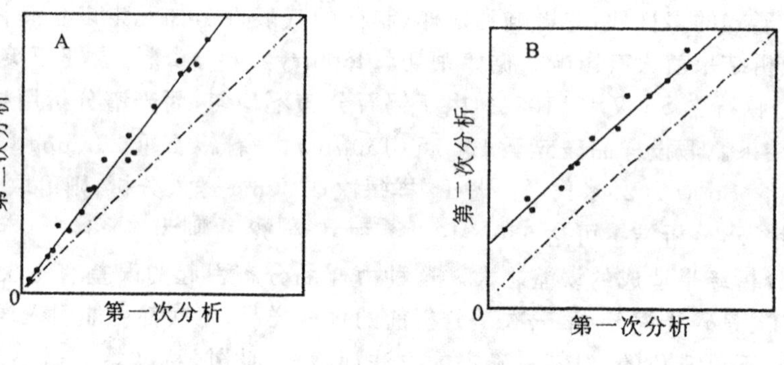

图 5-1　两种不同形式的系统误差

如果存在系统误差，会给地球化学图造成假象，如等值线沿测线平行，形成条块状地球化学异常。不同图幅之间，元素等值线不能衔接，不能对比。

对一批分析结果，检查其分析质量和误差来源，常用数理统计和多元分析的方法进行。如方差分析，包括单因素及三层套合方差分析，可以帮助我们认识误差的来源，以及误差对地球化学资料可使用程度的评价(详见下一章)。

三、分析质量监控

分析质量的监控一般是以批次为单位进行的，所谓“批”是指尽可能在条件相同的情况下分析的一组样品，一般以 50～200 件样品为一组（批），可以按日（同一天）、台班（同一台仪器、同一分析组、同一天）划分。每批样品内插入空白样以检查试剂的纯度，插入重复样以检查分析的精确度，插入标准样以检查分析的准确度。根据这三种检查样的结果进行误差计算和校正，以评价该"批"样品的分析结果是否符合质量要求。每"批"分析结果，实验人员都必须立即进行检查评价。

我国区域化探 1∶200 000 扫面规定，每 50 件样品为一批，其中插入 1 件空白、1 件野外重复采样、2 件重复分析样、4 件二级标准样（管理样）、1 件国家一级标准样。这样，一"批"样品中，实际的野外样点只有 41 个，9 件用于质量监控。由此可见，我国在区域化探扫面高度重视对分析质量的监控。

英国地质研究所进行 1∶250 000 地球化学填图（本土）时规定（普兰特，1975）100 件样品为一批，由化探人员独立安排。送分析前，样品编号随机插入 1 件空白样（或人造石英砂）、4 件重复采样、4 件重复分析样、4 件标准样，同时每批样品挑选几件样品用中子活化分析外检。

第三节　主要分析方法及样品预处理

一、分析方法概述

目前，样品分析方法基本上分为两大类：化学分析和仪器分析。

1. 化学分析

化学分析是一种经典的传统分析方法，它是以化学反应为基础建立的各种分析方法。由于化学反应通常是在溶液体系中进行的，因此这种分析方法被称为湿法分析。地球化学分析中，经常用到的有容量法（VOL）、比色分析法（COL）和重量法（GR）。

(1)容量法（VOL）是利用化学反应达到反应平衡的终点（等当点）时所耗去的标准滴定液的体积，根据化学反应方程式来计算出待分析溶液中待测元素的含量。标准滴定液是用滴定管逐渐加入待测分析溶液中，并选用适当的变色指示剂来指示滴定终点，因此，容量法又称滴定法。

(2)比色法（COL）是一种利用待测溶液中元素与某种化学试剂反应生成某种颜色络合物的特性，研制的一种用颜色的深浅比较法确定元素含量的方法。即选择一种与待测元素一样的离子与某种化学试剂反应生成某种颜色的络合物做成标准色阶的一个标准系列，将待测溶液与之对比便可得出结果。用肉眼对比颜色的方法称目视比色；用分光光度计或光电比色计来测定结果的称为光电比色。比色分析是测定微量元素的快速、灵敏的简便方法之一，检出限比容量法和重量法的检出限低，可达 10^{-7}～10^{-9} g/ml。本方法广泛用于野外和室内的定量和半定量分析，是野外现场分析基本方法。以此为基础发展起来的有斑点比色法、色层分析和冷提取分析等，在勘查地球化学中至今仍在广泛应用。

(3)重量法（GR）是利用被测元素与某种化学试剂在一定的条件下反应生成沉淀物与其他元素分离，称其沉淀物的重量来计算该元素的含量的方法。例如，用 Ba^{2+} 来测定 SO_4^{2-} 时，生成 $BaSO_4$ 沉淀，只要准确称出该沉淀物的重量就可计算出 SO_4^{2-} 的含量。

另外，还有比浊分析，它的原理与重量法一样，基于被测元素的离子与某试剂生成沉淀物，该沉淀物颗粒极小，在适当的条件下使溶液浑浊，以此比较它的浑浊程度来确定元素的含量。

化学分析方法设备简单，测定的精确度和准确度较高，灵活方便，易于设计成简便的方法带到野外现场分析。但是，分离干扰步骤较复杂、测定周期长、检出限较高、手工操作不大好掌握、易引入误差等，不宜大批量的样品分析。因此，为满足勘查地球化学的需要，发展仪器分析成了地球化学分析的必然趋势。

2. 仪器分析

使用仪器来测定样品中元素含量，基本原理是：利用某种试剂或能量（热能、电能、粒子能）对样品施加作用或某种“刺激”，使样品产生反应，如产生颜色、发光、吸收光、产生电位差或电流、发射粒子等，再用传感元件（或叫转换元件，如光电池、光电管、闪烁计数器等）接收这些响应信号并转换为电的信号，经电路放大、运算以后输出到显示器、记录仪或者打印机上以便工作人员观察并取得最终结果。这一分析流程见图 5-2。

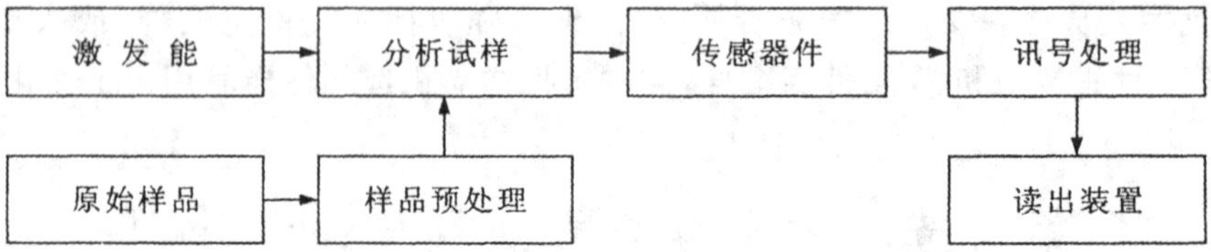

图 5-2　仪器分析流程框图(张承亮等，1989)

仪器分析是基于被测元素或离子的物理性质特征，以物理变化过程为依据来测定的。根据“激发”(或刺激)被测元素的强度、“刺激”电子层结构，直至“刺激”到原子核，可以将分析仪器分为三大类：

(1)涉及原子外层价电子的仪器分析方法。原子的价电子数目决定了该元素的化学及电化学性质，也决定了该元素的光谱性质。价电子与原子核联系较弱，特别是外层价电子，通常对试样施加一定能量的“刺激”，价电子的能级就会发生变化，该原子就可能发射或吸收 200～1 000nm 的光辐射。不同元素发射或吸收辐射光的波长不同，该元素含量的多少决定了发射或吸收辐射光的强度。从而可以根据辐射光的波长确定元素的种类，辐射光的强度确定元素含量的多少。基于这种原理的仪器分析有发射光谱(ES)分析[根据激发光特征不同而分为两种：①电弧发射光谱分析；②等离子源发射光谱分析(ICP)]、原子吸收光谱(AA)分析(根据原子化器的不同而分为两种：①火焰原子吸收光谱分析；②无火焰原子吸收光谱分析：石墨炉原子吸收和氢化物原子吸收)和原子荧光光谱分析。

(2)涉及原子内层电子的仪器分析方法。原子内层电子与原子核联系较紧密，要使内层电子运动状态发生变化，需要施加很大的能量。应用高速电子流、γ 射线、硬 X 射线轰击试样，方可使原子的内层电子能量发生变化而产生 X 射线。不同的元素发射出的 X 射线的波长不同，它是 X 射线荧光光谱分析(XRF)、电子探针分析(EPX)的物理基础。这类分析仪器自动化程度高，可以实现样品无损分析，能同时测定原子序数 9(F)到 92(U)的所有元素。常量元素的分析精密度($RE\%$)可 $<5\%$，微量元素的检查下限有少数元素可达 μg/g，多数为 $n\times10$μg/g。由于检出下限偏高，勘查地球化学应用尚不广泛。但对于几种常量元素和部分含量在 $n\times10$μg/g 的元素能同时测定也是一种经济、快速的方法，在地质样品分析中还是大量采用。

(3)涉及原子核的仪器分析。放射性元素在衰变过程中要自发地放出不同能量的粒子(α、β、γ)，即便是稳定的同位素，如果对它施加巨大的能量激活的话，原子核内也会发生变化，放出各种能量的射线。不同元素放射出的射线能量也不同，从而就成了多道能谱分析和中子活化分析的基础。多道能谱分析就是测量激发后发射的射线（α、β、γ）将各种射线粒子的能量转换为电脉冲信号进行分析。中子活化分析是利用中子照射元素，发生核反应形成放射性元素，利用仪器测定发射的射线（γ 射线）能量和半衰期以确定元素种类，根据射线的强度以确定元素的含量。质谱分析虽然没有核反应，但测定的是质子数，质子是在原子核内的，所以也属核物理分析这一大类。核物理分析这类仪器是检出下限低、准确度、精确度、精密度和自动化程度高的分析仪器，目前是分析质量最高、价格最昂贵的分析方法，只有少数高级别的基础理论专项研究采用这种方法分析。地球化学标准样品的元素定值，大多采用中子活化分析作检验。

仪器分析与化学分析可以相互结合，取长补短。如部分仪器分析进样的介质是溶液，如AA、ICP－ES、ICP－MS等，必须预先对样品进行分解、分离，必要时还要富集（这一过程通常叫做化学预处理），这一过程费工费时，最后上仪器进行测试就比较容易了。因此，仪器分析的第一步预处理过程与化学分析的预处理过程是基本一致的，但要避免使用测定时有干扰的试剂。

由上述可知，地球化学样品分析流程必须经由样品制备—预处理—分析（化学或仪器测定）的三个步骤。样品预处理包括了样品制备和样品分析。

二、样品制备

对野外采集回来的样品，一般都要经过二次"取样"，以期得到符合实验室要求的数量和质量的样品。对于岩石、矿石样品，采用粗碎—中碎—缩分—细磨至分析粒级，（一般要小于200目），而对进行能谱分析或电子探针分析的岩石、矿石样品，则要制作成一定大小的磨光光面片。

对土壤和水系沉积物样品，则须经过干燥（晒干或烘干）—筛分—磨细至分析粒级（小于200目）。对土壤和水系沉积物中特殊矿物的分离，则可分别采用重力选、手选、电磁选等分离手段将单矿物分选出来，备作特殊研究。

对植物样，采用风干—植物粉碎机粉碎—灰化（或直接硝化）。

对于生物（动物、人体）器官、组织样品，采用灭菌消毒—干燥—灰化处理，或根据需要作特殊处理。

特殊介质、水和气体的处理比较复杂，在有关章节另行介绍。

三、样品分解

元素在样品中的结合方式不同，决定了如何从样品中将元素提取出来，即固相体系中使元素呈某种易反应的形式释放出来。如结合在矿物岩石中占据晶格位置的元素，必须摧毁晶格构造，使待测元素容易被溶解出来进入溶液中，以便用仪器或化学的方法进行测试。样品分解是分析测试前的重要处理过程。常用如下几种分解方法：

(1)弱试剂分解。主要针对弱结合态形式的元素，靠松散的交换力量结合或呈易溶形式存在的这部分含量。可以采用弱提取剂，如稀盐酸、稀硫酸、柠檬酸盐、酒石酸盐、甚至蒸馏水或置换交换剂，如 $MgCl_2$、NaAc 等。

(2)氧化分解。主要针对植物样品或有机化合物中的元素，只有在有机物质被氧化分解后才能释放出所结合的元素。摧毁有机质物质可用灼烧方法，或强氧化剂（如 HNO_3、$HClO_4$、H_2O_2）进行湿法分解。

(3)酸溶解。无机酸（HCl、HNO_3、H_2SO_4、HF）及其混合酸，特别是在加热时，可以破坏许多矿物，如黏土矿物、云母类普通硅酸盐矿物和土壤。无机酸或凭借高氢离子浓度，或凭借强的侵蚀性(如 HNO_3),或脱水性(如 H_2SO_4)而与矿物反应,达到分解破坏矿物的目的。无机酸中,HF 是独特的,它能摧毁绝大部分造岩矿物的硅酸盐晶格,是一种最强的提取剂。

(4)熔融。通常将样品与一组无机盐或碱(NaOH)一起熔融。其中的盐在较低温度下熔化,同时能够对样品进行强烈的分解。溶剂的化学性质可以是酸性的,如 $KHSO_4$,也可以是碱性的,如 $NaCO_3$,或氧化性的,如 Na_2O_2。

(5)分离。样品分解后,赋存于矿物中的多种元素同时都进入了溶液,但由于某些元素会干扰另一些元素测定,常常要对待测元素与干扰的元素进行分离。液-液分离是预处理中常用的技术,它使元素在两种不相混溶的液相间重新转移,如酸溶液与有机试剂互不相溶,二硫腙络合物不溶于水而溶于 CCl_4 或 $CHCl_3$,将两种混合溶液强烈震荡乳浊化,从而使金属络合物进入有机相达到分离。分离的过程会使元素富集于某一单独相中,这样会使分析灵敏度提高。如果某些待测元素含量特别低,预先分离富集就特别重要。如 Au 的测定,通常用活性碳在酸性介质条件下对其进行分离富集。

常见的分解方法和分解试剂见表 5-2。

表 5-2　某些常见分解方法(Fltcher,1981)

分解方法			使用试剂
强分解	(1)无机酸煮解		HNO_3、HCl、$HClO_4$、HF、混合酸、王水
	(2)熔融	酸熔融	$KHSO_4$、$K_2S_2O_7$
		卤化铵升华	NH_4I、NH_4Cl
		碱熔融	Na_2CO_3、NaOH、$LiOO_3$
		氧化性碱熔融	$NaCO_3$ 或 NaOH+KNO_3 或 Na_2O_2
部分分解	(1)非选择性分解	稀冷无机酸	0.1~1.0N HCl
		缓冲剂	柠檬酸铵/$NH_2OH \cdot HCl$,pH=2~8
		螯合剂	0.05~0.25NEDTA,pH=4~7
	(2)选择性分解	可交换金属离子	乙酸铵、$MgCl_2$
		有机质	H_2O_2、NaOCl
		低价铁锰氧化物	连二亚硫酸钠、联氨、盐酸羟胺、草酸铵
		硫化物	$KClO_3$/HCl、抗坏血酸/H_2O_2

四、主要方法简介

1. 发射光谱分析(ES)

基本原理:任何元素的原子都是由带正电荷的原子核和围绕它高速旋转的电子组成。最外层电子称为价电子,与原子核联系较弱。正常情况下,电子处于稳定能级态(基态)。当基态原子受到外加能量(热能、电能)激发时,外层电子由低能级向高能级跃迁,此时原子处于激发态。被激发跃迁到高能级的电子很不稳定,大约在 10^{-8}s 之内便返回低能级态。同时以光量子的形式释放所获得的能量,光的波长与原子结构相应的特征波长一致。因此,可以根据特征波长的有无和强度来确定元素的种类和含量。

光谱分析中摄谱仪的结构原理图:由激发光源—分光系统—检测系统(记录系统)组成,示意图见图 5-3。

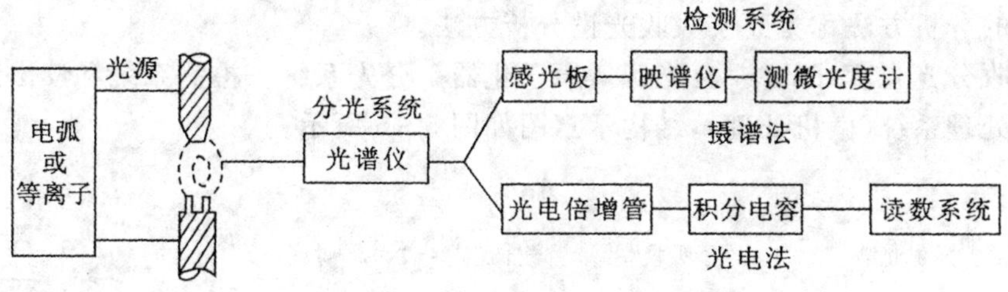

图 5-3 发射光谱分析仪器工作示意图

激发光源可以是电弧发生装置(普通发射光谱仪)、激光光源(激光光谱仪)和等离子炬(ICP-ES),其作用是提供使原子激发的能量。分光系统,其作用是将混合波长的平行光按波长的大小分开形成带状排列的光谱谱线。分光元件有两种:棱镜和光栅。早期的光谱仪用棱镜分光效果不是很好,现在广泛使用光栅分光,原理见图 5-4。检测系统(记录系统)是用来接收经分光后的各种波长光的谱线感光板,又称为相板,根据相板上所记录的谱线用光谱投影仪或者测微光度计测定出元素的含量。直读光谱则将光信号通过光电倍增管转换为电信号,直接来确定元素的含量。

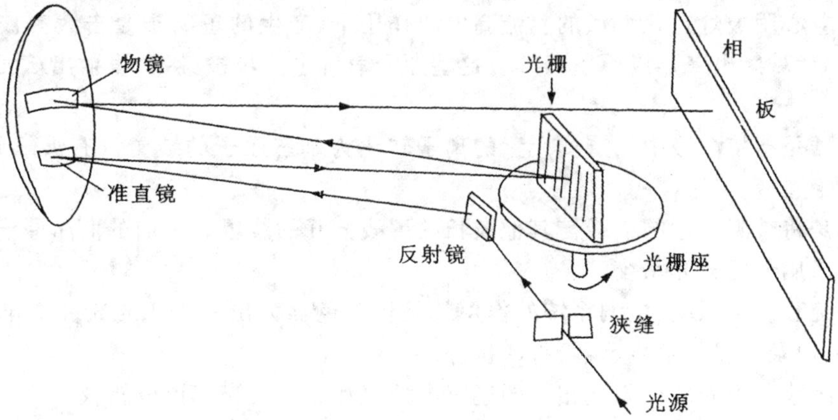

图 5-4 平行光栅摄谱仪的光学系统

光谱分析方法的特点:能同时测定多种元素,从理论上讲,目前可测定 70 多种元素。灵敏度为$(0.1\sim100)\times10^{-6}$,是一种半定量到定量的分析方法。不需要对样品进行化学预处理,小于 80 目的样品即可直接进样分析,工作效率高,成本低。特别是直读光谱仪的应用,使灵敏度有很大的提高,分析效率也大大提高,一个台班(五人小组)能完成 200～300 件样品 16 种元素的测定,因此,在勘查地球化学上广泛应用。但是,随着对勘查地球化学数据质量要求的提高,发射光谱分析的应用有减弱的趋势。

2. 原子吸收光谱分析(AA)

基本原理:每种元素的原子都具有吸收该元素本身发射的特征波长的光的性能。当某元素的特征波长的光通过该元素基态原子的时候,该光被基态原子吸收,吸光强度与基态原子的浓度有关,这就是原子吸收光谱分析的基本原理。测量其吸光强度便可测得元素的含量。利用这一原理的分析方法称为原子吸收光谱分析方法。

原子吸收分光光度计的结构:光源—原子化器—分光系统—检测系统和读出系统,近几年来又有数据处理系统(微机处理),结构示意图如图5-5所示。

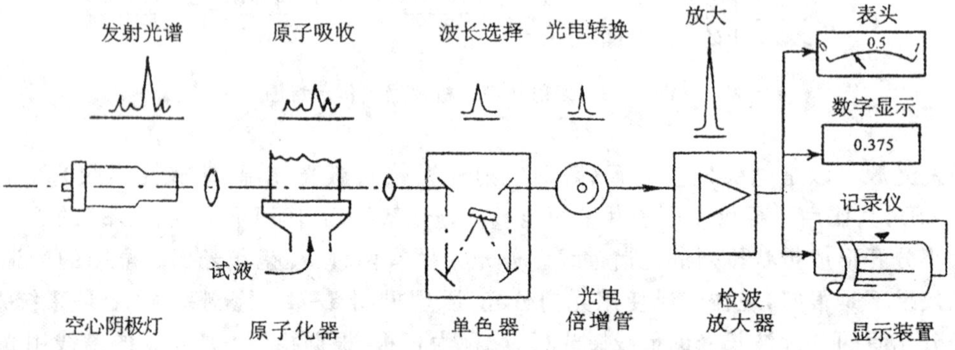

图5-5　原子吸收光谱分析过程示意图

光源是指能发出待测元素的特征波长的装置。它的种类很多,最常用的是空心阴极灯。被测元素的空心阴极灯在几百伏的直流高电压作用下,产生的正离子轰击镀有被测元素的阴极,使被测元素溅射出来形成原子蒸气。这些原子蒸气进一步被激发,发射出该元素的特征波长的光。

原子化器是指将溶液中的待测元素的离子转化为基态原子的装置。有火焰原子化器、电热原子化器等。

单色器是将被测元素的谱线与其他波长的谱线分开的装置。目前的商品原子吸收分光光度计全部都采用光栅分光系统。

检测系统和读出系统:检测系统的作用就是将单色器分出的光讯号转变成电讯号。读出装置是表头、记录仪或数字显示器、打印机等。

与原子吸收分光光度计原理相近的还有测汞仪和原子荧光光谱分析仪。

测汞仪是利用汞在常温下是气态金属的特征,不需经过原子化器直接将汞气送入仪器中测定。因为只有一种元素,所以不需要分光系统。其他部分与原子吸收分光光度计完全相同。因此它是一种简单的原子吸收分光光度计,由于不需加热而称冷原子吸收测汞仪。

原子荧光光谱分析(AFS)是应用激发光源辐射照待测元素的原子蒸气,根据蒸气中辐射荧光的波长和强度来测定元素的组分和含量的方法。它也是一种痕迹元素分析方法,原子荧光光谱分析仪结构较简单,灵敏度高、干扰少、操作简单,适于砷、锑、铋、汞、硒、碲、铅、锡、镉等元素的测定。

方法特点:原子吸收光谱分析每次测一种元素,故而可根据每一元素的特点,将工作条件参数调节到最佳状态,与发射光谱仪相比大大提高了分析的灵敏度、准确度和精确度。其次,通过变换阴极灯,可以对一份溶液测试多种元素。从原理上讲,凡能够有效地转化成基态原子并获得锐线光幅射的元素都可用原子吸收法分析。目前，可以测定 70 余种元素。不过，其中许多元素检测下限与区域化探扫面相比相差甚远，能满足区域化探扫面要求的约 20 多种元素，如 K、Na、Ca、Mg、Mn、Fe、Rb、Cu、Zn、Pb、Ni、Co、Ag、Hg、Cd、Li 等。如果将原子荧光光谱分析、氢化法原子吸收、石墨炉原子吸收分析都算上的话，化探中常用的指示元素几乎都可以分析。因此，目前一般把原子吸收光谱分析仪作为常规分析实验室的最基本的设备。

3. X -射线荧光光谱分析(XRF)

基本原理：荧光是受紫外线照射后的物质发出的不同波长和不同强度的可见光，照射线停止后，这种可见光很快就消失了，这种光线称为荧光。当 X -射线(初级 X -射线)照射待测样品中各元素时，X 射线的光子轰击待测元素的原子，并使其内部电子被轰出来。这时内层电子空位将由能级较高的外层电子来补位，同时以 X -射线(次级 X -射线)形式释放出多余的能量，见图 5 - 6。各种元素所发出的次级 X -射线荧光的波长取决于原子序数，次级 X -射线强度与元素含量成正比。于是根据次级 X -射线的波长和强度便可确定元素的种类和含量。

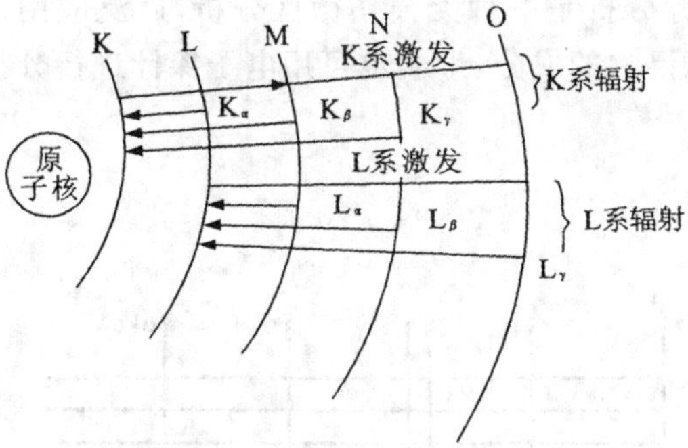

图 5 - 6 产生特征 X -射线示意图

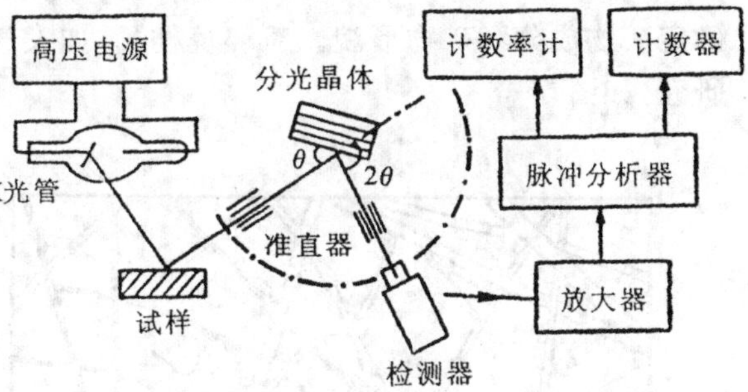

图 5 - 7 波长色散型 X -射线荧光仪工作示意图

仪器结构：由激发光源—晶体分光器—检测器—放大输出装置四部分组成，见图 5 - 7。

激发光源通常使用钨靶或铑靶 X 光管，它能提供包括连续或各种特征 X 射线在内的多种能量的 X 射线。

晶体分光器是一种精密测角装置，试样激发发射的 X -射线通过第一准直器后以 θ 入射角照到晶体上，衍射 X 射线荧光以 2θ 角度通过第二准直器(准直器是由一系列间距相差 0.12mm 的平行金属箔构成的)射向检测器。

检测器是一种核辐射光子计数器，所获得的脉冲数与照射到的 X -射线光子数量有关。

放大器及输出装置是将计数器输出的很弱的电脉冲信号放大，并经脉冲幅度鉴别器分析后进入脉冲计数器，记录仪输出相应的 X -射线强度或打印元素的含量。

X -射线荧光光谱仪可同时测定 20 多种元素，灵敏度高，精确度高(常量元素相对标准偏差 $RSD\% \leqslant 2\%$，痕迹元素大部分的相对误差 $RE\% \leqslant 10\%$)，该方法不破坏样品，同一试样可以重复多次分析。适用于原子序数从 5(B)到 92(U)的各元素的测定。

X -射线荧光光谱分析可用于勘查地球化学样品分析，须将待测的基岩、土壤或水系沉积物固体物质磨至 200 目，越细越均匀越具有代表性。将 2g 小于 200 目的粉末倒入压片机中压制成片型，即可进行测试。

本仪器也可用于环境样品分析，对大气中悬浮物成分分析。利用滤纸或滤膜采集大气悬浮物颗粒，用特殊滤膜（如 $AgNO_3$ 滤膜吸收 H_2S、AsH_3，$Ni(OH)_2$ 滤膜吸收 SO_2 等）富集气体。将滤膜剪成合适尺寸进行测试。对于环境调查的水样，可用共沉淀法富集水中金属离子，或用离子交换滤纸 5 次重复过滤法交换、富集水中金属离子，将共沉淀物或滤纸送入 X -射线荧光光谱仪分析。

4. 电子探针分析(EPX)

它实际上是 XRF 分析与电子显微镜相结合的分析技术，由电子显微镜和(XRF)测试系统两部分组成。电子显微镜寻找观察待测区域，XRF 测试系统的激发光源是高速电子枪，产生高速电子束轰击样品。高能电子束轰击后产生多种信息：产生的特征 X -射线来自样品 0.5～5μm 深表面，与被测元素的原子序数有关，可以测定元素的种类和含量；产生的背射电子（自 0.1～1μm 深内散射出来）可以反映物质表面形貌，照相后可以观察矿物形态；二次电子自表面 0.1μm 深处被激发而发射出来，可以用来进行样品的形貌观察和摄影；吸收电子是试样吸收部分入射电子，它反映样品平均原子序数大小，可提供样品定性分析资料。

进行电子探针分析的样品须对固体样品切片抛光后镀金属膜（喷洒导电材料），对导电良好的金属矿物光片可直接送入仪器分析。电子探针分析是一种无损伤微区分析，广泛应用于确定矿物成分和矿物形貌。对环境样品，如大气悬浮物的成分、形貌也可用电子探针进行分析研究，如图 5 - 8。

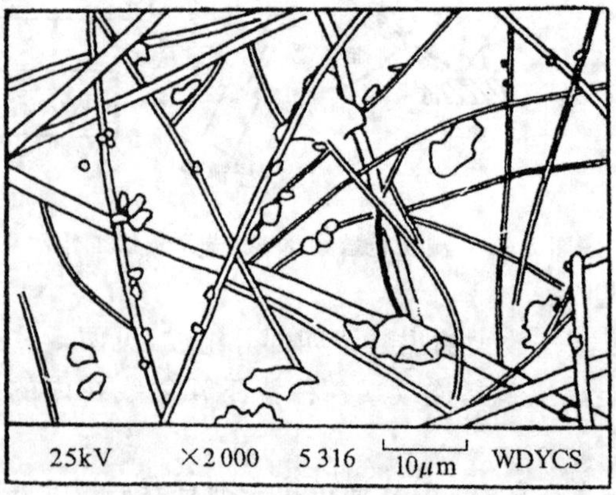

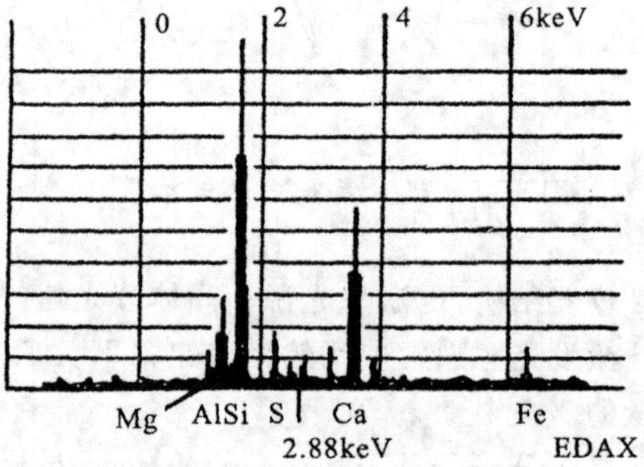

图 5 - 8 大气飘尘样品二次电像及能谱分析图(张承亮，1987)

5. 核物理分析仪

利用天然或人工核反应中产生的核辐射进行物质成分测定的仪器叫核分析仪。目前用于地球化学样品分析的有 γ-能谱仪和中子活化分析仪。γ-能谱仪是测定样品（可以是基岩露头）中放射性元素自然衰变过程中释放的 γ 粒子。仪器由探头和脉冲幅度分析器两部分组成。探头将样品辐射出的 γ 粒子能量转变为电脉冲信号，主要部件为闪烁计数器和半导体探测器。脉冲幅度分析器按输入脉冲幅度大小分别计数、甄别，确定放射性元素的种类和含量。

γ 能谱仪是一种轻便型仪器，可用于野外寻找钾、铀、钍等放射性元素的矿物，是物探队常用的现场分析仪器，简称 γ 仪。

中子活化分析(NA)是用中子束照射样品，使被照样品中的元素发生核反应变成放射性同位素，用仪器测定放射性同位素所释放的 γ 射线，按其能量或半衰期确定元素的种类，根据射线强度确定元素的含量。

周期表里 84 种稳定元素中，可测 72 个，还可以测 Th 和 U。但对活化后产生的放射性同位素，若半衰期过长（H、Li、He、C、Be 等）或过短（O、F、N、Ne、B 等）不适用中子活化分析。另外，S、Zr、Co、Fe、Pb 等因中子截获面小，灵敏度差。75 种热中子活化分析灵敏度和快中子活化分析检出限，见表 5-3。

表 5-3 中子活化分析检出限（张承亮等，1987） （单位：10^{-9}g）

元素	检出限	元素	检出限	元素	检出限	元素	检出限
Na	0.1～1	Ga	0.1～1	In	10^3～10^2	Er	0.1～1
Mg	10～100	Ge	1～10	Sn	10～100	Tm	1～10
Al	0.1～1	As	0.1～1	Sb	0.1～1	Yb	0.1～1
K	10^3～10^4	Se	10～100	Te	10～100	Hf	0.1～1
Ca	10～100	Br	0.1～1	I	0.1～1	Ta	1～10
Sc	1～10	Rb	10～100	Cs	1～10	W	0.1～1
Ti	10～100	Sr	1～10	Ba	0.1～1	Ir	0.01～0.1
V	0.01～0.1	Zr	10～100	La	0.01～0.1	Pt	1～10
Cr	10～100	Nb	1～10	Ce	1～10	Au	0.001～0.01
Mn	10^{-3}～10^{-2}	Mo	1～10	Nd	1～10	Hg	0.1～1
Fe	10^3～10^4	Ru	1～10	Sm	0.01～0.1	Tl	10～100
Co	0.1～1	Rn	0.01～0.1	Eu	10^{-4}～10^{-3}	Pb	100～1 000
Ni	10～100	Pd	0.1～1	Gd	1～10	Bi	10～100
Cu	0.1～1	Ag	0.1～1	Dy	10^{-4}～10^{-3}	Th	1～10
Zn	10～100	Cd	1～10	Ho	0.01～0.1	U	0.1～1

中子活化分析灵敏度极高、精确度、准确度都很好，但由于费用昂贵、测定时间长，应用地球化学样品分析中应用尚不广泛。我国主要用于分析质量检查和特殊样品分析。国外广泛用于地质样品分析，特别是珍贵样品（如陨石和月岩）的分析。

6. 等离子源质谱分析仪（ICP-MS）

等离子源质谱分析（ICP-MS）是 20 世纪 80 年代发展起来的新的测试技术，分析工作图见图 5-9。ICP 等离子源将试样（溶液）离子化，经过接口装置形成超声射流，经离子透镜进入质量分析器（四极质谱仪），四极质谱仪是由四根双曲面电极构成，电场由加在电极上的直流电压（U）和射谱交流电压（$V=V_0\cos\omega t$）组成。X 方向电极施加$+(U+V)$电压，Y 方向施加$-(U$

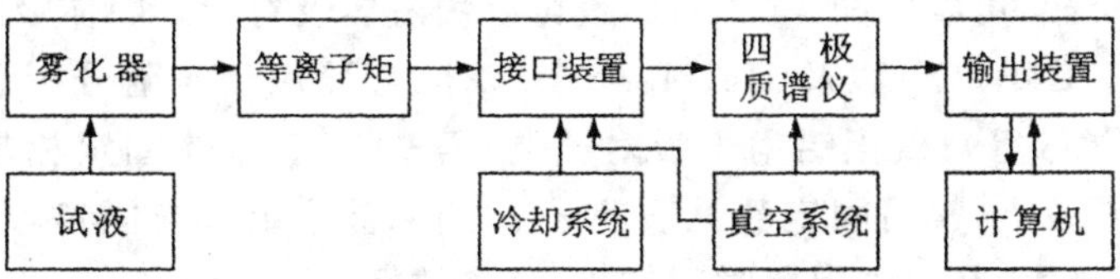

图 5-9 ICP-MS 工作框图

$+V$)电压。待测离子通过电极间隙时，按荷质比（m/e）不同而分离，离子按质量大小依次到达接收器（电子倍增管），产生的电脉冲信号经放大、噪音识别、信号处理后计算机输出。

ICP－MS的关键在接口装置，它可以从7 000K的等离子矩中提取离子并活化入质谱仪，进样口径为0.1n～1mm。

ICP－MS可以同时测定多种元素。常量元素、痕迹元素可以同时测定，线性工作范围可达5～6个数量级，测定速度快，每分钟可完成30种元素测定。检测下限低，为0.01～0.1ng/ml，是理想的稀土元素、贵金属、有色金属的测试方法。但仪器昂贵，分析费用高，目前多用于高要求的专项研究的样品分析。

7. 色谱分析

色谱分析的原理：色谱分析是应用色谱柱把样品中多种化合物相互分离，由检测器测出对应的各化合物的谱峰。因此色谱分析的核心装置是色谱柱。色谱柱中的充填物质叫固定相。固定相可以是固体吸附剂，也可以是液体固定相。液体固定相通常是将吸附液以薄膜状涂在担体（载体）表面，再注入柱内。当被测混合物（气体或液体，也叫流动相）在色谱柱内流动时，固定相对流动相中各组分具有不同的溶解—解析、吸附—脱附能力。当待测混合物通过一定柱长后，经过了多次（10^3～10^6）反复吸附—解脱，溶解—解析，平衡分配后实现各组分分离。分离后的组分依次进入检测器，记录仪绘出各组分的色谱图。根据色谱峰的出峰时间（与组分性质有关）、峰高和面积（与组分浓度有关），与标准样色谱图对比后，实现各组分的定性和定量分析。

如果待测混合物是导入的气体，则叫气相色谱仪；如果导入的是液体则叫液相色谱仪。

色谱仪种类很多，但基本结构是一样的，由进样系统—分离系统—检测系统—输出系统组成，见图5－10。

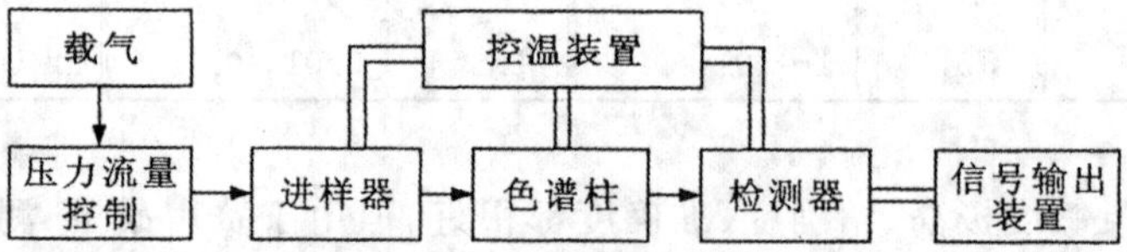

图5－10　气相色谱分析流程框图

由高压钢瓶供给载气（如果是液相色谱，则由压力泵输入分析液）用流量调节阀调节到需要的流量，由载气将待测气体送入色谱柱。待测组分经分离后，进入检测器，产生信号放大输出绘色谱图。

色谱柱常用不锈钢管，也可用玻璃、铜、铝、聚四氟乙稀材料做成。内径数毫米，长度有数米至十余米，可以弯成U型，或盘成螺旋型。

管内填充的固定相，可以用固体吸附剂，也可以用液体吸附剂。固体吸附剂，如分子筛，用于吸附H_2、O_2、NH_3、CH_4、CO以及He、N、Ar等气体；硅胶用于吸附分析烃类（C_1—C_4）或硫化气体（H_2S、SO_2、COS等）；氧化铝用于吸附烃类（C_1—C_4）。液体固定相是将高沸点的有机液体涂在多孔固体颗粒上，常用固定液见表5－4。如果被测组分与固定液性质越相似，则被溶解越强，分配系数越大，在柱内保留时间越长，分离越好。

表 5-4　常用固定液

名称	商品名称	最高温度(℃)	常用溶剂	分析对象
角鲨烷	SQ	150	乙醚、甲苯	气体烃(C_2—C_8)
苯基聚甲基硅氧烷	OV-17	300	丙酮、苯	OV-17+QF-1 可分析含氯农药
三氯苯基聚	QF-1 OV-210	250	氯仿、丙酮 二氯甲烷	含卤化合物；能从烷烃、环烷烃分离芳烃等
真空润滑脂	Apiezonl	250	苯、氯仿	各类高沸点有机化合物

检测器是测量从色谱柱中分离出来的各种组分及其浓度的灵敏装置。例如常用的热导池(TCD)结构简单(图 5-11)，由两根电阻相同的金属丝构成。当工作臂载气中混有其他气态物质时，其热导率发生改变。改变了金属丝温度，电阻也改变。

参比臂只通载气。两金属丝电阻平衡被打破，惠斯登电桥失去平衡，输出信号。此外，还有氢焰离子化检测器等，不再列举。

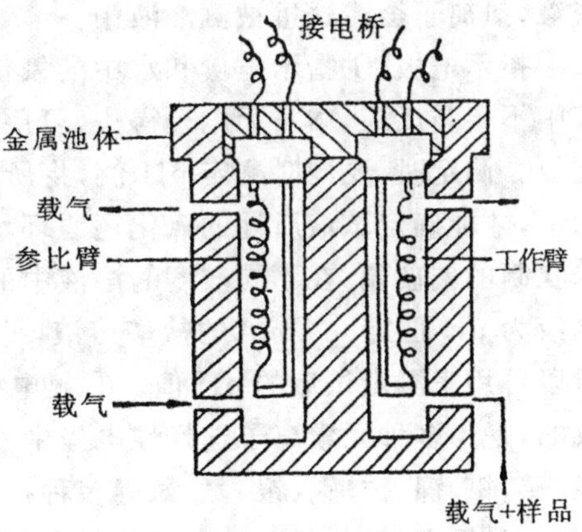

图 5-11　热导池结构图

气相色谱仪可以分析各种气体，以及在 450℃以下可以汽化或定量裂解的液体、固体。既可测定无机物，又可测定有机物。它在油气地球化学勘查中测烃类气体，环境地球化学确定中测生物试样的有机汞，大气中有害气体(CO、CO_2、C、H_2S、SO_2、N_2O、SO、NO、NO_2)，有机磷及农药“六六六”、DDT 等，因此，是环境地球化学中重要的分析仪器。

液相色谱的分离原理与气相色谱相同，只是检测器不同。液相色谱中离子色谱法特别适用分析试样中的阴离子，灵敏、快速、准确。可以测定无机阴离子如 F^-、Cl^-、ClO_2^-、CN^- 等 30 余种，还可以测定甲酸盐、草酸盐和柠檬酸盐、抗坏血酸盐等，是水化学分析必不可少的手段。

8. 电化学分析

电化学分析是利用化学反应产生物理电现象来测定试液物质组成的方法。电化学反应可造成多种物理量的变化，例如电量、电导、电位等的变化。实践表明，这些物理量的变化在适当条件下与试液中待测组分的浓度成正比。根据测量的电参数的类型和电化学的基本原理的不同，电化学分析可分为电导分析、电位分析、电解分析和极谱分析。其中电导分析、电位分析和极谱分析在地球化学样品分析中有重要作用。尤其是催化极谱分析检出下限低，分析成本低，能满足区域化探的要求。地球化学样品分析中对钨、钼的测定尤其离不开催化极谱分析。

(1)电导分析：水溶液中的离子具有导电能力，电导(G)与导体电阻成反比。电导大小，反映了水溶液中电解质总含量的大小。实际测量中，采用测量电导率 Ec，电导率是电阻率的倒数，电导率越大，试液中盐度越高。目前，电导测定用于水化学测量和土壤溶液测量，以度量水体中总离子浓度和土壤中的盐。

(2)电位分析：在被测试的溶液中插入两支电极，一支是电位稳定不变的电极用来作参比电极，如甘汞电极。另一支是电位与溶液中被测组分的浓度有函数关系的电极叫指示电极。

通过测定该化学电池的电动势来确定被测组分的含量。这种方法进一步又可分为直读电位法和电位滴定法。前者直接测定电位的变化，后者则是通过滴定过程用指示电极来指示滴定终点，再根据滴定所消耗标准液的体积来计算被测组分的含量，这实际也是一种容量法。

通常利用直接电位法测定待测组分的浓度，由于溶液中不可避免地还有其他离子，也会在电极膜上产生膜电位。因此测量的电位是各离子的膜电位的总和，只有选择其他离子的膜电位最小的电极才能作为被测组分的指示电极。将这种优选出来的电极称为离子选择性电极。选择性系数就是其他离子对所测离子的影响，如查化学分析手册知 $K_{H \cdot Na}=10^{-11}$，即是说在用氢离子玻璃电极测 pH 时，Na^+ 的浓度为 H^+ 浓度的 1×10^8 倍时也不会产生干扰。氯离子电极 $K_{Cl \cdot F}=8\times10^{-3}$，即 F^- 浓度为 Cl^- 离子浓度 10 倍时，只影响小数点后第二位，不会构成严重干扰。

目前，常用的参比电极有甘汞电极和银—氯电极两种，而甘汞电极温度系数小，应用更为广泛。但甘汞电极不能与氯电极配合使用测氯离子，是因为甘汞电极内的溶液是饱和氯化钾溶液，氯离子会渗透进被测溶液中。

指示电极：①指示土壤和水中的氧化—还原电位用的铂电极。铂是惰性贵金属，在被测溶液中不参与反应，本身无电子得失，可用来测定水和土壤中的各种变价离子氧化态和还原态的比值。测定时，要同时测定 pH 值，将所测得的 Eh(氧化还原电位)和 pH 值投在 pH—Eh 相图上，才能确定试液所处的氧化还原环境。②指示 pH 值用的是玻璃电极。玻璃电极是一特殊吹制的钠玻璃，在不同酸度的溶液中的接触面上，钠离子与氢离子交换产生膜电位，而内参比液为 pH 恒定 0.1mol 的盐酸溶液，外接触面的 pH 值是与被测溶液中氢离子浓度有关的，所以可用来测定试液的 pH 值。③氟电极是用来测定试液中氟离子浓度的。它用 LiF_3 晶体做成的，是十多种元素离子选择性电极中性能最稳定的电极，是测氟的基本仪器。其他还有氯、溴、碘、铅、镍、钴、铜、银、氨、氰等多种指示电极。

(3)极谱分析：是一种电解分析方法，它以甘汞电极为指示电极，滴汞电极(逐滴向电解池中加入 Hg)，Hg 在甘汞电极上氧化成 $HgCl_2$，失去的 2 个电子去还原试液中的金属阳离子。当电压增加到一定大小时，氧化还原作用加强，电流强度加大，反应试液中离子运动扩散，反映这一现象的电流称为扩散电流，其大小可以测定被测溶液中待测离子的浓度。而最高电流的一半称为半波电流，半波电流的大小($E_{1/2}$)与试液中离子种类有关。二者结合，即可测定试液中离子种类和浓度。改进后的催化极谱法是 W、Mo 的最好分析方法，检测下限可达 0.5mg/g。

电化学分析的详细操作程序可参阅有关专门论著。

最后还应说明，由于其他分析技术的快速发展，电化学分析方法在地球化学分析中的应用在逐渐减少。如早期极谱分析广泛用于化探中 Cu、Cd、Pb、Zn、Bi、W、Mo 的测定，但由于比色分析及其他技术的应用，目前，只有 W、Mo 的测定还用极谱分析。其他还有 pH、Eh、电导率测定，氟离子的测定仍在继续使用电化学方法。

第六章　地球化学资料整理与信息提取

一次地球化学调查工作，常常要采集几十、几百甚至几千件样品，每件样品分析十几种甚至几十种元素（或其他化学指标），获得成千上万个各类数据。如何从众多纷杂的数据中获取有用信息，识别噪音，提纲挈领抓住“主体”、除去“枝叶”，就需要对所获资料进行科学的加工整理。资料整理就是对原始数据进行一番“去粗取精、去伪存真、由表及里”的加工工作。然后把所得的结果用表格、图件的形式表示出来，以便解释和利用。在各种资料中，原始资料是基础性的，数据处理只能提取信息，不能创造信息。本章着重介绍各种数据处理及制图的方法。凡手工能进行的，则简要说明步骤，需要计算机帮助的，计算过程从略，因为有专门的课程负责这方面的教学，这里只介绍其应用条件及计算结果的意义。

经典地球化学研究中，最核心的问题是不同地质体（单元）中元素的丰度，如何正确统计平均含量，研究分布参数，这是地球化学数据处理的第一个基本问题，也是勘查地球化学中的“背景与异常下限划分”的关键问题。

第二个基本问题是研究元素的共生组合问题。任何一种岩石类型，任何一个矿床，或任何一个景观条件下形成的土壤，都有一定的元素共生组合特征。认识这种组合特征，对于判别岩石、矿床的成因，对异常解释、区域成矿远景预测或国土资源规划都有重要的指导意义。

第三个基本问题是分类问题，包括样品分类、异常分类或土地类型的分类，它不仅是对已知样品异常的分类，更重要的是对不明性质的样品、异常有归类、判别、预测的意义。

第四个基本问题是研究元素或元素组合在空间的分布规律，即地球化学制图。这反映地球化学场的正常分布和异常分布，为确定找矿靶区或环境与农业研究中的正常区、污染区的划分提供依据。

地球化学数据处理的文献和方法繁多，但基本上可以归入以上四类。

第一节　原始资料及质量评定

原始资料和分析成果的质量是数据处理的基础。“原材料”的质量好坏直接关系到“高楼大厦”的质量。因此，必须高度重视原始资料和分析成果质量的准确性、可靠性。

一、原始资料审核

原始资料中最主要的是分析结果，其次是采样记录、地质观察记录、岩矿鉴定报告、山地工程编录等等。这些资料的宝贵在于它包含了一切有用的信息，所有后续的工作只不过是尽可能地充分应用它们而已。原始资料要由专人在日常工作中经常性地清理、审核、整饰、编排、装订，确保其系统性与完整性。

随着工作规模的扩大与分析项目的增多，原始数据的积累速度是惊人的，所以国内外大力发展计算机化的数据管理系统，但在没有分析仪器与计算机连机的情况下，所有数据还要靠人工输入，这是不可少的基础性工作，对输入的数据要核查无误。

二、数据质量评定

样品分析数据的误差包含了采样和分析两种来源，所以首先是要严格控制这两种误差。其方法就是选择一些样点重复取样和重复分析，检查样约占总数的3%～5%，太多了不经济，太少了无代表性。严格地说，检查样的方差与全部样的方差接近一致，才能保证检查的代表性，但这一要求在实际工作中往往被忽略了。

衡量数据质量的最终标准是看它们能否忠实地反映被测元素在工区内真实的分布情况，但后者是不知道的，因此上述标准不可能检查。这样，就只能根据所得图件的稳定性来检验，即二次取样结果能否得出一致的图形。这种对比方法的优点具直观性，但只是定性地描述。而且当重复数据多时，这种表示方法显得繁琐。而应用数理统计的方差分析，可以为采样误差、分析误差的大小提供定量评价的标准。

地球化学样品分析数据存在着因试验条件（采样或分析）不同而引起的误差（条件误差）和因偶然因素引起的误差（随机误差），这两种误差影响着分析数据的质量。地球化学样品分析的含量（实测数据）就是由采样介质的真实含量加上条件误差和随机误差所组成的。方差分析将从总数据中区分出各样点间的真实含量的变化（地球化学变差）和条件误差、偶然误差引起的变化，检验条件误差、偶然误差引起的变化是否小于真实含量的变化。

数理统计中，方差 S^2 表示为：

$$S^2 = \frac{1}{n}\sum_{i=1}^{n}(x_i - \overline{x})^2 \tag{1}$$

方差分析的数学公式是：

$$S_{总}^2 = \sum_{i=1}^{n}\sum_{j=1}^{m}(x_{ij} - \overline{x})^2 \tag{2}$$

对于单因素（只对采样或分析条件中一项进行研究评价）方差分析，(2)式可分解为：

$$S_{总}^2 = \sum_{i=1}^{n}\sum_{j=1}^{m}(x_{ij} - \overline{x}_j)^2 + n\sum_{j=1}^{m}(\overline{x}_j - \overline{x})^2 \tag{3}$$

式(3)右方第一项为组内平方和，即各元素观测值与该项条件平均值的离差平方和，表达同一条件下组内的差异，反映的是随机误差的大小，以 S_e^2 表示之。第二项是组间离差平方和，它表达不同组间差异，反映的是条件误差的大小，以 S_A^2 表示。于是，总变差 $S_{总}^2$ 可表示为：

$$S_{总}^2 = S_A^2 + S_e^2 \tag{4}$$

将 S_A^2、S_e^2 按二项式展开，合并后为：

$$S_A^2 = \frac{1}{n}\sum_{j=1}^{m}(\sum_{i=1}^{n}x_{ij})^2 - \frac{1}{mn}(\sum\sum X_{ij})^2$$

$$S_e^2 = \sum_{i}\sum_{j}x_{ij}^2 - \frac{1}{n}\sum_{j=1}^{m}(\sum_{i=1}^{n}x_{ij})^2$$

据此可列出计算表（表6-1），即可计算出 S_A^2 和 S_e^2。

表 6-1　单因素方差分析计算表

因素 j ＼ 样品 i	1	2	…	m	$\sum_{j=1}^{m}$
1	x_{11}	x_{12}	…	x_{1m}	$\sum_{j=1}^{m} x_{1m}$
2	x_{21}	x_{22}	…	x_{2m}	$\sum_{j=1}^{m} x_{2m}$
⋮	⋮	⋮	⋮	⋮	⋮
n	x_{n1}	x_{n2}	…	x_{nm}	$\sum_{j=1}^{m} x_{nm}$
$\sum_{i=1}^{n} x_{ij}$	$\sum_{i=1}^{n} x_{i1}$	$\sum_{i=1}^{n} x_{i2}$	…	$\sum_{i=1}^{n} x_{im}$	$\sum_{j=1}^{m}\sum_{i=1}^{n} x_{ij}$
$\left(\sum_{i=1}^{n} x_{ij}\right)^2$	$\left(\sum_{i=1}^{n} x_{i1}\right)^2$	$\left(\sum_{i=1}^{n} x_{i2}\right)^2$	…	$\left(\sum_{i=1}^{n} x_{im}\right)^2$	$\sum_{j=1}^{m}\left(\sum_{i=1}^{n} x_{ij}\right)^2$
$\sum_{i=1}^{n} x_{ij}^2$	$\sum_{i=1}^{n} x_{i1}^2$	$\sum_{i=1}^{n} x_{i2}^2$	…	$\sum_{i=1}^{n} x_{im}^2$	$\sum_{j=1}^{m}\sum_{i=1}^{n} x_{ij}^2$

利用 F 分布表，进行误差显著性检验，见方差分析表 6-2。

表 6-2　方差分析表

误差来源	平方和	自由度	平均平方和	F 检验
组间（S_A^2）	$n\sum_{j=1}^{m}(\bar{x}_j-\bar{x})^2$	$m-1$	$S_A=\dfrac{S_A^2}{m-1}$	$F=\dfrac{S_A}{S_e}$
组内（S_e^2）	$\sum_{i=1}^{n}\sum_{j=1}^{m}(x_{ij}-\bar{x}_j)^2$	$mn-m$	$S_e=\dfrac{S_e^2}{mn-m}$	
总和（$S_{总}^2$）	$\sum_{i}^{n}\sum_{j}^{m}(x_{ij}-\bar{x})^2$			

按照要求的显著性水平（α 一般取 0.05），查 F 分布表的临界值 $F_{0.05}^{m-1,mn-m}$，若检验的 F 值大于临界值，则说明条件误差显著，是误差的主要来源，即存在系统误差（分析或采样）；若检验小于临界值，则说明不存在系统误差，偶然误差是主要的。

单因素方差分析只是对采样或分析条件引起的系统误差是否显著进行检验，而样品之间真实含量本身差异应是不显著的，它们应取自同一正态母体。

单因素方差分析用于对采样或分析误差分别检查，化探工作中，还有用双因素方差分析来检验分析或采样的误差与地球化学变差的关系。目前，地球化学调查中，常用三层套合方差分析来检验采样和分析两种条件误差对数据质量的影响，以估量研究区的采样与分析误差的大小及它们是否足以掩盖或歪曲元素在不同采样点间真实含量的变化。三层套合方差分析的数据结构如图 6-1。

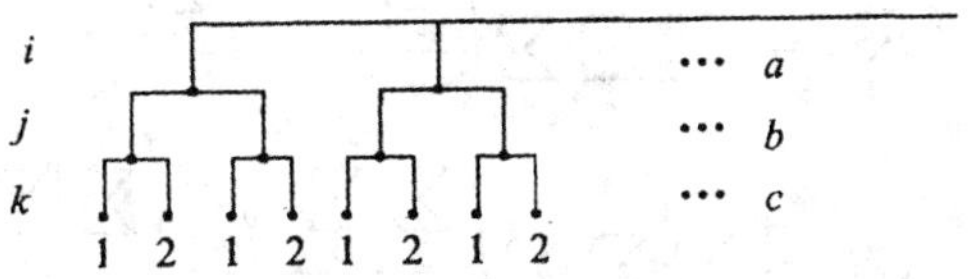

图 6-1　平衡式三层套合数

设全区检查样点为 $i(i=1,2,\cdots,a)$，每个点上采集了 j 件样品（$j=1,2,\cdots,b$），每件样品

重复分析了 k 次($k=1,2,\cdots,c$),一般情况下,$b=c=2$。

三层套合方差分析的模型为:

$$x_{ijk} = \mu + \alpha_i + \beta_j + \gamma_k \tag{5}$$

其中:μ 为研究母体的数学期望,用全区样品总平均值代替。

α_i 为样点 i 上的真值与总平均值之差,即 $\mu_i - \mu$,样点 i 的真值则用该点上多次采样多次分析的平均值(μ_i)来代表,α_i 代表地球化学变差(即自然变差)。

β_j 为样点 i 上第 j 个样品的真值与 i 样点上元素含量真值之差,它代表采样误差。第 j 样品的真值用 j 样品的 k 次分析值的平均(μ_j)为代表,故 $\beta_j = \mu_j - \mu_i$。

γ_k 为第 i 样点上第 j 次采样的第 k 次分结果与第 j 样品的真值之差,代表分析误差,$\gamma_k = x_{ijk} - \mu_j$。

这样,式(5)可表示为:

$$x_{ijk} - \mu = (\mu_i - \mu) + (\mu_j - \mu_i) + (x_{ijk} - \mu_j) \tag{6}$$

方差分析假定,上式右边各项是相互独立的正态变量,它们的均值为零,而方差相应地为 σ_α^2、σ_β^2、σ_γ^2,根据正态分布的性质,总方差等于各独立项方差之和,即:

$$\sigma_{总}^2 = \sigma_\alpha^2 + \sigma_\beta^2 + \sigma_\gamma^2 \tag{7}$$

亦可表示为:

$$\sum_i \sum_j \sum_k (x_{ijk} - \mu)^2 = \alpha_i^2 + \beta_j^2 + \gamma_k^2 \tag{8}$$

γ_k^2 为第三层次的方差 SS_3,β_j^2 为第二层次的方差 SS_2,α_i^2 为第一层次的方差 SS_1,总方差 $\sigma_{总}^2$ 为 SS_T。单项计算推演如下:

$$SS_3 = \sum_i \sum_j \sum_k \left(x_{ijk} - \frac{\sum_{k=1}^{c} x_{ijk}}{c} \right)^2$$

$$= \sum_i \sum_j \sum_k \left(x_{ijk}^2 - 2x_{ijk} \cdot \frac{\sum_{k=1}^{c} x_{ijk}}{c} + \frac{(\sum_{k=1}^{c} x_{ijk})^2}{c^2} \right)$$

$$= \sum_i \sum_j \sum_k x_{ijk}^2 - 2\sum_i \sum_j \sum_k x_{ijk} \cdot \frac{\sum_{k=1}^{c} x_{ijk}}{c} + \sum_i \sum_j \frac{\left(\sum_{k=1}^{c} x_{ijk}\right)^2}{c}$$

$$= \sum_i \sum_j \sum_k x_{ijk}^2 - \frac{\sum_i \sum_j \left(\sum_k x_{ijk}\right)^2}{c}$$

经过类似的推演

$$SS_2 = \sum_i \sum_j \sum_k \left(\frac{\sum_{k=1} x_{ijk}}{c} - \frac{\sum_j \sum_k x_{ijk}}{bc} \right)^2 = \frac{\sum_i \sum_j \left(\sum_k x_{ijk}\right)^2}{c} - \frac{\sum_i \left(\sum_j \sum_k x_{ijk}\right)^2}{bc}$$

$$SS_1 = \sum_i \sum_j \sum_k \left(\frac{\sum_j \sum_k x_{ijk}}{bc} - \frac{\sum_i \sum_j \sum_k x_{ijk}}{abc} \right)^2 = \frac{\sum_i \left(\sum_j \sum_k x_{ijk}\right)^2}{bc} - \frac{\left(\sum_i \sum_j \sum_k x_{ijk}\right)^2}{abc}$$

$$SS_T = \sum_i \sum_j \sum_k x_{ijk}^2 - \frac{\left(\sum_i \sum_j \sum_k x_{ijk}\right)^2}{abc}$$

根据数据结构模型，样点 i 可以由 n 个构成，而重复采样，重复分析多为两次，则可设计三层套合方差计算表(表 6－3)。

表 6－3　三层套合方差分析计算表

i	x_{ijk}	x_{ijk}^2	$(\sum_k x_{ijk})^2$	$(\sum_j \sum_k x_{ijk})^2$
1	x_{111}	x_{111}^2	$(x_{111}+x_{112})^2$	$(x_{111}+x_{112}+x_{121}+x_{122})^2$
	x_{112}	x_{112}^2		
	x_{121}	x_{121}^2	$(x_{121}+x_{122})^2$	
	x_{122}	x_{122}^2		
…	…	…	…	…
n	x_{n11}	x_{n11}^2	$(x_{n11}+x_{n12})^2$	$(x_{n11}+x_{n12}+x_{n21}+x_{n22})^2$
	x_{n12}	x_{n12}^2		
	x_{n21}	x_{n21}^2	$(x_{n21}+x_{n22})^2$	
	x_{n22}	x_{n22}^2		
$\sum$	$\sum_i \sum_j \sum_k x_{ijk}$ $P=\frac{1}{4n}(\sum_i \sum_j \sum_k x_{ijk})^2$	$\sum_i \sum_j \sum_k x_{ijk}^2$ $=T$	$\sum_i \sum_j (\sum_k x_{ijk})^2$ $R=\frac{1}{2}\sum_i \sum_j (\sum_k x_{ijk})^2$	$\sum_i (\sum_j \sum_k x_{ijk})^2$ $Q=\frac{1}{4}\sum_i (\sum_j \sum_k x_{ijk})^2$

由表 6－3 计算出 P、T、R、Q 后，就可计算方差及均方(表 6－4)。

表 6－4　方差比的计算

变差来源	方　差	自由度	均　方	F 检验
样点间	$Q-P=SS_1$	$n-1$	$S_1^2=\frac{SS_1}{n-1}$	$F_1=\frac{S_1^2}{S_2^2}$
采样间	$R-Q=SS_2$	n	$S_2^2=\frac{SS_2}{n}$	
分析间	$T-R=SS_3$	$2n$	$S_3^2=\frac{SS_3}{2n}$	$F_2=\frac{S_2^2}{S_3^2}$
总变差	$T-P=SS_{总}$	$4n-1$		

最后，进行 F 检验，算出 $F_1=\frac{S_1^2}{S_2^2}$，并与相应自由度的 F 临界值相比，如果 $F_1<F_{0.05}^{(n-1,n)}$，说明样点间的变化只不过是采样和分析误差的反映而已，没有地球化学意义。只有 $F_1>F_{0.05}^{(n-1,n)}$，才说明地球化学变差(自然变差)明显地比采样、分析误差总和更大，数据可以使用。$F_2=\frac{S_2^2}{S_3^2}$ 与 $F_{0.05}^{(n,2n)}$ 相比，可以评价采样的误差与分析误差的主次关系。若 $F_2>F_{0.05}^{(n,2n)}$，则说明采样误差是主要的，反之，则说明分析误差是主要的。

根据计算所得各 S^2 值，可以计算不同层次的方差分量。由于每一个高层次的均方差都包含着所有套合其中的低次的均方差，所以计算按表 6－5 进行。

表 6-5　方差分量计算

层次	均方差之差值	样本大小	方差分量
样点	$S_1^2 - S_2^2$	4	$S_\alpha^2 = \frac{1}{4}(S_1^2 - S_2^2)$
样品	$S_2^2 - S_3^2$	2	$S_\beta^2 = \frac{1}{2}(S_2^2 - S_3^2)$
分析	S^2	1	$S_\gamma^2 = S_3^2$

根据计算所得的方差分量，即可计算图件的稳定性指标（V），$V = \frac{S_\alpha^2}{S_\beta^2 + S_\gamma^2}$。如果$V$值接近于1，所得图件是没有价值的，随机误差或噪音干扰占了很大比例。如果V大于3，反映自然变差是最显著的，图件很可靠。

第二节　背景值与异常界限的确定

背景值与异常界限的确定是地球化学调查中最基本的问题，它关系到能否识别出与成矿有关矿化信息和可能引起的环境污染危害。目前确定背景值与异常界限的方法可归结为图解法（长剖面法、直方图解法、概率格纸法和多重母体分解法）和计算法两类。

一、剖面图解法

最简单的办法是通过已知矿体或矿化带作一条延伸到背景地区的一条长剖面，在无矿化地区的含量波动变化的中央部位和波动的最大幅度部位作横线。它们分别代表了背景值和背景上限，背景上限即为异常下限（图 6-2）。为了使这种选择更为可靠，长剖面图常附有地质剖面，成为一条地质地球化学剖面图。该方法简单、直观，但工作人员要有一定实际经验。

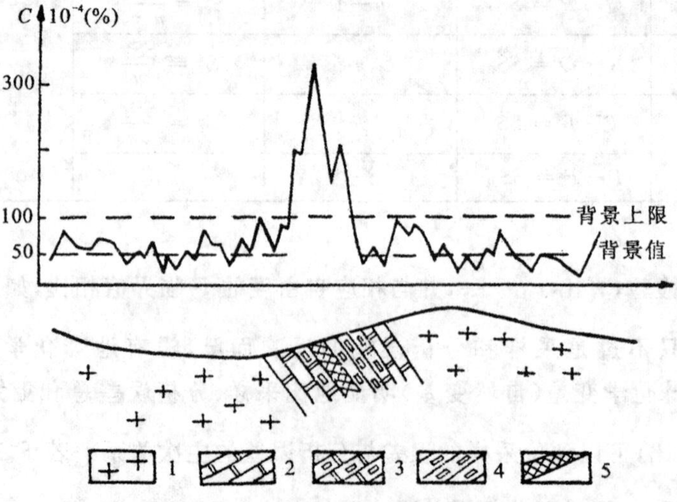

图 6-2　地球化学背景与异常确定的长剖面法示意图

1. 花岗岩；2. 大理岩；3. 矽卡岩化大理岩；4. 矽卡岩；5. 矿体

二、直方图解法

如果所研究子样作出的分布直方图为单峰、并接近对称的近似正态分布(图 6-3),则对最大频率柱左侧顶角与右邻直方柱左顶角连线,最大频率柱右顶角与左邻直方柱右顶角相连线,两条线交点在横坐标上的投影为众值 M_0,即可作为背景值。以最大频率直方柱高的 0.6 倍作横线,与频率密度曲线有左右两交点,左交点至众值投影线间长度对应的含量为均方差(S)。由 M_0 向右量取 2~3 倍 S 长度(一般取 2),该处所指示的含量即为异常下限。

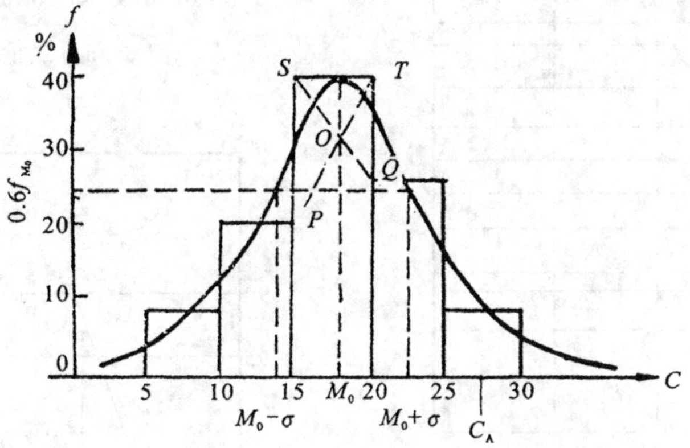

图 6-3　众值、标准离差和异常下限图解示意图

如果分布直方图为单峰正偏形态,仍按上述方法图解,因为确定均方差 S 时,只考虑未受高含量矿化影响的样品,只对低含量部分进行图解。

如果是明显的双峰分布、且各自较为对称,即可在衔接部位定为异常界限(图 6-5)。也可以按上法对低含量的母体进行图解求众值、均方差和异常界限。

三、概率格纸图解法

将实测数据点投绘在正态概率格纸上,如果基本分布在一条直线上,就可以读出任一分位数值,分位数就是某一累积频率所对应的含量值。例如,50%分位数就是平均值,84.1%分位数就是平均值加一倍标准差对应值,97.7%分位数就是平均值加二倍标准差对应值等(图 6-4)。分位数是一组很有用的统计特征数。

有时,参加统计的样品来自几个不同的总体。例如在正常样品中混有一部分异常样品,这时,直方图可能出现复杂的情况(图 6-5)。先来讨论两个总体 A 及 B 的情况,根据 μ_A、μ_B、σ_A、σ_B 及 $\frac{N_A}{N_A+N_B}=50\%$时,如果 $\mu_B-\mu_A=\sigma_A+\sigma_B$,实际上两个分布将只出现一个峰,这在统计学上将不能分辨。所以,$\mu_B-\mu_A>\sigma_A+\sigma_B$ 是一条必要的条件,一般说来,$\mu_B-\mu_A>2(\sigma_A+\sigma_B)$ 以上才能可靠地分辨。

加拿大的辛克莱提出了在概率格纸上分解复合总体的办法,在我国的化探人员中有一定影响。该方法是依据累积频率的定义:

$$F=\sum_{i=1}^{n}P_iF_i=P_1F_1+P_2F_2+P_3F_3+\cdots \tag{9}$$

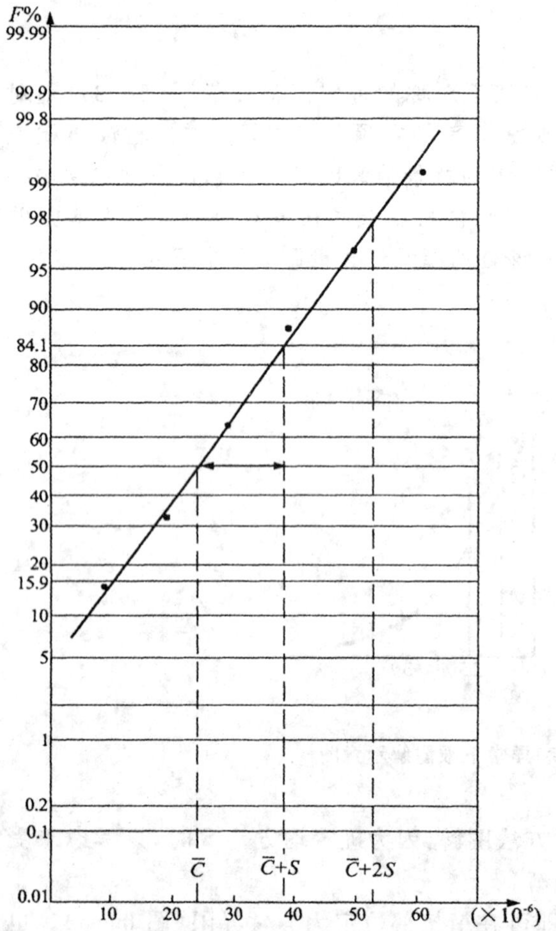

图 6-4　概率格纸图解法求背景值与异常下限

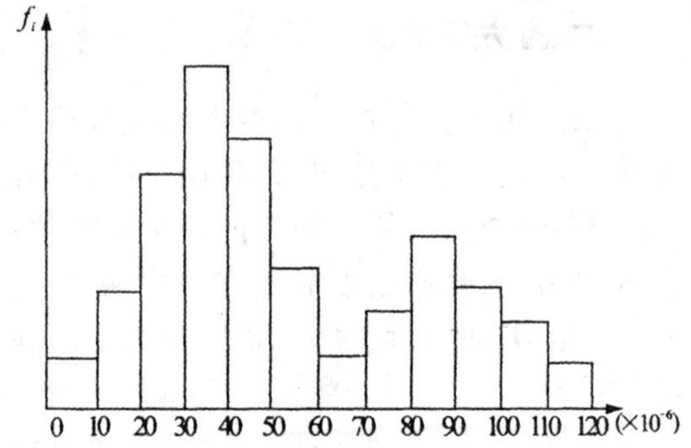

图 6-5　二重总体的直方图

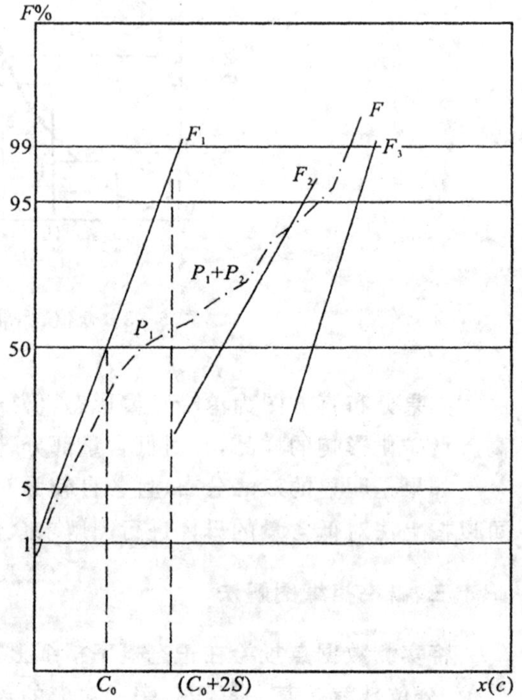

图 6-6　在概率纸上进行三重总体的分解

其中，F 为复合分布的频率；F_i 为各个组成的单个分布的频率；P_i 为各个组成的分布的样品数占总样品数的百分比：

$$P_i = \frac{N_i}{\sum_{i=1}^{n} N_i} \tag{10}$$

P_i 的值不能相差太悬殊。一般 $P_i<10\%$的小总体就不能分解出来。

具体步骤是根据总数据的累积频率，在概率格纸上投点，如是复合总体，则点子成曲线。曲线的第一个拐点所对应的频率即为 P_1，第二个拐点对应的频率为 P_1+P_2，余类推。该法理论上能分出多重总体，但实际应用时，一般最多是三重。

假设第一个总体的左边，不受其他分布的影响，则(9)式只剩下一项：$F=P_1F_1$，F 是实测的，P_1 已从拐点求出，第一总体的概率(F_1)可由 $F_1=\frac{F}{P_1}$公式计算，得出 P_1 左边各点在第一总体的各个 F_1 值。就可以作出一直线，此直线即为第一个分布(背景分布)，从上面很容易读出背景值及其上限(图 6-6)。

四、计算法

选择未受矿化或人为污染的背景区样品50～100件，进行正态分布型式检验，或用逐步剔除法检验，直至获得服从正态分布的母体。计算该正态分布母体的背景值 C_0 和平均方差 S，按公式：

$$C_a = C_0 \pm KS \tag{11}$$

K 为信度系数，选择信度 $\alpha=0.05$ 时，$K=1.96$；$\alpha=0.01$ 时，$K=3$；$\alpha=0.1$ 时，$K=1.65$。一般选择 $K=2$。区域化探时，为了不损失一切可能的矿化信息，取 $\alpha=0.1$，异常下限可能偏低，可能犯取伪的错误，可以通过异常评价逐一判别，剔除非矿化异常。矿区化探时，对所获异常可能要进行工程验证，要求所获异常可信度高，即 $\alpha=0.01$，$K=3$。提高异常下限后，可能会丢掉一些真正的矿化异常，犯"弃真"的错误。但通过已知异常验证找到矿后，会在外围扩大找矿，丢掉的信息可以再评价，达到一点突破，扩大战果，找回损失。

第三节　单变量数据处理

假如只分析了一种元素，或多元素分析整理时对单元素分别进行，或以若干元素的比值作变量，都属于单变量数据处理。单变量方法的重要性在于它是一切后续复杂数据处理的基础，有关统计量的许多基本概念都要在这里建立，否则多变量统计分析就将遇到更大的困难。

一、统计特征数

单变量原始数据可以表示为 $x_i(1,\cdots,n)$，n 可以从几到几万，如何从这一大堆数据全面地概括出来呢？这就要用到统计参数。如果已知原始数据服从正态分布，那么只要算出算术平均值($\overline{x}$)与均方差(S)，就能反映全部信息。如果数据不服从正态分布，则2个参数就不够了。所以正态分布是最简单的情况，凡是以正态分布为基础的统计方法叫做参数性方法，在用这类方法时不要忘记正态分布的前提。另一类不要求正态分布的统计方法，只要求有一个连续的分布函数即可，叫做非参数性方法。地球化学数据的分布函数是比较复杂的，所以非参数性方法有广泛的应用。

统计特征参数有三类，代表集中性的，代表分散程度的及上述二类综合的。

代表集中性的参数有算术平均值 $\overline{x}$，几何平均值(G)，中位数(M_e)，众数(M_0)等，在正态分布时，$\overline{x}=M_0=M_e$，否则它们不相等。$\overline{x}$ 及 G 属于参数性统计量，而 M_0、M_e 多在非参数性方法中应用。$\overline{x}$ 受数据的分布影响很大，而 M_e 则稳健得多。

代表分散程度的特征数有均方差、极差等。极差就是极大值与极小值之差，这一统计量与均方差关系很密切，甚至可以相互换算，但极差不很稳定，因为求它时只利用了极大值与极小值二个数，不像均方差计算时每个数都要用到。

综合特征数有变化系数、分位数等。变化系数是均方差除以算术平均值，常用%表示。这种相对的变化消除了测量单位的影响，便于不同元素的对比。分位数是任何把频率分布划分开的数，因此，一定要说明是百分之几的分位数。例如95%的分位数，99%的分位数等，中位数就是50%分位数。对于正态分布来说，$\overline{x}+1.96S$(S 为均方差)，就是95%分位数，所以分位数中包含了前面的2个参数。分位数主要用于确定异常下限与等量线间隔。

直方图或许是表示一套数据的统计特征的最好方法，它简单、醒目、客观、全面，因此成了基本图件之一。直方图不但把上面提到的各种统计特征数都包含在内，而且还可以看出有否复合分布及估算各分布的参数等。另外一个附带的好处是当原始数据数目很大时，利用直方图的分组数据可以极大地简化计算各种统计参数的步骤。

制作直方图时要注意选好间隔值、间隔数及间隔起点。而这些与数据的数目、服从何种分布、变化范围、分析方法的分辨率有关，需要综合考虑。也可以试用不同方案来做，然后选用较合理的结果。以前流行的方法乃是以对数正态分布为基础的，这并不意味着承认对数正态分布为一普遍规律，而只是把它看成一种处理数据特别是微量元素含量的一种习惯方法。实际上，直接用真实含量（或其他指标）作分布直方图能更好地反映分布特征，包含丰富的内容。而对数处理，在研究分布型式时，它反映的是母体的混合分布。

二、分布型式

元素含量或其他地球化学指标在地质体中的分布型式是了解地质体形成过程，演化中遭受地质作用叠加情况以及确定背景值及异常界限的依据，是地球化学研究的基本内容之一。分布直方图能直观形象地反映分布特征，但要准确肯定是服从哪种分布型式尚不够精确，它还只是一种定性的判断。要准确判断，还需进行分布型式检验。目前，通用的方法有偏度、峰度检验，柯尔莫戈洛夫—斯米尔诺夫准则检验及概率格纸法检验。

1. 偏度、峰度检验法

正态分布的基本特征是概率密度曲线两翼对称、对应于峰值在两翼呈非线性下降。峰度不能太高或过低，两侧偏离度不能超过允许限度。检验的实质就是考察实际分布线对理论曲线偏离的程度是否超越了允许范围。因此，可以用偏度和峰度两个统计量来进行检验。

$$\text{偏度}(C_s)=\frac{\mu_3}{\sigma^3} \tag{12}$$

$$\text{峰度}(C_t)=\frac{\mu_4}{\sigma^4}-3 \tag{13}$$

式中，μ_3 为三阶中心矩，$\mu_3=\frac{1}{n}\sum(x_i-\bar{x})^3$；$\mu_4$ 为四阶中心矩，$\mu_4=\frac{1}{n}\sum(x_i-\bar{x})^4$；$\sigma$ 为标准离差，$\sigma=\sqrt{\frac{\sum(x_i-\bar{x})^2}{n-1}}$。

概率统计理论已经证明，若母体服从正态分布，当子样较大时，统计量 C_s、C_t 近似服从正态分布。在 0.05 信度水平上，$C_s \sim N(0,\sqrt{\frac{6}{n}})$，$C_t \sim N(0,\sqrt{\frac{24}{n}})$。因此，$C_s$ 的临界值为 $\pm 2\sqrt{\frac{6}{n}}$，C_t 的临界值为 $\pm 2\sqrt{\frac{24}{n}}$，如果实测分布的统计量 C_s、C_t 均不超过临界值，则说明所研究地质体该指标服从正态分布。只要其中一个指标超越临界值，即说明它不服从正态分布。

2. 柯尔莫戈洛夫—斯米尔诺夫准则检验法

如果某元素在地质体中服从正态（或对数正态）分布，其理论概率分布函数为 $F(x)$。而根据实际抽样观测的分布函数为 $F_n(x)$，二者之差的绝对值 $|F_n(x)-F(x)|$ 的最大为 D_n，D_n 是一随机变量。根据柯尔莫戈洛夫—斯米尔诺夫原理，D_n 很大时，$\sqrt{n}\cdot D_n$ 为非正态的渐近概率分布。这个 D_n 的数值，在数理统计书中可以查到。D_n 取决于信度 α 和样品数 n，也可以按下

式近似计算：$\alpha=0.10$ 时，$D_n\approx\frac{1.23}{\sqrt{n}}$；$\alpha=0.05$ 时，$D_n\approx\frac{1.36}{\sqrt{n}}$；$\alpha=0.01$ 时，$D_n\approx\frac{1.63}{\sqrt{n}}$。

具体计算时，将实测数据分组，计算每一组的频数、频率、累计频率，计算平均值 $\bar{x}$，均方差 S。然后用子样的 $\bar{x}$、S 代替母体的 μ 和 σ，按公式 $F(X)=\frac{1}{\sqrt{2\pi}\sigma}\int_{-\alpha}^{x}\mathrm{e}^{-\frac{(x-\mu)^2}{2\sigma^2}}\mathrm{d}x$ 计算各组上限值的理论累计概率。为了计算方便，设标准正态分位数的统计量 $\mu=\frac{x_i-\bar{x}}{S}$（$x_i$ 为组上限值）。通过查标准正态分布函数 $F(u)$ 表查出每一组上限的累计频率值 $F(x)$，它是一个以观测值的 $\bar{x}$、S 为参数的理论正态分布函数，它与实测值计算的 $F_n(x)$ 之间有一差，若各组中最大累计频率差不超过临界值，则说明所研究样品元素含量服从正态分布。

3. 概率格纸检验法

正态概率格纸的纵坐标不同于普通坐标纸的等间距分度坐标，它以概率 50% 为中心，向上、下对称划分不同的概率值的分位，横坐标则用元素含量值（或对数值）等间距划分。在正态概率格纸上，服从正态分布的母体，其概率分布曲线在理论上讲为一条直线。实际上由于采样或分析的误差，样品有限的情况下，总会偏离直线。只要偏离程度在允许范围内，即可认为该子样分布服从正态分布。具体作图时，以所观测各样的平均值 $\bar{x}$ 和均方差 S 为依据，$\bar{x}$ 对应概率为 50%，$\bar{x}-S$ 的概率为 15.9%，$\bar{x}+S$ 的概率为 84.1%，该三点连线为所研究样品的理论正态分布直线。在确定信度 α 的条件下，计算允许最大频率差（如 $\alpha=0.05$，$D_n=\frac{1.36}{\sqrt{n}}$）在理论分布线上、下各加或减一个各含量组对应的 D_n 值，即可得到一条累计频率差临界曲线（为两端开口的曲线，图 6－7）。若实测子样各组的累计频率投点无一例外地落在临界曲线内，则可认为

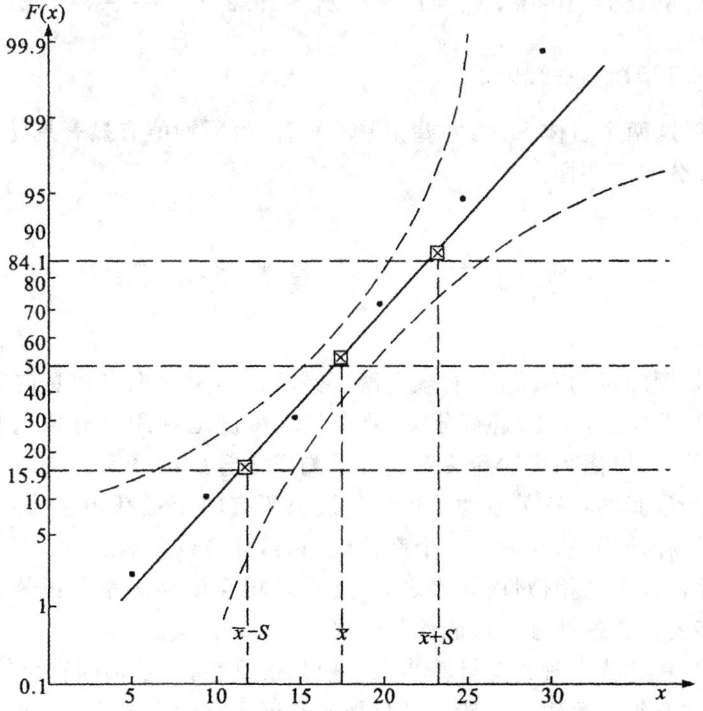

图 6－7　正态概率格纸检验

该子样服从正态分布。

三、单变量统计检验

在实际工作中经常需要对比同一元素在两种不同地质体中含量的异同。如不同岩体之间Cu含量有否差别，不同粒级间Cu含量是否一样等。为此在对象1中取了n_1个样，在对象2中取了n_2个样，分别可以得出S_1^2、S_2^2、$\overline{x}_1$及$\overline{x}_2$。如果两个实际上是属于同一统计总体的，则S_1^2与S_2^2，$\overline{x}_1$与$\overline{x}_2$相差不会太多。如果相差较大，则两个总体就有差别。但相差多大就算差别显著呢？这就要靠统计检验。首先要进行方差检验，因为即使两个均值差异不大的母体，由于方差差异显著，两个母体的分布也不相同。

1. F检验

$F=\dfrac{S_1^2}{S_2^2}$，(在计算时，把较大的方差放在分母上，使$F\geqslant 1$)，F分布的临界值已有表可查，一般取95%置信度，如计算值超过临界值则认为显著的不同。

2. t检验

对于平均值的对比要用到统计量t检验：

$$t=\frac{|\overline{x}_1-\overline{X}_2|}{\sqrt{\dfrac{n_1+n_2}{n_1 n_2}}\cdot\sqrt{\dfrac{(n_1-1)S_1^2+(n_2-1)S_2^2}{n_1+n_2-2}}} \tag{14}$$

t服从自由度n_1+n_2-2的司都顿分布，其临界值也有表可查，如计算值超过临界值，说明两个总体的均值有显著差别。

例如已知两个花岗岩体中的Sn含量要求对比Sn含量分布有何不同。计算可知，$n_A=12$，$n_B=10$，$S_A=7.65$，$S_B=10.08$，$\overline{X}_A=11.17$，$\overline{X}_B=19.2$，$F=\dfrac{10.08}{7.65}=1.31$，$F_{0.05}^{(9,11)}=2.79$，$t=\dfrac{19.2-11.17}{0.428\times 8.827}=2.125$，$t_{0.05}=1.96$。

计算结果表明这两个岩体Sn的方差相差不显著，而平均值有显著差异，B岩体稍大一些，说明二岩体的Sn分布不一样。

第四节　多变量数据处理

多变量数据处理的目的有三：①缩减变量。要求在尽量少损失信息的前提下尽量多地减少变量，突出有意义的变量。②进行分类，要求最大限度地利用已有信息使分类的错误率最小。③揭露相互关系，以便利用这些关系进行预测或估算别的变量。同时，第一、二两项目的也正是因为存在变量间的相互关系才能达到。设想所有的变量都相互独立，则缩减了哪一个也会使信息不可弥补地损失，同时每一个都构成一类，分类也无从进行。但是实际情况恰恰相反，样品之间会存在很大的相似性；元素之间，更不乏相互依存关系。正是这种变量之间的不独立性，构成了多变量数据处理的可能性与必要性。

多变量统计分析的代数理论与计算步骤一般都很复杂，而且不断有新的模型引入，有专门人员负责研究方法与编制程序。一般人员只需要知道已有什么方法、原理，它们的应用前提、用途、对原始数据的要求以及计算结果的意义。

一、相关分析

相关分析的内容很多，理论与方法都比较成熟，按变量的性质可分为正态与非正态两类；按变量间关系的性质，可分线性与非线性二类；按涉及变量的多少，可分为二元及多元等。当然，最简单的是二元线性正态相关分析，其他各种类型的相关分析可通过变量转换或取舍，转化成线性正态模型。

在作相关分析时，切忌盲目代公式，最好先作散点图。图6-8是一些理想化的典型例子。在图上看出有些关系明明很有规律，但算出的线性相关系数为零；有些相关关系只存在于一定的含量值以下，如东北某地超基性岩中Ni与Mg的相关关系，只在Ni含量低于$1\ 000\times10^{-6}$时存在，超过$1\ 000\times10^{-6}$时与Mg不相关。研究Fe、Mn对重金属吸附时也曾发现，异常高的Cu、Zn就与Fe、Mn含量不相关，这都是由于存在形式改变所致。因为高含量时，Ni、Cu、Zn等有自己的独立矿物出现，故影响了同其他元素的相关性。

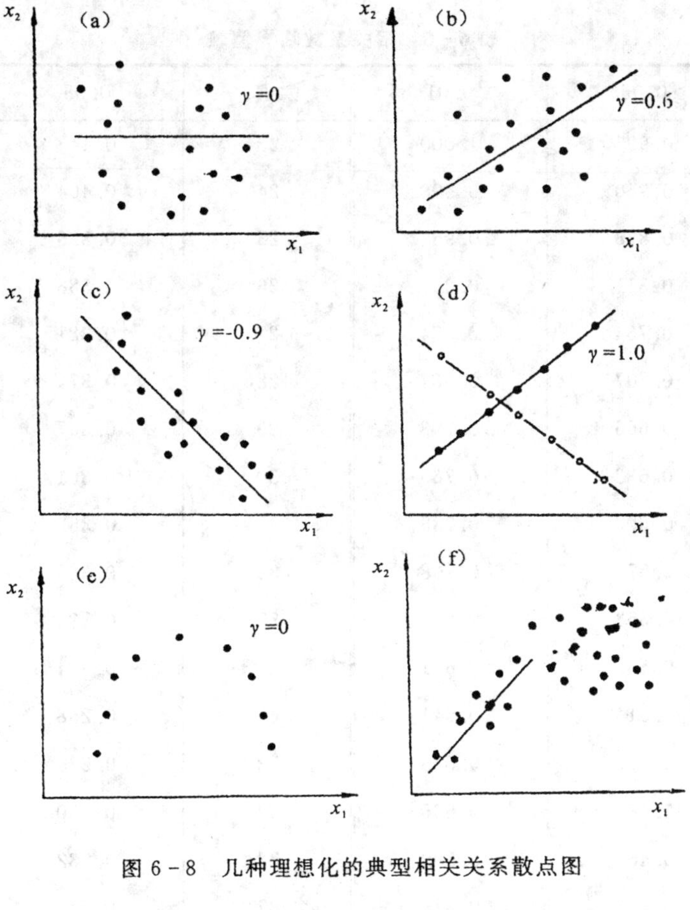

图6-8 几种理想化的典型相关关系散点图

根据原始数据可按下式计算简单相关系数：

$$\gamma_{x.y}=\frac{\sum x\cdot y-\frac{1}{n}\sum x\sum y}{\sqrt{[\sum x^2-(\sum x)^2/n][\sum y^2-(\sum y)^2/n]}}=\frac{Sxy}{\sqrt{S_{xx}\cdot S_{yy}}} \quad (15)$$

令 $Sxy = \sum x \cdot y - \frac{1}{n}\sum x \sum y$，称为变量 x、y 的协方差；

$Sxx = \sum x^2 - (\sum x)^2/n$，称为变量 x 的方差；

$Syy = \sum y^2 - (\sum y)^2/n$，称为变量 y 的方差。

必须指出，相关系数受个别特高点的影响很大，有时，甚至只是因为包含了一个特高点，把相关系数由 0.2“提高”到 0.9。原始数据进行对数转换能缓和这种影响。参加计算的数据对越多越好，但不要把不同总体的样品混在一起。为了避免对分布形式的依赖，过去曾经引入过一些非参数性的相关系数，如秩相关系数、中位数四分法相关系数等。但经验证明，只要对原始数据作适当的筛选，常用的相关系数（皮尔逊相关系数）仍是最稳健的统计量。相关系数的统计检验已有现成的表格可查，只有超过临界值者，表示相关显著。

表 6-6 为相关系数临界值表。参加计算的数据对必须有一定的数量，最好在 20 对以上，否则结果不甚稳定。

表 6-6 相关系数临界值表

N \ α	0.05	0.01	N \ α	0.05	0.01
3	0.997	1.000	23	0.413	0.526
4	0.950	0.990	24	0.404	0.515
5	0.878	0.959	25	0.396	0.505
6	0.811	0.917	26	0.388	0.496
7	0.754	0.874	27	0.381	0.487
8	0.707	0.834	28	0.374	0.478
9	0.666	0.798	29	0.367	0.470
10	0.632	0.765	30	0.361	0.463
11	0.602	0.735	31	0.355	0.456
12	0.576	0.708	32	0.349	0.649
13	0.553	0.684	37	0.325	0.418
14	0.532	0.661	42	0.304	0.393
15	0.514	0.641	47	0.288	0.372
16	0.497	0.623	52	0.273	0.354
17	0.482	0.606	62	0.250	0.325
18	0.468	0.590	72	0.232	0.302
19	0.456	0.575	82	0.217	0.283
20	0.444	0.561	92	0.205	0.267
21	0.433	0.549	100	0.195	0.254
22	0.423	0.537	200	0.138	0.181

相关分析的另一产物是回归方程，利用回归方程就可以用一个变量估算另一个变量。这在地球化学上是很有用的经验关系。

利用最小二乘法获得回归方程

$$\hat{y} = a + bx \tag{16}$$

a 称为截距，b 称为斜率，按下式计算二系数：

$$a = \bar{y} - b\bar{x}$$

$$b = \frac{n\sum xy - (\sum x)(\sum y)}{n\sum x^2 - (\sum x)^2}$$

多元相关分析，首先要算出所有两两成对的简单相关系数，排列成表，叫做相关系数矩阵。该矩阵是按对角线对称的，故只要列出三角形的一半即可(表 6－7)。该表为 20 个水系沉积物中 6 元素的相关矩阵表，$n=20$ 时，95％置信限的临界值为 0.444，所以表中凡大于 0.444 以上的元素对才为显著相关。

表 6－7　相关系数矩阵

	Cu	Pb	Zn	Fe	Mn	Cd
Cu	1					
Pb	0.116	1				
Zn	0.807	0.067	1			
Fe	0.356	0.298	0.589	1		
Mn	0.336	0.284	0.576	0.588	1	
Cd	0.852	0.129	0.701	0.456	0.41	1

多元相关分析中，计算变量间的相关系数较为复杂，有时，两个变量本不相关，但由于其他变量与它们有相关关系，致使这两个变量的简单相关系数很大。或者两个变量本有真正的相关关系，由于其他变量的影响，反而计算出负相关系数。为了消除其他变量的影响，引入了偏相关系数。下式表示元素 ij 在剔除 $k\cdots t$ 等其他元素的影响后的相关系数。

$$r_{ij,k\cdots t} = -\frac{D_{ij}}{\sqrt{D_{ii} \cdot D_{jj}}} \tag{17}$$

其中 D_{ij}、D_{ii}、D_{jj} 为相关矩阵逆矩阵的对应“元素”。

由于简单相关系数计算简单，也基本能说明问题，而且，简单相关系数还是聚类分析和因子分析的基础。因此，实际工作中，普遍使用简单相关分析。

二、聚类分析

聚类分析是一种根据数字特征进行分类的方法，所以不受研究对象的了解程度的限制，而且所得结果是一张树枝状谱系图，可以根据问题的性质与资料的多少，选择不同的相似性水平，作出合理的分类和解释。在对异常进行评价或对其他地质对象进行研究时，分类的方法是经常用到的。聚类分析能够同时考虑多种指标进行分类，目前已有许多种聚类方法，差别仅在于所用的相似性度量不同，而目的都是一样的，所得结果也大同小异，所以很难比较哪种方法的优劣。

常用下述四种相似性系数：

1. 相关系数 r_{ij}

$$r_{ij} = \frac{S_{ij}}{\sqrt{S_{ii} \cdot S_{jj}}} \tag{18}$$

i、j 为两个变量，式中各代号意义同前。

2. 夹角余弦 $\cos\theta_{ij}$

$$\cos\theta_{ij} = \frac{\sum_{k=1}^{m} x_{ik} \cdot x_{jk}}{\sqrt{\sum_{k=1}^{m} x_{ik}^2 \sum_{k=1}^{m} x_{jk}^2}} \tag{19}$$

夹角余弦表 i、j 两变量在 m 维空间中两条矢量维的夹角，夹角越小相接近程度越大（图 6－9a）。

3. 距离函数

它是 m 维空间中 i、j 两变量矢量点间的空间距离，距离越小，二者越相似。

$$d_{ij} = \sqrt{\frac{1}{m}\sum_{k=1}^{m}(x_{ik} - x_{jk})^2} \tag{20}$$

式中，除以 m 是为得到一个与变量数"无关"的样品间的距离，使变量在正规化或规格化的前提下，$0 \leqslant d \leqslant 1$，从而与超空间的维数（$m$）无关（图 6－9b）。

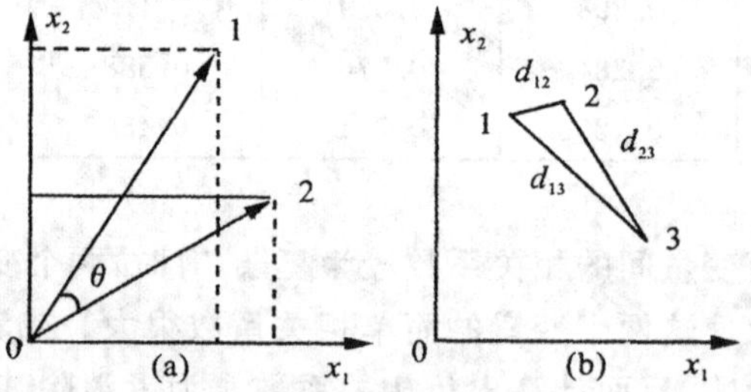

图 6－9　二维空间上各变量间相似性关系

4. 离差平方和增量

在逐次分群中，当两群（$p \cdot q$）合并为新群 t 时，群内离差平方和的增加要最小，即原两群（$p \cdot q$）中任何一群与其他任何一群合并时，组内离差平方和均会变大。离差平方和增量计算公式为：

$$\Delta E_{p \cdot q} = \frac{n_p \cdot n_q}{n_p + n_q}\sum_{k=1}^{m}(\bar{x}_{kp} - \bar{x}_{kq})^2 \tag{21}$$

在 m 维空间中的若干个变量的相似关系可用图 6－9 示之。

由于研究对象不同，聚类分析又分为 R 型聚类和 Q 型聚类。R 型聚类是以样品为坐标系，变量为元素，显示元素作为该超空间坐标系中的矢量，各矢量间的亲疏关系的聚类。Q 型聚类则是所研究各元素为坐标系，各样品在元素组成的超空间坐标系中的相互关系。

对于 R 型聚类分析，通常用相关系数或夹角余弦作相似性函数；对 Q 型聚类分析，则普遍采用距离函数或离差平方和增量来度量。

显然聚类分析可以按测试元素分类(R 型),也可以按样品分类(Q 型),但 R 型用途较大。

图 6-10 是对某地一批超基性样品分析的 Ni、Co、Cu、Cr、As、S 元素进行 R 型聚类分析。

从谱系图上可见,在 0.2～0.5 相似水平上,六元素分为两群:亲硫元素 Cu、Ni、Co、S、As 为一组,亲氧元素 Cr 独立为一组。若在相似性水平 0.6 处,进一步将亲硫元素再分为两组,Co、Ni、Cu 金属元素为一组,半金属 As 和非金属 S 为一组。成矿作用中,前一组可能以阳离子形式存在,后一组则很可能以络阴离子形式存在。R 型聚类分析,较好地说明了元素在地质作用中的亲疏关系。

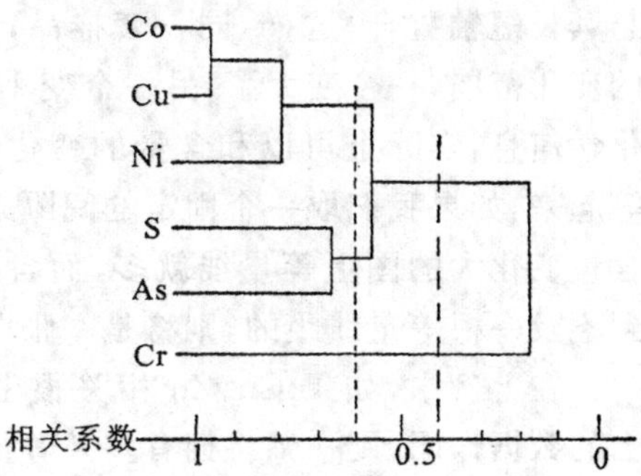

图 6-10　某地超基性岩六元素谱系图
(王崇云,1986)

研究实践证明 R 型聚类分析只是证实了元素的共生组合关系,这往往是众所周知的,没有增加新知。而 Q 型聚类分析却提供了宝贵的资料。图 6-11 为我国某地 19 个铁帽根据 Cu、Pb、Zn、As、Co、Ni 等 7 元素做出的谱系图。图上反映了不同成因的铁帽分类。19 个铁帽分为两群,第 1 群又分为 4 个组,根据其中一些已知铁帽的对比,A 组属多金属硫化物型,B 组为黄铁矿型,C 组为菱铁矿型,D 组为矽卡岩型。第 2 群有 7 个铁帽,基本为赤铁矿-黄铁矿型。

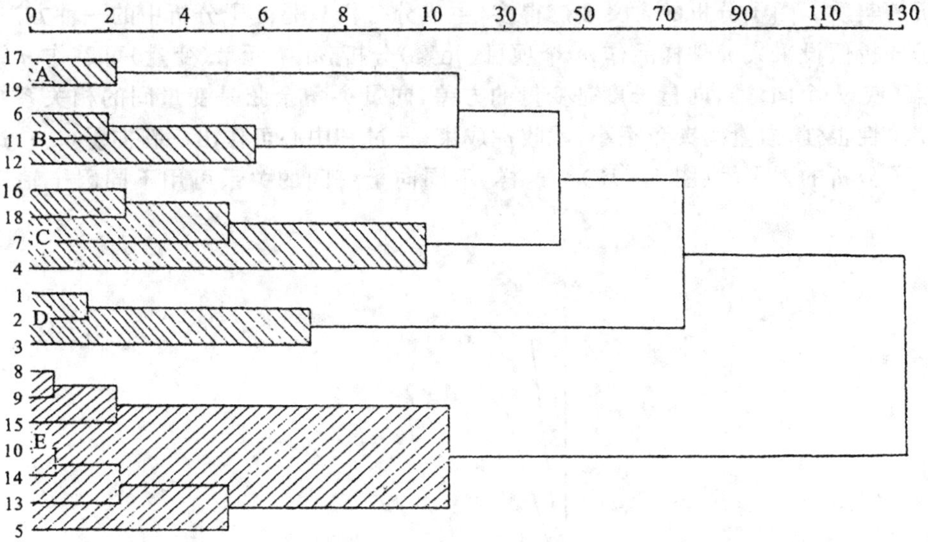

图 6-11　某地铁帽 Q 型聚类分析谱系图(於崇文,1978)

四、主成分分析和因子分析

这一类多元统计方法主要是研究元素组合用的(R 型因子分析),其次也用于研究样品分类(Q 型因子分析)。最终的目的是为了约简变量,这一点可用一个简化的例子来说明。假设几个样品只分析了两个元素(Cu、Zn)而且它们高度地线性相关,则样品点将在散点图上分布成一个椭圆(图 6-12),Zn 的变化范围为 x_1—x_2,Cu 的变化范围为 y_1—y_2 都比较大。如果我们将坐标平移和旋转，使原点在椭圆中心，二轴分别与其长短轴重合，这样，同一套样品，在新坐标轴上的变化范围，一个变大了，另一个变小了。所谓地球化学信息，实际上可以和含量的变化范围（变差）对等起来，如果我们取一个固定的间隔来圈等量线，则含量变化大的图上等量线就多，而含量变化幅度小到不及一根等量线距的，则将是一张白纸。

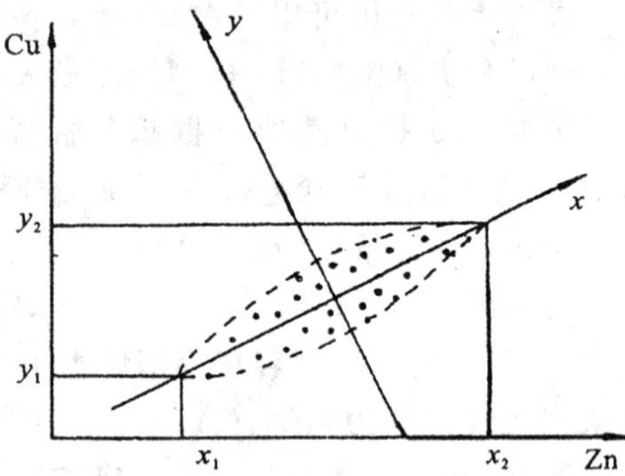

图 6-12　主成分分析示意图

在上例中，如果 Cu、Zn 相关很密切，则用新轴上的数据作图，则一幅将拥有多条等量线，而另一幅成为空白图。这样，原有的信息都在一张图上表示了，这就实现了变量的约简，即信息的压缩（不是损失）。新形成的变量非 Cu 非 Zn，而是这二者的组合，这就是一个新的复合变量，这个综合后的复合变量称为原变量的主成分。这个主成分是一个"新"元素，相当于因子分析中的主因子。既然这种组合能说明变差的绝大部分，它必定有某种地质意义，这就可能加深对数据的解释程度。事实上元素的分布、带入、带出是有一些共同因素在起控制作用的。因子分析就是要突出主要矛盾，简化原来的多变量，浓缩成能反映若干共同因素的新变量（即主成分）。这些新变量既反映了原始多变量的信息，又互不相关。实际数据是上述简化例子的推广，分析的项目有 m 个，要从中提取出 p 个复合变量（$p\leqslant m$）来尽可能地代表全部 m 个变量的变化情况，这就是主成分分析的实质。因子分析的含义要广得多，主成分分析只是因子分析中的一种方法。

因子分析假设采集 n 件样品作 m 个项目（元素）分析，m 个元素（变量）可看作 n 维空间中的 m 个点（或 m 个向量），向量长度是变量的方差，向量夹角余弦是变量间的相关系数。若这些变量相关性很强，向量间夹角很小，就收拢成束，通过其中心可作出一新向量（u_i），这个新向量就是因子分析的因子轴（图 6-13）。这样，不同向量束间的关系可用不同因子轴间的关系

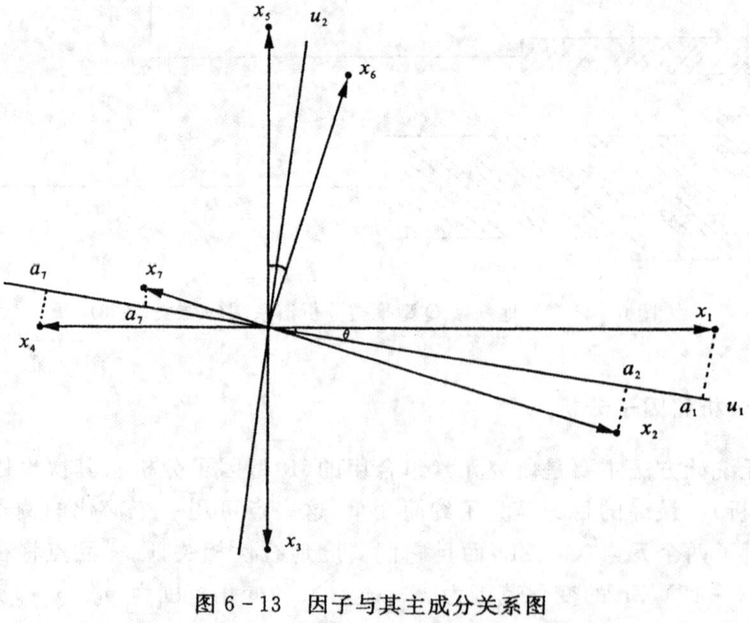

图 6-13　因子与其主成分关系图

来表示，不仅简化了变量，而且进一步表达了元素组合间的联系。m 个变量可表示为 p 个公因子的线性组合，它的矩阵形式为：

$$Z=FA+UB$$

这就是因子模型，其中 F 为公因子矩阵；A 为因子负荷矩阵；U 为特殊因子矩阵；B 为特殊因子系数矩阵。它的展开式为：

$$Z_1 = a_{11}F_1 + a_{12}F_2 + \cdots + a_{1p}F_p + b_1U_1$$

$$Z_2 = a_{21}F_1 + a_{22}F_2 + \cdots + a_{2p}F_p + b_2U_2$$

…………

$$Z_m = a_{m1}F_1 + a_{m2}F_2 + \cdots + a_{mp}F_p + b_mU_m$$

因子分析结果通常用因子负荷矩阵表示，表 6－8 是广西 272 队对某多金属矿床 14 件矿石样品 11 种元素的初始因子负荷矩阵。

表 6－8　初始因子负荷矩阵

公因子 / 变量	F_1	F_2	F_3	F_4	h^2
Cu	0.593	0.670	−0.079	0.309	0.902
Pb	0.902	−0.338	0.160	−0.021	0.954
Zn	0.476	−0.790	−0.241	−0.192	0.945
Sn	0.231	0.619	−0.422	−0.388	0.766
As	0.793	−0.466	−0.217	−0.162	0.919
Mo	−0.386	−0.071	0.597	−0.022	0.511
Co	0.113	−0.309	−0.474	0.756	0.904
Ni	0.506	0.611	−0.355	−0.136	0.773
Ag	0.644	0.572	0.394	0.031	0.898
Cr	0.678	0.108	0.372	0.401	0.771
Bi	0.867	−0.269	0.281	−0.197	0.942
$\lambda=\sum a^2$	4.118	2.672	1.395	1.101	9.286
累计方差贡献	0.375	0.618	0.745	0.845	0.845

为了要使主成分中包含的变量更具特征，可以对主成分轴进行各种不同的旋转使负荷值尽量向两极（0 或±1）分化，目前最常用的是方差极大旋转。通过方差极大旋转后，主成分中的元素组合就更突出了，因此，地球化学人员更乐于接受。表 6－9 是表 6－8 正交旋转后的因子解。正交旋转后每个公因子的典型变量组合更加明显，地质意义更加清楚。

本例中，第 1 公因子组合为 Pb、Zn、As、Bi，主要反映受断裂热液活动影响的结果，第 2 公因子组合为 Cu、Ag、Cr，其中 Cu 还在第 3 公因子中有反映，表明 Cu 的析出不止一次，且与 Pb、Zn 不是同成因，根据 Cr 不是热液活动中的重要元素，应属内矽卡岩矿化因子。第 3 公因子 Sn、Ni 反映高温热液活动元素组合。第 4 公因子为 Co，据单矿物分析，该矿床黄铁矿、磁黄铁矿中 Co 含量一般达 300g/t 以上，反映了黄铁矿化作用。由上可见，R 型因子分析能很好地

表 6-9　正交旋转因子负荷矩阵

变量 \ 公因子	F_1	F_2	F_3	F_4
Cu	−0.073	0.743	−0.563	0.169
Pb	0.861	0.460	−0.008	0.034
Zn	0.908	−0.273	0.091	0.197
Sn	−0.084	0.028	−0.844	−0.215
As	0.925	0.085	−0.186	0.150
Mo	0.265	0.035	0.563	−0.351
Co	0.088	0.014	0.058	0.945
Ni	0.044	0.331	−0.813	−0.029
Ag	0.076	0.852	−0.292	−0.285
Cr	0.287	0.815	0.070	0.137
Bi	0.835	0.455	−0.010	−0.191

揭示元素的共生组合特点，为矿床成因和异常解释评价提供了依据。但这种结果仅是代数运算的产物，是否真正存在地质上的意义，还要靠人们进一步研究。有了主成分负荷矩阵之后，就可以把各主成分表示为元素的线性组合，把原始的分析含量代入就可以算出各样点的主成分得分（因子分析中称因子计量），它可以看成是一种新的“元素”，用它做成图件可能会反映出单元素所没有的异常，它反映了某一地质因素的综合影响，这种图又叫因子得分图。关于因子分析的数学模型和计算过程在多元统计分析中已作详细讲述，可参考有关文献。

Q 型因子分析按样品的组成进行分类，它假定每类样品由某些端元样品按一定的比例混合而成。所谓端元样品，是一些特殊成分的样品，它可能来自特定地质单元，如某种岩体、矿体、地层等。通过 Q 型因子分析，可以把混合的比例系数求出，这就自然地解释了各样品的地质来源，所以对于异常解释的作用很大。但困难仍在于样品数目大时，会迅速超出计算机的容量。

五、判别分析

判别分析是将研究对象按其地球化学特征分为两类或更多类型，总结其判别指标，对未知属性的个体进行鉴别归类。对样品和异常进行分类在化探中应用的成效较为显著。

图 6-14 用圆圈与黑点代表两种不同对象的 Cr、Ni 的散点图，不论根据 Cr 或 Ni 单元素，均难以可靠地将它们分开，但在图上可以划出一条直线 I，把它们最大限度地分开。此时，垂直于 I 的直线 Y 就是 Cr、Ni 的线性判别函数。多变量的线性判别函数可表示为：

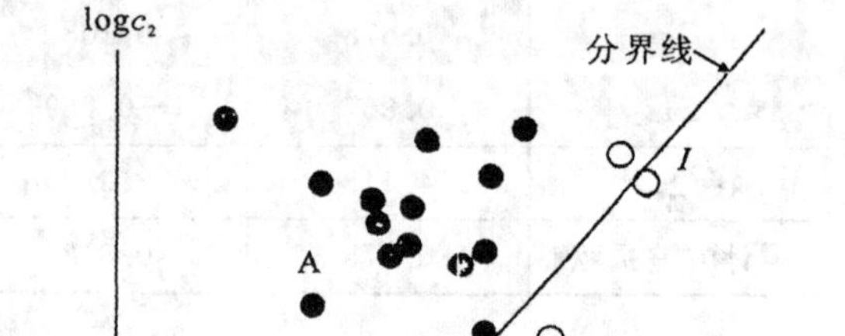

图 6-14　线性判别函数示意图

$$Y = c_1x_1 + c_2x_2 + \cdots + c_px_p$$

式中，$x_1, x_2, \cdots, x_p$ 为变量(元素)，$c_1, c_2, \cdots, c_p$ 为待定系数。

对于母体为A、B的两类判别，$\overline{Y_a}$，$\overline{Y_b}$分别为A母体和B母体的判别函数平均值(图6-14)。为了使两个母体得到最大分离，必须使$\overline{Y_a}$和$\overline{Y_b}$的差别最大，而每个母体内函数值Y的离差最小，两条件结合：

$$I = \frac{(\overline{Y_a} - \overline{Y_b})^2}{\sum_{i=1}^{n}(Y_{ai} - \overline{Y_a})^2 + \sum_{i=1}^{n}(Y_{bi} - \overline{Y_b})^2}$$

利用微积分求极大值的法则，可以推导出线性方程组，解出判别函数的系数值p，建立判别函数，判别值R_0为：

$$R_0 = \frac{n_a\,\overline{Y_a} + n_b\,\overline{Y_b}}{n_a + n_b}$$

将待定样品观测值代入判别函数计算判别函数值，根据其与R_0的大小，即可判别它的属性。

判别分析的前提是必须对已知两类或多类母体属性明确，对每类母体采有一定的样品数，才能可靠地建立判别函数。判别分析应用很广，如岩体含矿性的评价，区分铁帽来源，区分矿与非矿异常，各地都有很成功的例子。

第五节　元素空间分布的数据处理

以上介绍的方法，都没有把样品的位置考虑在内，而应用地球化学最关心的却是元素含量在空间上的变化特点即地球化学场的特征。勘查地球化学中，异常元素浓度的空间分布是用图件来表示与矿化有关的局部异常。早期的图件把背景看成是一个平面，这在工区面积小时是接近真实的。随着工作面积的扩大，人们才发现早先取作背景的平面是一个在大范围内平缓变化的曲面的一个小局部。通过大量的实践，认识到化学元素含量在空间变化存在着不同级次互相叠加的现象。一个具体的分析数据，可以假设为由不同部分组成。

实测数据＝区域背景＋区域异常＋局部异常＋偶然变化

这四者的关系如图6-15所示。当然这种假设只是相对的，例如，把几百km^2范围上显现变化的叫区域背景，几十km^2的叫区域异常，几km^2的叫局部异常，而更小范围内变化的叫偶然变化，它具有误差的性质。

本节讲的内容就是如何分离出不同的分量。目前应用的方法有各种趋势面分析及各式移动平均方法。本节不可能涉及每种方法的细节，只是介绍它们的特点与应用。

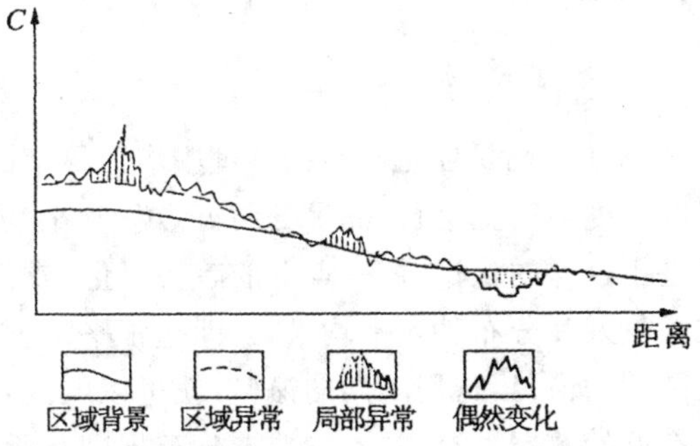

图6-15　不同尺度异常的关系示意图

一、趋势面分析

趋势面分析假设某变量的区域分量u可以用空间坐标(x, y, z)的某种函数来表示：

$$u = F(x, y, z)$$

为了进行运算，必须知道它的形式，可以

把它假设成一个多项式，也可以假设它是三角函数或其他任何连续函数。虽然从理论上讲存在三度空间上的趋势函数，但实际工作中主要还是在二度空间内求解，这时，多项式可以表示为：

$$u = a_0 + a_1 x + a_2 y + a_3 x^2 + a_4 y^2 + a_5 xy + a_6 x^3 + \cdots$$

其中 $a_0, a_1, a_2 \cdots$ 为待定系数，x、y 的最高幂叫作趋势面的阶，阶可以根据需要与可能选定，一般最多算到 7 阶。因为再多就会使计算工作迅速超过计算机的容量，计算误差积累到不能容许的程度，而且也不必要。在观测值与趋势值之差的平方和最小条件下，用最小二乘法把各个系数算出来，从而得出趋势面方程。如是一阶，只有三个系数，二阶有 6 个，n 阶有 $\frac{1}{2}(n+1)(n+2)$ 个系数。

趋势面方程求出后，可以用一套网格坐标 (x_i, y_i) 数值代入，求出每一坐标点上的趋势值，然后勾绘等值线。一阶趋势面是一个倾斜的平面，所以等值线是一系列平行线。顺便指出，所谓“一刀切”的背景值，就是零阶趋势分析。

作出了一个趋势面之后，需要了解一下这一趋势面对原始数据拟合的好坏，这就要用拟合度来表示。拟合度是以各点观测值与趋势值的离差平方和 $\sum(C_i - \overline{u})^2$ 占地球化学总变差 $\sum(C_i - \overline{C})^2$ 的百分比来表示。由于区域化探局部起伏很大，拟合度不可能也没有必要很高，一般 20%左右，甚至不到 20%也可以。图 6 - 16 为浙江郭村 Cu 的四次趋势面图，从图上可以看出高趋势值与寒武系底部荷塘组的走向一致。

用多项式表示的趋面，由于它非常一般化，平滑掉了一切含量变化的细节，因此这表示的只是区域背景。从实测数据逐点减去趋势值得到残差异常图，实际上包括实测数据分量公式中的后面三项。因为还包括误差项，所以起伏也是比较大的，如果需要的话，还需用下节介绍移动平均方法把误差项压制，这样在图上只表示了区域异常与局部异常，就很有利于解释。由于区域背景的扣除，使低背景地区的弱异常得以显示，这些异常的绝对值可能低于高背景区的背景值，如用高背景“一刀切”，就会漏掉了。所以利用趋势残差值就提高了异常的发现率，至于这些异常的评价，则比较复杂，需要积累经验。

趋势面分析最早于 1969 年用于化探数据整理，多年来应用成效不大，主要的困难在于：①计算困难，特别是高次多项式，虽然曾经提出过不少巧妙的计算程序，但不能解决根本问题；②边界效应，当数据点分布不均匀时，尤其是边界上，计算结果畸变很大，因此要实现相邻图幅的接图是不可能的；③拟合度与阶次的选择是人为的，况且，地球化学趋势能否用一个规则的简单几何面代表也令人怀疑。其次，元素含量与地理坐标 (x, y) 毫无关系，多项式趋势分析用坐标 (x, y) 去拟合显然没有地质依据，效果不佳也在情理之中。因此趋势面分析的应用有越来越少的趋势。

二、移动平均

移动平均是在化探数据整理中应用最广的一种方法，它有许多种做法，是非常灵活的。它可以在一度空间上进行，如沿剖面五点移动平均，使曲线光滑，但主要用在二度空间上。移动平均是基于这样的认识：任一点上的趋势分量（或其他分量），可以从该点周围一定范围内的其他各点的含量及其分布特点平均求得，即基于平均值是数学期望的最佳估计值。这个参加平均计算的范围叫做窗口，选用不同的窗口，就可以实现数据的分解。被求的点上可以有原始数据，也可以没有原始数据。这样，不论数据分布规则与否，只要被求点是按坐标格子定的，就可以自然地把数据网格化了。移动平均在求趋势分量时只涉及一定范围，因此在接图的边界上，只要适当的扩

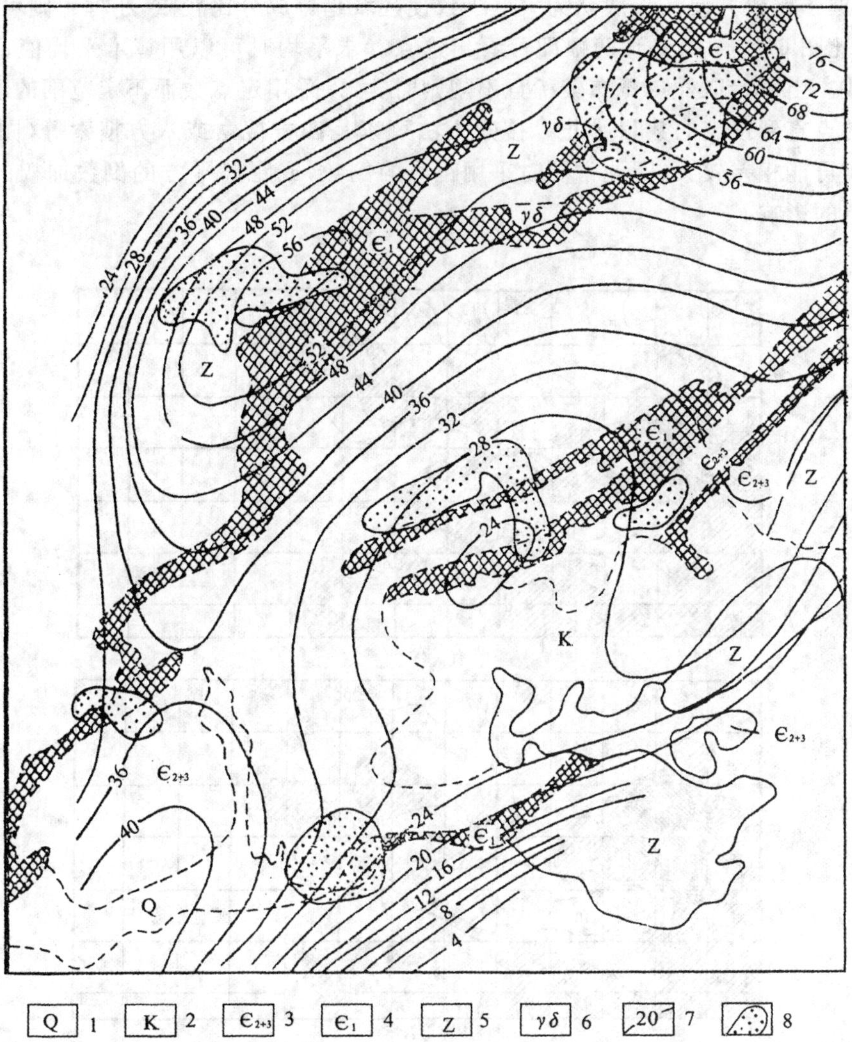

图 6－16　浙江郭村铜分布（$\times10^{-6}$）四次趋势面（谢学锦，1978）

1. 第四系沉积物；2. 白垩系火山建造；3. 中上寒武系碳酸盐类岩石；4. 下寒武系荷塘组碳质岩石；5. 震旦系灰岩、砂岩、火山岩；6. 燕山期花岗岩；7. 趋势等值线；8. 趋势正剩余$>20\times10^{-6}$

边，即把相邻图幅影响范围内的数据接上一起处理，就可以方便地实现拼接。因此，这类方法成了各国区域化探数据处理的标准方法。

移动平均的标准做法是在原始数据图上设置一个框子（窗口），把落在窗口内的原始数据求平均算作框子中心的趋势值。然后把框子移动一格，求下一点的值，如此逐点逐行地计算直到全区覆盖为止，就可得到网格化的数据点图。框子的形状可以是方形或圆形，大小视工作目的而定，从道理上讲圆形框子合理（图 6－17），但计算机取

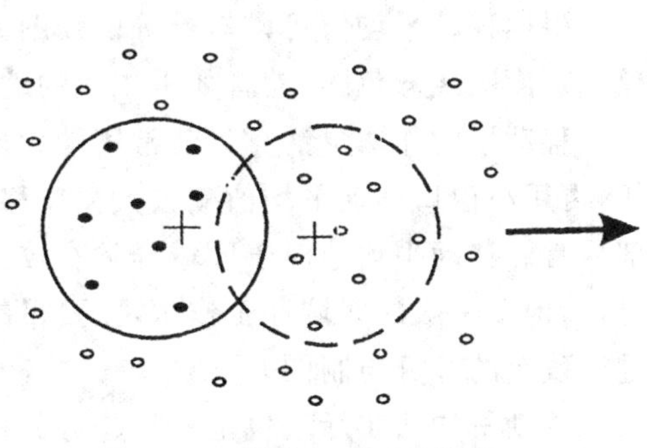

图 6－17　圆窗口移动平均图，重叠部分由工作人员选定

数时，方形框子比较方便。一般认为大框子致使区域趋势成分比较重，小框子则可突出一些局部异常，对比图 6-18 中 A、B 两幅即可看出这点。求平均时可以用算术平均值、众数或其他加权平均数。当原始取样点分布较稀且不规则时，可以采用定点数而不定范围的取数方法，即搜索邻近的点直到预定的数目为止。搜索方法可以是四方搜索或八方搜索等（图 6-19），此时由于距离可能相差较大，因此常同时采用距离的倒数，或距离平方的倒数加权的办法，以便压低远处点的影响。

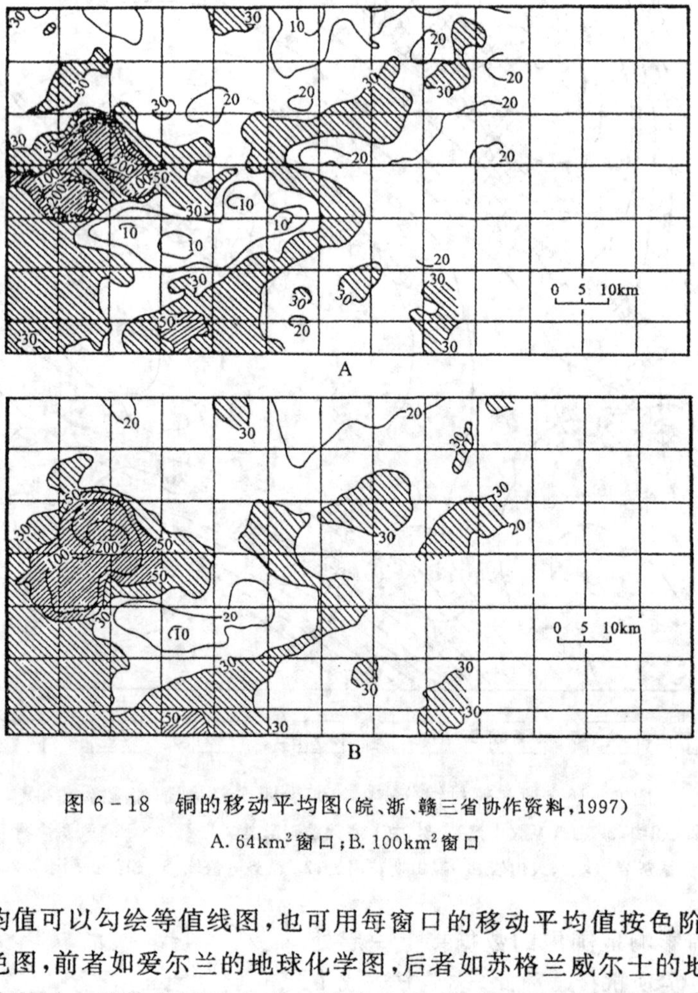

图 6-18 铜的移动平均图（皖、浙、赣三省协作资料，1997）

A. $64km^2$ 窗口；B. $100km^2$ 窗口

根据移动平均值可以勾绘等值线图，也可用每窗口的移动平均值按色阶作成每一格子的黑色灰度图或彩色图，前者如爱尔兰的地球化学图，后者如苏格兰威尔士的地球化学图。

移动平均作法灵活。目前常用较大窗口的移动反映区域趋势，用小窗口移动突出局部起伏，再用小窗口移动平均值减去大窗口移动平均值作为残差，高于残差 1.5 倍均方差的即为局部异常。移动平均值对于区域异常有较大的再现能力。因此，它的残差值能更好地反映局部异常，但在一般的区域性工作中，主要目的是发现区域异常，然后布置详查工作，所以没有必要进行残差的计算与制图。

移动平均法实际上也是一种趋势分析，它是我国第二代化探扫面规定的标准成图法。

三、克立格法

克立格法（Krige）国内外主要用于矿山品位计算，於崇文教授等（1986）将该法移植到区域岩石地球化学测量的成图中。克立格法是一种局域估计方法，与移动平均法相似，用待估点周围的一个数据集合和数据的结构特征信息进行加权平均。

地球化学场中元素含量在空间上的结构性，主要表现为自相关性，即在地质地球化学作用（如成矿作用）影响范围内，元素含量及组合具有自相关性，超越这一范围，相关性消失。而且这种自相关性还有方向性，如热液成矿作用受断裂控制。这种数据的结构性特征，地质统计学上用变异函数(Variogram)表征，它是以向量 h 相距的点 x 和 $(x+h)$ 的含量的增量的数学期望的一半，并在内蕴假设条件下，用实际观测值来估计变异函数：

$$\lambda_{(x,h)}=\frac{1}{2n}\sum_{i=1}^{n}[z(x)-z(x+h)]^2$$

由于自相关性，在某一地质作用影响范围内中心点间含量差异小，变异函数小。随距离 h 的增大，点间相关性减弱，变异函数增大。因此，可以用变异函数来研究这一地质作用的影响范围和方向。

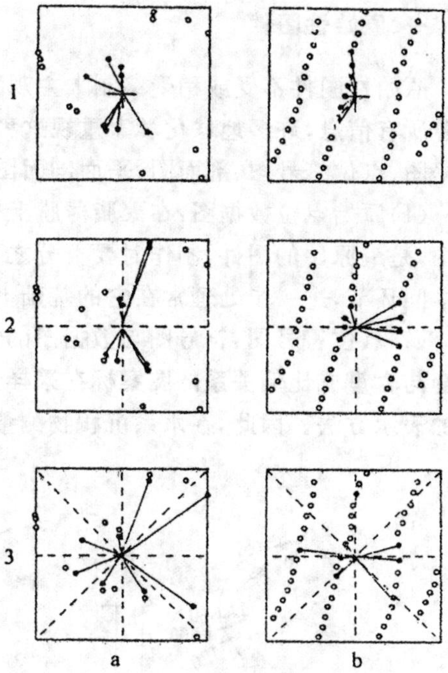

图 6-19　邻近搜索平均法(Harbaugh,1977)
a. 不规则点；b. 测线点

克立格法估值就是要考虑这种影响空间大小和方向的局域最佳估值方法。

详细的计算原理和方法可参阅有关专著。实际应用中在 Static 程序包中已有编好的程序，可供使用。

第六节　地球化学制图

地球化学资料由图件、表格及文字三部分组成的。其中图表是主要的，文字只是对图表的一种简要说明。人脑对事物的认识，最易通过形象、颜色、深浅来接受，一张好的地球化学图上表现的内容，用许多语句也解释不清。因此，一个地球化学工作者一定要像善于说话那样善于用图形来表达结果。

对于图件的基本要求要正确、醒目。正确就要求数据可靠、图件齐全，醒目就要求图面结构合理、重点突出、花纹美观整洁。经常看到一些地球化学图件，特别是综合异常图，密密麻麻的线条，使读者陷入困境。使用彩色图和透明图可以增加图上的信息量而不影响可读性，用彩色表示含量，习惯上从低到高用蓝—绿—黄—橙—红—褐的次序，有人做过试验，人眼对灰色调可以分辨 7～8 个层次而对颜色差别可以分辨 10～12 个层次。但彩色图件与透明图件现在还不易大规模复制。

图件根据原始资料被加工的程度，可以分出 4 种类型：原始性图件、基础性图件、综合性图件与推测性图件。

一、原始性图件

原始性图件不受或稍受编制人主观意志的影响，从图上可以直接恢复分析数据。因此，保存着所有信息，许多地球化学家重视这种类型的图件。属于这类的有原始点位数据图、网格化数据图、点位符号图、剖面图、平面剖面图等。

(1)原始点位数据图：在聚脂薄膜上标绘出采样点位、样点号及元素含量值。一种元素一幅图，是最原始的图件，制作时要百分之百地检查核对，底图要长期保存。这种图是数据处理的中间环节，进一步处理常在它的基础上进行。

(2)点位符号图：符号图与数据图的性质完全一样，只是因为数字高低不太醒目，所以采用一套与含量成比例关系的图案标在采样点旁，使异常点醒目地表示出来。这是重砂测量中应用的表示方法。因此，在水系沉积物测量时经常应用，如图 6－20。

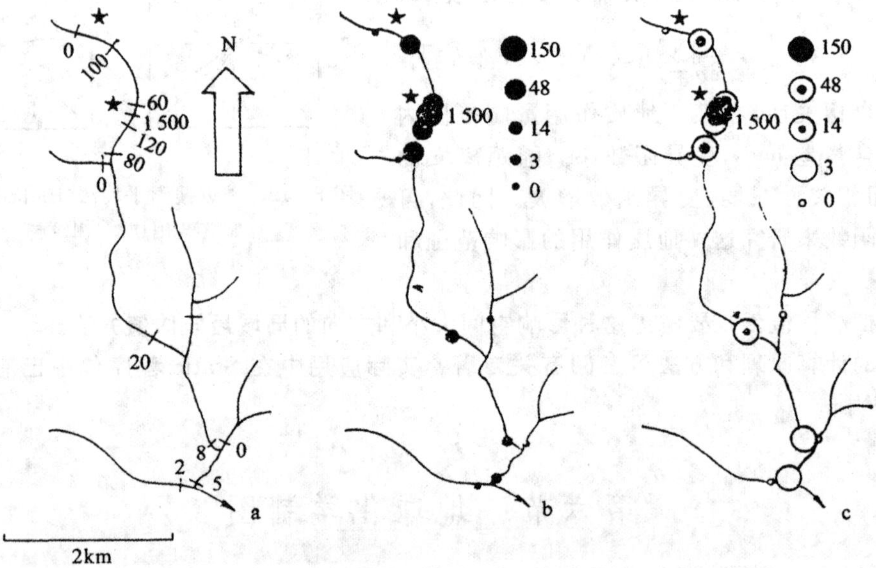

图 6－20　水系沉积物测量结果的几种图示方法(哈夫，1948)

a．原始数据图；b. c. 各种符号图

(3)网格化数据图：这是 1∶200 000 化探扫面时，将每一网格(或单元)内的数据绘于网格中心，用聚脂薄膜清绘。

(4)剖面图：它是以曲线的形式表示某一方向上(测线或钻孔)地球化学指标变化的细节与地质现象的关系。往往伴有同比例尺的地质剖面图，以便一目了然地表示异常与地质体的关系。剖面图制作的关键是纵比例尺的选择，可以用普通比例尺、对数比例尺或其他更方便的比例尺。普通比例尺适用于表示变化幅度小的数据，例如常量元素通常用之，对数比例尺适用于表示变化达几个级次的元素。不论何种比例尺，背景含量一般不要高于 2mm。同一批数据，用不同比例尺制作，给人印象是不同的，所以比例尺的选择很重要。剖面图还有一个优点就是可以同时做许多元素的曲线，有利于读者对比元素间的关系。

(5)平面剖面图：把剖面图按剖面所在的平面位置摆布，就成了平面剖面图。这种图在详细测量时最常用到，特别是与物探方法平行作业时，总是要做这种图件。图 6-21 即为一例。它不但能反映每条测线内含量的变化，而且更重要的是能反映测线之间的对比关系。尤其是对于那些单向延长的地质体，如断裂、剪切带、岩脉、矿脉等，有很好的追索表达能力。但是在试图把峰值进行对比连结的时候，则应充分注意当地的地质情况。

纵比例尺的选择要注意不要使含量曲线过多地伸到上面的剖面中去，以利观察。

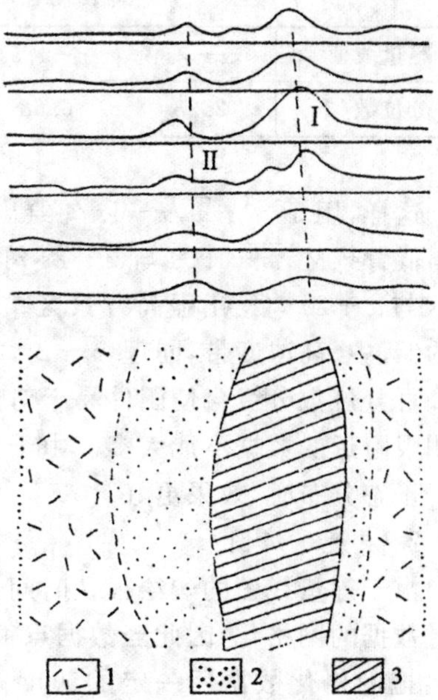

图 6-21　平面剖面图

1. 外带；2. 中带；3. 内带

二、基础性图件

基础性图件是在原始数据的基础上，按规定或规范进行制作加工处理的图件，它不因人而异，便于统一对比。属于这类图件的有地球化学等值线图、灰度等级图、单元素异常图。

1. 地球化学等值线图

对趋势分析计算的各点数值、移动平均值以及克立格估值等计算的数据值，用一定的含量间距勾绘等量线图。等量线间距的选择要考虑能明显地反映数值变化规律及与地质条件的联系，另外，要图件美观，图面负担不宜过重。以前多用顺序等量分级，一般按对数间距分级，如用 $0.1\lg\times10^{-6}$，或 $0.2\lg\times10^{-6}$，对数间距与真值见表 6-10。

表 6-10　等量线距的真数值

$\lg\times10^{-6}$	0	0.1	0.2	0.3	0.4	0.5
对　数	1	1.26	1.58	2.00	2.51	3.16
真数×10	10	12.6	15.8	20.0	25.1	31.6
真数×100	100	126	158	200	251	316
$\lg\times10^{-6}$	0.6	0.7	0.8	0.9	1	
对　数	3.98	5.01	6.31	7.94	10	
真数×10	39.8	50.1	63.1	79.4	100	
真数×100	398	501	631	794	1 000	

从表上可见，等量线距显然是太密了，因此常用的是 $(0.2\sim0.4)\lg\times10^{-6}$。有些图是用 1、2、5 的比例绘制的，效果也不错。有时，为了突出某一些范围的变化，可以人为地在这一范围内加密等量线。例如在研究某些造岩元素的区域分布与岩性的关系时，往往发现某一浓度值与某种岩性分布一致，此时可以选用这一值。但是，如果考虑到拼接，则等量线距就要按统一规定选用。

为了使等值线与频率分布联系起来，也可以取不同百分位数作为等量线值(表 6-11)。

表 6-11 等量线值及对应的概率分布百分位数

等量线值	$\bar{x}-2s$	$\bar{x}-1.5s$	$\bar{x}-1s$	$\bar{x}$	$\bar{x}+1s$	$\bar{x}+1.5s$	$\bar{x}+2s$
百分位数(%)	2.28	6.68	15.9	50	84.1	93.3	97.7

这样，用 $\bar{x}-1s$，$\bar{x}$，$\bar{x}+1s$ 勾绘出了正常背景区，占全部面积的 68.2%；$\bar{x}-1s$ 与 $\bar{x}-1.5s$ 为弱低背景区，$\bar{x}-1.5s$ 与 $\bar{x}-2s$ 勾绘出低背景区；$\bar{x}+1s$ 与 $\bar{x}+1.5s$ 勾绘出弱高背景区，$\bar{x}+1.5s$ 与 $\bar{x}+2s$ 勾绘出强高背景区。$\bar{x}+2s$、$2(\bar{x}+2s)$ 及 $4(\bar{x}+2s)$ 和 $>4(\bar{x}+2s)$ 可勾绘出正异常的低、中、高浓度带，同理，$\bar{x}-2s$，$2(\bar{x}-2s)$ 和 $4(\bar{x}-2s)$ 可勾绘出负异常的低、中、强浓度带。

百分位数分级会使图件易于对比，概率分布意义明确，但对数据要求较高，低于检测限或检测限附近的数据不能太多。由于分析技术的进步，这一问题已基本解决。其次是样本分布近于正态分布时，效果更好。

2. 灰度等级图

由于等量线图的勾绘很费时间，而且带有主观性。再从制作等值线图的过程来看，它需要经过数据的网格化，因此当数据点很多时，可以不必再勾等量线，把每一个网格看成一个象元，直接把网格化数据用一定的灰度来代表，这种方法是从遥感数字图像技术上引用过来的。1978 年正式出版的英国本土的地球化学图集就是用了这种方法。该图集的每一幅图由 265 行×209 列=53 504 个象元组成，其中 32 151 块为海洋，没有数据，就显示了海岸线轮廓。余下的 21 353 个象元，每个象元的灰度由该象元内的移动平均值决定。在这种图上区域趋势及区域异常客观地反映了出来，而且远看该图边界也是连续的。这种图的另一个优点是特别适用于计算机处理。

3. 单元素地球化学异常图

对单元素异常图的编制国内尚未作具体规定。单元素异常图是根据某种确定异常下限的准则，勾绘移动平均、趋势面分析及克立格漂移估值的剩余异常图，以及根据各种统计方法校正背景值后确定的异常图。

三、综合性图件

综合性图件是不同研究人员根据自己的认识和观点，充分利用原始图件、基础性图件进一步加工研究提炼而编制出来的，是综合研究后认识的升华。属于这类图件的主要有两种，其一是综合异常图，其二是成矿分区图或成矿预测图。

1. 综合异常图

综合异常图是把多元素异常表达在一起，这方面也有许多不同的方法，根据综合的方法而异。简单地把单元素异常叠合，这是最方便而常用的方法，但往往使图面负担过重。所以近年来流行一类指标一张图的做法。为了突出某一成因类型或矿种的异常特征，常按成矿系列或成因类型分别确定综合指标成图。因而综合指标的选择就很关键了。现在经常应用的综合指标有比值、累加、累乘、相关、因子得分、三角图解等。前面的图件在本书中已多次出现，三角图解需稍加介绍。三角图解是岩石学及地球化学中常用的表示三个端元成分相互关系的方法。在整理化探资料时，可选出三个有代表性的指标，在它们的三角图解上划分出一定的区域。各点的实测值落在某区，就用该区的符号表示在平面图上。

2. 成矿分区图或成矿预测图

这是一种推断解释性图件，它是综合尽可能多的资料，并在某种地质成矿理论的指导下，把工区内发现的元素分布情况(包括背景与异常)作出总结性的展示,并据以圈定成矿远景区,提出今后各类矿化的找矿方向及其具体工作方法建议。属于这类图件的有各类成矿预测图,各类地球化学分区图,各种比例尺的异常推断解释图以及理想分带模型图。

图 6-22 为陕西第二物探队根据 1∶50 000 水系测量结果所作的地球化学分区图及成矿预测图(部分)。他们根据地球化学特征、成矿特点及地质构造特点,将全区 1 300km^2 分成 9 个地球化学区,其中Ⅰ、Ⅱ、Ⅲ区为包头寨—庙子镇多金属成矿区。该成矿区呈东西向椭圆形,长 50km,宽约 20km,从中心向外,元素组合和含量呈现规律性的演化,出现明显的水平环状分带。从中心向外,元素作如下演化:Mo、W(Bi)—Cu、Pb、Zn-Ag、As、Ba,是一个由高温到低温矿床的完整序列。花岗斑岩及大型 Mo 矿床(如南泥湖)位于中央。北东向与北西向断裂的交汇处控制了岩浆活动与成矿作用。

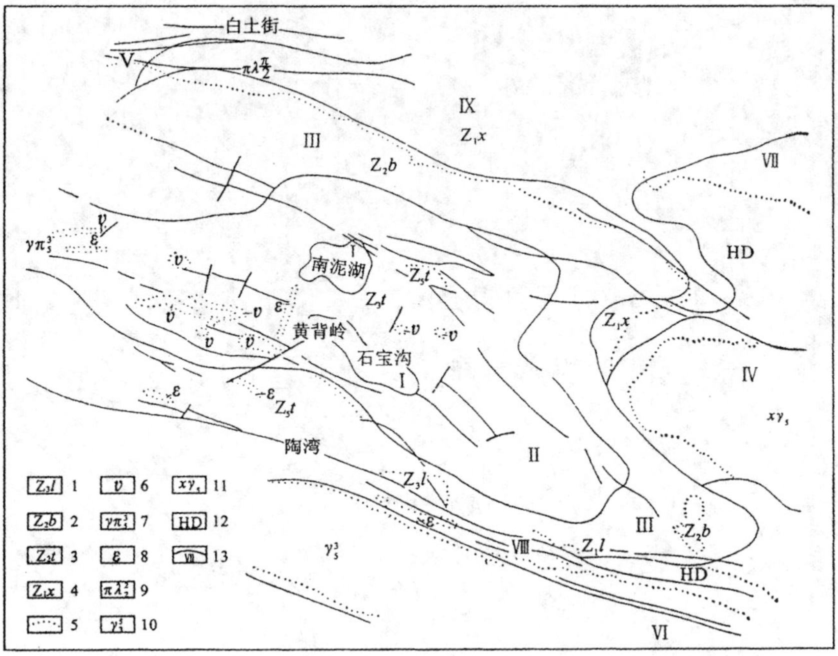

图 6-22 陕西某区水系测量地球化学分区图(陕西第二物探队,1975)

1. 栾川群;2. 白玉沟群;3. 陶湾群;4. 熊耳群;5. 地质界限;6. 辉长岩;7. 花岗斑岩;8. 正长斑岩;9. 流纹斑岩;10. 黑云母花岗岩;11. 碱性花岗岩;12. 混合岩;13. 成矿预测区

Ⅳ区为稀土富集区,分布在东部大片碱性花岗岩地区,据人工重砂鉴定,岩体含有锆石、金红石、氟碳铈镧矿、独居石、磷钇矿等有益矿物,光谱分析稀土总量达$(500\sim1\,000)\times10^{-6}$。

Ⅴ区为 Pb、Zn、Cu 中低温成矿区,位于西北角,主要受白玉沟组碳酸盐岩控制,以 Pb 矿为代表。

Ⅵ区为花岗岩 Sn、Mo、(W)成矿区,受燕山晚期花岗岩侵入的控制。矿化出现在岩基边缘。

Ⅶ区为混合岩 Cu、Pb、Zn、Ag 异常区。矿化作用与花岗岩基分出的岩枝岩脉有关。

Ⅷ区为变质基性岩异常区,受宽坪组地层控制。主要由岩性引起 Cr、Ni、Ti(Cu、Mo)等含量升高。

Ⅸ区为中基性喷出岩异常区，在马家河组分布地区，出现Cr、Ti、V等铁族元素异常，有多处火山成因的小铁矿点分布。

根据地球化学分区和水系沉积物异常的分布，在该区共划出一级成矿区10个，二级成矿区16个，作为本区进一步找矿工作的基本方向的建议（一级成矿区：元素组合好，异常强度高，范围大，地质条件有利于成矿的地区；二级成矿区为异常强度小，找矿意义估计较一级预测区差，但仍有希望发现矿体的区段）。

以上工作仅仅是一个尝试，关于地球化学分区及成矿预测的编制，还有待于广大地质及化探工作者在实践中不断总结创新。

下　篇

各论——应用与实践

第七章　金属矿产地球化学勘查

国民经济的发展，离不开矿产资源。我国是发展中国家，随着工业化进程的加速，对矿产资源的需求还要加大，勘查、开发自己的矿产资源具有重要的现实意义。随着地质工作程度的提高，地表依靠宏观标志直接找矿的难度越来越大，地球化学方法是一种利用“显微标志”进行矿产勘查的方法，扩大了找矿标志，特别是在寻找盲矿、隐伏矿、隐矿物矿（如微细浸染型金矿）和覆盖区找矿方面，是其他找矿方法所不可比拟的。因此，地球化学方法在未来的矿产勘查中是一种不可缺少的重要方法。

地球化学勘查是应用地球化学中最重要的一个分支，发展历史最为悠久，形成了一套规范、严谨的术语和基础理论及方法技术，是最成熟的应用学科。现在，世界上几乎每一个国家都在应用它进行矿产勘查，只是一些发达国家从保护环境，保护自己国内不可再生资源出发，限制矿业活动规模，才使勘查地球化学在西方一些国家中的发展受到制约，勘查经费和规模有所减少。我国尚处于经济起步腾飞前奏，对矿产的需求不可能主要依靠进口来解决，发展自己的矿业任重而道远。当然，也要汲取别人的教训，重视矿产开发中的环境保护，科学、均衡、可持续发展。

第一节　矿产地球化学勘查概述

一、矿床周围的地球化学异常体系

大量的找矿实践证明，任何矿床，在其赋存的基岩中或矿床进入表生带后在地球表层系统中都存在一系列的地球化学异常，构成地球化学异常谱系。

图 7-1 显示了一个热液矿床周围的异常系统。成矿热液沿灰岩与页岩之间的断裂上升，当温度、压力等物理化学条件不利于热液中金属元素继续迁移时，便逐渐沉淀下来，形成以矿体所在位置为富集中心，并在四周围岩中形成高含量带。矿体之外的金属元素的高含量带通常比矿体本身大几倍到几十倍，且具有从浓集中心（矿体）向外逐渐降低，直至与背景差异无几。这个高含量带，多以包裹矿体形式出现，被称为“原生晕”。如果在一定深度形成的矿体及其原生晕经构造运动抬升至地表时，矿体及其原生晕在物理风化和化学风化及生物风化作用下形成疏松覆盖物及土壤，土壤携带着成矿物质在斜坡上进一步机械分散，形成规模比出露矿体的面积大得多的土壤异常。植物（树木、草、农作物）根系吸收了土壤中可溶的金属离子后，矿化区比非矿区植物中金属元素含量会高得多，从而形成生物地球化学异常。成矿热液活动时，在基岩及矿体中保存有一定原生气体，进入氧化带后，硫化物矿物氧化还可形成一些次生含硫气体（如 H_2S、SO_2、COS、CS_2、$(CH_3)_2S$）、汞气、CO_2 气体，封存于土壤孔隙中形成壤中气异常，进入大气则形成气体地球化学异常。矿化区含有土壤异常的疏松物在重力作用、水冲刷作用下，汇到沟谷，则形成水系沉积物异常。硫化物矿床氧化后，常形成易溶的金属硫酸盐、硫酸，降雨后下渗雨水溶解了这些组分，在泉水、渗出水、河水中形成水化学异常。

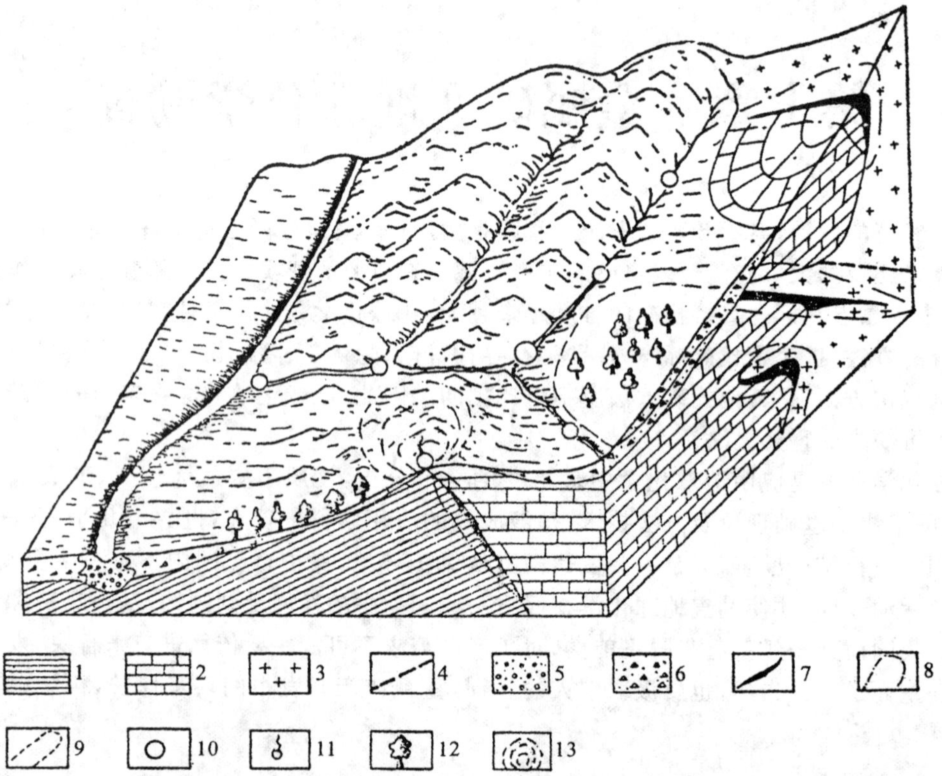

图 7-1　矿床及其周围的各种地球化学异常(阮天健等,1984)

1. 页岩;2. 灰岩;3. 花岗岩;4. 断层;5. 冲积层;6. 残坡积层;7. 矿体;8. 岩石地球化学异常;9. 土壤地球化学异常;10. 水系沉积物地球化学异常;11. 水文地球化学异常;12. 生物地球化学异常;13. 气体地球化学异常

经过一系列复杂的内生作用和表生作用,在矿床周围的所有表层天然物中,都可能形成与矿床有成因联系的各种地球化学异常,构成地球化学异常谱系,它们的范围分布更广,扩大了找矿目标,只要利用具有足够分析灵敏度的分析方法,便可发现各种地球化学异常,为追索矿体提供宝贵的地球化学信息。

对于地球化学异常除了最经常用元素含量来表示外,还可以使用其他地球化学指标来研究。地球化学指标应包括参数性和非参数性两大类,前者可用数字表示,后者则只能定性地用有无、大小、强弱等来描述。为了统计处理方便,人们也尝试将非参数变量定量化,人为地给予赋值。地球化学指标中,应用最多、最广的当数元素含量,其他指标则以物理化学环境参数指标应用较多(表 7-1)。

表 7-1　地球化学指标种类

化学元素含量	造岩元素、造矿元素、伴生元素含量及其分布的统计参数
特征存在形式	水溶性形式、可交换形式、次生矿物形式、硫化物形式、硅酸盐形式
各种组合指标	元素对简单比值,相关系数,多元统计特征数(如因子计量),累加、累乘指数
同位素特征	$\delta^{18}O$、$\delta^{34}S$、$^{87}Sr/^{86}Sr$、$^{208}Pb/^{204}Pb$
物理化学参数	pH、Eh、T、P、f_{o2},f_s 等

从找矿角度看，没有必要对这些复杂组分中的每种都进行深入的研究，只需研究那些能够形成清晰异常的、能够比较直接指示矿体存在空间位置的、能分辨矿石类型的以及能反映异常形成机理的这样一类元素。这类元素在地球化学找矿中称为指示元素。概括起来，所谓指示元素就是天然物质中能够提供找矿线索和成因指示的化学元素。

至于异常的形成机制和表现形式要复杂得多，随着找矿实践的深入，有不少新认识：

(1)矿体周围的原生晕，虽然多数元素的异常是紧紧包围矿体的，但又有同心和离心之分，有的元素的异常甚至并不包围矿体而是远离矿体，呈离心异常(如 Hg、As、F 等)。

(2)引起地球化学异常的原因，除矿体外，还可以由其他地质体(如不同类型的岩体、特殊的地层、特殊的构造等)引起。

(3)对于各种次生异常来说，矿体附近的元素高含量带是由矿体的成矿物质分散造成的；而对于原生晕来说，高含量带的形成，主要是由元素的扩散作用造成热液矿床原生晕，也可以是浓集作用形成(如岩浆矿床原生晕)。

(4)从地球化学异常的表达形式来说，除需要在平面上或从三度空间的角度来描述外，有时只需在剖面上表现出来，这时就不可能用“晕”来描述。

基于以上原因，地球化学异常现象，用“矿床分散晕”或“成矿元素的高含量带”这些概念已不能科学地概括了，而用“地球化学异常”这一术语来概括和表达，更为确切和全面。

尽管如此，当前我们也没有必要用“地球化学异常”的术语完全取代“晕”的叫法。因为在有的场合下用“晕”的术语并不失其确切性(如矿体周围的原生晕)，同时又较方便，因此至今在化探界二者仍然是通用的。

二、地球化学异常分类

为了便于分析和综合，人们往往从不同角度去认识事物。同样，对地球化学异常可以从不同的角度进行分类：

(1)根据异常形成的环境条件可分为内生异常和表生异常两大类。内生异常是在内生地质作用(岩浆作用、变质作用、热液作用)中形成的异常，表生异常是在表生作用中形成的异常。

(2)根据异常与矿体形成的相对时间关系可以分为原生异常和次生异常。原生异常是指与矿体同时形成于基岩中的异常，未遭受破坏搬运。次生异常是矿体及原生晕在表生条件下遭受破坏以后，元素再次迁移、分配而形成的地球化学异常。

在次生异常中，根据异常物质搬运形式的不同，又可分为碎屑异常和水成异常。碎屑异常与前苏联文献中的机械分散晕和机械分散流相当。疏松物中的水成异常是经水溶液迁移形成的异常，又称化学分散晕，与前苏联文献中的盐分散晕和盐分散流相当。

(3)根据异常与其赋存介质形成的相对时间关系可以分为同生异常和后生异常：同生异常——异常物质与其赋存介质同时形成；后生异常——异常物质在其所赋存的介质形成之后以某种方式带入而形成的异常。

(4)根据异常赋存的介质特征分为：岩石地球化学异常、土壤地球化学异常、水系沉积物地球化学异常、水文地球化学异常、气体地球化学异常、生物地球化学异常。

以上分类原则都与异常形成的条件有关，根据矿体在地壳表层出露的条件不同，一个矿体可以只形成一种异常，也可以同时形成多种异常。如铬、金刚石矿床的盲矿体只发育岩石地球化学异常；出露于地表的钨锡矿床可形成各类岩石化学异常，出露于地表的铜、锌、硫化物矿床及放射性铀矿床，则可形成所有类型的异常。因此一种矿床可用多种途径去发现。各异常的相互关系见图 7-1。

此外，还可根据其他一些原则进行分类。

(5)根据异常的找矿意义，可分为矿致异常、分散矿化带、非矿异常。

(6)根据异常的规模又可分为地球化学省、区域地球化学异常、局部异常和点异常。

(7)根据异常出露情况，分为出露异常和埋藏异常。

(8)根据含量高低特征，分为正异常、负异常。正异常和负异常在前苏联文献中被称为带入晕和带出晕。目前以研究正异常为主，随着分析技术的提高，负异常研究越来越为人们所认识和重视。

还有一对术语，即所谓真异常与假异常也需要作一些说明。早期地球化学找矿工作，认为由成矿作用造成的异常称为真异常，而由非矿因素造成的称为假异常。当地球化学找矿向其他方向发展时，其学科任务已不限于找矿了。因此，真异常应当是指天然介质中客观存在的异常，而假异常则是由分析、加工和数据处理过程中的过失而造成的，客观上不存在的异常。

三、描述地球化学异常的参数

(1)异常峰值(C_{max})——异常中的最高含量值。

(2)平均异常强度($\overline{C}$)——异常范围里元素含量的平均值。可用下式表示：

$$\overline{C}=\frac{\sum C}{N_T}$$

式中：$\sum C$ 为异常范围内各样点某元素含量的总和(不只是异常点含量的总和)；N_T 为异常范围或地段里的样品总数。

(3)异常衬度(K)——异常清晰度的度量，也叫异常清晰度。目前有多种表示方法：

$$①\ K=\frac{\overline{C}}{C_0};\qquad ②K=\frac{\overline{C}}{C_a};\qquad ③K=\frac{C_{max}}{C_a}$$

式中：$\overline{C}$ 为平均值；C_0 为背景值；C_a 为异常下限值；C_{max} 为异常峰值。显然，K 值越高，异常越清晰。最常使用的是第一种计算法。

(4)异常的连续性(t)。像矿体中包含夹石一样，原生晕中也经常包含一些正常含量点，从而产生异常的不连续性。因此，用异常范围内异常样品所占的比例来度量其连续性。异常范围里异常样品所占的比例越大，则连续性越好。可用下式表示：

$$t=\frac{N_a}{N_T}\times 100\ \%$$

式中：N_a 为异常范围里的异常样品数；N_T 为异常范围里的样品总数。

(5)异常的均匀性：异常地段里相邻两点地球化学指标差值大小的度量。差值大，均匀性差；差值小，均匀性好。

(6)异常渐变性：异常含量沿某方向上的变化梯度。含量变化梯度小，渐变性好；梯度大，渐变性差。

(7)线金属量 M_l (m·%或 m×10^{-6})：根据一条测线来估算矿化强度的参数，它是异常范围里，各采样点元素的剩余含量(测定值减背景值)与该点所控制的距离乘积之和。可以下式表示：

$$M_l=\sum \Delta x[C_x-C_0]$$

式中：Δx 为测线上的点距；C_0 为背景值；C_x 为异常范围里某点的元素含量。

(8)面金属量 M_x($m^2 \cdot \%$或 $m^2 \times 10^{-6}$):根据一个异常面积来估算矿化程度的参数。它是异常范围里,各采样点元素的剩余含量与该点所控制的面积乘积之和。可以下式表示:

$$M_s = \sum \Delta s [C_x - C_0]$$

式中:Δs 为测网中点距和线距的乘积。

四、地球化学勘查的概念及基本原理

从图 7-1 已知,在矿床周围的各种天然物质中,都留下了矿化的各种"蛛丝马迹",即各种强弱不同、赋存介质不同的地球化学异常。而且,这些异常比矿体本身大几倍、几十倍,可以大大提高圈定找矿目标的几率,也为地球化学找矿的方法确定提供了依据。

地球化学找矿的基本原理就是通过系统采集地球表层系统中某种天然物质,分析其中化学元素,研究元素或其他地球化学指标的空间分布,发现异常,并研究异常与矿体的可能成生联系,最终追索并找到矿体。具体采集哪种天然物质,则需根据工作区地形地貌及覆盖特征,以及寻找矿种特征而定,可以是基岩,也可以是土壤或水系沉积物,也可以是生物、气体或水。系统采集的含义是指所采物质分布的均匀性,从而确保了样点能按一定密度控制全区,保证了对地球化学场的全面了解。

由此,我们可以对地球化学勘查予以定义。前苏联学者认为,地球化学找矿是根据基岩及覆盖层中,地下水及地表水中,植物和土壤中,气体中的含矿物质不明显的微观分散晕以发现矿床的一种找矿方法(克拉斯尼科夫,1955)。西方国家中比较有代表性定义是"基于系统地测定天然物质中一种或数种化学性质的矿产勘查方法"(Hawkes 等,1962)。阮天健等(1985)根据勘查地球化学向其他领域发展的趋势,认为定义不妨定得宽一些,即"地球化学找矿是一种以地球化学异常作主要研究对象,以矿产勘查为主要目的,并兼顾其他研究的系统地球化学调查。"

五、地球化学找矿方法分类

在地球化学勘查的发展过程中,参加人员来自不同专业,名称、分类较为混乱。如以基岩取样为基础的方法,就有如下名称:岩石地球化学找矿、岩石金属量测量、原生晕找矿法、岩石地球化学测量,岩石取样、岩石分析、基岩光谱等。其中,岩石地球化学找矿这一名词概括了一切有关内容,是所有名词中比较科学的名称。其他名称,除岩石地球化学测量外,都只反映了部分内容。阮天健等以采样介质为基础对找矿方法进行如下分类:

岩石地球化学找矿(亦称基岩地球化学测量,原生晕找矿法)。

土壤地球化学找矿(亦称土壤地球化学测量,次生晕找矿法)。

水系沉积物地球化学找矿(亦称分散流找矿,水系沉积物地球化学测量)。

水文地球化学找矿(亦称水文地球化学测量,水化学找矿)。

气体地球化学找矿(亦称气体地球化学测量)。

生物地球化学找矿(亦称生物地球化学测量)。

由于某些新技术的引入,一些新的找矿方法常以方法技术特征命名。如航空化探、海洋化探、同位素化探、温压化探、活动态金属测量、地气测量等,这些方法虽然命名独特,但却离不开取样介质的特征,一般不会引起误解。

根据工作面积大小、研究详略程度的差异,还可以分为区域化探和矿区化探。区域化探是大规模大范围的概略地球化学调查,以查明成矿远景区为目的,以地球化学省、地球化学带、矿田晕、大型矿床晕为目标。矿区化探则是以准确圈定矿床具体位置，甚至能确定矿体位置，埋深情况为目标。区域化探与矿区化探之间，可以分出一种过渡性阶段的化探工作，常称化探普查，是一种中比例尺精度的地球化学找矿工作，范围为几十到几百平方公里。

应当指出，上述划分是比较含混的，只具相对意义，实际工作中不必过于拘泥名称的称谓。

各种地球化学找矿方法的发展、应用是不平衡的。其中以水系沉积物及土壤取样和基岩取样的地球化学找矿方法最为成熟、应用最为广泛，规模最大，被称作常规化探。水化学方法和生物地球化学方法虽然研究历史最久，但由于影响因素、解释评价方面的原因，始终处在试验阶段。气体地球化学方法找固体矿产研究较晚，但近年来发展较快，特别是在找深部盲矿和覆盖区找矿方面潜力大，是很有发展前景的一种找矿方法。

六、地球化学找矿的优势

任何一种找矿方法，都有一个应用条件问题，都要根据研究区地形地貌自然景观条件的不同，以及目标矿种的地球化学特征的不同，选择相宜的方法技术。实际工作中，化探方法还需与其他方法（如物探、地质测量、遥感等）综合应用，充分发挥各学科的特长和优势，取长补短，提高找矿效果。与其他方法相比，它有如下优势：

(1)见微知著，是一种显微找矿技术。传统的地质找矿方法，以矿物学和岩石学的观察为基础，要求要有可见标志，所谓可见，包括由眼可见和显微镜下可见。所以必须要求矿物的粒度在光学显微镜的分辨能力以上。而地球化学方法是依靠分析测试手段探测其微观标志，所以不论有无矿物，均能检出。在这个意义上来说，化探是矿物学方法的延伸。它对于寻找那些不形成独立矿物的稀散元素和近年来陆续发现的低品位细分散的金属矿床，更是不可缺少的手段。

(2)不受覆盖限制：地球化学找矿不仅适用于良好的露头条件，而且几乎在各种覆盖条件下，只要应用适当，都可以达到找矿效果。因此，它比传统的地质矿物学方法有更广的适用性。

(3)经济、快速是化探方法的根本特点。在广大的发展中国家及边远地区，利用化探方法，可以迅速查明资源远景，提供矿产勘查的后备基地。如我国的青海、黑龙江等省的人烟稀少地区，就有快速发现大型矿床的例子。在地质研究程度较高的地区，则可以用来开展深部找矿，如鄂东地区，已知矿床密集，地质勘探工作程度很高，也有用化探方法找到深部矿体的例子。在一些发达的资本主义国家，地球化学找矿工作与环境地球化学调查相结合，成为常规国家基础制图内容之一。地球化学找矿方法不仅速度快，而且成本低，据前苏联报道，1∶50 000 地质测量的成本是 1∶50 000 分散流测量的 25 倍。

(4)与物探方法相比具有直接性。地球化学找矿的直接性特点很突出，因为物探方法是根据矿体与围岩的物理性质的差异来找矿的，所以它是一种间接的方法，而地球化学异常是由物质本身（成矿元素）而不是由物性差别引起的。当然，通过伴生元素来指示矿体，带有间接性的一面，但在解释时，又可以直接应用地质成矿规律。在特殊情况下，例如对于细脉浸染型矿床，矿体就是直接用化学分析数据来圈定的。

化探方法也有其局限性，它的应用一方面受自然条件的影响很大，并不是任何地区都能顺利地收到效果；另一方面又受到分析技术的灵敏度与精确度的限制，不是任何矿种都能发现。而且，还要求从事化探的单位拥有一定的专业化分析仪器和专业分析人员，确保获得准确可靠的分析数据。

一般说来，凡属空间几何性质的问题，如矿体的形状、产状、埋深、倾向、厚度、延深等等，是物探方法的优势。用化探方法解决这类问题,目前成功的例子相对较少。虽然,随着化探本身研究工作的进展,能解决问题的范围会有所扩大,但是根据具体情况,发挥各种方法的特长,避免各种的方法的短处,互相配合,才是多快好省地进行找矿的正确途径。

第二节　岩石地球化学找矿

在成岩成矿作用中形成、赋存于基岩中的地球化学异常叫岩石地球化学异常,亦称原生地球化学异常。在我国的地球化学找矿文献中,各类矿床的岩石地球化学异常,是原生地球化学异常或原生晕的同义语。而且,我国广泛使用原生晕这一术语。

过去,在西方文献中,原生地球化学异常被定义为在岩浆、变质或热液等深成内生作用过程中形成的异常。按这一定义,沉积矿床周围的岩石地球化学异常就不能归入原生地球化学异常,这显然是不恰当的。后来詹姆斯(James)建议将原生异常定义为岩石中的异常。这样,将异常的名称和异常所赋存的介质一致起来,无论是对于异常的成因解释,还是对于异常的实际应用,都有方便之处,这一建议被广泛接受。

在不同类型的地球化学异常中,岩石地球化学异常占有特殊的地位,主要有三方面的原因:

(1)各类矿床的岩石地球化学异常最全面地保留了成矿时的地球化学信息。这对于矿和异常形成机理的研究和找矿实践的应用都有重要意义。

(2)岩石地球化学异常是各种类型次生地球化学异常物质来源的组成部分,各类次生地球化学异常,都是原生矿体及其岩石地球化学异常的派生产物。因此,岩石地球化学异常的发育特征,是次生地球化学异常评价和解释的基础。

(3)当前陆地上的找矿工作的发展趋势是寻找厚覆盖地区隐伏矿和浅覆盖区及开采矿山深部的盲矿。对于深部盲矿的寻找,岩石地球化学找矿是必不可少的方法,因此各类矿床岩石地球化学异常的研究,尤为重要。

不同成因类型矿床的岩石地球化学异常的发育特征是不同的,因而它们在找矿实践中被利用程度也不同。半个世纪以来,在不同成因类型矿床的岩石地球化学异常中,以热液矿床的应用和研究最为深入。本章以热液矿床(包括矽卡岩型矿床和斑岩型矿床)岩石地球化学异常作为重点,对于其他类型矿床的岩石地球化学异常只作简要介绍。本节以后,热液矿床的岩石地球化学异常均简称热液矿床原生晕,这是我国化探界的通俗称谓。

一、热液矿床原生晕的形成及影响因素

1. 形成作用

成矿热液是一种成分复杂的热水溶液,含有成矿元素和伴生元素。热液温度一般在50～400℃,最高达500～600℃。成矿热液可以是岩浆成因,或是大气降水深循环增温而成,也可以是封存水、变质水等。其中所含元素可以来自岩浆分异,也可以来自围岩。当然,不同条件下形成的热液所富含的元素是不同的。

热液形成过程中,虽然总是存在多种不同成因热液的共同作用或顺序作用,但总有一种成因含矿热液是主要的。目前研究得最充分的还是岩浆热液系统。因此本节主要讨论的内容就是这类热液形成的岩石地球化学异常。然而热液作为一种搬运的媒介,不论其来源如何,都有

许多共同的特点，因此本节有些内容可望推广到其他类型的热液系统。

根据矿床学的一般概念，富含成矿元素及其伴生元素（包括挥发组分）的气水热液，在内营力的作用下，沿一定的构造裂隙迁移、运动。气水热液中的成矿元素及其伴生元素呈简单离子、简单络离子、复杂络离子以及气体分子形式存在。当外界条件在短距离内发生比较剧烈的变化，或者说含矿热液在遇到各种地球化学障的情况下，迁移的平衡条件遭受破坏，各元素便在一定的空间部位沉淀、析出。在沉淀条件最充分具备的局部地区，可能成为沉淀中心，由此向外，依次形成矿体、蚀变带和范围更为宽广的原生晕。因此，矿体、蚀变带和原生晕是统一的成矿作用的产物。已有资料表明，热液带来的成矿物质，只有一部分聚积为矿体，大部分则分散在围岩中形成原生晕。

热液迁移、运动的动力学因素，主要是渗滤作用和扩散作用。

渗滤作用是热液在压力梯度的作用下，元素通过溶液沿岩石裂隙系统整体、自由地流动迁移过程中，由于化学和物理化学的作用，溶液在所流经的围岩裂隙中留下矿液活动的痕迹——矿体和原生晕。

渗滤是热液迁移的主要方式。晕的规模较大，主要发育在裂隙构造发育的地段，因而晕的形态较不规则，晕中元素含量的变化较不均匀。

扩散作用是在体系里存在浓度梯度的条件下发生的。它是指一个体系的不同部位内，如果某元素的浓度不同，则该元素的质点将自动从高浓度处向低浓度处迁移，直到各处浓度相等为止。只要体系内存在浓度差，无论溶液和气体是处于流动状态还是静止状态，都将发生元素的迁移，质点扩散的方向与溶液流动的方向无关。

对于致密岩石或裂隙不发育的岩石里热液矿床原生晕的发育，人们往往用扩散作用来解释。

扩散作用的速度较慢。据格里戈良等的实验资料计算，在热液条件下形成 10m 规模的铅的扩散晕，需要一万年以上的时间。因而扩散晕的规模一般较小，但晕中元素含量的变化较规则，扩散晕中元素的含量自矿体边缘向外随距离增大，呈对数曲线下降。

多数学者认为，热液中元素的迁移，很少是由渗滤过程或扩散过程单独起作用，而往往是相互结合，同时发生的。沿裂隙流动的热液，在热液流动的方向上，往往以渗滤作用为主，垂直裂隙的方向上，往往以扩散作用为主（图 7-2）。

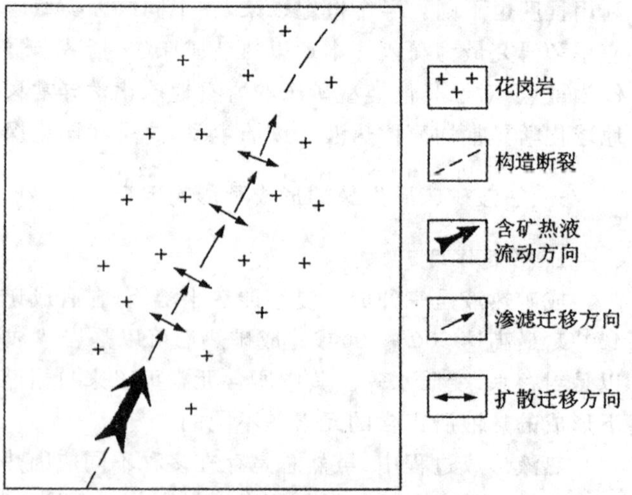

图 7-2 热液中元素渗滤迁移和扩散迁移的相互关系

热液中成矿元素的沉淀析出机制，也是一个极为复杂的问题。目前能被人们接受的元素沉淀机制，主要是由于热液与围岩的化学反应和成矿环境物理化学条件的改变。热液中较普遍的化学反应有复分解反应、中和反应和水解反应等。成矿环境的物理化学条件主要是指温度、压力、pH、Eh 等。由于上述因素变化，使原来在溶液中稳定的络合物发生分解而沉淀。

此外，围岩的矿物颗粒表面、层理面、解理面对成矿元素的吸附作用，也是成晕的因素之一。如断层泥中，矿物片理表面成矿元素的富集，主要是吸附作用的结果。

需要说明的是，在热液矿床原生晕的形成过程中，元素除呈液相迁移外，有的还可呈气相运移，如 Hg、As、B、I、F 等。但呈气相运移元素毕竟少，而且多不是主要成矿元素。但由于气相运移能力强，距离远，因此，它们常常是远程指示元素，在找矿评价异常中具有重要意义。

2. 影响因素

(1)元素自身的地球化学性质。元素本身的地球化学性质决定其活动性，如离子半径、极化性质、负电性、化合物、能量系数等都影响了元素在热液中的活动性。但热液中金属元素主要呈络合物形式迁移，因此元素络合物的稳定性是前述多种地球化学性质的综合反映。可用络合物的电离平衡常数(不稳定常数)来衡量络合物的稳定性，不稳定常数越小，络合离子在热液中稳定，迁移越远，形成的异常规模越大。像 W、Sn、Mo、Bi、V 等元素，不稳定常数大，常在很高温度下就不稳定而离解沉淀，因此，它们的异常距热中心很近。而 Hg、As、Ba、Sb 等元素不稳定常数小，络合物在低温条件下仍相当稳定，它们往往迁移较远。

(2)含矿热液本身的性质。一般指热液中元素的浓度、元素迁移形式以及热液体系的温度、压力等特征。大量的实际资料已经表明，规模较大的热液矿床总是形成规模较大的原生晕。既可用热液中成矿物质的原始浓度较高来解释，也可用含矿热液的长期作用来解释。从理论上讲，高温有利于扩散晕的发育，压力梯度大有利于渗滤晕的发育。但是有的高温矿床原生晕的规模远小于低温矿床。有人就以高温条件下化学反应速度快，使成矿元素迅速沉淀来解释。可见，成矿溶液性质对原生晕的控制也是一个十分复杂的问题。必须在其他条件相同的前提下，逐项进行统计对比，并配合模拟试验才能总结出比较清晰的规律。

(3)构造裂隙。断裂、破碎带、接触带、地层层理、岩石的节理、片理及气孔隙等构造空间，不仅是热液活动的通道，而且是矿石沉积的场所，也是热液矿床发育的空间部位。应该说，构造因素是控制热液矿床原生晕发育的首要因素。

含矿热液在成矿前的构造空间中迁移、运动，只能在一定的有利部位造成大量矿石的堆积和围岩蚀变，表现出矿化的宏观标志。其余的大部分地段只能留下矿液活动的微观踪迹——原生晕。因而通过构造系统原生晕的研究，可大大增加找矿标志。对于盲矿体的寻找有重要的意义。经验证明埋藏深度达数百米的盲矿体，只要有相应的裂隙系统通达地表，就有可能发现它，如图 7-3、图 7-4。

地质构造的存在，不仅提供了含矿热液活动的通道和矿石沉积的场所，而且由于构造活动，还能改变局部地段的物理化学条件，促使含矿热液中成矿元素的沉淀。例如断裂活动可使热液中的气体组分和易挥发组分从溶液中逸出，改变了热液的组分、压力和酸碱度，最终导致某些难溶化合物的析出。

其次，断裂性质和形态控制了异常的规模和形态。简单断裂中异常多呈窄的线状异常，断裂破碎带使异常呈规模大的宽带状异常。两组断裂交汇，使异常呈不规则状出现。

由此可见，构造变动对于热液原生晕的控制作用，不仅是个被动因素，而且是控制成矿的诱发因素，同时，控制了异常形态和规模。

(4)围岩性质。热液矿床围岩性质对原生晕发育的控制，主要表现为岩石的化学性质和物理性质对元素迁移、沉淀的影响。岩石的化学性质包括岩石的化学成分和矿物成分。一般情况下，化学性质活动的岩石，比较容易与矿液发生强烈的化学反应，成晕物质迅速沉淀，限制了原生晕的规模。如豫西某接触交代型铁铜矿床各元素的原生晕，在花岗闪长岩一侧宽大于

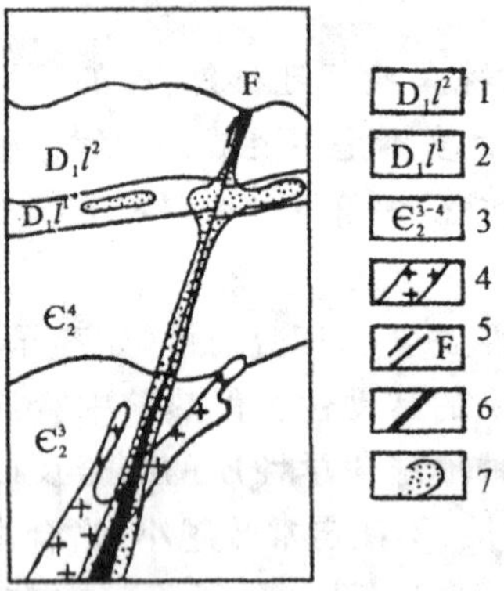

图 7-3　两江铜矿区裂隙系统对原生晕的控制(斑义江,1979)

1. 泥盆系下统莲花山组上部泥质砂岩;2. 莲花山组下部含砾石英砂岩;3. 寒武系砂页岩;4. 石英斑岩;5. 断层;6. 铜矿体;7. 原生晕

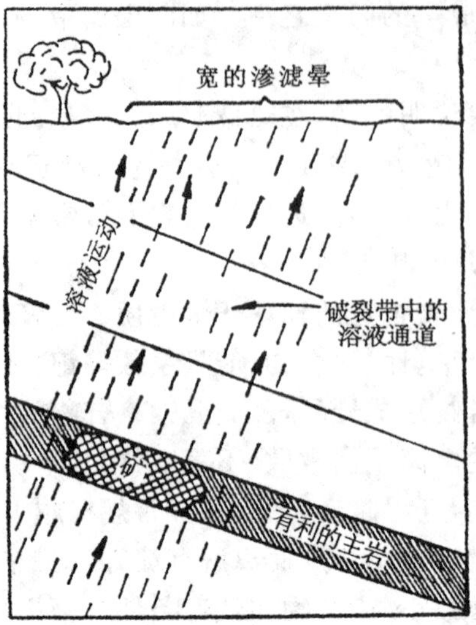

图 7-4　通达地表的裂隙系统的产状与矿体产状不一致时所表现的异常(霍克斯,1962)

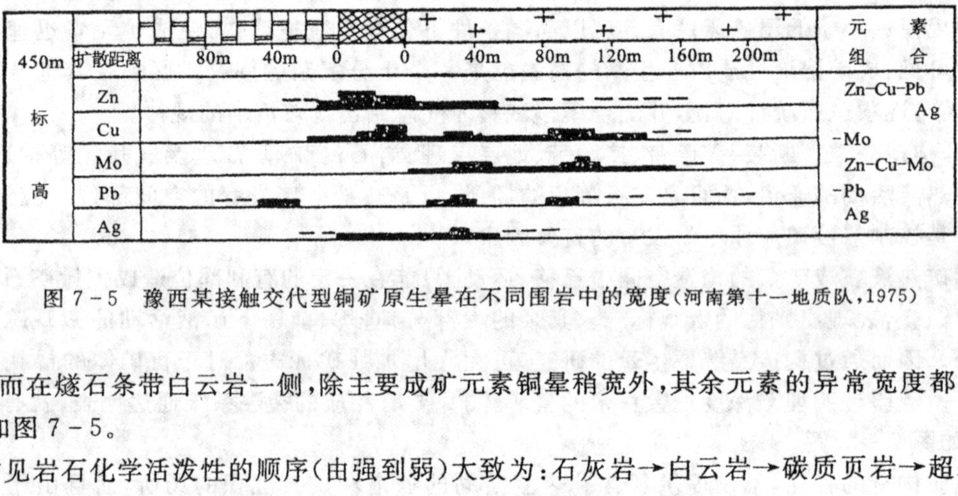

图 7-5　豫西某接触交代型铜矿原生晕在不同围岩中的宽度(河南第十一地质队,1975)

100m,而在燧石条带白云岩一侧,除主要成矿元素铜晕稍宽外,其余元素的异常宽度都不超过10m,如图 7-5。

常见岩石化学活泼性的顺序(由强到弱)大致为:石灰岩→白云岩→碳质页岩→超基性岩和基性岩→黏土页岩→泥质板岩→片岩→花岗岩→砂岩→石英岩。

岩石的矿物成分对于围岩的蚀变类型有决定性的影响,往往控制着原生晕中元素的组合特征。例如围岩中的铁镁矿物常常蚀变为绿泥石,微斜长石往往蚀变为绢云母,不同的蚀变矿物具有不同的类质同象系列和吸附性能,导致了不同元素组合。

岩石的物理性质主要表现在岩石的机械性质和渗透性质等方面,岩石的机械性质主要是指脆性和塑性。脆性岩石经过构造变动易于破碎,有利于热液的迁移、渗透,有利于形成较大规模的晕。塑性岩石经过构造作用,挤压得更为致密,不利于热液渗透,常常构成阻碍原生晕发育的隔挡层。砂页岩互层的围岩中,原生晕一般只发育在砂岩层中。根据现有资料,各种岩石脆性由大到小的顺序为:古老石英岩→霏细岩→石英岩与花岗岩→中酸性喷出岩→砂岩→辉长岩→石灰岩→蛇纹岩→页岩→泥灰岩。

岩石的渗透性取决于岩石孔隙度和孔隙之间的连通情况。孔隙度大且连通性好,则有利于晕的发育。如页岩的孔隙度可达4%，但孔隙的连通性不好，故不利于晕的发育。几种常见岩石的孔隙度，列于表7-2中。

表7-2 几种常见岩石的孔隙度(阮天健等，1985)

岩石	平均孔隙度(%)	测定数	岩石	平均孔隙度(%)	测定数
花岗岩	1.00	50	古生代砂岩	10.00	110
喷发岩	2.00	19	中新生代砂岩	20.00	683
大理岩	1.00	7	片麻岩	1.00	2
石灰岩	3.00	7	石英岩	1.00	5
页岩	4.00	14			

应该指出，岩性对原生晕发育的影响是复杂的。一般说来，交代型成晕作用，围岩化学性质起主导控制作用，在充填型的成晕作用中，岩石渗透性的控制更为明显。

二、热液矿床原生晕的组分特征

1. 异常元素组合特征

成矿热液的成分都是比较复杂的，特别是多金属硫化物矿床及超浅成次火山成矿热液中，常常有几十种元素具有成晕能力。每一种矿床原生晕，都有自己的一套指示元素组合。正如矿石中矿物的共生组合一样，在不同类型的热液矿床原生晕中，指示元素也有不同的组合。这种组合特征，取决于成矿热液的物源条件、沉淀时物理化学环境及本身的地球化学性质。因此，不同成因的矿床具有不同的指示元素组合，即使是同一矿种，由于成因类型不同，指示元素的组合也有很大的差别。如斑岩型铜矿床，以Cu、Mo、Re、Au、Ag、W为典型组合，而矽卡岩型铜矿以Cu、Ag、Bi、Mn较为典型，热液铜矿则以Cu、Pb、Zn、Ag、Hg为特征。表7-3为我国热液矿床主要类型的原生晕指示元素组合。这种组合特征是勘查地球化学工作者必备的基础知识之一，掌握它对推断异常所指示矿化类型具有很大的帮助。

表7-3 我国热液矿床主要类型的原生晕指示元素组合特征(阮天健等，1985)

矿床类型	矿石的矿物组合	原生晕指示元素组合
高温石英脉型黑钨矿	黑钨矿、锡石、黄铜矿、黄铁矿、辉铋矿、毒砂、绿柱石	W、Sn、Bi、Mo、Be、(Ag)、As、Li、F、B
云英岩型钨锡铌钽矿床	黑钨矿、锡石、铌钽铁矿、绿柱石	Ta、Sn、Mo、Nb、W、Be、Li、F
锡石硫化物型矿床	锡石、黄铜矿、毒砂、闪锌矿、方铅矿	Sn、Cu、Bi、Mo、Zn、Cd、In、Ag、Mn、Pb、As
矽卡岩型铁铜矿床	磁铁矿、赤铁矿、黄铜矿、黄铁矿、斑铜矿	Cu、Zn、Ag、As、Mn
矽卡岩型铜矿	黄铜矿、斑铜矿、辉钼矿、镜铁矿、方铅矿、闪锌矿	Cu、Mo、Ag、Au、W、Pb、Zn、Mn、As、Hg
斑岩型铜矿	黄铜矿、黄铁矿、辉钼矿、镜铁矿、方铅矿、闪锌矿	Cu、Mo、Ag、Au、W、Pb、Zn、Mn、As、Hg

续表 7-3

矿床类型	矿石的矿物组合	原生晕指示元素组合
黄铁矿铜矿	黄铁矿、黄铜矿、闪锌矿、方铅矿、毒砂、辉铜矿	Cu、Pb、Zn、Ag、As、B、Ba、Mn
石英脉型铜矿(热液型)	黄铜矿、方铅矿、黄铁矿、闪锌矿	Cu、Pb、Zn、Ag、As、Bi、Mo、Sn
多金属(铜、铅、锌)脉状矿床	黄铜矿、方铅矿、闪锌矿、黄铁矿	Cu、Pb、Zn、Ag、Cd、Bi、Sb、As、Hg
含金石英脉型矿床	黄铁矿、黄铜矿、磁黄铁矿、方铅矿、闪锌矿、自然金	As、Au、Ag、Cu、Pb、Zn、Hg、Sb
裂隙充填型汞锑矿床	辰砂、辉锑矿、方铅矿、雌黄、雄黄	Hg、Sb、As、Pb、Cu、Ba、Ag

指示元素组合不仅可以从岩石、矿石样品中得到反映，还可以从它们的单矿物中的元素含量特征表现出来。黄铁矿是热液矿床中分布最广的共生矿物，不同条件下形成的黄铁矿，其微量元素的含量和种类也是不同的，它是矿床成因和成矿环境的反映。因此，单矿物的标型特征和微量元素特征可用于推断矿床成因及埋深。

2. *指示元素赋存形式*

原生晕中元素主要有以下几种赋存形式：

(1)独立矿物：热液矿床原生晕中成矿元素和伴生元素可呈显微或超显微状的硫化物、氧化物、含氧盐类及卤化物等独立矿物存在，这是在矿体及蚀变围岩中的主要存在形式。

(2)类质同象混入物：某些成晕元素当含量不足以形成独立矿物时，常以类质同象形式出现，寄主矿物可以是金属矿物(如银在方铅矿中，钴在毒砂、黄铁矿中)，也可以是非金属矿物(如含氟的绢云母、绿泥石)。同一种寄主矿物，在不同条件和不同矿床中，以类质同象出现的微量元素也是不同的。

(3)被吸附离子、自由离子或分子形式：成矿成晕元素在矿体及蚀变带中以独立矿物或类质同象形式大量沉淀结晶后，剩下的量不足以形成独立矿物或改造围岩，它们只能在残余溶液中以自由离子或分子形式存在于裂隙或粒间孔隙溶液中，部分被矿物颗粒表面吸附。这种被吸附离子及自由离子、分子是活动性较强的，在远离矿体的外部围岩中保存下来，是良好的远程指示标志，它们可被蒸馏水或弱酸碱及盐类提取、置换出来，是冷提取找矿的理论依据。大多数金属元素常以硫化物形式出现，可以采用偏提取技术，只提取与成矿有关的硫化物含量，有利于强化异常和评价异常，突出成矿信息。例如於崇文、张本仁等(1976)在研究陕西煎茶岭超基性岩体的镍矿时，针对岩石中 Ni 既有成岩时类质同象存在于橄榄石中，也有成矿活动形成的 Cu-Ni 硫化物，采用过氧化氢加抗坏血酸只提取硫化物中的镍而不能破坏硅酸盐矿物，大大降低了背景，清晰地发现了成矿作用阶段引起的镍异常。此外，由于金属硫化物密度比造岩矿物大，也可以采用重粒级分选后，只对重矿物部分进行分析测试，提高异常强度和规模。

3. *矿化剂和卤族元素*

热液矿床原生晕中除关注金属元素外，矿化剂也很有意义，它们常常在金属元素沉淀后还作长距离迁移，是良好的远程指示元素。其中，卤族元素在成矿成晕中的特殊作用逐渐被发现。首先是前苏联学者研究碘指示深部盲矿的作用，他们在亚美尼亚某多金属矿床原生晕研究中，坑道岩石采样中，Cu、Pb、Zn 均未显示异常，但碘具有明显清晰的异常，后在深 122m 之下致密岩石中打到了水平产出的块状多金属矿体。

我国在利用卤族元素预测深部盲矿方面也取得了一定效果。广西两江铜矿属高—中温热液型矿床，产于寒武系浅变质砂页岩中，严格受断裂控制，矿体含有 Cu、Mo、Pb、Zn、Ag、As、Co 等元素。在扩大找矿时，由于寒武系不整合面上为泥盆系砂岩广泛覆盖，异常零星。利用 F、I、Ag 作指示元素，在断裂带两侧均发现 F 异常，上盘发现 I 异常，后来钻探验证打到了深部盲矿（图 7-6）。

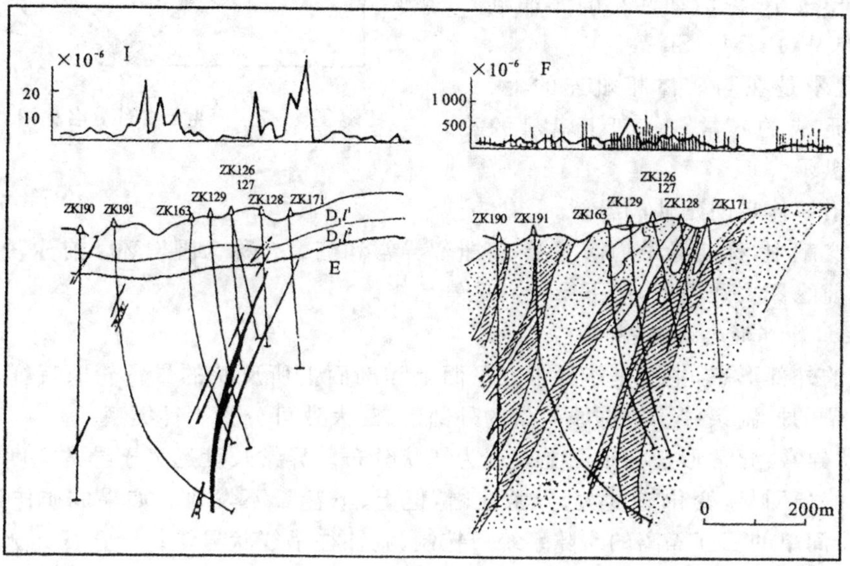

图 7-6　两江铜矿的 F、I 地球化学图（斑义江，1979）

F、Cl、I 属矿化剂元素，热液中与元素形成易溶络合物，有利于成矿元素的迁移。在主成矿部位的物理化学条件不利于络合物稳定存在时，络合物分解，金属元素多以硫化物形式沉淀。被释放出来的卤族元素，由于其离子半径大，电离势低，活动能力强而继续迁移，部分甚至以气态形式迁移。所以在矿体上方，特别是断裂上盘上方形成更为广阔的原生晕。高含量的卤族元素可以形成独立矿物，如萤石（CaF_2）、氟磷灰石[$Ca_5(PO_4)_3F$]、氯磷灰石[$Ca_5(PO_4)_3Cl$]等。但更多的卤族元素可能以类质同象形式置换（OH^-）。如云母类矿物、绿泥石、角闪石矿物等，以及存在于孔隙液、粒间液中。

F、Cl、I 的原生晕研究表明，矿化剂元素在成矿成晕的研究中具有广阔前景，对深部找盲矿具有重要意义。

三、热液矿床原生晕的形态特征

热液矿床原生晕的指示元素及其组合，指示元素含量的特征及其在空间上的变化，都需要用一定的图形或参数来描述。先介绍原生晕形态方面的通用名词或术语。

1. *原生晕形态术语*

从三度空间的角度，我国的地球化学找矿工作者习惯将原生晕分为前缘、尾部、上盘、下盘、侧向 5 个部分。分别称为前缘晕、后尾晕、上盘晕、下盘晕、侧晕（图 7-7）。

前缘晕是矿液在离开主要沉积成矿地点后，残余矿液继续沿通道系统前进时形成的异常。一般规模大、延伸远，以活动性大的元素组合为特征，如 Hg、As、Ag 等。

后尾晕是矿液在尚未达到沉积成矿地点之前，在通道中及其附近形成的异常。一般规模较小，以活动性小的元素组合为特征，如 W、Bi、Mo、Sn 等。

上、下盘晕是在与矿体相毗连的上、下盘围岩中形成的异常。一般上盘晕的规模大于下盘晕。

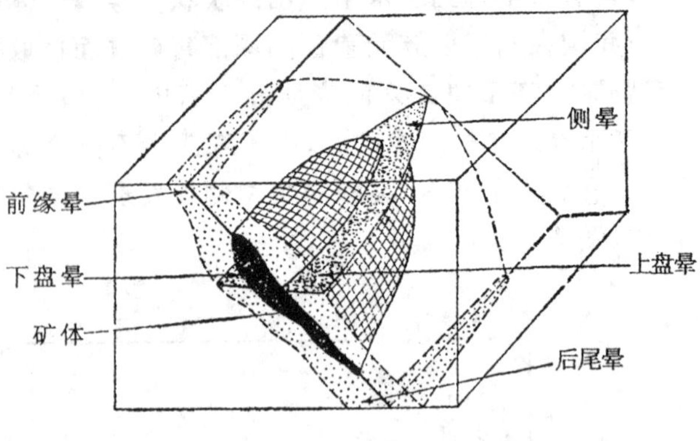

图 7-7　原生晕各部分名称图

侧晕是沿矿体走向延伸的异常。

在西方文献中，称前缘晕为渗滤晕，将毗邻异常和侧晕合称为围岩环。前苏联文献中矿上晕与我国的前缘晕大致相当，矿下晕与后尾晕相当。

2. *原生晕外部形态的类型*

原生晕的外部形态，主要是指异常在平面上和剖面上所反映的异常轮廓特征。它较直观地反映了成晕的控制条件。根据原生晕的外部形态，大致可分为 4 种类型。

(1)线状异常：异常形态在平面上表现为线状分布。异常长度远大于异常宽度。在剖面上表现为异常峰值明显，变化梯度大，异常清晰，但上、下盘晕不发育。如果成矿作用以充填为主，并主要受简单的相互隔离的裂隙系统所控制，则往往呈线状异常。含金石英脉型矿床或裂隙充填型铅锌矿脉形成的原生晕，呈典型的线状异常。

(2)带状异常：异常的长度明显大于异常宽度，但其长宽比小于线状异常。异常规模较大，异常峰值不甚明显。带状异常中，若异常长度略大于异常宽度，则属于透镜状异常。这也是热液矿床中较常见的异常形态。带状异常主要受密集的构造裂隙、断层、破碎带及含矿层位的控制。当含矿体以层状产出时，也形成带状异常。

(3)等轴状异常：异常在平面上没有明显的延伸方向，异常宽度较大，连续性较好。有的等轴状异常呈环状分布。等轴状异常往往由含矿岩体或囊状、巢状的热液矿体所引起。当含矿岩体以层状产出时，则形成带状异常。

(4)不规则状异常：该类异常形态反映出异常形成时，受多组不同方向、不同形态或不同性质构造的联合控制。当然这种构造的复合，可以是同时的，也可以是不同时的。

四、热液矿床原生晕的分带特征

原生晕的分带性包括浓度分带和组分分带两种类型。

1. *浓度分带*

浓度分带是同一组分的含量自矿化中心或异常中心向外有规律变化的现象。

对于主要成矿元素来说，一般是表现为由矿化中心向外，组分浓度逐渐降低；而对于出现负异常的某些元素来说，表现为由异常中心向外组分浓度逐渐升高。

为了可以互相对比，1965 年，谢学锦、邵跃将地球化学异常分成内带、中带、外带三个浓度带。采用异常下限值的 1 倍、2 倍、4 倍来划分外、中、内带(图 7-8)，称三级浓度带。

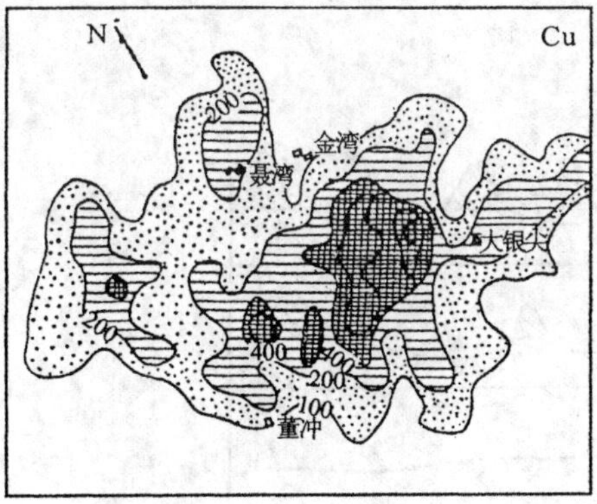

图 7-8　某矿区 Cu 元素的三级浓度分带(10^{-6})(王永祥等,1982)

异常的浓度分带可以直观地反映异常的浓集中心。对于偏心和离心地球化学异常来说,浓度中心的确定显得更为重要。后面论及的异常组分分带现象,就是通过不同指示元素浓度中心在空间上的分离而表现出来的。

浓度分带不仅指示了找矿方向,而且有无浓度分带还是区别矿致异常与非矿异常(如特殊岩性引起的异常)的标志。

2. 组分分带的一般特征

组分分带是原生晕中不同指示元素在空间分布上有规律变化的现象,若以每一元素的异常浓度中心来观察,可以看到空间上不同元素的规律分布,这就是组分分带。国外文献中所指的原生晕的分带性,主要就是指组分分带。

组分分带在垂直方向上的表现,称为垂直分带。在水平方向上的表现,称为水平分带。它是现代空间上原生晕的分带特征。

热液矿床原生晕的垂直分带性,表现为不同指示元素在不同标高上发育的差异及由此导致的一系列派生规律,在不同的高程上产生不同的元素组合,某些元素的对比值随深度的增加而发生有规律的变化。

前苏联的卡布卢科夫等在某热液铀矿床上所观察的垂直分带性是一个典型的例子(图 7-9)。从图上可见 Pb、Zn、Ag 主要发育在高于铀矿体的标高上,而 Cu、Mo 则上、下均发育,显示了 Pb、Zn、Ag 在上,Cu、Mo 偏下的分带性。

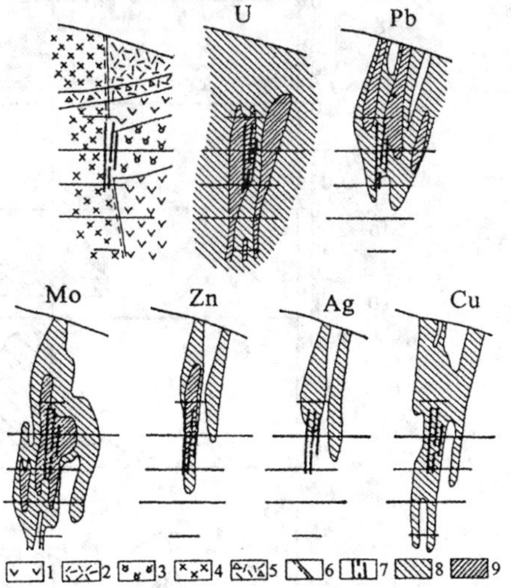

图 7-9　铀矿体周围的原生晕

(C. B. 格里戈良,1975)

1. 石英斑岩;2. 石英斑岩质凝灰岩;3. 球粒斑岩;4. 霏细岩-斑岩;5. 石英斑岩质凝灰角砾岩;6. 断层;7. 矿体;8. 2～10 倍背景含量;9. 大于 10 倍背景含量

原生晕的水平分带是指示元素在现代水平方向上,异常发育的强度、范围的规律性变化特征。在矿田范围或矿床范围内的水平分带,是矿田晕或矿床晕的水平分带。图 7-10 是德兴斑岩铜矿床的原生晕水平分带模式图,异常元素的水平分带模式为:

$$\overbrace{\mathrm{W[Bi]MoCu[Ag]}}^{\text{内带}}$$

$$\overbrace{\mathrm{ZnPb[Ag]CoNi}}^{\text{中带}} \qquad \overbrace{\mathrm{PbZnMnAsHg[Co]}}^{\text{外带}}$$

矿体原生晕的水平分带则是以水平方向上异常的宽窄来划分的,如陕西某铜、钼、钨多金属矿区原生晕的水平分带模式(由中心向外)为:W、Mo、Sn、Bi、Cu、As、Zn、Ag、Pb。

原生晕的垂直分带性和水平分带性,都是针对现代空间方位说的,不涉及矿体和原生晕形成时的状态。格里戈良认为晕的分带性是一个矢量的概念,热液运移有方向性,总是向压力降低方向运移。他结合矿体的产状将原生晕的分带

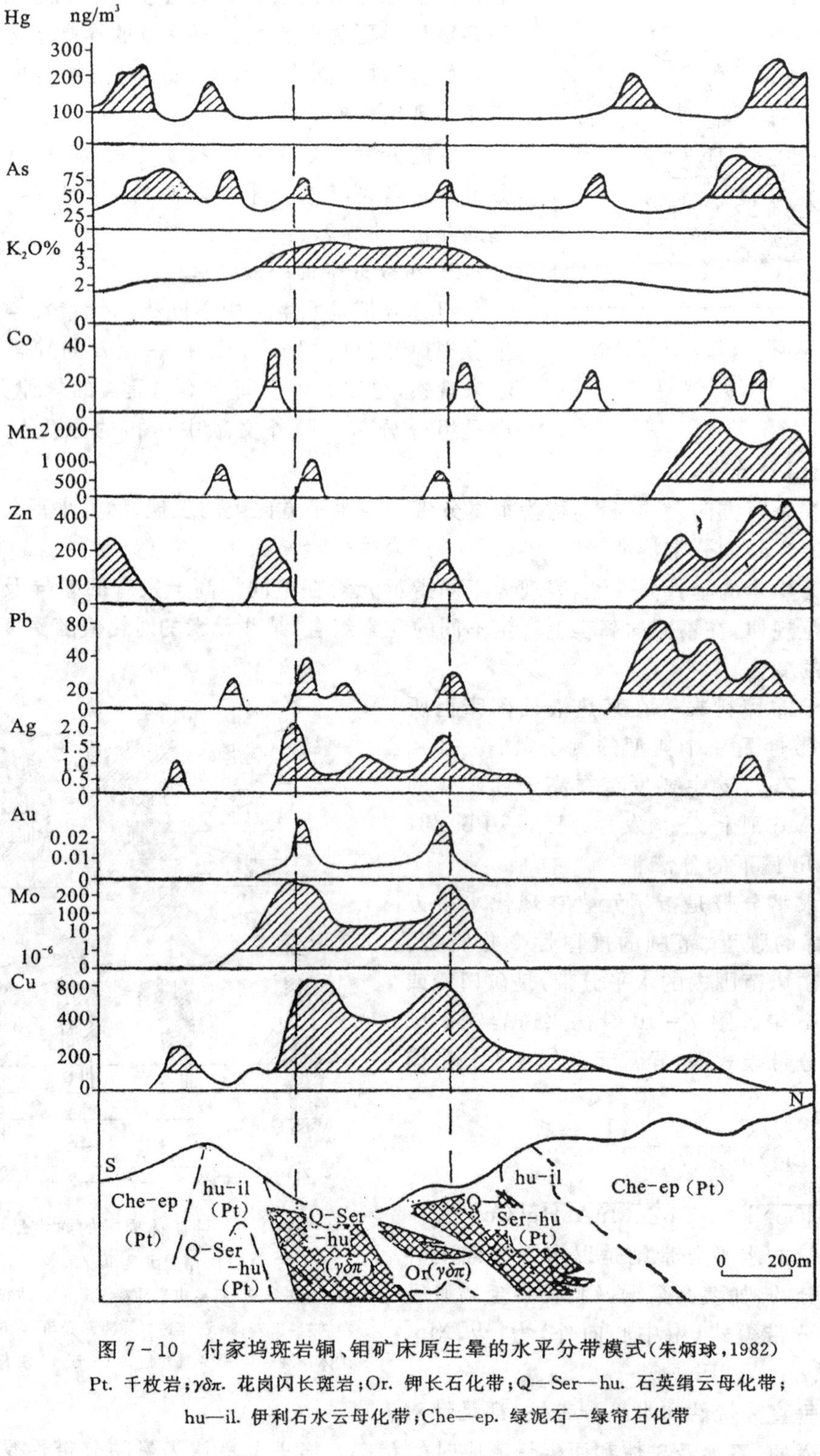

图 7-10　付家坞斑岩铜、钼矿床原生晕的水平分带模式(朱炳球,1982)

Pt. 千枚岩;$\gamma\delta\pi$. 花岗闪长斑岩;Or. 钾长石化带;Q—Ser—hu. 石英绢云母化带;hu—il. 伊利石水云母化带;Che—ep. 绿泥石—绿帘石化带

性划分成轴向分带、横向分带、纵向分带三种类型（图 7－11）。这是一种成矿成晕的模式分带。

轴向分带——沿矿体轴向，即沿矿液运移向上的元素分带。主要是由渗滤作用造成的分带。在矿体产状为陡倾斜的情况下，轴向分带则与垂直分带相一致。

纵向分带——顺矿体走向所反映的元素分带。

横向分带——垂直于矿体轴面方向上的元素分带，主要是由扩散作用造成的分带。在矿体产状为陡倾斜的情况下，横向分带与水平分带相一致。对于接近水平产出的矿体来说，轴向分带与水平分带一致，而横向分带与垂直分带一致。

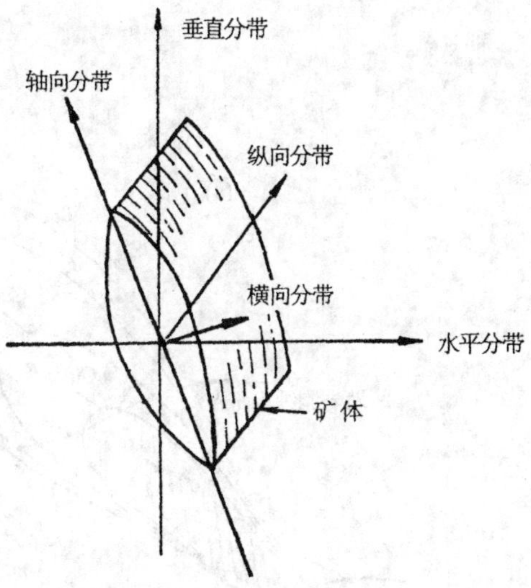

图 7－11　陡倾斜矿体原生晕的轴向分带（Ⅰ）、横向分带（Ⅱ）和纵向分带（Ⅲ）

（格里戈良，1975）

1963—1965 年期间，邵跃等人在狮子山地区开展矽卡岩型铜矿床原生晕的研究工作。通过对狮子山矿床四条勘探线剖面钻孔中原生晕的研究发现（图 7－12），铜、银、钼三个元素在剖面上具有垂直分带现象。银异常主要分布在沿矿带轴向的前上方（前缘），矿带尾部异常收敛；钼异常主要分布在沿矿带轴向的后下方（尾部），矿带前缘无异常出现；铜异常虽然在矿带前后均有异常出现，但在矿带前缘比矿带尾部异常强，矿带尾部异常有收敛的趋势。综合 Cu、Ag、Mo 三元素的轴向分带理想模式示意于图 7－13。

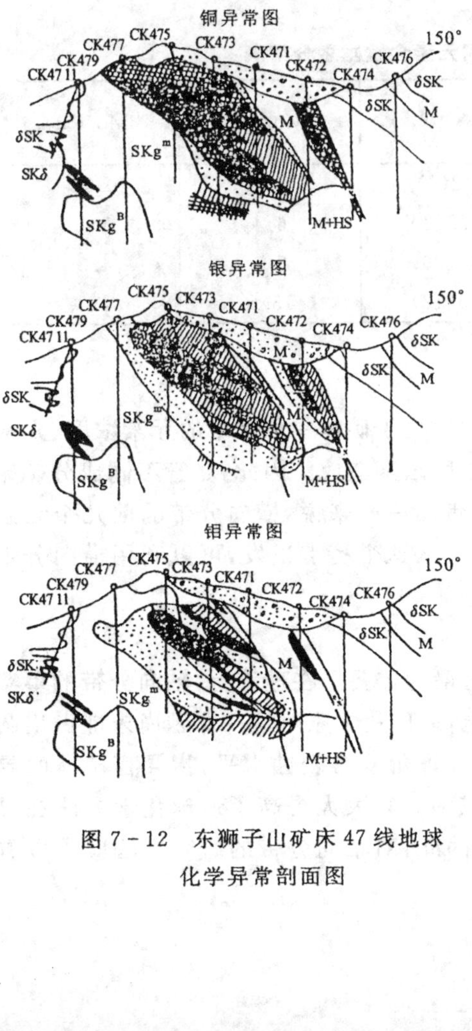

图 7－12　东狮子山矿床 47 线地球化学异常剖面图

为了进一步获得元素垂直分带的定量概念，对四条地球化学剖面上的原生晕分别统计了 Mo/Ag 和 Mo/Cu 两对元素的比值（表 7－4）。从表 7－4 中可以看出一般矿带前缘 Mo/Ag 比值小于矿带尾部；Mo/Cu 也有类似情况，但不如 Mo/Ag 比值明显。因此有可能利用 Mo/Ag 比值评价地表异常的含矿性。地表异常中的东山 3 号异常，沿东狮子山西坡的一组火成岩的西部接触带分布。地表异常中的 Mo/Ag 比值为 0.8，属矿带前缘特征，故推测其深部可能赋存有经济价值的盲矿体。1970 年异常区内打了一个水平坑道进行验证，在离洞口 30m 处遇到了三条氧化铜矿体。每条厚度 3～5m，含 Cu1.6%，初步证实了 3 号异常的含矿性。

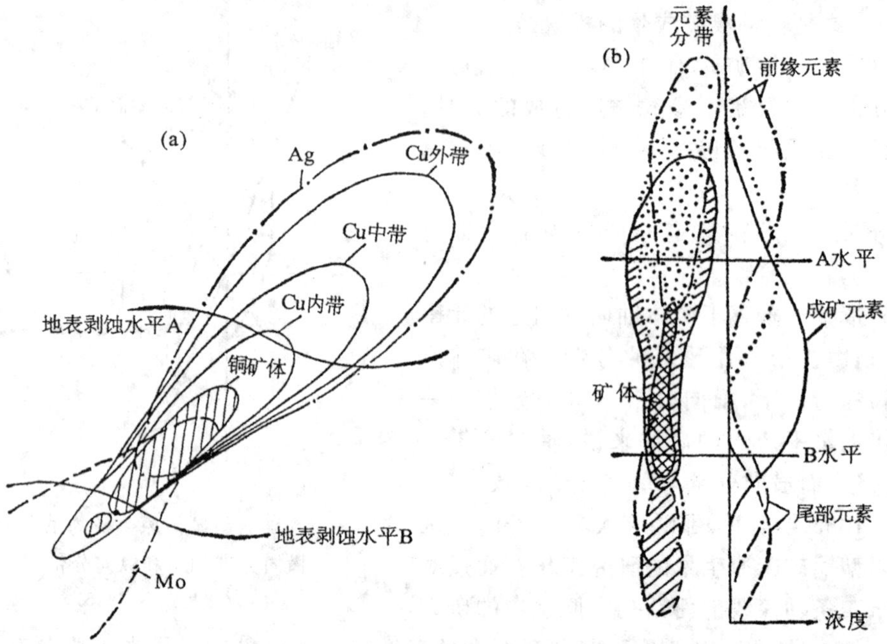

图 7-13　Cu、Mo、Ag 三元素轴向分带图(a)和轴向分带示意图(b)

表 7-4　东狮子山矿床 47 线钼、银、铜元素含量垂直分带表

位置 \ 元素	Mo($\times10^{-6}$)	Ag($\times10^{-6}$)	Cu($\times10^{-6}$)	Mo/Ag	Mo/Cu
矿带前缘	2(1)	5.8(6)	842(8)	0.4	0.23
上矿带	56(7)	8.8(29)	1 072(20)	6.4	5.2
下矿带	33.6(16)	6.2(33)	784(39)	5.6	4.3
矿带尾部	31(12)	2(12)	710(12)	15.5	4.3

注:()内为样品数。

横向分带与轴向分带同纵向分带不同,它的分带性取决于矿体中和晕中的元素浓度、元素的活动性及其在围岩中的背景含量。其中,主要是由浓度因素造成。因此,尽管不同成分矿床的轴向分带大体相同,它们却有着各自独特的横向分带。一般来说,横向分带的前几个元素(晕最大宽度的元素)正是该矿床矿石的主要成矿元素。从这个特点出发,可以利用横向分带作为确定矿种的依据。

3. 原生晕轴向分带研究方法

在所有各种分带中,以轴向分带在理论上和实践上最为重要。在理论上,轴向分带的事实为原生晕形成机制的研究提供了一系列课题,迄今为止,地球化学家对这一课题尚未能做出圆满的解释。在实践方面,利用原生晕轴向分带的规律,在评价异常剥蚀水平,指导盲矿体的寻找和勘探工作上都具有重要意义,取得了令人鼓舞的成绩。它大大提高了地球化学方法在寻找盲矿和深矿预测的能力,加大了找矿预测的深度。因此,对轴向分带的研究方法应予以重视,提高确定分带的可靠性和科学性。

(1)直观经验对比法。这是早期原生晕分带研究中的最常用的方法,利用这一方法研究轴向分带时,主要直观对比各元素异常在剖面上的发育特征,包括异常发育程度、范围(面积)、异常强度。其中,较为关键的是要作出各元素的浓度分带剖面图,对比各元素的浓度中心位置,异常未封闭的开口方向,收敛趋势。图 7-14 是前苏联卡范铜矿的原生晕剖面(据巴尔苏科夫、格里戈良、奥钦尼科夫等,1981)。

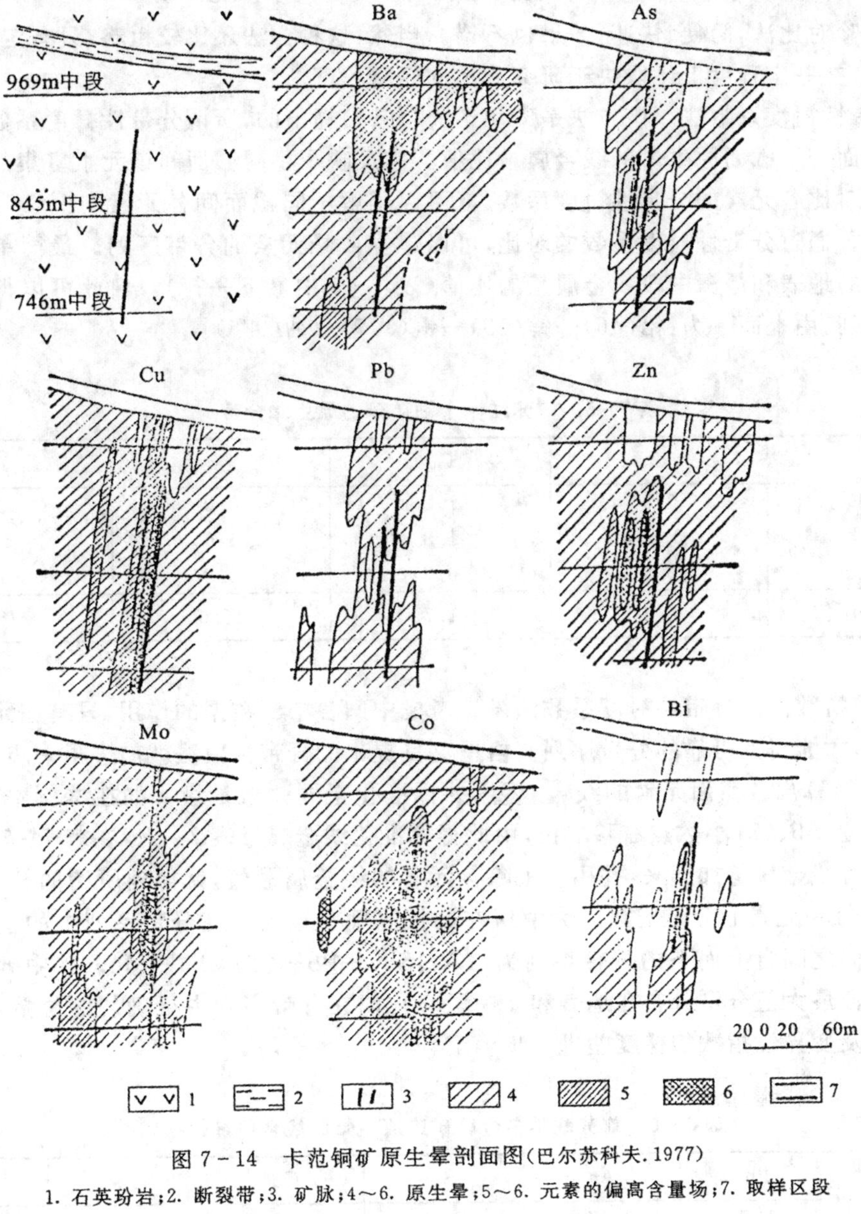

图 7-14 卡范铜矿原生晕剖面图(巴尔苏科夫.1977)

1. 石英玢岩;2. 断裂带;3. 矿脉;4~6. 原生晕;5~6. 元素的偏高含量场;7. 取样区段

从图 7-14 上可以清楚显示,主成矿元素异常面积最大,三级浓度清楚围绕矿体四周分布。As、Ba 则主要分布在主矿体之上,而 Co、Bi 异常分布在主矿体之下,互为“镜像”。因此,初步可以对异常的分带性从矿上—矿体—矿下分为:(As、Ba)—Cu(Zn、Pb)—(Bi、Co)。为了进一步将矿上、矿下两组异常元素的顺序精确排列,可以进一步分析两组元素的浓度中心相对位置和异常分布趋势。Ba 的两级浓度分带清晰，二级浓度带范围大，而 As 元素虽有两级浓度分带，但第二级浓度范围小，且一级浓度带向下收敛，向上敞开，具有更向上分布的趋势。因此，As 的浓度中心比 Ba 更向上。同样分析 Bi、Co 二元素，发现 Bi 仅有一级浓度带，向上收敛清晰，向下撒开明显，而 Co 已显示两级浓度分带，二级浓度带紧裹矿体向下撒开，表明 Bi 的浓度中心在更下面。中部的 Zn 更倾向于矿体之上分布，Pb 倾向于矿体之下分布。这样，卡范铜矿的轴向分布序列为从矿上向矿下为 As—Ba—Zn—Cu—Pb—Co—Bi。

直观经验对比法，简便、快速，效果也不错。当然，这种方法还比较粗略，只有定性水平，分带性的好坏，在一定程度上还取决于研究人员的经验程度。

(2)分带性衬度系数法。该方法是索切诺夫(1964)提出的，所谓分带性衬度系数是指同一元素在上截面与下截面原生晕的线金属量比值。它反映了不同截面间该元素富集的方向和富集的程度。对比各元素的分带性衬度系数，就可以了解不同截面间各元素向上(或向下)富集趋势的大小。通过分带性衬度系数的对比，可以建立成晕元素的分带序列。最简单的就是算出一个元素的地表和最深中段线金属量的比值(表 7-5 中最下一行)。由此可以得到指示元素的分带序列，由上而下为：铅(46)—锌(15)—铜(1.7)—铀(0.6)。

表 7-5 前苏联一个铀矿床的原生晕分带

元素	U	Cu	Zn	Pb
地表	0.3	1.2	3.0	12.0
Ⅴ中段	0.45	1.3	1.6	5.0
Ⅵ中段	0.5	0.7	0.2	0.26
线金属量比值	0.6	1.7	15.0	46.0

(3)分带指数法。分带性衬度系数法没有考虑中间各中断数据的作用，只有在元素含量呈单向增减时，才能得到可靠的分带序列。格里戈良提出的分带指数法就前进了一步。以表 7-6 数据为例，计算出各截面元素的线金属量，并标准化至同一数量级。如在本例中，As、Bi 小数点右移一位，Sb、Mo 小数点右移二位，由此得标准化线金属量表 7-7。在表 7-7 上把同一标高上的所有线金属量加起来，并用它去除各元素的线金属量值，就得到所谓的分带指数，列入表 7-8。每一元素的分带指数最大值所在的标高即为该元素在分带系列中的位置。由此就可排出它们之间自上而下的分带系列为：(As，Sb)—Pb—(Cu，Bi)—Mo。其中砷、锑和铜、铋的分带指数最大值分别分布在地表和Ⅱ中段。它们在分带序列中更确切的位置，需要应用变异性指数及变异性指数的梯度差进一步确定。

表 7-6 前苏联某多金属矿床原生晕的线金属量数据 (m%)

元素	Pb	As	Sb	Cu	Bi	Mo
地表	1.5	0.17*	0.066*	0.96	0.07	0.000 77
Ⅰ中段	8.1*	0.006	0.006	0.75	0.03	0.007 4
Ⅱ中段	1.3	0.027	0.014	1.2*	0.16*	0.018
Ⅲ中段	0.15	0.017	0.006	0.67	0.076	0.02*
Σ	11.05	0.27	0.092	3.58	0.336	0.041 17

* 为最大值。

表 7-7 线金属量标准化数值

元素	Pb	As	Sb	Cu	Bi	Mo	线金属量总和$\sum Ml$
地表	1.5	1.7	6.6	0.96	0.7	0.077	11.5
Ⅰ中段	8.1	0.06	0.6	0.75	0.3	0.74	10.6
Ⅱ中段	1.3	0.27	1.4	1.2	1.6	1.8	7.6
Ⅲ中段	0.15	0.17	0.6	0.67	0.76	2.00	4.3

表 7-8 元素的分带指数值

元素	Pb	As	Sb	Cu	Bi	Mo
地表	0.13	0.148*	0.574*	0.084	0.061	0.006 1
Ⅰ中段	0.764*	0.005 6	0.056	0.071	0.028	0.07
Ⅱ中段	0.171	0.036	0.184	0.158*	0.211*	0.237
Ⅲ中段	0.03	0.04	0.139	0.156	0.177	0.465*

* 为最大值。

当两个以上的元素分带指数最大值同时位于剖面的最上中段或最下中段时，可以用变异性指数来进一步确定它们的相对位置。

$$变异性指数\ G=\sum_{i=1}^{n}\frac{D_{max}}{D_i}$$

式中：D_{max}为某元素的分带指数最大值；D_i为某元素在i中段的分带指数值(不考虑分带指数最大值所在的中段)；n为中段数(不包括分带指数最大值所在中段)。

对于砷和锑来说，它们的D_{max}同时位于地表，故求得：

$$G_{As}=\frac{0.148}{0.005\ 6}+\frac{0.148}{0.036}+\frac{0.148}{0.04}=34.22$$

$$G_{Sb}=\frac{0.574}{0.056}+\frac{0.574}{0.184}+\frac{0.574}{0.139}=17.4$$

$G_{As}>G_{Sb}$说明砷的变异性指数大于锑的变异性指数，反映出砷比锑更具有向上积聚的倾向。因此在分带序列中，砷应排在锑的前面(按自上而下的顺序)。

当多元素的D_{max}位于中部中段时，可用变异性指数梯度差ΔG的比较来确定它们在分带序列中的位置。变异性指数梯度差$\Delta G=G_{上}-G_{下}$(或$G_{下}-G_{上}$)。$G_{上}$表示分带指数最大值所在中段以上的变异性指数值；$G_{下}$表示分带指数最大值所在中段以下的变异性指数值。

例如：铜和铋，它们的D_{max}位于中部中段，需要分别求得它们的ΔG值：

$$G_{Cu上}=\frac{0.158}{0.071}+\frac{0.158}{0.084}=4.11$$

$$G_{Cu下}=\frac{0.158}{0.156}=1.01$$

$$\Delta G_{Cu}=G_{Cu上}-G_{Cu下}=3.1$$

$$G_{Bi上}=\frac{0.211}{0.028}+\frac{0.211}{0.061}=11.0$$

$$G_{Bi下}=\frac{0.211}{0.177}=1.19$$

$$\Delta G_{Bi}=G_{Bi上}-G_{Bi下}=11.0-1.19=9.81$$

在同一中段里，某元素的 $G_{上}-G_{下}$ 越大，说明该元素倾向于向下积累；反之亦然。

在上述例子中，$\Delta G_{Bi}>\Delta G_{Cu}$，说明 Bi 相对于 Cu 更趋于在下部积聚，故在分带序列中 Bi 应排在 Cu 的后面（按自上而下的顺序），最后，对于所研究的例子中，完整、确切的分带序列应该是：砷—锑—铅—铜—铋—钼。

(4)浓度集中心法。本法以经验法浓度中心比较为依据，吸收了格里戈良分带指数法考虑不同截面数据的作用，借鉴其计算方法的基本程式，计算每一元素的浓度中心。

首先计算同一元素的各截面线金属量，并计算单元素线金属量和，仍以表 7-6 为例，得表 7-9。

表 7-9 某金属矿床原生晕的线金属量 (m%)

元素	Pb	As	Sb	Cu	Bi	Mo
地表	1.5	0.17	0.066	0.96	0.07	0.000 77
Ⅰ中段	8.1	0.006	0.006	0.75	0.03	0.007 4
Ⅱ中段	1.3	0.027	0.014	1.2	0.16	0.013
Ⅲ中段	0.15	0.017	0.006	0.67	0.076	0.02
$\sum Ml$	11.05	0.220	0.092	3.58	0.336	0.041 17

再计算各元素在各中段的富集系数 K_i

$$K_i=\frac{Ml_i}{\sum Ml}$$

根据 K_i 值列出各元素在各中段的富集系数表 7-10，* 号为每一元素最大富集系数位置，即为该元素的浓度中心。根据浓度中心的相对位置，初步排列自上而下的分带序列为(As，Sb)—Pb—(Cu，Bi)—Mo。这与分带指数法的初步序列完全一致。

表 7-10 浓集系数表

元素	Pb	As	Sb	Cu	Bi	Mo
地表	0.136	0.773*	0.717*	0.268	0.208	0.019
Ⅰ中段	0.733*	0.027	0.065	0.209	0.089	0.180
Ⅱ中段	0.118	0.123	0.152	0.335*	0.476*	0.316
Ⅲ中段	0.014	0.077	0.065	0.187	0.226	0.486*

* 为最大值。

然后精确计算同一中段多个浓度中心元素的先后顺序。对最上或最下截面的元素，用浓集系数变异指数(H)来衡量：

浓集系数变异指数 $H=\sum_{i=1}^{n}\frac{K_{max}}{K_i}$

式中：K_{max} 为某元素最大浓集系数；K_i 为某元素在 i 中段的浓集系数（不考虑最大值所在中段）；n 为中段数（或截面数）。

对于最上截面来讲，H 越大，其向上聚集趋势越大，排序在上。对于最下截面来讲，正好相反。如上例中最上中段的 As、Sb：

$$H_{As}=\frac{0.773}{0.027}+\frac{0.773}{0.123}+\frac{0.773}{0.077}=44.95$$

$$H_{Sb}=\frac{0.717}{0.065}+\frac{0.717}{0.152}+\frac{0.717}{0.065}=26.78$$

$H_{As}>H_{Sb}$。因此，在分带序列中，As 排在 Sb 之前。

对于中部中段的元素，则用浓集系数变异差(ΔH)来度量其浓集趋势差异：

$$\Delta H=H_{上}-H_{下}$$

$H_{上}$ 指浓集系数最大值所在中段以上的变异指数，$H_{下}$ 指浓集指数最大值所在中段以下的变异指数。差值越大，反映该元素向下聚集的趋势越大，则应越排在后面。

对于中间中段的 Cu、Bi 来说：

$$\Delta H_{Cu}=\frac{0.335}{0.268}+\frac{0.335}{0.209}-\frac{0.335}{0.187}=1.60+1.25-1.79=1.06$$

$$\Delta H_{Bi}=\frac{0.476}{0.208}+\frac{0.476}{0.089}-\frac{0.476}{0.226}=2.29+5.35-2.11=5.53$$

$\Delta H_{Bi}>\Delta H_{Cu}$，表明 Bi 向下聚集趋势越强，分带序列中，Bi 应排在 Cu 之后。整个分带序列自上而下为：As—Sb—Pb—Cu—Bi—Mo。

本计算法结果与分带指数法完全一致，且不需标准化，更为简单明了。

4. 热液矿床原生晕的综合轴向分带序列及与横向分带、纵向分带关系

通过大量热液矿床原生晕的研究表明，热液矿床原生晕的分带是普遍的现象。同时通过大量的轴向分带现象的对比还发现，不仅仅是同一类型矿床的原生晕轴向分带顺序有很多相似的地方，而且在成分不同和形成条件不同的各种热液矿床原生晕的分带顺序中，也有很多相似之处。这就反映出热液矿床原生晕的一些共同特征，有可能总结出一个典型的热液矿床原生晕的综合轴向分带序列。

奥弗钦尼科夫和格里戈良(1977)在总结了 47 个热液矿床原生晕资料的基础上，得出轴向分带系列(自后尾至前缘)为：W、Be、As_1、Sn_1、U、Mo、Co、Ni、Bi、Cu_1、Au、Sn_2、Zn、Pb、Ag、Cd、Cu_2、As_2、Sb、Hg、Ba。

克维雅特科夫基(1976)总结了四十多个不同类型内生矿床原生晕的资料，得出轴向分带序列(自后尾至前缘)为：Be、Ni、B、Sn_1、U、Mo、W、As_1、Bi、Cu_1、Zn、Pb、Sn_2、Au、Ag、Ba、As_2、Cu_2、Sb、Hg。

邵跃(1984)根据多年工作的经验总结出的元素垂直分带序列为：Sn—W—Zn_1—Ga—In—Mo—Re—Co(Au_1，As_1)—Bi、Cu、Ag—Zn_2—Cd—Pb—Au_2—As_2—Sb—Hg—Ba—Sr。

在分带序列中，有的元素出现两次，分布于两个不同的位置。主要是因为在不同的位置上，元素是以不同的载体矿物的形式出现的。例如，As_1 的位置反映 As 以毒砂的形式存在，As_2 以砷黝锡矿的形式存在；Sn_1 以锡石的形式存在；Sn_2 以砷黝铜矿的形式存在；Cu_1 以黄铜矿的形式存在；Cu_2 以黝铜矿的形式存在。这是不同矿床在特定地质条件下出现的，同一矿床中不可能同时出现两个浓集部位。

这些综合的典型的分带序列有很多共同点，即都具有序列下部、中部、上部所特有的一批相当稳定的元素，如前缘晕以 As、Sb、Hg、Ba、Sr 为典型代表，尾晕以 W、Be、Sn、Mo 等为代表。Ag、Pb、Zn 总为偏矿上的元素，Co、Ni、Bi 总为偏矿下的元素。每一个具体矿床的分带序列，基于很多原因，往往不是一个完整的分带序列，而是其中的一部分，或缺失了序列中的某些元素。但是在大多数情况下，元素的分布基本服从于同典型的轴向分带序列。

上述原生晕的轴向分带规律，系同一矿化期所形成的，是一种比较简单的情况。如果成矿作用是在多期次矿化作用下形成的，那么各期矿化相互叠加，导致上述分带规律破坏，形成所谓“多建造晕”或“叠加晕”。如果矿化在轴向方向上由于断裂性质变化而产生膨胀、压缩，矿化出现尖灭、再现、透镜状或串珠状矿体的“藕断丝连”，首尾相接，就会由于矿体原生晕的叠加导致轴向分带序列的破坏。

5. 横向分带与纵向分带

横向分带明显不同于轴向分带，各矿床没有统一的横向分带序列，这主要与矿化剥蚀程度有关。以图 7-13b 为例，若以异常宽度顺序排列横向分带序列，在该示意图剥蚀到 A 水平以上时，则以前缘晕元素最宽，主成矿元素其次，而尾晕元素最弱，排在最后。说明矿上水平的横向分带与正常轴向分带序列的由下到上的顺序相反，可以将之称为逆向分带。若剥蚀到 B 断面，则在矿化尾部，除主成矿元素强度、宽度较大外，尾晕元素也很强而前缘晕元素很弱，此时横向分带排列顺序为主成矿元素（如 Cu）——尾晕元素（Mo）——前缘晕元素（Ag）。若到 B 截面之下（即已在矿下时），最强的是尾晕元素，其次是主成矿元素，最弱的是前缘晕元素。此时横向分带序列可粗略排为：尾晕元素（Mo）——成矿元素（Cu）——前缘晕元素（Ag）。此时的分带序列，与轴向分带序列（由下向上）正好相同，可以称之为正向分带。

由上述分析可见，即使同一矿体，由于剥蚀程度不同，横向分带的序列就不同。正因为如此，横向分带序列的意义就不那么重要了。但它毕竟是同一成矿成晕过程中的产物，必然会有内在联系和有规律可循。从上述分析至少可以总结出两点：其一是主成矿元素的成晕能力最强，一般多为横向分带的头一两个元素；其二是如果把横向分带的头一两个元素剔除后，矿上晕的剖面横向分带总是表现为逆向分带，矿下晕的横向分带总是表现为正向分带。根据此两点，一般可以判断矿化的类型和异常的剥蚀程度。

原生晕的纵向分带是成矿热液在断裂系统“走向”方向渗流作用的结果，元素的分带性特征与轴向分带一致。从矿体中心部位向外，表现为尾晕元素成晕规模、强度降低而前缘晕元素成晕规模强度增加。

6. 原生晕分带性原因

原生晕的分带性是原生晕最重要的特征。它的发现，引起了地质学家的广泛注意，都试图对分带性给以理论的解释。

热液矿床原生晕轴向分带的原因，多数学者认为是由于成矿成晕过程中，成矿溶液内部的平衡发生变化，某些元素的稳定性不同造成沉淀有先有后，这种分带称为沉淀分带。

在沉淀分带这一总前提下，有关产生轴向分带的具体过程，不同的学者从广泛的角度进行了探讨。

巴恩斯和恰曼斯基强调指出，热液矿床中大多数金属元素以络合离子和分子形式迁移是它有效富集的惟一可能性。他们计算过不同金属的同类型硫化物络合物的相对热力学稳定性（以假定的单位表示）：

Hg	Cd	Pb	Cu	Zn	Sn	Ni	Co	Mn
227	156	154	134	132	126	83	81	78

稳定性越大的金属络合物，在热液中迁移越远。

所列元素络合物稳定性的顺序与典型的轴向分带序列相一致，表明含矿溶液中元素迁移的主要形式为络合物。

列特尼科夫、沃罗希洛夫等人认为：随着温度和压力降低，元素从离子溶液中依次沉淀析出，决定其沉淀顺序的基本参数是矿物结晶的自由能或矿物形成的等压—等温位 $\Delta Z^{\cdot}$。在多组分系统中，矿物将按 $\Delta Z^{\cdot}$ 值增大的顺序发生沉淀。沃罗希洛夫对恒温压条件下的 22 种简单金属氧化物、硫化物、硒化物所进行的计算表明，理论上和实际观察到的分带序列十分相似。有时分带序列的位置也会发生某些变化，这时溶液中原始反应物质的浓度可起重大作用。根据质量作用定律可以预料，某种元素从其浓度较大的溶液中沉淀出来，要比从浓度小的溶液中沉淀来得早。如在富含锌的矿床中，闪锌矿比黄铜矿沉淀得早，而在以铜为主的矿床中，黄铜矿则先于闪锌矿。

萨弗罗诺夫认为，矿体及晕的分带性决定于水溶液中离子的不同活动性。而这种活动性与元素的离子电位成反比。若把元素按其离子电位排成一个系列，就可得到一个理论分带系列，它与自然界中观察到的分带系列大致相似。

按谢尔巴科夫的意见，热液中元素的分异，是由于其离子密度的不同而造成的。离子密度高的元素（Mo、Sn、W、Bi、Ni 等）应富集于矿体的下部层位；离子密度低的元素（As、Sb、Ba、Hg 等）则应富集于矿体的上部层位。

还有不少学者从单位电离能值（一个价电子的平均电离势）及元素的原子量等角度来讨论分带性。看来，不同的解释都有一定的局限性。要建立一种既能阐明分带性总规律、又能阐明具体规律的理论，还需要进一步积累资料和深入研究。即使是比较公认的络合物稳定性理论，也还要考虑不同类型络合物及元素的不同存在形式对原生晕分带序列的影响。

五、原生晕分散矿化与多建造晕

1. 分散矿化的原生晕特点

所谓分散矿化，是指除了由矿体和各类地质体所形成的地球化学异常外，还有一类为数甚多的，具有热液矿床原生晕某些特点的，但经过验证其下又不含工业矿体的地球化学异常。分散矿化地球化学异常发育的地段，称为分散矿化带。

分散矿化的地球化学异常，在数量上远远超过矿化异常。如何正确剔除由分散矿化引起的地球化学异常，对于缩小找矿靶区，减少找矿的盲目性，对于节约找矿投资，都具有重要的意义。因为分散矿化的地球化学异常，往往发育于成矿有利地段，指示元素的异常和异常形态，有时和矿异常的前缘晕相近，在异常评价时往往被误认为矿异常，给地质勘探工作造成经济上、时间上的浪费。

总结国内外已知分散矿化带的实例，发现它有以下特点：①异常规模较小；②没有明显的元素浓集中心，浓度分带不明显，表现为一系列互不相关的异常带；③元素组合相对比较简单；④不具明显的指示元素垂直分带性，在不同的浓度上都有矿上元素和矿下元素的出现（图 7－15）。

对于分散矿化带特点的认识，目前还处于积累资料的阶段，有待于进一步总结和深入研究。它很可能是渗滤热液萃取围岩组分（多是一些易溶的前缘晕元素），浓度又不高，在断裂带中沉淀下来形成的。

2. 多建造晕

前面讨论的分带规律，主要是对于那些一次成矿或时间间隔不大的多阶段成矿作用而言。但在许多情况下，由于成分不同的成矿建造在同一空间上重叠起来，使前述分带规律受到破坏，出现了一些典型分带序列难以解释的现象，因而产生了多建造晕的概念。

多建造晕是由成分和形成条件不同的两个以上成矿建造，在空间上同时并存而形成的结构非常复杂的地球化学异常。多建造晕实际上是一种复合晕。多建造晕具有以下特点：

（1）出现不同特征的指示元素组合。每一种成矿建造的矿体周围，依其矿石成分的不同，

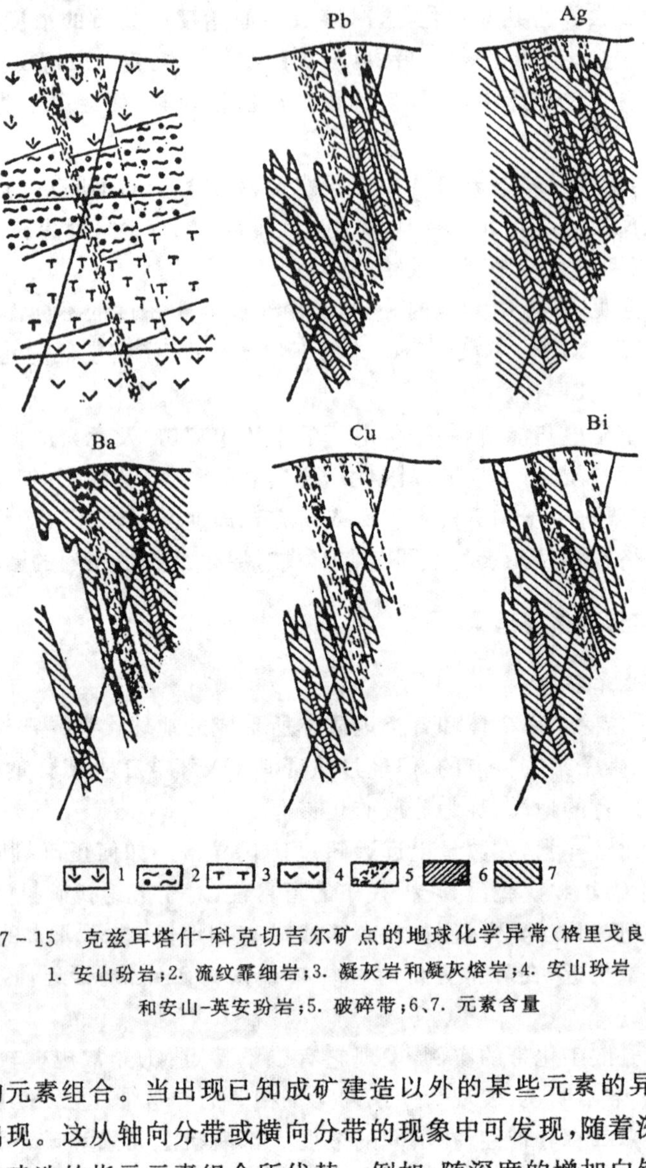

图 7-15　克兹耳塔什-科克切吉尔矿点的地球化学异常(格里戈良,1975)

1. 安山玢岩;2. 流纹霏细岩;3. 凝灰岩和凝灰熔岩;4. 安山玢岩和安山-英安玢岩;5. 破碎带;6、7. 元素含量

都具有自己特殊的元素组合。当出现已知成矿建造以外的某些元素的异常时,就应当考虑可能有另一建造的出现。这从轴向分带或横向分带的现象中可发现,随着深度增加,一种建造的元素组合被另一种建造的指示元素组合所代替。例如,随深度的增加白钨-辉钼矿化为多金属矿化所代替而形成的多建造晕等(图 7-16)。

(2)横向分带的特征:一般情况下,单建造的晕,其主元素在横向上的晕应该是最宽的,其他元素的晕都应包括在主元素晕的范围之内。当某种矿床的建造已经确定,但又发现其主元素晕在横向分带中比其他成矿元素的晕更窄时,就应考虑有多建造的存在。

(3)格里戈良认为,多建造晕的特点指示元素含量具有独特的相关关系。在不同成矿建造的标型元素含量之间,一般表现为负相关关系。而在一个成矿建造的原生晕中,指示元素的含量之间主要是正相关关系。对于这一认识,我们觉得是值得商榷的。因为对于同一建造的原生晕中,如果分带明显的话,固然矿上元素或矿下元素之间,可以表现为较好的正相关关系。但矿上元素和矿下元素亦可以表现为较好的负相关关系。在不同建造的指示元素之间就不一定具备元素相关性的必然联系。一般地说,不同建造的指示元素之间相关关系是不好的。因

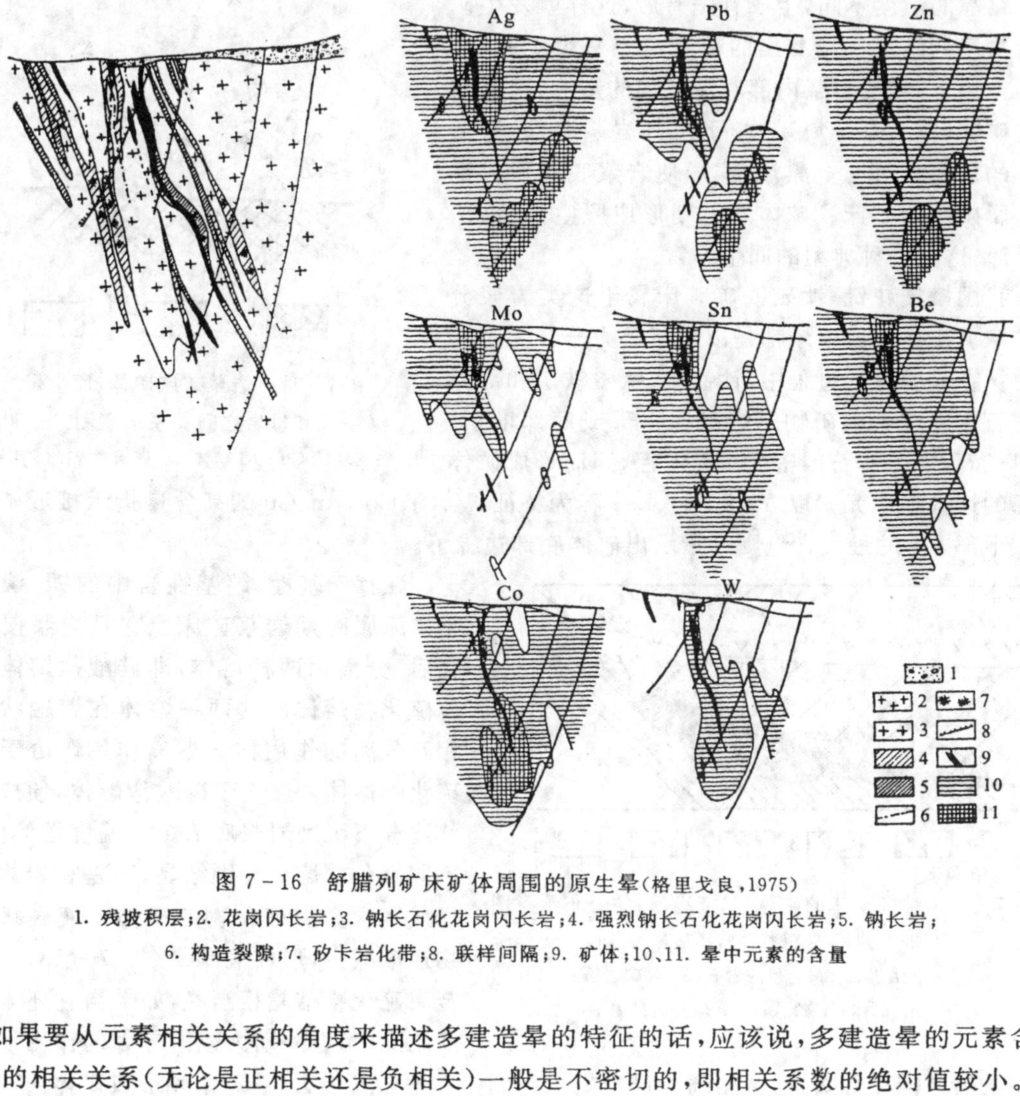

图 7-16　舒腊列矿床矿体周围的原生晕(格里戈良,1975)

1. 残坡积层;2. 花岗闪长岩;3. 钠长石化花岗闪长岩;4. 强烈钠长石化花岗闪长岩;5. 钠长岩;
6. 构造裂隙;7. 矽卡岩化带;8. 联样间隔;9. 矿体;10、11. 晕中元素的含量

此,如果要从元素相关关系的角度来描述多建造晕的特征的话,应该说,多建造晕的元素含量之间的相关关系(无论是正相关还是负相关)一般是不密切的,即相关系数的绝对值较小。而同一建造的指示元素之间的相关关系一般是密切的,即相关系数的绝对值较大。

六、岩浆矿床的原生晕

对于岩浆矿床原生晕的研究,远不如热液矿床原生晕研究那么广泛和深入。从国内外文献资料看,主要对岩浆分结矿床和岩浆熔离矿床中的铬铁矿、钒钛磁铁矿和铜镍硫化物矿床的原生晕进行过较为详细的研究。

1. 岩浆矿床原生晕的形成

岩浆矿床的原生晕主要是通过结晶分异和熔离作用形成。

岩浆是以硅酸盐为主并含有各种金属和一些挥发分(如 H_2O、Cl、CO_2、B、F、S、P 等)的一种熔体,成分相当复杂。不同类型的岩浆,在主要造岩组分方面是相同的,只是含量比例有所差别,但在微量元素和挥发分组分方面则差异很大。岩浆可以由地幔和地壳物质重熔或地壳物质被同化和交代形成。

由于温度逐渐下降,岩浆发生结晶作用,而各种矿物结晶的温度不同,生成有先有后,这样就发生矿物有次序的结晶。结晶出的矿物由于密度不同,在重力作用下,或受岩浆内部对流作用的影响,密度较大的矿物(特别是金属矿物)下沉到岩浆底部,密度较小的矿物相对向上漂浮,这样使岩浆底部形成富含金属矿物的矿床。矿体之上则形成原生异常(图 7-17),这是一种典型的同生异常。

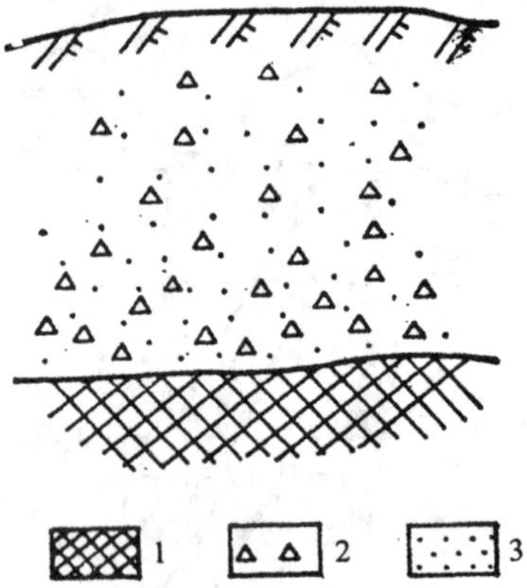

图 7-17　岩浆矿床矿体、原生晕和母岩之间关系示意图

1. 致密块状 Cu-Ni 矿体;2. 镍黄铁矿;3. 黄铜矿

我国攀枝花钒-钛磁铁矿矿床属于这类岩浆分结矿床。矿体和原生晕都是以岩浆重力分异为主要营力。在重力分异过程中,钛铁矿、钛磁铁矿和部分橄榄石密度较大的矿物于结晶区下部或底部堆积,而斜长石、部分辉石因密度小而上浮,因而形成矿体上部的远程指示元素以 Y、Sc、Ga、Ba、Ti 为特征,V、Ni、Co、Mn、Cu 的高含量指示接近矿体中部或下部,Cr 的最大含量则已指示出矿体底部边缘了。

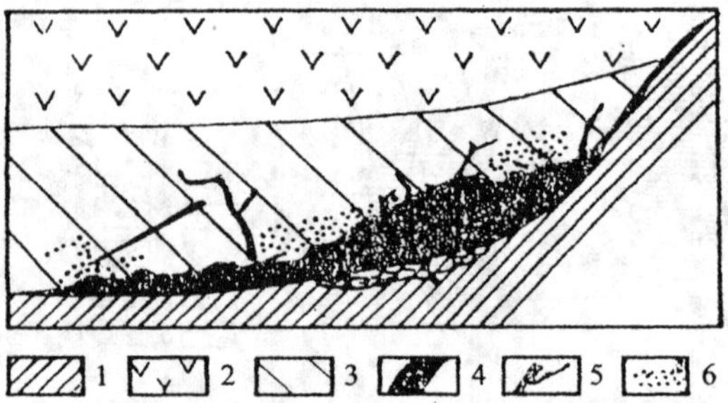

图 7-18　熔离矿床的矿体和《液滴晕》的分布示意图

(阿列克谢延科,1979)

1. 下伏岩石;2. 上覆的岩石;3. 含矿岩石;

4. 矿体;5. 矿脉;6. 上悬浸染的晕

赋存于基性、超基性岩中的铜-镍硫化物矿床属晚期岩浆矿床。它是岩浆侵入地壳后,分离为两种熔体,即硅酸盐熔体和金属硫化物熔体。这两种熔体在熔融状态下相互分离的作用称为熔离作用。由于金属硫化物熔体密度大于硅酸盐熔体,便成液滴状逐渐下沉到岩浆底部。当温度继续下降,不同部分的熔体分别结晶,于是在岩体底部形成富含金属硫化物的矿体。液滴状硫化物逐渐减少,形成液滴晕(图 7-18)。一般金属硫化物结晶相当晚,如果当它还未来得及结晶时,在外动力或内应力的作用下可沿冷凝的岩体的裂隙贯入,甚至离开母岩贯入到周围其他岩石中去,然后结晶形成矿体。

岩浆的结晶分异作用和熔离作用除了在有利部位金属矿物特别集中达到工业要求形成矿体外,一部分金属矿物往往呈浸染状散布在接近矿体的母岩中,形成某些元素含量增高的地段,即形成了岩浆矿床的原生晕,晕的范围比矿体大得多。

在熔离型铜镍硫化物矿床形成的晚期,往往有残余水—硫化物相的存在,还有挥发分参与。残余富含硫化物的水溶液导致矿体周围原生晕的形成。据拉宾诺维奇的资料(1973),在前苏联贝加辰镍矿体之上发育有清楚的氟晕和硼的负异常。此外,在含矿围岩中发育着由构造和岩性控制的线状晕,并有一定垂直分带,自下而上的分带结构为:Co、Ni、Cu、Zn、Pb、Ag、Ba。这种分带性特征与热液矿床轴向分带规律是一致的。

2. 岩浆矿床原生晕特征

上述两类岩浆矿床的原生晕,均为典型的同生异常,具有以下共同特征:

(1)岩浆矿床的原生晕和矿体、含矿母岩均为同源产物,它们只是同一地质作用中元素集中程度不同的结果。

(2)矿体、原生晕和含矿母岩没有明显的界限，是逐渐过渡的。

(3)原生晕发育在矿体周围，特别是矿体上方的母岩中。一般说来越接近矿体，异常强度越高。

(4)矿体和原生晕的产出常和一定的岩相带有关。对于铬铁矿含矿最有利岩相是纯橄榄岩、斜方辉石橄榄岩，MgO/FeO(分子比)＞6；对于铜镍硫化矿床最有利岩相是橄榄岩、二辉橄榄岩，MgO/FeO(分子比)＜6。

3. 基性、超基性岩体含矿性的地球化学评价

岩浆矿床具有明显的成矿专属性，已知的铬铁矿、铜-镍硫化物矿床、钒钛磁铁矿矿床、铂族元素矿床、金刚石矿床等，几乎都与基性、超基性岩体有关，大多产于岩体内部、少数形成贯入式矿床。但是，并不是所有基性、超基性岩体都含矿，含矿岩体都有较为明显的地球化学特征，可以通过地球化学指标予以判别。

(1)岩石化学指标。根据我国找矿实践的总结，我国的铬、镍、铂族金属矿床主要与超镁铁质岩有关。其中铬铁矿矿床的形成与镁质超基性岩关系更为密切；铜镍硫化物矿床与铁质超基性岩关系密切。如西藏罗布莎铬铁矿矿床主要产于镁质超基性岩中，岩体的 m/f 值为 8.8～11.6；甘肃金川铜镍硫化物矿床主要产于铁质超基性岩中，岩体的 m/f 值为 2.7～5.9。铂族金属矿床往往与镍、铬矿床共生。我国的钒钛磁铁矿矿床主要与富铁质超基性岩和铁质基性岩有关。如四川攀枝花钒钛磁铁矿矿床主要是产于辉长岩中，岩体的 m/f 值为 0.6～1.4。

(2)岩体中单矿物的化学成分指标。据文献报道，基性、超基性岩体中造岩矿物或副矿物中化学成分的特点与其岩体的含矿性之间有一定的联系，可以作为预测岩体含矿性的标志。

根据前苏联一些含矿超基性岩的统计，发现含铬超基性岩具有主要造岩矿物铁含量低于无矿超基性岩的特点。卡涅夫斯基(1973)根据 14 个岩体的统计，含铬铁矿的岩石中，橄榄石含 Fe 为 11%，而无矿岩石中，橄榄石含 Fe 达 13%；含矿超基性岩的古铜辉石中铁含量为 13%～14%，而无矿超基性岩中的古铜辉石含铁量达 17%。

(3)成矿元素及伴生元素在岩体中的分布特征。基性、超基性岩体中成矿元素的丰度值是岩体含矿性评价最直观的标志。但是不同产状、不同岩石类型的含矿性是极不均衡的。据统计，在含铬铁矿的纯橄榄岩-斜辉辉橄岩-二辉橄榄岩岩体中，纯橄岩的 Cr_2O_3 平均含量在0.37%以上，斜辉辉橄岩在 0.3%以上，如果小于上述含量，一般为不含铬铁矿的岩体。含矿的斜辉辉橄岩-斜辉橄榄岩岩体中的斜辉辉橄岩含 Cr_2O_3 在 0.43%以上，其中纯橄岩含 Cr_2O_3 更高。

含铬铁矿的纯橄岩-单辉辉石岩岩体中纯橄榄岩含 Cr_2O_3 在 0.5%以上。

尽管文献中常常指出上述规律，然而仔细分析就可发现，简单地应用 Cr_2O_3 含量高低并不能准确地评价岩体的含矿性，尚需同其他评价方法相结合。

对于含铜镍硫化物矿床的基性、超基性岩体来说，岩体中铜、镍的丰度也往往高于同类岩石的平均值。如吉林 401 矿区，含矿苏长岩中 NiO 平均含量为 0.33%，无矿岩体 NiO 平均含量为 0.03% ～ 0.07%，而同类岩石 NiO 的平均含量为 0.004%。基性、超基性岩体中镍的原始丰度比较高，它能否成矿关键在于是否具备使镍富集的条件。铜镍硫化物熔浆是不与硅酸盐熔浆混合的，要使这些金属富集成矿，硫的浓度起重要作用。如我国吉林某铜镍硫化物矿床，含矿岩体 Ni、Co 含量低于超基性岩的平均含量，但 Cu 和 S 则远远高于无矿岩石的平均含量。同样，在表 7－11 中也清楚地表明，虽然含矿岩体中 Ni 和 Co 含量高，但是只不过高 2 ～ 3 倍，然而 Cu 含量高 18 倍，S 含量高 10 倍。前苏联文献中也有类似的实例。因此，含铜镍硫化物的岩体评价指标，Cu 和 S 的指示意义更大、更显著。

表 7-11　加拿大地盾超基性岩体中 Cu、Ni、Co、S 的含量($\times 10^{-6}$)与含矿性的关系

含矿性	样品数	Cu	Ni	Co	S
无矿超基性岩	616	25.9	579	43.9	590
小矿超基性岩(<5 000t)	91	52.2	842	43.5	1 770
大矿超基性岩(>5 000t)	372	439	1 875	83.7	5 820
超基性岩平均		20	2 000	200	100

七、沉积-层控矿床原生晕

沉积矿床和层控矿床的原生晕也是目前研究得较少的一类地球化学异常。下面列出现有认识水平上的沉积矿床原生晕的主要特点：

(1)沉积矿床原生晕的形成过程中，成晕物质的迁移形成，除离子、络离子和胶体分子外，还以矿物和岩石碎屑的形式搬运。

(2)沉积矿床原生晕的形成机制中，生物化学作用占有相当的密度。

(3)指示元素的组合比较简单，一般富含可溶性的氯、锰和有机质。

(4)异常的分布与矿体或相应的地层层位一致，不具穿层的特点。

(5)异常范围内，指示元素浓度分带不明显。异常轮廓在走向方向上可延伸较远，而在垂直地层走向的方向上规模很小，浓度梯度变化大。

(6)不具热液矿床原生晕的分带特征。

现以陕西柞水银硐子大型银铅矿为例予以说明。该矿床属于大西沟—银硐子菱铁矿-银铅多金属矿田之多金属矿床部分。矿床产于泥盆系中上统地层中，赋矿地层为泥盆系中统之泥质、粉砂质沉积向泥质碳酸盐沉积的过渡部位。水平上由西向东矿化类型具 Fe-Ba→Pb-Ag-Cu-Zn 的分带性。多金属矿体主矿体长 1 300m，与地层整合产出，由条带、条纹状之硫化物、重晶石、硅质组成。矿床成因为热卤水沉积弱改造矿床。图 7-19 为 41 线原生晕剖面图。总结该矿床原生晕特点如下：①主要异常元素为 Pb、Ag、Zn、Mn、Ba，异常元素组分较为简单；②异常形态紧紧围绕矿体，与地层走向一致、沿走向延伸长，垂直地层发育不强，主成矿元素 Ag 最大宽度 150m，Pb 最大宽度 100m，其他很窄，Cu 仅有数米弱异常；③异常存在明显浓度分带，但组分分带不明显，无前缘晕、尾晕之分，不具备热液矿床组分分带特征，给剥蚀程度评价带来困难；④反映沉积过程、沉积环境的特征元素(Mn、Sr、Ba、B)的异常都有明显反映，规模较大，有利于用沉积相、沉积环境分析指导找矿。

火山沉积矿床，其原生晕的模式具有特殊的结构。即矿上部分基本上不存在原生晕，如图 7-20 所示。这种结构特点的出现是因为在含矿沉积物形成时，其上覆盖的水体没有顶板岩石，因而不可能形成矿上原生晕。如果在后期覆盖物中出现某种地球化学异常的话，则应该属于后生地球化学异常。而在火山热液通道中，却存在热液矿床的分带性特征。

在自然界经过后期改造的沉积矿床-层控矿床比纯粹的、典型的沉积矿床要广泛得多。由于层控矿床是经过后期改造的矿床，其成矿元素及伴生元素产生再分配，具有比沉积矿床更为发育的原生晕，因而具有更大的找矿意义。

层控矿床原生晕指示元素的数目同样是不多的。但由于后期的改造作用，有时它的元素成分多于原始沉积晕。

在国内外已开展过原生晕工作的层控矿床有铅、锌、铜、汞、锑、银、金、锡层控矿床等。

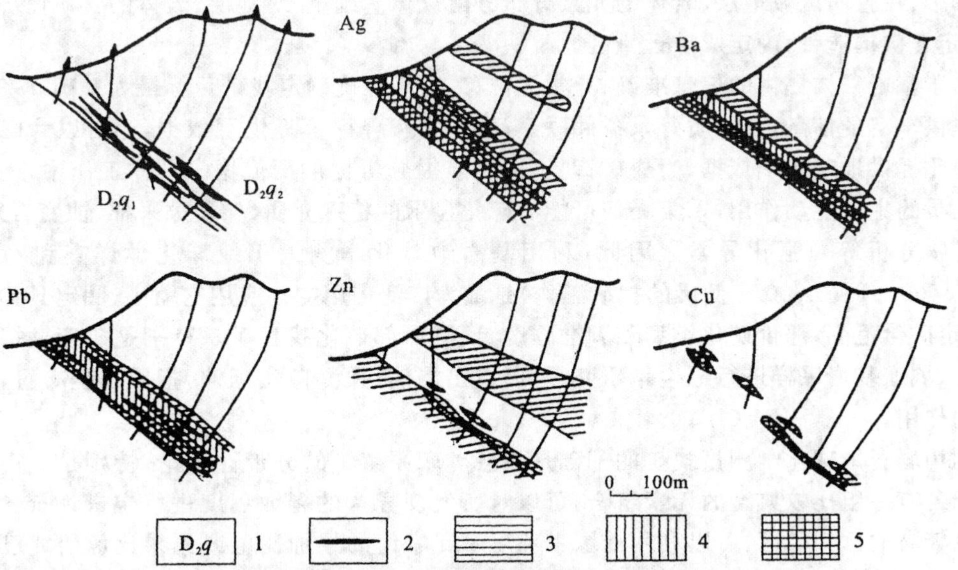

图 7-19 银硐子银铅矿 41 线原生晕剖面图(李方林等,1992)

1. 中泥盆统清石垭组;2. 矿体;3. 异常外带;4. 异常中带;5. 异常内带

层控铅锌矿床的原生晕可以划分成两个类型。一类是区域性的晕,它几乎占据整个含矿层位,其分布面积较大。当含矿岩系的厚度达到 400m 左右的情况下,沿走向可延伸 200km。直接指示元素 Pb、Zn、Ag 晕的含量值呈区域性出现,它不仅大大超过克拉克值,而且大大超过区域性的背景含量。当层控铅锌矿床主要赋存于白云岩中时,间接指示元素锰的高含量是一重要标志。

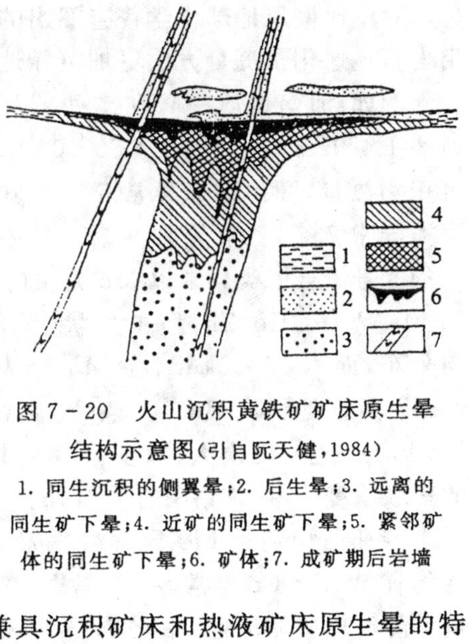

图 7-20 火山沉积黄铁矿矿床原生晕结构示意图(引自阮天健,1984)

1. 同生沉积的侧翼晕;2. 后生晕;3. 远离的同生矿下晕;4. 近矿的同生矿下晕;5. 紧邻矿体的同生矿下晕;6. 矿体;7. 成矿期后岩墙

另一类是近矿晕。其规模一般在几十米到几百米的范围里变化。近矿晕的特点,由于后生作用引起矿体周围元素重新分配而广泛发育。由于后生作用类型的不同,如岩浆热液、地下水热液、区域变质、岩浆烘烤等,情况比较复杂。由于受后期改造的方式和改造的程度不同,地球化学异常在形态上、元素组合上和分带性特征上都会显示出明显的差异。弱改造沉积同生矿床原生晕主要具有沉积矿床原生晕的特征,而强改造矿床会兼具沉积矿床和热液矿床原生晕的特点,研究时要考虑这一点。

八、岩石地球化学找矿的应用

通过采集基岩样品发现原生异常进行找矿的方法被称为岩石地球化学测量。从理论上讲,赋存于基岩中的矿床周围都有强弱不同、规模不等的岩石地球化学异常,都可以应用岩石测量的方法进行找矿。但实际矿产勘查工作证明,主要在热液金属矿床方面应用最为成功、效果显著。在岩浆矿床、沉积矿床方面,也取得了一定效果,非金属矿产方面也作过一些尝试。

岩石地球化学测量在找矿的各个阶段都可以应用。在区域地质调查阶段,主要配合区域地质调查，在查明区域地层、岩体的元素分布分配规律基础上，对地层、岩体的含矿情况进行评价，圈定含矿构造带，确定成矿远晕区。

由于基岩采样提供的信息准确，异常无位移，对于准确确定找矿目标最为精确。基岩样品可以提供丰富的信息，与地质背景条件联系，给异常解释评价提供了依据，还可以为区域地质发展演化提供地球化学依据，为成矿背景、成矿前提分析提供了依据。采样工作中，还可利用工作人员的主观能动作用，采集一切可能有矿化显示的特殊介质（如裂隙采样、蚀变岩采样、重粒级矿物分析等），强化异常。因此，利用基岩地球化学测量于地球化学详查和勘探阶段（1∶10 000—1∶2 000 比例尺的找矿工作）是最为广泛应用的。应用它缩小、圈定具体找矿目标，圈定矿化范围，评价矿化类型和剥蚀程度，预测深部矿化找盲矿。特别是矿床勘探阶段应用钻孔、坑道基岩采样进行原生晕研究，可以指出漏矿、预测矿化延伸，指导工程布置，具有很重要的作用。

利用岩石地球化学测量找矿的基础是热液矿床原生晕的分带性理论，特别是利用前缘晕和尾晕各有一组比较典型的元素组合，可以对所发现异常的剥蚀程度进行定量评价。若在工作程度较高的已知矿区，可以利用前缘晕和尾晕元素组的累加比值或累乘比值研究已知矿床不同标高上的剥蚀指数，建立起评价指标，对矿区外围或类似矿化区的异常进行剥蚀程度的定量评价。现将有关应用简述如下：

1. 检查、验证水系沉积物异常、圈定找矿目标

对中比例尺地球化学普查圈出的有前景的异常，如水系沉积物异常或土壤地球化学异常，用岩石地球化学测量方法更加可靠地圈定矿化的具体范围，为工程验证提供依据。

例如：河南地质一队在豫西熊耳山地区 1 470km² 内开展 1∶50 000 水系沉积物测量，圈出综合异常 52 个，其中甲类异常 7 个，乙类异常 9 个。其中雷门沟 3 号综合甲类异常以 Mo 为主（图 7－21），W、Cu、Co、Zn，呈牛角状近东西向分布，面积 15.68km²，在 Mo 异常中心，W 异常达 20×10^{-6}。整个异常以 Mo 形态规整、规模大、浓度高、有明显的三级浓度分带，浓集中心明显，属矿化异常特征。特别是 Mo 异常浓度最高，并伴有 W、Cu、Co 异常，Zn 异常弱，表明钼矿化已遭剥蚀。地表可能已出露矿化，采用基岩测量可能圈出矿体位置。故在该异常区以 1∶10 000 的比例尺，按 100×40 测网开展基岩测量。结果圈出了以 Mo 为主，伴有 W、Cu、Pb 及 Co、Mn 等元素的组合异常。Mo 以 50×10^{-6}、100×10^{-6}、200×10^{-6} 圈出三级浓度强异常，与岩体（斑状花岗岩）范围相似，最高达 $2\ 714\times10^{-6}$，一般含量 $(200\sim300)\times10^{-6}$，浓集中心更加明显（图 7－22）。经槽探验证，在斑状花岗岩体内外接触带圈出两个大型钼矿体，东部南矿体长 1 350m，平均宽 44m，西部北矿体长 2 800m，宽 70～750m，平均品位 0.053%，进一步钻探 26 个孔，矿体厚 12～300m，已达大型斑岩钼矿床。

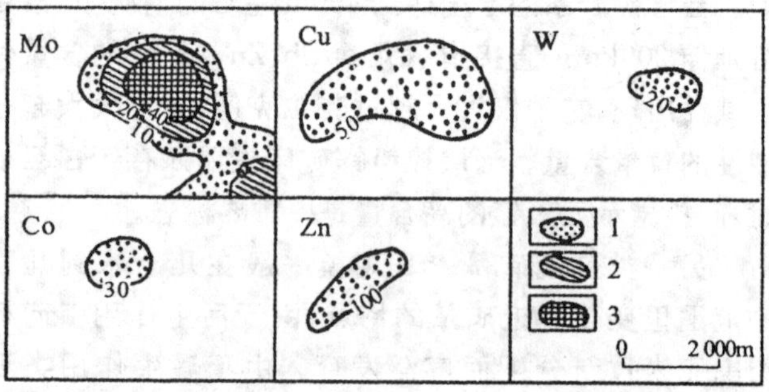

图 7－21　嵩县雷门沟水系沉积物测量地球化学异常图
（龚启厚，1984）
1. 一级异常；2. 二级异常；3. 三级异常　单位：10^{-6}

2. 判断剥蚀程度，寻找盲矿体

主要依据热液矿床原生晕轴向分带规律，利用前缘晕和尾晕元素组合，判断所研究异常属前缘剥蚀，或者是尾晕元素组合反映深剥蚀。

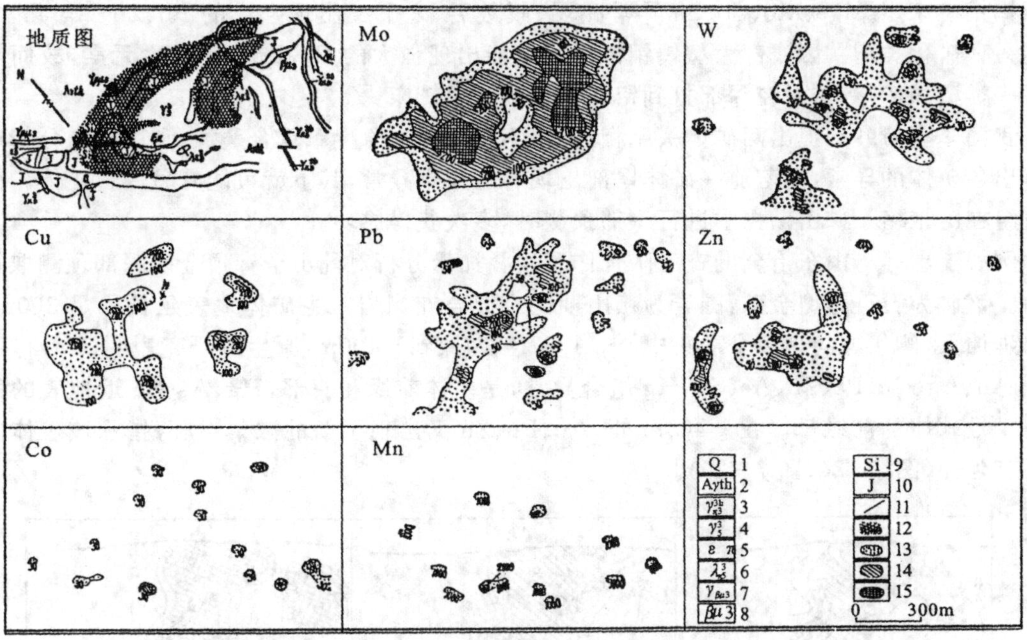

图 7－22 嵩县雷门沟钼矿区岩石测量地球化学异常图(龚启厚,1984)

1. 第四系;2. 太古界太华群;3. 花岗斑岩;4. 含捕虏体的斑状花岗岩;5. 英安斑岩;6. 石英斑岩;7. 辉长辉绿岩;8. 蚀变辉绿岩;9. 硅化碎裂岩;10. 角砾岩;11. 断裂;12. 钼矿体;13. 一级异常;14. 二级异常;15. 三级异常;异常单位:10^{-6}

福建管查铜矿是一个热液型老铜矿,因长期开采被认为是硐老山空。经过岩石测量发现异常沿断裂带延伸,并且地表呈现水平分带,Pb、Zn、Ag 位于外带,Cu 为中带,Sn、As 为内带。地表南 12 线以南可见矿化现象,北部矿化较弱,异常特征是南部出现 As、Sn 异常,北部为 Pb、Zn、Ag 异常。地球化学异常表明南部剥蚀较深矿体小、埋藏浅,北部剥蚀浅、深部应有盲矿。但地质人员认为南部地表已有矿化,坚持先在南部打钻两孔,见矿不好,后在北边三条剖面上连续打到盲矿体。

3. 指导勘探工程

在勘探阶段,利用钻孔或坑道岩石地球化学测量结果,研究原生晕特征,分析矿化(体)延伸趋势,指导勘探工程布置,追踪盲矿体。

例如前苏联在萨雷切库斑岩铜矿床利用原生晕平面规模大的特点,第一阶段普查时,钻孔网度大大放稀。结果在原生晕异常范围内布置的 ZK_1 孔和 ZK_2 孔钻过 600m 仍未见矿,但在中段出现铜的强异常。利用 Ag/Cu 比值作剥蚀指标,发现 ZK_1 为高值,具前缘晕特征,ZK_2 为低比值,属尾晕特征。推测主矿体应在头尾之间。于是在两孔之间加密两个钻孔,结果在孔深 200m 时,均见到近水平产出、规模大的矿体(图 7－23,别乌斯,1975)。

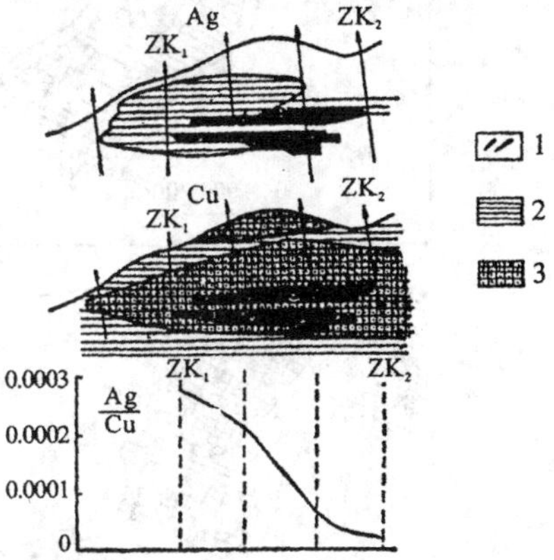

图 7－23 萨雷切库铜矿原生晕特征

1. 矿体;2. 含量: Ag(0.3～10)×10^{-6}, Cu(100～1 100)×10^{-6}3. 含量:Ag(10～70)×10^{-6};Cu(1 100～1 500)×10^{-6}

4. 利用多建造晕或叠加晕预测深部矿体

图 7－16 是前苏联利用多建造晕特征,根据上部矽卡

岩型钨钼矿床尾晕 W、Mo、Co、Sn 异常减弱、收敛后，之下又出现强大的 Pb、Zn、Ag 异常，预测是另一矿化类型。因浅部大型钨钼矿中不可能出现强大的 Pb、Zn、Ag 伴生元素，故而推测是另一类型的矿化，结果在深部打到铅锌银的多金属矿床。

我国李惠(1998)提出两矿体头尾相近时，不同矿体的原生晕重合叠加，利用轴向分带理论分解出各矿体的异常，即若前一矿体尾部出现有前缘晕异常，其下就可能有另一盲矿体。他们科研组在山东多个矿山勘探中进行深部预测时，多次获得成功。

例如李惠等与山东冶金勘查三队合作利用叠加晕分析对乳山金青顶金矿深部预测取得了成功。该矿为石英脉型金矿，围岩为燕山期昆仑混合花岗岩。主矿体地表延长不足 300m，但深部延伸大，侧伏方向具多个富集中心。1987 年勘探到 −400m，原生晕研究表明，1 号体部位出现 An、Ag、Cu、Pb、Zn、As、Sb、Hg 组合异常，是矿体前缘和头部，Hg、As、Sb 近地表的强异常是 1 号矿体的前缘晕。在 −400m 处，Au、Pb、Zn 又出现了新的浓集中心，指示该矿体向深部还有延伸(图 7－24、图 7－25)。

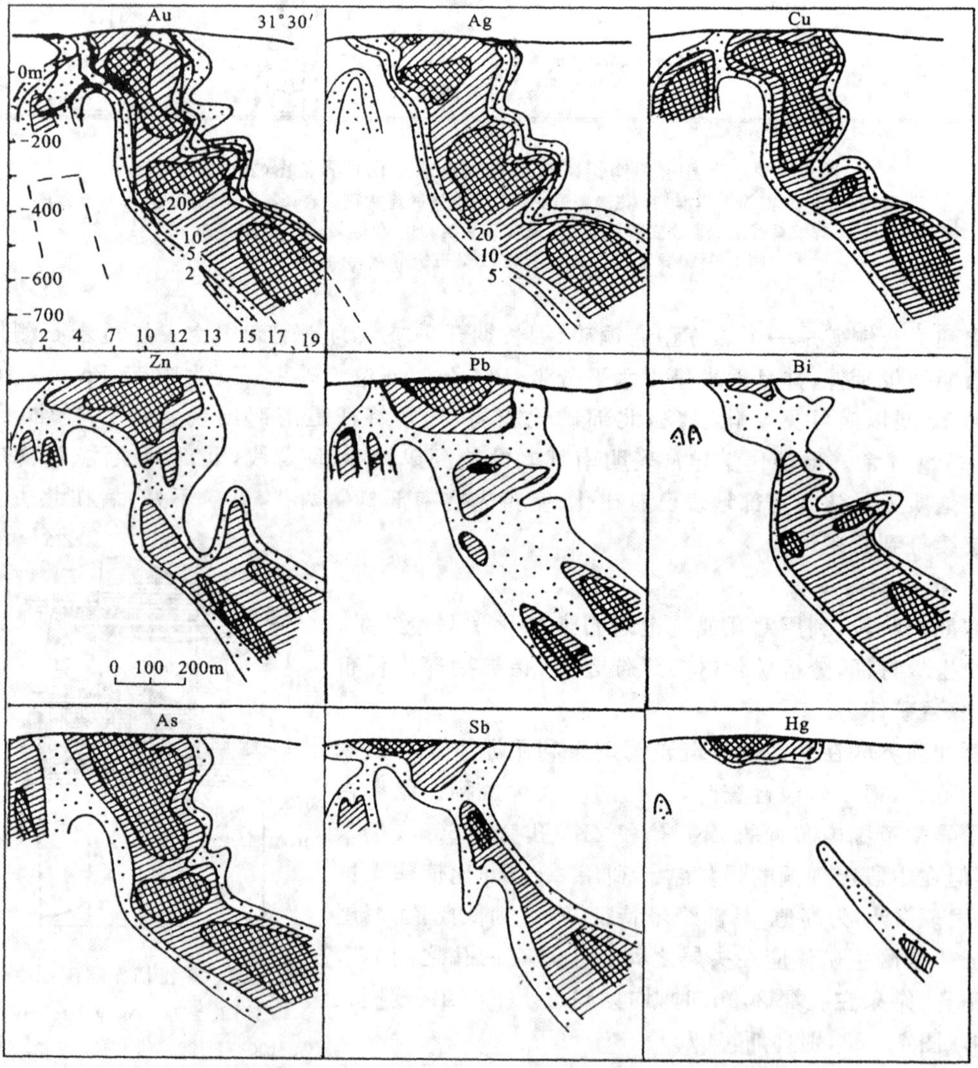

图 7－24　山东乳山市金青顶金矿地球化学异常垂直纵投影图

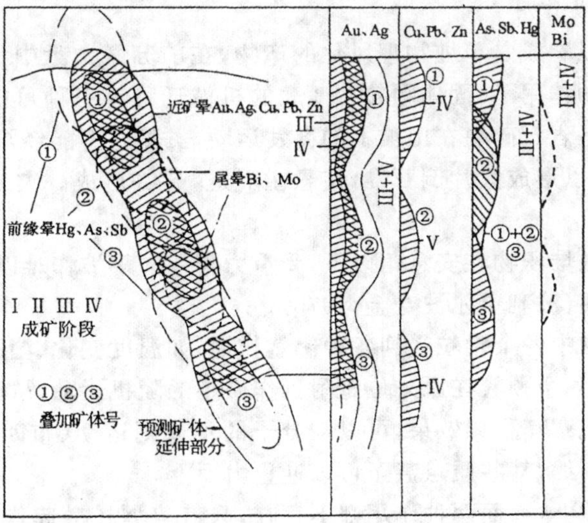

图 7-25 山东乳山市金青顶金矿床原生叠加晕模型

1996 年勘探到－700m，对原生晕研究表明，－700m 之上有三个浓集中心，Cu、Ag、Au 有相关性，As、Sb、Hg 分布于每个 Au 的富集中心之上部，Bi、Mo 在其下，Pb、Zn 强异常分布于 Au 浓集中心稍偏上。根据－700m 出现 Au、Ag、Cu 内带，As、Sb、Hg 前缘晕元素组与尾晕 Mo、Bi 组共存，指示深部还有新矿体。1997 年勘探到－900m，矿体还连续延伸存在。之后，继续开展对－1 000m 之下进行预测。

第三节 土壤地球化学找矿

勘查地球化学中的土壤是指地球表层的一切疏松细粒覆盖物，它不是土壤学中对土壤所给予的严格定义。地表疏松的覆盖物包括了残坡积物、冰积物、湖积物、风积物、洪积物以及有机覆盖物。土壤地球化学找矿是通过对土壤进行系统采样测定，研究元素含量的分布及变化规律，发现土壤中的地球化学异常，研究异常与矿的关系进行找矿。

土壤地球化学异常是原生矿体及其原生晕在表生风化过程中，经过各种地球化学作用在土壤中形成的异常。土壤中的异常可分为两类，一类是岩（矿）石风化过程中与成土过程同时形成的，称为同生碎屑异常；另一类则是土壤形成后，元素经活动迁移带入土壤形成的异常，称为土壤后生异常。本节将重点阐明两类土壤地球化学异常形成机制、影响因素，以利于对土壤地球化学异常的解释推断。

一、残坡积层中的同生碎屑异常

残积、坡积物是金属矿区分布最广的一种松散覆盖层，发育在这种介质中的地球化学异常直接来自矿体和围岩的风化产物，具有最明确的找矿意义，所以这类异常的观察与解释比较简单，在找矿实践中发挥的作用也最大。最初的化探工作所依靠的就是这类异常，因此残坡积物可以说是现代勘查地球化学的苗床。

1. 同生异常的形成作用

同生碎屑异常可以看成是单纯物理风化的产物，在前苏联文献中称为机械分散晕。在重力及其他各种机械力的作用下，固体颗粒在地表的机械迁移有三种可能的运动方式：崩塌、潜动及碎屑扩散。崩塌是岩石碎块在山坡上的突发运动，虽然它不能经常发生，但由于地质时期中多次事件的积累，可以形成大片倒石堆，使悬崖后退，峡谷形成。灾变性的滑坡与泥石流也可以归入这一类。

潜动是地表的松散堆积物在安息角以下，受重力作用向下坡作难以观察的缓慢运动，它包括土流及蠕动两种作用(波利卡尔波奇金，1976)。

碎屑扩散是松散物中各个颗粒受到各种偶然作用，如温度变化、湿胀与干缩、冻结与融化、土居动物的搬运等，使各个颗粒在原来位置附近作微小的随机运动，从而导致颗粒间的位置变换。如在地质时期中观察其积累效果，可以与分子的不规则运动(布朗运动)相比拟。这种作用不受重力场的直接制约，某些质点甚至可以逆重力而上。

在地表水平的条件下，前面两种作用都不存在，只有碎屑扩散起作用，由此形成单纯的残积碎屑异常。虽然这种理想情况在自然界可能不存在，但它的影响可在任何复杂的情况下产生。碎屑异常不但对 Sn、W、Nb、Ta 等形成重砂矿物的元素是典型的，而且对 Cu、Pb、Zn、Ni、Co 等存在于硫化物矿物中的元素也不例外。这是因为在残坡积物中所有元素的基本部分还是处于碎屑迁移阶段之中，所以研究同生碎屑异常具有普遍意义。

2. 土壤残积异常的形成

我们以垂直矿脉在平缓地形条件下形成同生异常为例来说明残积异常中的异常含量特征。在这种条件下，矿脉风化成碎屑后，主要在水平方向作碎屑质点扩散。从矿脉向一侧扩散的宽度 L 与土壤层厚度 Z 呈正比，$L=KZ$。L 称为分散晕的半宽度，K 为分散系数，$K=L/Z$，K 值与厚度无关，只与风化条件有关。根据我国一些地区的测定结果，K 值在 5～20 范围内变化，即异常形成宽度为矿脉的 5～20 倍。由于两侧围岩碎屑的混入，异常峰值将低于矿体品位，此时，残积物的厚度是使异常变弱的一个重要因素。为了研究碎屑异常在垂直断面上的分布，可以在一些假定条件下求出函数 $C_x=F(x,z)$ 的表达式。然后令 $x=0$ 时，矿脉正上方土壤中元素含量为 C_Z，$C_x=F(x,z)$ 为以隐函数形式定义的一条曲线，这就是含量 C_x 的一系列等值线。设元素含量的曲线为线性衰减(图 7－26)，利用相似三角形原理可知：

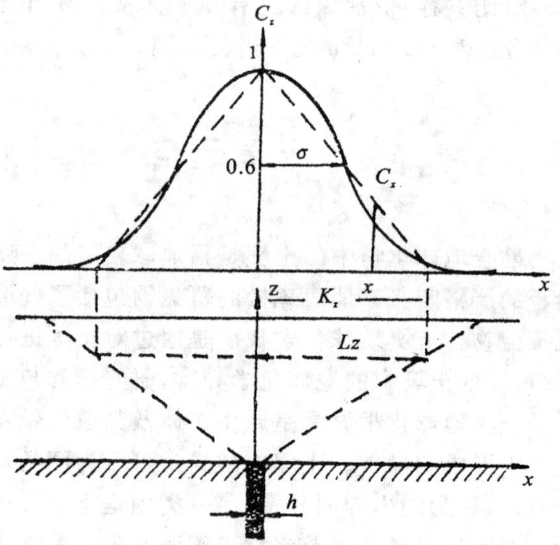

图 7－26　垂直薄矿脉的残积异常

$$\frac{C_x}{C_z}=\frac{K\cdot z-x}{K\cdot z}$$

$$C_x=C_z(1-\frac{|x|}{K\cdot z})$$

设表生分散过程中成晕元素不损失，则 $C_z=\frac{C \cdot h}{Kz}$（式中 C 为矿石中品位，h 为矿脉宽度，z 为土壤压实后厚度）。

这样，水平方向上元素含量可表示为：

$$C_x=\frac{C \cdot h}{K \cdot z}(1-\frac{|x|}{K \cdot z})$$

据此可以绘出土壤剖面上理想的等量线（图 7-27）。从图上可以看出，每根等量线有一最宽深度。当 $C_x=C_a$（C_a 为异常下限）时，异常是可以观察到的。当残积物超过一定厚度时，异常在地表消失，此时需加深取样或降低异常下限才能发现异常。

当然图 7-27 为理想状态，实际上由于围岩中存在原生异常、矿化不均匀、化学溶解的存在以及取样分析的误差，观察到的形态不可能那样规则，但其基本特点仍可以反映出来。图 7-28 为一个实际的残积异常的例子。

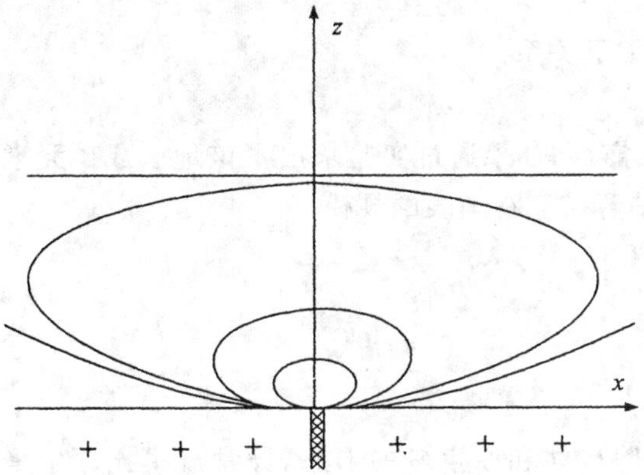

图 7-27　残积异常理想剖面

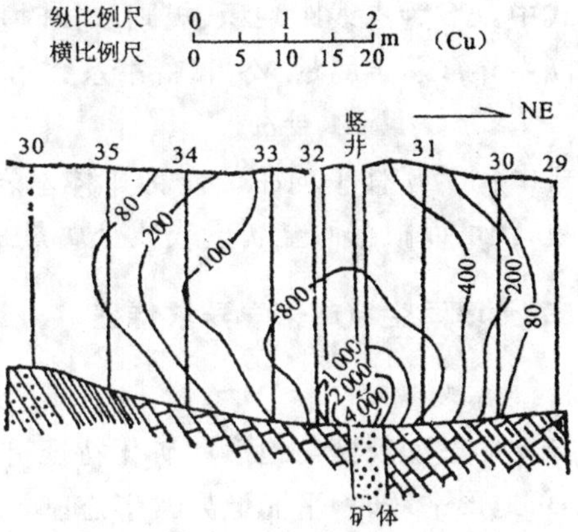

图 7-28　残积异常实际观察剖面（霍克斯，1962）

由上述分析可知，残积土壤同生异常含量与矿脉品位 C 和矿脉厚度 h 成正比，与采样点距基岩面高度 z 成反比，即采样越深，异常含量越高。

3. 同生异常的总金属量

评价同生异常时，计算异常内金属量是一有效评价异常前景的方法。因为异常峰值、宽度受许多条件影响而不稳定，但异常内的总金属量则是一个比较稳定的参数。对于同生异常来说，只要矿化在垂直方向上变化不是非常剧烈，则总金属量与下伏矿化规模成正比。单向延伸的异常可用垂直横剖面，计算线金属量：

$$M_l=\sum(C_x-C_0)\Delta x$$

式中：C_x 为各点实测含量值，C_0 为背景值，Δx 为点位控制距离，如果为等间距取样，即为点距。线金属量实际是矿化规模的一种度量。

土壤地球化学异常研究中，常引入富集系数 q，它是土壤线金属量与基岩线金属量之比：

$$q=\frac{Ml(\text{土壤})}{Ml(\text{基岩})}$$

q 为富集系数，它可以用来研究某一元素的表生地球化学性质，q 与一系列因素有关（表 7-12）。

表 7-12　富集系数 q 的影响因素

	q 增大的因素	q 变小的因素
自然因素	元素残余富集，生物积聚，围岩化学性质活泼、气候干冷、土壤碱性	元素淋溶、淋失、围岩化学性质惰性气候湿热、土壤酸性
人为因素	采自富集层位、富集粒度	取样层位随意，不取富集层位、粒度

$q>1$ 表示地表异常比矿体富集，$q<1$ 表示表生贫化。在碳酸盐岩区的异常，一般 $q>1$，这是因为灰岩土壤残余富集特征显著，评价异常时应特别注意。岩浆岩区，通常 $q<1$，因为长英质岩石风化后土壤多呈酸性，元素易淋失。

对于不规则异常，则需计算面金属量来评价矿化规模：

$$M_S=\sum(C_x-C_0)\cdot\Delta S$$

式中：ΔS 为点线距乘积（规则取样时）。

同生异常总金属量 M_S 和富集系数 q 有如下关系：

$$M_S=qcs$$

式中：c 为矿体平均品位，s 为矿体基岩出露面，如果通过实验求出了该地区成矿元素的富集系数，就可以根据面金属量或线金属量来估算矿床在地表的规模。

二、土壤同生地球化学异常特征

1. 形态和规模

异常形态和规模与地形和矿化特征有关。

(1)地形平缓时，平面上异常形态基本反映矿体和原生晕的形态，异常规模比原生晕一般大数倍以上；剖面上，异常呈上宽下窄的喇叭状。

(2)地形倾斜时，平面上异常形状受矿化与斜坡形状控制，矿脉(体)走向垂直斜坡倾斜方向时，形成片状异常；平行斜坡方向时，呈条带状异常，异常规模大。剖面上，由于重力作用沿斜坡方向的滚动，异常向下坡方向拉伸呈舌状。

(3)土壤异常的规模随取样深度加大而减小，强度随深度增大而增大。

(4)土壤异常的形态和规模与样品粒度有关，抗风化矿物的异常粗粒级的规模和强度大于细粒级，硫化物矿床则相反。

(5)土壤异常元素含量均匀性较好，异常连续性较好。

2. 组分特征

(1)指示元素组合基本上同原生晕的元素组合，只是个别元素易风化淋失时浓度降低，甚至不出现异常，异常元素种数少于原生晕。

(2)异常元素含量均匀，但一般比原生晕低一个数量级。

(3)土壤粒度不同，元素含量不同，抗风化矿物的元素易在粗粒级中富集，易风化矿物的元素易在细粒级中富集。因此，在不同景观区开展土壤测量要作富集粒度试验。

(4)组分分带性。土壤异常一般可保留原生晕的组分分带特征，可用轴向分带理论评价土壤异常指示的矿化的剥蚀程度。

3. 异常与矿体的空间关系

土壤同生异常与矿体的空间位置一般都有位移，所谓位移是指异常浓度中心与矿化露头投影位置的位差，它与地形和矿体产状有关。

(1)水平地面上由矿体倾斜引起的位移。如图 7-29 所示，当岩石风化前后体积不变时，则位移 $S_\beta = \dfrac{H}{\mathrm{tg}\beta}$。

考虑到风化物体的变化，则应引入一个系数 $B\left(B = \dfrac{H'}{H}\right)$

$$S_\beta = BH/\mathrm{tg}\beta$$

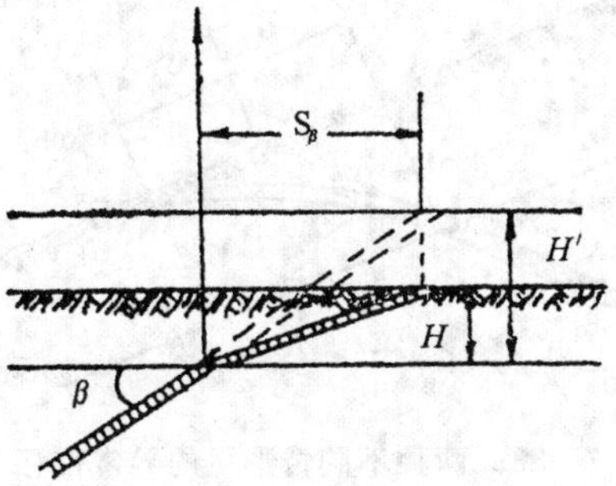

图 7-29　矿脉倾斜引起的位移

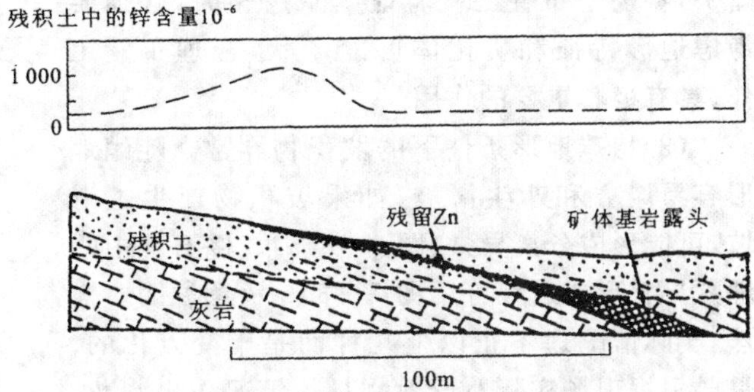

图 7-30　残积层中锌异常的位移(霍克斯，1962)

上式表明，由矿脉引起的位移与矿脉倾角，浮土厚度及岩石风化特征有关。当风化后体积变小的岩石，如灰岩，$B>1$；反之则 $B<1$。图 7-30 为国外一个锌矿床上残积土壤异常与下伏矿体的关系。

(2)斜坡上同生异常的位移。斜坡上由于重力作用使坡积物向下坡作缓慢运动，在以万年计的地质时间里，运动的总结果是相当可观的(图 7-31)。

前苏联化探人员把坡积物的运动与粘性大的液体层流相比拟，用流体力学公式导出了一个移动距离计算公式：

$$S_\alpha = AH^2\mathrm{tg}\alpha$$

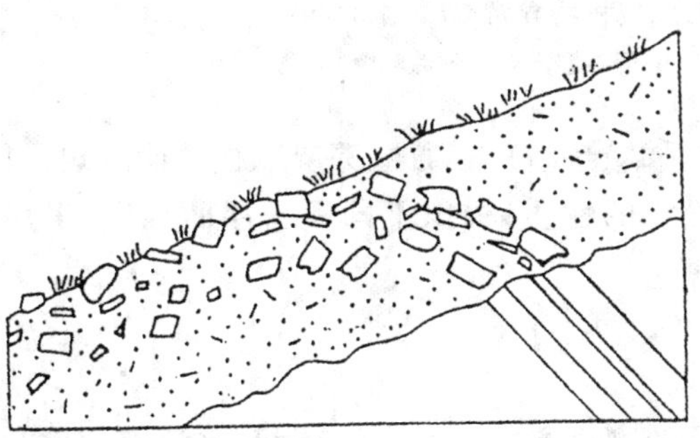

图 7-31　岩屑在残坡积层中的分布

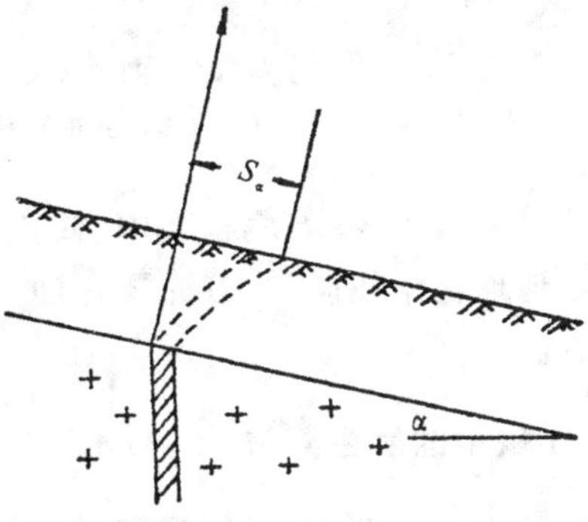

图 7-32　矿脉垂直在斜坡上产生的异常位移

A 为风化特征系数，需要试验工作测定。α 为坡度，H 为覆盖层厚度，它是引起位移的主要因素。在未知 A 的情况下，可用解剖已知异常来求得。图 7-33 为地形倾斜引起的异常位移。

当矿体倾斜与地形（坡面）倾斜相同时，则总位移 $S_{\Sigma}=S_{\beta}-S_{\alpha}$（图 7－33a），当矿体倾斜与地形（坡面）倾斜相反时，总位移 $S_{\Sigma}=S_{\beta}+S_{\alpha}$（图 7－33b）。

以上公式计算由于自然条件复杂多变，不同条件下 A、H 的确定也困难。所以，实际工作中用得并不多。但是，它对根据土壤异常追索原生露头，特别是布置工程验证（如探槽）时，必须要考虑地形特征和矿化体可能产状，合理布置工作，具有极其重要的作用。

（3）特殊地形条件下的坡积物异常。陡峭地形容易塌方和产生滑坡，如果坡积物产生过滑坡，可能形成分离异常（图 7－34a）。倒石堆中的埋藏异常形成过程可用图 7－34b 示意说明。当然，实际情况远不止以上几种而是千变万化的，需要根据现场实际地形地物具体情况作出判断，才能较正确地追索到下伏基岩中的矿化露头。

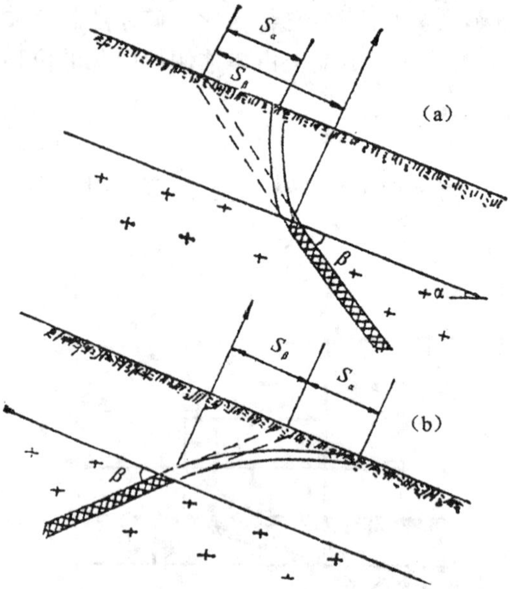

图 7－33　两种不同情形下的异常位移

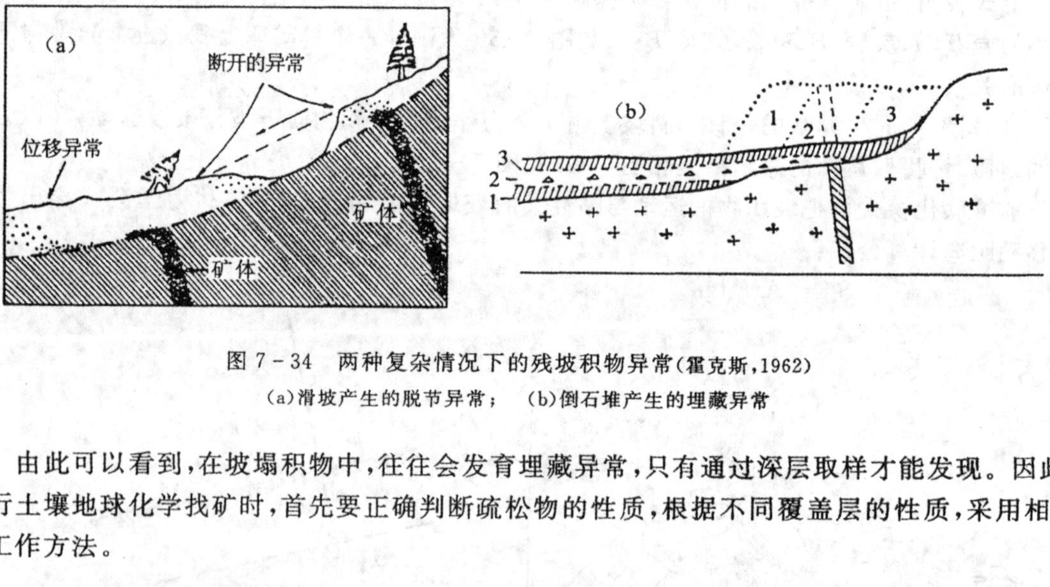

图 7－34　两种复杂情况下的残坡积物异常（霍克斯，1962）
（a）滑坡产生的脱节异常；（b）倒石堆产生的埋藏异常

由此可以看到，在坡塌积物中，往往会发育埋藏异常，只有通过深层取样才能发现。因此，进行土壤地球化学找矿时，首先要正确判断疏松物的性质，根据不同覆盖层的性质，采用相应的工作方法。

三、土壤中的后生异常

后生异常可以发育在任何介质中，形成异常的物质通常已经在活动相（水溶液、气体、植物体及大气搬运的质点）中迁移了或远或近的距离，而在异常地点沉积下来。在所有迁移的动力中，水溶液是最主要的，所以本节重点介绍与水溶液有关的后生异常（水成异常）。在任何介质中，所有元素都有一个同生含量（$C_{同}$），它是介质形成时所固有的。而后生异常（$C_{后}$）总是叠加上去的。因此，某一取样点上的实际含量可以看成由两部分组成：

$$C_{总}=C_{同}+C_{后}$$

$C_{后}$ 按绝对值来说通常小于 $C_{同}$，$C_{后}$ 是本节讨论的对象。为了把 $C_{后}$ 测定出来，最常用的方法是采用各种冷提取法，因为后生部分既然是水中沉淀出来的，它就比较容易溶解。

后生异常的解释比较困难，因为它与异常源的关系更疏远了，而且在同生部分起伏的背景上，微弱后生异常就更难识别。除非采用专门的分析方法，否则，发现后生异常是很困难的。

1. 上移水成异常

在水溶液中的元素，可以通过毛细管上升及植物根系吸收向上运动，这是淋滤作用的对立面。土壤水分毛细上升的高度与其结构有关。由于毛细水上升高度与毛细管的直径成反比，与溶液浓度成正比，所以从理论上来讲，细粒土壤毛细水上升的高度较高。然而实际的土壤还有孔隙连通性及孔壁化学活动性的问题，不像一根惰性的毛细管那样简单。据土壤学中的资料，不同粒度松散物中毛细水上升的高度见表 7-13。

溶液通过土壤毛细管上升的速度是相当快的，可以用实验来证实。例如土壤学中就采用示踪原子来演示土壤盐分向上的运动。南京土壤研究所用 ^{131}I 通过不同土柱实验证明，^{131}I 可以用不到 45 天的时间通过 1.5m 高土柱到达地表，如果地表有机物丰富，还能在地表积聚起来。

表 7-13　毛细水上升高度与颗粒关系

土壤、岩石性质	毛细水升高	土壤、岩石性质	毛细水升高
粗砾	0.8 cm	细砂	0.35～1.2m
粗砂	3.0 cm	粉砂	1.2～3.5m
砂	3.5～12 cm	砂质黏土	3.5～6.5m
中砂	12～35 cm	轻黏土	6.5～12m

由毛细作用输送到地表的金属，由于水分的蒸发而沉淀，由此形成的后生异常一般位移减少。例如滇南一个 Cu-Ni 硫化矿床，由于土壤向下坡滑移，在矿体的上方碎屑异常不复存在。但利用冷提取 Ni 与全 Ni 之比（C_xNi/Ni），可以在干旱季节发现矿体上方清晰的水成异常。在没有后生异常的地段，C_xNi/Ni<0.03，而在异常地段，C_xNi/Ni 可以达 0.1 以上。

在澳大利亚的一个剖面上，对比了同时存在的总铜与冷提取铜异常（图 7-35），发现后生异常的形态就比较规则，与矿体露头位置很少位移。

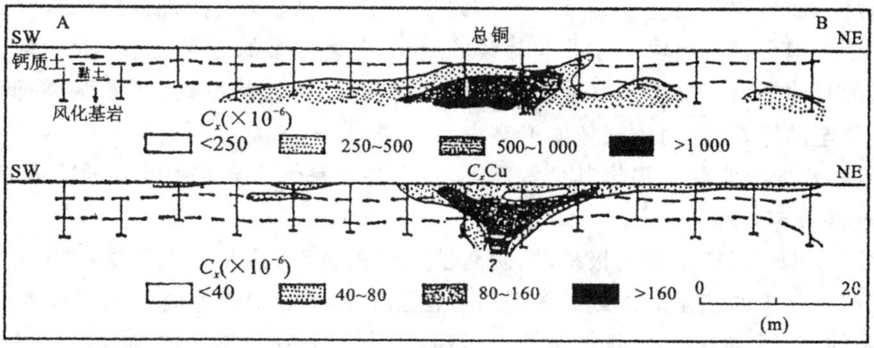

图 7-35　总铜与冷提取铜异常之比(Govett, 1979)

白银厂小铁山的黄土覆盖物中也发现了 Cu^{2+}、Zn^{2+} 盐晕。无矿地区，Cu 为 0.4×10^{-6}，Zn 为 1×10^{-6}，在矿体上方 Cu 可达 80×10^{-6}，Zn 达 100×10^{-6}（胡国廉）。

从理论上讲，只要覆盖物不是灾难性一次巨厚堆积(厚度超过毛细水爬升高度)，在那种逐渐堆积过程形成的厚层运积物中，都可以形成上升水成异常，即毛细水可以“接力式”将深部“水溶性”金属离子传输到上层运积物中。如前苏联在外贝加尔地区一个金矿床区，地表被130m厚的异地运积层亚黏土覆盖，利用焦磷酸钠萃取土壤中有机络合金，并用有机络合金与有机碳的比值作指标(Au/C)，发现了金的地球化学异常，找到了金矿。

2. 侧移水成异常

金属元素被地下水溶解并随着侧向迁移很远的距离，在某种沉淀障上析出，这就形成了侧移的水成异常。这种异常的最先例子是韦伯(Webb,1962)观察到的(图7-36)。从图上看出，共存于矿体中的Pb、Zn，只有后者形成水成异常，就是因为在地表条件下，Zn易溶而Pb难溶。

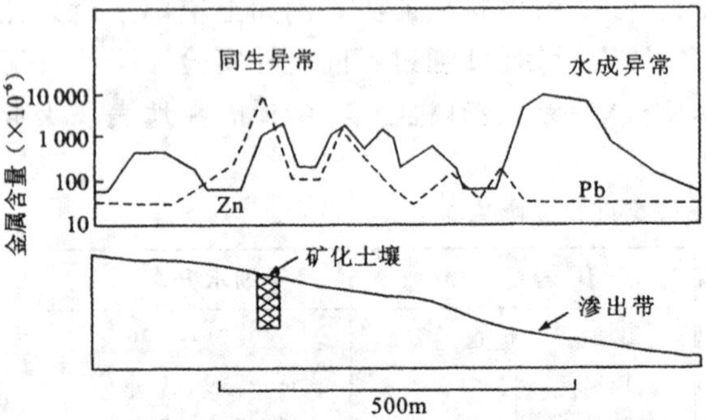

图7-36 侧移水成异常(Webb,1962)

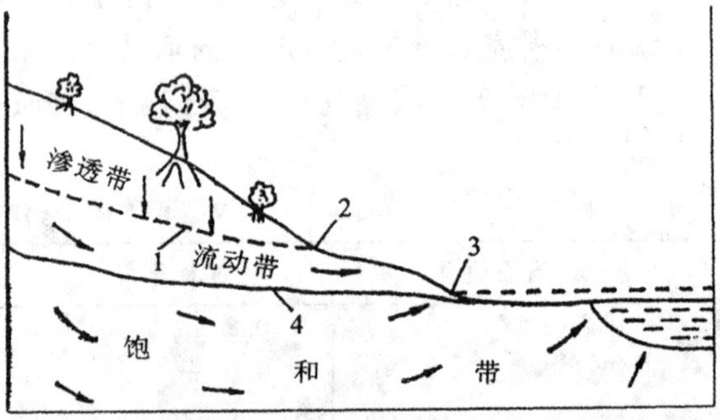

图7-37 侧移水成异常的形成示意图(霍克斯,1962)

在山区，地下水的运动可以分成三个带(图7-37)。潜水面以上为渗透带，水的运动以垂向为主，水中含有大量CO_2及O_2，整个说来是酸性氧化环境。对大多数金属元素是一种溶解的环境。位于该带的所有异常将受到淋滤，该带可以看成是水成异常的源区。第二带为流动带，地下水主要以水平运动为主，向汇水盆地的低洼处流动。条件有利时，出露地表，形成泉水或渗出区。正是在渗出区，地下水遇到剧烈变化的物理化学条件，造成大多数元素的析出，这是侧移水成异常的主要赋存地点。在潜水面以下一定深度处，地下水处于大体停滞的状态，不单是运动缓慢，而且化学反应也接近平衡。此带水中的CO_2及O_2已消耗殆尽，成为弱碱性还原条件，常称为饱和带。但由于季节与气候的变化，上述三带的相互关系不是一成不变的。因此，渗出区的具体标高据当地水文地质条件可以有升降，可以从阶地、河漫滩，降低至河床、季节性沼泽、甚至湖底，而在雨季又依次升高。

识别侧移水成异常除了根据其位置而外，更主要的是依靠异常中元素的冷提取率。

3. 电化学迁移异常

在电场作用下，阳离子向阴极移动，阴离子向阳极移动，这是一个普通的电化学现象。在自然界，正在氧化中的硫化矿体或石墨质岩石甚至下渗中的地下水都能够产生电场。因此处在水溶液中的离子将在自然电场的驱使下运动，成为一个后生异常的动力。自然电场会随着硫化矿石彻底氧化而消失。但是，作为在它活动期间积累结果的元素分布模式将保留下来。为了说明电化学迁移异常的特点，首先要了解自然电场的流动方式。图7-38所示为硫化矿床自然电场的一般模型。矿体在潜水面以上的部分被氧化，放出电子，起着阴极的作用，在潜水面以下的部分被还原，吸收电子起着阳极的作用。矿体作为电子导体，四周的溶液作为离子导体构成整个回路，土壤溶液中的阳离子将按电流方向迁移。这样，从图上不难看出，在矿体的正上方，将出现一个低含量带，而在两侧出现高含量带，形成一个双峰异常。

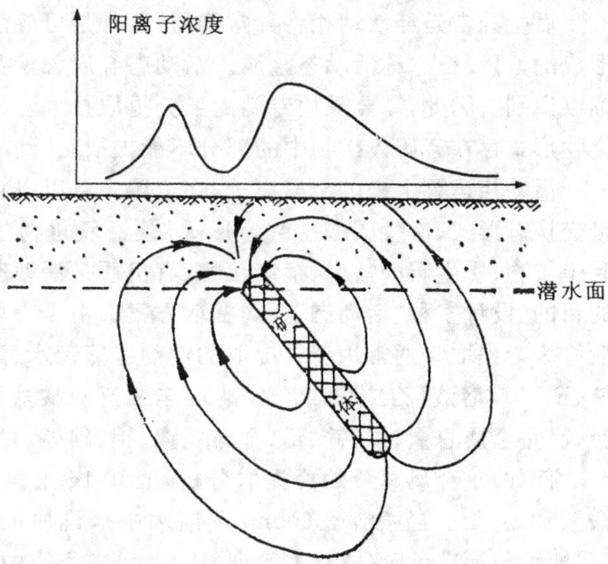

图 7－38　自然电流形成的阳离子异常示意图

这一模型是戈维特为了解释在某矿床运积物中观察到的独特的“兔子耳朵”式的异常而提出的(Govett,1972)。该矿床位于加拿大前志留系浅变质岩中，围岩为斑状变晶石英长石绿泥片岩。矿床呈透镜状，最大厚度达45.72m，延深大约 243.84m。主要矿石矿物为黄铁矿，其次为闪锌矿、方铅矿、黄铜矿及砷黄铁矿。矿体被冰碛物所覆盖，并由冰碛物发育而形成的土壤，土壤尚处于年轻发育期。在 B 层中取样，发现了 Cu、Mn、Pb、Zn、Co、Ni 等多元素异常。除 Pb 外，其余元素均在矿床上方表现为低值，两侧则为高值(图 7－39)。Pb 只在矿体上方出现简单高峰，这是因为 Pb 在地表条件下基本上不呈 Pb^{2+} 形式迁移。

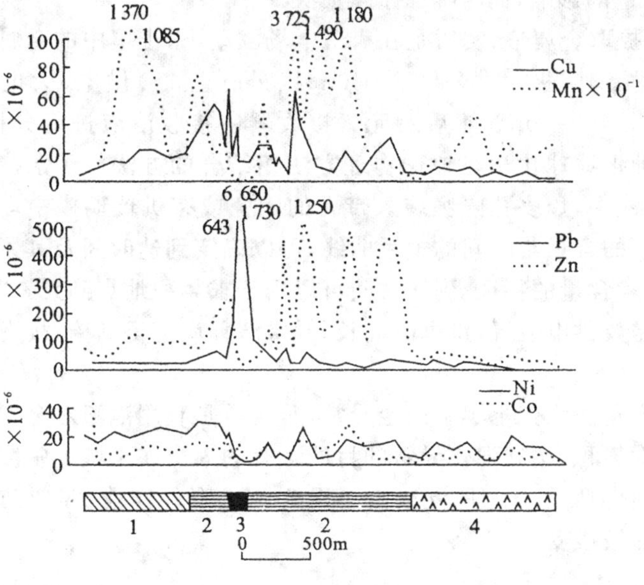

图 7－39　加拿大某地冰碛物上若干金属的异常图

(Govett,1972)

1. 绿色片岩；2. 石英长石绿泥片岩；3. 矿体；4. 安山岩

前苏联的一些研究人员，采用人工电流来驱动土壤中的离子。由于要在短时间内集中较多的离子，人工电流必须很强大。他们用发电机连续十几小时向地下通入十多安培的电流，同时在离子收集器上收集离子。据报道，这种方法成本虽然较高，但在确定覆盖层下矿体位置时效果很好。我国某些单位研究试验过此法，效果不错。

电化学迁移，有时是一种加强化学迁移的因素。例如，在电化学活动性强的围岩中，硫化物的溶解强烈。石墨质和碳质岩石，具有最大的电化学活动性，在氧化带中它们能产生－400mV 以上的电动势，而石墨与碳质是几乎不可能完全消耗。因此它们产生长期稳定的电流，促进各种离子的运动，源源不断地把它们从深部输送到近地表处。在加拿大的一个 Cu－Ni 矿点上，凯麦隆(Cameron，1979)对比了两个赋存于不同围岩中的矿化体，它们虽然处于相同的地形与气候条件下，但赋存于不含石墨的岩层中的矿化体则只有微弱的水成异常。

4. 后生异常的研究方法

后生异常是经活动相将异常物质(通常是可溶性金属离子)运输到异地疏松物中沉积下来形成的,可以把它称活动态金属。活动态金属含量甚微,叠加在同生碎屑的背景含量上,异常难以识别。因此,需要采用专门的部分提取技术,只提取活动态金属,而对背景中以硅酸盐,氧化物形式存在于固体矿物中的部分不能提取,达到压低背景突出矿化信息的目的。

活动相运移上来的金属离子,在土壤中可以以自由离子形式,吸附形式,黏土矿物"层间"可交换态形式、次生碳酸盐结合形式、铁锰氧化物"吸附"形式,以及与有机络合物形式存在。黏土矿物、次生碳酸盐、铁锰氧化物、有机质是活动态金属的天然"富集剂",从而可以根据研究的目的,设计多种"活动态"金属提取方案。由于提取的弱结合部分,一般不用加热煮解,故一般称为冷提取。通常用于弱提取的溶剂有蒸馏水、醋酸盐缓冲溶液、柠檬酸盐溶液、稀盐酸溶液、EDTA 溶液(乙二胺四乙酸钠),连二亚硫酸盐溶液、焦磷酸钠溶液等。冷提取分析的项目,有重金属总量、铜、锌、铅、金、钴、镍、钼、砷等,并且还在不断扩大中。

例如,重金属总量的冷提取分析,取 0.1g 土样,加入 5ml 柠檬酸铵缓冲溶液中(50g 柠檬酸铵和 8g 盐酸羟胺溶于 600ml 蒸馏水中),再加 1ml 双苯硫腙浸取液(0.001%)。用力摇动 5s,即可与标准色阶(或标准系列)比色,可知土壤中的 Cu、Zn、Pb 为主的重金属元素总量。

斯维日斯卡娅和萨耶特(1975)提出的醋酸缓冲溶液提取法是用 1N 醋酸和 1N 醋酸铵以 2∶1 体积比配成缓冲提取液,取 5g 土样,以 1∶10 的固液比,沸水浴中处理 20min,提取包括水溶相、可交换相和次生碳酸盐相的重金属总量。

安德罗波娃(1977)则是以 0.1M 焦磷酸钠溶解样品,同时分析 Pb、Zn 及有机碳总量,用 $(Pb+Zn)/C_{有}$ 作指标以扣除有机碳含量的影响,而与样品重量无关。

雷斯(1983)提出的地电化学部分提取金属法,实质是在人工电场驱动下,土壤中的金属离子向阴极运移。设计金属元素接收器作阴极,大极距(1 000m 以外作正极)供电,大电流(20A)、场强 0.1～1.0V/cm、提取时间 40～50h。然后对元素接收器中接收溶液进行分析。这也是一种强化异常的方法,它是一种把地球化学与地球物理方法相结合的方法。元素接收器是用石墨或钽金属杆插入 HNO_3 溶液中,用多孔隔膜装入带孔的陶瓷或有机玻璃罐中埋入土壤作阴极。雷斯指出,根据每种元素的含量与时间的关系曲线,可以确定到达时间及其累积速度。累积速度可以作为岩矿石中元素含量的特征,到达时间可以用于求累积地点到元素"源地"(被认为矿体)的距离。这种方法需要供电装置,供电时间长,异常解释尚值得商榷,故尚未得到普遍推广。

目前,国内有不同研究者用地埋泡塑法强化土壤中的金异常,其实质是利用泡塑对金的吸附性能,对土壤中水溶态金的自然吸附累积,达到强化异常的目的。有的人员在土壤坑中泼撒一定量的硝酸,使 Au 活化而更易被泡塑吸附。这种方法由于需要两次野外作业,需要防雨(可上盖薄膜于泡塑上方),推广时不易被接受。

四、土壤地球化学测量在找矿中的应用

土壤地球化学找矿是一种成熟、有效的常规地球化学找矿方法,它既可用于区域化探阶段(1∶200 000—1∶50 000 地球化学调查),也可在普查阶段、详查阶段使用,特别是在疏松层广泛覆盖区,它是一种有效的找矿方法。

1. 区域找矿普查中确定成矿带

区域化探中用土壤地球化学测量确定找矿远景带主要适用于湿润丘陵区,特别是我国长

江中下游及江南闽粤地区的低山丘陵区。在第二代 1∶200 000 区域化探扫面工作开展之前，是区域化探中较常用的方法。

例如江西物探队在景德镇下徐—朱溪一带 380km² 区内开展 1∶50 000 土壤地球化学测量。该区出露有前震旦系的千枚岩，石炭系的白云岩、灰岩，二叠系下统的燧石灰岩、硅质岩、二叠系上统的煤系地层，三叠系上统砂页岩及第四系覆盖物。岩浆岩有花岗斑岩、花岗闪长斑岩、石英闪长玢岩及各种脉岩，热液蚀变及铜、铅、锌矿化普遍。两条北东向区域断裂纵贯全区。地质条件表明该区是一成矿有利区。土壤样品采自 0.2～0.3m 深，为残积、坡积亚砂土及亚黏土，全部样品作光谱分析，在朱溪一带，还进行了野外现场冷提取分析。

工作结果圈出的土壤异常沿北东向两组断裂带作不连续带状分布(图 7-40)。

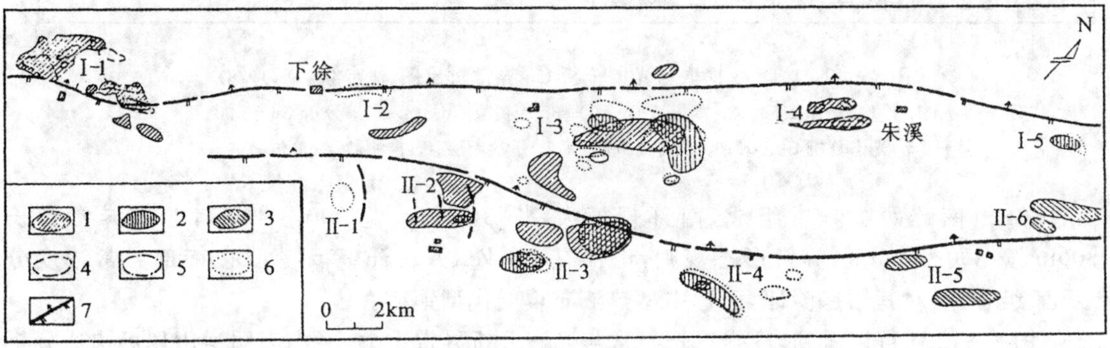

图 7-40 江西下徐—朱溪土壤地球化学异常分布图(江西物探队，1978)

1. Cu 异常；2. Pb 异常；3. Mn 异常；4. Mo 异常；5. Sn 异常；6. Zn 异常；7. 断层

两条异常带平均间距 2km，Ⅰ号异常带由 5 个异常组成，各异常间距离 3～6km。Ⅱ号异常带由 6 个异常组成，间距 2km 左右。各异常规模均较大，长一般为 1 500～2 000m，两异常均以中部较为集中，与该区段岩浆岩分布较多有关。其中两处验证打到了工业矿体，4 处异常与已知矿化吻合，还有 3 处值得进一步工作。Ⅰ-4 号异常的土壤全分析和现场冷提取分析异常见图 7-41、图 7-42。

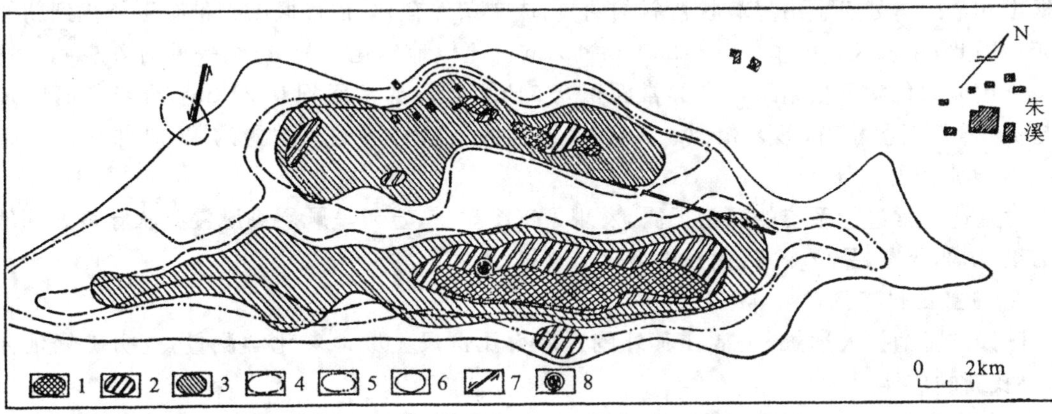

图 7-41 朱溪土壤异常平面图(江西物探队，1978)

1. Cu>1 000，或 Pb>800 或 Zn>800；2. Sn>40；3. Cu>50；4. Zn>100；

5. Ag>0.5；6. As>100；7. 平推断层；8. 见矿钻孔；单位：10^{-6}

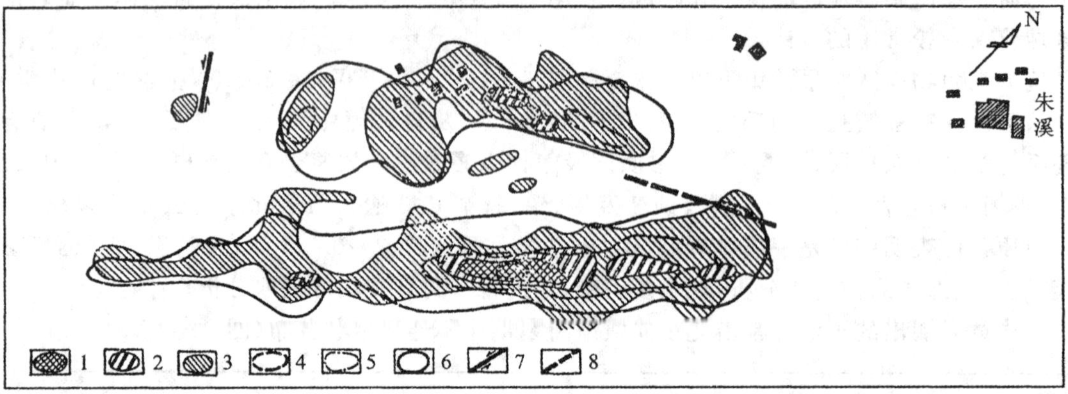

图 7-42　朱溪冷提取与光谱分析 Cu 异常对比图(江西物探队,1978)

1. 冷取提 Cu 1 500;2. 冷提取 Cu 100;3. 冷提取 Cu 3;4. 光谱分析 Cu 5 000;
5. 光谱分析 Cu 500;6. 光谱分析铜 50;7. 平推断层;8. 推测断层;单位:10^{-6}

Ⅰ-4 由南北两个异常组成,南部规模大,长 3 400m,宽 200～400m,北部异常带长 1 800m,宽 300～400m。异常形态规则,都伴有 Pb、Zn、Ag、Sn 等元素。以南部异常浓度分带、元素组合好,对其钻探验证,已达中型热液充填交代型铜矿。

从图 7-42 还可以看到,冷提取铜异常与光谱分析异常十分一致,表明运用现场快速分析对于快速评价找矿目标是很有效的。

2. *检查区域水系沉积物地球化学异常*

在我国开展 1∶200 000 区域化探扫面工作中,对所发现的有远景的重要异常,在中低山覆盖区可以开展土壤测量进一步缩小找矿靶区。

湖南物探队(1984)在湘中地区 1∶200 000 区域化探扫面,发现 As-23 异常(图 7-43),面积 $42km^2$,为以 Au、As 为主伴有 Pb、Ba、Cu、Hg 的综合异常,Au 峰值为 $2\ 240\times10^{-9}$,浓度分带清楚,浓集中心明显,Cu、Ba、Pb、Hg 强度低,规模小,已有的金山里金矿虽在异常内,但在浓集中心南边杏枫山一带。根据水系发育特征分析,该异常不会是金山里已知金矿引起。杏枫山和金山里处于金山里鼻状背斜的两翼,成矿条件有利,在杏枫山一带有可能找到新的金矿床。因此,在该区开展了(100～250)m×20m 的土壤地球化学测量,结果见图 7-44。

土壤地球化学测量结果,Au 异常面积 $0.54km^2$,As 异常面积 $0.21km^2$,金异常的中带面积与 As 异常面积相当,形态相似。Au、As 异常浓集中心清楚。微弱的 W 局部异常分布于 Au、As 异常南部。

对上述异常进行系统的探槽揭露,发现了三个矿带,金矿呈顺层细脉浸染状脉带。深部验证结果,矿体变厚,品位变富,达到中型金矿规模。

3. *覆盖区化探找矿*

已知矿区为扩大远景,通常在其外围开展大比例尺土壤地球化学测量,查明矿化延伸方向,寻找新的矿体。

例如广东省物探队(1978)在石碌铜矿区的稻田覆盖下找到新矿体。该矿是百年采矿老矿,解放后先后多次作过地质工作,都因矿体小,覆盖大而未再做工作。该矿北、东、南均为第四系覆盖,大部为水稻田。为了在覆盖区找矿,物探队在区内开展了磁法和化探土壤测量。土壤采样采自田埂边 40～50cm 深,结果发现了一个大的铜异常,一般异常含量 Cu 为(100～

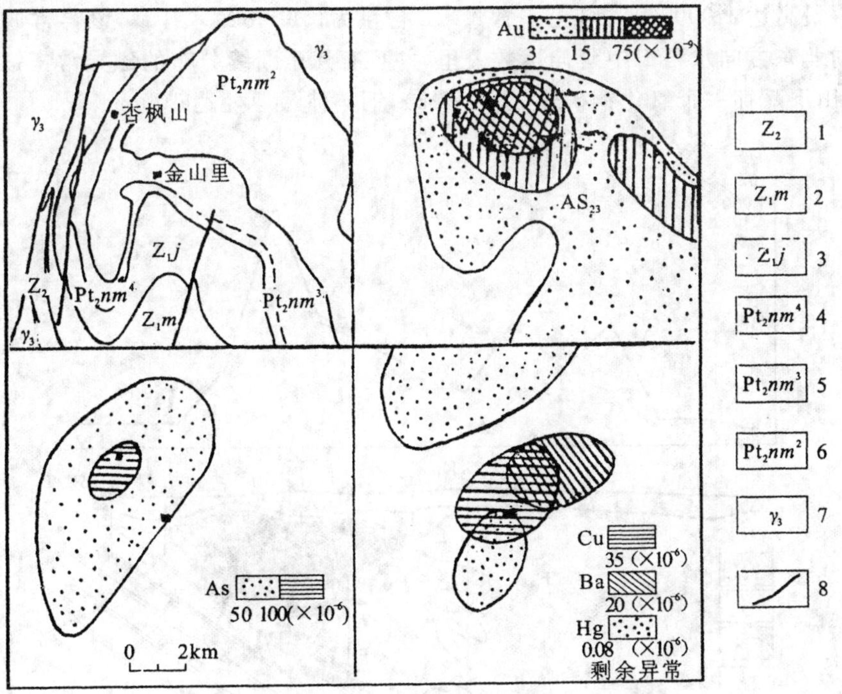

图 7－43　杏枫山 As－23 水系沉积物异常剖析图

1. 震旦系上统；2. 震旦系下统南沱组；3. 震旦系下统江口组；4. 板溪群马底驿组第四岩性段；5. 板溪群马底驿组第三岩性段；6. 板溪群马底驿组第二岩性段；7. 二长花岗岩；8. 断层

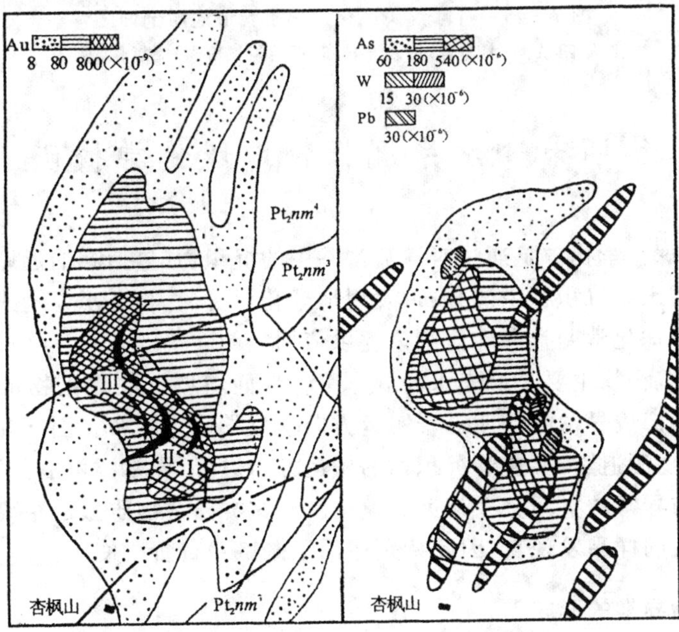

图 7－44　杏枫山土壤地球化学异常平面图

1. 板溪群马底驿组第四岩性段；2. 板溪群马底驿组第三岩性段；3. 地质界线；4. 断层；5. 金矿体及编号

200)$\times10^{-6}$，最高达 1 000$\times10^{-6}$，土壤背景 Cu 含量为(50～80)$\times10^{-6}$，该异常通过矽卡岩分布地段，并向北东方向水稻田中延伸达数公里，并且有几个断续分布的磁异常。钻探验证结果发现在水稻田下赋存一个氧化铜矿体(图 7－45)，铜矿体最厚处达 100m。

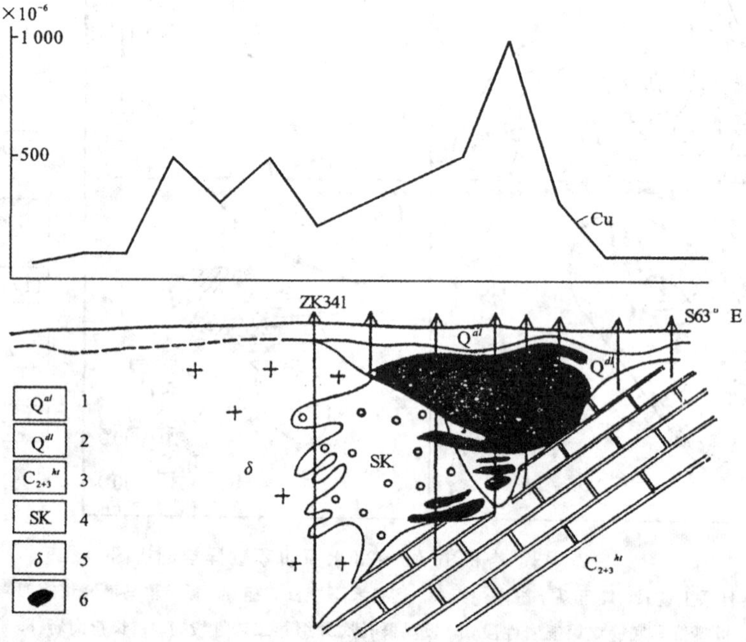

图 7－45　石碌铜矿区化探异常验证地质剖面图

1、2. 第四系；3. 大理岩；4. 矽卡岩；5. 石英闪长玢岩；6. 氧化铜矿体

第四节　水系沉积物地球化学找矿

水系沉积物地球化学找矿是通过对河流沟谷中的沉积物(包括湖泊近岸沉积物)的系统采样分析，研究元素在水系沉积物中的分布，发现地球化学异常，圈定找矿远景区和成矿有利地段，为进一步详细地球化学勘查和地质测量提供依据。

沟谷水系中的沉积物主要是地表水冲刷作用将地面斜坡上的疏松物带入沟谷，并沿沟谷继续搬运迁移，其中形成异常的物质沿着搬运方向呈拉长形式展布。因此，化探人员俗称为分散流。此类异常的物源追索，要逆着沉积物的搬运方向进行，异常源可能位于异常样点上游几百甚至几千米，矿与异常的空间关系疏远。但是由于这类异常物质搬运距离远，形成的异常易于发现，可以用稀疏的样品发现它，因此特别适用于概略普查阶段使用。

一、水系沉积物异常的形成

在表生带内的矿体及原生地球化学异常，经风化形成疏松物后，在地下水及地表水的冲刷与溶解下，使原来集中的元素沿水系发生分散。在水系沉积物的狭长地带内形成的异常，叫做水系沉积物异常。这种异常的衬度通常比土壤异常低一个级次，但用一般的化探快速分析方法，即使是半定量的方法也能可靠地发现它们。一个中等的有色金属或稀有金属矿床，在下游几公里到十几公里的河床沉积物中就能有所显示，这就是利用水系沉积物中的微迹元素找矿的根据。

现在，系统地调查水系沉积物的成分，已远远超出单纯找矿的范围，勘查地球化学家把它当成整个地球物质迁移的重要环节来看待。一些经典地球化学家在测定地壳丰度时，曾广泛地利用了天然的平均样品。从这个意义上来说，可以把水系沉积物看成是该水系所流经的盆地内受到剥蚀的地质体的代表性样品。因为总的夷平作用主要靠河流的搬运，每一条水系，可以看作是一个"漏斗"，在水系沉积物中汇集了该水系流域内的所有地质体的风化产物。如果说经典地球化学家认为黏土页岩可以代表地壳的平均化学成分，那么水系沉积物的化学成分可以代表该水系范围的平均成分。如果该水系范围内有矿床、原生异常、土壤异常或特殊的岩石，则在水系沉积物中就会有所反映。

形成分散流的动力当然主要是水的机械冲刷搬运力和化学溶解力。但在局部地段，冰川和风的作用也不可忽略。根据分散流中异常物质搬运的方式，可以分成碎屑分散流（机械分散流）和化学分散流（盐分散流）。前者呈固体颗粒搬运，后者是在水溶液中搬运。实际上，在地表条件下，没有绝对溶和绝对不溶的物质，所以经常是混合成因的。但在下列两个意义上说，碎屑分散占主导地位：①含量比例上，大多数金属元素主要呈碎屑分散；②化学迁移部分最终沉淀出来或附着碎屑表面，一起参与机械分散。而且，这种比例随地点而变，在分水岭地区，碎屑迁移比例更大，因为此时水溶解作用的时间短，而在平缓地区，化学溶解作用的重要性增大。分散流的物质，可直接来自地表受剥蚀的矿体，也可来自埋藏矿体（图 7-46）。对于前一类异常源，分散流找矿是最成功的。近年来，对后一类异常的识别与利用已开始引起注意。

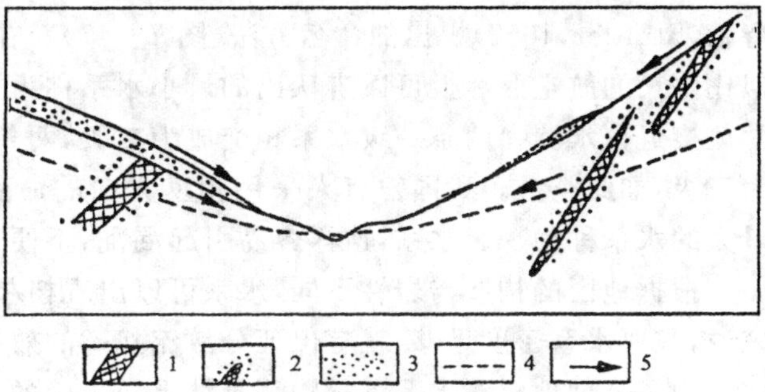

图 7-46　分散流的两种物质来源

1. 矿体；2. 矿体及原生晕；3. 松散层；4. 地下水面；5. 物质搬运方向

1. 碎屑分散流的形式

河水的机械搬运能力取决于水的流速与被搬运物质的粒度与密度。据水力学的计算，流水的搬运能力与其速度的 4 次方成正比。河床中由于坡度与弯曲等原因，流速变化极大，有时甚至形成逆流，因此发生显著的分选作用。早在 1921 年 Mackay 就在实验室内用方铅矿、石榴石及石英代表三种不同密度，对天然河流的分选作用作了很好的模拟。结果通常发生沉淀的地点：河湾内侧、砂嘴后缘、转石背后、河床缓处等是观察机械分散流的理想地点。重砂取样，是矿物学方法研究机械分散流，所以取样地点也总是选择在这些地点。

随着搬运时间的延长，碎屑被进一步粉碎，形成悬浊液。粒度在 100μm 以上的颗粒，虽然不能在水中长期稳定，但紊流及涡流能暂时把它们带起，然后又沉淀。这样多次重复接力式搬运，使细粒物质搬运更远，产生按粒度的分选。

当碎屑粒度在 100μm 以下时，它们已成为胶体质点，其在水中的迁移不再受机械力的制约，而进入化学分散的行列。

2. 化学分散流的形式

以真溶液状态存在的元素，在水中最为稳定，可以被水带到很远直至大海。但只有为数不多的几种离子，如 Na^{+}、Mg^{2+}、Cl^{-}、HCO_3^{-} 等可以大量存在。大多数有色及稀有金属的离子在地表水中的浓度是非常低的，但在地下水中则可能有相当高的浓度。当地下水出露到地表时，由于 pH、Eh、温度、压力等因素的突变使其中的元素迅速沉淀（沉淀障），这是形成化学分散流的主要作用之一。对于 Fe、Mn、Ca、Mg、Al 等常量元素来说，这种反应通常是形成难溶的化合物。但对于 Mo、Cu、Zn、Pb 等元素，只有在特殊高浓度下才能形成其本身的化合物，产生次生金属矿物。而在多数情况下是被其他大量元素的化合物所夹带（共沉淀）。其中尤以铁、锰氢氧化物为最主要。这就是所谓铁锰氢氧化物的清除作用。其结果是在无矿化地区的铁锰氢氧化物中也形成异常。附生在砾石上的胶体吸附及生物作用是形成化学分散流的另外一些重要作用。一些低等微生物也能从低浓度的水中吸取矿物养料，从而使金属元素富集。

人工活动（如开采、选冶、排污）能使金属元素以空前的速度进入水系，引起很强的分散流，这在异常评价时要特别注意。为了避开人工污染，可以在人类开采活动之前形成的河床的较高阶地上取样。

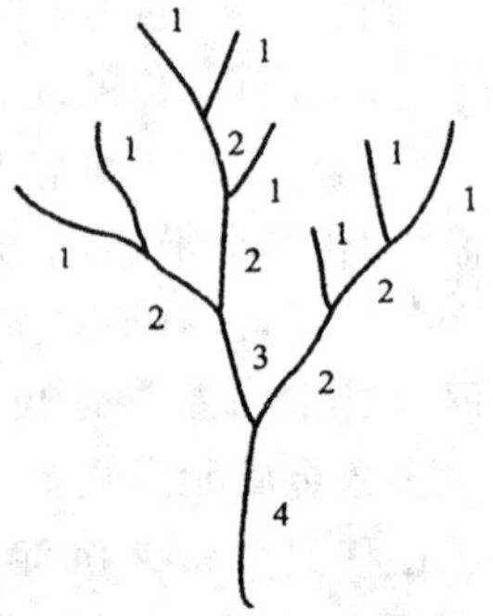

图 7-47　水系分级图

二、分散流的发育特征

水系总是多级分支的，为了讨论和研究方便起见，习惯上采用斯特勒（Stratler，1957）提出的命名方法（图 7-47）。在 1∶50 000 或类似比例尺的航空照片上可以辨认出的最小水系称为一级水系，它们通常最接近分水岭。两条一级水系相交成为二级，两条二级水系相交成为三级，如此类推。我国曾有人采用相反方向的命名，即把一幅图上最大的水系称为一级水系，这样容易引起混乱，不便于不同图幅的对比。

根据地区的构造与岩性不同，水系可以出现树枝状、梳状（羽毛状）、叶脉状等形式。一般来说，只要水系密度足够，就有保证分散流找矿的效果。

为了合理地解释水系沉积物测量结果及正确的布置采样工作，必须了解矿床分散流发育的规律。为此，我们先来考察一级水系中均匀剥蚀的最简单情况。

1. 一级水系中的分散流

假设在水系中任取一点，该点以上的汇水面积中包含几个地质单元，每一单元占据的面积、成矿元素含量及剥蚀速度分别为 S_i、C_i 及 Δh_i。则每年流经该点的总体积为 $\sum S_i \Delta h_i$，包含在其中的成矿元素总量为 $\sum C_i S_i \Delta h_i$。因此，该元素在该点的冲积物中的平均含量为：

$$C_x = \frac{\sum\limits_i C_i S_i \Delta h_i}{\sum\limits_i S_i \Delta h_i}$$

上式分子分母中约去了物质密度，实际上这就是面积加权的平均值。由上式可知，在区域化探中，分散流的含量代表了它在汇水盆地中的各地质单元的平均含量。但对于找矿来说，合理的办法是把汇水盆地中的地质体划分为两类（$i=2$）：一类是背景；另一类是其中的土壤异常。令上式中的 $C_1 = C_0$ 为背景值，S_1 为背景区面积，$C_2 = C_a$ 为土壤异常平均值，$S_2 = S_a$ 为异常面积，$S_x = S_1 + S_2$ 为总的汇水面积，$\Delta h_i=$常数，代入上式，稍加整理可得：

$$C_x = \frac{S_a}{S_x}(C_a - C_0) + C_0$$

该式把 5 个基本参数联系起来，知道其中 4 个，就可算出另一个，虽然在导出时做了许多假设，但该式仍是很有用的，该式称为分散流强度基本公式。

由面金属量可知：$(C_x - C_0)S_x = S_a(C_a - C_0)$，改写后也可得上式。$S_a(C_a - C_0)$ 向下游应

当保持不变，因为它度量了金属元素在该汇水面积内单位深度上的矿化总金属。这一数字反映了一条水系的集水盆地内总的矿化远景，所以是一个重要的评价指标。前苏联的索洛沃夫把这一数值用不同大小的圆圈标注在每一条沟的沟口，作出地球化学图。霍克斯在南美科迪勒拉进行分散流找矿时，用此值对异常进行排队，其中最大的一个首先进行检查，发现了一个斑岩铜矿。

2. 多级水系中的分散流

当含矿水系有支流汇入时，如果该支流内没有矿化，则相当于汇水面积增加了一块，而进入沉积物的金属量不变，这就导致分散流中的金属含量呈阶梯状递减(图 7-48 中 C、D 段)。当然实际情况比较复杂，由于无矿岸土的混入或矿化支沟的汇入，使分散流中的含量呈跳跃式变化。但总的递减规律是明确的，最后消失在背景起伏之中。异常消失点离原生矿化(土壤异常)的距离叫分散流的延伸长度。这一长度受许多因素的影响，如异常源被剥蚀的规模、汇水盆地的形态、异常源出露地点相对于河谷的位置、观察方法等等。根据国内外一些不完全的实际资料，美国亚利桑拿州罗斯芒特铜矿 Cu 的分散流长度达 26km，巴拿马红岗租地铜矿 Cu 的分散流长达 47km，厄瓜多尔珠察铜矿 Cu 分散流长则只有 4.5km。我国德兴斑岩铜矿分散流长度为 13km。分散流长度与矿床规模、埋藏深浅，以及水动力条件等多种因素有关。

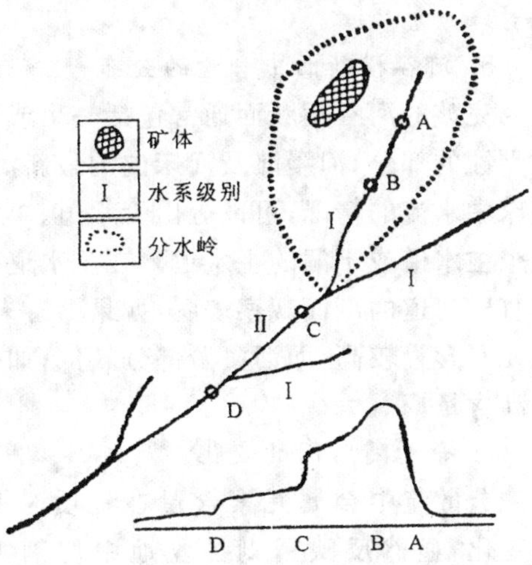

图 7-48 水系沉积物中元素含量沿水系的变化规律

利用分散流强度基本公式，可以对预期的最小矿床的分散流长度作一估计。以铜为例，一个中等规模的铜矿在土壤中形成的异常，若有 $1km^2$ 的面积，平均含量为 300×10^{-6}，如背景值为 25×10^{-6}，最小能发现的异常值为 2 倍背景值，则可以算出汇水面积为 $11km^2$；如果汇水盆地为椭圆形，长短轴之比为 2：1，则分散流的延伸长度为 5.2km。

3. 分散流的富集系数

在推导分散流强度基本公式时，没有考虑金属元素富集和淋失等化学迁移的因素，所以索洛沃夫认为需要引入一个系数 q，该式成为：

$$C_x=\frac{q\sum C_i S_i \Delta h_i}{\sum S_i \Delta h_i}$$

q 称为分散流的富集系数。关于 q 的实测数据积累不多，据索洛沃夫在中亚一带若干矿区的资料，大致为 0.8～1。

4. 矿体形态与位置的影响

矿体的形态及其相对于水系的位置对分散流的形成有很大的影响，最有利于分散流形成的是矿体位于分水岭地段，且直接受到切割(图 7-49a，b)，此时分散流形成明显的峰值。最不利于分散流形成的条件是矿床位

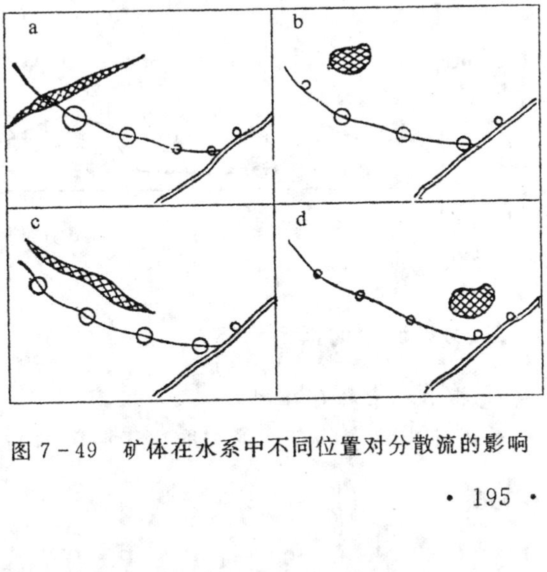

图 7-49 矿体在水系中不同位置对分散流的影响

于较大水系的沟口，因为 S_a 与 S_x 的比值很小，使分散流的含量低，很容易漏掉异常（图 7-49d）。还有一种常见的情况是矿体平行沟谷分布，使分散流的含量在整个沟谷时保持恒定，没有明显的峰值出现（图 7-49c）。要注意识别这种情况，特别是一些脉状矿体，由于金属量少，往往使含量增加不多，易被误认为分析系统误差。

有时引起分散流的地质体很大，占据大部甚至整个汇水面积，此时不再存在稀释问题，水系沉积物中的含量基本上反映了该地质体的平均含量，例如一些较大的岩体与某些特殊的地层等。

5. 河谷横断面中含量的分布

完整的河谷横断面通常包括一个或数个阶地、河漫滩及河床。阶地中的物质，代表上游已被剥蚀的部分，河漫滩及河床内的最新沉积物是现代剥蚀的物质，最具有现实找矿意义。根据河床中水流的情况，可以分出无水道、单水道及多水道三种类型。不论何种类型，总可识别出一个主水道或干涸的主水道。在主水道中的现代活动性沉积物就是水系沉积物取样的对象。垂直于河道的剖面观察表明，如果上游有正在受到剥蚀的矿床，则在有水或干涸水道中心的金属元素含量较高，而河漫滩部分较低；如果矿床已经剥蚀完了，则在早期河床沉积物中可能保存高含量。

6. 含量随时间的变化

分散流中金属元素含量在地质时期中的长期变化，显然反映了剥蚀盆地中切割水平的不同。此外还有的金属元素含量随年份、季节而变。国内外的化探人员对这一问题做过许多观察，所得结果并不一致。例如图 7-50 为青海省的一条 Zn 分散流的观察结果，可以认为 5 月份与 8 月份没有什么变化。图 7-51 为黑龙江松江铜矿的一条 Cu 分散流的含量变化情况，他们认为春夏相差不大，但秋季的异常就要明显得多，因此提议最好在秋季取样。这种不同的结论，可能由于不同自然条件所致，如雨量分布极不均匀的地区，在暴雨前后水系沉积物中的含量可能发生暂时的变化。但总的来说分散流中的金属含量不像水化学异常、气体异常那样变化迅速，所以在实际工作中一般不过多的注意。

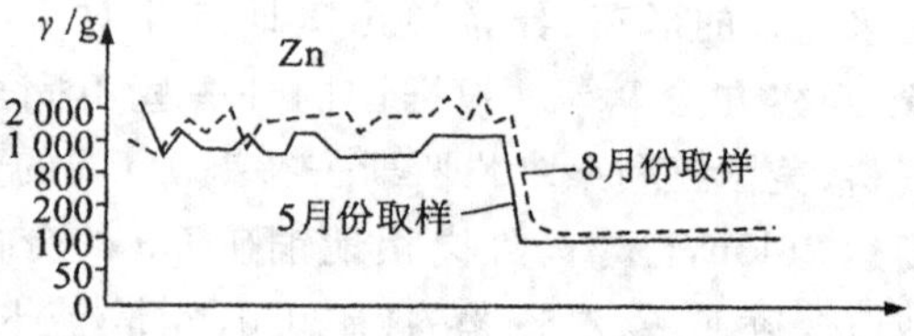

图 7-50　Zn 分散流在不同月份中的变化
（青海物探队）

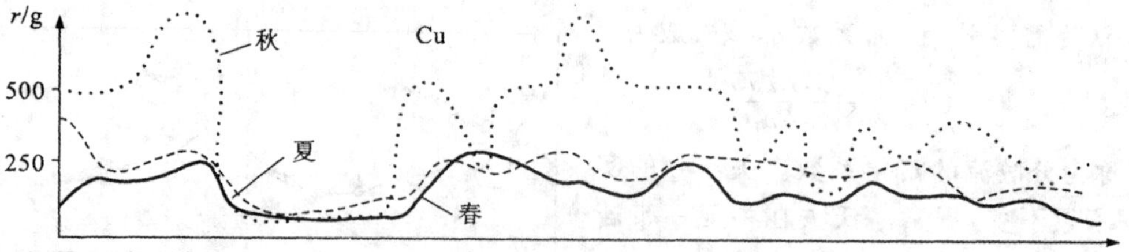

图 7-51　Cu 分散流在不同季节的变化

三、分散流中的指示元素

1. 指示元素的存在形式

分散流中元素的存在形式取决于源区内的原始存在形式及后期的迁移沉淀过程。从种类上看，与土壤地球化学异常中的形式相类似，但在各种形式的相互比例上，可以相差甚大。形成机械分散流的元素，如 W、Cr、Sn、Pt、Au、Hg、Nb、Ta、Th、Zr、Ti 等，主要以本身的独立矿物存在，这是重砂测量的基础。但有时它们的粒度过细，造成矿物鉴定上的困难，转而应用化学分析方法，可以提高重砂中有用元素的检出率。形成化学分散流的元素，常以次生矿物及吸附状态存在，这种形式是冷提取技术的根据。由于元素与自然条件的不同，冷提取部分占的比例可有很大的变化。在潮湿炎热地区，冷提取法可望得到较好的结果；而在寒冷干旱地区，由于化学风化较弱，物质多呈原生矿物状态，冷提取的比例就很小。

在地表水搬运过程中，氧化作用可以充分地进行，大多数变价元素，主要呈最高价状态，所以分散流中除吸附状态外，次生矿物为砷酸盐、磷酸盐、钼酸盐、钒酸盐等。而且这些矿物的酸根部分，可能是在水中长距离迁移过，因为 AsO_4^{3-}、PO_4^{3-}、MoO_4^{3-}、VO_4^{3-} 在水中的一定条件下是稳定的，而与它化合的阳离子则是取自沉淀地点，这一点在解释异常时要予以注意。当然，也有相反的情况，即阳离子是外来的，而阴离子就地取材。

2. 指示元素的组合

如果说水系沉积物中指示元素的绝对含量会发生较大改变的话，而元素组合则相对稳定，并能反映异常源的特征。有些矿床的主要成矿元素不易发现，如 Au、Pt 等(由于某些原生矿脉小，分析方法灵敏度不够等)，但它们的伴生元素能形成范围较大较易发现的分散流，如湖北及辽宁均有以 As、Pb 为指示元素找到了金矿的例子。当然，随着 Au 的灵敏分析方法的研制，用 Au 直接找 Au 效果则更好。

根据元素组合，还可以推测异常源的性质。随着实际资料的积累，不同地质体的元素组合特征就总结得更多，如硫化物锡石型矿床在分散流中有 As、Cu、Sn、B 的组合；高温热液矿床有 W、Sn、Mo、Bi 组合；中温热液矿床有 Cu、Pb、Zn 组合；低温热液矿床有 Sb、Hg、Pb 组合；特殊的地质体如华南燕山期花岗岩有 Be、Li 组合；超基性岩有 Cr、Ni、Co 组合等等。

3. 指示元素按粒度的分布

指示元素的富集粒度与其存在形式有密切的关系。如含在重砂矿物中的元素，当原生晶体较粗大时，则在分散流中的上游，富集在粗粒中，如 Cr 在水沟顶端分选很差的冲积物中，总是富集在 1～3mm 的粒级中。向下游方向，按矿物的机械强度，将分别富集在中粒或细粒中。如前苏联一个含绿柱石的伟晶岩矿床，近矿处 Be 富集在粗粒中，而向下 900m，粗粒中异常消失，Be 只出现在细粒中，就是因为绿柱石易在搬运中粉碎之故。浙江木瓜岭汞矿的分散流中，淤泥中的汞量高于粉砂，是因为汞主要不呈辰砂存在，而以极细的灰硒汞矿形式存在。青海物探队对 Cu 做的粒度试验结果，Cu 富集在细粒级中。

对于化学分散流，其沉积作用主要通过吸附，因此无例外地富集于细粒部分，当然，某些次生矿物如钼铅矿、白铅矿可稍粗。

由于不同的元素分别富集在不同的粒级中，而分散流找矿时总是希望能发现所有可能的异常，因此，取某一种粒度的简单方法可能不是最佳的方案。据湖北物探队在对该省 28 个各种类型金属矿床水系沉积物中元素富集粒度的研究，表明大多数元素，包括 Ag、Au，在粗粒(>60 目)、细粒(<140 目)两端粒级中富集，而在 80～120 目的中等粒级中贫化，这与广东凡口铅锌矿区土壤中富集粒级的分布状况是一致的。Nb、Zr、Y、La、P 等稀土矿床中的元素在<140目的细粒中富集，这可能与当地的矿床类型有关。

利用淘洗的方法可以上千倍地浓集重矿物，近年来出现的所谓灰砂测量，实际上是对水系沉积物样品经过初步淘洗，然后磨细再进行分析。据陕西物探队的试验，可以大大地提高异常的检出能力，但淘洗不必过分“干净”，以免损失某些较细的重矿物，只要把石英、云母等浅色矿物大部淘掉即可。如用永久磁铁从灰砂中吸出磁铁矿进行分析，则是因为比较纯净的单矿物，其中富集有铁族元素（Cr、Ni、Co、Ti）及 Zn、Sn、W 等。如果在步骤上稍加改进，用电磁选矿仪分出磁性及无磁性部分，前者包括铁镁矿物，褐铁矿，锰的氧化物，后者包括金、硫化矿物及其氧化产物，重晶石、锡石、独居石、金红石、石榴子石、尖晶石及锆英石。虽然，对灰砂进行分选及矿物鉴定能提供更多的找矿信息，有些异常在通常的细粒取样中没有反映，而在某种特定的矿物中却有明显的异常。当然，这种工作要付出更多的时间与资金，在淘洗用水缺乏的地区，就较难应用。

四、水系沉积物测量在找矿中的应用

1. 前提与一般工作程序

利用水系沉积物地球化学异常找矿，显然是从重砂测量找矿发展过来的，但由于采用了各种分析测试手段，突出了微观找矿标志，使找矿能力大大提高。由于矿化及其原生晕经风化形成土壤，再进一步分散流入沟系，经历了两次分散，不仅异常面积大，而且介质中元素分布更加均匀，样品代表性强，可以用较少的样品控制较大的范围，不易遗漏异常。对于所发现的异常，具有明确的方向性和地形标志，易于追索和进一步检查。此外，顺沟谷采样，不用翻山越岭，通行条件较好，劳动强度小，样品易采、易加工，工作效率高。因此，特别适用于大面积概略初查阶段，以便迅速查明找矿远景区，为战略决策提供依据。多年来的实践证明，它是区域化探和化探普查阶段首选的找矿方法。现在，水系沉积物测量已成为各国区域化探的常规方法。

这种方法适用于地形切割较好，水系发育的中低山区和丘陵低山区。在地形平坦、水系不发育地区应用受到限制。对不同自然景观区，只要对影响元素迁移的因素，以及采样深度、分析粒度等进行了试验研究后，都可以有效地发现异常。

这种方法适用于铜、铅、锌等贱金属矿床，也适用于钨、锡、钼、铌、钽、铍、铀等稀有金属和放射性铀钍矿床，特别是金银贵金属这类“隐矿物”矿床，在其他方法找矿效果不佳时，显得特别有效。近 20 年来，我国一大批金矿床的发现，并使我国成为世界重要产金国，地球化学方法功不可没。区域化探找矿实践，已形成了一套从异常筛选、检查，进一步缩小靶区，追索矿源的成熟工作方案：即区域化探—化探普查—化探详查（矿区化探）的迅速控制全局，逐步缩小靶区，重点详查解剖的逐步推进，直至发现矿床的工作程式（图 7-52）。

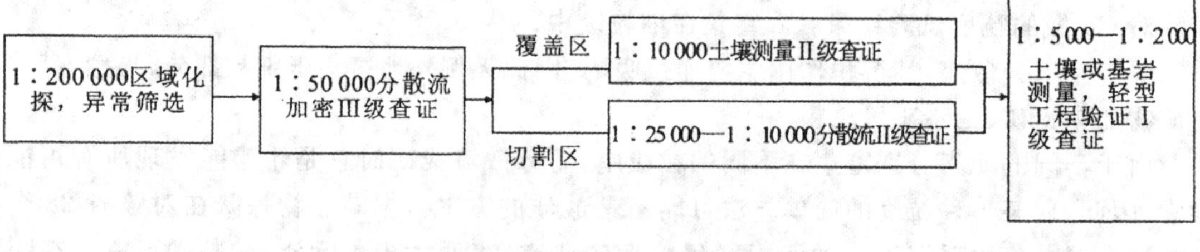

图 7-52 区域化探及逐级查证工作程式

2. 找矿实例

山东平邑县归来庄金矿位于山东西南部低山丘陵区。区内出露有最古老的泰山群斜长片麻岩、变粒岩，寒武系、奥陶系灰岩，侏罗系砂页岩及白垩系凝灰岩和安山岩。归来庄、铜石镇西燕山期的多期次岩浆岩发育，主岩体为正长斑岩，还有闪长玢岩和黑云斜长花岗岩（图 7-

53)。1987年山东物化探队开展1：200 000区域化探扫面，发现水系沉积物地球化学异常，以Au为主伴有Ag、Cu、Bi、Hg等元素。Au以3.7×10^{-9}为异常下限，圈出Au异常面积$55km^2$，Au最高含量82×10^{-9}(图7-54)。金异常有明显的浓集中心，并向南未封口。异常主要分布在岩浆岩分布区及四周，具有成矿基础。在整个图幅异常筛选中被定为乙类异常，排序第二。

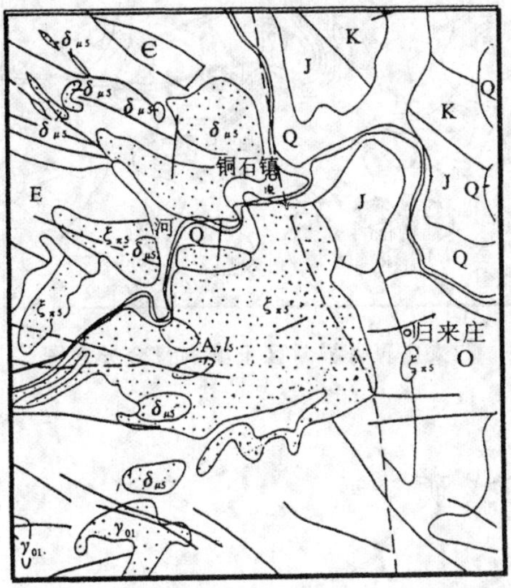

图7-53　平邑县归来庄金矿地质略图

1. 冲积残积层；2. 砂岩角砾岩、泥砂岩；3. 凝砂岩、安山岩；4. 砂岩、砾岩；5. 灰岩；6. 灰岩、页岩、泥质灰岩；7. 斜长片麻岩；8. 闪长玢岩；9. 正长斑岩；10. 黑云斜长花岗岩；11. 实测断层；12. 地质界线

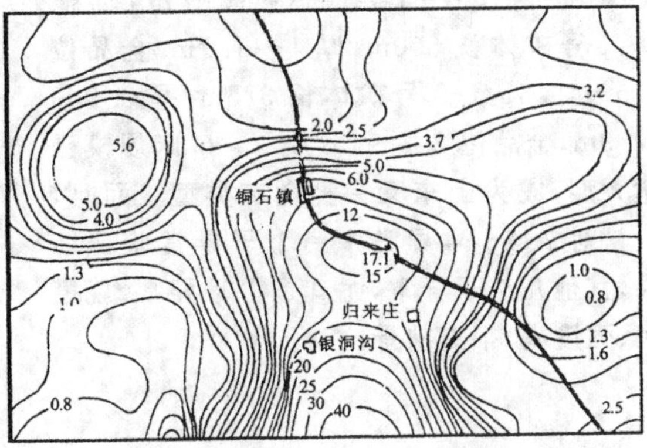

图7-54　归来庄As38水系沉积物Au异常图

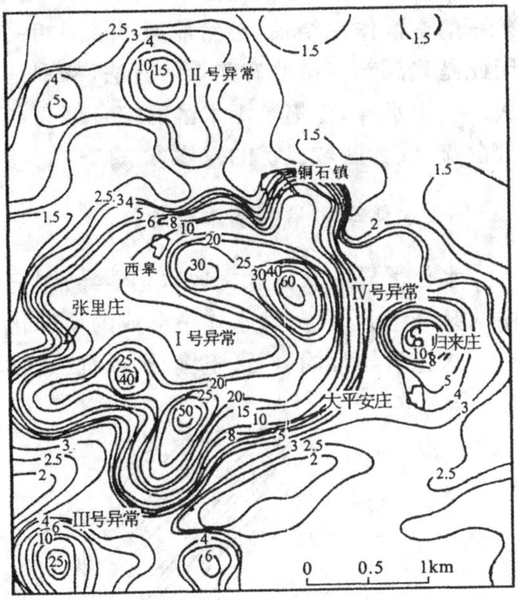

图7-55　归来庄加密水系沉积物测量Au异常图

为了进一步了解异常形态，对组合样之单样进行了分析，单点样Au异常与组合样异常基本相似(图从略)，证明异常真实存在。经过异常踏勘检查，地面发现褐铁矿化碎裂岩，当时推断蜂窝状褐铁矿可能含金，建议进行Ⅲ级查证。1988年采用1:50 000加密水系沉积物测量，采样密度4～5件/km^2，分析Au、Ag、Cu、Pb、Zn 5元素。结果将原异常分解为4个金异常(图7-55)。

上述异常除Ⅰ号异常向南未封闭外，其他异常强度不大，但异常元素组合好，有Au、Ag、Cu、Pb、Zn等元素组合，Au、Ag套合好，推断为矿致异常。经实地踏勘性追索，发现Ⅰ号异常可能为碎裂岩金矿化引起。Ⅱ、Ⅲ号异常也见金矿化，Ⅳ号异常位于主断层东侧，见民间淘金。异常处见碎裂岩化白云岩、角砾岩。经采样分析Au达8.46×10^{-6}，第二地质队建议对该区进行1：2 000土壤测量(Ⅱ级查证 1：10 000)和壤中汞测量及壤中气体测量和电法联测剖面。土壤测量结果见图 7－56,发现金异常呈 NWW 走向,向东仍有可能断续延伸。以 10×10^{-9} 作 Au 异常下限圈定异常面积 0.5km²,均值 35.2×10^{-9},Au 峰值 330×10^{-9}。后经地表工程验证,初步圈出一条 EW 向金矿带,已圈出 2 个金矿体:1 号矿体长 500m,厚 1～1.7m,金品位 1.5～16.4g/t;2 号矿体长 325m,厚 3.9～13.9m,金品位 2.8～15.7g/t。矿床规模已达大型,成为山东又一种金矿类型。而且,仅是对 As38 号异常中一个子异常验证结果,其他几个子异常,尤其是Ⅰ号异常,规模大、强度高,很有前景。

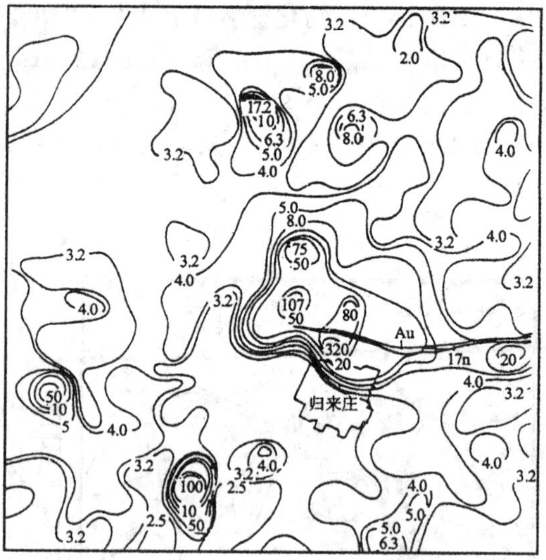

图 7－56　归来庄Ⅳ号异常区土壤测量金异常图

第五节　水化学找矿

地表天然水(包括地面水和地下水)是地球表层广泛分布的一种活性介质,它与各类岩石、矿石的交换作用结果,必然带来丰富的相关信息。由于地下水可带来潜水面附近的矿化信息,因此是找深部盲矿的有前景的方法,特别是不受覆盖物的限制,成为覆盖区找隐伏矿的重要方法。一个水样,汇集了汇水区的综合信息,与水系沉积物异常形成机理相似,故而有人又称水分散流,成为区域找矿的重要方法之一。

一、水化学异常的基本概念

水化学异常又称水文地球化学异常,它是地表水和地下水溶解了矿体及其原生晕、次生晕中的某些组分,在天然水体中形成的地球化学异常(图 7－57)。

水化学异常同岩石、土壤、水系沉积物地球化学异常相比,具有更广泛的地球化学标志,除

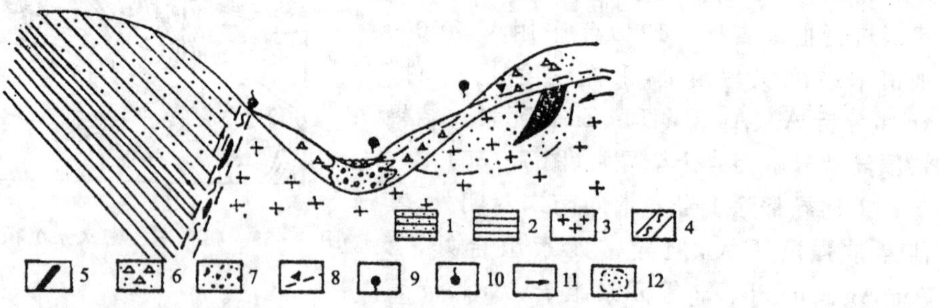

图 7－57　水文地球化学异常形成原理示意图(阮天健等,1984)

1. 砂岩;2. 页岩;3. 花岗岩;4. 断裂带;5. 矿体;6. 残坡积层;7. 冲积层;8. 潜水面;9. 下降泉;10. 上升泉;11. 地下水流动方向;12. 地下水异常范围

金属阳离子含量外，还包括阴离子和阴离子团的含量(如 Cl^-、SO_4^{2-} 等)，及水介质的 pH、Eh 值等，而且还包括一些亚稳态过渡性离子，如 $S_2O_3^{2-}$、HS^- 等。

由于原生矿物及大多数次生矿物在水中的溶解度极低，再加上水的稀释作用，所以水文地球化学异常的浓度值远远低于岩石、土壤地球化学异常的含量值，低至 10^{-9} 级。因此对于水文地球化学异常的研究及其找矿效果，在很大程度上取决于分析测试的水平及水文地质方面的知识。

水化学异常表示组分浓度的单位，微量组分用 mg/L、μg/L 等相对单位，常量组分则更多地采用 mol/L。

二、水化学异常的形成

1. *矿物的溶解作用*

据目前所知，并不是所有类型的矿床都有利于水化学异常的形成，而主要是那些成矿物质本身在天然水中有较大溶解度的矿床，以及那些虽然成矿物质本身在天然水中的溶解度并不大，但在表生条件下由于氧化作用，易于转化为易溶产物的矿床。如各种盐类矿床、石油、天然气矿床、金属硫化物矿床及放射性铀矿床等，都比较有利于水化学异常的形成。如盐类矿床中 K、Na、Ca、Mg 的卤化物和硫酸盐，石油、天然气矿床上方的烃类气体在水中有较大的溶解度，可以通过直接溶解而形成水化学异常。一般情况下，金属硫化物的溶解度是很小的，但在表生带游离氧的作用下，能形成易溶的硫酸盐(表 3-23)及游离硫酸，使水的 pH 降低，金属离子浓度增高。

2. *电化学溶解*

实验研究证明，具有不同导电性的和不同电极电位的矿物相互接触，就构成一对天然“原电池”。低电极电位的矿物相当于阴极，高电极电位的矿物相当于阳极。在两极上的化学作用表现为：

阴极：$MeS-2e \rightarrow Me^{2+}+S^0$

阳极：$MeS+2e \rightarrow Me^0+S^{2-}$

上述化学过程表明，处于阴极的低电极电位矿物溶解了。显然，矿物的导电性和电极电位决定了硫化物的电化学溶解速度。据前苏联和我国有关实验研究资料，一些常见硫化物的电极电位如表 7-14。

表 7-14 某些硫化物在 KCl 标准溶液中的电极电位

矿物	电极电位(V)	试验时间(d)	试验条件
白铁矿	+0.56	1	有空气存在
	+0.48，+0.46	5	有 CO_2 存在
黄铁矿	0.42，0.48	2～14	有空气存在
	0.41	5	无空气存在
	0.38，0.37	8	有 CO_2 存在
	0.48，0.45，0.46	1	无空气存在
	0.485	1	无空气存在
黄铜矿	0.42	4	有空气存在
	0.38，0.33	1	无空气存在
磁黄铁矿	0.30，0.34，0.255	1	有空气存在
镍黄铁矿	0.22	1	有空气存在
方铅矿	0.25，0.14，0.29	1	有空气存在
	0.25，0.15，0.14		
辉钼矿	0.14	1	有空气存在
闪锌矿(铁闪锌矿)	0.12	1	有空气存在

(А·ДМикова，1970 及 Г·БСвещникова 等，1956)

由此可见，电极电位增加的序列是闪锌矿—辉钼矿—方铅矿—镍黄铁矿—黄铜矿—黄铁矿—白铁矿等。由于黄铁矿是硫化物矿床中普遍出现的矿物，其他元素的硫化物与它相接触，都会被“溶解”掉形成金属元素的水化学异常。自然金常被认为是化学性质稳定的矿物，但是自然金与黄铁矿的电极电位相比，几乎任何情况下，都比黄铁矿低（表 7-15），而黄铁矿是自然金最重要的载体矿物，可以推知自然金是易产生化学溶解的矿物。

表 7-15 不同酸度条件下黄铁矿、自然金的电极电位（V）

pH		1.1	2	3	5	6	7	8	9	13
玻璃电极	黄铁矿	0.62	0.59	0.53	0.50	0.48	0.45	0.41	0.41	0.29
	自然金	0.46	0.46	0.44	0.42	0.38	0.36		0.36	0.08
甘汞电极	黄铁矿	0.38	0.35	0.29	0.26	0.24	0.21	0.17	0.17	0.16
	自然金	0.22	0.22	0.20	0.18	0.145	0.125		0.12	0.05

（Н · В · Нестеров，1985）

在室内条件下进行的电化学溶解实验证明，黄铁矿与铅矿粉末的组合，铅在水溶液中含量高达 50mg/L；闪锌矿与黄铁矿组合，溶液中 Zn 含量达 7～12mg/L；当方铅矿、闪锌矿、黄铜矿与黄铁矿混合时，溶液中含铜、铅、锌而不含铁，铜含量也不高，仅 0.2mg/L，Pb1.4 mg/L，而锌高达 10mg/L。单一方铅矿粉末，水中 Pb 仅 4 mg/L，单一闪锌矿粉末，水中 Zn 含量为 3～6 mg/L。这些实验结果还表明，实验前后溶液的 pH 值和 SO_4^{2-} 无多大变化，表明电化学溶解起主要作用。

3. 微生物的作用

微生物活动通过分泌有机酸和生物触媒，加速矿物分解。无论岩石、矿石、土壤、地表水和地下水中均有微生物的发育和活动，并且在长期的地质历史发展过程中，微生物具有在不同环境下生存的能力。如既可以在富氧环境下形成喜氧细菌，也可以在缺氧环境下生成厌氧细菌；既可以见之于冰点之下的氧化带矿石、土壤中，也可以在高温沸水中发现（累根斯堡大学微生物学家卡尔·奥托斯台特 1983 年在西西里岛北面海底温泉中，发现生存于＞100℃的沸水里的细菌）；在广泛的酸碱度条件下（pH=1.5～12）的地下水中，皆有微生物存在，影响着地下水的成分。

目前，对硫化物矿床中微生物的作用研究较多，已发现多种嗜硫杆菌和嗜铁杆菌，前者能将硫化物中的硫氧化成硫酸根形式的正六价硫，使硫溶解，故又称脱硫杆菌。后者能将二价铁氧化成三价铁，高价铁的硫酸盐又能进一步促进硫化物的氧化溶解：

$$2MeS+2Fe_2(SO_4)_3+3O_2+2H_2O=MeSO_4+4FeSO_4+2H_2SO_4$$

根据某些实验，将硫化物矿石粉末放入消毒过的器皿中进行细菌培养，经过一段时间后，溶液中即可检出金属。如用闪锌矿进行细菌培养，24h 后，析出 Fe^{2+} 8.2g/L、Fe^{3+} 9.4g/L、Zn^{2+} 0.01g/L，pH 值也从开始的 2.5 增至 3.5。在各种条件下，金的稳定性是众所周知的，甚至浓酸溶液也不溶解金，然而在某些植物中富集有金，在金矿床的矿化水中总含有一定量的金（在含金的阿尔丹地区，矿区坑道水中金浓度为 0.03～10μg/L）。莱利可夫从佐得斯克金矿床中分离的培养物（近似于 Bacillus alvei），21 天时间，可溶解金 0.5～0.6mg/L。其他研究者实验发现 Bacillus Megatherium 在 110～140 天内可溶解金 1.54～2.15mg/L。这些实验清楚地表明，金属矿区微生物和有机质的参与对地下水化学成分的影响是不可忽视的。

三、金属硫化物矿床的水化学异常特点

黄铁矿是金属硫化物矿床中最为广泛分布的一种硫化物，其氧化反应如下：

$$2FeS_2+7O_2+2H_2O=2FeSO_4+2H_2SO_4$$

反应产生的 H_2SO_4 可加速硫化物的溶解：

$$MeS+H_2SO_4 = MeSO_4+H_2S$$

常见的黄铜矿、闪锌矿、方铅矿等硫化物氧化，一般情况下形成硫酸盐而不形成硫酸，其反应过程如下：

$$CuFeS_2(\text{黄铜矿})+4O_2 \rightarrow FeSO_4+CuSO_4$$

$$ZnS(\text{闪锌矿})+2O_2 \rightarrow ZnSO_4$$

$$PbS(\text{方铅矿})+2O_2 \rightarrow PbSO_4$$

但是，当金属矿区的地下水中同时存在 H_2SO_4、$Fe_2(SO_4)_3$ 和 $CuSO_4$ 时，可使上述硫化物反应产生游离的硫酸和硫化氢：

$$MeS+H_2SO_4=H_2S+MeSO_4$$

$$2MeS+2Fe_2(SO_4)_3+2H_2O+3O_2=2MeSO_4+4FeSO_4+2H_2SO_4$$

由此可见，在许多情况下，金属硫化物氧化的结果均能形成游离的硫酸，这使得很多金属硫化物矿区的地表及地下水的 pH 值降低，SO_4^{2-} 含量增高，并富集金属离子。此外，由于水中 Fe^{2+} 及 Fe^{3+} 含量相当高，使得溶液中有相当强的氧化—还原缓冲系存在。

常见的金属硫化物中，在氧化带最易分解的是磁黄铁矿和闪锌矿；最难分解的是方铅矿，方铅矿在地表条件下所形成的氧化产物——铅矾和白铅矿的溶解度都较低，阻碍了氧化作用的继续进行，因而 Pb^{2+} 在地下水中的含量是不高的。

根据以上分析及实际观察，金属硫化物矿床水文地球化学异常具有如下基本特征：

(1)水的 pH 值较低。水体 pH 值的降低，是由硫化矿物的氧化作用所造成的。同时，酸性溶液更加速了矿石矿物的氧化，促使水体中金属离子浓度的增高。因此水中金属离子的浓度与酸度大体呈正相关关系。单纯的黄铁矿化也可引起水体 pH 值的降低，不过金属阳离子却不高。

(2)水中 SO_4^{2-} 的浓度相对较高。水中 SO_4^{2-} 浓度的增高，除由金属硫化物矿石的氧化作用造成外，沉积石膏层的溶解，单纯黄铁矿的氧化及生物作用因素等也可以引起，在异常评价时应结合地质条件综合分析。

(3)水中成矿金属元素及其伴生元素的含量增高。在金属硫化物矿床附近经常有 Zn、Cu、Mo、Ni、Fe 等元素在水中含量的明显升高，有时也有 Pb 含量的增高，它们都可以用作找矿的直接标志。同时由于硫化物氧化而产生硫酸的影响，发生溶解和破坏围岩的作用，使水中也富集有硅、钙等化学元素。当水化学异常是由电化学溶解作用形成时，由于矿物的溶解受硫化物电极电位的控制，有时主要成矿元素不能形成水化学异常，而伴生元素却能形成异常。如矿石中以黄铁矿、黄铜矿占优势时，水体中却以 Pb、Zn 离子为主，Cu、Fe 离子次之。铜镍硫化物矿床中，往往主要形成 Ni 异常。

四、水化学异常特点及其评价问题

1. 水化学异常组分的迁移形式

水化学异常发育于水体中，它具有与岩石、土壤、水系沉积物地球化学异常所不同的特点。水介质中溶质扩散迅速，加之水体的流动、对流作用，使元素在水中分布甚为均匀，因此，异常

反映的范围广，深度大。元素在水中的迁移可能有多种形式，地下水中主要呈离子的真溶液迁移，其次是胶体迁移，地表水中则有相当部分呈悬浮物迁移。如 И・ф・Погребняk 等人对前苏联外贝加尔几个钨钼矿区的研究，W 仅有总量的 3.1%呈悬浮物形式迁移，而 Mo 的悬浮物比例高得多。铜矿区地表水中，铜总量的 27.9%以悬浮物形式迁移，矿化地段溶解形式铜达 91.2%。B. A. Кололов 用不同孔径滤膜过滤金银矿区探槽水，结果表明金几乎全为可溶态存在。Hamilton(1983)等人在澳大利亚的研究表明，悬浮物金在金矿田地表水中可达 50%左右，但与溶解部分相比，尽管悬浮物部分含量高，但变化不定、无规律，对水化学找金矿无实际意义。而溶解部分的含量随远离矿体而规律下降，对金矿床有较好的指示意义。水介质中元素存在的形态、价态反映了不同的来源和环境。水介质的环境条件(pH、Eh 还原剂、有机质等)，严重影响元素的迁移沉淀。如美国威斯康辛区的西南部"锌区"——富含 Zn 的泉水四周，在不到 100m 的距离内，水中锌含量降低了 20 倍。可见，水化学异常含量的衰减较分散流强烈得多，水环境改变造成的沉淀障作用最为明显。

2. 水化学异常的含量特征

水化学异常的另一特点是水中异常浓度低，但异常衬度高。因为硫化物氧化后溶于水的离子迅速向水体中扩散，迅速被稀释。水中金属元素的含量一般在 μg/L 数量级中变动。水化学异常一般衬度高，异常清晰，这是因为背景区中缺乏硫化物，硅酸盐一般化学风化弱，化学风化主要产生碱金属和碱土金属离子，很少有多金属和贵金属离子。因此，异常衬度高是水化学异常的普遍特征。

3. 水化学异常的动态特征

水化学异常的显现，常因矿体埋藏条件和降雨季节性变化而显示动态变化，一般呈现三种情况：

(1)矿体产于潜水面之上的包气带内，旱季无水渗入地下时，沟谷水中无异常显示，只有雨季时，降雨溶解了矿石氧化组分，在沟谷水中方可检出水化学异常，是一种间歇型水化学异常(图 7-58)。

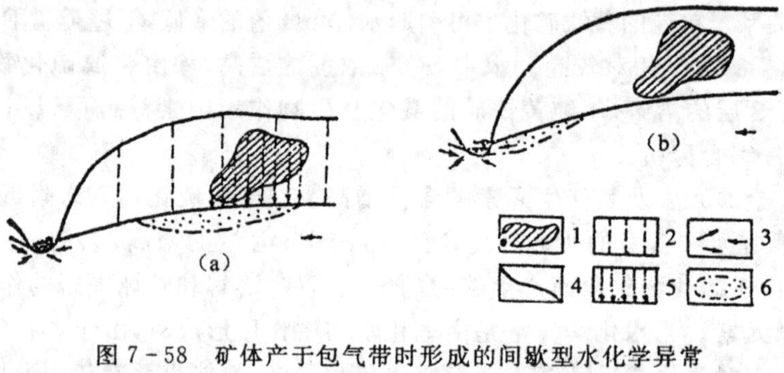

图 7-58 矿体产于包气带时形成的间歇型水化学异常

(a)包气带有水时；(b)包气带无水时

1. 矿体；2. 包气带的水渗入；3. 地下水运动方向；4. 潜水面；5. 渗入水异常的产生；6. 水异常

(2)矿体跨越潜水面，即一半处于潜水面之上，另一半处于潜水面之下。这是一种常年均可检出的水异常，只是降雨后一段时间，高含量异常才在沟谷中出现，干旱季节中后期则为弱异常(图 7-59)。

(3)矿体产于潜水面之下的饱水带中，当矿体接近潜水面时，只要有地下水流出，一年四季

图 7-59　矿体埋藏于潜水面上下时的波动型水化学异常

(a)雨季时水异常;(b)雨季后水异常

Ⅰ. 矿体水;Ⅱ. 异常水范围;Ⅲ. 水化学背景

1. 矿体;2. 水渗入;3. 地下水运动方向;4. 潜水面;5. 雨季初水潜入时产生的异常;6. 不同浓度的水异常

内均可检出弱异常,属稳定型水化学异常(图 7-60Ⅰ)。当矿体埋深很深时,旱季能检出弱异常,而雨季潜水面升高,以浅部水补充为主,则不能检出水化学异常,成为波动型水化学异常(图 7-60Ⅱ)。

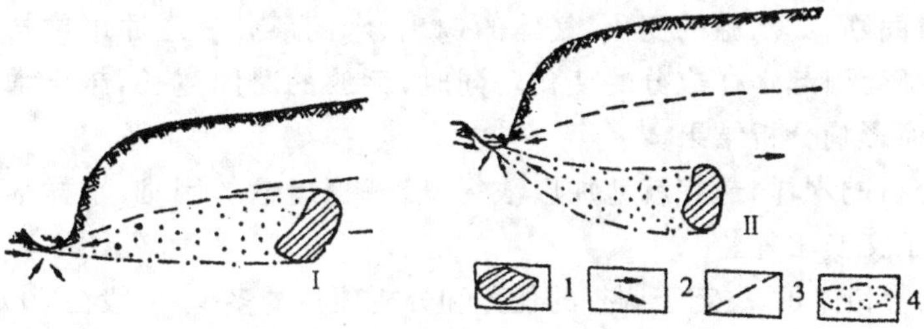

图 7-60　矿体埋于饱水带中的水化学异常

Ⅰ. 近潜水面的稳定型水异常;Ⅱ. 深埋饱水带的波动型水异常

1. 矿体;2. 地下水运动方向;3. 地下水位;4. 水异常范围

4. 水化学异常与矿体空间关系

水化学异常一般都不与矿体直接关联,迁移距离较远,必须与异常的地形地貌和水文地质特征相结合进行分析解释推断。

五、水文化学找矿的工作方法

水化学异常的形成及水化学异常指标的特殊性,决定了水化学找矿工作方法的某些特点,主要表现在以下各方面。

1. 采样点的布置

水化学找矿需采水样的数量和采样点的分布,主要取决于水文地球化学调查的比例尺和任务,也决定于调查区的研究程度,地质构造复杂程度及区内的地球化学环境。在野外应利用一切地下水的天然露头及人工露头进行调查,以查明与矿体有关的异常。所谓地下水的天然露头主要是泉,地下水的人工露头是指水井、钻孔、开采坑道中的渗出水和漏水,必要时(即人工露头的数量不足以满足取样密度时)水样也可采自地表水——河、溪、湖、沼泽以及流经矿山工程中的地表水。利用地表溪水作为调查对象时，最好在旱季进行。因为在此期间，地表河溪的水流主要是由地下水补给的，水的化学成分基本上能代表地下水的特征，能起到与泉水同样的效果。

2. 采集水样的方法和技术要求

采集水样的步骤和方法，对水文地球化学调查是一个很重要的方面，往往由于采集水样不严格而造成人为的污染，因此，避免人为污染是关键，具体采样要求见第四章。

3. 采集水样时的观察和记录

在采集水样时，对采集点附近的地质、水文地质特征和地球化学环境的详细描述，对以后异常解释将起重要的作用，应特别注意如下几点：①泉的类型（上升泉或下降泉）及泉水的流量；②水井的深度和水位，水井的结构，水井的利用情况；③地表水的特征和流量、流速；④水的物理性质（颜色、气味、混浊度等）；⑤在地表水流中采样时，应注意是否已被污染了，了解地表水与地下水的可能联系；⑥采样地点的地质和水文地质条件，并记录采样时的天气情况。

4. 水样的分析

在没有水文地质化学资料的地区，一般要求测定：SO_4^{2-}、Cl^-、HCO_3^-、CO_3^{2-}、NO_3^-、Ca^{2+}、Mg^{2+}、Na^+、K^+、Fe^{3+}、NH_4^+、pH、Eh 值、总矿化度、耗氧量、总硬度、游离 CO_2 及所要求的金属元素。在进行大比例尺详查时，则重点测定成矿元素、主要伴生元素和 SO_4^{2-}、pH 值等主要找矿指标。

水样应当及时分析，最好是当天进行。特别是那些易变组分（如 pH 值等），必须当天测定，其他组分的测定也不能拖延时间过长。因为地下水出露后所发生的化学成分的变化，在水样保存期间并没有间断，如水温的变化、气体的逸出、水的氧化—还原电位与空气的氧化条件之间的差别等等，都会引起水样成分的变化。同时，存放的时间越长，越会增加瓶壁对某些元素的吸附作用，从而影响分析结果。

用作多元素分析的水样，最好就地加以浓集，以减少运输的困难，水样浓集的方法有蒸干法、共沉淀法和离子交换法等。

采集水样的重量和体积，决定于调查的任务和分析项目的多少，一般在 500～2 500ml 之间。

六、水化学测量在找矿中的应用

水化学异常同水系沉积物异常一样，具有控制面积大，可用低密度样品迅速了解全区，是区域化探确定战略找矿靶区的重要方法。美国执行“铀矿资源计划”（ERDA - NURE）开展全国性扫面（1∶250 000）在采用航空测量、水系沉积物测量同时，还进行了水化学测量。我国尚未进行过大面积的区域水化学工作，但在局部地区的找矿效果是很显著的。

德兴斑岩铜矿是我国最大的斑岩铜矿，水化学方法对该矿田的找矿起过重要作用。该矿田由 A、B、C 三个矿区构成，B 矿区是前人已开采的老矿区。1957 年江西铜矿地质大队和第一物探队对外围开展普查找矿。B 区东南的 A 区，地表植被发育、覆盖大。土壤测定发现铜异常，后探明为工业矿床。在 C 区发现了类似于 B 区的花岗闪长斑岩及围岩蚀变，但地表未见矿化，先进行土壤测量，后又进行岩石测量（先按 500m×100m 的网度，后加密至 100m×100m），在浅井中取基岩样。岩体范围内 Cu 含量（200～300）$\times10^{-6}$，接触带高至（300～500）$\times10^{-6}$。在接触带钻探验证，仅见零星矿化，当时对是否有工业矿体存在引起了争论。

1958 年，在 A、B、C 三区范围进行水化学测量试验，样品采自地表溪水，少数为钻孔水及坑道水。采样在同一季节完成，雨后不采样，分析 Cu、Mo、SO_4^{2-}、Cl^-、及 pH 值，背景值与异常下限见表 7 - 16。

表 7-16　德兴斑岩铜矿水化学指标　　（单位：mg/L）

指　标	Cu	Mo	SO_4^{2-}	SO_4^{2-}/Cl^-	pH
背景值	0.00～0.02	0.00	0.03～1	<1	>7
弱异常	0.02～0.05	0.001～0.005	1～50	>1	≈7
中级异常	0.05～1		50～100		7～3
强异常	>1		>100		<3

结果在 A、B、C 三区明显发现了 Cu、SO_4^{2-} 和 pH 三种指标的水化学异常(图 7-61)，C 区位于 B 区北西 1.5km。流经 B 区矿床的河流水中 Cu 含量明显增高，达 0.67～1.29mg/L，这一含量沿河谷延伸 2km，下游降至 0.06mg/L。在 C 区附近，Cu 浓度又升高为 0.94～1.55 mg/L，并延伸 1km，同时也出现 pH 和 SO_4^{2-} 异常。经与 B 区水化学异常特征对比，并结合地表土壤、岩石异常，地表铜含量低于 B 区，反映为埋藏较深的矿体，最后按水化学异常及围岩蚀变范围布钻，在 50～500m 揭露出一个大型铜矿。

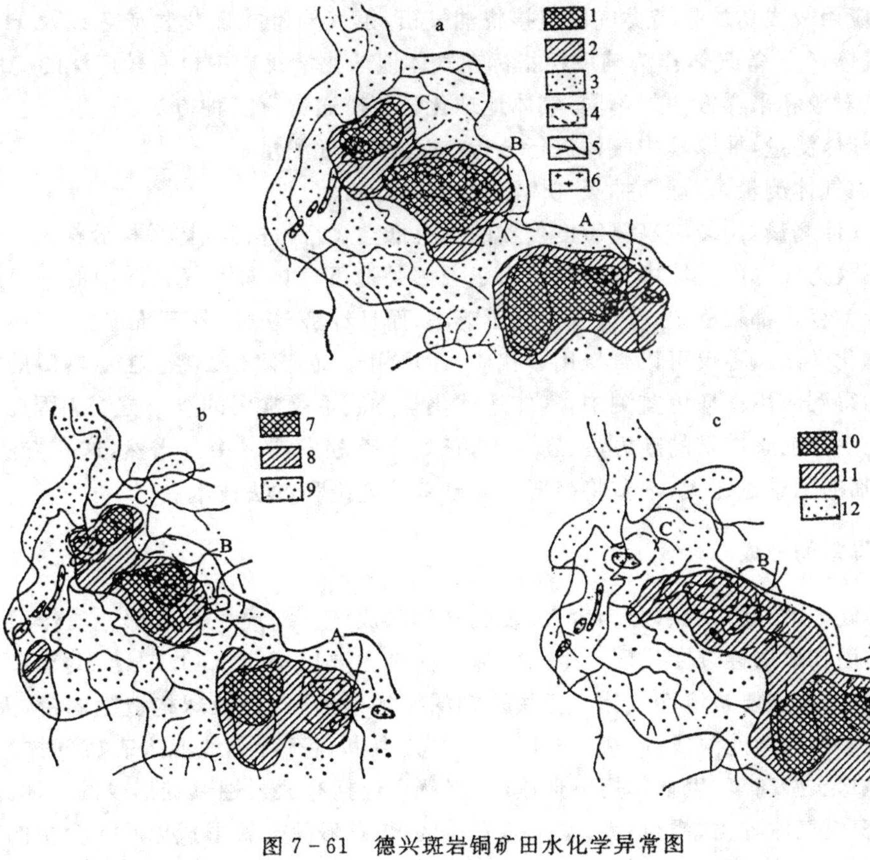

图 7-61　德兴斑岩铜矿田水化学异常图

a. 铜异常 1. Cu>1mg/L；2. 0.5～1mg/L；3. 0.02～0.5mg/L；4. 矿体界线；5. 水系；6. 花岗闪长斑岩；b. SO_4^{2-} 异常；7. SO_4^{2-}>100mg/L；8. 50～100mg/L；9. 1～49mg/L；c. pH 异常；10. pH<3；11. pH=3～6；12. pH=7～8

第六节　气体地球化学找矿

一、概述

气体地球化学找矿是通过系统测量大气或壤中气的气体成分，发现异常进行找矿。

很早以前，人们即已认识到地质作用(包括成矿作用)中有气体参加。如火山喷气、天然气、岩石中的气孔构造，矿物中的气体包裹体等。早在20世纪30年代，前苏联学者索柯洛夫就开始试验用气体化学方法寻找石油和天然气。前苏联20世纪50年代开始试验寻找金属矿，如用He、Rn寻找放射性铀矿，20世纪70年代开始用于金属硫化物矿床的找寻。

由于气体穿透力强、扩散迅速，反映深度大，人们一直寄希望于用它来找深部盲矿和隐伏矿。特别是在厚层覆盖区其他方法受到限制时，气体地球化学方法就更被重视。

气体地球化学找矿中研究应用较多的是烃类气体找石油天然气，He、Rn用于找铀矿，汞气、SO_2、H_2S、COS和其他含硫气体，以及CO_2、O_2气异常用于找金属硫化物矿床、金银贵金属矿床。其中，应用较成功的是烃类气体直接找油气田，汞气异常找硫化物矿床以及He、Rn找铀矿。含硫气体、CO_2等气体作为辅助性指标在气体地球化学找矿中也有较广泛的应用。

根据测量对象和采样方法的不同，气体地球化学找矿通常有三种方法：

(1)土壤气体测量，抽取壤中气体进行分析，亦称壤中气测量。

(2)近地面气体测量，在地面抽吸气体测量，室内分析。

(3)航空气体测量：用装有高灵敏度仪器的飞机低空飞行，进行气体采样分析。

目前应用最为成熟的是壤中气测量。由于土壤是地下气体向大气扩散中的一道屏蔽层，气体成分和异常存在都较稳定，受大气气流影响小，而且经济、快速、易于推广。

气体地球化学测量不仅可以直接用于找矿，还可用于确定隐伏断裂，在地热田勘查、地震预报中已成功得到应用。环境监测中，气体地球化学方法更是常用的重要方法。因此，气体地球化学方法是一种前景广阔的新方法、新技术，正处于蓬勃发展之中。当然，这一方法研究程度还较低，面临的困难也还大，本节将简要介绍已有的理论和方法技术。

二、气体异常的形成

地球上的气体，按其来源可分为大气、表成气和深成气。深成气是深部地质作用，主要是由岩浆脱气作用和放射性衰变作用产生的气体。前者主要以CO_2、CO、CH_4、H_2S、CS_2、H_2等还原气体为主，后者主要是惰性气体。板块运动的接触碰撞带，是地球构造脆弱带，火山作用带来的喷气是一种典型的深成气(表7-17)，当然其中也必不可免地混入表成气体。表成气体则是在水、阳光、游离氧、生物作用下形成的，当然也包括有放射性衰变形成的气体。由于地质条件不同，表成气体种类差异很大，碳酸盐岩地区，重碳酸盐分解形成以CO_2为主的气体；有机质丰富的地层及疏松沉积物，细菌活动强烈，产生大量有机气体，缺氧条件形成CH_4及其他碳氧化合物，富氧条件则形成CO_2为主的气体。金属硫化物氧化，则形成各种含硫气体。大气是表成气和深成气的混合气体。

表 7-17　夏威夷火山气成分(索金斯,1982)

成　分	平均含量(体积百分比)	成　分	平均含量(体积百分比)
H_2O	67.68	Ar	0.20
CO_2	12.71	SO_2	7.03
CO	0.67	S_2	1.04
H_2	0.75	SO_3	1.86
N_2	7.65	Cl_2	0.41

地球上的气体,如壤中气、大气、岩石裂隙中的气体及水中溶解的气体,都是不同来源气体的混合物,是气体地球化学异常的背景气场。通过上述气体背景常识分析,我们可以进一步认识与成矿有关的气体异常的来源,主要有以下三种:

1. 原生成矿作用的内生气体

热液成矿中,成矿热液成分复杂,而且总包含一些气体成分。据研究所知,主要有水蒸气、H_2S、CO_2、SO_2、He、CH_4等。矿床形成过程中,它们封存于矿石、围岩的孔隙中,矿物的包裹体中。含矿体系经构造运动抬升到地壳浅层时,这些气沿裂隙、断层运输,以聚集于土壤或扩散到大气中形成异常。但是这类气体有限,长期散失后,异常衬度变低。因此,在找矿实践中,除有理论成因意义外,并无实际价值。

2. 矿石氧化的表生气体

金属硫化物在表生带氧化时,能形成 H_2S、SO_2、CO_2、COS、$(CH_3)_2S$、CS_2 以及$(CH_3)_2Se$、$(CH_3)_3As$ 等。以黄铁矿为例,硫化物氧化过程如下:

$$2FeS_2+7O_2+2H_2O\rightarrow 2FeSO_4+2H_2SO_4$$

硫酸亚铁不稳定,很快氧化成硫酸铁:

$$4FeSO_4+2H_2SO_4+O_2\rightarrow 2Fe_2(SO_4)_3+2H_2O$$

硫酸和硫酸盐是重要的溶剂,可以使许多硫化物溶解,同时生成硫化氢和二氧化硫,如

$$ZnS+H_2SO_4\rightarrow ZnSO_4+H_2S\uparrow$$

$$FeS_2+Fe_2(SO_4)_3\rightarrow 3FeSO_4+2S$$

$$S+O_2\rightarrow SO_2\uparrow$$

氧化产生的硫酸和硫酸盐如遇围岩中的碳酸盐(包括成矿晚阶段硫酸盐阶段生成的碳酸盐)或地下水中的重碳酸盐反应生成 CO_2:

$$H_2SO_4+CaCO_3\rightarrow CaSO_4+H_2O+CO_2\uparrow$$

$$Ca(HCO_3)_2+CuSO_4\rightarrow Cu(CO_3)+CaSO_4+CO_2\uparrow+H_2O$$

罗斯(1979)利用平衡热力学计算了各种含硫气体在硫化物矿床氧化带上的稳定场(图 7-62),由图可见 H_2S 浓度最高,其次是 COS,而且只有在中等氧化还原电位下才有最高浓度。

一些研究人员原先以为 SO_2应是氧化带最多的气体,在一些废石堆上甚至可以闻到刺鼻气味。但用仪器却检测不出 SO_2,说明这些气味并非 SO_2,用气相色谱仪测定后方知是 COS。气体形成后,并不能永久存在下去,它们可能因溶于水,或相互反应、分解而消失。据兰德尔(1977)的研究,在开阔的大气环境中,COS 最为稳定,寿命达 600 天,而 H_2S 仅存留 1 天,

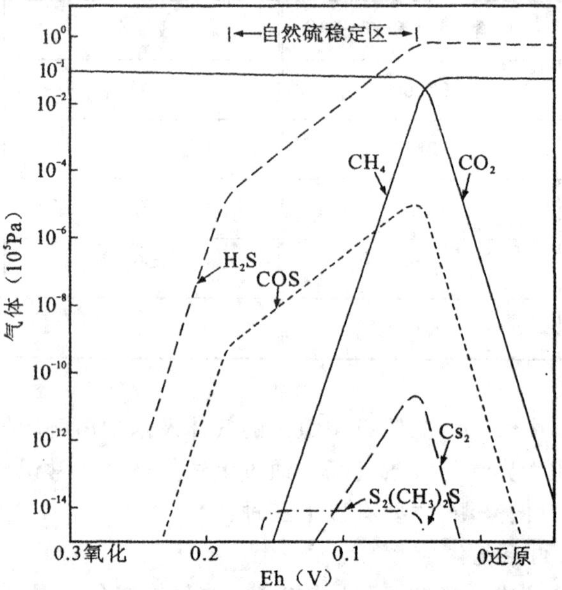

图 7－62　模拟硫化物矿床氧化带各种气体的稳定场(Rose,1979)

$(CH_3)_2S$ 是 3 天，SO_2 只有 9 天，CS_2 是 40 天。

汞是硫化物矿床中普遍伴生的元素，表生氧化作用中，硫化物矿床氧化带中普遍有汞气异常形成(后面将专门进行讨论)。

卤族元素是成矿热液中重要的络合剂，化学活动性大，除形成氟、氯独立矿物或类质同象外，它们往往以成矿的残余溶液中的离子运移到矿上围岩中形成外带异常。Br 和 I(碘)是极易氧化成自然气体分子状态的卤族元素，含 F、Cl 的矿物氧化时能逸出氟、氯气体。因此，在富含卤族元素的金属矿床上方壤中气或大气中，能形成卤族气体异常。

3. 放射性衰变形成的射气异常

由铀、钍矿物衰变形成 He 和 Rn 是铀、钍矿床上的典型射气异常成分，利用氡气和 α 径迹探测技术能成功地探测 200m 以下的含铀矿床。

α 粒子是放射性衰变过程中从原子核内放射出的一个粒子，它是氦的原子核，由两个质子和两个中子组成。α 粒子穿过物质时可留下痕迹，痕迹数量与放射性矿物含量有关。利用硝酸纤维薄膜或醋酸纤维薄膜来记录 α 粒子的行踪，称为 α 径迹测量。野外工作时用薄膜做成胶片固定于杯子内，倒置于土壤下 30～50cm 深处，经 20～30 天照射后取出，经化学蚀刻，计算径迹密度，便知 α 粒子强度，此法称 α 杯法测量，虽不是直接测量的 He 气本身，但也可算是一种间接气体测量方法。

三、汞气异常

汞是典型的亲硫元素，在内生热液作用中与 Cu、Pb、Zn、Ag、Au、Cd、In、Tl 以及 As、Sb、Bi、Se、Te 等密切伴生，主要以类质同象赋存于许多金属硫化物中，特别是中低温热液阶段的硫化物，低温阶段还能形成自己的独立矿物。伍宗华等根据 23 个矿床中单砂物分析，一些常见金属矿物中的 Hg 含量见表 7－18。

表 7-18　某些常见矿物中的汞含量(伍宗华,1994)　(单位:10^{-6})

矿　物	含量范围	平均值	矿　物	含量范围	平均值
辉锑矿		80 600(1)	长　石		149(4)
黄铜矿	225～75 000	1 297(22)	石　英	37～200	110(6)
闪锌矿	220～4 008	796(7)	黑云母	142～1 102	466(5)
黄铁矿	11～4 666	677(40)	绢云母	184～527	273(2)
褐铁矿	200～3 440	967(5)	方解石	74～240	146(4)
方铅矿	37～3 600	328(16)	绿泥石		112(2)
磁黄铁矿	280～435	358(2)	绿帘石	75～102	85(3)
磁铁矿	122～826	395(4)	孔雀石		200(3)
毒　砂	170～300	230(5)	萤　石	100～170	135(2)
菱铁矿	34～410	112(16)	硬石膏	70～105	88(3)

注:括号内为样品数。

热液矿床形成时,部分热液和汞蒸气可沿裂隙扩散渗透数百米,甚至数公里,生成范围广阔的原生晕。

表生带中,有机质、黏土和铁锰氧化物大量吸附汞,因而富含有机质的沉积岩、煤、石油、天然气田中也伴生有大量的汞。

地表大气中,汞的背景含量为 0.2～10ng/m^3,火山气中常高达几百～几千 ng/m^3,金属硫化物矿区大气则常为 30～1 000ng/m^3。

前苏联萨乌科夫(1946 年)最早对汞的地球化学进行了系统的地球化学研究,并第一个指出用汞找矿的可能性,20 世纪 50 年代在前苏联得到了很大的发展,60 年代传到西方,70 年代中期我国大力开展这方面的工作。自 1977 年以来,汞气测量在我国已有了广泛的应用,取得了明显的效果。汞气地球化学找矿是气体地球化学找矿中应用最为成熟的方法之一。在汞、金、锡、铅锌、铜钼、多金属、地热田、油气田、地震预报方面都进行了应用研究。

1. 汞气异常的来源

在内生过程中汞及其化合物呈气态迁移,这是可以相信的,但那时形成的气体异常,早已消失殆尽,现在实际观察到的气体异常都是新生的。所以汞气异常是在原生汞异常、土壤异常及水化学异常的基础上,经过气体的产生与迁移而形成的。

一切含汞量高的地质体,都可能成为汞气异常的来源。根据前苏联、澳大利亚及我国的文献报导,可以归纳为如下几大类:①硫化物矿床;②氧化物矿床;③富汞岩石;④地热田;⑤油气田;⑥人工污染源。现简述如下:

(1)硫化物矿床。由于汞的亲硫性,它几乎无例外地存在于硫化物矿床中,成为这类矿床的通用指示元素。汞的主要独立矿物——辰砂只能在 150℃以下的低温中晶出,据此,可以把硫化物矿床分为高温和低温两类。在高温矿床内,汞主要在矿床外围,矿体本身含汞较低,而围岩中的汞比矿体高，如我国广西大厂含硫化物锡石矿床，矿石中含 Hg0.15×10^{-6}，而在矿体前缘倾斜方向上 300m 处，有很强的汞气异常，很可能就是由广泛发育的原生汞异常产生的，而不是来自矿体本身。低温硫化物矿床则相反，矿石中含有很高的汞，除了独立矿物辰砂外，浅色闪锌矿是汞的主要赋存矿物，此时汞气异常的形成主要来自矿床本身的氧化。

(2)氧化物矿床。在一些赤铁矿、沥青铀矿、磁铁矿、菱铁矿及钨、锡矿上，均已发现了汞气异常，很可能这里的汞异常并不来自含氧矿物本身，而仍旧是来自伴生的硫化物。因为混入氧化物的汞很难在地表条件下转换成气体，这点据氧化物的稳定性及少量热释曲线可以证明。

(3)富汞岩石。碳质岩石、磷块盐岩石、富碱岩浆岩、富铁锰质岩石等有时可含较高的汞，它们的平均含量低于矿石，但由于总量大，可形成汞气的高背景带。在构造有利地段，也能富集成局部高异常点，形成非矿异常，对于由岩石引起的低缓异常的评价，需要小心。因为一些层控矿床的矿源层，往往含有较高的汞量，例如内蒙、广东的一些 Pb－Zn 矿床的围岩就是如此。在凡口铅锌矿区的各种不同灰岩中，被认为是矿源层的鲕状灰岩及条纹瘤状灰岩含 Hg 分别为 0.24×10^{-6}及 0.2×10^{-6}，相应地产生 0.2ng 的壤中气含量，这在矿区是背景值，但相对于外围地区 0.01ng 的背景值，则形成低缓异常(胡国廉，1980)。

(4)地热田。与地热有关的汞异常，在美国黄石公园，新西兰及我国云南、北京等地不少地热区均已证实，成为圈定地热远景区的方法，现有资料表明热蒸气田的汞异常比热水田的异常强。地热区的汞异常，一方面是由于温度高，促进了汞的蒸发，另一方面是地热水的化学成分有利于汞的迁移，在深部的脱气过程，强化了汞气异常。

(5)在油气田上的汞气异常也引起有关单位的重视，成为寻找油气田的辅助方法。

(6)人工污染的汞气，则来自燃烧矿化燃料及某些消耗汞的化工工业。在北京一个氯碱工厂的周围大气中，曾检测到 300ng/m^{3}以上的汞浓度，沿着风向伸展达 1km 以上。石灰窑的上空也曾观察到汞的异常。有些金矿的提炼采用混汞法，此时在现场可以造成很高的汞气浓度。

2. 汞气异常的形成

汞蒸气形成的机制，已由国内外不少学者进行了讨论，没有对立的论点，只有侧重点的不同，归纳起来有下列几种：

(1)自然汞及辰砂的蒸发与升华。根据它们的沸点，在地表的常温下这种作用是可能的。考虑到这两种矿物本身十分稀少，广泛的汞气异常可能不是由此而来。

(2)汞的不均衡反应：

$$[Hg_2]^{2+} \rightarrow Hg^0 + Hg^{2+}$$

这一反应并不能自发进行，需要消耗能量，可能来自阳光和微生物活动，因此，这一反应主要在地表进行。灭菌后的土壤，Hg^0产生的速度大大降低，可见细菌的作用是很大的。

(3)无游离氧时的硫化物氧化。主要通过亚铁或原生硫化物中“欠价”化合物的还原作用：

$$2Fe^{2+} + Hg^{2+} \rightarrow 2Fe^{3+} + Hg^0$$

$$Pb_{1+\delta}S + \delta HgS \rightarrow {}_{(1+\delta)}PbS + \delta Hg^0$$

(4)游离氧的氧化作用。当硫化物氧化成硫酸盐时，S^{2-} 氧化成 S^{6+}，共放出 8 个电子，可还原 4 个 Hg^{2+}，很可能这种还原过程是分阶段进行的。第一步把 Hg^{2+} 还原成 Hg^+，然后通过不均衡反应生成 Hg^0，伴随得到的 Hg^{2+} 又被还原成 Hg^+，如此不断循环产生 Hg^0。

(5)有机物的还原作用，在封闭的沼泽中有时能见到自然汞滴，这是有机物或细菌作用下形成的。

3. 汞气异常的观察及影响异常形成的因素

由于汞蒸气浓度极低，干扰测定的因素又多，所以通常要将被测气体通过一种选择性捕汞装置，使汞浓集并与干扰分离。我国最常见的是金丝捕汞管。常用的捕汞管构造见图 4-7。对捕汞管的要求是吸收与释放效率高，各管间的一致性好，寿命长。至于汞的测定，最常用的仪器是基于冷原子吸收的各种型号的测汞仪。

由于汞气异常一般很狭窄，所以取样点距一般在 20m 左右，在平缓的背景地区可稀至 50m，而在异常地段可加密至 5～10m。每一样点上，相距 2～3m 打 3 个孔，用锥形取样器抽取 3L 气体(每孔一升)富集在同一金丝管上。孔深一般要＞50cm。因此，壤中汞测量劳动强度较大，工作效率较低。

在汞气采集和测试中，应充分考虑影响汞气异常发育的下列因素：

(1)地质条件：矿床含硫化物高低及硫化物种类是影响汞气生成的首要因素。其次矿体及围岩中裂隙发育程度，裂隙发育有利于汞气向土壤中的输送。另外，矿体埋深条件和产状也影响汞气异常的发育。矿体产状陡，则产生的汞气异常强，而异常宽度窄，相反缓倾斜矿体，异常低弱而宽度大。

(2)土壤厚度与性质：土壤层厚度过薄，气体易于与大气沟通而不易保存。一般要求厚度要＞50cm。其次是土壤孔隙度要适度、细粒砂壤土最为有利；过于紧密，汞气贮存空间有限；过于疏松，如砾石、戈壁、疏松层的孔隙直接与大气贯通，不利于壤中汞气保存。

(3)气候条件：温度是汞气升华的首要条件，不同气候条件，壤中汞气含量不同。如黑龙江某铜(钼)矿区 6 月份比 8 月份测得汞气含量高得多(图 7-63)。

降雨会使壤中汞含量降低，这是因为部分毛细管被水充满汞气被挤出，而且部分汞气溶于水中所致。

(4)工作条件的一致性：如取样管质量、金属管加热释放和条件、测汞仪仪器稳定性、操作中可能的人为污染等。

实际工作中，只要二次测定异常存在，范围相似即可，而含量高低影响因素较多，不可过于苛求。

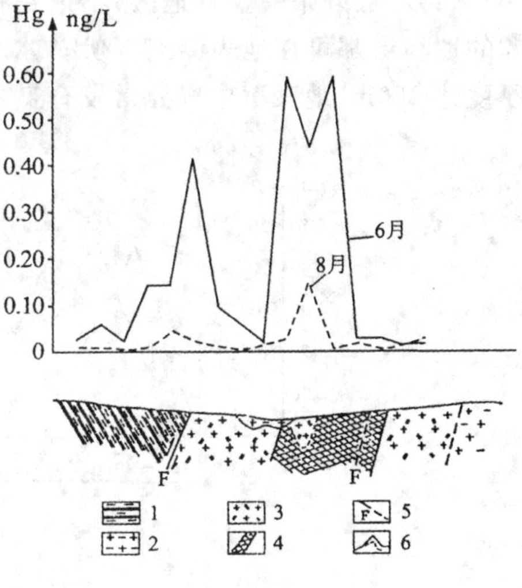

图 7-63　某铜(钼)矿壤中气汞量浓度曲线

(黑龙江冶金地质勘探公司 706 队，1977)

1. 流纹质凝灰岩；2. 黑云母花岗岩；3. 花岗闪长岩；4. 矿体；5. 断层；6. 汞气曲线

4. 壤中汞气异常的一般特点与应用

根据我国近几年所得结果，可归纳出如下特点：背景值为 2～40ng/m³，如抽取 5L 气体，可在捕汞管上捕得0.01～0.2ng 汞，这一数量可以被测汞仪可靠地测出。异常衬度在 3～10 之间(个别特高点除外)，异常值在 0.2～12ng 之间，相当于几十～几百 ng/m³。异常曲线常呈跳跃式，强异常紧接着背景值，但总的趋势则是明确的，有时可用移动平均法加以光滑。异常峰值与疏松物下的气源位置没有位移，这一点对异常源追索是很有利的。

但气源相对于矿体的位置则比较复杂。因为疏松物下的气源，不一定就是矿体露头，可以是断裂构造的出口，也可以是地下水面与矿体的交界处，因为正是这些地方产生大量气体(图

7-64)。倾斜矿体的气体异常呈不对称状，这是因为矿体上盘的异常比较发育，据此可以判断矿体的倾斜方向。有时矿体较深，则它的上盘异常与前缘异常相分离。此时，两个异常反映的同一矿体在厚层覆盖物中发育的异常，具有向浅部变强的总趋势，而且并不一定与下伏基岩异常连接，这一特点与地表污染的异常很一致，但这二者易于区别，因为地表污染的异常向下衰减很快，而真正的汞气异常向下缓慢降低。因为人工污染最多不过几千年的时间，而自然的汞气异常是在很长的地质时期内累积起来的。

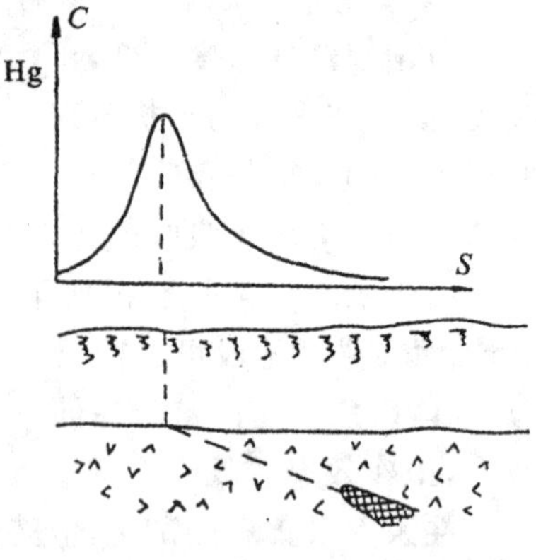

图 7-64　倾斜矿体的汞气异常

断裂构造上的汞气异常以狭窄的峰值为特征，范围小于 20m，但往往可以沿走向追索。而且无论成矿前或成矿后的断裂，均有明显异常相伴，只要断裂内赋存矿体，汞气异常都比无矿的断裂明显。这是因为断裂和破碎带提供了含汞溶液及汞气的通道和集中场所。

从已有的经验来看，汞气测量在下列情况下能发挥独特的作用。

(1)厚层外来覆盖物地区，不论是我国西北那样干燥的黄土、河漫滩阶地，还是东南被水饱和的冲积层都可在地表测到下伏矿体的汞气异常。如上海郊区张埝矽卡岩矿床上覆盖冲积物厚度达 160m，地表壤中气异常发育良好，多次观察重现性也很好(图 7-65)。

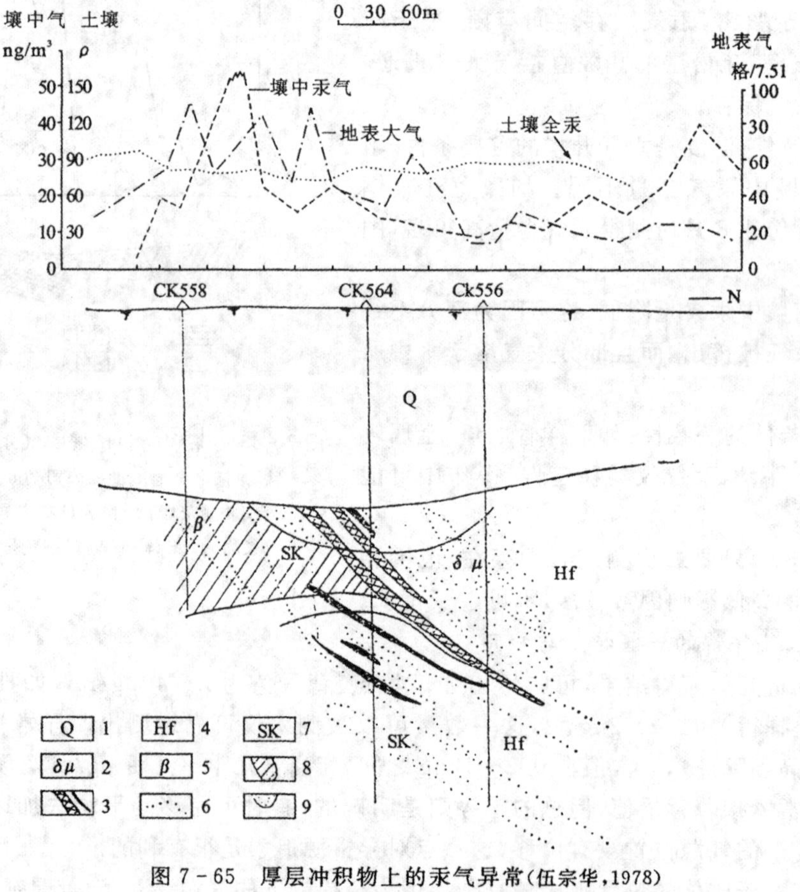

图 7-65　厚层冲积物上的汞气异常(伍宗华，1978)

1. 冲积物；2. 花岗闪长岩；3. 铜矿体；4. 角岩；5. 脉岩；6. 地质界线；7. 矽卡岩；8. 汞原生异常；9. 蚀变岩

(2)厚层地层的覆盖区,能反映新地层下的矿体,如广西两江铜矿,该区铜矿产在寒武系地层内,但泥盆系地层不整合于赋矿地层上,在地表没有金属元素的异常,而Hg及卤素有异常(图7-66)。

(3)深埋于基岩中的盲矿体,或矿体埋于基岩内而基岩又被外来松散物所覆盖。如江苏伏牛山矽卡岩型铜矿,矿体上覆岩层厚60余米,且又被20m厚的疏松物覆盖。其他方法反映不好,而汞气异常较好地反映了盲矿体的存在。

(4)放射性铀矿,当铀与其蜕变子元素不平衡时,通常的放射性方法的异常偏离矿体很远,而汞气异常能指示深部的铀矿体,四川某地就是用汞气异常指导打钻,见矿率很高。

(5)金矿床上汞气异常的应用是寻找断裂,因为金矿体通常赋存在断裂中,在山东、川西均有成功的例子。

壤中汞气测量的一项有趣的应用是在考古学上。据史籍记载,秦始皇死的时候,有大量水银随葬,如果真是如此,通过2000多年的扩散,在地表应能检出汞异常,用塞曼测汞仪进行工作的结果,果然在秦陵中心的封土中获得了一个汞异常,面积达12 000m²,平均含量为266×10^{-9}(原地矿部物化探所,常勇,1983)。

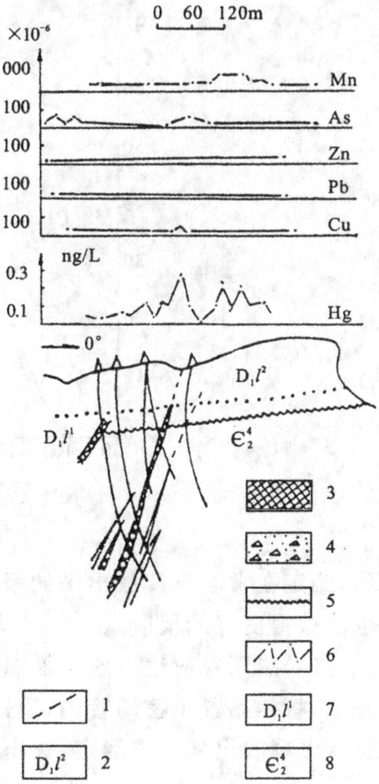

图7-66 两江矿区汞气异常

(272队,1979)

1. 断层;2. 泥盆系莲花山组上段;3. 矿体;4. 角砾岩;5. 不整合面;6. 含量曲线;7. 泥盆系莲花山组下段;8. 寒武系地层

4. 汞气测量的一些其他方法

上面介绍的是土壤汞气测量的常规方法,它有一些缺点,如效率低、劳动强度大、污染及不一致性较严重,一旦发现问题,还需到现场重做,且只能获得单项指标等。因此近年来国内外陆续有人提出一些别的方法,以期提高汞气测量的某一方面的性能。

(1)近地表大气取样。用金丝富集器直接抽地面的大气,这样可以不必打孔,在江苏、山东一些已知土壤汞气异常上得到了肯定的结果,此外,还可以把取样器装在汽车及飞机上,进行分段积分测量。这类方法可望得到极大的效率,但影响因素更多,作为概略调查是可取的。

(2)热释法。对固体样品(土壤、岩石或单矿物)进行加温,同时记录不同温度下挥发出来的汞量,如此得到一条热释曲线。英国的沃特林(Waltering)最早用人工的不同汞化合物的样品制作热释曲线(图7-67),发现不同化合物的峰值温度不同,由此提高利用峰值温度进行汞的存在形式判别的可能性。一般说来,汞化合物热释的次序从低温到高温为:原子态汞—氯化物—硫化物—氧化物—硫酸盐—其他矿物中的混合物。由于加温过程中,样品内部将发生复杂的化学过程,同一化合物形式,由于基本成分的不同,会有不同的热释温度,所以不能说某一温度的峰就是何种化合物形式。但热释谱的不同型式,确实反映了汞在样品中存在形式的不同。在热释曲线中特别有意义的是150℃左右的峰,这无疑是吸附的原子态的汞,这部分的汞可以用简单的装备大量地测定,能提出有价值的找矿信息,有些初步的工作已获得有意义的结果。

(3)离子汞法。这实际上是一种冷提取法,即把一定量的土壤样品用硫酸亚锡溶液还原处

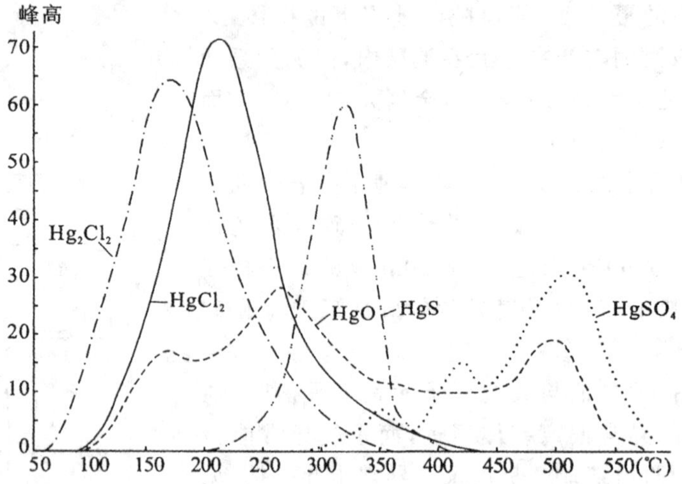

图 7-67　不同汞化合物的热释曲线(沃特林,1972)

理,测定在常温下释放出来的汞。这时测得的汞是被 Sn^{2+} 还原的汞离子量,在已知矿区试验也已获得良好的反应。

(4)减压释放法。鉴于加温能破坏原始存在形式,因此减压释放法在不加温或稍加温的条件下,将样品置于密闭管内,通过降压使吸附的汞释放出来。不同吸附强度的汞,将在不同的负压下释放出来。据测定,减压释放的汞,只占样品中全汞的1‰,但更能反映下伏矿化情况。

四、氦气异常

He 实际上就是获得电荷的 α 质点,每一个 ^{238}U、^{235}U、^{232}Th 原子蜕变成最终 Pb 的稳定同位素后,分别放出 8、7、6 个 He 原子核(α 质点),因而所有含 U、Th 的岩石,一定含 He。如果取地壳平均含 U4×10^{-6} 及 Th12×10^{-6},则可以估算出在过去 4.5×10^9 a 中,每克岩石应含 He9×10^3 cm^3。但结晶岩石实测结果,只有该数值的 10%~30%,说明大部分已散失,这正是 He 气异常的来源,根据巴纳斯(Barnes,1976)的观察,现在大洋底 He 的平均通量为 $1\sim2\times10^5$ 原子/cm^2·S。由于放射性元素分布不均匀,He 的来源各地不一,在运移过程中,He 可能被一些构造所捕集(气捕)。因而在某些天然气中富集或沿构造断裂逸出地表,进入大气,最后散向太空。

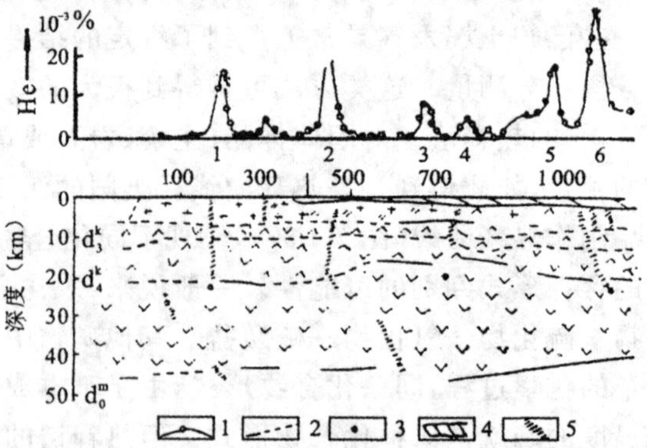

图 7-68　氦气异常与深部构造关系

(阮天健,1984)

1. He 浓度观察值;2. 地层界限;3. 莫霍面、康德拉面、花岗岩底部;4. 中新生代岩石;5. 地壳变动带

据前苏联的资料,He 气测量在深部构造填图方面有独特的作用(图 7-68),因为它惰性、逸散性大,当然,也可以用来指示矿床的位置,特别是放射性矿床。

He 的测定需用质谱仪,美国地质调查所试制了一个装在拖车上的仪器,分析灵敏度为 10×10^{-9}。我国核工业部试制的 HE602 质谱计已在现场考察多年,测氦性能稳定,结果可靠。在河北一个铀矿区中测得了 He 异常，其衬度达 70 以上。江西的 60 矿床，铀矿体埋藏深度在 300m 左右，上覆地层透气性差，地表多为水田，只有 He 气能透过这些覆盖物在地表引起异常（李家俊，1980）。

He 气的观察方法有：①壤中气测量，此时用空心取样探针伸入土壤中，抽取壤中气，不需富集与分离，即可供分析之用；②水中气测量，取一大瓶（2～3L），装水至九成满，振荡 30s，抽取水上的气体注入质谱仪进行分析；③泥浆中气体，用一密闭的半透性容器，最方便的是用乒乓球，埋于泥浆中，若干时间后抽取球内气体注入质谱仪测定。

He 气测量在我国开展尚不普遍，主要是仪器还不普及。由于测 He 仪比较稳定，便于对资料进行对比，可以预料，随着仪器的批量生产，氦气测量将在我国迅速开展，将不限于铀矿普查，而且将在区域性气测、地震预报及地热勘查中发挥很大的作用。

五、其他气体异常

1. O_2/CO_2 异常

利用 O_2 及 CO_2 异常进行找矿的设想早在 1954 — 1956 年间就在前苏联提出来了，他们在硫化物矿床上的 0.4～2.5m 深处的壤中气内发现了 O_2 下降和 CO_2 升高的现象。他们对这一现象作如下解释：硫化物氧化消耗氧，氧化产物中硫酸与围岩或脉石矿物中的碳酸盐作用生成 CO_2。这两个反应可概括成（以黄铁矿为代表）：

$$2FeS_2+7O_2+2H_2O \rightarrow 2FeSO_4+2H_2SO_4$$

$$H_2SO_4+CaCO_3 \rightarrow CaSO_4+CO_2+H_2O$$

假定土壤有效孔隙度为 20%，据上式可以算出 1t 黄铁矿完全氧化，可使 350 000m^3 范围内的氧从 21%降低到 20%；由此产生的 CO_2，使同一范围内的浓度达到 0.53%；这些变化量用轻便的仪器完全可以测出。由于这两种气体是常量气体，背景平稳，测定仪器简单，精度高，但 CO_2 产生的原因很多，所以异常解释困难。作为扩大气体测量的种类，有利于综合解释，对这两种气体的测量工作是值得开展的。在前苏联，已进行过 CO_2 区域填图的试验。在英国也开展过野外试验。在外来覆盖物上方取得了肯定的结果，在多金属矿上的冰碛物中记录到峰值达 8.0%的 CO_2 异常。该方法适用于干旱气候条件。

2. 含硫气体

在硫化矿石废石堆附近的刺鼻的气味及温泉地区的臭皮蛋味使人们绝不怀疑含硫气体的存在。因此利用 SO_2 及 H_2S 找矿的设想早就投入试验。虽然有过一些在已知硫化矿床及地热区检出 SO_2、H_2S 异常的报导（Elinson 等，1970），但由于未说明详细的分析方法，其结果不是令人怀疑就是随后又被否定掉了。用狗的灵敏嗅觉来找硫化物转石的成功率也不令人满意，因为 SO_2 可由人工污染及地表细菌活动产生。因此，这两种最普通的含硫气体能否用于找矿尚存在问题。利用人工沸石埋于取样点进行被动富集的方法，起先美英两国研究人员都试验了，但英国人认为没有价值而放弃了。他们现致力于研究从天然吸附剂——土壤中解脱含硫气体的找矿方法。该方法是在野外用严密的塑料瓶取表层土壤样品，到实验室后，在 80℃下加热，抽取样品容器顶部的气体注入气相色谱仪进行分析。他们的初步结论是各种含硫气体的分子形式的鉴别并没多少意义，而含硫气体的总量则是很好的找矿指示。因此，他们提出一个建议，试制简易的只分析含硫气体总量的轻便色谱仪。

美国的泰勒（Taylor，1982）等为了弄清硫化矿石氧化时究竟会产生什么气体，采用了平衡热力学计算与实验室试验相结合的办法。根据计算，应释放的气体按多→少的次序为：H_2S、COS、CS_2、CH_3SH、$(CH_3)_2S_2$、SO_2 及 S_2。但实验结果，只有 CS_2 及 COS 两种气体。这说明，在实验时间(2周)内并没有达到平衡，实验所用的分析方法不够灵敏，不足以检出其他气体。但实验结果证明硫化矿物特别是黄铁矿氧化时，能产生足以检测到的 CS_2 及 COS，而且水分饱和时，产生的速度更快。而 SO_2 只能在极其干燥的条件下生成，一旦遇到水分，就溶解了。因此 H_2S 及 SO_2 都不是很好的气体指标，这点与已有的经验是符合的，相反 CS_2 及 COS 是最好的指示硫化矿床的含硫气体。

在地表细菌作用下，还可能产生许多含硫的有机气体，但试验表明，这只有在缺氧的封闭土壤中才能大量产生，只要取样时注意避开这些土壤，则这类干扰可望压制。

由于环境检测技术的发展，一些极端灵敏的分析方法正在不断制定中，可望在这一领域中获得有用的装备，来改进气测工作。

3. 氡气异常

氡气测量虽然应用历史较久，但只限于找铀矿，所以不为一般金属矿床化探人员所熟悉。但是抽取壤中气的方法是从 Rn 气测量移植过来的。

Rn 是放射性气体，是地壳中三大放射性系列的中间性产物。三大系列的子体中都有 Rn，但钍氡(Rn－220)半衰期仅 55s，锕氡(Rn－219)半衰期仅 3.92s，所以在找矿中不能利用，而铀氡(Rn－222)半衰期为 3.82 天，这就是可能通过扩散与对流迁移出矿体 4～5m 之远。通过抽气，并用静电计量由它放射的 α 质点的电离效应，即可测定其浓度，这就是最早用于铀矿普查的射气测量。由于所用的单位为爱曼，所以也叫爱曼测量。在疏松覆盖物中，1×10^{-6} 的铀在一般情况下伴有 3 爱曼的射气。在铀矿上方，射气强度可达几十至几百爱曼。但由于 Rn－222 半衰期只有 3.82 天，所以它的探测深度有限。

近年来，国内外广泛使用被动累积方法来增加铀矿探测的效果。例如径迹蚀刻方法及活性碳吸附法。活性碳吸附法对 Rn 的富集特别有用，因为测定时不必预先解脱，可以直接进行计数，这样不仅得到了浓集，而且可以通过不同时间计数，把铀氡与钍氡区分开来。

在铀系中的最后一个放射性同位素 Po－210 有 138.4 天的半衰期，比 Rn－222 长得多，因而有机会积累，从而可能提高探测深度，这就是 Po－210 法的基础。

除了上面介绍过的几种气体外，在文献上提及或实际作过观察的气体还有 H_2、Cl_2、I_2、CH_4、AsH_3、SeH_2、$Hg(CH_3)_2$ 及复杂的挥发性金属有机化合物。这些气体在找矿工作的实际应用还有许多研究工作要做。

总之，气体地球化学找矿虽然仍处在试验研究阶段，但它拥有多种指标，多种测试手段，多种工作方式，可以适应从详查到区域调查不同需要。在西方已有人着手实施长期研究规划，在前苏联的研究规模更大，甚至有人提出在地质院校中设立气体地球化学找矿专业。所以这无疑是勘查地球化学的一个重要分支，值得大力发展。

六、地气或纳米金属异常

1. 研究简况

以上介绍的传统意义上的气体地球化学异常，是以气态分子状态存在于大气中的异常。20 世纪 70 年代后期，国外一些勘查地球化学家和勘探公司在气体地球化学找矿方面独辟蹊径，不局限于气体分子本身的研究，开始对气体携带的固体物质进行观测，这就是地气测量技术。

20 世纪 70 年代末，加拿大巴林杰公司首先秘密开展了气溶胶试验研究，但因多种原因，干扰因素多，追踪异常困难而未取得进展。之后，德国、捷克、瑞典、前苏联等国家相继开展了气溶胶测量的方法技术研究。

1983年瑞典兰德大学(Lund)物理系K. Kristiansson和波利登(Boliden)矿业公司的L. Malmqvis首先提出了地气(Gelgas)的概念，他们先后在二十多个地区进行观测，大部分发现了地气异常，并且与已知矿床有明显联系，据称探测深度可达350m。

我国1988年开始试验研究，由成都理工学院童纯菡教授以及廊坊物化探研究所伍宗华、王学求等人先后开展了这方面的试验。

2. 地气异常的形成

对于地气异常的形成，现在多数人认为是由于地球深部的脱气作用，放射性衰变作用，以及热稳定性差的组分、含水矿物在热力作用下形成的水蒸气以及各种次生气体，在地球表层产生微气流，形成气体地球化学场。深部气流上升，携带上来微粒固态物质(主要是纳米级物质)。

处于纳米尺度的物质(0.1～100nm)的物理化学性质与固体结晶物质有很大的不同。由于微粒极小，表面积极大(表7-19)，表面原子越多，具有更大的无序度。因而，表面活性越强，更接近于气体性质，呈所谓"类气体"物质。这就是纳米物质的界面效应。因此，纳米物质具有极高的化学活性和扩散速度，当有地气流上升时，极易将其携带至地表。

表7-19　纳米物质粒径与比表面积

粒径(nm)	比表面积(m^2/g)
10	90
5	180
2	450

纳米物质的产生有同生说和后生说的假说。同生说认为是金属矿床形成时有呈准"气态"微粒停留、分散在矿床周围的围岩中。后生说则认为是金属矿物在地下水，氧化作用中分解形成少量纳米物质。无论同生说或后生说，都还只是一种推测，尚无实际资料证实。

3. 地气异常的观察

采样技术分主动富集法和被动富集法。

(1)主动富集法：富集剂多用塑料泡沫(瑞典用聚苯乙烯，我国多用聚氨脂泡塑)，对Au、Ag、As、Sb、Ni、Co、Cu、Pb、Zn、Mn等金属均有较强吸附能力。使用前用3%王水或2%的高纯度硝酸浸泡24h，洗去杂质。采样时，在采样点打2～3个孔，孔深60～80cm，抽取10L体积的气体，并用滤膜(1.2μm或0.45μm)滤去浮尘后，通过泡塑吸附富集纳米金属。

(2)被动富集法：土壤中挖坑60～80cm，将塑料漏斗倒置，出口处放置泡塑吸附剂，留一小缝，外罩塑料杯防止污染。近地表20cm处覆盖塑料薄膜防雨。一般放置时间24～25天，瑞典人试验时，早期多用被动富集法，放置1～2个月。

被动富集法由于放置时间长，累积条件不一致，现在使用的人越来越少。

分析测试时，将泡塑用5%王水溶解，定溶2ml，然后用原子吸收或ICP-MS测试。也可用中子活化分析(Au)或原子荧光光谱分析(As、Sb、Hg、Bi等)。

4. 实践与应用

迄今为止，该方法还处于试验阶段，大都在已知矿床上进行试验。例如K. Kristiausson等在瑞典与芬兰边界处的一个Cu-Ni硫化物矿床上的试验(图7-69)。该矿由两个钻孔验证，属于浅部矿化，基岩在地表被2m厚的冰积层覆盖。钻孔基岩分析的Ni异常如图，地表壤中气Ni异常与矿化对应甚好。

他们在新西兰的试验，深埋100m的金矿上方，在1 500m的测线上，矿体上方有两个高值的Cn、Zn异常显示(图7-70)。

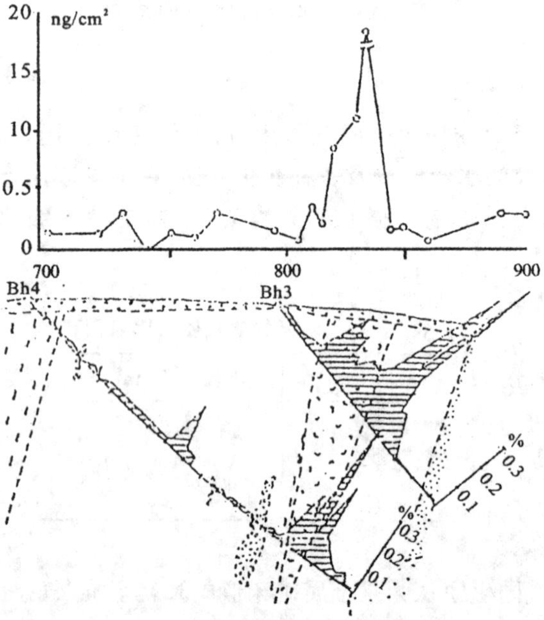

图 7－69　瑞典北部 Cu－Ni 矿化上方的薄膜上的 Ni 含量

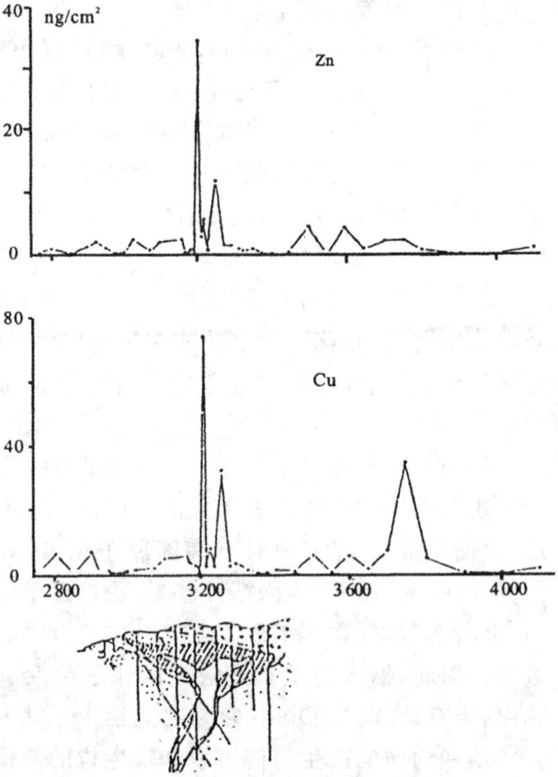

图 7－70　新西兰 Golden Cross 矿床发现的 Cu、Zn 含量

我国王学求等(1998)在山东 16×10^4km² 面积内，用 800km² 一件样品进行地气 Au 的战略普查，圈出两条金矿带四个战略靶区，与水系沉积物测量结果比较一致(图 7－71)。

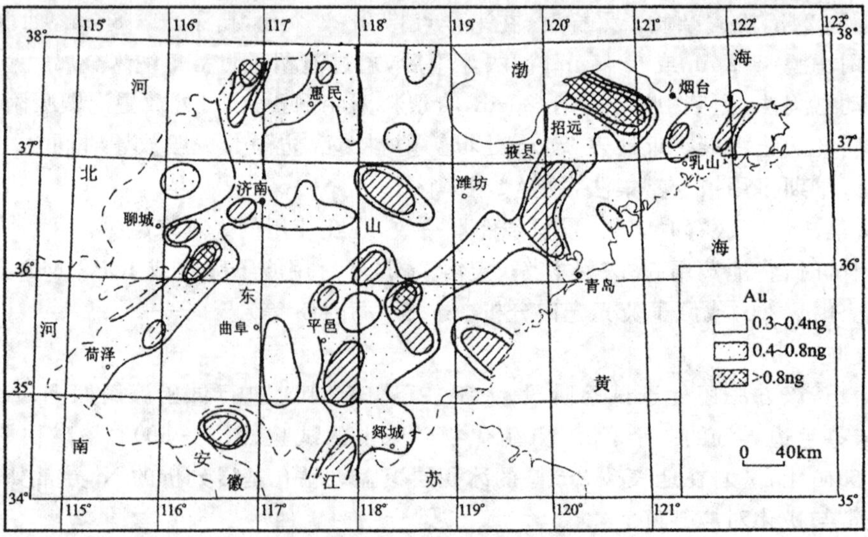

图 7－71　地气中金在山东全省的分布

总之，地气找矿尚处在试验研究中，尚有许多疑问和机理不清的问题，但作为覆盖区找矿，是一种有前景的方法，而且具直接指示矿种的作用从而克服了气体地球化学找矿的间接指示的不足。

正因为该方法尚处于试验研究，尚不成熟和完善，术语名称混乱，不同国家和不同学者使用了不同术语。最早加拿大人称为气溶胶（aerosol），瑞典人称为地气（gelgas），还有人称 K－V 指纹法（K－V－fingerprint）。我国多称地气，任天祥等人称为纳米物质测量（nanometre survey）。在地球化学找矿命名原则上一般以采样介质作为命名方法，从这一点看，用纳米物质测量似乎更科学一些，以明显区别于传统的气体测量方法，因为它毕竟不是采集的气体，也不是对地气流进行分析。由于瑞典学者在测定金属元素的同时，也测量气体成分，如将纳米金属测量和其他气体测量（如 Hg 气）同时进行，效果可能更好，因此也有人（如尹冰川，1997）建议称综合气体测量。

总之，该方法尚处于新生期，将会在进一步发展中完善。

第七节　生物地球化学找矿

一、生物地球化学异常概念

生物与其生存环境是一个统一体。当土壤、岩石、水体及大气中存在地球化学异常时，必然会对生长在其中的生物发生影响，这种影响可以从两方面表现出来，一是引起生物体内化学成分的变化，其中最敏锐的要算微量元素含量及其组分的改变；二是生物的个体或群体的生态特征发生变异，甚至出现特殊的种属。相应地在勘查地球化学中把前者叫做生物地球化学异常，后者叫做地植物学异常。这两类异常本质上是不同的，但都是由环境因素（如土壤酸碱性、微量元素含量等）的量变引起。植物的生态特征具有相对的稳定性，因为它是特定种属经过长期适应而继承下来的，不到环境因素的改变超过一定限度是不会轻易改变的。所以地植物学异常代表了强烈的生物地球化学异常，它以生物生态变化表现出来，因此不必取样化验，凭肉眼观察就能识别。这当然要求有丰富的植物学知识。

当植物所在的环境只有微弱的异常时，不足以引起生态的变异，但其中所含的化学成分可能已经变化，此时要通过取样分析来发现，这就是生物地球化学找矿。

虽然生物地球化学找矿与植物学找矿都是很早就提出来的方法，但在勘查地球化学中的作用却是较小的，其中最主要的原因是这类异常总是在其他地球化学异常的基础上发育的，而地球化学异常的影响因素本来已很复杂，再加上生物因素，使异常解释更加困难。生物分布的不均匀性及加工分析的冗长手续，使化探人员不太愿意采用此法。另外，一般的工作人员缺乏植物学知识，使这一方法始终处在冷冷清清的状态。

考虑到在一定的景观条件下，这类方法有独到的地方，一些新方法又以它作为基础，而且生物迁移又是整个表生迁移的一环，所以化探人员对生物地球化学方法有一个基本的了解还是很必要的。而且，这些知识对环境地球化学和农业地球化学研究也是有益的。

二、生物地球化学异常的基本特征

生物地球化学异常从字面来看，虽然也包括动物，但基本上只是通过植物的灰分来圈定。众所周知，植物的基本化学成分是碳水化合物，而灰分是除去C、H、O后剩下的无机物质。这些无机物质是植物从土壤中吸收来的矿物质，因而能反映生长地点的土壤成分。所以确切地说，生物地球化学异常是植物灰分中某些微量元素含量的异常。

1. 植物对金属元素的吸收

据植物生理学研究，植物可以通过根系及叶子两条渠道获得养料，以前者为主。植物根系吸收土壤中的化学元素，主要是在根尖进行的，植物只能吸收溶解状态的成分，所以元素的存在形式对于能否被植物吸收有决定性意义。然而，像Si、Ti、Au这一类化学性质十分稳定的元素能在植物灰分中存在，使人们猜想，可能植物根尖能分泌某些有机或生物触媒使局部范围的离子交换与化学溶解大大地加速。

进入植物体内的元素有不同的情况。一类是所谓营养元素，早在20世纪末，就已知C、H、N、O、P、S、K、Ca、Mg、Fe、B、Cl、Cu、Mn、Zn及Mo对所有植物是必不可少的。后来进一步研究，以上各元素都有一定的植物生理功能，如Ca用于稳定细胞膜；Cu、Mn、Zn、Mo是活化植物酶所必需的；S组成蛋白质；Mg含在叶绿素中等等。显然，这部分含量没有找矿意义。

化学元素进入植物体后，通过木质部向上运移至叶子，但根中不是盲目地输送，而是有区别地把多余部分潴留在根部。当叶子快落时，一些元素倒流回木质部。这就造成灰分中元素含量的季节性变化。

另一类元素进入植物体内是由于其他原因，因为它们在植物体内的作用不明，只是由于土壤中浓度大或易溶于水或作为对偶离子而进入。为了评价不同元素在生物体内积聚的程度，可以用植物中的含量与它所在的土壤含量之比来表示，称为生物富集系数。由于元素在植物灰分中的含量一般低于岩石中的含量，所以求系数时，乘以1 000。

$$生物富集系数=\frac{生物干物质中的含量\times 1\,000}{根系土壤中的含量}$$

对于生物地球化学找矿来说，生物积聚系数大的元素并不一定是有利的因素，因为这些元素在灰分中的背景值也高，使异常的衬度变小。那些吸收较弱的元素如Bi、Au、Mo可能更有用，例如U与Mo的变化范围可达三个次级，而Zn在正常背景地区就可能有上千个10^{-6}的含量，所以异常的衬度不可能很大。当然，生物富集系数特别小的元素如Nb、Ta、Zr等也不利，因为生物体中的含量太低，不便测定。

我国任天祥、孔孜(1996)的最新研究表明，植物对元素的吸收具有两种截然不同的方式。对营养元素和有益元素的吸收表现为主动吸收，这些元素积聚在新陈代谢最旺盛的部位，如叶、嫩枝。对有害元素的吸收表现为被动式吸收，首先积累于根部，当根部积累超过可容忍限度时，进入体内循环，并尽量积累或排泄于对植物生长不造成重大危害的新陈代谢缓慢的部位，如外皮。当有益元素、营养元素过量，并造成危害时，其吸收、积累方式则与有害元素相似。

2. 灰分在植物体内的含量

新鲜植物一般含水75%～90%，干燥物质占25%～10%。干燥物质中，氧占42%，碳占45%，氢占6.5%，这三者通过灰化除去，留下约6.5%的灰分。当然上面的数字只是一个平均数，实际含量随植物的品种、器官、年龄而变。表7-20是高等植物不同器官中灰分含量的一般值，由表可见从木质到叶子灰分不断增加，所以人们通常取树皮或叶子作为样品。

表 7-20　植物的不同器官中灰分的平均含量

器　官	灰分在干物质中的含量(%)
木质部	1
种子、果实	3
根、茎	4～5
皮	7
叶	10～15

植物灰分的基本化学成分是磷酸盐及硝酸盐，再加上少量硅酸盐、碳酸盐、氧化物及氯化物。这些化合物形式可能并不是植物体内的原始存在形式，而只是在灰化时形成的。

3. *植物灰分中元素含量特征*

在植物灰分中，周期表上的所有元素都可能存在。不过，对找矿有用的元素是有限的，仅限于那些反映土壤中含量变化的元素。土壤中的含量与植物灰分中的含量之间的一般关系如图 7-72 所示。在图上可分出三个区域，当土壤中的含量不高时，两者呈现某种正相关关系(Ⅰ区)；当土壤中的含量达到一定浓度时，灰分中的含量呈现某种饱和趋势(Ⅱ区)，这说明植物对该元素的生理要求已经满足，从而抗拒过多地吸收；当土壤中的含量过高时(Ⅲ区)，植物自我保护机能失控，造成泛滥吸收，灰分中的含量急剧上升，或者完全拒绝吸收反而下降，此时植物发生中毒症状，甚至枯黄。然而有些植物，却能逐步适应这种条件而形成新的品种，成为指示植物，有关这部分内容将归入地植物学异常。

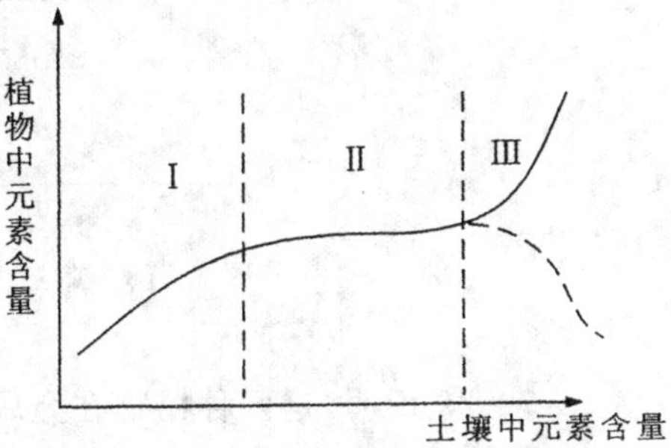

图 7-72　化学元素在植物中的含量与土壤中含量的一般关系
(柯夫连夫斯基，1977)

图 7-72 只是非常一般的概括，具体到某一种属与某一元素，则关系将复杂得多。图 7-73 为 Cu、Pb、Zn 在刺三卤稃(Triodia pungens)中的含量与土壤含量的实测关系。从图上看出，Zn 始终在第Ⅰ区内，说明该植物对 Zn 没有拒绝，即 Zn 对它来说不是毒性的。Pb 与 Zn 相反，没有Ⅰ区，只有Ⅱ、Ⅲ区，说明 Pb 对它来说是毒性很大的。Cu 介于 Pb、Zn 之间，对比结果，Zn 在此时是最好的指示元素。

不同的种属，这种关系也不相同。例如，对比长江中下游地区一些不同种属的植物对土壤中铜的反应就可以看到(表 7-21)，鸭趾草与扭鞘香茅，当它们生长在矿化带上时，灰分中的 Cu、Ag、Zn、Mo、As 等元素含量升高，但灰分中的含量与土壤中的含量之比，则明显地低于一般地区。

表 7-21　长江中下游地区两种指示植物灰分中若干金属及土壤中含量与比值(李明喜)

植物	样品数	地点	Cu	Ag	Zn	Mo	As	Cu	Ag	Zn	Mo	As
鸭趾草	6	矿化带	900/4 000	5/3.4	217/530	1.38/6.9	44/14	0.23	1.48	0.41	0.2	0.31
鸭趾草	2	背景地区	134/70	1.02/0.13	98/160	0.2/0.3	23/49	1.90	7.6	0.60	0.63	0.52
扭鞘香茅	3	矿化带	335/3 300	0.7/2.7	300/255	0.2/0.6	49/49	0.11	0.26	1.18	0.31	1.00
扭鞘香茅	2	背景地区	126/140	0.59/0.22	347/104	1.4/<1.4	25/40	0.9	2.65	3.37	71	0.63

注：分子数字为灰分中的含量，分母数字为土壤中的含量。

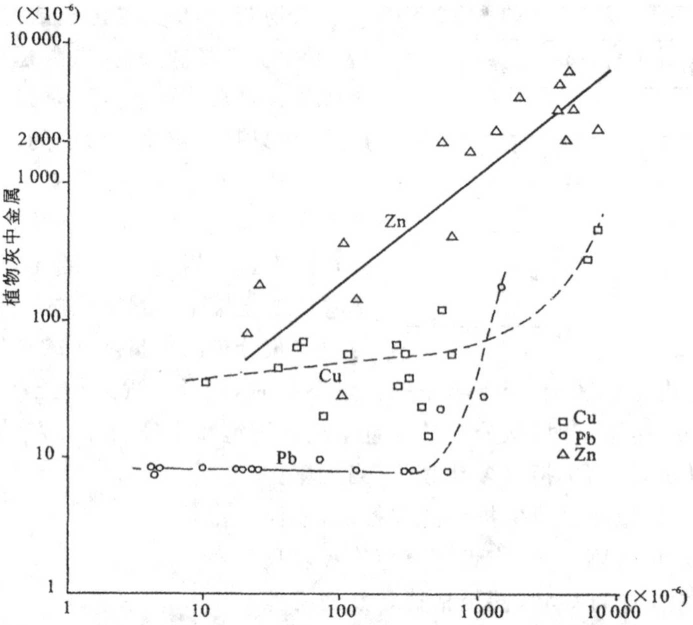

图 7－73 刺三鹵稃与土壤中含量的关系(Nicolls,1965)

表 7－22 说明,这两种植物在金属元素含量低的土壤中,能从土壤中多吸收某些元素,而在土壤中含量偏高时,拒绝按比例地吸收。这点对扭鞘香茅表现得更为突出,当土壤中含 Cu 量高达 3 300×10^{-6}时,它的吸收也不很多,保持了体内 Cu 含量不致太高而中毒。相形之下,鸭跐草抵抗能力就差些,当土壤中 Cu 量超过了 1 000×10^{-6}时,它就要“病了”。然而,对生物地球化学找矿来说,这种敏感的植物最可利用。

前苏联学者 A. л. Ковалевский(1984)的研究表明,不同生物种属具有生理—生物化学屏障的自我保护功能,并将生物体分为四类:

(1)非屏障生物,其含量与土壤介质中元素含量(可溶解吸收部分)成线性比例,是一种无障碍吸收的生物。对于矿产勘查来说是最优选择的种属。

(2)半屏障生物,富集限度为 30～300 倍,具有良好的矿产勘查意义。

(3)屏障生物,富集限度为 3～30 倍,勘查能取得满意的效果。

(4)背景障生物,与生物生长土壤背景接近的富集能力,不能指示矿化意义。

他们对约 500 种植物根及其残骸中 22 种元素的分析资料表明,非屏障(无障)生物仅占 5%左右。生物地球化学找矿中,只有非屏障、半屏障生物效果才明显,必须避免使用背景障生物。

4. 影响植物吸收的因素

一个理想的取样植物应当具有这样的条件:灰分中的金属元素含量与土壤中的含量成确定关系(可以正比,也可以反比)而且这种关系是可以重现的。然而,影响植物体内指示元素含量的因素非常之多,必须加以研究才能正确地选择取样植物。

布鲁斯(Brooks)指出,影响因素可以举出 20 种以上,但主要有下列一些:

(1)植物的种属:假如不同的植物生长在完全一样的营养液中,它们灰分中各元素的含量并不相同,这部分含量叫种属含量,是由植物本身特点决定的。因此对找矿来说是无用的信息。有时候由于取样的种属不同会引起假异常，如同一地点的松树灰分中含铀 8×10^{-6}，而白桦树可含铀 20×10^{-6}，如绘在一条曲线上，就会出现异常。

(2)植物的器官：同一株植物的不同器官所含金属量也不相同，据华伦(Warren，1949)等人的研究，叶子微迹金属浓度最高，北美松树各器官按递减次序为：叶、嫩枝、松果、木质部、根系及树皮。浓度最高的器官，不一定是最好的取样对象，因为衬度可能低，而直径 30～60mm 的 1 年生到 3 年生的嫩枝，结果最好。

(3)植物器官的年龄：同一器官在它的生长发育期及凋谢期含量不同，一些对植物无用或多余的元素，如 Zn 在落叶时向叶子集中，以便排泄掉；而一些有用的元素，在落叶前回到体内，以保存起来，这是植物的生理功能所致。

(4)器官的健康状况：植物感染了疾病，生理功能发生变化，这种变化对微量元素含量的影响还无人系统地研究过，所以为了减少影响因素，取样时要选取健康的器官。

(5)土壤的 pH 值：土壤 pH 值一方面决定了土壤中元素的淋滤或沉积，另一方面决定了是否能为植物所吸收。例如 Zn 与 Cu 在酸性土壤中易被植物吸收而在碱性土壤中其吸收被压制。而 W、Mo 则相反，在 pH 值高时，由于形成钨酸盐和钼酸盐而增加溶解度。

(6)植物的根系：深根系植物从不同深度上吸收水分与养料。因此，反映在灰分中的含量有不同的意义。马柳加(1955)曾描述过不同根系对不同深度上的土壤异常的反映。旱生植物根系发达，主要反映主根深处的异常，湿生植物具有发达的侧根系，反映浅部异常。

(7)样品的取向：植物的地面部分，需要阳光照射，因此生长在阴坡和阳坡的植物，其发育特点不同，甚至在同一株植物上，方位不同，也会产生差异。

(8)植物器官内元素的分布：利用精细的分析或用放射性示踪原子，可以发现元素在器官中的分布是不均匀的，如叶脉中往往富含金属元素，但这种次一级的分布，目前生物地球化学找矿尚未采用。

(9)地下水状况：因为植物生长离不开水，根据植物获得水分的方式，可以分为三大类：旱生植物、湿生植物与水生植物。湿生植物依靠雨水生活，因而它的根系广而浅，主根不发育。旱生植物靠强大的主根深入地下水面获得有保证的水分供应。根据当地潜水面的不同，在干旱地区，潜水面深，这类植物的根可深入地下，在美国科罗拉多高原，最深的根系可达 60m。显然，这一类植物是最有利的取样对象。

(10)互促互斥元素的存在：当土壤中有许多共存元素时，有些元素能互相促进植物的吸收，而有些则相反，穆尔得(Mulder)曾以图 7－74 的形式表示各种元素之间的关系。图上实线连接的元素为互促元素，虚线连接的为互斥元素，从图上可见，Mn、Ca、Cu、Zn 使铁的吸收压制，而 K 能促进 Fe、Mn 的吸收。

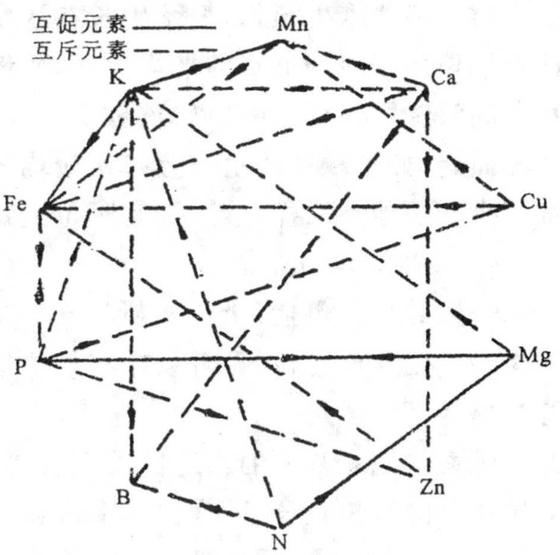

图 7－74　不同元素对植物吸收的互斥与互促关系(穆尔得，1953)

上面列举了 10 个方面的影响因素，归纳起来，不外乎植物本身及环境两大类，在进行生物地球化学找矿时，就要从取样对象、方法，分析测试到数据处理等诸多方面采取措施，消除这些影响，达到找矿的目的。

三、生物地球化学找矿工作方法

1. 矿种和工区的选择

根据现有的文献资料，能产生生物地球化学异常的元素有：Ni、Co、Zn、Cu、Sn、Ag、Hg、Cr、Mn、Fe、Au、W、Mo、V和U等，特别是多金属硫化物矿床，氧化形成易溶金属离子，有利于植物吸收产生生物地球化学异常，而分析过的元素还不止这些，如As、Se、Te、I等伴生元素也应列入。对于典型重砂矿物中的元素，虽然难溶于水，但仍能形成生物地球化学异常，很可能是某种未知的生物化学过程所致，如Au的生物地球化学异常，曾经引起相当多的研究。在土壤地球化学异常发育与出露良好的地区，生物地球化学工作只起一个补充的作用。

在厚层外来覆盖物地区，如冲积物、风积物、山麓堆积或冰碛物，且这些松散覆盖物又比较年轻，没有成熟的土壤层发育，则可以试用生物地球化学方法。如芬兰在一个4m厚的冰碛层上用植物灰分中的Ni成功地圈定了下伏的镍矿体。

森林地区是生物地球化学方法最能发挥作用的地区。例如我国黑龙江省的一些地区，该省的化探人员曾作过一些试验，取得了初步的经验。

2. 试验工作

由于影响灰分中金属含量的因素如此之多，而且这种因素带有很强的地区性，在甲地的规律不一定适用于乙地。因此必须取得具体地点的实验资料，才能对类似地区的结果进行可靠的解释。

通过试验工作，要确定工作地区主要植物种属的分布情况及它们的生物富集系数，以便选定取样种属。作为取样对象的植物种属及其器官要求在工区内有广泛的分布，以保证一定的采样密度与均匀性，其根系比较发育，最好是深根系植物，有主根从潜水面直接吸取养料。各种常见的植物在不同气候条件下的根系深度可查阅当地的植物志。

3. 取样方法

取样季节以春、秋为好，因为春季各种植物生长旺盛，微量元素的需要量或挟带量大，而秋季则种子趋于成熟，叶子行将凋落，植物灰分的含量较高。最常采集的器官是嫩枝、树皮或叶子，一年生的嫩枝最易采集及处理。取样高度最好离地面0.3m以上，以防止溅起的雨水污染。对于一些水生植物，根系生长在水中，也可以采集根系作为样品，根系中的含量可以反映植物生长周期内地下水的平均含量，而地表部分有时反而没有异常。当然，根系取样需要用溪水彻底清洗之。样品的原始重量要保证灰化后能有足够的灰分供分析之用。取样点的布置视情况而定，如被取样的植物分布比较均匀则可以按网格或剖面布置，如植物分布稀疏，则只能按其生长的地点采样，然后按实际位置定在图上。

4. 样品加工与分析

一般的步骤包括：干燥—研细—称重(W_1)—灰化(400～500℃)—称重(W_2)—分析。在干燥的气候条件下，样品可以在布袋或纸袋内自然晾干，否则需要烘干，潮湿样品需要防止发霉变质甚至腐蚀袋子。

观察与记录灰分的物理性质很有参考价值，如生长在矿体上的植物灰分密度较大，生长在锰矿体上的桦树灰分呈深红色，在多金属矿体上的呈淡灰色，而在钛矿体上的则呈棕褐色。

灰化过程一方面要保证彻底，不留碳质，另一方面要防止微量元素的损失。注意不要让样品着火，但又要保证有足够的氧气供应使有机物彻底分解。通常在450℃下灰化损失最小。如要分析挥发性元素，如As、Hg等，则最好用湿法硝化，即用强烈的无机酸如过氯酸—硝酸，硫酸—硝酸来消解有机物。

植物的灰分分析方法用一般的常规方法即可，不会有什么特殊困难。

5. 异常的解释

植物灰分分析资料的解释与其他方法一样，首要的问题是分辨异常是由真正矿化引起的，还是由植物生理、环境因素或人为干扰引起的。为此，要考虑所有上面讲过的影响因素，综合地质情况、土壤情况、地形条件及现场观察资料。如果能找到对这些条件的相应性质类似的元素对，则它们的比值部分地抵偿非矿条件引起的变化，而突出找矿信息。例如华伦曾报导过，Zn 与 Cu 的含量在无矿地区的植物中变化范围很大，而它们的比值却相当稳定，所以 Cu/Zn 比值就成了铜或锌矿化的较可靠的指示。Cu/Zn＞0.23 表示铜矿化，Cu/Zn＜0.07 表示锌矿化。

生物地球化学异常的发育受水文地质条件的制约，有时候异常只出现在矿化地下水出露的渗出带上，图 7-75 为西伯利亚一个含铜砂岩矿床的生物地球化学异常受水文地质条件控制的实例。由图可见，异常只出现在山坡的某一高度上，在平面上则呈带状分布。

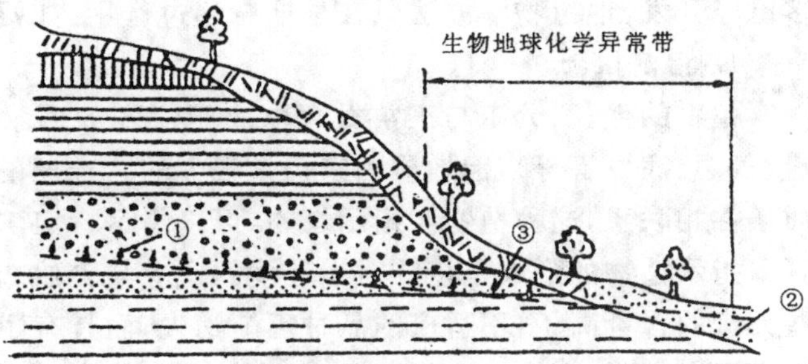

图 7-75　西伯利亚含矿砂岩上的生物地球化学异常
（马柳加，1955）
①潜水面；②冲积物；③含水层

与土壤异常相比，生物地球化学异常一般位移较小，因为它反映的是植物根系所达到的深度上的含量分布。如我国南方亚热带土壤上檵木中铀异常是一个例子（图 7-76）。由于土壤向下坡的移动

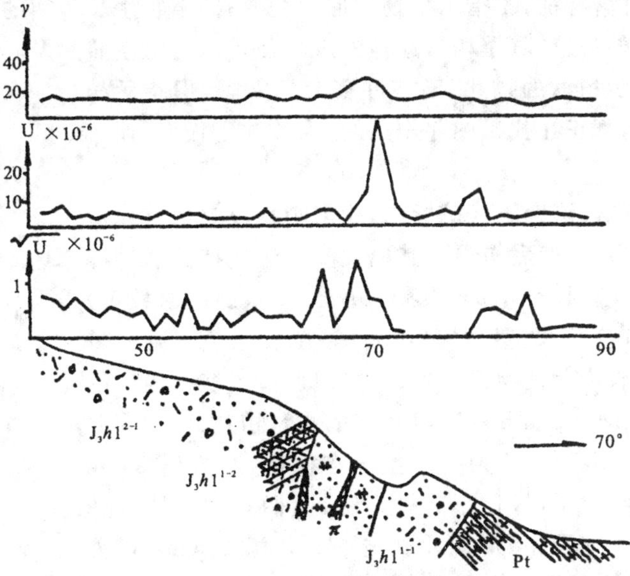

图 7-76　铀矿上檵木中的生物地球化学异常（戴兴根，1980）
1. 晶屑凝灰岩；2. 凝灰质砂岩；3. 熔岩；4. 片岩；5. 石英斑岩；6. 矿体；7. 断层

使下伏矿体的土壤异常与地表 γ 测量异常与矿体分开，而榿木中的铀异常却较好的区分了下伏矿体，据此发现了被土壤测量漏掉的矿体。

在进行异常解释时，对污染的可能性必须有足够的注意。污染的来源可能是人工来源，如来自采石场、运矿线、冶炼厂的漂尘或汽车废气中的铅，如华伦曾经报道过公路近处生长的树木灰分中含铅(800～1 600)$\times10^{-6}$，而离公路远处只含(30～50)$\times10^{-6}$。

四、地植物学异常

地植物学是研究植物与地质体的关系的科学。传统的地植物学异常只凭肉眼观察来发现，所以它在现代分析技术普遍推广之前就已应用，是最老的找矿方法之一。地球陆地的三分之二有植被覆盖，其中 42% 为森林，24% 为草原，其余为灌木，但高度发达的国家自然植被大多已经开发，地植物学方法只在早期曾起过作用，如西欧找锌矿。

1. 指示植物

植物的生长、分布与正常发育取决于众多的因素，虽然许多因素与地质无关(如日照、雨量、气温、病虫害等)，但地质因素仍是很大的。长期的观察使人们确信，某些植物与一定的地质条件相联系，这种植物叫指示植物，可以指示特定矿床、特定岩性、特定蚀变带或地下水等。

指示植物的形成是植物对于环境的适应与自然选择的结果。例如，在矿床上的土壤中，某些元素的含量高了，不适应的品种逐渐消失，而具有耐性甚至僻好的品种却生长茂盛。植物生理学研究证明，产生一个新品种，只须几代的选择即可，即不到十年工夫就可形成。因此在废石堆、老矿坑上往往有指示植物出现，过去在许多文献中描述过的指示植物往往属于这一类，而真正在天然高含量上的植物却为数不多。因此在查阅文献时，要注意指示植物的真正意义。

在进行地植物学调查时，以往只注重于描述个别品种的指示意义，忽略它们的群体特征、群丛特征及生态变异。现在研究的内容有所扩大，包括：①个别指示植物的分布；②指示植物群体特征；③植物的群落特征；④指示植物的形态变异；⑤植物生长节律的变化；⑥上述各方面综合结果产生的总的外观特征(季相)，这种外观特征可以为航空照片及其他遥感技术所记录。

关于个别矿种指示植物的描述，已有许多专门文献，但指示植物具有极大的地域性，真正在找矿中起作用的，为数并不很多，而且也很难统计。

发展矿业往往最先诉诸肉眼找矿标志，我国刚解放时也首先对指示植物的应用产生兴趣，然后慢慢被其他找矿方法代替。潘钟祥于 1951 年著文介绍了澳州 *Polycar paea spirostylis*(旋柱白鼓丁)为铜矿指示植物，接着徐邦樑、谢学锦(1953)等在长江中下游一带发现的海州香薷为铜矿指示植物，引起了国内识别指示植物的广泛兴趣，先后发现了 Cu、Mo、U、Pb－Zn 等矿床的指示植物。

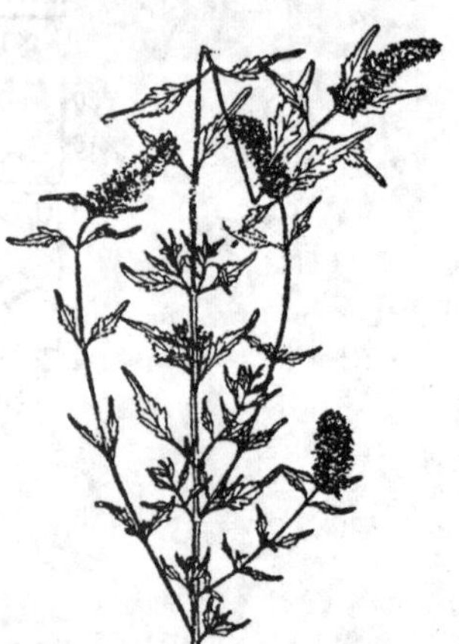

图 7－77　铜草线条图

海州香薷(铜草)(图 7－77)为一年生草本植物，茎方形、绿或暗紫，长有白色软毛，叶对生，披针形有锯齿缘，叶柄短细。秋末开花，单侧穗状花序，掖生或顶生，形似牙刷，长 4cm，宽 1.5cm，花色为艳紫红色，全株有浓烈药香。铜草喜弱酸性砂质含 Cu400$\times10^{-6}$以上的土壤，而且随着土壤中 Cu 含量升高及 pH 降低，由稀疏高大多分枝的植株变为密集不分枝的瘦小植株，并且红色调加重甚至幼年植株的茎已呈暗紫色。

海州香薷在其他铅-锌矿床上，只要含铜也会生长，此时铜含量一般＜1 000$\times10^{-6}$，它的植株较高大，但有中毒症状：叶脉发紫色，可能是 Cd 中毒引起。

图 7-78 为铀矿指示植物箭叶堇菜。它是多年生草本植物，叶及花均根出，无分枝，全株无毛，叶呈箭头状，披针开，长 2.5～5cm，宽 0.8～1.8cm，边缘具浅波状细齿，叶柄细长达 5～25cm，花梗通常长于叶子，顶端稍弯曲，花期四月，花冠矩形，色白微带紫色，花瓣倒卵状长圆形，长约 1cm，朔果近长圆形，长 5～10cm，成熟时裂为三瓣。箭叶堇菜在铀矿露头上生长特别茁壮，而其他植物则几乎不能存活，或偶尔禾本科杂草瘦弱地疏生，说明前者耐辐射，其灰分中铀含量也特别高。

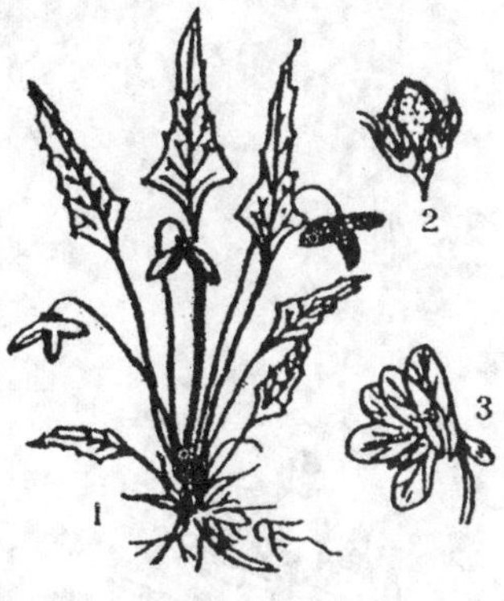

图 7-78　铀矿指示植物箭叶堇菜
（戴兴根，1980）
1. 整株；2. 果实；3. 花

图 7-79　铅-锌矿指示植物瞿麦线条图

图 7-79 为瞿麦的线条图，它是长江中下游地区铅-锌矿化的指示植物。

2. 指示植物群体特征

观察证明，单一指示植物的指示意义往往不很确切。因为指示植物可以在矿床上生长，但也见于一般地区，只是出现的频率不同。如果根据若干种植物的共生关系，则指示作用将更为可靠。同种植物的许多单株集中生长，叫做群落，许多群落组成一个群丛。为了研究植物的群丛特征，通常采用“观察方”的办法，即在矿床上或矿化区内与背景地区（对照地区）各选择若干地形与土壤大体相同的地点，划出一个小面积，例如 2m×2m 见方。面积的大小由试验决定，其方法是逐步扩大面积，直到很少再有新的种属出现为止。“观察方”划定后，详细鉴定及统计落在方内的植物种属与数目，然后进行对比，即可总结指示植物及指示群丛。

据原地矿部物探研究所的调查，在长江中下游地区，不同矿种具有如表 7-23 所示的群丛。

表 7-23　长江中下游的指示群丛（李明喜，1976）

矿　种	指 示 群 丛
铜矿	海州香薷、绳子草、石竹、女娄菜、酸模
铜铁矿	海州香薷、女娄菜、酸模
铜钼矿	海州香薷、绳子草、瞿麦、女类菜、酸模

据同样道理可以总结出特定岩石、特定矿种或地下水的指示群丛。指示群丛往往有明显的外观特征，有经验的人往往一边走一边就可以根据它们判断下伏地质情况。

3. 植物毒理及生态变异

植物中某些元素含量过高，即使是对植物生长所需的营养元素含量过高也会变成有毒，据植物生理学的研究，几种主要金属的中毒症状如下：

Al——根粗短、叶焦黄、生锈斑。

B——叶发暗、老叶边缘焦黄、植株矮小、节变短、倒伏。

Cr——叶黄而脉绿。

Co——叶子上发生白色坏死斑块。

Cu——茎发紫，低处叶子发生坏死斑块。叶子发黄而叶脉青，根系不发育。

Fe——植物顶端发育受阻，根变粗。

Mn——叶发黄、叶边卷曲、坏死、叶脉纹乱。

Mo——植株矮小，发黄。

Ni——叶子上发生白色坏死斑块。

U——果实形状异常。

Zn——叶发黄，叶脉发绿，白色低矮症，叶尖坏死，根短小。

以上有关金属毒性症状的描述是很笼统的，有些症状可由两种不同元素引起，因此不能作为判断某一金属的标志，但它们说明植物的生态特征能敏锐地反映土壤中某些金属的异常浓度。

植物器官的发育状况也可以反映土壤中金属浓度，中亚富含硼的高盐度土壤，当B含量$>100\times10^{-6}$时，许多植物发生形变或者“生病”，如根枯萎、瑕疵增加。例如盐角草在富B土壤上畸变为短小、粗肿(图7-80)。

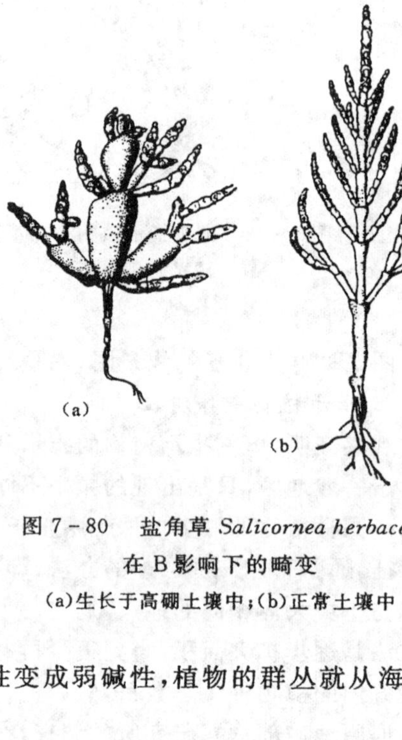

图7-80 盐角草 *Salicornea herbacea* 在B影响下的畸变

(a)生长于高硼土壤中；(b)正常土壤中

必须指出，无论是根据指示植物或指示群丛，都必须注意土壤的其他特点(pH值、粘结性、含水性)，植物的生长环境(阳光、通风)等非地质因素的影响，在同样的矿床上，由于这些条件的变化也会使指示植物的生长发生很大变化。例如在长江中下游的一个铜矿床上，曾观察到这样的现象：在相距仅数十米范围内，土壤的Cu、Ag、Mo含量基本一致(Cu2 000$\times10^{-6}$，Ag1$\times10^{-6}$，Mo7$\times10^{-6}$)，仅仅由于土壤由弱酸性变成弱碱性，植物的群丛就从海州香薷—鸭趾草变成含海州香薷之杂草群丛。

对于一些草本植物，因其低矮，周围高大植物的存在会造成不利的光照与通风条件，妨碍发育。如海州香薷在开阔地上当铜含量达400×10^{-6}时就能成群生长，但在密生灌木——乔木林中或在细柄青茅丛中，虽然土壤含铜量高达$1\ 000\times10^{-6}$，也只能零星生长，且植株多瘦弱。

综上所述，应用地植物学方法需要丰富的植物学知识，需要有经验的人员仔细观察，但由于成本低，效率高，在西欧、北美等发达国家开发的早期，曾发挥过作用；在非洲、澳洲、南美等发展中国家的广大边远地区，地植物学方法仍有发展余地。特别是遥感技术的进步，这一古老的方法又被赋予了新的内容。

五、遥感地植物学异常

在航空照片及卫星照片上，特别是多光谱扫描及彩色摄影所得的图像上，植物种属的分布、季相(包括植株大小、高低、稀密)都可以反映出来，低空航照甚至可以分辨单棵树木，所以地植物学知识对于遥感资料的地质解释是非常有用的。

现在遥感所用的波段，已远远超出可见光范围，凡是能够透过大气的波长几乎全部都用上了。因此，所得的信息是非常巨大的。

在地植物调查中最有用的波段是可见光与近红外光。不同植物在这一波段上的反射率谱是不一样的。同种植物的反射率在正常区与异常区不同，因而可在遥感图上区分，在挪威的钼、铅矿床上，用卫星资料成功地检出了植物反射率的异常。在干旱地区，毒性症状更明显，用空中摄影的方法更可以得到好的效果，加拿大的巴林格探矿公司曾致力于这方面的研究。

美国地质调查所的一次研究是别出心裁的，他们用费郎和夫谱线鉴别器进行天然物质的萤光测量。该方法的原理是：在可见光谱中有一段由太阳气体吸收造成的黑带叫费郎和夫带，测量这一黑带波段上的发光强度，不是反射光强度，而是萤光强度。试验证明，受金属毒性影响的植物萤光强度较大，如内华达州钼矿上生长的白桦树就有较高的萤光强度。因此，植物遥感方法近年也用于环境调查评价。

英国人科尔(Cole)曾详细地描述过一些用地植物学标志发现矿床的经过，如层状铜矿及铅-锌矿(南非、澳大利亚及英国)、铁矿(南美及澳大利亚)、磷块盐矿床(芬兰及澳大利亚昆士兰)。现简述一例如下：南非的纳米比业及博茨瓦那，本来对该区的地质地貌、土壤及植物一无所知，基岩全部被钙质层或砂层所覆盖。在遥感照片上找矿人员发现有一条明显的条带，由乔木及灌木组成，从线状构造方向来看，推测与下伏基岩的岩性有关，应相当于赞比亚元古代含铜带向西延伸的部位。于是投入地面检查，垂直该带走向作地植物学及地球化学剖面。地表的砂砾层及钙质层含铜量不超过 30×10^{-6}，但地植物观察发现局部地区有铜矿指示群落，穿过地表钙质层取样，发现铜含量达到工业品位，最后在该地区共发现 4 个工业矿床。

第八节　地球化学异常的解释与评价

一、异常解释评价概况

一次面积性的地球化学测量工作，总可以发现一批异常。但并不是所有异常都与矿化有关，而且，由工业矿床引起的异常是少数，大多数异常可能由分散矿化或非矿化成因形成。因此，对所发现的异常进行解释评价和筛选是十分必要的。肯定由矿化引起的异常，并进一步检查、评价、验证，找到矿床，达到预期目的。否定非矿化成因异常，可以节省不必要的经费，也达到了找矿工作的目的。但是，如果异常解释评价时，将非矿化成因异常选作找矿靶区进一步工作，会浪费国家资金。相反，将矿床引起的异常被评价为非矿异常，就漏掉了矿床，耽误了找矿周期。因此，异常解释评价是十分重要的环节，它是整个地球化学找矿的最后结晶，是最终收获，异常解释评价的好坏，直接关系到最终“收成”的成果。

目前，异常解释评价的现状是：

(1)多年来的化探工作实践证明，发现异常容易，解释评价难。大量的异常，其性质、来源及与地质背景条件的关系并不是轻易能说明的。当然，对于一些显著的地球化学异常来说(如异常强度高、组合好、又有一定规模)因其直观、醒目，地质背景清楚，异常与异常源的关系明了，有些异常中心本身就是矿体，这类异常解释是比较简单的。但更多的异常却不是那么轻而易举就能解释清楚的。不少的例子是，一个异常发现后，常常经过几次反复认识，几次检查验证最后才发现矿床。有的甚至经过几年，十几年才认识其价值；有的是通过其他途径，用其他方法发现了矿，反过来才知早已由化探异常显示出来了。这些实例说明，异常的解释评价十分复杂，它既要涉及成矿的复杂性，又要涉及成矿时原生异常形成的控制因素的复杂性。加上表生作用的改造，表生分散、表生介质的覆盖，掩埋等表生作用的影响和改造，使得表生异常的解释评价更加困难。

(2)目前异常解释评价中，定性解释多，定量评价少，定量评价难，主要还处于经验评价阶段，虽也有不少向定量评价发展，但总体成效不明显。办法不多，多是在经验性评价的基础上，对评价指标的量化，真正从找矿成晕的数学模型上进行定量评价的，还多在尝试探索中。

(3)正从就异常评价异常，向与地质、环境作为一个系统进行评价。在联系地质背景进行异常解释评价时，常常有将地层、岩体、变质作用、岩浆作用与成矿联系简单化的倾向，缺乏将地球化学省、区、带与局部异常与区域地球化学动力学系统相联系，缺乏将整个区域地质发展演化与元素迁移演化、富集集中的过程相联系，缺乏将二者作为一个体系来考虑。因此，在已有的一些化探报告中，多是就异常评价异常，就几项评价指标作文章，对异常解释评价水平提高不大。

(4)“高、大、全”异常评价易，弱小异常评价难，浅部矿化异常评价易，深部矿(包括隐伏矿和盲矿)异常评价难。所谓“高、大、全”是指指示元素浓度高，异常面积大，指示元素多、全，这种异常多直接由矿化引起，其成因显而易见，矿化直接出露地表。但深部矿化的异常，异常强度不高，面积不大，指示元素不多，这种异常常常被忽略。实践证明，有时强大的异常仅为小矿，而弱小异常下面却是大矿。如甘肃大水金矿，在1∶200 000区域化探扫面时，仅一个单元组合样有异常，Au仅3.4×10^{-9}的一个组合简单的弱小异常，但后来发现是一个浅埋的大型金矿，这是因为高原草甸条件下，机械分散很弱造成的。因此，要慎用“高、大、全”的经验评价思想，要结合具体地质、地球化学景观等条件综合分析，简单的解释评价往往会出差错。

(5)成矿成晕是一复杂过程，矿与异常不存在简单的比例或函数关系。已有的化探找矿实践证明，常常出现大异常无矿，小异常有矿，强异常是小矿而弱异常是大矿。显然，异常的大小、强弱、指示元素的多少，常与矿体的埋深、矿化的规模、矿化的类型、景观地球化条件(地形、气候、矿体在水系中的位置)等有关。

(6)矿与非矿是以现代工业品位来确定的，它是一个经济指标而不是一个地质标准。工业品位是当前技术条件下可以获利的最低含量，随着科技水平的提高，选冶技术进步，最低可采品位会逐渐降低。例如，金的可采品位为3g/t，现在表生氧化矿石2g/t也可堆浸获利。美国在交通便利单堆矿石达几百万吨的情况下，最低品位0.5g/t亦可有利可图。可见，只要作为矿化的岩石，在一定条件下变成了矿石，由它形成的异常自然也由非矿异常变成了矿致异常。因此，应当从认识化学元素的迁移—活动—富集过程来评价异常更具有地球化学意义。

当然，并不是说异常评价是不可捉摸的事，关键要有辩证思维，要将异常与地质背景和景观条件作为一个完整系统去考虑，具体问题具体分析。由于地质作用的长期性、复杂性，世界上几乎没有两个完全相同的矿床，更不存在特征完全一样的地球化学异常。然而，根据某些共同特点，它们又可以分别归入一定类型中去。对研究对象进行分类，抓住共性进行研究，是描述性科学的常用方法，地球化学异常评价也不例外。几十年来，勘查地球化学的实践，在异常解释评价方面，积累了丰富的经验，也力求从地球化学基础理论上认识分析，但在这方面仍是比较弱的，理论地球化学还要加强这方面的研究。下面对异常解释评价的原则作一简要说明。

二、异常解释评价的目的、任务

一般来讲，异常解释是指对异常成因的认识，即对异常是由地质作用或非地质作用引起的进行分析判断。对由地质作用引起的，则要进一步区分是由成矿作用或成岩作用形成的，前者与成矿关系密切。异常解释的任务可用如下框图(图 7-81)简要说明：

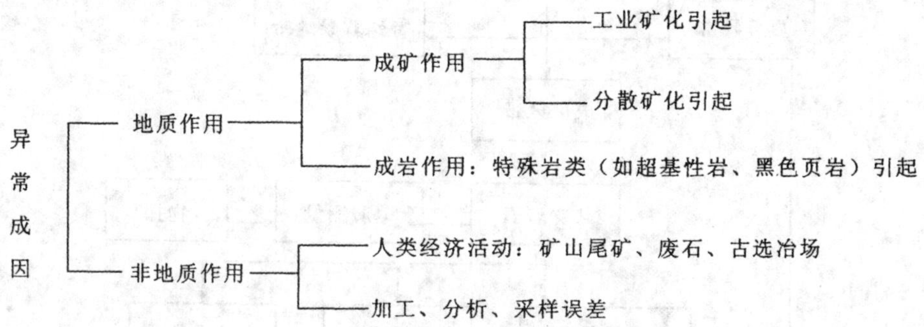

图 7-81　异常解释过程示意图

从前，化探工作者从找矿角度出发，把与成矿作用有关的异常称为真异常，而把非成矿作用引起的一切其他异常称为假异常。这一叫法不够科学，现在则以客观确实存在的异常称为真异常，只有那些由于加工、采样、分析误差以及污染引起的异常称为假异常。

对于异常评价，主要是对异常的经济意义和经济价值进行推测和评估。具体地讲，是对异常源的矿化类型、工业规模、矿体埋深、工业远景进行评估。

严格地讲，异常解释与评价是有差别的，但二者密切关联，有的内容相互包容难以严格分开(如矿化类型、工业矿化与非工业矿化问题)。因此，化探界对异常解释评价并不严格区别、常常相提并论，在异常评价中包括了异常解释的内容，故多以异常评价来概括异常解释评价的全部内容。

三、异常评价的一般程序和原则

1. 评价的一般程序

对于一个有经验的勘查地球化学工作者来说，应当把异常评价的思想贯彻于整个工作，即在编写设计、选择工作方法、进行工作部署时，就要想到如何发现异常、评价异常。对异常评价所需要的基本资料，第一性关键数据，要在工作的各个环节都注意获得和收集，不能等野外工作结束，到异常评价阶段才发现缺乏评价异常的关键资料。

地球化学找矿工作通常是从区域化探开始，逐步增加工作的精细程度，分阶段工作部署，即递进式工作，先用低精度，低成本、快速的扫面方法覆盖广大面积，从中找出成矿有利地区，再投入较详细的工作，直至发现矿床，用谢学锦院士的话讲(1997)："就是迅速掌握全局，逐步缩小靶区"。异常评价也是针对不同阶段的工作，根据不同的目的任务，对不同级次的异常进行评价。这一过程，常常是上一个阶段异常评价的结束，又标志着下一阶段的开始。整个化探工作和异常评价的过程可用图 7-82 表示。

近十几年来，区域化探在世界范围兴起，一个很重要的原因是广大地质工作者及政府计划

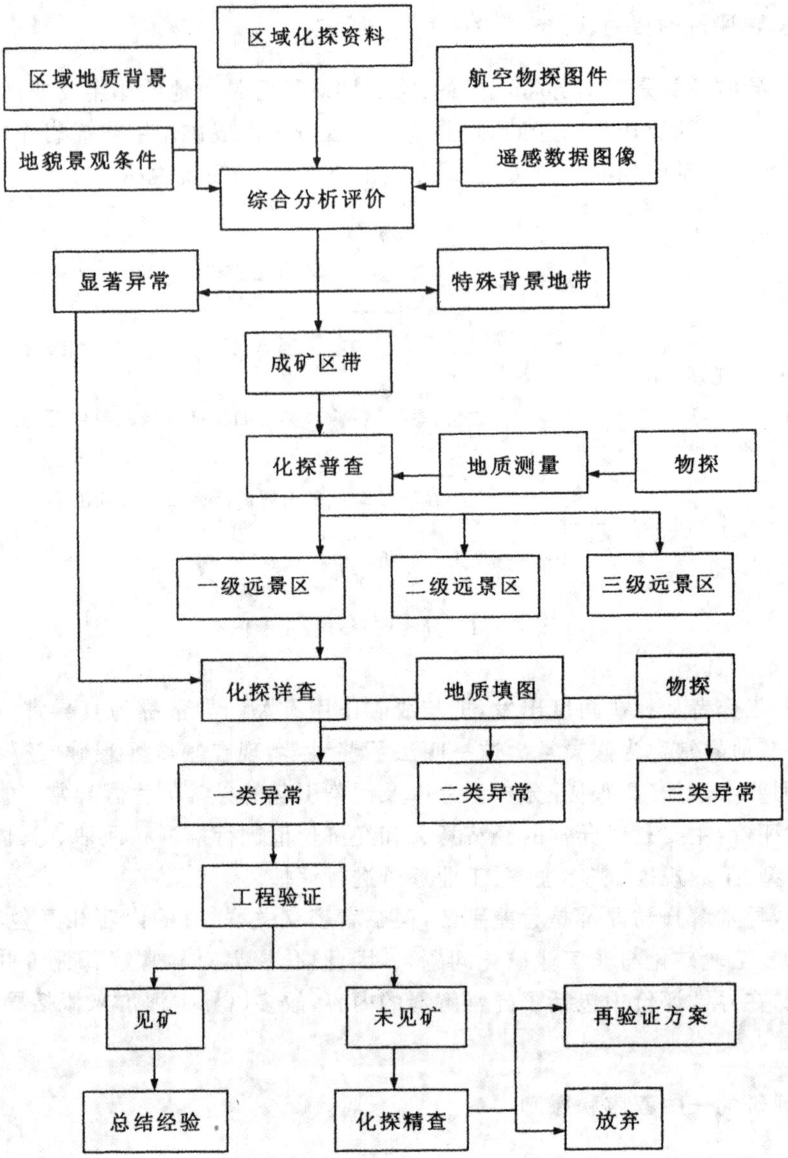

图 7-82　异常评价的一般评序(阮天健,1984)

部门认识到,区域化探资料是国家的极为宝贵的财富,区域地球化学图与区域地质图一样,是极其重要的基础资料,不仅能深化区域地质认识,而且为区域环境质量评价、环境保护、农牧业生产需求,国土规划等提供了依据。因此,区域化探异常的解释评价远远超出了单纯找矿的范畴,需要由有关利用资料的人员进一步开发完成。

2. 不同级次异常评价的基本原则

由于不同地球化学找矿阶段工作精细程度不同,找矿目标不同,不同工作阶段所发现的异常对成矿的指示意义不同。对这种不同阶段所发现的异常通常称为不同级次的异常,显然对不同级次的异常评价的要求也不相同。区域化探的主要目的是查明矿带、矿田及大型矿床,化探普查以寻找矿田、大型矿床为目标。这两个阶段的化探工作所发现的异常均为区域异常,而积大，主要是发现矿带晕和矿田晕，确定的是找矿靶区，地球化学异常提供的是找矿信息，而不能直接提供矿床或矿体的具体位置。化探详查阶段则是以确定矿床或矿体的具体空间位置为目的，发现的异常是矿床晕和矿体晕。显然，评价区域异常和局部异常既有相似之处，更有不同之处。相同之处在于都是成矿作用造成元素的高含量集中成异常，异常强度、元素组合特征都是评价的重要标志。不同之处在于区域化探异常评价时要充分考虑区域成矿规律，区域成矿地质条件中，如区域矿源层的存在、区域岩浆活动、区域变质作用及区域构造配套特征。而局部异常评价时更偏重于矿床、矿体就位条件，即控矿构造条件。在异常特征的评价标志上，区域异常评价更偏重于不同异常的区域空间分布格局、异常面积、异常结构(如多中心，带状分布，正、负异常的共轭分布等)；而评价局部异常时，更应偏重于指示元素强度、浓度梯度、各元素异常吻合程度、异常组分分带及剥蚀评价指标等。

四、异常评价的依据

以找矿为目的的异常评价，需要综合考虑下列各方面条件：

(1)异常所在的地质条件。因为矿产的形成与分布，受岩性、时代、地质构造的控制。特定的矿床，总是在特定的地质条件下产出，如斑岩铜矿总与浅成中酸性岩浆岩有关，钨锡矿床总与超酸性岩浆岩有关，蚀变岩型金矿，大都产在构造破碎带内等。在化探方法出世以前早已行之有效的地质找矿标志，如铁帽、接触带、构造交切带、背斜轴部、围岩蚀变等，仍有很大的价值。实际上，化探异常本身，也只是找矿标志的一种，只是原有标志的扩展与延长。因此，在解释异常时，不应当被动地套用地质资料，而应当采取积极主动的态度。因为一是地质资料可能不完备，甚至完全缺乏，根据化探结果修正地质图的情况时有报道；其二，化探异常可能反映一些新型的矿床类型，它们的产出条件在地质文献上是没有记载过的；其三，化探异常对解决一些地质问题有时很有价值，如追索断层、测量断距、恢复原岩、判断地层倒转、推测沉积环境等。总之，评价时最好不要局限于异常本身，而要着重于元素富集条件的分析，从中指出找矿方向。

(2)异常所在的地表覆盖物情况。因为正是覆盖物的性质，决定了异常的来源、迁移距离与方式，例如残坡积物中的异常与运积物中的异常就有完全不同的性质。人工污染的异常与外来覆盖物掩埋异常都要根据对覆盖物性质与厚度的研究才能识别。在野外，判断覆盖物的来源有时并不容易，需要进行地貌观察，对疏松物进行仔细地研究(包括颜色、粒度、分选性、磨圆度、岩石成分、矿物成分等)，甚至要用物探方法或浅钻测定其厚度。

(3)当地的气候、地形景观条件。通过这些资料了解指示元素表生性状，淋失还是次生富集、原生的共生关系是否受到破坏，有无表生的分散情况，异常位移的可能方向与大小等。

(4)其他找矿方法的异常，特别是物探异常。化探异常主要包含强度信息，而物探异常主要包括空间信息，两者结合起来，就能提供比较全面的资料。

(5)化探异常本身的特征，这是异常评价的重要依据。主要为异常的面积大小、强度高低、浓度变化梯度、元素组合及分带特点。近年来，还陆续引入了一些单元及多元统计特征数及综合指标，如利用得当，对异常评价也有帮助。随着分析测试项目的增加，异常特征的内容也在不断扩大。

五、异常解释评价的内容和方法

异常评价的内容包括认识异常和解释异常两个方面，它应尽可能回答下列问题：

(1)引起异常的原因。大致可分为以下三方面：①人为因素，如废石堆、选矿厂尾砂、古采场、冶炼厂、运矿道路等，这些人为原因，只需查阅有关资料或实地考查是不难发现的。②表生因素引起，如残余富集，生物聚积，重力分异，选择性吸附，表生作用中的特殊富集机制，如铁锰氧化物、黏土矿物、表生地球化学障等。③由成矿作用引起。这种成因的异常才具有找矿意义，如次火山作用形成的斑岩型矿床，岩浆作用形成的矽卡岩型矿床，热液矿床等。这三种原因形成的异常，往往交织在一起，需要仔细分析，或进行检查、试验工作，如存在形式研究、深部取样等，一般是容易区分的。

(2)区分矿致异常与非矿异常。所谓矿致异常是指由工业矿体及其成矿作用形成的异常(不论其规模大小)，而非矿异常是指由特殊的岩石或地层引起的异常，无直接找矿意义，但对于解决基础地质还是有一定的价值的。

(3)区分矿体异常与矿化异常。对于这一问题，化探界存在不同看法，一部分人认为这二者只是量的差别，而且当工业可采品位降低时，过去的矿化异常应成为矿体异常了，所以不可能也没有必要去区分这二者。另一部分人认为这二者还是可以区别的。而且矿化异常是大量的，如能从大量的矿化异常中识别出矿体异常来，可以大大提高经济效益。这一争论仍将继续下去，答案仍是具体异常具体解决。

(4)提出详查区及详查方法。这是对区域性工作提出的要求。根据多元素区域化探成果，完全有可能指出不同矿床的最有远景的地区，此时，卫星照片、航空物探资料及区域性的元素分带现象具有重要的指示作用。

(5)说明哪些异常值得动用工程验证及对验证方法的布置提出建议，这是对详细化探工作提出的要求。此时，异常评价的重点是深部评价。工程验证是对异常进行最后的评价，对于验证工程，不论见矿与否，最好进行系统取样，以便进一步总结经验。对于不见矿的工程，还可以研究其原因，作出是否需要继续追索的结论。

异常评价的方法是对异常作出分类排队。即先把异常按成矿系列分类，如钨-锡矿、贵金属矿、铜矿、铅-锌矿等。然后对每一类按远景的大小进行排队。当然，对于一个小面积的工作，由于可能矿种单一，就不存在分类的问题。只要对异常进行排队(评序)即可。排队可以按各种指标进行，如总金属量、某些元素累乘或累加，元素对的比值等。相反，在大面积工作时，矿种与矿床类型可能繁多，此时对异常类型的正确识别就十分重要。为此，必须利用多元素分析结果，应用多元统计方法，特别是多类判别分析。只要应用得当，能极大地帮助异常分类工作。

目前流行的是四级分类方案：①甲类或一类异常：从各方面分析，都认为最有希望，并且已初步证实有工业矿体存在，或者是已知矿体的自然延长部位。②乙类或二类异常：各方面条件均好，推断见矿的可能性较大，但仍有待证实。③丙类或三类异常：对异常的远景难以肯定，但也不能轻易否定的异常。④丁类或四类异常：认为基本上不具找矿意义的异常。还有另外一种分类方法，即将由已知矿区或矿点引起的异常划分为甲类异常；将比较全面具备矿异常特征，推测为未知矿体所引起的异常划分为乙类异常，这是最有找矿远景、极待进一步工作或验证的异常；将由各种地质因素引起的异常划分为丙类异常；将由人类活动的污染所造成的异常，划分为丁类异常。此外可能还有一些分类方法，在各种分类中各种异常级别的划分，只是反映当时的认识水平，随着工作的深入及验证的结果，异常级别一定会有升降。

为了使异常评价更可靠，对异常地点的重新踏勘是非常需要的。当然查阅取样记录及已有的地质资料会有很大帮助，但决不能代替再次“重访”。因为，此时观察的注意力将大大集中，将会观察到原先没有发现与记载的矿化或蚀变现象。在踏勘过程中，除进行仔细地地质观察外，还可以补充取些样品，或进行现场测定，以便取得有关异常性质、位置、范围、规模等详细数据。有可能时，还要填绘地质图。评价异常时，要认真对比各种依据、因素，不能粗枝大叶，不要把异常检查时发现的地质现象与异常简单联系，如见到岩体接触带，便说由接触带引起，见到煌斑岩，就说由煌斑岩引起。这种简单联系误导异常评价已有不少教训。如据吴昌荣资料(1989)，某成矿区带1：50 000水系沉积物测量时，发现7号异常划为甲类。异常呈等轴状(图7-83)，面积5km^2，异常包围一小斑岩体(γ_π)，面积约2km^2。围岩为奥陶系的一套钙质粉砂岩、泥灰岩，接触带具矽卡岩化，已探明一矽卡岩型的小型铜矿。7号异常主要为Cu、Mo，伴有Pb、Zn、Ag、Mn、As(Sn、Bi)等元素的异常，并具有水平分带，由内→外为：Sn(Bi)→Mo、Cu、→Cu、Pb、Zn→Ag、As(Mn)。检查人员在异常范围内只注意到已知的矽卡岩型铜矿，忽视了岩体的含矿性。检查结论为：异常由矽卡岩铜矿引起。两年后，开展岩体含矿性评价，经工程揭露发现岩体中矿化良好，择块样Cu达2.0%，经进一步评价为斑岩铜矿，于是矿山将坑采改为露采，铜品位向深部递增，矿山价值大增。这一教训很有启发。

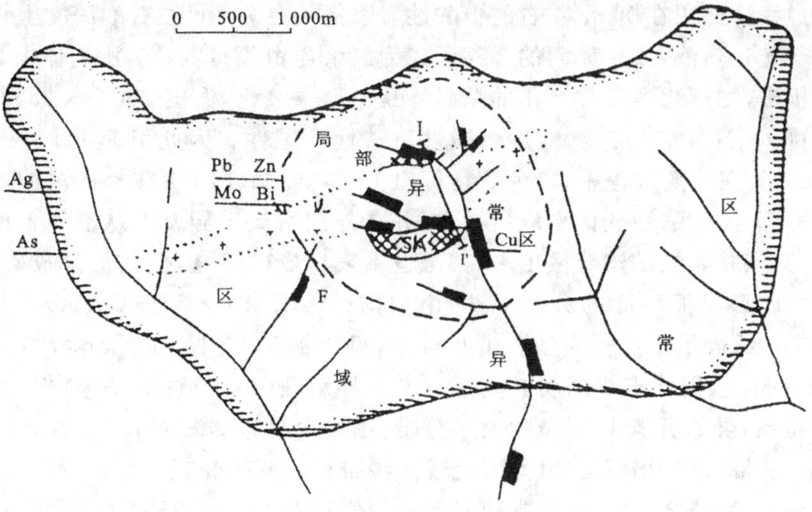

图7-83 某地1：50 000水系沉积物异常与矿化关系(吴昌荣，1989)

六、地球化学模型对异常评价的意义

异常评价实际上就是从局部推测全貌，从地表推测地下，从浅部推测深部，从现在推测过去，为此就必须建立某种把局部与全貌、地表与地下、浅部与深部，现在与过去联系起来的模型。勘查地球化学家一开始就在寻求一种把异常与矿体联系起来的模型，并以此来说服人们采用化探方法。随着时间的推移与其他学科的进展，这种建立模型的思想发展到更加自觉的高度。

地球化学模型就是对化学元素在特定范围内和特定阶段上的分布与迁移特点的某种表述。它通常采取图形(平面与立体)的具体方式，所以叫做模型。但也有一些模型，用比较抽象的表格与公式来表示。因此人们引入“模式”一词来概括之。在化探文献中，模式一词(Pattern)原义泛指异常形态，这里已将词义加以扩大。一个理想完备的地球化学模型，应当包括元素的原始分布特征、迁移动力及方式、沉淀原因及速率、集中位置与分散范围、多阶段活动情况，直到最后可观察的分布特征。有了这样完整的模型，异常解释就有了依据。但目前的知识水平离此目标尚远，现在我们还只有一些片断的、局部模型。

建立地球化学模型有两种途径，一种是通过大量实际材料的概括，如近年出现的斑岩矿床、锡钨矿床、砂岩铀矿及各种表生异常的地球化学模型等。这种途径是地质学的传统方法，切实可行，是目前的基本方法。第二种是通过理论计算或实验模拟，这也是基础数理科学中常用的方法。如果这两个方向取得一致的结果，则将是科学上的重大成就。所以这是发展方向之一，可惜目前还缺乏这种成功的例子。

地球化学模型与矿床学中的成矿模式有着密切关系。可以说前者是后者的某种扩展。前者往往以成矿模式为基础，再加上一些伴生元素、常量元素及若干物理化学参数。如斑岩铜矿的成矿模式呈倒杯状，中心为黑云母钾长石化、石英网脉，向外经过石英绢云母化带，泥化带(水白云母、伊利石)直到最外围的青盘岩化带。Cu 矿体赋存在石英绢云母化带内。而地球化学模型除 Cu、Mo 等主要成矿元素外，还揭示了 Pb、Zn、Mn、As、Hg、Ni、Co 等元素，而且能区分出元素的带出、带入区及重新活化的元素。根据多年的研究归纳，将地质—地球化学现象统一成一个演化过程。面积在 $1km^2$ 左右的中酸性岩浆侵入在 700m 左右的深度上快速冷却，经历了气成热液—矿化热液，成矿元素的迁移形式为氯络合物 $(CuCl_4)^{2-}$，由岩体中心向外，络合物分解而依次析出，物理化学条件变化的总趋势是还原→氧化，温度 350℃→250℃→220℃→150℃，压力 $1\,000\times10^5$ Pa→常压，酸度由碱性→酸性→碱性。因此引起 $Fe^{2+}\rightarrow Fe^{3+}$，$S^{2-}\rightarrow(S_2)^{2-}\rightarrow S^0\rightarrow S^{6+}$。在蚀变过程中，暗色矿物析出 Fe、Mn、Zn、Pb，再在外围沉淀，这一部分叫做蚀变活化迁移部分，使强蚀变区形成负异常，并在外围引起正异常。从空间上说，它们成了远程指示元素，其实并非从矿体分散出来，甚至也不来自成矿溶液，但它们是成矿过程的不可分割的部分。因此形成很特征的分带规律：由内向外 Cu、Mo→Cu→Co、As、F、S→Pb、Zn、Mn、Sr、Ba，图 7-84 表示了这一模型。由此可见，斑岩铜矿外围的 Pb、Zn 异常，就不能单纯当 Pb、Zn 矿来评价，否则就不能阐明其真正意义。吴承烈(1998)总结了国内 11 个斑岩铜矿床异常模型后指出，异常元素具明显的水平分带，由内向外以 Mo、Cu、Ag、Au、Bi、Se 代表中心带(相当于Ⅰ、Ⅱ带)，以 Pb、Zn、Cd、Mn 代表边缘带(相当于Ⅲ带)(图 7-84)。垂直分带自下而上为 Mo→Cu、Ag→Pb、Zn、Mn，其他元素一般位于中心带和边缘带之间。

七、异常的验证

经过异常辨认，现场检查，对比排队，认为最有希望的异常应当尽快组织验证。因为只有及时验证，才能使异常转化为工业矿床，才能检验评价的正确与否，才能积累经验，提高异常解释水平。验证的方法有多种多样，在小比例尺工作中发现的异常区内布置详查，也可算是一种验证，但本处所讨论的验证主要还是指对矿区化探异常进行山地工程揭露矿化。验证的第一步是首先揭露基岩面上的矿化，然后考虑进行深部揭露。当然验证原生异常时，将是直接进行深部揭露。

当松散覆盖层小于 2～3m 时，通常用探槽揭露，此时可以获得一个可以连续观察的基岩剖面。探槽布置的原则为：探槽可在异常峰值处开挖，但下伏矿体不一定在峰值下方，视产状与地形而言。如矿体垂直或厚度较大，一般挖到基岩即可见到矿体露头。如矿体倾斜，则应向倾向方向掘进，直至切过矿体(如图 7-85a、b、c 所示)。探槽完成后，应按一般地质勘探要求进行仔细编录，并且，不论见矿与否，要作系统的岩石取样或探槽壁取样。

当覆盖物大于 3m 时，槽探难以施工，不但效率低，而且易塌方，此时可用浅井与浅钻验

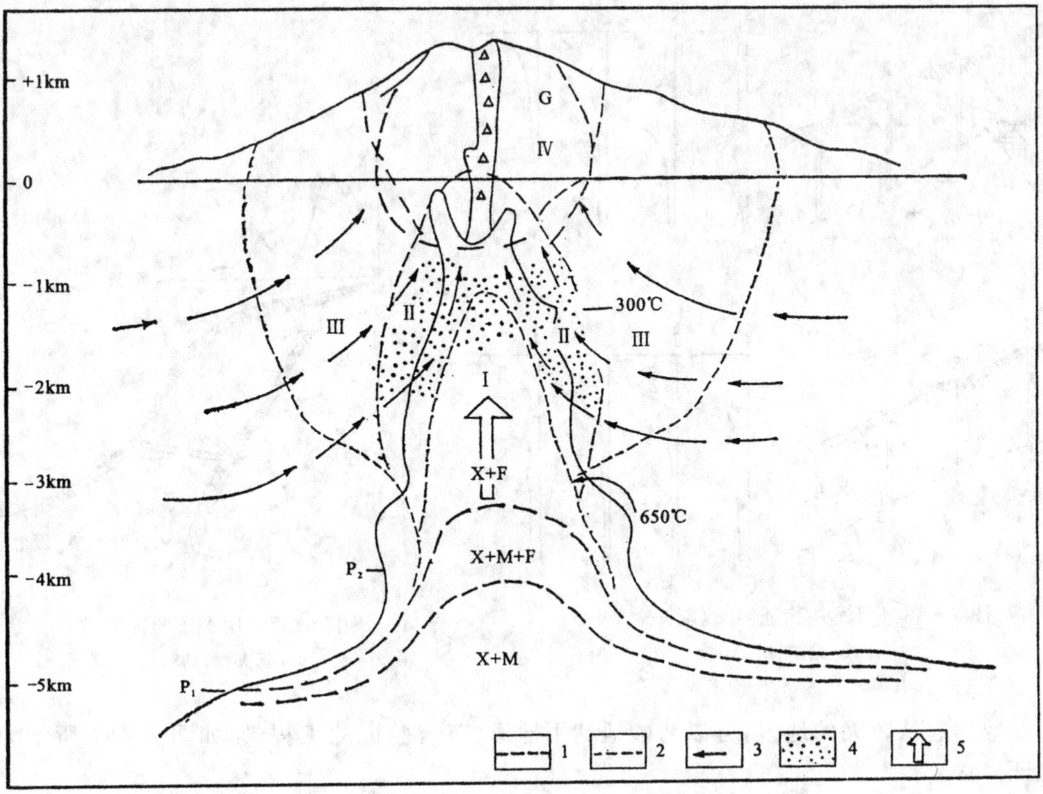

图 7-84 斑岩铜矿的地球化学异常模型(刘泉清,1982)

1. 相界;2. 蚀变分界;3. 地下水运动方向;4. 浸染矿体;5. 岩浆热液流动方向;G. 气相;X. 结晶相;M. 熔体相;F. 流体相;Ⅰ. 钾化带;Ⅱ. 石英绢云母化带;Ⅲ. 青盘岩化带;Ⅳ. 一次生石英岩化带

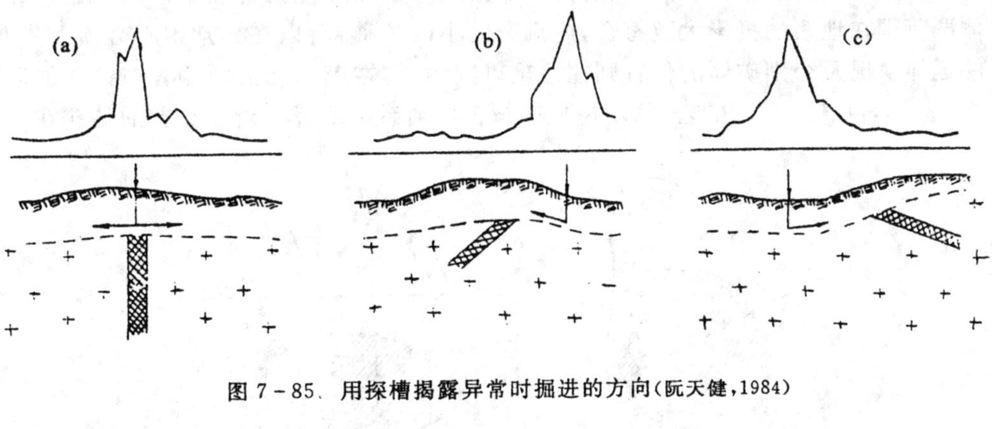

图 7-85、用探槽揭露异常时掘进的方向(阮天健,1984)

证。不可能十分精确,所以第一个孔见矿的机会并不很大。对于不见矿的工程,以 0.2～0.5m 间距取样,以观察它的最高值变化规律,就可以指导下一个浅井的布置(图 7-86A)。如出现图 7-86B 所示的情况,各浅井的高含量都出现在浅部,则往往是外来物或地表作用形成的异常。

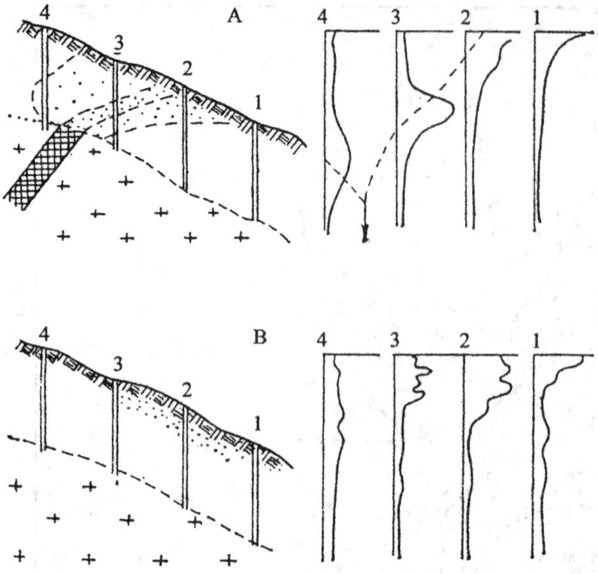

图 7-86 用浅井验证异常(阮天健,1984)

A. 见矿;B. 无矿

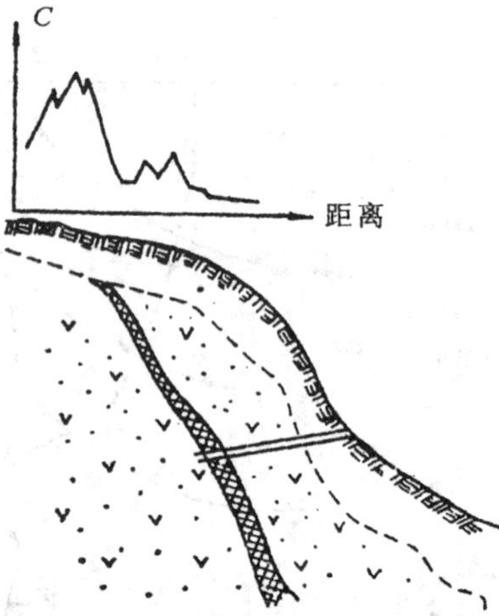

图 7-87 用平窿验证异常

(阮天健,1984)

在地形起伏较大的地区,可以巧妙地利用地形,节省验证的工程量,如图 7-87 所示为平窿验证异常。

如果要对原生异常进行验证,则需动用钻探、坑探等重型山地工程,其中尤以钻探为最常用。当矿体严格受断裂构造控制时,孔位的选择需要弄清断裂的倾向、倾角、地形坡度,当矿体预计的倾角较大时,钻孔多为斜孔,以增加切穿矿体的机会,如矿体预计倾角小于 45°时,可采用直孔,因为直孔比较易于施工。

在对带状异常或不规则形状异常进行验证时,投入的工作量可能较大。因为这种异常往往与矿体群范围在地表的投影大致符合,或只有较小的位移,所以在异常中心必须首先布孔,但向下的延伸情况及个别矿体的位置则往往难以判明,需在第一孔的两侧各布钻孔加以控制(图 7-88)。不言而喻,所有的岩心,不论见矿与否均须系统取样。对于见矿的钻孔在打穿矿

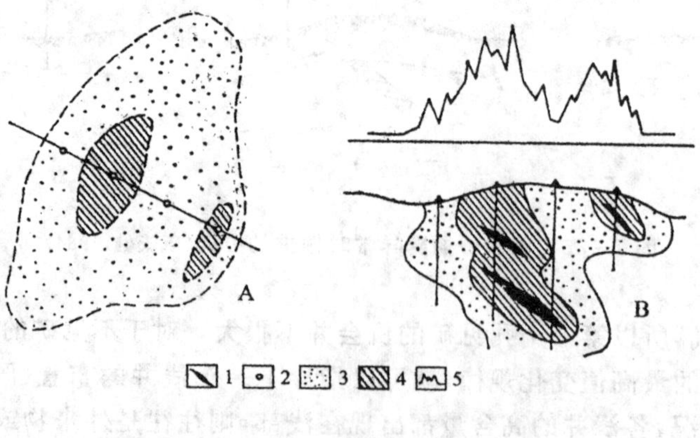

图 7-88 复杂异常的追索(谢学锦,1965)

1. 盲矿体;2. 拟布置的钻孔;3. 异常外带;4. 异常中带;5. 异常内带;A. 平面图;B. 剖面图

体后，还不能马上停钻，需要打穿中带异常以后，才能停钻，这样才能减少漏掉下部可能存在的多层矿体。对于即将停钻的钻孔，需要特别注意研究最低部岩心的异常情况。有过不少这样的例子：即钻探计划停下来，但发现已经打到了异常的中带，继续钻进不久就发现了新的矿体。

国内外大量的实践证明，局部地球化学异常最终证明是工业矿床的概率约为3‰。这就是说，1 000个地球化学异常中，平均只有3个可能是工业矿床引起，由此可见地球化学找矿是很艰难的事业。但是一旦找到矿，则对国家经济建设将作出重大贡献，甚至能改变某一地区的面貌，为此而付出的代价立即可以成倍偿还，所以这种艰难困苦是必须而且是值得承担的，这就是勘查地球化学家的社会义务。

第八章　油气地球化学勘查

第一节　油气与油气异常

一、油气化探的基本概念及原理

油气化探是石油天然气地球化学勘探的简称，是利用地球化学的方法，通过研究油气在形成、运移、集中、分散及破坏过程中在天然介质中留下的痕迹(即地球化学异常)来寻找油气藏的探矿方法。

油气藏是一种重要的特殊矿产，由一系列的有机物组成。阮天健(1991)将现代油气成因学说归结为 4 个基本观点：①石油和天然气主要来源于沉积岩中的有机物；②分散的有机物在压实成岩作用后经过一系列的降解，生成和分离出气态烃和液态烃，即石油和天然气；③分离出来的气态烃和液态烃经过垂向、侧向的或长或短的运移，在有利地段聚集形成工业油气田；④形成工业聚集的烃类可进一步向地表或外围分散，破坏甚至消失。石油地质学家主要研究前三个问题，然而油气勘查地球化学家则关心从分散状态的痕迹油气苗反演探索油气田，其难度远远大于正演的生油、运移与聚集。

通过对多种天然物质进行系统取样、观察、分析，测试其中的一种或多种化学成分或化学特征(地球化学指标)，并通过对比，确定在广大的正常背景区中呈现的异常地段(发现地球化学异常)，然后根据与油气藏在成因上与空间上的关系，结合地质与物探资料进行综合解释与推断，从而达到找油气的目的。

油气在形成、运移、集中、分散及破坏过程中会与周围的介质发生作用，在改造周围介质的同时也改变着自身的化学成分和物理性质。在油气运移的途中或影响范围内形成新的元素动态平衡，并留下可供检测的地球化学形迹(异常)。研究元素的动态平衡体系和地球化学形迹在空间上的形态、结构，在时间上的演化就构成了油气化探的主要研究内容。

二、油气藏的一般知识

油气化探的主要目标为工业开采的油气藏。在介绍油气地球化学勘探和理论之前，首先对油气藏和油气异常的形成要有一个初步的认识。

1. 烃的一般知识

油气田本身是烃类的工业聚集体，烃类是指只包含 C、H 两种元素的化合物。由于烃分子中碳原子数目和连接方式不同，已知烃类化合物在 3 000 种以上，油气化探中只涉及最简单的几种烃类。

烃按碳的骨架形式分成三大类：开链烃、脂环烃和芳烃。

开链烃是碳骨架首尾不相连，但可以有支链和侧链。因为最早发现于脂肪，故又称脂肪烃。如果碳与碳之间是单键相连，意味着氢结合达到最高，则称饱和烃，也称烷烃。如果碳链中包含双键，则称烯烃，如包含三键，则叫炔烃。开链烃的通式是 C_nH_{2n+2}，习惯上称为“n 烷”，n 指分子中碳的数目，由 1 到 10 用甲、乙、丙、丁、戊、己、庚、辛、壬、癸表示，石油化学中，用 C_1、C_2、C_3、…表示。自第 11 个碳原子的烷烃开始，用数字表示，如 C_{11} 叫十一烷。C_1-C_4 是气体，C_5-C_{16} 是液体，C_{17} 以上是固体。这就决定了它们在油气化探的意义和测试方法。气体最易扩散迁移，是最好的化探指标。

脂环烃是碳原子相连成环的碳氢化合物。环丙烷和环丁烷在常温下是气体，从环戊烷开始是液体，高级环烷烃是固体。含有 5 个或 6 个碳原子的环烷烃是石油中最普遍的分子结构，占原油的 50%以上。

芳烃是由 6 个碳原子和 6 个氢原子组合而成的特殊碳环，即苯环化合物。它们也是原油的组成部分，但比例较小，不超过 15%。由于其中某些芳烃在水中有一定溶解度，可能作为油气化探的指标。

2. 石油天然气的形成

大多数石油学家认为，石油来自沉积岩中的有机质。沉积物形成后，从地表到深部，有机质经历了从活体—残骸—腐殖质—干酪根—高碳干酪根—石墨的转化过程。根据有机地球化学家的意见，有机质的转化可分为三个阶段，不同阶段产生的烃类如表 8-1。

表 8-1　非储集层沉积物中烃类和可溶沥青的估计量（10^{13}g）（亨利，1968）

温度范围	<50℃	50～200℃	>200℃
有机质转化阶段	成岩阶段	深成热解阶段	变质阶段
C_1	2	20	3
C_2+C_3	0.001	2	0
C_4-C_{14}	1	37	0
$C_{15}-C_{40}$	20	179	1
沥青化合物	110	164	1

表中 C_1-C_3 为天然气，C_4-C_{14} 代表汽油、煤油和轻质柴油，$C_{15}-C_{40}$ 代表粗柴油到润滑油。成岩阶段形成了大约 7%的气态烃、9%的液态烃和 40%的沥青。深成热解阶段形成了 82%的气态烃和 91%的液态烃，60%的沥青化合物，变质阶段有 11%的气态烃，其他有机物很少。超过 250℃时，所有有机碳全部转化为石墨。表明 50～200℃范围是石油气的主要形成条件。

在有机质转化过程中，不同来源的有机质表现出不同的成烃能力。陆生植物因生长需要防止水分蒸发，含蜡质、木质素皮和胶质高，它们是很稳定的高级直链烷烃，分子中碳数大，在沉积岩转化过程中以产气为主要特征。而水生植物不必担心失水，分子中碳数较小，在沉积岩转变中是生油的良好母岩。

有机物一边生成一边破坏，最终残留在沉积地层中的仅占原有机物的 0.1%，其中只有 0.01%形成可供开采的油气田。

3. 油气藏的概念

各种不同类型的岩石均具有一定的孔隙和裂缝，地下石油和天然气就储存在岩层的连通孔隙、孔洞和裂缝之中。它们的储集方式就像水充满在海绵里一样。凡具有连通孔隙，能使流体储存，并在其中渗滤的岩石称为储集层。储集层联合封闭而形成的能聚集并保存油气的场所称为圈闭。形象地说，圈闭就是储集层作为盛装油气容器的部分。圈闭中油气聚集到一定数量后就成为油气藏。油气藏是单一圈闭内具有独立压力系统和统一油水(或气水)界面的油气聚集，是地壳中最基本的油气聚集单位。

一个完整的油气藏存在必须有相对应的生、储、盖组合。生，即生油(或气)岩，曾经产生并排出足以形成工业性油、气聚集的烃类的细粒沉积物。储，即储集层。盖，即盖层，在储集层上方，能够阻止油气向上逸散的岩层。富含有机质的页岩是最有利的生油层，粗砂岩是有利的储集层，泥质岩是最好的盖层。

分散于生油岩中的油气能够聚集形成油气藏是通过油气运移来完成的。按照时间顺序，把油气从细粒的生油岩中向外排出的过程叫做初次运移，油气脱离母岩后在储集岩内部的传输过程叫做二次运移。此外，石油聚集形成后，如果再发生运移，一般称之为三次运移。正是因为存在三次运移，才为油气地球化学勘探提供了深部油气藏的信息(图 8-1)。

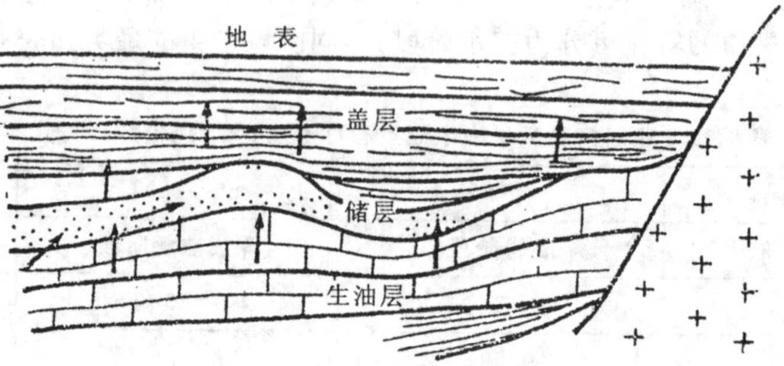

图 8-1 油气运移示意图(阮天健，1992)

4. 油气藏的类型

由于地质作用的复杂性，在自然界存在着不同类型圈闭形成的油气藏，如构造圈闭所形成的油气藏、地层圈闭所形成的油气藏、水动力圈闭形成的油气藏等。典型的油气藏为背斜油气藏。下面以背斜油气藏为例讲述一般油气藏的基本特征。

背斜油气藏来源于背斜圈闭中的油气聚集。背斜圈闭主要是由于储集层顶部拱起，上方被非渗透性盖层封闭，而储集层下方和下倾方向被水体或非渗透岩层联合封闭而成的。圈闭的闭合区就是通过溢出点的构造等高线所圈定的闭合区。在背斜油气藏内，气占据背斜的顶部，油居中呈环状分布，水在下面托着油气。在静水条件下，油气和油面界面均为水平面，含气和含油边界都平行背斜面储集层顶部的构造等高线。有些油气藏存在明显的油气过渡带。油气藏内具有统一的压力系统。

背斜油气藏的油气柱高度，主要取决于背斜圈闭的闭合度和上覆盖层的封闭能力，即油气柱的最大高度不超过闭合度或排替压力差所允许的高度。在这个前提下，则常常与油源的丰富程度有关，油源丰富可以充满整个圈闭，油气柱可达到闭合度；反之，则小于或远小于闭合度。

背斜圈闭的形态是多种多样的。从圆丘状的低穹窿，一直到狭长的高背斜。它们可以是对称的、不对称的，甚至是倒转的。背斜圈闭面积十分悬殊，小的不到 1km²，大的可达数千

km^2。背斜圈闭可以是单一的背斜形态，但也可以是由若干个呈线状排列的背斜组成的背斜带。如大庆油田北部的背斜油气藏。

三、油气异常的形成

石油地质学家在讨论油气圈闭及油气藏时，往往对圈闭和油气藏以外的情况注意不够，而这些正是油气化探所研究的对象。因为，圈闭和油气藏以外的油气作用为油气化探提供了背景基础。

任何圈闭都不可能是水泄不通的，在盖层中广泛发育的原生与次生孔洞、微裂隙，都会给油气提供通道，即使是最致密的页岩或蒸发层盖层，也会允许烃类分子或微泡通过。这一过程或现象就是三次运移。当然，通过这些致密岩层后的组分将发生变化，低分子量的组分将优先移出。此时它们已超出油气藏的范围。由于从地下深部到地表地球化学环境的变化而使最初从油气藏分逸出来的物质组分发生一系列地球化学变化，并产生不同的反应生成物。这些初始物质的衍生产物为油气化探提供了重要的地球化学信息，因而成为油气化探的地球化学指标。

油气的聚集和分散是同时进行的。一般将油气的分散即三次运移的作用分为扩散作用、浮力作用和流体动力学作用。

1. 扩散作用

扩散作用是由分子、原子或离子向真空、溶液或多孔介质沿着它所在系统中的各部分浓度低的方向散开去的作用。只要有浓度差，就会发生扩散作用，所以这是自然界最为普遍的现象。油气藏与油气藏以外的部分存在烃类物质的浓度差，显然从油气藏向油气藏之外要发生扩散作用，无论组成油气藏的圈闭是多么的完善。油气化探中早已把它作为异常形成的机制。油田气源充足程度和上覆盖层致密程度对形成扩散异常的浓度和形态起决定性作用。总的说来，扩散作用对异常形成的贡献在数量上不是很大。但由于它们的普遍性、经常性，其最终影响也不能低估。

2. 浮力作用

在潜水面以下，地层一般是水饱和的，当地下水静止不动或流动速度甚低时，浮力使油气从地下深部向地表发生垂向迁移。由于油气与水不相混溶，产生油珠或气泡，而油珠或气泡的密度比水小，则油珠或气泡就受到其所排开同体积水的重量的上升浮力。油珠或气泡要上浮仅有浮力还不够，还需要克服阻力。地层中阻力主要来自附着力和毛细管阻力。在深部高温高压下，油水界面张力很小，对油气运移有利。但接近地表时，油水界面张力变大，较大的油滴或气泡就很难通过岩石的孔隙。油滴还带有负电荷，因相互排斥而稳定存在。

为了解释地表化探异常的形成，MacElvain 于 1969 年提出了微泡上升说。MacElvain 认为，烃类气体在水中的溶解度是有限的，当它们的浓度超出溶解度时，就能形成许多微泡，其大小为胶体粒度。这样的微泡由于分子作用力的不平衡性而呈现布朗运动的轨迹，可以瞬时克服介质吸附力，同时在不规则运动中具有向上的浮力分量(图 8－2)，其速度可以达到每分钟数毫米。当遇到沉积岩颗粒阻挡时，它可以绕行而通过。微泡可以在短时间内上升数百米，使地表所呈现的油气化探异常与深部所对应的油气藏的水平位移较小，且边界显著。

用这种微泡上浮机制很容易解释从地下深处到地表烃类物质的“色谱效应”，也可以解释为什么地表异常主要由 C_1—C_2 组成。因为，当温度，特别是压力降低时，在气相中的烃及分子量都迅速减小，当微泡从深部油气藏向外运移时，可以携带较高分子量(C_{6+}，已烷以上的烷烃

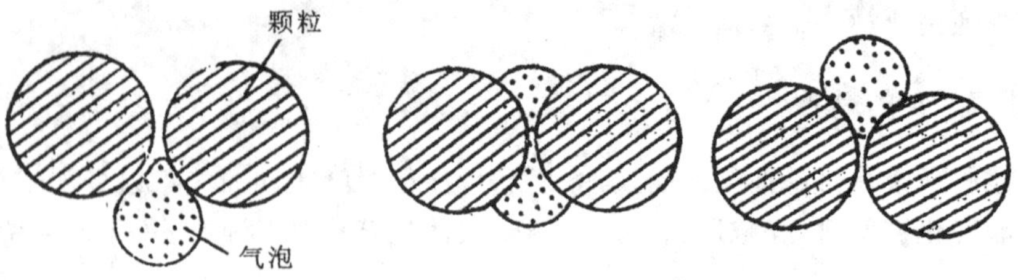

图 8-2 微泡通过喉道

系列)的烃类。上升时，温度降低，高分子时的烃类逐渐从气相中析出而留于后面，形成“层析现象”。在陆地上，地面的温度压力不能使 C_{6+} 呈气相迁移，它们早已在气泡到达地表前就已析出。因此，在地表如发现强烈的 C_{6+} 异常，一定是直接渗漏在起作用。

3. 流体动力学作用

流体动力学作用是压力梯度驱动下，流体在多孔介质中做定向运动。这里的流体，包括水、油、气以及它们相互溶解的溶液。它们的流动方式多种多样，如介质很稀疏，压力差很大，可以产生喷流；如介质很致密，压力差较小，则产生渗流。烃可以单独成相或溶解在水中呈真溶液或胶体溶液被水带运。在运移过程中，还可以发生过滤作用，即水与烃的分离作用。水的来源是深部盆地压实水或循环到深部的雨水。水的驱动力是水位差或构造应力。必须指出，地下深处的水所受到的静水压力或静岩压力，并不足以使流体发生运动，只有当压力不同的两地存在通道时，流体才能运动。这种通道可以是断裂，也可以是多孔岩系。流体动力作用主要造成侧向运移，使地表异常产生位移。

关于油气化探异常的形成机制，到目前为止并无统一定论。上述三种机制只是众多学说中大家比较普遍接受的观点。在具体异常形成过程中，三种作用可能同时存在，也可能以一种为主，具体的问题应具体分析。

第二节 油气化探的主要方法

油气化探的方法是建立在利用各种现代测试技术对地球化学指标进行分析测试的基础之上的。因此，要想了解油气化探的方法，必须首先了解各种油气地球化学指标。

一、油气地球化学指标

随着油气化探技术的发展，油气指标越来越多。根据指标在油气化探中的作用可分为直接指标和间接指标两大类。直接指标是指直接从油气藏中分散出来的烃类，主要是轻烃。间接指标又可根据间接的程度分为两类，第一类间接指标是直接指标的派生物，最具亲缘关系。例如轻烃的氧化产物及由于烃类氧化造成环境改变而生成的产物，如 ΔC、亚铁、细菌等。第二类间接指标则只与烃类的运移和保存条件以及其他次生变化有关，并不和烃类直接有成因关系，如某些无机气体和生物地球化学异常。现对几种主要间接指标的指示意义简要介绍如下(表 8-2)：

表 8-2 油气化探指标

直接指标			间接指标	
气态烃	水溶烃	固态烃	Ⅰ类间接指标	Ⅱ类间接指标
C_1—C_2	C_1—C_2	C_{22+}（常用）	ΔC、甲烷菌、亚铁、FeS_2	无机气体、放射性粒子、卤素、重金属、碱土金属

ΔC：是土壤热释碳酸盐碳的简称，是土壤在500～600℃温度下释放的CO_2。它是烃类物质在表生带富氧和微生物作用下发生分解形成CO_2，与土壤中钙铝硅酸盐矿物反应，形成次生碳酸钙（方解石）作为胶结物在土壤中积累下来。这种次生碳酸盐与普通碳酸盐无异，加热并不能形成CO_2。但在Fe^{3+}还原为Fe^{2+}后，Fe^{2+}可替代Ca^{2+}，形成铁白玉石类矿物。据美国地球化学勘探公司研究，这种含铁方解石在500～600℃条件下通过晶格转换，释放出CO_2，即ΔC。

$$(Ca_{1-x}, xFe)CO_3 \rightarrow xFeO + (1-x)CaCO_3 + xCO_2 \uparrow$$

甲烷菌：油气的形成和降解，微生物都起着重大的作用，烃类氧化菌以烃类为食物，烃类最终被分解形成CO_2、H_2O及有机酸。以甲烷为食物的称为甲烷菌，以乙烷为食物的称为乙烷菌，此外还有多种其他细菌如丁烯菌、戊烷菌等。菌数繁生程度与物源成正比，因此，以烃类为食物的他养型细菌可作为油气化探的指标，其中甲烷菌应用最为广泛。

亚铁、FeS_2：细菌氧化分解烃类时，可造成局部的还原性环境，使Fe^{3+}还原为Fe^{2+}，进而形成黄铁矿，因此，亚铁、黄铁矿成为间接指标。

无机气体：包括汞气、氦气、CO_2、H_2、Rn、H_2S等，均可作为油气化探指标。汞是特定含碳地层中富集元素，如煤系地层富集，石油天然气的形成温度促使围岩汞活化，并富集于油田卤水中。CO_2是油田上方烃分解的产物。Rn是由于油气田上方还原环境造成富铀后的衰变产物。He、H_2、H_2S等虽与油气无联系，但迁移通道、聚集条件一致。

放射性α、γ测量：是由于油气田上方后生富集铀衰变产生的α、β、γ粒子，由于β粒子射程短，故常用α、γ测量。铀本身并不富集于油田中，铀富集是因它的变价性质所致。U^{6+}通常呈铀酰离子UO_2^{2+}，易溶于水迁移，在还原条件下形成$UO_2\downarrow$，丰富的有机质正好创造这一条件。

卤族元素：因其亲生物性而聚积在有机物中，特别是海洋生物更富卤族元素，尤其是I、Br最为富集，Br、I性质相似，故常用I作指示元素。在油气田上方几乎无例外有高浓度异常。

重金属元素：与油气关系尚未认真研究，但变价元素Fe、Mn在大量烃类氧化分解形成还原环境时，Fe^{2+}容易淋失，而Mn^{6+}还原成Mn^{4+}则极难溶解而残留富集。因而造成Mn/Fe比的高异常。Ni、V可能在石油中形成有机化合物如Ni卟啉、V卟啉等随油气一起分散，到近地表解体，遇还原环境而被S^{2-}沉淀。从理论上讲，可成为找油标志。

碱土金属：在沉积岩中丰度高，白云岩化会导致孔隙度升高，成为良好的储集层，Ca、Mg可作矿物学标志。Sr、Ba在沉积盆地深部因温度升高而有利于溶解，在压实过程中向沉积体外围排出，因此油田水中含很高的Sr、Ba。

以上指标均可实际测定，并由此发展了许多油气化探方法。

二、以烃类为基础的化探方法

以采样介质为基础的方法有气体测量、土壤测量和水化学测量。若以指标类型分，又可分为烃类测量和非烃测量方法。

根据烃的存在形成，现有的方法可以归纳如下：

- 烃类为基础的测量方法
  - 游离烃测量
    - 空中烃气测量
      - 直接烃气测量、气感雷达
      - 间接探测法，激光—荧光法
    - 壤中烃气测量
      - 直接测量法现场测定（化探车）
      - 间接测量法　轻烃通量法
      - （累积测量）　K－V 指纹法
    - 井中烃气测量——罐顶气测量
  - 水溶烃测量
    - 可溶气态烃——井水、湖水、海水中的可溶烃
    - 芳　　烃——紫外吸收光谱和荧光光谱分析
    - 沉积物压榨水溶烃
  - 土壤烃测量
    - 弱吸附烃、附着烃——烃吹脱测量　低温热释
    - 吸留烃、包裹烃——酸解烃测量
    - 重　烃——K－V 指纹法测量

上述方法中，应用最成熟的是壤中烃测量（酸解烃、吸附烃测量），其次是水溶芳烃的紫外吸收光谱和荧光光谱测量。

下面重点介绍其中的三种方法：

1. 壤中烃气测量

壤气烃测量技术的关键是气体样品的采集，即如何隔离大气的混入。常用的办法是，用机动麻花钻打一深孔，用充气橡皮袋使孔底与大气隔离，将土壤气从伸入孔底的探管抽出，然后直接注入分析仪器进行测定。这一过程一般在野外现场完成。美国埃克森石油公司 20 世纪 80 年代研制了一套快速化探仪，使壤气烃的测量技术更趋成熟。它由导向车、取样车、分析车三部分构成。

导向车负责取样点定位，取样车带一动力驱动的浅钻，可将专门设计的中空钻杆钻入地下一定深度，通过套入钻杆的特制细管抽取深部的壤中烃气，然后直接注入分析车上的气相色谱仪进行分析，用计算机进行处理成图。该系统极大地提高了壤气烃测量的工作效率。我国 20 世纪 90 年代初引进了该技术，并仿制了一套系统，在化探找油工作中发挥了积极作用。

壤气烃测量最大的一个优点在于其成分与下伏气源成分一致性。因此，利用壤气烃的成分可以较好地预测下伏气藏的类型。它也为烃类的垂直迁移理论提供了强有力的证据。

需要指出的是，壤气烃的浓度是不断变化的，不仅随取样深度而变，也随取样时间而变。且浓度低、影响因素众多，要求仪器性能好，又要方便野外使用，因此，壤气烃测量在我国的应用受到了限制，目前尚未系统使用。

2. 水溶烃测量

水溶烃测量除了用一定的脱气装置将溶解于水中的气体解脱出来外，其余方法与壤气烃测量相同，这里不再赘述。下面重点介绍水溶烃中芳香族化合物测量。

芳香族化合物在油气中的含量虽然低于烷烃，但低环化合物较烷烃更加稳定，且具有较高的蒸气压和较大的溶解度。在地下可以以气态形式通过微渗漏方式或以溶解与悬浮状态通过水动力运移至地表形成地球化学异常。

测量芳香族化合物的常用方法是紫外吸收光谱法与荧光光谱法。

紫外吸收光谱法是基于共轭双键体子的有机化合物在紫外光区域存在着特征吸收峰，随着共轭双键的增加，特征峰向长波方向移动。其克分子吸收系数(E)可达 210 000。该方法能对复杂的物质进行检测，不同的芳香族化合物在一定的波长上存在一定的克分子吸收系数，通过特征波长位置及其相关性，可以判别某些组分的存在。

荧光光谱法的基本原理是，许多芳香族化合物在室温下和 77K 下具有光的性质，在紫外光的照射下能够产生反映出该物质性质的特征波长的荧光。在一定条件下，一定浓度范围内，物质的含量同光强度成正比。在激发波长为 265nm 时，其发射波长 280nm、230nm、365nm 和 405nm 的特征峰，基本上表征了双环和三环芳香族化合物的存在。

紫外吸收光谱和荧光光谱具有重现性好、灵敏度高、选择性好、简便快速等优点，适用于痕量物质的检测。

目前，紫外吸收光谱与荧光光谱检测技术已能连续扫描、提供多波段的地化参数，并将轻芳烃组分进一步解析成单环芳烃、双环芳烃、三环芳烃及稠环芳烃等。研究不同芳烃的变化规律和平面分布，以及化探异常的光谱特征，可以预测地下圈闭中的油气属性(气、油、轻质油、重质油)。

3. 土壤烃测量

各种形式的土壤烃类测量是目前应用得最广的地表油气化探方法。其原因是土壤作为地表的分散介质不但分布广，到处都可以采到，而且能最大限度地保护深部来的油气信息。土壤中烃类存在形式有多种：①土壤孔隙中的游离烃，壤中气烃测量即是这种；②范德华力吸附烃；③静电吸附烃，土壤胶体带负电荷，C_3以上的分子极化后被吸附；④以溶解或微泡形式存在于土壤薄膜水中；⑤以包体形式存在于次生矿物中，特别是次生碳酸盐；⑥存在于黏土矿物层间；⑦原生矿物或岩屑中的包裹气泡。土壤烃测量中目前最成熟、应用最广泛的是酸解烃测量，主要释放的是碳酸盐包裹烃，下面重点介绍这一方法。

酸解烃测量法最初是 Hovitz 等人研制的，后经法国人采用高压蒸馏原理改进后传入中国，由原地矿部海洋石油化探中心推广。基本原理是：用酸(一般用 1：6 的盐酸)溶解土壤中的碳酸岩矿物并将土壤中各种形式的轻烃释放出来，同时让 CO_2 作为载气与夹裹的轻烃一起通过碱溶液(40%的 NaOH 或 KOH)。CO_2 被碱溶液吸收，将剩下的气体收集起来，注入气相色谱仪测定。

该测定方法的最大优点是操作可以标准化，所得结果在不同实验室之间可以对比，且没有随时间变化的现象，适用于区域性工作。

除了油气藏引起的异常外，影响酸解烃含量的因素很多，例如，碳酸盐含量、有机物含量、土壤粒度等，这些都必须引起足够的注意。

三、非烃类指标的测量方法

以烃类为主的指标一般皆为油气化探中的直接指标，非烃类指标一般皆为间接指标，在这些指标中，目前应用最广，最为成熟的是土壤热释碳酸盐测量、汞气测量、无机元素测量。我们重点介绍土壤热释碳酸盐测量(ΔC 法)、卤素测量及汞气测量。

1. 土壤热释碳酸盐测量(ΔC 法)

土壤热释碳酸盐测量(以下简称 ΔC 法)是 20 世纪 30 年代由 DeGolyer 等人开发的一项地表油气化探方法。其基本原理是：储集层中的低分子烃类，从深部的还原环境向上渗透或扩散到达近地表的氧化环境时，一部分被土壤颗粒吸附，而另一部分由于氧化而生成CO_2，CO_2将分解沉积物中的硅酸盐和铝硅酸盐，生成碳酸盐、二氧化铝和三氧化二铝；此外，CO_2可直接与某些金属离子结合而形成某种稳定的特殊碳酸盐。在特定的温度区间（500～600℃）内热解这些特殊类型的碳酸盐，能重新释放出轻烃成因的CO_2，测定其含量，研究其分布规律，可以预测区域含油气远景，判断油气藏的存在。

ΔC的测定包括两个步骤。第一步，在500℃温度下，通氧气烧灼样品，目的是彻底除去有机物及分解低温碳酸盐。第二步，在600℃温度下惰性气氛中烧灼样品，收集并测定这一期间释放的CO_2，并换算到原样品的CO_2百分含量。CO_2的收集办法有冷阱收集法、溶液吸收法、恒压密封法等几种。CO_2的最终测定方式有气相色谱法、滴定法、红外吸收法、质谱法、热失重法等。保证ΔC测定质量的关键是炉温的均匀性与控制的精确性。

该方法的主要干扰因素是碳酸盐的含量。大量工作证明ΔC与碳酸盐总时不时有密切的正相关关系。有时ΔC异常仅仅反映了总碳酸盐的升高而不是油气聚集。此外，土壤性质、景观条件、油气藏类型等都会影响到ΔC的异常形态，在解释时必须综合考虑才能少犯错误。

2. 卤素测量

卤素因其高负电性和大离子半径而在水中有极大的溶解度。又因其特殊的生物积聚作用而富含在有机物中，特别是海洋有机物更富有卤素。前两个元素F、Cl是矿物、岩石、水体中最常见的成分，在油气勘探中尚未显示出什么特殊的指示意义。Br、I在性质上的相似性，可预期在指示油气方面的作用是一致的，故只需讨论其中的一种即可。

早在1975年，Collins就报道了在原油及油田水中含有异常高的I浓度，Kudelsdy(1977)认为I本来存在于生油的有机物中，在有机酸及腐殖质分解的早期生烃阶段，I就可以从有机分子中分离出来进入地下水中，在后期生油阶段（65～100℃），由于沥青大分子或干酪根的解体，也能使I进一步分离出来，它们在地下水中迁移，遇到良好的通道就会在地表引起异常。

I的测定有多种方法，如离子色谱法、比色法、化学荧光法等。

I的背景含量在$(1\sim15)\times10^{-6}$之间，有的油气田的异常值可达40×10^{-6}。但背景值有区域性的变化，有时甚至受某种地貌单元控制，例如洼地、盐渍化土壤等，在解释时需注意，所以I异常图一般以地形图为底图。

I在土壤中有多种存在形式，从自由离子态到黏土矿物晶格之中都有。但I的独立矿物则从未发现过。由于碘化物沸点较低，所以利用热释法可将其蒸发出来，然后收集于某种溶剂（通常为水）中，此时I可以与基体分离，使测定工作在严格一致的标准条件下进行，测定手续简单可靠。

3. 汞气测量

汞气测量在金属矿产勘查中是一种成熟的方法。20世纪80年代开始在油气化探中应用，1983年在前苏联文献“苏联地质”中刊出有“应用汞蒸气测量找石油天然气的可能性”。西方文献未见报道，我国涂修元1985年在泌阳凹陷已知油田上开展实验，系统测量了汞在石油、天然气、生油岩中的含量，证实了汞作为油气化探指标的有效性。目前汞气测量在油气化探中普遍使用，效果甚好，已成为常规手段。油气化探中主要采用表层大气测量、壤中汞气测量和土壤热释汞（150～250℃）三种，方法技术详见第七章。

第三节　油气化探异常的解释评价

油气藏的形成是沉积岩层中分散的有机质热解形成烃经过二次运移集中富集成藏，它是一个由分散而集中的过程。油气藏中的烃类分散迁移（三次运移）方形成各种地球化学异常。由分散过程形成的异常反演寻找油气藏，其难度远远大于正演的聚集生油。因为这里的烃类浓度极微，衍生派生过程复杂，影响干扰因素错综复杂，尤其是加入了地表生物的作用以后。因此，正确、合理地解释和评价地表油气化探异常，首先必须了解其影响因素。

一、地表油气异常的影响因素

地表油气地球化学异常是油气在地质历史上生成、运移、聚集、逸散及氧化过程的最终表现。油气的微量组分能通过微渗漏向上迁移至地表，是油气地表化探的理论基础。垂直运移理论目前已为绝大多数石油地质学者所接受。油气的这种迁移过程是多组分、多相态的动力学过程。成百万吨的碳氢化合物，在地下深处的产生和聚散，必然会对周围介质和覆盖层产生广泛而深刻的影响。这种影响可以是直接的物质加入，例如烃类的增加，从而引起烃的高值带；可以是由碳氢化合物加入而引起的一系列间接效应，例如 pH、Eh 的降低，使某些变价元素从高价态还原至低价态，从而出现颜色、磁性、发光等物性的改变；可以是细菌因得到营养物而大量繁殖或高等植物受到毒害而发育失常；可以表现为烃类在地表氧化产物的积累；可以是因为运移通道和机制相同而产生伴生异常，或是因为通道受阻而出现屏蔽现象。异常的表现形式可以是瞬时的或累积的；可以是原地的或异地的等等。因此，在油气藏上方，能够产生多种异常现象。对地表化探来说，就是考察它们在地表的表现。而实际观察到的异常，还可能受覆盖条件、气候条件和观测技术的限制。由此可见，地表油气化探异常是一个非常复杂的研究对象，必须综合考虑各种影响因素，才能对观察到的资料作出去伪存真、去粗取精的分析，较为可靠地预测研究区的油气远景。图 8-3 概略地反映了不同层次的影响因素，下面分别讨论之。

1. 不同油气源的影响

油气源是造成地表化探异常的物质基础，不同的来源具有不同的组合特征表(8-3)，我们可以根据轻烃与重烃的比值，直键烃与环烃的比值，正构烃与异构烃的比值，碳同位素的比值以及某些伴生组分的相对浓度，来推测可能的油气源性质。由于取样、分析、烃类保存、迁移过程的分异影响，绝对含量往往不能指示油气源性质，而同类指标间的比值可能更有意义。

表 8-3　不同油气源的异常组分特征(阮天健，1992)

油气源	烷烃		芳烃	He	Hg
	C_1 含量	IC_4/nC_4			
地表沼气	>99%	—	微	低	中
煤成气	>95%	>1	低	中	高
未成熟油气	>95%	>1	低	低	低
成熟油气	<90%	<1	高	高	高
过成熟油气	>90%	<1	中	高	高

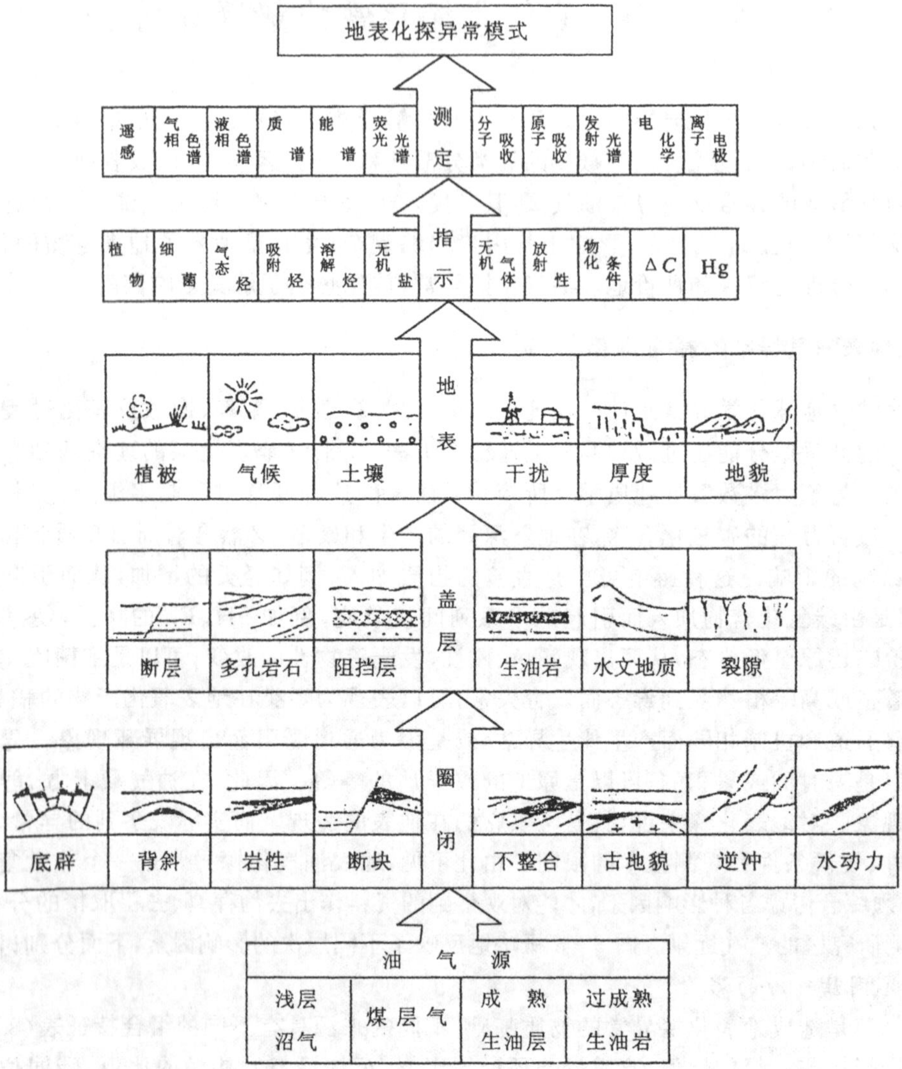

图 8-3 地表油气化探异常影响因素综合图(阮天健,1992)

2. 地下地质条件的影响

地下地质条件一般包括油气圈闭及上覆盖层两个条件。不同的圈闭类型对地表化探异常的形态起着控制作用。圈闭类型多种多样,但在油气圈闭的顶部多数化探指标呈现低值,在地表化探异常的形态基本上表现为环绕下伏油气圈闭的环状晕圈。

盖层条件对地表化探异常的特点起着决定性的控制作用。其中最主要的是输导层与阻挡层的各种配置关系。断层、裂隙、破碎带、多孔岩石、层面层理、不整合面等,均是传输烃类的良好通道。而致密岩石如页岩、膏盐岩、致密灰岩、黏土层等,均是有效的阻挡层。如盖层中夹有生油岩,还会引起浅部异常组分的加入。

由于断层的性质与深度不同,引起异常的能力各异。如断层深达圈闭,则无例外地会把烃类导致浅层,引起线状排列的异常,其特点是强度高,组分复杂,峰值突出和 C_{6+} 的存在。如断层的深度很浅，则表现为在两组断层的交切处，出现独立的高异常点或区，当断层的倾角较缓时，往往使异常发生明显的侧向偏移，在圈闭上如发育垂直断层，则引起所谓的顶部异常。如在圈闭上方断层不发育，则烃类气体多以微泡的形式在地下水的浮力作用下上升。短而弱的异常群，在平面上的排列受主干构造的控制。

显然，这种上升作用在多孔岩石中速度最快，在圈闭外面，盖层透水性较好，就会加强这种迁移方式，从而引起环状异常。有些组分是溶解在水中随地下水迁移的，受水文地质条件的制约，有时可能产生显著的侧向运移。

3. 地表条件的影响

地表条件包括第四纪松散覆盖层的性质与厚度，表层土壤的性质与厚度、气候、植被及地貌景观以及人工污染等情况。表层物质主要通过化探异常组分的保存条件与屏蔽作用来影响异常的形态。一般说来，第四纪松散层中，多数气态组分可以通过扩散作用达到地表，因此地表异常与覆盖层以下的异常通道不发生侧向位移。当地表覆盖物的性质迅速变化时，可以破坏异常形态的完整性。

对于吸附的组分来说，土壤的细粒部分有利于它的保存，而对于游离的气体成分，则粗粒介质有利于运移和测定。值得指出的是，在一个取样点不同深度上出现土壤颗粒的粗细交替时，要求取得细粒样品并保持各样品点的粒度相似，而不能拘泥于取样深度的绝对一致。

4. 不同指标的影响

同一油气圈闭上方的多种指标，其异常性质与形态各异。经验证明，同一指标在不同地区效果差别很大。在同一地区使用多种指标可以取长补短，得到更多的信息往往能够提示更深一层的地质意义。有些指标显然不直接指示油气，但可以反映断裂构造。由于各指标的迁移方式不同，控制因素各异，各种指标在空间上发生分带，而在同一样品点上则失去相关性。为了以最少指标取得最好的独立信息，在同一采样点上，可以省略那些高度相关的指标，而选择相关性最差的指标，因为前者提供的是重复的信息。在一个新地区，则需要通过试验，有针对性地优化指标组合。

大量事实说明，不同指标在不同地区均与下伏油气藏有明显的对应关系，但并不是在同一地区所有指标都能有效地反映深部油气状况的。有些指标在某些地区成功地得以应用，但在另一些已知油气区却可能毫无规律。也有些指标在小范围内如某一气井或油气藏上方杂乱无章，但在更大范围中却可能宏观地反映深部的地质情况。

5. 不同测试分析手段的影响

对于同一指标用不同的处理方法与测定技术，可以得出十分不同的结果。例如，对于轻烃，可以有酸解法、热释汞、离子汞等测定方法；对土壤碳酸盐，有总量和不同温区的热释碳酸盐法等。对这些方法的评价，不能笼统地说它们的优劣，而需要结合当地的自然条件。

二、油气地表地球化学综合异常模式

所谓地表化探异常模式，指的是一种把地下的油气藏与地表的多指标化探异常在空间上或成因上的联系简洁而鲜明地表达出来的方式。为了突出本质联系，需要忽略某些复杂化的细节，同时又要力图在理论上找到依据。已知油气田上方对应的化探异常形态可归结为以下4种模式(图8-4)：

(1)单环型：一般出现在构造简单，圈闭条件好，油气富集部位与构造高部位一致的油气藏[illegible]大多数地层、岩性、水动力圈闭油藏均具有这类异常模式。

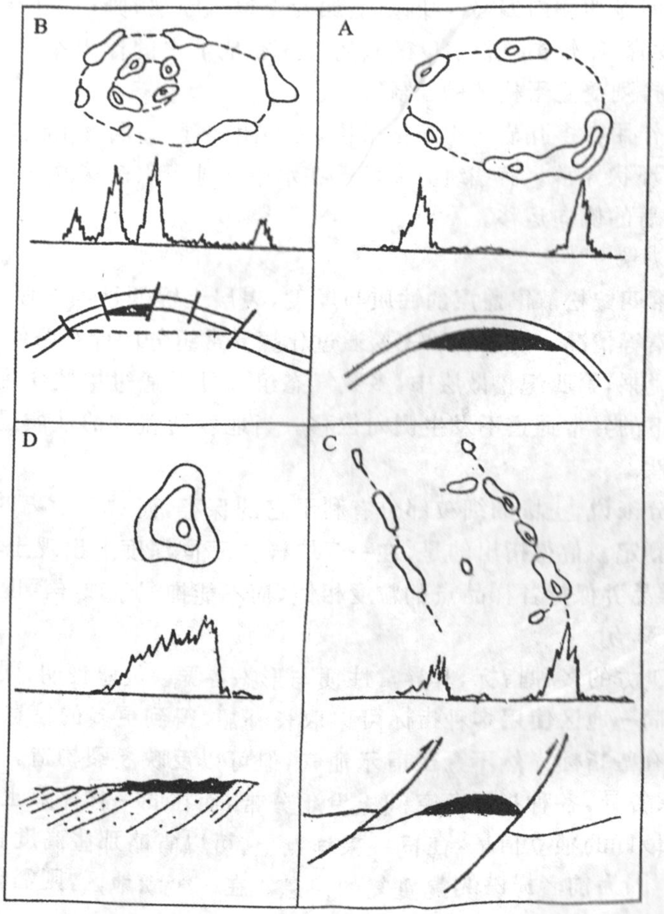

图 8-4　地表油气异常的形态模式(阮天健,1992)

(2)偏心双环或多环式:在断块发育区、岩性变化复杂区、底部构造区等,由于油气富集区具有不同的尺度与高度,基本的构造形态可能提供初步聚集条件,产生大环模式,但具有工业意义的高度富集部位往往受构造内局部高断块、高孔隙层所控制,而这些局部因素若不在基本构造的顶部,则可以出现偏心的双环,甚至多环模式。

(3)条带状半环式:在逆冲断裂或正断层发育区,油气往往聚集在两条断裂之间的夹片中,断裂一般经过油藏,使其中的烃类上升到地表,形成强烈的条带状异常,但油气富集部位于异常带的当中偏向某一断层,在剖面上呈不对称的双峰式。

(4)块状模式:地表异常呈面积型展布,周边的高值带不明显,出现这种模式的条件是油气受深部不整合面控制,盖层断裂不发育,比较均匀而且有一定透水性,地表的土壤有较高保存能力。在平面上呈椭圆形,剖面上常呈斜梯形,缓边位于油气层倾斜方向,陡边位于不整合面油气藏边界上方。

三、地表化探异常模式的形成及演化

以上各种形态的异常是各种因素综合作用的结果,而且在地质历史上是演化的类气体微渗漏至地表，由于进入富含游离氧和微生物的环境，就可能发生下列化学反应：

(1)烃类气体在表生作用下氧化形成 CO_2：

$$2C_nH_{2n+2}+(3n+1)O_2\rightarrow(2n+2)H_2O+2nCO_2$$

(2)进一步形成酸性条件：

$$CO_2+H_2O = H_2CO_3$$

$$H_2CO_3 = H^+ + HCO_3^-$$

$$HCO_3^- = H^+ + CO_3^{2-}$$

(3)以硅酸盐为基体的土壤，在酸性条件下可能发生以下反应，并形成次生碳酸盐：

$$CaAlSi_2O_8+2CO_2+H_2O\rightarrow Al_2O_3+2SiO_2+Ca^{2+}+2HCO_3^-$$

$$Ca^{2+}+2HCO_3^-\rightarrow CaCO_3\downarrow+CO_2+H_2O$$

碳酸钙的沉淀使油田上方沉积岩孔隙胶结、堵塞，形成致密层。

(4)土壤中的褐铁矿在酸性条件下，使部分的三价 Fe 还原成二价态，进一步作用形成具有弱磁性的菱铁矿。

$$4Fe^{3+}(OH)_3+8H^+\rightarrow 4Fe^{2+}+O_2+10H_2O$$

$$2Fe^{2+}+2H_2CO_2\rightarrow 2FeCO_3+4H^+$$

(5)二价铁也可以替换钙离子形成略具磁性的含铁方解石。

$$2CaCO_3+Fe^{2+} = FeCa(CO_3)_2+Ca$$

(6)深部油田水中的 $CaCl_2$ 以及 Na、Sr、Ba 等上升至地表形成各种碳酸盐岩及盐碱化。

$$MgCl_2+CO_2+H_2O\rightarrow MgCO_3\downarrow+2HCl$$

$$CaCl_2+CO_2+H_2O\rightarrow CaCO_3\downarrow+2HCl$$

$$2NaCl+CO_2+H_2O\rightarrow Na_2CO_3\downarrow+2HCl$$

由此，在油气藏上方可形成微磁化、碳酸盐化及盐碱化等各种后生矿化及成岩作用。但在油气藏上方的环境中，只有极少量的 Ca^{2+} 可供微渗漏烃类在微生物氧化作用下与先成的 CO_2 结合而生成方解石沉淀。这种极少量的 Ca^{2+} 沉淀以后，该系统中的 Ca^{2+} 即告亏损，方解石的进一步沉淀只有依靠外围 Ca^{2+} 迁移而来，在外来的 Ca^{2+} 未迁移到油田上方之前，便会与 CO_3^{2-} 离子结合而沉淀下来，从而形成环状 ΔC 异常。

关于油气田上方环状异常的形成机理，最流行的说法是油气田上的沉积盖层由于次生矿物形成时孔隙被堵塞，形成一个固结的封盖，这样迫使烃类向未经矿化的油气田边缘发生微渗漏(Rosaire,1940)。Price 反驳了“堵塞理论”，认为环状异常不可能是由盖层的堵塞造成的，而必然是某种近地表效应造成的。油气藏上方既可出现环状异常，也可出现顶端异常，这完全是由于微生物的活动强弱造成的，它随季节而变化。Kartsev(1959)讨论过土壤吸附烃和壤气烃的季节性波动，指出这类烃的浓度在全年内是变化的，有时会完全消失。

以上各种假说均有一定的道理，但仍有它们的不完善之处，例如后生成岩的封盖对于大规模油气运移来说可能起了堵塞作用，但对轻烃气体向上的微渗漏来说并不是绝对密封的。据观测，在同一油田同一季节取的样，有的指标在油田上方呈现晕状环形异常(例如酸解烃)，有的呈顶部异常(例如轻烃通量)。在同一季节，同一指标在同一地区的不同油田上方，也呈现不同的异常形态。例如元城东郊油田和西部油田的酸解烃、总烃异常图，前者为环形异常，后者为顶端异常。基于以上事实，阮天健(1992)提出另一种异常形成的演化模式(图 8-5)。

(1)异常形成的初始阶段——烃类的顶部异常模式，深部油气藏中烃类向上微渗漏，在油气藏上方形成烃类气体的顶端高值异常块。

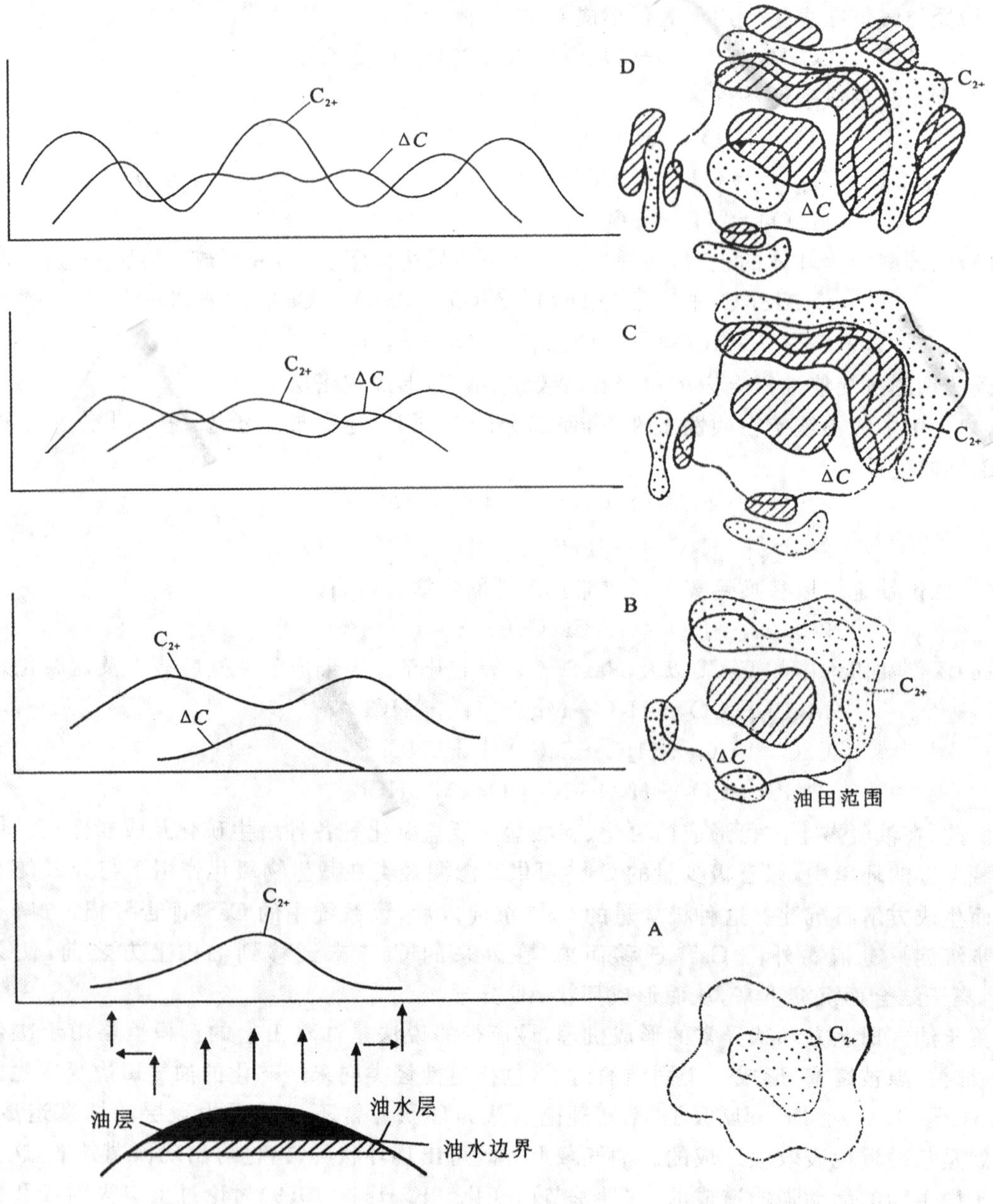

图 8-5 油气地表化探异常的演化模式(阮天健,1992)

(2)后生成岩的阶段——单环单顶模式,地表的烃类气体在微生物的作用下改变土壤中的Eh、pH环境,形成各种碳酸盐沉淀引起后生成岩作用,使顶部的烃类分解,异常消失,烃与 ΔC 的反消长关系,是深部油气藏最有利的指标。

(3)扩展阶段——烃与 ΔC 的双环单顶模式,油气藏上方的 Ca^{2+} 由于碳酸盐沉淀而亏损,外围 Ca^{2+} 向油田扩散,在油田边缘形成 ΔC 的高值环带。烃类气体继续向上微渗漏,但由于上方在油水边界附近连通性好,因而在 ΔC 环形带外形成烃类高值环带。

(4)成熟阶段——烃与 ΔC 呈多环多顶模式,在深部油气源供给充足的情况下,烃类气体绕过各种障碍，继续不断向上微渗漏，在油田上方继续形成异常，与 ΔC 在局部共消长。边缘烃环带外围，由于离子交换，继续形成 ΔC 高值外带。

以上是地表 ΔC 与烃类异常演化的理想模式，实际上由于各种影响因素的干扰，可以产生相应的变化。图中的顶部异常与环形异常是一种相对的概念。开始时整个地区背景值较低，油气田上方出现了顶部异常。随着烃类气体不断上升，背景值中的浓度也会逐渐上升，以后出现的环形异常，其中的低值带在绝对值上可能比原来的顶部异常还高，甚至有时在小范围看似乎是顶部异常，若在更大范围中却又成了环形异常。这种变化取决于油田规模的大小和研究区的范围，否则就可能犯“见树不见林”的错误。随着地表化探异常的扩展和演化，在油气田上方出现相互套合的多环多顶模式。因此，在分析解释地化异常时，多方面的综合、叠合分析是最有效的方法。

第九章 环境地球化学调查

环境科学本身涉及面很广，很多学科都为之效力。虽然不同的学者对它的理解受到了原先的专业知识、经验和兴趣的限制，但是正是这种不同理解和认识，促使学者们从不同角度各有侧重地研究问题，特别是地球化学家们的参与，极大地丰富和充实了环境科学的研究内容，并很快成为了环境科学的主力军。地球化学研究化学元素在与人类生存密切相关的地球表层系统中的分布分配、集中分散、迁移转化规律及其对生态环境的影响，进而全面评估人类生存环境的质量，形成了一门新的边缘学科，这就是环境地球化学。环境地球化学问题，实质是环境中某种组分的不足或过剩，这种不足或过剩可以影响人体的健康和农作物的产量与质量。环境体系中这些组分的不足或过量，可以是天然地球化学过程造成，也可以由人类活动造成，或者二者综合作用的结果。

地球化学在环境领域的应用可涉及到众多方面，但从研究对象来看，主要包括以下两个方面：①第一环境——原生的、与地质背景直接有关的环境；②第二环境——由人类活动产物参与的环境。针对上述两种环境，其研究内容包括如下四个方面：①相对于人类健康必需元素而言的缺乏和过剩的地球化学调查；②对人体健康有害的元素分布调查；③人为污染源及污染区的地球化学监测；④地质历史时期环境变化的地质地球化学记录。应用地球化学主要对前三类环境问题进行调查和评价。

第一节 环境科学、人体健康与环境污染物

一、环境与环境科学

所谓环境，就是人类生存的环境，是人类赖以生存和发展的各种因素的总和。环境是由自然环境和社会环境两部分组成。自然环境是人类出现之前就存在的，是人类目前赖以生存、生活和生产必需的自然条件和自然资源的总称。即阳光、温度、气候、地磁、空气、水、岩石、土壤、动植物、微生物以及地壳的稳定性等自然因素的总和。社会环境（人工环境）是指人类在自然环境的基础上，为了不断提高自己的物质和精神生活水平，通过长期有计划、有目的的经济和社会发展，逐步创造和建立起来的一种人为环境，如城市环境、农村环境、工业环境等。社会环境是与自然环境相对应的一个概念，社会环境的发展演化，既受自然规律、又受经济规律和社会规律的支配和制约。社会环境是人类物质文明和精神文明发展的标志，它随着经济的发展，特别是科学技术的发展而不断地变化。所以，社会环境又称为智能环境、技术环境或社会生活环境等。

在人类的长期发展过程中，随着社会生产力的提高，生产方式的演变和工程技术的进步，人类的环境问题也越来越严重，人类和环境之间的矛盾也越来越显著。这些环境问题分为两类：一类是自然灾害和自然演化引起的原生环境问题，即第一环境问题；另一类是人类活动引起的次生环境问题，即第二环境问题。后者又可分为两类：一类是不合理开发利用自然资源，

使自然环境遭受破坏;另一类是城市化和工业高速发展而引起的环境污染(表 9-1)。

表 9-1 环境问题的分类和内容

<table>
<tr><td rowspan="6">环境问题</td><td rowspan="3">第一环境问题</td><td colspan="2">物理问题:地震、海啸、火山活动、崩塌、滑坡、泥石流、洪涝、干旱、台风等</td></tr>
<tr><td colspan="2">化学问题:元素分布不均匀、地球化学高含量及低含量区带等</td></tr>
<tr><td colspan="2">生物问题:病毒、虫害等</td></tr>
<tr><td rowspan="3">第二环境问题</td><td rowspan="2">城市化、工农业对环境的污染</td><td>污染:大气、水体、土壤及沉积物、生物、放射性等物理和化学污染</td></tr>
<tr><td>干扰:噪声、振动、热、电磁辐射等环境干扰</td></tr>
<tr><td>不合理开发利用自然资源导致生态环境破坏</td><td>矿山开采、金属冶炼、森林破坏、草原退化、水热平衡失调、沙漠化、盐渍化、水土流失、物种灭绝、自然景象破坏等</td></tr>
</table>

由于上述众多的环境问题,从 20 世纪 60 年代的酝酿,到 70 年代初期由环境保护和研究工作汇集成为一门独立的、内容丰富的、领域广泛的新兴学科——环境科学。环境科学是研究人类环境质量及其控制的科学。从广义上说,它是对人类生活的自然环境进行综合研究的科学,是研究人类周围空气、土壤、水、能源、矿物资源和生物等所有环境因素及其与人类关系以及环境质量和环境保护的科学;从狭义上说,它只是研究由人类活动所引起的环境质量的变化以及保护和改进环境质量的科学。环境科学的研究对象是人类与其生活环境之间的矛盾。所以,环境科学不仅仅是纯粹的自然科学,而是兼有社会科学的内容和性质,环境科学必然涉及政治、社会组织、经济、伦理和哲学等,因而它是传统科学、社会价值以及政治意识的综合(Enger ,Smith,2000)。

从上述的环境和环境科学的概念上看,地球化学在环境领域的应用仅仅是环境科学中的一部分。从地球化学学科的本身出发,研究对象主要集中于地球表层系统的各种介质(天然岩石、大气、土壤、地表水、地下水与植物等)的化学问题,即第一环境问题中自然介质中化学元素的地球化学调查与评价以及第二环境问题中人为污染源及污染区化学元素、无机化合物和有机毒害化合物的监测与评价。

二、人体健康与微量元素

人体是由化学元素组成的,人类从水和食物中摄取由化学元素组成的营养物质以维持生命的需求,并与环境存在着不间断的物质和能量交换。而要使人类生活得健康,则必使与之共存接触的介质清洁、交换的物质适量保持平衡,但对所获取的任何物质又必须适量。

对人体内无机元素来说,存在着所谓"必需元素"和"非必需元素"的提法。必需元素的三个条件为:①它存在于一种动物的所有健康的活组织中,并总能在动物体内恒定地被检测到;②当它从组织中被消耗掉或被移走时,动物就出现缺乏症状,而重新得到足够的补充时,这些缺乏症状就随之消失;③这些缺乏症状的出现,应被证实是由于分子水平上的特殊的生物化学损坏的结果。按照这样的条件,目前已知对人的生命即对人的生长、发育、活动和繁殖是必需的金属元素至少有 20 多种,如 Fe、Zn、Rb、Sr、Cu、Ag、Mn、Cr、Mo、Co、V、K 和 Na 等,还有其他如 C、H、O、N、P、Cl、Br、F、Se、B、I、Si 和 As 等元素。

由于人的生命过程对物质的摄取必须是适量的，所以缺乏和过量供给均对人体产生伤害。实验证明，当机体由于缺乏某种物质或化合物而生长不好或不能完成其生命循环时，补充少量的这种物质对有机体是非常必需的；但当供给量超过了有机体需要时，同一种物质又可能起毒害作用。图 9－1(a)表示必需元素的浓度和有机体生长关系的理想曲线。曲线的平台部分指示了对有机体生长和发育的最适宜浓度（即 G. Bertrand 最适浓度定律）。不同的元素可能有不同宽度的平台曲线。当环境中元素的供给量低于有机体所要求的最适宜浓度时，有机体的生长表现出缺乏症状；而当环境中元素的供给量超过最适宜浓度时，有机体就会中毒，甚至死亡。例如，氟具有重要的生理功能，可促进牙齿和骨骼的钙化，对神经兴奋传导有一定作用。人体正常生理需求量为 0.5～1mg/d。当缺乏氟时，引起龋齿病，老年性骨骼变脆。当摄入过量时，则会产生氟牙病，氟中毒（腹痛、腹泻、呕吐）。图 9－1(b)表示为一种非必需（无生物功能、有毒）元素过量对有机体影响的理想曲线。

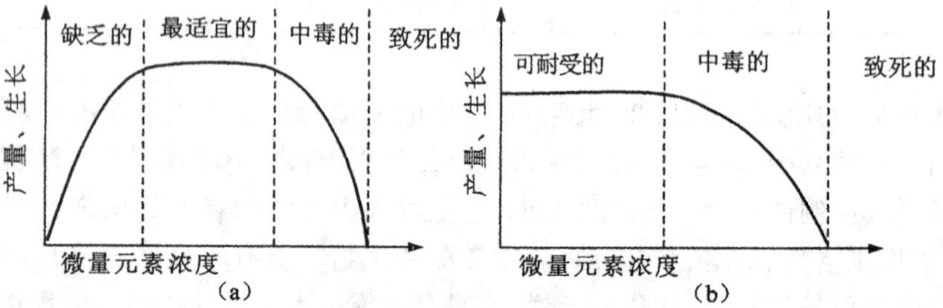

图 9－1　必需和非必需微量元素的缺乏和过量对有机体影响曲线

(a)必需元素（如 Cu、Zn）；(b)非必需元素（如 Cd 、Pb）

作为环境地球化学调查，感兴趣的正是上述理想曲线平台的两侧之异常部分。图 9－1(a)中的左侧部分，有机体因得不到足够数量的微量元素而出现缺乏症状。如缺碘与地方性甲状腺肿大的关系，缺硒、缺钼与一种原因不明的地方性心肌病（克山病）之间可能的关系问题等。图 9－1(b)中的右侧部分，因环境中存在过量的某些化学元素而导致机体中毒。这类问题，除天然地球化学环境的不均匀性引起外，其主体就是第二环境问题，即人为的活动所引起的环境污染。而这类环境污染起重要作用的是有机污染物质。

三、第一环境问题——自然介质中化学元素缺乏和过量与地方病

生物与环境是有机联系的统一整体，生命是地球演化到一定阶段的必然产物。生物和地壳的化学成分有着密切的联系。这种联系的一个重要表现就是地壳、土壤、水体与生物的化学元素的平均丰度有着明显的相关性。在地质历史的发展过程中，由于各种地质作用和化学元素本身的地球化学性质不同，造成元素在地球表层分布的不均匀性，使局部地区某些元素含量出现异常现象，致使居住在当地的人群同环境之间的元素交换出现不平衡。一旦人体从环境中摄入的元素超出人体所能适应的限度，或者摄入的量低于人体需要的量时，就会发生地方病。由于这些地方病与元素的区域地球化学分布密切相关，而元素的区域地球化学分布研究是地球化学学科的基本任务之一，所以，该项内容的研究是地球化学在环境领域最早的应用。

1. 碘缺乏和过量与地方性甲状腺肿大

地方性甲状腺肿大（简称地甲病）是世界上流行最广的一种地方病。除少数国家外，几乎

所有的国家都有地方性甲状腺肿大流行。世界上最著名的流行区有欧洲的阿尔卑斯山区、北美的五大湖区、非洲的刚果河流域、大洋洲的新几内亚等。在我国，除上海市外，各省、区都不同程度地有地方性甲状腺肿大流行区。尤其是西北、东北、华北和西南的山区及丘陵地区。

碘是生命必需微量元素，对人类的生理作用服从 G. Bertrand 生物最适浓度定律，即碘具有双侧阈浓度：碘缺乏或过剩都会导致人体甲状腺代谢功能障碍，发生甲状腺肿大。

王明远、章申(1983)曾对我国 201 个地区的饮用水的碘含量和地方性甲状腺肿大患病率作相关统计分析，发现两者呈抛物线关系(图 9－2)。

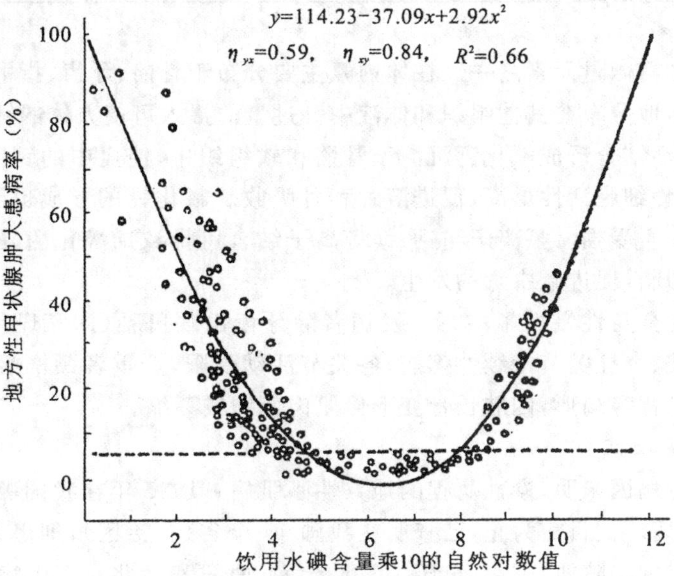

图 9－2　饮用水中碘的含量与地方性甲状腺肿大的关系(王明远、章申，1983)

如果以地方性甲状腺肿大患病率 5％作为划分病区的标准，通过对上述方程求解可得出饮用水碘的最适合浓度其下限为 4.640μg/L，上限为 8.035μg/L。当低于最适浓度的下限时，水中碘浓度越低，地方性甲状腺肿大患病率越高，两者呈负相关；当高于最适浓度的上限时，水中碘的浓度越高，地方性甲状腺肿大患病率越高，两者呈正相关。

2. 氟过量与地方性氟病

地方性氟病是一种世界性地方病，主要流行于印度、前苏联、英国、墨西哥、日本、马来西亚等国。我国主要流行于贵州、陕西、甘肃、山西、山东、河北、辽宁、吉林、黑龙江等省。地方性氟病是由于环境中氟含量过高，人群经饮水和食物摄入过量的氟而引起的。

地方性氟病的病区主要可分为饮水型和食物型两类。饮水型，即因饮水含氟过高而发病；食物型，即饮水含量正常或低于正常，但因食物中含氟量高而发病。另外，也有因燃煤而导致空气及食物的氟污染高而发病的。在地方性氟病的流行区，氟的摄入总量对发病以及病情的轻重是极重要的。大量的资料表明，在饮水型氟病区，饮水含氟量越高，饮水年限越长，地方性氟病的发病率越高，病情也越来重(表 9－2)。

表 9-2　饮水含氟量与地方性氟病的关系

饮水含量（mg/L）	调查人数	氟斑牙		氟骨牙	
		人　数	百分含量(%)	人　数	百分含量(%)
1.0～1.5	3 129	833	26.6	56	1.8
1.6～3.9	33 070	15 529	46.9	3 489	10.6
4.0～7.9	64 623	42 737	66.1	13 340	20.6
8.0～20.0	16 579	12 938	73.6	5 699	32.4
合　计	118 401	72 037	60.8	22 584	19.0

氟是人体的必需微量元素之一。在体内氟主要分布于骨骼、牙齿、指甲和毛发中。其余部分以低浓度较均匀地分布在其他组织和体液中。过量的摄入可使人体的钙磷代谢平衡受到破坏，过量的氟可与钙结合形成氟化钙沉淀于骨骼和软组织中，使血中的钙因而降低，导致甲状旁腺功能增强，溶骨细胞活性增高，促进溶骨和骨吸收。氟化钙的形成也影响牙齿钙化，造成牙冠化不全及牙釉质受损。氟离子与钙、镁等离子结合可导致烯醇化酶、酮戊二酸脱氢酶、胆碱脂酶等的活性抑制，促进氟中毒的发生。

地方性氟病为全身性慢性氟中毒。发病者除牙齿出现斑釉（即氟斑牙）外，还有氟骨症。其症状主要是四肢、脊柱关节持续性疼痛，各关节活动受限，严重者颈椎活动受限或固定，胸、腰椎弯曲呈弯腰驼背等畸形，四肢长骨变形伴肌肉挛缩或萎缩。

3. 低硒带与克山病

克山病是一种病因未明，慢性病程的地方性心肌病。1935 年在我国黑龙江省克山县首先发现，称之为克山病。到目前为止，已查明在我国 15 个省（自治区），即黑龙江、吉林、辽宁、内蒙古、山西、山东、河南、陕西、甘肃、重庆、四川、云南、西藏和湖北有克山病分布。从整体上来看，我国病区的分布特点是：形成一条由东北向西南延伸的宽带，位置居中，将我国分成西北、东南两个非病带（图 9-3）。

谭见安等（1979）通过对我国主要克山病区和西北及东南两个非病带进行系统调查、采样和分析及多元素筛选，证实我国有低硒带的存在，这个低硒带的分布正好与克山病的地理分布一致。关于低硒带的概念，其形成是建立在地理学的“地带学说”基础上的。这不仅是环境中硒含量多少的总结，而且还是一个含义深刻的地理学概念。即是说，低硒带是由复杂的地带性因素和非地带性因素共同作用的结果，是与一定的宏观自然环境相璧合的。

我国环境低硒带基本的生态化学地理特征是土壤、植物、动物和人体系统均处于低硒生态循环状态：

（1）土壤硒含量低。在全国 119 个市、县不同地带、不同环境类型中取了 236 个土壤剖面样品，其表层土壤中硒总含量在地理分布上有明显的区域分异。在低硒带内，从东北地区的暗棕壤、黑土，向西南方向经黄土高原的褐土、黑垆土到川、滇地区的棕壤性紫色土、红褐土、红棕壤、褐红壤，到西藏高原东部和南部的亚高山草甸土（黑毡土），表层土壤硒含量的几何平均值为 0.100×10^{-6}，其中 75%样品的硒含量在 $(0.05\sim0.15)\times10^{-6}$ 之间，比世界低硒土壤含量（算术平均值为 0.150×10^{-6}）还低。位于低硒带东南的亚热带黄壤、红壤及砖红壤和西北的的干旱、半干旱黑钙土、栗钙土、灰钙土、荒漠土，其硒含量逐渐上升到 0.300×10^{-6} 左右。从全国范围来看，土壤含硒量形成了中间低、两边（西北和东南广大地区）高的马鞍型趋势面。我

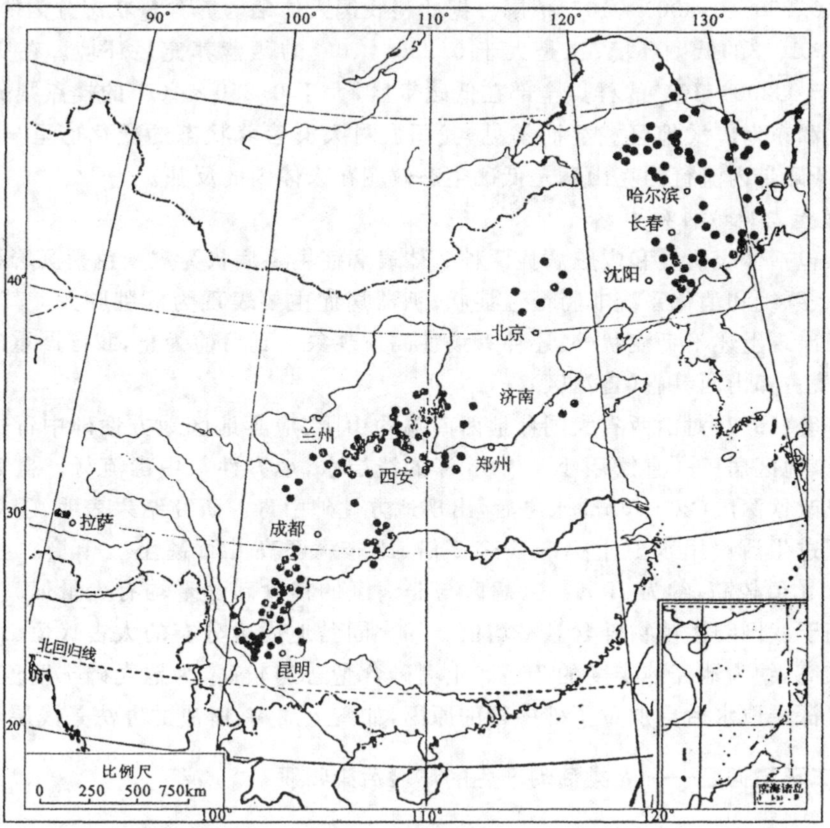

图 9－3 中国克山病分布图(谭见安等,1979)

国土壤硒含量的这一分布特征,奠定了我国植物(粮食、牧草等)硒含量变化的物质基础。

(2)粮食硒含量低。粮食的硒含量除与种属、自然条件有密切关系外,主要取决于土壤中可利用态硒的含量。从各地取得的 2 000 份粮食样品硒含量的测定结果表明(表 9－3),低硒带内粮食含硒量偏低,而处于低硒带两侧的西北和东南非病带,粮食含硒量的均值明显高于病带。由此可见,我国重要的粮食作物中硒含量的变化趋势与土壤中硒含量相一致。

表 9－3 克山病病带与非病带三种主要粮食作物含硒量(×10^{-6},李日邦等,1985)

品 种	西北非病带	病 带	东南非病带
玉 米	0.059±0.046	0.017±0.007	
水 稻	0.052±0.015	0.022±0.011	0.064±0.020
小 麦	0.051±0.089	0.020±0.010	0.043

(3)人体硒营养低。我国农民以食用当地农副产品为主,很少食用外源食物,尤其缺少富含硒海产品。因此,人体的硒营养供给几乎完全依赖于原生环境。头发硒含量是人体硒营养水平很好的标尺。从 17 个省(直辖市、自治区)、181 个采样点 2 129 例头发硒含量的分析结果表明:其频率曲线以(0.200～0.250)×10^{-6}为界分成两个峰,前者在(0.050～0.200)×10^{-6}之

间；后者在(0.250～0.300)$\times10^{-6}$范围。据此将我国人体硒营养含量状态分为两种类型：一是小于0.200$\times10^{-6}$的低硒环境；二是大于0.250$\times10^{-6}$的硒营养充足环境。在181个采样点中，凡是小于0.200$\times10^{-6}$的样点全部在低硒带区，大于0.250$\times10^{-6}$的样点则分布于低硒带两侧的西北和东南广大地区。显而易见，我国农村人群营养状态的变化也呈马鞍型趋势面。这说明，在低硒带内流行的克山病是低硒生态效应在人体内的反映。

4. 砷过量与地方性砷中毒

砷中毒包括体表病症和内脏病症两种。体表病症主要症状为皮肤色素沉着和掌跖过渡角化，伴有神经系统和消化系统非特征性症状；脏器病症主要表现为肝脏肿大。其中，重病村落居民除普遍出现上述不良症状外，还伴有癌症高发现象。到目前为止，我国严重的砷中毒发生于新疆、内蒙古和山西等省(自治区)。

王敬华等(1997)对山西省大同盆地西南端的山阴、应县地区地方性砷中毒进行研究。据调查，过去该地区居民一直饮用小于10m深的浅层水，地方性氟中毒流行。自20世纪80年代末期居民改饮深层(20～50m)水之后，出现地方性砷中毒。研究结果表明：①病区居民饮用水含砷量超过生活饮用水卫生标准5～12倍，比非病区高几百甚至上千倍。重病村落水中$As^{3+}/\sum As$比值较高，约为70%。②病区与非病区的粮食砷含量均有少量偏高，病区特征植物砷含量高于我国陆生植物砷含量平均值。③大同盆地周边分布的太古代恒山杂岩、含煤岩系砷含量较高，约为地壳砷丰度的7倍。土壤砷含量普遍较高，为地壳砷丰度值的1～10倍。这正是加大深层取水后更加重了砷中毒的原因，如雪上加霜，解决的办法是浅层水脱氟。

四、第二环境问题——人类活动产生的环境污染物质

随着生产的发展和科学的进步，人类在得到大量的物质享受的同时也给环境和人体健康带来了巨大的危害。当今世界，有毒污染物质正在人类生存的地球上蔓延。从陆地到海洋，从江河到湖泊，从北极到南极，从生物到人体，总之，人类所到之处都可找到它们的踪迹及其影响。一些地方河中无鱼虾，天上无飞鸟，成群鸡、鸭、牛、羊病倒和死亡；禾苗枯萎，果树不结实，莫名其妙的疾病接踵而来，死亡的幽灵到处游荡。这不是危言耸听，而是无情的事实。不管你是否承认，有毒污染物质已对全球生态环境和人体健康构成了严重的威胁。

污染物质对环境的污染包括以下几个方面：①人类活动产生的废弃物(包括工业废弃物、生活废弃物、商业废弃物等)，由于处理不当，其所含的有毒物质经各种途径进入环境；②化学品生产、排放、流通、使用过程中，一些有毒化学品及有毒副产物进入环境；③矿山开采和冶炼，使大量有毒重金属污染水体和土壤；④一些本来不具毒性或毒性不大的物质在进入环境后，经历某种反应生成有毒的二次污染产物。

由于污染物质受赋存介质的影响，所以在环境科学中一般将地球表层大气介质中的污染物质与液相和固相介质中的污染物质分开研究。

1. 大气介质中的污染物质

大气污染物是指由人类活动或自然过程进入大气环境中引起污染的物质。根据存在状态的不同，大气污染物又可分为颗粒(气溶胶)污染物和气态污染物两大类。

(1)颗粒(气溶胶)：系指分散在气体介质中，以液体或固体微粒为分散相，粒径大部分小于1μm的微粒具有胶体性质。气溶胶在气体介质中作布朗运动，不因重力作用而沉降。根据气溶胶物理状态的不同，可分为粉尘、烟、雾、飞灰、降尘、飘尘、黑烟、液滴等，但环境科学中更注重按颗粒的动力学直径分类，即总悬浮颗粒物(TSP)、可吸入颗粒物(PM_{10})及降尘等。值得

注意的是，由于部分有机污染物（如多环芳烃等）具有亲颗粒性，气溶胶除颗粒效应外，还含有大量化学污染物。

（2）气态污染物：包括无机污染物和有机污染物两大类（表 9-4）。无机污染物有含硫气体、碳氧化物、含氮气体、卤素及卤化物、光化学产物（O_3、无机光化学氧化剂）、氰化物等。有机污染物有碳氢化合物（CH_4、C_2H_4、C_6H_6、苯并(a)芘等）、脂肪族化合物（甲醛、丙酮、有机酸、醇、过氧酰基亚硝酸酯或硝酸酯）。

表 9-4 大气中主要气态污染物的类别

污染物类别	污染物	一次污染物	二次污染物
无机污染物	含硫化合物	SO_2、SO_3、H_2S	SO_3、H_2SO_4、M_2SO_4（气溶胶）
	碳气化合物	CO、CO_2	
	含氮化合物	NO、NO_2、NH_3	NO_2、HNO_3、MNO_3（气溶胶）
	卤素化合物	HF、HCl	
有机污染物	碳氢化合物	C_mH_n、PAHs	
	脂肪族化合物		醛、酮、有机酸、醇、过氧酰基亚硝酸酯

注：表中 M 为金属离子。

表 9-4 中所列 6 类主要气态污染物包括一次污染物和二次污染物。一次污染物是由污染源直接排入大气，其物理和化学性质未发生变化的污染物。二次污染物则是空气中原有组分或几种污染物之间发生一系列物理和化学反应而生成的与一次污染物性质不同的新污染物。二次污染物的危害性一般高于一次污染物。

2. 液体和固体中的污染物质

水体、土壤、沉积物和生物体中的污染物可分为两类，其一是重金属及无机化合物和有机污染物。美国环境保护局根据动物实验取得的致癌性证据，将污染物分为 4 级：1 级为致癌性证据充分；2 级为致癌性证据有限；3 级为致癌性证据不充分；4 级为无致癌性证据。并根据污染物的危害性轻重，公布了 130 多种优先控制污染物。现将其分类、危害及监控要求作一简单介绍。

（1）金属及无机化合物。共列出 15 种，其中 Hg、As、Cd、Be、Cu、Pb、Zn、Cr、Ni、Ag、Ti、Se 为 1 级污染物，锑和石棉为 3 级污染物。现已证实其中有 12 种金属及其化合物（砷、铍、镉、铬、铜、铅、汞、镍、硒、银、铊及锌）可以积累在沉积物（土壤和底泥）和生物群中。本组另外三种化合物（氰化物、石棉和锑）具有不同特点；氰化物的环境效应显示出短期毒性；石棉是一种易于悬浮的颗粒物，多半没有生物积累；锑可能暂时归附于沉积物中。因此，对氰化物、石棉和锑含量的监测最好直接测定。

（2）农药。农药有 20 多种，其中 DDD、DDE、DDT、狄氏剂、异狄氏剂、异狄氏醛、七氯、七氯环氧化合物、异佛尔酮、二恶英、毒杀芬等 12 种为 1 级致癌污染物，丙烯醛、氯丹、艾氏剂为 2 级致癌污染物。这些化合物中有 9 种（丙烯醛、氯丹、DDD、DDE、DDT、狄氏剂、七氯、TCDD 及毒杀芬）可长期存在于沉积物中并能被生物积累。监测这些化合物的对象为沉积物和生物群。艾氏剂被子生物积累，但不能长期存在于沉积物中，这种化合物的最优监测对象是水体和生物群。相反，硫丹和硫丹硫酸酯不被子生物积累，但容易被子沉积物吸附，监测的对象为沉积物。异狄氏剂和异狄氏醛在水中归宿的资料很少报道，按它们的分配系数推断，可能被子生物积累。在未明确的情况下，监测它们的对象应是水、沉积物和生物群等全部介质。七氯环氧化物是稳定的，能残留在水溶液中，也可以赋存于沉积物中，并能被子生物积累，因此同样应对各部分进行监测。异佛尔酮是水溶性的，要采水样监测。六氯环己烷的同分异构体按其理化特征，应在水和沉积物中取样监测。

(3)多氯联苯(PCBs)。公布的多氯联苯有 7 种，全为 1 级污染物。在水体环境中多氯联苯易被吸附在沉积物和悬浮颗粒物上，而在水体中的溶解度很小。由于其生物积累性很强，因此监测它们的最优对象为沉积物及生物群。2-氯萘与多氯联苯相似，认为监测对象以沉积物及生物群为佳。

(4)卤代脂肪烃。公布的卤代脂肪烃有 27 种，除六氯丁二烯、六氯环戊二烯两种为 1 级致癌污染物外，其他多为 3 级或 4 级污染物。除 5 种化合物(二氯溴甲烷、氯二溴甲烷、三溴甲烷、六氯环戊二烯和六氯丁二烯)之外，其他化合物由于蒸气压高，会很快地从水中消失并存在于大气中。因此，对这 22 种高挥发性有机化合物(VOCs)最优监测对象是水和大气。其他 5 种化合物中的 2 个(六氯环戊二烯和六氯丁二烯)在沉积物中为长效剂，能被生物积累，以相应的样品为优先对象。另外 3 种化合物(二氯溴甲烷、氯二溴甲烷和三溴甲烷)的环境最终归宿还不清楚，监测的最佳办法是全部类型介质或从水和沉积物开始。

(5)醚类。公布的 7 种醚类化合物，其中 4-氯苯基-苯基醚和 4-溴苯基-苯基醚两种为 1 级致癌污染物。另外的 5 种[双-(氯甲基)醚、双-(2-氯甲基)醚、双-(2-氯异丙基)醚、2-氯乙基-乙烯基醚及双-(2-氯乙氧基)甲烷]只存在于水中，潜在生物积累和沉积物中的吸附能力均都低，所以优先监测对象是水。4-氯苯基-苯基醚和 4-溴苯基-苯基醚的生物积累和沉积物中的吸附能力均都较高，建议在沉积物和生物群中监测这些化合物。

(6)单环芳香族化合物。公布的单环芳香族化合物有 12 种。其中六氯苯为 1 级致癌污染物，苯、氯苯、二氯苯、三氯苯等为 2 级致癌污染物，其他为 3、4 级致癌污染物。这 12 种化合物普遍能被沉积物吸附，其中的 6 种(氯苯、1,2-二氯苯、1,3-二氯苯、1,4-二氯苯、1,2,4-三氯苯和六氯苯)可被生物积累。所以监测这些化合物的优先对象为沉积物，对能被生物积累的 6 种化合物则应同时监测生物群。

(7)苯酚类和甲酚类。公布的 11 种苯酚类和甲酚类化合物，其中五氯苯酚和 2,4-二甲基酚为 1 级致癌污染物，其他为 3 级致癌污染物。这些化合物中的 3 种(苯酚、2-氯苯酚和 2,4-二氯苯酚)能残留于水中，而其他 8 种均能存在于沉积物中。由于五氯苯酚和 2,4-二甲基酚易被生物积累，这两种化合物的监测也应进行生物群的取样。

(8)酞酸脂类。公布的 6 种酞酸脂类化合物全为 1 级致癌污染物。除双-(2-甲基己基)酞酸脂外，其他化合物的资料较少。通过这些化合物的水相/固相的分配系数研究认为，它们可以吸附于沉积物和积累于生物群中。因此监测这些化合物最优的办法是在沉积物和生物群中取样。

(9)多环芳烃(PAHs)。公布的 16 种多环芳烃化合物全为 1 级致癌污染物。这类化合物在水中的溶解度很小，多积累在沉积物中，并很快被各种生物所吸收和代谢，即典型的疏水亲颗粒特性。因此，建议在沉积物和生物群中进行监测。

(10)亚硝胺和其他化合物。公布的 3 种亚硝胺和 4 种其他化合物，其中 2-苯基亚硝胺、2-正丙基亚硝胺、3,3-二氯联苯胺和 1,2-二苯基肼 4 种为 1 级致癌污染物，其他为 3、4 级致癌污染物。这 7 种化合物中的 2 个(2-甲基亚硝胺和 2-正丙基亚硝胺)可能是水中的长效剂，其他5种化合物主要残留于沉积物中。这5种化合物的3种(2-苯基亚硝胺、3,3-二氯联苯胺和1,2-二苯基肼)可被生物积累，而丙烯腈被生物积累的可能性不大，但可长久存在于沉积物和水体中。因此，监测该类化合物应采集相对应的介质样品。

由上可见，除12种有毒重金属元素外，大量有机污染物是强致癌污染物。需要强调的是，在人为所产生的污染类型中，最为严重的则是化学污染。化学污染物直接危害环境和人体健康。现代医学的发展证明，即使在低浓度下化学污染物中的有毒有机物也可能对人体健康和环境造成严重的、甚至不可逆的影响。科学研究和污染实践进一步证明，一些有毒化学污染物在自然介质中往往难以降解，并具有生物积累性和三致作用(致癌、致畸和致突变)或慢性中毒，而且分布广。这些物质就存在于人们所喝的水中、呼吸的空气中、吃的粮食、蔬菜、水果、鱼肉蛋中，植物生长的土壤中；有的通过迁移、转化、富集，浓度水平可提高数倍甚至上百倍，从而对生态环境和人体健康均产生一种潜在的威胁。因此，对环境介质中化学污染监测日益受到人们的关注。如今，这项内容，尤其是有机毒害污染物，受到国际社会的普遍重视。

第二节　环境地球化学调查

由于环境地球化学指标的监测受环境介质(环境要素)的影响，且不同的环境要素其环境地球化学指标的类型及其样品采集和分析存在较大的差异，所以下面着重介绍大气、水体、土壤和生物介质中化学污染物的监测方法和内容。

一、环境地球化学调查的目的、分类和内容

由于人类的活动，特别是进入20世纪以来发生的巨大变化，除了地球自身演化所产生的元素分布特征外，人类活动所叠加的、不同程度的污染显得尤为突出。所以，对自然演化产生的元素分布特征和人为引起的污染的监测需包括地球表面所有的自然介质，即大气、水体、土壤、沉积物及动物和植物等。环境地球化学调查就是对各种自然介质进行系统采样，对各种环境要素(或地球化学指标)进行分析测试，研究环境污染物的含量、分布状况、来源及对生态环境的影响，从而对环境质量作出评价。

1. 环境调查的目的

(1)研究调查区的环境质量是否符合国家制定的环境质量标准。

(2)查清污染物的种类、含量、分布，追踪污染物的传播途径、方式，查清污染物的来源。

(3)确定污染源造成的污染影响、污染程度、污染范围。

(4)调查环境背景及其变化趋势，并通过定期环境监测，预测污染发展，为保护和改善人类生存环境及可持续发展提供科学资料。

2. 环境地球化学调查的分类

根据调查研究的目的不同，环境地球化学调查可分为以下几类：

(1)环境背景值调查。是为查明研究区域环境要素的基本情况而进行的调查，主要是查明第一环境中各环境要素的区域分布特征，为区域环境分类和规划提供资料，它是一项基础性的环境调查。

(2)污染专项调查。是调查已知污染物的现状，如污染程度、污染范围、污染物传播形式、污染危害、变化趋势，确定环境等级，提出控制、防治污染的措施及相应对策。

(3)事故性环境调查。是对已发生的或突发性的灾难性污染事故，如核动力电厂的核泄漏、化工厂突发性大量排污造成的水体污染、鸟类死亡、毒烟排放造成的事故等，由受害群体申诉，国家行政部门责成环保局进行污染事故调查。内容包括污染程度、范围、危害与污染源的责任关系，为采取补救措施、控制污染、消除危害、责任赔偿提供依据。

3. 环境地球化学调查的内容

在环境地球化学调查的目的、分类中，已基本包含了环境调查的内容，综合起来看，在调查对象和内容上可以概括为以下几方面：

(1)采样介质上，除岩石、土壤、水、大气等无机世界，还应包括调查环境污染引起的生态效应，即生物界动、植物和人类的活动情况、健康情况。

(2)研究指标上，除有毒重金属及无机元素外，还应包括各种有机、有毒、有害化合物。

(3)除调查环境要素的现况外，还应研究、预测它们的发展变化趋势。

(4)研究环境要素的动态变化以及与时间、空间、气象等条件的依从关系。

(5)进行参照性对比调查研究，特别是对污染源追踪调查中，选择无污染背景条件相似区作参照，建立相对评价标准，准确查清污染物种类、性质及污染程度。

由于污染源的成因、污染物种类、地理条件、气象条件的不同，有害物质的分散性、传输途径和化学活动性差异不同，污染的范围和影响危害也不同。污染的范围有局部性、区域性、甚至全球性。污染影响有短期性、长期性或潜在性。因此，在一定范围内除完成一次性、面积性的大规模环境调查外，还应在此基础上设置若干监测点组成监测网，对污染的变化及影响进行长期监测并预警。

二、大气环境地球化学调查

大气中的环境地球化学指标主要是人为活动所排放的污染物。大气中的污染物主要来源于工、农业生产和城市交通以及各种燃料的燃烧。其中工业生产排放的污染物数量占相当比例。大气中污染物按其区域分布划分，分为大气环境中污染物和污染源环境中污染物。污染源环境中污染物主要指对工厂烟道、工厂车间及机动车排气管等直接污染物排放体。对于它们的监测是各环境监测部门的工作，不是应用地球化学所涉及的范围，所以这里仅介绍大气环境中污染物的监测。

大气环境中污染物由气体污染物和粒子状污染物组成。组分繁杂，但多以颗粒状物、氮氧化物、碳氢化合物、硫化物、氟化物为主。

1. 采样位置

要准确测定大气环境中污染物浓度及其分布，除了分析方法要正确外，采样点的选择及采样方法是重要的因素。大气环境污染物浓度随时间不断地变化，因此大气环境污染物的采样点应严格选择。定点之前，应对测定区域进行人口密度、工业布局、地形、地貌、风向、风速、气温、气压、雨量、日照、能见度、相对湿度等气象因素进行了解，以利采样点的合理布局。

考虑大气污染物对地面的影响，一般要求采样点高于地面 1.2～3.0m，在城市或建筑群中，采样点可提高到 3～10m。为了避免建筑物附近并背风向下的涡流影响，采样点要离开建筑物一定距离，一般采样点应离开附近建筑物高度 2 倍以上的地方或与建筑物层顶联线的水平夹角 30°以下的地方。

气象条件不仅影响污杂物的扩散，还是决定污染物形态的重要因素。在诸多气象因素中，风的影响最大。在地形比较复杂、容易产生局部气流的地方，如果不了解局部气流呈现出的特有气象状态，就难以了解大气污染状况。因此，在测定大气污染物时，还必须同时测定有关气象参数。

为了真实反映污染情况及严重性程度，选择采样点时还应确定对应的对照点。对照点应选在清洁区。

2. 采样布局

布点采样时，目前我国通常有下列几种布点方法：

(1)扇形布点法。当污染物以点源形式排放时，可以点源为中心，在点源下风向扇形布设测点。先测得风向，然后推测出烟囱排放出的污染物的烟羽走向，把烟羽走向限定在以该走向为轴线的45°扇形面积内，然后根据人力和物力确定采样点的位置和数量。

(2)放射性布点法。这种布点法主要研究污染源随方向和距离不同污染程度的变化情况。通常以污染源为中心把采样点布设在一个或多个同心圆上，测点间距与圆心夹角至少为13°，多数情况可取22.5°，按此规律由圆点中心向四周引射线，此线与圆的交点即为采样点。

(3)网格布点法。对于多个污染源常采用这种方法。网格的大小可根据气象、人力和物力而定。如主导风向明显时，可在下风向多设采样点，采样量可占总采样量的60%。此外，还可按人口密度和污染程度确定布点密度。

3. 样品采集

大气环境有两种指标：最大浓度和日平均浓度。测定一次最大浓度时宜选择在生产负荷最大、气象条件最差、污染最严重的时刻，采样时间不宜过长。日平均浓度严格地说是一昼夜浓度的平均值。应该采用连续性仪器进行采样。如果采用非连续性仪器或人工采样，时间间隔越小代表性越强。无条件昼夜连续采样时，最好第一次采样时间要早，最后一次采样时间要迟，以便将早晨逆温破坏之前和晚间逆温出现之后的不利情况包括在内。

除上述两类指标外，为了便于掌握大气污染状况，最好按季节进行测定，如选择春、夏、秋、冬季的代表月。最低限度一年内也要做冬、夏两个季节的测定，并将结果做成四季或两季的等浓度线。

在环境监测中，采样方法的优劣直接影响到监测结果的可靠性。一个好的采样方法应该是采样效率高、满足分析方法的灵敏度、试样预处理简单、操作方便等。

大气环境中污染物采样分气体污染物采样和颗粒污染物采样两种。

(1)气体污染物采样。分直接采样和浓缩采样两种方法。

直接采样方法有以下两种：①袋法，是把待测气体采集在袋子里。该法虽能多点同时采样，但只适合于采集不活泼气体。采样袋应选择不与被测组分发生化学反应和渗透作用的塑料制品或橡胶制品。②注射器法，是把待测气样采集在注射器里。采样时，需要往复推拉注射器活塞，使注射器管壁对待测气样吸附达到饱和后再正式取样。

当大气中气体污染物浓度较低，分析方法的灵敏度不足以满足直接取样进行测定的要求时，需将大量气样中的有害物进行浓缩。浓缩采样法有三种：①溶液吸收，即气体通过吸收液，将有害物溶解在吸收液中，以达到浓缩的目的。②常温吸附，即常温下利用吸附剂富集气体中的有害物。吸附剂应选择比表面积较大、吸附效率较高、吸附后能解吸的物质，例如活性炭、分子筛等。③低温冷凝，即气体中有些低沸点的物质，在常温下难以被完全吸收，降温冷凝后能从气体中分离出来。

(2)颗粒污染物采样。颗粒污染物，不管是总悬浮颗粒物(TSP)还是可吸入颗粒物(PM_{10})，对大气环境、气温、气候、日照、能见度、人体健康以及动、植物都有影响。颗粒中尤其是 0.5～5μm 的飘尘对人的危害最大，因为这类颗粒中含有多种有毒金属或致癌物，极易随呼吸进入人体。这些进入体内的飘尘约有一半可附着在肺壁上，构成或加重人体的呼吸道疾病。

可吸入颗粒物(PM_{10})是指尘粒空气动力学直径在 10μm 以下的浮游粒子。可吸入颗粒物(PM_{10})浓度是大气污染的重要指标，也是大气污染监测的主要项目之一。从 2000 年开始，我国主要城市大气质量状况关于颗粒物浓度这一项指标由 TSP 改进为 PM_{10}。总悬浮颗粒物(TSP)是指尘粒的空气动力学直径在 100μm 以下的粒子。

用于颗粒中化学污染物为目的的采样方法一般是用过滤法。过滤法是将所需颗粒物阻留在滤膜上。用于大气环境监测的滤膜一般为石英滤膜。采集前，滤膜预先放入硅胶玻璃干燥皿中干燥，再称至恒重，编号备用。如分析的化学污染物为有机物质，滤膜还需经过 450℃，4h 的焙烧，以消除滤膜中的有机质对后续监测的干扰。

对于做有机污染物分析为目的的采样，切忌用手或未经净化过的物品接触滤膜。完成第二次称重后，需立即对滤膜进行无菌化处理。其过程是，将滤膜剪成条状，放入棕色磨口瓶中，加入 3～5ml 二氯甲烷，外套密封袋后，置于－20℃冷藏至下一步有机质提取和分析。

三、水环境地球化学调查

水体中需监测的环境地球化学指标众多，而其中的化学污染物的监测是水体质量监测的主要内容之一。水体监测主要以温度、浊度、悬浮物、pH 值、酸、碱、溶解氧类无机物；各种金属类物质、油类、化学需氧量、生化需氧量类为主。监测时还应配合水体流量、流速、水深、潮汐、风向、风力、气温、气压等有关气象、水文条件的测量。

监测的水源分为天然水(包括雨水、地表水和地下水)，生活用水，工、农、渔业及其江河、湖泊、海洋水。由于水中有些组分不稳定，在空气中受氧化还原等影响，加上各种各样的微生物，水体质量总是在不断地发生变化。为了使监测项目得到较可靠的分析结果，必须严格遵循监测分析步骤。测定的顺序为：①水温、大气温度和压力、pH 值、游离二氧化碳、溶解氧、硫化氢等。这些项目很容易变化，最好在现场测定。若受条件限制，应将水样立即送实验室分析，但水温和大气温度仍应在现场测定。②亚硝酸盐氮、硝酸盐氮、氨氮、低铁、高铁、锰、碱度、重碳酸盐、色度、混浊度、嗅、味、耗氧量、余氯、磷酸盐、氰、酚等，应尽可能当天测定。有机氮、总碱度、氯化物、二氧化硅、溶解性固体等可稍缓测定。③总固体、稀土元素、放射性元素、硫酸盐、氟化物、碘化物及重金属离子可以最后测定。

1. 取样点的布置

(1)工业水样取样点的布置。布点随测定的要求不同而有所差异。原则上工业废水外排口都应进行水体质量监测，因各部门外排口的数目相差很大，所以监测要求不尽相同。外排口少的，监测项目可多些、全些；外排口多的，监测项目在允许的条件下可适当减少。

(2)河流水样取样点的布置。流经城镇的河流，至少应在城镇的上、中、下游各设一个取样断面。当河面宽 30m 以上时，应在河面左、中、右布置三个取样点；河面宽度在 30m 以下时，应在河面左、右两边布置取样点；河面宽度在 10m 以内时，在河流中心线上布一个取样点即可。河流深度超过 3m 时，在上述断面的上、下层布置两个取样点；河面深度在 3m 以内时，可只取表层水样。

为了追溯污染源，在河流的支流入河口前面 10m 处还需布点取样。

(3)湖塘水样取样点的布置。根据湖塘的面积及形状，按每 2km^2 面积布置一个规格进行布点。湖塘深度小于 10m，在表层 30～50cm 处取样，水深超过 10m，在表层和底层(离底面

2m)取两个水样。湖塘入口、出口处也要布点取样。

2. 水样的采集

(1)取样体积。由满足监测时所选用的分析方法和监测项目的多少而定。供简单物理化学全分析的水样取3～4L即可,供单项分析的水样需100～1 000ml。对于较清洁水中毒害有机物分析则需要取水样约10L。

(2)盛样容器。以聚乙烯塑料瓶或磨口无色、棕色硬质玻璃瓶为宜。水样含有大量油类或有机磷时,不要用塑料瓶装样,因为塑料对这些物质有较强的吸附作用。测量水样中的金属离子、氰化物、氟化物,用聚乙烯塑料瓶盛样为好,玻璃瓶容易溶出一定的硅、硼、钾、钠、铝、砷、锑、锌,尤其是有色玻璃溶出的物质更多。测定含铬水样,不能用表面粗糙的玻璃瓶装样,因为这种瓶子表面容易吸附铬离子而导致铬的分析结果偏低。用于水样中有机污染物分析的容器最好为棕色玻璃瓶,并在装样前用强氧化剂洗涤(如洗液),因光及其中的紫外线照射会使部分有机污染物发生光降解。

(3)取样方法。

1)工业水样取样方法。随着工业生产过程的变化,工业排水的成分变化也很大。为了保证所取水样具有代表性,可根据排水性质、排水时间及分析项目的要求采用以下取样方法:①平均取样法,在排水口每隔一定时间(0.5h、1h等)汲取水样,然后等量混合。②一次取样法,在排水口一次采样。此方法适用于排水中有害物质的组成及含量比较稳定的情况。③动态取样法,在排水口每隔一定周期(0.5h、1h等)汲取水样,分别进行分析。用此方法可掌握工业排水中污染物质在一定时间内(8h、12h、24h等)的动态变化情况。④比例平均取样法,当排水口的水流量变化较大时,取样量与排水量可按正比例汲取,然后合并分析。

2)抽水设备和自来水取样方法。取样时,应先放水数分钟,让积留在水管中的杂质及陈旧水排放掉再取样。

3)井、河、湖、蓄水池水的取样方法。用专用取样器取样或用绳系取样瓶取样。

无论任何水源,不管任何方法,取样前均需用水样清洗几次取样瓶。

3. 水样的保存和预处理

(1)水样的保存。水样取回后,应及时进行分析,保存的时间越短分析的结果越可靠。尤其是水体物理常数的测定,最好在现场进行,以免发生变化。水中许多组分是不稳定的,受温度及微生物的影响,会发生沉淀、分解、氧化还原、吸附等现象。

在水样的存放过程中,至今虽然没有可以完全防止水体不变质的办法,但总是设法加入一定量保存剂以减缓生物作用,减缓化合物或络合物的水解及氧化还原作用,减少蒸发和组分的挥发,力求使分析结果准确可靠。表9-5列出了水样的部分保存方法。

对水体中的金属元素而言,常用的还有共沉积法富集保存和离子交换树脂保存。

表9-5　水样的保存方法

测定项目	需用量(ml)	贮存容器		保存温度(℃)	保存剂	保存时间	备　注
		塑料	玻璃				
酸度	100	+	+	4		24h	
碱度	100	+	+	4		24h	
pH	25	+	+	4		6h	最好现场测定

续表 9－5

测定项目	需用量(ml)	贮存容器		保存温度(℃)	保存剂	保存时间	备注
		塑料	玻璃				
温度	1 000	+	+				现场测定
电导率	100	+	+	4		24h	最好现场测定
浊度	100	+	+	4		7h	
色度	50	+	+	4		24h	
嗅	200		+			24h	最好现场测定
COD	1 000	+	+	4		6h	
BOD	50	+	+	4	加 H_2SO_4，pH<2	7h	
总有机碳	25	+	+			24h	
悬浮物	100	+	+	4		7d	
残渣	100	+	+	4		7d	
硬度	100	+	+	4		7d	
DO(电极法)	300		+			7d	
DO(文克尔法)	300		+		加 2ml $MnSO_4$，2ml KI	4～8h	现场固定
正磷酸盐(总磷)	50	+	+	4		24h	加氯化汞
氟化物	300	+	+	4		7d	
氯化物	50	+	+			7d	
溴化物	100	+	+	4		24h	
碘化物	100	+	+	4		24h	
氰化物	500	+	+	4	加 NaOH，pH=12	24h	现场固定
氨氮	400	+	+	4	加 H_2SO_4，pH<2	24h	
硝酸盐	100	+	+	4	加 H_2SO_4，pH<2	24h	
亚硝酸盐	50	+	+	4		24h	
硫酸盐	50	+	+	4	加 2ml $ZnSO_4$	7d	
硫化物	250	+	+			24h	现场固定
砷	100	+	+		加 H_2SO_4，pH<2	6m	
硒		+	+		加 H_2SO_4，pH<2	7d	
硅		+		4		7d	
总金属		+			加 HNO_3，pH<2	6m	
总汞	100	+	+		加 HNO_3，pH<2	13d	
溶解汞	100	+	+		过滤，加 HNO_3，pH<2	13d	
六价铬	100		+		加 NaOH，pH=8～9	24h	
总铬	100		+		加 HNO_3，pH<2	24h	
酚类	500		+	4	加 H_3PO_4，pH＜2，再加 $CuSO_4$ 溶液(1g/L)	24h	
油类	1 000		+	4	加 H_2SO_4，pH<2	24h	
有机氯农药(DDT&666)	2 000		+		加入水样量 0.1%的 H_2SO_4	7d	

注：h 为小时；d 为天；m 为月。

(2)水样的预处理。水样的预处理包括:①澄清。除测定悬浮物和蒸发残渣外,在不影响水体项目测定的前提下,用自然澄清或加澄清剂,使水样中的固体物沉降,取清液分析。②过滤。若水样中含有极小的颗粒物,长久悬浮而不能澄清时,可进行过滤,一般用0.45μm滤膜过滤,取过滤清液分析。③浓缩。水样中待测组分含量很低,难以满足分析方法灵敏度的要求,用蒸馏、溶剂萃取、离子交换等方法,富集待测组分后进行分析。④脱色。水样的色度较深,影响其他组分的测定,在不产生测定误差的前提下,以氧化剂分解色素或用三氧化二铝吸附处理水样后再进行分析。⑤消解。水样中的有机物影响被络合了的组分的测定,水样应进行消化处理(常用酸性消解法,消化剂有硫酸—硝酸或硝酸—高氯酸等),把待测物质分离出来再进行分析。

四、土壤及沉积物环境地球化学调查

土壤和沉积物中的环境地球化学指标既包含第一环境的地球化学指标又包括第二环境的地球化学指标,所以是环境地球化学监测的重要介质之一。土壤是用于以防治地方病为目的的环境地球化学元素调查所采集的主要介质。一方面,人类所食用的大量食物生长离不开土壤,土壤中的化学污染物进入食物引起人类的食物链中毒;另一方面,土壤及沉积物中的化学污染物与大气和水体产生物质交换,即土壤和沉积物中化学污染也同时影响大气和水体污染。

土壤和沉积物不像大气和水体那样均匀性好。土壤一般都有不同结构分层,并含有许多石块、沙砾、植物根茎等的混合物,还受自然条件和耕作情况的影响。所以,土壤的采样误差常比分析误差大得多。沉积物由于受水动力作用影响存在严重的分选性,而导致不均匀性,并受水体流量、流速、水深、潮汐等水文条件的影响。

1. 土壤样品的采集

为了取得有代表性的土壤样品,首先要调查了解自然条件,包括母质、地质、植被、水文和气候;其次是生产情况,包括土地利用、耕作方式、肥料、农业、灌溉和作物生长情况;第三是土壤性状,包括土壤类型、质地特征、分布情况以及污染和防治史等,然后制定取样方案。由于土壤的不均匀性,通常采取多点取样,然后混合均匀的方法。

(1)用于环境污染为目的土壤样品采集原则。对于以环境污染为目的的地球化学调查而言,点的布局视具体情况而定,常采取以下几种方式(图9-4):①对角线法。适用于污水灌溉或被废水污染的田块,由进水口到出水口引对角线,按均匀间隔取3~5个点,并根据田块形状作适当修改。②梅花形法。适宜于面积较小、平坦、土质均匀的田块,取5~10点。③棋盘形法。适宜于中等面积、平坦、形状完整,但土质较不均匀的田块,取10点以上。④蛇形法。适宜于面积较大、地不太平坦、土质不均匀、形状不规整的田块。还可根据作物生长情况,结合土质、灌溉、施肥、施药等情况,划分为不同地段分别采样。

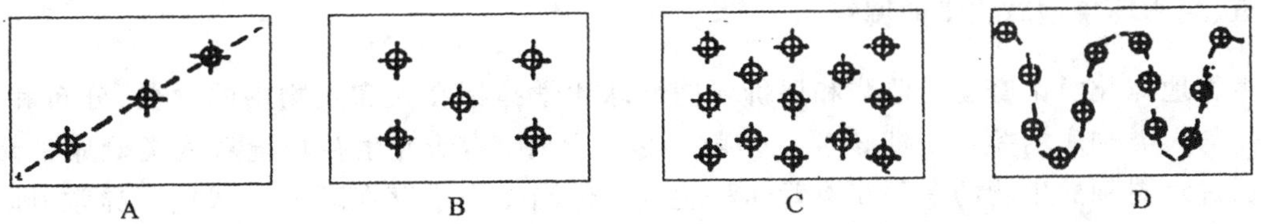

图9-4　土壤采样点的布置

A. 对角线法;B. 梅花形法;C. 棋盘形法;D. 蛇形法

注意不要在田边、路边、肥堆边取样。取样深度一般约在15cm耕作层中和15～30cm深度的耕作层底层。

(2)用于地方病为目的土壤样品采集原则。对于以地方病为目的环境地球化学元素调查来说，要注意以下事项：①土壤的类型、成土母质性质。在简单地区可视土壤为均匀总体，这时按几何网格法布点；对成土因素复杂的地区，在样品总数条件下，可按总体分层法布点，即按环境各因素(如不同母质、不同土壤类型等)分为若干采样单元，对同一单元内取其若干个样品的平均值。②地貌、地形、植物及水系对环境的影响。③避开人为活动可能对土壤造成的污染。如不要靠近主干公路和铁道两侧采样，避开可能造成次生污染的厂矿及矿脉，一般采用深层采样。④采样点分布尽可能均匀，样品数应满足数理统计的要求。

(3)土壤样品的采集。土样的采集主要有以下几点：①表层土壤。0～20cm的表层土壤是现代耕作和人为污染的主要影响层，是用于环境污染调查为目的的土壤样采集对象。②深层土壤。视污染影响程度而定，一般>60cm即已不受现代污染影响，为了获得可靠的背景值，以加大取样深度为好。深层取样是环境背景值调查的条件对象。③适当采集未遭受风化的母岩样品，以研究土壤与母岩间的关系。④单个湿土样品重量不少于1.5kg。

(4)土壤样品的预处理。用于无机地球化学指标监测的土壤样品的预处理：采集的土样倒在塑料薄膜或厚纸上，趁半干状态把土样压碎，去掉大的植物根茎，摊成薄层，让其在阴凉处慢慢风干。

用于有机地球化学指标监测的土壤样品应倒在金属板或厚纸上，趁半干状态把土样压碎，去掉大的植物根茎，摊成薄层，让其在阴凉处慢慢风干。在有机污染物提取之前，样品应保存于-20℃的冰箱内。

2. 沉积物样品的采集

沉积物样品的采集与水体样品的采集一般是同时进行的。取样点的布置与水体采样点的基本相同，其差异主要表现为：根据河水和湖塘的动力学特点，查明不同类型沉积物分布情况，确定取样布点；为研究沉积物中污染物的历史记录，需进行沉积物的垂直、分层采样。

因为化学污染物在不同类型的沉积物中的含量有差异，所以，在对沉积物中的化学污染物进行监测时，必须考虑沉积物的类型。在河流和湖塘沉积物取样时，除水体所考虑的采样点外，还需对不同类型的沉积物进行取样。如河流出现由窄变宽，则沿河流方向需连续采样；由于湖塘从边岸到湖(塘)心，沉积物类型一般呈同心圆状变化，则对边岸、过渡带和湖(塘)心沉积均需采样。

当水体较浅时，可以直接用取样勺取样；当水体较深时，如果取表层沉积物(0～10cm)，一般用开合式取样器采样，如果取垂直剖面，则用静压式采样器取样。

沉积物样品的预处理与土壤样品的预处理基本相同。

五、生物环境地球化学的调查

生物地球化学调查就是监测和评价环境地球化学指标在人和生物中的含量、分布和迁移过程及与人类健康的关系。即该项工作就是以人为中心，研究生存环境对人类健康的影响。人类通过对周围的生物的食用获取营养和能量。但当生物中存在环境地球化学异常，即化学污染物时，便以食物链的形式传递给人类，使人类成为化学污染物的最终受害体。为了正确评价环境化学污染物对人类的危害，就必须对生物组织进行监测。因为当生物受到化学污染时，其大部分组织中保留有化学污染物的记录。

化学污染物或微量元素在生物体内各部分中的分布是有一定量的差异的，所以，对个体大的生物常需要分部位采样；对于个体细小的生物常常将其碾磨为均匀浆质的方式取样。由于动物和植物的多样性，以及与环境之间物质交换的差异性，所以，在生物样品采集中，植物与动物需分别考虑。由于生物生长、发育和死亡等过程均是与其他环境介质发生物质和能量交换的过程，所以，必须对研究区的气象、土壤、水体、生物群落、人类活动、污染状况等因素作详细的调查，并在此基础上合理布置取样点。

1. 植物样品的采集

采集农作物样品时，不要取田埂上或离田埂 2m 以内的植株，或离肥堆太近的植株；取样点不要紧靠公路和铁路。取水生植物样品时，不要离排污口太近。采样时要注意植物的生长状况及其发育阶段。大田作物可按梅花形法或交叉点法取得代表性样品。

植物样品重量最终能得到干重 20～30g 为宜，一般以新鲜样品含水 80%～90%来估计。取全植株样品时要注意根系完整，大的植株可采取按对称轴分取的办法来缩减样品。样品外部所沾的泥土，要用纱布蘸蒸馏水擦洗，不要随便用水洗。清洁干净的样品，若蔬菜类茎叶柔嫩，可用电动粉碎机粉碎，粉碎时，视蔬菜含水情况适当补加一些去离子水；草杆、树叶、树枝等较坚韧的样品可用不锈钢剪刀剪碎，或烘干后放到布袋内揉碎；谷物等籽粒一般都用谷物粉碎机或硬质球磨机磨碎，其粒度以通过 40 目尼龙筛为宜。植物样品，除谷物籽粒可在较高温度烘干外，一般只能在 60～65℃以下烘干。

2. 动物样品的采集

人体样品主要指血液、头发样品。取人体血样应先准备洗净的硬质玻璃小试管。取样时将所取准确体积的样品注入试管，并用聚乙烯塑料薄膜包裹管口，冷冻保存。一般不用抗凝剂，如有必要可用柠檬酸钠抗凝。6mg 柠檬酸钠可抗凝 1ml 血液。人发样品以 2～5g 为宜，要求取同一部位的头发。男发以枕部为准，女发原则上选取短发。取得的头发应洗净、烘干保存。发样先经 1%的洗净剂浸泡，再用蒸馏水冲洗干净，最后用去离子水清洗三次，于 60℃烘干。

大个体的动物，以一头作为一个取样单位。在躯干的各部位切取肌肉片合成一个样品，脏器可剔除大血管后，搅碎混匀，分取部分作为样品，或在不同位置切取小块，混合为一个样品，冷冻保存。

长于 15cm 的大鲜鱼按种类和大小作粗略分类。每条鱼在颈后和肛门后，以及二者之间中心部位各切取一窄段鱼体，混合后成为一个样品。如果只取某一部分，则分取该部分，混合成一个样品。小的鲜鱼按种类、大小分类，尽快冷藏。如只分析某一部分，则将分离的部分冷藏。分析时在捣碎器内捣成均匀浆质，然后取部分分析。测定有机污染物的样品用有机溶剂萃取，测定金属元素的样品需要进行灰化。

贝类样品分类后，用纯净的自来水冲洗掉泥沙，去外壳，并将贝肉捣碎混匀，分取部分作样品。蛋类、乳类样品也应采取混合样。

需要注意的是，动物样品极易腐败，均应深冷保存。

无论植物蔬菜样品，还是动物样品，重点要采集分析可食用部分。

第三节　环境质量评价

作为一个完整的环境研究应该包括环境污染的监测(调查)和环境质量评价两项内容。在这两项内容中,环境污染的监测不是目的,而真正的目的是进行环境质量的评价,并通过环境质量的评价提出控制环境进一步恶化的对策和环境修复的办法。

一、环境质量评价概念

1. 环境质量与环境质量评价的概念

环境质量评价是对环境的优劣进行定量描述。即按照一定的评价标准和评价方法对一定区域范围内的环境质量进行说明、评定和预测,此处主要指自然环境质量评价。

环境质量评价要明确地回答下列问题:①该区域环境是否存在环境指标超标;②该指标是自然地质演化引起还是人类活动而导致;③对于因人类活动所导致的污染和破坏,程度如何;④区域内什么地方环境质量最差,污染最严重,污染源在何处;什么地方环境质量最好,污染和破坏最轻等。要定量地说明环境质量的现状和发展趋势,为区域环境的保护和改善,区域污染的综合防治提供科学基础和方法性建议。所以,环境质量评价的根本目的就是为各级政府和有关部门制定经济发展计划,制定能源政策,确定大型工程项目及区域规划提供环境保护的依据,并为各级环境部门制定环境规划和环境管理服务。

2. 环境质量评价的原则

(1)《中华人民共和国环境保护法》和《中华人民共和国海洋环境保护法》为环境质量评价的指导方针。

(2)中国环境政策包括工业建设布局、能源和水域环境政策与自然环境保护政策等。这些政策是进行环境质量评价,特别是环境影响评价,分析环境问题和制定环境对策的依据。

(3)国家公布的环境质量标准(大气、水体和土壤环境质量标准、食品卫生标准等)和排放标准是评价环境质量等级的尺度。

二、环境质量评价的分类

根据国内外对环境质量评价的研究,可按时间、环境要素、地域范围、职能等把环境质量评价分为几种不同的类型。环境质量评价按时间可分为回顾评价、现状评价、影响评价。回顾评价即根据一个地区历年积累的环境监测资料进行评价,由此可回顾一个地区环境质量的发展和演变过程;现状评价根据当前环境监测资料对一个地区现在的环境质量状况进行的评价工作,一般称为环境质量现状评价;影响评价即根据一个地区的经济发展及城市发展规划(工程活动、资源开发、工业企业新建、改造和扩建等)预测判断该地区的环境质量变化,并制定出预防污染的对策,一般称为环境影响评价。

环境质量评价按环境要素可分为单要素评价、联合评价和综合评价。单要素评价包括大气环境质量评价、水环境质量评价、噪声环境质量评价等。联合评价是指对两个以上环境要素联合进行评价。例如地下水和地表水的联合评价、土壤及作物的联合评价等。联合评价可揭示污染物在各环境介质间的迁移转化规律,反映各介质的环境质量的相互关系。综合评价是指整体环境的环境质量评价,是在单个要素评价的基础上进行的,它可从整体上全面地反映一个地区环境质量的状况。

环境质量评价按地域范围可分为局部的、区域的、海洋的和全球的环境质量评价。

环境质量评价按职能可分为城市环境质量评价、工业环境质量评价、农业环境质量评价及交通环境质量评价等。

环境质量评价是一项综合性极强的工作。以区域性环境质量评价为例(图 9-5),首先要查明环境背景值,其中自然环境背景值应调查地形、地貌、气象、土壤、植被等;社会背景值应调查人口、资源、能源、城乡建设等状况。另外,在评价区还要选取一个相对比较清洁的对照区,用该区的数据作为对照值来分析评价地区的污染状况。环境中污染物的背景值是确定一个地区受人为活动污染程度所必要的基础数据。根据地区自然环境特征及区域内主要污染源位置,主要污染物排放特点,当地气象因素确定污染物监测网络。调查了环境背景值,又从监测网络系统中获得大量污染信息,选用适当的数学模型(如环境质量指标),就可定量地确定区域的污染状况。

我国现阶段开展的工程项目环境影响评价是对即将进行的工程建设项目可能对环境产生

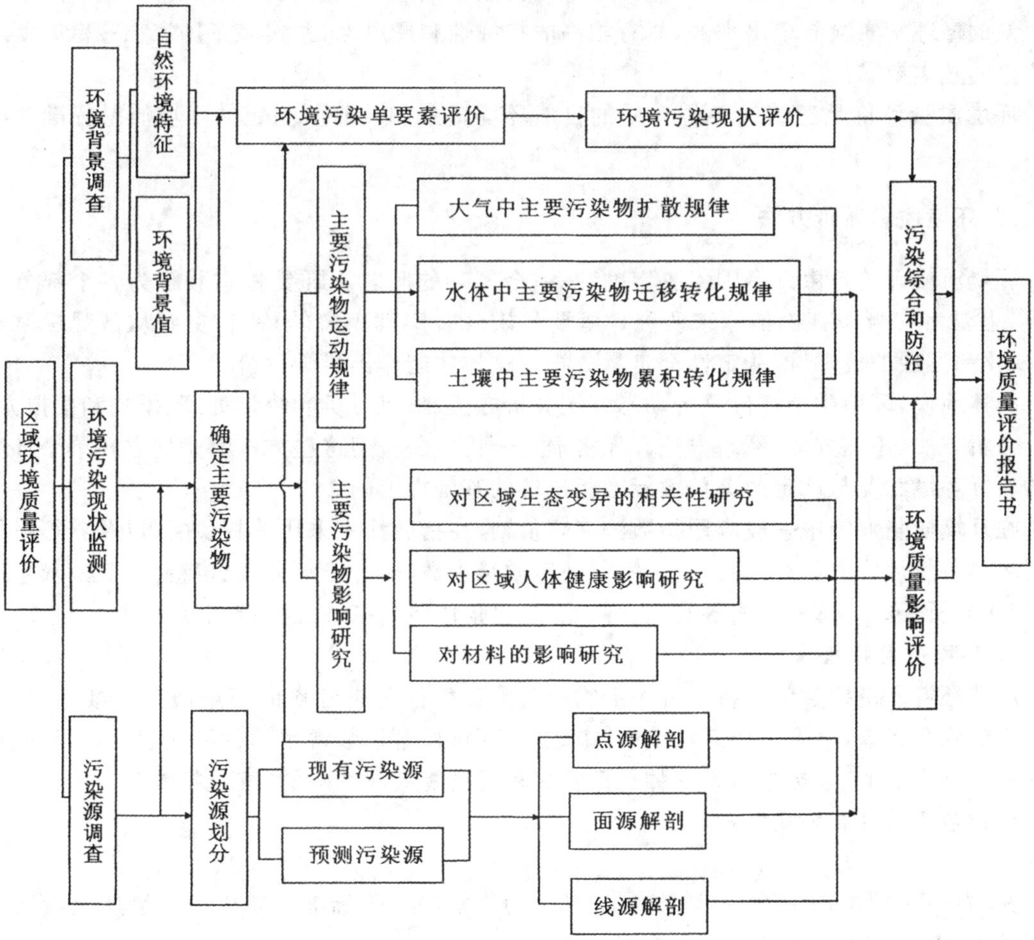

图 9-5　环境质量评价工作框图

的影响进行预测评价。确定环境影响评价的工程建设项目按照《中华人民共和国环境保护法》等法律，工程活动、资源开发、工业企业新建、改造和扩建等项目执行单位必须将建设计划向各级环境保护部门提出申请，决定该项目是否应该进行环境影响评价。如果需要进行环境影响评价，应由建设单位委托经国家环境保护局批准有评价资格的设计研究部门、环境影响评价公司和高等院校承担。

三、环境质量评价标准

从环境评价的众多方法看，它们都是建立在单个环境指标的实际环境状况与认定的该环境标准相比较的基础之上的，相当于勘查地球化学中的建立于背景基础之上的异常评价。所以，进行环境质量评价就必须对所评价对象的环境质量标准（即背景）作准确的认识。

自 20 世纪 80 年代以来，针对环境质量，国家制定了一系列国家质量标准，如《土壤环境质量标准》（GB15618－1995）、《地表水环境质量标准》（GBZB1－1999）、《地下水水质标准》（GB/M848－93）、《环境空气质量标准》（GB3095－1996）以及蔬菜、粮食、食品中金属元素（汞、铅、铬、铜、锌、镉、铝、砷、硒、氟、铁等）的限量卫生标准，可作环境质量评价的依据。具体标准可查阅相关标准，本书不一一列出。这些标准都是由国家卫生、环境保护等有关部门组织专家组进行大量的毒理学实验制定出来的，具有很高的权威性和严肃性，并代表了国家在一定时期对环境质量的基本要求。

环境质量评价是建筑在各种介质的自然环境背景和政府所制定的环境质量标准基础上的。

四、环境质量评价方法

环境质量评价是由许多因素决定的，是一个复杂的问题。既要将它肢解为各个部分进行分析，也要将它当作有机整体来研究。既要从宏观观察其表象的特点，更要从微观探索其形成、变化和发展的机理，即从定性至定量分析。这样才能作出科学评价。

具体地说，环境质量评价分为动态系统分析方法、随机分析和统计处理、模式和模拟方法、综合分析方法、矩阵方法、网络方法和经济损益分析方法。但这些方法都是建立在单个环境指标的实际环境状况与认定的该环境标准相比较的基础之上的。

在环境质量评价中一般应用指数法来评价，且在指数法中采用等权、加权以及分等级的办法。环境质量评价方法目前有许多种，如环境质量指数法、分级评分法、模糊评判法、灰色理论法、层次分析法等。每种方法各有其优缺点，这里仅以质量指数法为例加以介绍。

1. 环境质量指数法

所谓环境质量指数就是将各种污染物的监测浓度值与它各自的环境质量标准相比，并进行一定的综合运算，它是一个无量纲的“指数”。环境质量指数常用两种形式表示，一种是反映单一污染物影响的“分指数”，另一种是反映多种污染物共同影响的“综合指数”。

分指数 I_i 的计算公式为：

$$I_i = C_i / S_i$$

式中：C_i 为 i 污染物在环境中的浓度值；S_i 为 i 污染物的评价标准。单因子环境质量指数 I_i 的数值越大，表示 i 因子的环境质量越差。

一个评价项目，它的评价因子常常不只一个，此时的环境质量评价就要用综合指数来表述。不同的环境要素，它的综合指数是不同的，下面分别加以介绍。

2. 大气环境质量指数

由于大气对人类生存的重要性，从 20 世纪 60 年代开始人们为了对大气环境质量作出合理评价，建立了众多用于大气环境质量评价的大气环境质量指数。这类指数有格林大气污染综合指数、美国橡胶岭大气质量指数、密特朗大气质量指数、北京大气质量指数、广州大气质量指数、上海大气质量指数等。国外比较流行的密特朗大气质量指数(I_m)为：

$$I_m = \sqrt{I_c^2 + I_s^2 + I_p^2 + I_n^2 + I_o^2}$$

式中，c 代表 CO；s 代表 SO_2；p 代表粉尘；n 代表 NO_2；o 代表氧化剂。以上各分指数平方和的方根代表综合指数，$I_m<1$ 为清洁，$I_m>3$ 为严重污染。

上海大气质量指数为我国重点推荐的现行的大气环境质量评价、并使用于空气质量日报的空气污染指数(API)方法。

上海大气质量指数的数学模式：

$$PI = \sqrt{I_{\max} \cdot \frac{1}{n}\sum_{i=1}^{n} I_i}$$

式中，I_i 代表污染因子 i 的环境质量分指数；n 代表污染因子总数；$I_{\max}$ 代表各污染因子中的最大分指数。该指数充分肯定了最大污染因子的影响。

根据 PI 的值对评价区域的大气质量进行分析。分级原则如表 9－6。

表 9－6　大气质量分级

分　级	清　洁	轻污染	中污染	重污染	极重污染
PI	<0.6	0.6～1	1～1.9	1.9～2.8	>2.8

空气质量日报的空气污染指数(API)方法：空气质量日报的必测参数为二氧化硫(SO_2)日均浓度值、二氧化氮(NO_2)日均浓度值和可吸入颗粒物(PM_{10})日均浓度值，附加参数为一氧化碳(CO)和臭氧(O_3)。

空气污染指数的计算分空气污染分指数的计算和空气污染指数确定两步骤：

(1)空气污染分指数的计算。污染物(i)的分指数 I_i 按照下式计算。对于污染物 i 的第 j 个污染指数等级(I_{ij})的分指数值和相应的浓度值(C_{ij})，可由表 9－7 确定。

表 9－7　空气污染指数对应的污染物浓度限值

污染指数 API (I_{ij})	污染物浓度(mg/m³)(C_{ij})					取值原则
	SO_2 (日均值)	NO_2 (日均值)	PM_{10} (日均值)	CO (时均值)	O_3 (时均值)	
50	0.050	0.080	0.050	5	0.120	国家环境空气质量一级标准
100	0.150	0.120	0.150	10	0.200	国家环境空气质量二级标准
150	0.800	0.280	0.350	60	0.400	根据污染物浓度水平对人体健康影响确定分级浓度限值
200	1.600	0.565	0.420	90	0.800	
250	2.100	0.750	0.500	120	1.000	
300	2.620	0.940	0.600	150	1.200	

当污染物 i 的浓度 $C_{i,j}<C_i<C_{ij+1}$ 时，

$$I_i = \frac{C_i - C_{ij}}{C_{ij+1} - C_{ij}}(I_{ij+1} - I_{ij}) + I_{ij}$$

式中：I_i 代表污染物 i 的污染分项指数值；C_i 代表污染物 i 的浓度监测值；I_{ij} 代表第 j 级污染分项指数值；I_{ij+1} 代表第 $j+1$ 级污染分项指数值；C_{ij} 代表第 j 级污染物 i 的（对应于 I_{ij}）浓度限值；C_{ij+1} 代表第 $j+1$ 级污染物 i 的（对应于 I_{ij+1}）浓度限值。

(2)空气污染指数的确定。取各种污染物的污染分指数最大者为该区域或城市的空气污染指数 API，该项污染物即为该区域或城市空气中首要污染物。

$$API = \max(I_1, I_2, \cdots, I_i, \cdots, I_n)$$

其中，I_i 为污染物 i 的分项指数值；n 为污染物的项目数。

空气污染指数分级和相应的空气质量状况见表 9－8。

表 9－8　空气污染指数范围及相应的空气质量类别

空气污染指数（API）	空气质量级别	空气质量状况	对健康的影响
0～50	Ⅰ	优	可正常活动
51～100	Ⅱ	良	可正常活动
101～150	$Ⅲ_1$	轻微污染	长期接触，易感人群出现症状
151～200	$Ⅲ_2$	轻度污染	易感人群症状有轻度加剧；长期接触，健康人群出现症状
201～250	$Ⅳ_1$	中度污染	一定时间接触后，健康人群出现症状
251～300	$Ⅳ_2$	中度重污染	一定时间接触后，心脏病和呼吸系统疾病患者症状显著加剧
＞300	Ⅴ	重度污染	健康人群明显强烈症状，提前出现某些疾病

3. 水体环境质量指数

水体环境质量指数的计算方法也非常之多，比较典型的有：罗斯水质指数、内梅罗水质指数、布朗水质指数。其中内梅罗（Nemerow，1974）指数在我国水质评价中应用较广：

$$PI = \sqrt{\frac{\text{最大}(c_i/c_{ij})^2 + \text{平均}(c_i/c_{ij})^2}{2}}$$

式中：c_i 为评价参数实测值，c_{ij} 为 i 参数在 j 用途评价时的标准。我国应用该指数评价时，适当作了些修正，如北京西郊水质指数、南京水域质量指数、黄浦江水质指数等。这里仅介绍黄浦江水质指数。

黄浦江水质指数的数学模式：

$$PI = \sum_{n}^{4} \nu I_i$$

式中：I_i 代表污染因子 i 的分项指数值；i 代表污染因子，这里取 BOD、COD、NH_3-N 和 DO 四种因子；ν 代表符号系数，当污染因子为 BOD、COD、NH_3-N 时，ν 取为＋1；当污染因子为 DO 时，取为－1。

计算 I_i 时，各因子的评价标准值取为：$S_{BOD}=4mg/L$，$S_{COD}=6mg/L$，$S_{NH_3-N}=1mg/L$，$S_{DO}=4mg/L$。根据 PI 值，对黄浦江水质进行分级，如表 9－9 所示。

表 9-9 黄浦江水体质量分级

PI	<0	0～1	1～2	2～3	3～4	>4
分级	良好	较好	一般	开始污染	中等污染	严重污染

4. 土壤环境质量指数

土壤环境中，所包含的污染物因子也很多，一般分为：①有机毒害物：酚、DDT、六六六、苯并(a)芘、石油、多氯联苯等；②重金属及其他有毒物质：汞、铅、镉、铜、铬、锌、砷、硒、氰、氟等；③酸度及其他。

根据评价目的与地区特点，选择有针对性的重要污染因子参与评价，以全面反映土壤环境质量。

对于第一环境中的必需元素，常通过背景值±标准差建立土壤环境的含量分级模式，由正常分布模式来识别所测定的土壤样品中必需元素含量的过量区和亏损区（不足），因为必需元素缺乏和过量均能使生物产生病变。这一点在前文已作详细讲解。

对于第二环境，土壤环境质量指数的数学模式为：

$$PI = \sum_{i=1}^{n} \beta_i I_i$$

式中：n 代表污染物总数；β_i 代表第 i 个污染物标准化后的权数，一般通过污染物的毒理学和其在土壤中的地球化学行为与其他污染物比较而确定；I_i 代表第 i 个污染物的分指数，由实测值与其标准比较而得。

五、环境质量控制与对策

经过环境质量评价后，如果认为环境质量状况良好，必须提出如何保持良好状态的途径；如果发现存在环境质量现状问题或潜在问题，必须得出控制办法或预防措施。在对大气和水体的环境污染问题研究中，寻找提高和改善环境质量的对策，关键在污染源。

以城市大气环境质量问题为例，重庆市和乌鲁木齐市大气中二氧化硫和粉尘含量均较高，均是由于烧煤引起的污染。前者由于煤中含硫特高和灰分多，后者由于燃烧的是烟煤。改善两市大气状况，提高煤的质量，降低硫和灰分的含量与实现煤气化是关键措施。但重庆市人口比乌鲁木齐市多，工业也更为发达，煤烟型污染乌鲁木齐市反比重庆市更为严重。两市均以市中心区污染物浓度最高。这是由于两市所处的自然环境和城市结构所致。重庆市处于川东平行岭谷之南，位于 300m 丘陵之上，四周为 500～1 000m 以上的低山和中山。山谷风相当明显，夜间山风下流，将城市暖空气上抬，易形成深厚的低层逆温和贴地逆温。逆温层下风小，风速一般小于 2.0m/s。但 150m 以上风速逐渐加大，300m 以上风速均超过 3.0m/s，同时风向随高度增加顺时针转向。在逆温层下，污染物不易扩散，水汽也不易扩散。因此，湿度大，阴天多，雾重。重庆市年平均相对湿度为 80%左右，阴天年平均 291.6 天，雾日在 90 天以上，最多年份高达 205 天。此为重庆市二氧化硫浓度普遍高的重要原因。市中心区浓度特高，除与盛行东北风有关以外，与城市结构有密切关系。重庆市采用“多中心组团式”布局。工业区布置在市中心区周围，由于城市风，将四周污染物向市中心区输送。乌鲁木齐市大气污染较重，与天山下坡风有较密切关系。由于下风干而冷，将城区暖空气抬高，易形成逆温。冬季特别明显，一月逆温出现频率 95.4%，能见度很差，常不到几米，整个城市在烟雾笼罩中。

从该案例分析，可见城市大气环境质量改善，除改变能源结构外，还需根据当地实际情况，采用其他措施。按上述重庆市情况，适当采取高烟囱排放，对改善重庆市大气环境质量状况是有利的。如果烟囱高度超过 150m，会大大增加扩散稀释能力。大的企业可更高，则烟气输入西风带或高空其他气流中，烟气在高空进行远距离输送，可大大降低城市大气中污染物浓度。乌鲁木齐市四周多为荒漠，土壤为碱性，雨水中酸性物质易被中和。乌鲁木齐市可以采取高烟囱排放政策。如果烟囱高度超过 150m，烟气在逆温层中呈扇形扩散，10 月至次年 3 月避免出现熏烟。同样，烟囱如果更高，烟气可随高空气流作远距离输送，这样城市大气环境质量可大大改善。

对于地方性甲状腺肿大，其预防措施是供应碘化食盐和海产品，这是一种生活化的预防措施。但缺碘不仅是人类健康的危害因素，而且还是农牧业发展的障碍因素。因此，还应加强生产化预防措施。所谓生产化预防，就是指在农牧业生产过程中，采取适当的措施，如施碘肥、改良土壤、给家畜家禽加饲碘素等。在提高生产力的同时，提供食物链中碘的含量，从而改变缺碘环境控制地方病。高碘性地方性甲状腺肿大的预防一般是节制高碘食物的食用量，改饮含碘低的浅井水，或者在缺水季节或缺水年份，深井水非饮不可时，可应用渗析或吸附过滤等方法，除去水中的碘。

第十章 农业生态地球化学调查

我国是农业大国，农业、农村和农民问题是关系改革开放与现代化建设全局的重大问题。农业结构调整，农业地质环境改善，保障粮食安全，发展高产、高效、优质的生态农业（特色农业）等一系列重任，催生了新兴的学科——农业生态地球化学。本章简要介绍农业生态地球化学相关的概念、基本原理及应用。

第一节 农业生态地球化学系统

一、生态学、生态地球化学、农业生态地球化学

1. 生态学及其基本原理

生态是指生物状态，如种群、物种数量、健康状况等。生态学（Ecology）则是研究生态与其环境之间关系的科学，其基本原理如下：

（1）生态位原理。生态位又称生态龛或小生境，通常是指生物种群所占据的基本生活单位；对于生物个体与其种群来说，生态位是指其生存所必须的或可被其利用的各种生态因子或关系的集合。每一种生物在多维的生态空间中都有其理想的生态位，而每一种环境因素都给生物提供了现实的生态位。这种理想生态位与现实生态位之差，一方面迫使生物去寻求、占领和竞争良好的生态位，另一方面也迫使生物不断地适应环境，调节自己的理想生态位，并通过自然选择实现生物与环境的世代平衡。

（2）限制因子原理。生物的生长发育离不开环境，并适应环境的变化。但生态环境中的生态因子如果超过生物的适应范围时，对生物有一定的限制作用。只有当生物与其居住环境条件高度相适应时，生物才能最大限度地利用环境方面的优越条件并表现出最大的增产潜力。

最小因子定律：即植物的生长取决于数量最不足的那一种物质。最小因子定律说明，某一数量最不足的营养元素由于不能满足生物生长需要的同时，也将限制其他处于良好状态的因子发挥效应。

耐性定律：在最小因子定律的基础上，人们发现不仅因为某些因子在量上不足时，生物的生长发育会受到限制，但某些因子过多也会影响生物的正常生长发育和繁殖。1913 年谢尔福德把生态因子的最大量和最小量对生物的限制作用概念合并为耐性定律：各种生物的生长发育过程中对各种生态因子都存在着一个生物学上限和下限，它们之间的幅度就是该种生物对某一生态因子的耐性范围。

（3）食物链原理。在自然生态系统中，由生产者、消费者、分解者所构成的食物链，从生态学原理看它是一条能量转化链、物质传递链，也是一条价值增值链。绿色植物被草食动物所食，草食动物被肉食动物吃掉，植物和动物残体又可为小动物和低等动物分解，以这种吃与被吃而形成了食物链关系。

太阳光能是地球上一切能量的来源。日光能被固定形成化学潜能，并沿着食物链的各个

营养级传递。由于能量在转化过程中不可避免地消耗与损失，没有任何能量能够100%地有效转化为下一营养级的生物潜能。林德曼著名的十分之一定律说明能量从一个营养级向下一个营养级转化的比率只有十分之一。因此，自然界的食物链很少长达4个营养级之上。

(4)整体效应原理。系统是由相互作用和相互联系的若干组成部分结合而成的具有特定功能的整体。其基本的特性就是集合性，表现在系统各组分间相互联系、依赖、作用、制约的不可分割的整体。整体的作用和效应要比各部门之和来得大。

(5)生物与环境相互适应、协同进化原理。生物的生存、繁衍不断从环境中摄取能量、物质和信息。生物的生长发育依赖于环境并受环境的强烈影响。外界环境中影响生物生命活动的各种能量、物质和信息因素称为生态因子。生态因子既有对生物和生命活动所需的利导因子，也有限制生物生存和生命活动的限制因子。利导因子促进生物的生长发育，而限制因子则制约生物生长与生产的发展。因而在当地的生态农业工程建设中，必须充分分析当地利导因子及限制因子的数量和质量，以选择适宜的物种和模式。

(6)效益协调统一原理。农业生态系统是一个社会—经济—自然复合生态系统，是由自然再生产和经济再生产交织的复合生产过程，具有多种功能与效益。既有自然的生态效益，又有社会的经济效益。只有生态与经济效益相互协调，才能发挥系统的整体综合效益。

2. 生态地球化学

生态地球化学是环境地球化学的延伸和拓展，是一个崭新的前沿领域，也是地球化学发挥其社会功能的用武之地。它是横跨地质学、生物学、环境学的一门综合性学科。目前主要研究地球物质组成与生物、生物群落之间的关系，相互馈应机理，如各类地质体中化学元素组成、迁移、转化对生物生理、生态的影响及其毒理学效应；金属元素对农作物、人体健康的危害；生物活动对环境的影响、生态环境恶化机理及其防治对策。

3. 农业生态地球化学

农业生态地球化学就是以农业生态系统为对象，研究地球表层介质中化学元素及化合物对作物生长发育所产生的影响和最终效果(生态效应)。

农业生态地球化学一词虽然出现时间不长，但研究土壤中化学元素与在生态的关系早就开始了，如1957年中国农科院土肥所开展了全国肥料试验网工作，对各地土肥状况和地力演变作了初步调查。1974年全国开展了土壤中N、P、K、Cu、Zn、Fe、Mn等元素含量、有效态、pH及有机质含量研究，为农业区划、合理施肥提供了依据。“七五”期间又在全国29个省区全面系统开展了土壤背景值调查，对50多种元素进行了高质量的分析，为农业生态地球化学研究提供了重要的基础资料。“八五”期间也开展了大量的土壤地球化学、生物地球化学的研究，先后出版了“植物营养元素的土壤化学”、“农业化学”、“土壤肥料”、“农田土壤学”、“环境土壤学”、“中国土壤元素背景值”和“土壤微量元素和稀土元素化学”(2003)等一批专著，总结了我国近20年来在农业化学、土壤化学、土壤学和农业地球化学方面的研究成果。

从20世纪80年代初期开始，我国勘查地球化学工作者利用第二代区域化探资料，进行了农牧业、环境、地方病等领域的研究。如贵州邓峰林(1980)、湖北童霆(1982)、福建蔡以评(1988)利用水系沉积物测量的地球化学资料进行区域环境质量评价；物化探所孙天蔚等(1989)研究了冀东地区1∶200 000水系沉积物元素分布与农作物产量、地方病等之间的关系；物化探所朱立新等(1993)在浙江杭嘉湖平原区$1\times10^4 km^2$的范围内，系统地开展了农业、环境地球化学调查和研究。根据该区地球化学资料，进行了区域环境地球化学质量评价，研究指出了嘉善县大肠癌高发区与高铁族元素、低硒地球化学背景间的可能关系。

二、农业生态系统

1. 农业生态系统的概念

农业生态系统是指特定空间农业生物与其环境之间通过互相作用联结成进行能量交换和物质生产的有机综合体。

生态系统是生物与环境相互作用形成的综合体，因此它存在着各种各样的形态。地球上最大的生态系统就是生物圈。它包括了大气圈与水圈，是地球上全部生物及生活领域的总和。通常根据形态特征、地理位置、功能目标及按照人们的研究需要而对生态系统进行分类，常分成自然生态系统（如森林、草原、水域、沙漠生态系统）、农业生态系统和人工生态系统（如城填、工矿、温室等）。

农业生态系统来自自然生态系统（图10-1），并经人类改造而兼有两种属性的生态系统。因而，无论是生物组分还是环境组分，都与自然生态系统有很多相似的特征。然而，农业生态系统又是人类对自然生态系统长期改造和调节控制的产物，又明显区别于一般自然生态系统。农业生态系统与自然生态系统交错存在，互相影响，依赖自然生态系统维持其更好的稳定性。

- 生态系统
  - 自然生态系统
  - 农业生态系统
    - 农田生态系统
    - 人工林生态系统
    - 人工草地生态系统
    - 牧场生态系统
    - 鱼塘生态系统
    - 养殖（蜜蜂、蚕）等生态系统
    - 微生物（含食用、药用菌）生态系统
  - 人工生态系统

图10-1　生态系统组成图

2. 农业生态系统的分类和特点

（1）农业生态系统的分类。为了便于人们研究与实际操作、管理技术的运用，农业生态系统可以分成如下4类：①农田生态系统。由作物与其生长发育有关的光、热、水、气、肥、土及作物、伴生生物（土壤微生物、作物病虫和农田杂草）等环境组成。并通过与环境的作用完成产品的生产过程。②森林生态系统。由以木本植物为主体的生物与其生长发育所需的光、热、水、气、肥、土及伴生生物等环境组成的并完成特定的林产品生产和农业水土保持功能的农业生态系统，是多功能的生态系统，素有“农业水库”、“都市肺脏”和“天然洗尘器”等美称。③草原生态系统。指以天然牧草、人工牧草及草食性农业动物为主体的生物种群与其生长发育所需的环境条件构成的并完成肉、奶、皮、毛等动物性农产品生产的农业生态系统。④内陆淡水生态系统。指人们为发展农业生产特别是为发展渔业经济而加以利用和改造的湿地、溪流、江河、湖泊、水库池塘等水域系统的总称。内陆淡水生态系统的功能主要表现在各种水生生物产品的生产和为农田作物提供灌溉水源两大方面。

（2）农业生态系统的特点。农业生态系统与自然生态系统一样，也由生物与环境两大部分组成。但生物是以人工驯化栽培的农作物、家畜、家禽等为主。环境也是部分受到人工控制或是全部经过人工改造的环境。在农业生态系统中的生物组分中人既是一个大型消费者，同时又是环境的调控者。由于其受人类社会活动的影响，与自然生态系统相比有明显不同。

农业生态系统是人类强烈干预下的开放系统。自然生态系统中生产者生产的有机物质全部留在系统内，许多化学元素在系统内循环平衡，是一个自给自足的系统。而农业生态系统是人类干预下的生态系统，目的是为了更多地获取农畜产品以满足人类的需要。由于大量农畜产品的输出，使原先在系统循环的营养物质离开了系统。为了维持农业生态系统的养分平衡、提高系统的生产力，农业生态系统就必须从系统外投入较多的辅助能，如化肥、农药、机械、水分排灌、人畜力等。为了长期的增产与稳产，人类必须保护与增殖自然资源保护与改造环境。

农业生态系统中的农业生物具有较高的净生产力、较高的经济价值和较低的抗逆性。由于农业生态系统的生物物种是人工培育与选择的结果，经济价值较高但抗逆性差，往往造成生物物种单一、结构简化、系统稳定性差、容易遭受自然灾害，需要通过一系列的农业管理技术的调控来维持和加强其稳定性。农田生态系统的初级生产力，据统计，农作物平均为0.4%，高产田可达1.2%～1.5%，而自然界的绿色植物光能利用率不过0.1%。

农业生态系统受自然生态规律和社会经济规律的双重制约。

农业生态系统具有明显的地区性，系统自身的稳定性差。由于农业生态系统中的主要物种是经过人工选育的，对自然条件与栽培、饲养管理的措施要求越来越高，抗逆性较差；同时人们为了获得高的生产率，往往抑制其他物种，使系统内的物种种类大大减少、食物链简化、层次减少，致使系统的自我稳定性明显降低，容易遭受不良因素的破坏。

3. 生态农业

生态学在农业可持续发展中的应用与实践，最重要的就是生态农业。简单地说“生态农业”就是“生态合理的现代化农业”。它是运用生态学、生态经济学原理，系统工程方法实现高产、优质、高效与可持续发展的现代化农业生产体系。

建国以来我国农业发展大致经历了三个基本阶段：一是从建国到20世纪70年代末以提高粮食产量为主的阶段增产几乎成为农业发展的唯一目标；二是20世纪80年代由增产转变为增产与增收并重，进而转变为以增收为主导的阶段，开始重视生态环境效益；三是20世纪80年代末至90年代以来在注重生产经济效益的同时注重生态环境保护、资源培育和高效利用。从某种程度上讲，我国农业的高速增长是靠拼资源和牺牲环境利益来换取的。中国农业的高速发展事实上付出了高昂的生态、环境及资源代价。

三、农业生态地球化学的核心及基本任务

“高产、高效、优质”是生态农业发展之路，是农业地球化学逐渐兴起的根本原因。农业生态地球化学已经成为地球化学中有发展前途的新兴分支学科之一。土壤元素是农业生态地球化学研究的核心。元素丰度、存在形式和空间分布是地球化学研究的中心内容，也是农业地球化学研究的关键问题。从本质上讲，农业生态地球化学就是以营养元素或对人类有益或有害元素为研究对象，研究不同地质地球化学系统与农作物之间的相互关系和相互作用。其基本任务就是：

(1)农作物营养元素或有害元素与农作物生长的关系及对农作物产量与质量的影响。

(2)研究成土母质与土壤的地球化学关系，土壤中元素全量与有效态的联系和转化及营养需求预测。

(3)土壤营养元素或有害元素的丰度、空间分布及赋存状态。

(4)研究不同地球化学背景的土地利用潜力、区域土地资源的地球化学区划和土地整治。

第二节　元素、土壤地球化学与农业

一、植物营养元素与有害元素

1. 营养元素和必需元素

地球中天然形成的元素达100余种。目前已发现，植物体内所含元素的种类较多，达70余种，含量差异也较大。其中，水分是最主要的，其次是碳、氢、氧和氮。而以"灰分"形式存在于植物中的元素多达数十种，但其中绝大多数元素并非植物所必需的，有些甚至是有害的。按照植物的需要可以将元素化分为三大类：植物生长发育所必需的元素；对植物生长发育完全没有作用的元素；介于两者之间，对某些植物有益的，或在一定条件下对某些植物生理机制有作用的元素。所谓植物营养元素，一般需具备以下三个条件：

(1)植物生长不可或缺的、组成生物机体的、缺少它不能正常生长的。

(2)元素必须直接参与生理作用，起调节平衡作用，如激发酶系统调节体液平衡和酸碱平衡。

(3)在一般情况下，每一种元素的作用具有专一性，只有供给该元素才能得到改善。

植物正常生长发育所需要的营养元素又分为必需元素和有益元素。必需元素指植物正常生长所必需而不能用其他元素替代的。目前，已经得到确认的植物必需元素有16种，即碳、氢、氧、氮、磷、硫、钾、钙、镁、铁、锰、铜、锌、硼、钼和氯。其中，一些元素在植物体内的含量较高，如氮、磷、钾、钙、镁、硫、碳、氢、氧等，它们被称为常量元素。还有一部分含量很少，称为微量元素，包括锰、铜、锌、硼、钼和氯。而铁的含量介于两者之间，它在植物体内的含量高于一般的微量元素，所以可以根据研究目的地不同，将铁划为常量元素或微量元素，这些元素与植物需求的关系如图10-2。其中，对绝大多数植物而言，碳(CO_2)、氢(H_2O)、氧(O_2)是植物最需要的成分，其次是氮、磷、钾等。除了上述16种必需营养元素以外的元素称为有益元素，它们中一些元素在某些条件下对有些植物是有益的，而不是所有植物都必需的。其中最值得重视的是"硅(Si)"元素，如硅对禾木科作物(如水稻、小麦、甘蔗)是有益的，它能增强水稻和麦类的茎杆强度，提高抗倒伏和抗病虫害的能力。因此，硅在水稻的营养中的作用受到相当地重视。又如，钴是豆科植物固氮及根瘤生长所必需的，镍在豆科植物氮代谢中有重要功能。另外一些元素虽在植物营养中不起直接作用，但能间接有利于植物的生长和高产，有时还能替代另一必需元素的作用，如钠与钾、锶与钙、矾与钼等。随着科技的不断发展，人们又发现了一些对植物生长有影响的元素，如硒、碘、氟等。有人还提出了超微量元素的概念，如铯、镉、汞、镭等。它们的作用与含量的高低有很大关系，生理功能还存在争议。植物的营养元素，按其功能

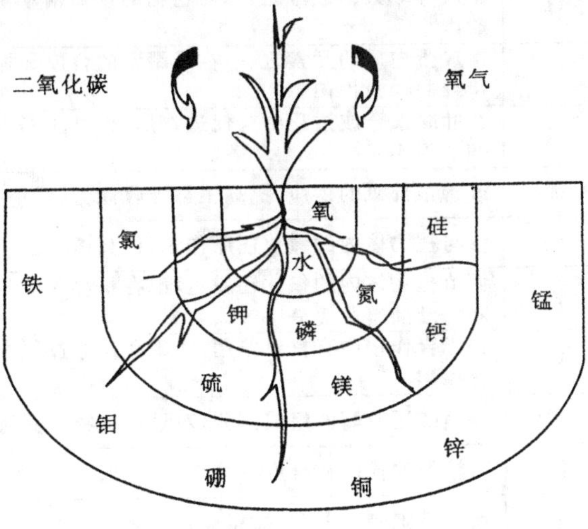

图10-2　农作物对营养元素的需求分配

可以分为两大类:营养和调节。一些元素直接参与植物有机物组成,如碳、氢、氧、氮、硫、磷、镁,另一些元素虽然不一定是有机物的组成元素,但在有机物的合成、转化以及调节植物体内的生理方面有重大作用,如钾、钙、硫、磷等。其中,硫、磷等元素同时具备营养和调节两方面的功能,表 10-1 为目前人们所掌握的主要营养元素的功能。

表 10-1 目前已知的植物营养元素的主要功能 (袁可能,1983)

元素	功能
碳	组成有机物质,如糖类、蛋白质和脂肪等的主要元素之一
氢	组成有机物质的主要元素之一
氧	组成有机物质的主要元素之一
氮	组成蛋白质和原生质的重要成分,也是合成叶绿素的必需元素
磷	组成细胞核的一种成分,存在于磷脂、植素和核酸等化合物中;是细胞分裂和分生组织的发展必需的;对糖类的形成与转化以及脂肪、蛋白质的形成有重要作用
钾	调节细胞体系的物理化学特性。对光合作用、糖类的形成与运转、蛋白质的形成等都有一定的促进作用,但钾本身不是有机物的重要组成成分
钙	调节细胞胶体的物理化学特性,调节植物体内的酸碱反应,保持各种养料离子的生理平衡,也可能是细胞壁的组成成分;对植物生长过程中的顶端伸展和芽的形成也是必需的
镁	组成叶绿素的成分之一;对植物的生命活动起调节作用,也参与某些酶的反应;大多数于幼嫩组织中
硫	组成蛋白质的元素之一;在叶绿素的合成和加速根的发展中起调节作用;对植物体内的氧化还原过程起一定作用
铁	在叶绿素合成过程中有促进作用,但并不是叶绿素的组成成分。对植物体内的氧化还原过程起调节作用
硼	改善根部氧的供应,提高根部吸收能力;对植物的开花结实有促进作用
铜	参与植物体内的氧化还原作用;提高植物的呼吸强度
锌	调节植物体内的氧化还原过程;在植物生长素的形成过程中起重要作用;是一些脱氢酶、蛋白酶和酚酞的组成成分
锰	在光合作用中有重要作用;在硝酸还原过程中是催化剂;在植物体内糖分的积累和转运上也起重要作用
钼	是硝酸还原酶的组成部分,对豆科植物的固氮有重要作用
氯	与糖类的代谢和合成有关
硅	增加细胞壁的强度,提高根系的氧化能力

2. 有害元素

需要指出的是,除上述营养元素外,还存在一些元素对植物或对人类而言是有害的,如 Cd、As、Hg 等,这部分元素称为有害元素。其中,最有代表性的要数重金属元素。当重金属在土壤中积聚到一定程度时,便会影响植物的正常生长。重金属对农作物产生危害的机制是多方面的。一方面,重金属可以减少土壤微生物,降低土壤酶的活性,从而影响农作物的正常生长。如土壤中重金属含量过高会导致土壤中酸性磷酸酶的活性降低。另一方面,重金属对农作物的危害往往发生在植物吸收、积聚以后。农作物根部吸收重金属,因而首先危害根部的生长。根部受害后会降低农作物对水分、养分的吸收,进而波及整个农作物。即便植物没有发生根部病变,重金属进入植物体根内后,也影响养分的吸收。如 Zn、Co、Ni 等能严重抑制对 Fe 的吸收;Pb 会妨碍对 P 的吸收;土壤中过高的 Al 会对根部细胞的核酸代谢造成异常而妨碍对

P 的吸收;过高的 Cd 则会抑制对 K 的吸收。重金属对农作物的危害程度还与农作物不同生长期有密切关系。如 Cu 对水稻的危害主要表现在水稻生长的初期阶段,Mn 则通过积聚在茎叶部位抑制叶片的生长。

同一种重金属元素对不同农作物的危害程度存在较大的差异,同一种农作物对不同浓度、不同种类的重金属的耐受性也不相同。但农作物吸收过多的重金属后会表现出一些常见的症状:

(1)根部生长异常。如 Cu、Ni 等会导致一些农作物的根部出现肥大性病变。

(2)黄化症状。最常见的是对 Fe 的吸收、利用受阻,往往易发生缺铁性黄化病,农作物对 Co、Ni、Zn 的过量摄取易诱发此类病变。此外,重金属过剩也会妨碍农作物对 N、Mg 的吸收而导致黄化病的发生。

(3)枯斑症状。即出现褐色斑点或斑纹。在褐色病变部位往往积聚较高的 Mn、Fe、Ge、Mo 等重金属,其原因仍是个谜。如 Ni 过剩会导致油菜出现枯斑病,Mo 过剩时会导致水稻枯斑病的发生。

(4)其他症状。如吸杯样症,由于重金属大量积聚于叶缘,叶缘部位细胞分裂受抑制,而叶片中部仍在生长,结果导致叶片弯曲成吸杯状。油菜 Ni 过剩、大豆 Cd 过剩易产生此类病变。除吸杯样症外,还有异常落叶现象、紫变症等病症。

重金属的危害会导致农作物减产,从而严重影响农业生产。但许多农作物重金属过剩导致减产的机理还不十分清楚,这还需要多学科的进一步研究。

现代农业地球化学还需考虑农作物果实内元素或化合物含量高低对人体健康的影响。一些对农作物生长没有显著影响,但对人体健康有较大影响的元素,也是农业地球化学研究的内容。决定这类元素的有益、有害性质,主要看人类或动物长期食用含这类元素或化合物的农产品后的生理反应。

需要特别指出的是,有害元素与营养元素之间并没有绝对的界线,这涉及一个量的问题。在一定条件下,两者可以相互转换。即使是营养元素,超过了一定含量界限也会成为有害元素。这是因为植物生长对元素需求有一个最适量的范围(图 10-3)。此外,某一元素对某些作物可能是有害的,但对另一些作物的生长并无影响。而且,不同作物对土壤中元素的存在形式、不同含量元素的耐受性也存在差异。

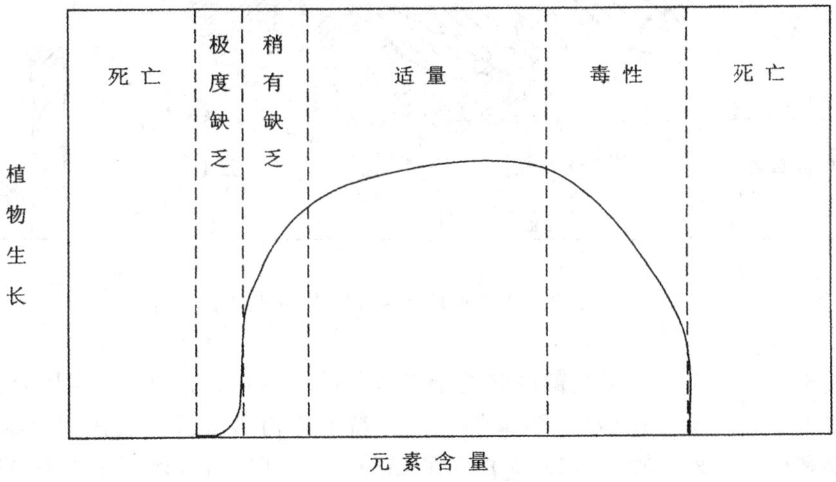

图 10-3　元素摄入量对植物生长的影响(山县登,1987)

二、土壤地球化学

元素被作物从土壤中吸收、转化、利用的整个过程是十分复杂的。这就是元素的存在形式与生态效应的问题，其核心是元素的迁移、转化及生物地球化学循环，也是土壤地球化学的研究重点。

1. 土壤的地球化学演化与我国的土壤地球化学分区

前苏联土壤地球化学家波雷诺夫奠定了土壤地球化学演化学说的基础。他认为，风化成土过程的第一个时期，风化会造成氯和硫的流失；第二时期，会丧失碱金属和碱土金属盐基；第三时期为残积黏土时期，即硅铝化时期，二氧化硅开始淋失；最后一个时期是富铝化时期，在此时期中集聚了大量三氧化物、二氧化物。属于第一时期的有盐渍土、石膏土；属于第二时期的有碳酸盐土；属于第三时期的有硅铝土；属于第四时期的有铁铝土。此外，还有处于发育幼年时期的碎屑状土和渍水还原条件下形成的渍水高铁土。

根据上述土壤地球化学类型的组合和分布特点，我国可化分为四个土壤地球化学区。自西北至东南分别为盐渍土区、碳酸盐土区、硅铝土区、铁铝土区（图 10－4）。由于受地形、成土母质等因素的影响，每一土区的土壤性质、组合仍存在差异。

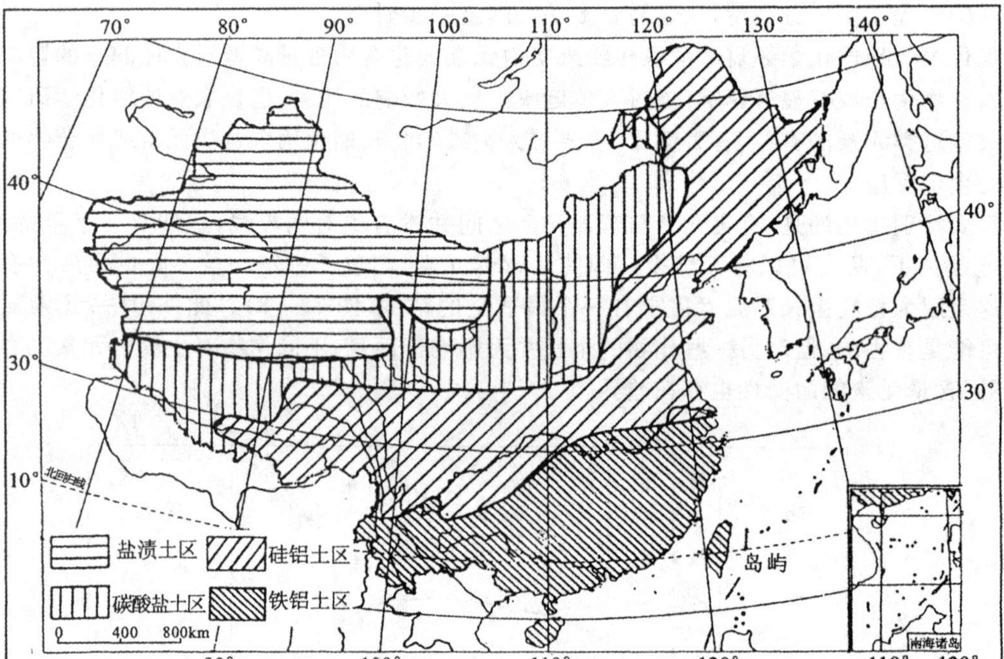

图 10－4　中国土壤地球化学分区图(龚子同等，1998)

(1)盐渍土区。分布于我国西部内陆的干旱区，占国土面积的 29%。本区土壤质地较粗，以沙土、沙壤土为主。土壤呈碱性、强碱性反应。黏土矿物以水云母为主。土壤普遍含有盐分，除氯化物和硫酸盐外，局部可出现硝酸盐和硼酸盐。一般而言，该区土壤钠、钾、硼、铜等元素含量较为丰富，元素的全量和有效性均较高，对农作物而言 并不缺乏这类元素。全磷含量较高，但有效性不高，因而土壤总体缺磷(缺磷面积达 63%)。水溶性氟含量也较高，尤其在碱化土壤中。较缺乏的元素主要有：磷、锌、铁、锰和碘等。该区 80%土壤缺有效性锌和锰，50%缺铁。

(2)碳酸盐土区。分布于内蒙古高原，向西一直延伸到青藏高原，占全国土地面积的 23%。本区土壤质地以壤土为主。土壤中大部分易溶盐类已淋失，钙、镁碳酸盐趋于聚积，锶、钡的化合物迁移较活跃，硅、铁、铝基本未动，土壤呈碱性反应。黏土矿物以水云母-蛭石(或绿泥石)为主。地球化学类型以碳酸盐为主，地形较高、较湿润的条件下可出现硅铝土，而地形低洼处有盐土或碱土分布。土壤中碳酸盐含量较高(可达 10%～20%)。土壤钾、硼仍较充足，全量和有效性含量均较高。磷的全量虽丰富，但有效性不高，土壤缺磷达 60%。水溶性氟的含量在低洼处的苏打盐碱土中含量极高，可导致人畜中毒。而锌、铁、锰、钼、碘和硒等元素均较缺乏。80%的土壤缺乏有效性锌、铁、锰和水溶性硒。

(3)硅铝土区。发育在温带和寒温带湿润、半湿润气候条件下，易溶盐已完全淋失，碳酸钙也基本淋失。土壤质地以粘壤土为主。土壤呈中性、微酸性反应。黏土矿物以 2∶1 型层状硅酸盐为主，蛭石和过渡矿物明显增加。土壤类型以硅铝土为主，地形较低部分可出现碳酸盐土。由于淋溶作用加强，土壤中钾元素缺乏逐渐明显，缺钾面积可达 32%。土壤中游离碳酸钙含量的降低和活性铁、铝的增加，降低了土壤中磷的有效性，缺磷面积达 47%。微量元素锌、锰、铁、硒和碘的有效性有所增加，但缺少有效性硼、氟的土壤面积增加。

(4)铁铝土区。分布于长江以南，地处热带亚热带地区，占国土面积的 18%。发育在湿润亚热带气候条件下，土层厚度较大，易溶盐、碳酸盐和大部分盐基已淋失，硅的淋失也强烈，而铁、铝、钛的水化氧化物相对集聚。土壤质地以黏土为主，土壤呈酸性反应。黏土矿物以 1∶1 型层状硅酸盐为主，水化氧化物含量高。绝大部分土壤为铁铝土，局部有硅铝土，人为条件下，可出现渍水高铁土(水稻土)。土壤以富铁、铝为特征，游离铁＞2%，占全铁的 40%以上。强烈的淋溶作用使钾、硼、氟等活性元素强烈淋失，因而明显缺钾、硼。磷主要以铁、铝结合态为主，有效性较差，缺磷状况很突出，占总面积的 46%。钼、硒全量并不低，但有效性不高。全区 60%土壤缺钾，90%的土壤缺有效性硼、钼和氟。微量元素锌、铜、锰、铁的有效性明显提高，有时农作物甚至会出现锰、铁、铝的中毒。在平原地区土壤碘的含量较充足。

2. 土壤中元素的有效性

土壤所含营养元素中，只有一小部分能为植物吸收利用，这部分称为有效态。换句话说，只有能被植物吸收利用的那一部分元素形态，才是有效态。营养元素的有效性也受地带性因素影响，呈现出地带性的特点。元素的有效态不仅从宏观上受地球化学分区的制约，在各土区内不同的地质、地球化学背景、地形地貌、土壤质地等对元素有效态影响也很大。如亚热带地区，母质的影响尤为突出。在同样的亚热带条件下，花岗岩发育的红壤中锌的含量比较高；砂页岩发育的红壤中硼的含量比较高；千枚岩、板岩发育的土壤中锰的含量比较高。

由于土壤系统的复杂性，元素的各种形态在一定条件下可以互相转化，加上不同植物的吸收机制千差万别，营养元素的有效性与非有效性并没有一个十分严格的界限。20 世纪初，科学工作者已经发现，元素的有效态并不仅仅指水溶态，人们把根际溶液和植物根部的分泌物联系起来，认为元素的有效态还应包括那些能溶解在饱和碳酸溶液中的离子态元素。后来据此发展出以饱和碳酸溶液和其他弱酸溶液浸提有效态元素的实验方法。人们进一步发现，一些天然有机阴离子，如柠檬酸根、酒石酸根、苹果酸根、丙二酸根和半乳糖酸根等，能通过螯合作用，把某些固态养料释放到土壤溶液中。因此，能为螯合剂溶解的元素形态也是有效态。还有学者提出速效态和迟效态的概念。前田正男和松尾嘉郎(1983)认为可以把仅溶于水的以及弱酸溶性的养分视为速效养分;而被原生矿物、次生矿物以及腐殖质固定的养分则属于迟效性养分。从这一认识上,土壤中速效养分并非越高越好,特别是在掠夺性开发土地时,如有机肥的过度使用会造成迟效养分的迅速释放,而作物吸收的只是很小一部分,大部分都流失了。因此,人为加速迟效养分的释放,有可能会造成土壤活性的衰退。

从土壤地球化学的角度,营养元素的有效态不仅包括水溶态、酸溶态、螯合态、代换吸附态,还应包括能在短期内释放出来的其他形态,如某些有机态养料和易风化的矿物态养料。此外,在研究营养元素的有效态时还需考虑不同植物的吸收特性、接触时间、强度和不同的地球化学环境。从实验角度,不同的实验方法会得出不同的有效态含量,因而在研究中,特别要注意研究对象和研究目的,选择合适的提取剂是十分关键的步骤。衡量提取方法效果的好坏通常要看所提取的有效元素含量与植物吸收量之间相关性的程度。以营养元素磷为例,通常对土壤有效磷的化学提取方法包括稀酸浸提法和碱式浸提法。酸式浸提液常用的有0.002N H_2SO_4、0.5NH_2SO_4、0.2N HNO_3、0.025N HCl、0.1N HCl、0.4N HAC以及饱和碳酸等等。应用稀酸液浸提土壤有效磷,主要是磷酸钙盐中的活性部分和磷酸铁、铝中的酸溶性部分。但稀酸浸提液更适合于中性-微酸性土壤,而对于酸性土壤或石灰性土壤则不太理想。因为酸性土壤中,磷以稀酸溶解度较低的磷酸铁、铝为主要存在形态。适当加入 NH_4F、柠檬酸、钼酸铵等络合剂,可增加磷酸铁、铝中磷的释放:

$$3NH_4F + 3HF + AlPO_4 \rightarrow H_3PO_4 + (NH_4)_3AlF_6$$

$$3NH_4F + 3HF + FePO_4 \rightarrow H_3PO_4 + (NH_4)_3FeF_6$$

碱式浸提法包括碱液提取和碱式盐提取法两种。常用的碱液有0.25N NaOH或0.1N NaOH溶液。稀碱液浸提法主要用于以磷酸铁、铝为主的红壤。碱式盐浸提法一般常用0.5N $NaHCO_3$ 和 1% K_2CO_3、$(NH_4)_2CO_3$ 等。其原理主要利用碳酸钙的低溶度积来使磷酸钙中的磷较多地浸出。因此,利用这种方法可以用于石灰性土壤有效磷的测定。根据植物试验结果,本方法与植物有效吸磷量有较好的相关性。

$$CaHPO_4 + K_2CO_3 \rightarrow KH_2PO_4 + CaCO_3$$

不同土壤中选用适当地浸提剂,可与作物反应之间取得较好的相关性。例如,我国石灰性土壤以选择碳酸氢钠浸提液较好,而南方酸性红壤用0.03N NH_4F+0.025N HCl作浸提液效果较好。接近中性的水稻土则以0.1N HCl+钼酸铵或0.3N NaOH-0.5N $Na_2C_2O_4$ 作浸提液效果较好。由此可见,提取剂的选择对有效态的分析结果和有效性分级影响是显著的,表10-2列出了土壤有效磷分级与提取剂的关系。微量元素方面也存在这类问题,研究时需要多方面考虑,表10-3列出了几种常用的微量元素有效态提取剂。

表10-2 几种浸提剂提取与土壤有效磷的分级(10^{-6})(袁可能,1983)

浸提剂＼分级	极缺	较少	中等	较多	丰富
0.2N HCl (5:1) 1min		<10	10~20	>20	
0.002N H_2SO_4+3%$(NH_4)_2SO_4$ (200:1) 0.5h	<5	5~15	15~25	>25	
0.025N HCl + 0.03N NH_4F (7:1) 1min	<3	3~7 (0~15)	7~10 (16~30)	10~20 (>30)	>20

续表 10-2

浸提剂＼分级	极　缺	较　少	中　等	较　多	丰　富
0.5M $NaHCO_3$　(20∶1) 0.5h	<2	2～5	5～10	10～25	18～25
0.1N NaOH / 0.3N HCl (5∶1)　2min	<15	15～30	30～38	38～46	>46
3%HAc +10%NaAc (5∶1)　5min	<2	2～8	8～20	20～40	>40
0.005N HCl + 0.025N H_2SO_4 (5∶1)　5min	<5	5～15	15～30	30～50	>50
0.1N HCl(5∶1)　3min	<2.5	2.5～5	5～8	8～16	>16
0.1N H_2SO_4(5∶1)　2min	<10	10～20	20～30	30～40	>40

表 10-3　几种常用的土壤微量元素有效态提取剂(前田正男、松尾嘉郎,1983)

提　取　剂	提　取　元　素
沸水(Berger 和 Truog,1939)	硼
草酸-草酸铵缓冲液,pH=3.3(Grigg,1953)	钼
0.1N 盐酸(Bornig 和 Heigener,1956)	锌
1N 醋酸铵,pH=7(Mitchell,1984)	铜、锌、钴、锰、钼
2.5%醋酸,pH=2.5 (Mitchell,1948)	铜、锌、钴、镍、锰、铬
0.5MEDTA(Mitchell,1948)	铜、锌
0.1N 盐酸,1N 硝酸(Peyve,1958)	铜、锌、钴、镍

第三节　农业生态地球化学调查

农业地质早在 19 世纪中叶就由欧州地质学家德鲁和希霍芬提出,经过一个多世纪的发展逐渐成熟,并认识到土壤元素是农业地质的核心。20 世纪 60 年代末,英国韦伯将水系沉积物测量成果应用于农业研究,七八十年代,在北欧和俄罗斯进行了较大规模的农业地球化学研究,如前苏联在列宁格勒州编制了 1∶600 000 的土壤地球化学分区图。80 年代中后期,我国原地矿部物化探所率先进行了勘查地球化学在农业生产领域的应用研究,先后在秦皇岛地区、冀东和杭嘉湖平原等地区进行了试验研究,并取得了显著的成效。可以说,这些试验研究是目前农业生态地球化学大调查的前奏和基础。1999 年中国地质调查局成立之后,启动的新一轮 1∶250 000国土资源大调查,将覆盖区作为重点,以农业生态地球化学调查为中心,为国土规划、农业生产布局、产业结构调整为目标,开创高效、优质的生态农业新局面。本节将介绍农业生态地球化学调查的基本内容和方法技术,由于此项工作才刚刚开始,目前采用的一些方法技术可能存在缺陷和不足,将会在实践中逐步改进和完善。

一、调查的基本内容和组织部署

由于农业生态系统是由岩石—土壤—水—生物构成的复杂系统，因此农业生态环境涉及面广，一次规模性的农业生态地球化学调查要全面考虑影响化学元素分布、分配、迁移、转化的各种因素，赋存介质的地质地球化学特征，化学元素的空间分布及与农业生态的关系。从而决定了农业生态地球化学调查具有多介质、多指标、多层面、多学科的特点。

1. 调查的基本内容

农业生态地球化学调查以1∶250 000比例尺为精度，对组成农业地质环境的岩石、土壤、水、生物进行系统调查，调查的基本内容为：①化学元素储存库（岩石、土壤、河湖沉积物、水及生物）中营养元素及有害元素的含量特征，特别是营养元素的有效态含量特征；②营养元素及有害元素含量及赋存形态的空间分布特征；③区域农业生态特征，包括农（作物）、林、渔、牧（畜、禽）的产量、质量，特别是可食部分（果实、鱼、肉）有害组分的含量。

2. 调查组织部署

由于是多介质、多层面、多阶段的调查研究工作，因此在组织实施中要全面考虑分段实施。第一是全区域的系统基础调查，第二是在全区域中找出一些典型特殊区如特色农业经济区、典型地质环境区、特殊生态景观区，进行示范性、研究性调查，第三是对基础调查、区域示范调查中所发现的特殊典型问题，开展专题性应用研究。各个阶段根据调查对象特征又可分设若干调查项目，可以用如下框图来说明农业生态地球化学调查的组织部署（图10－5）。

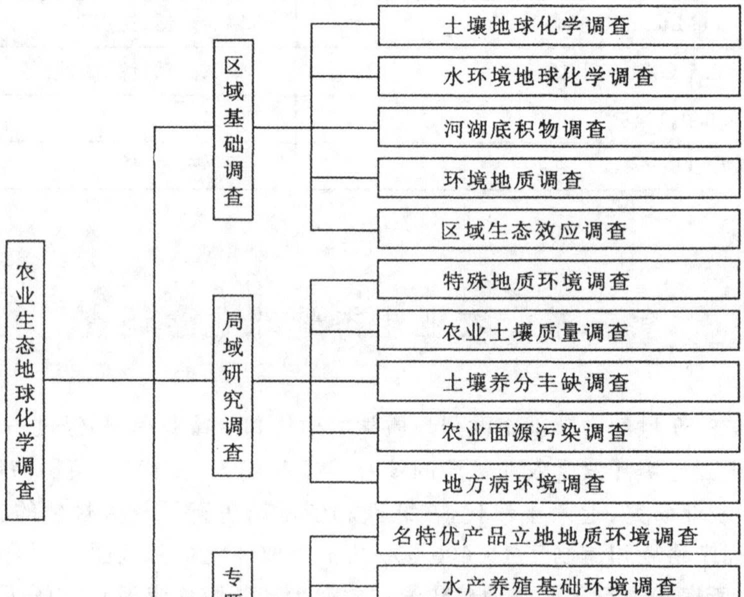

图10－5　农业生态地球化学调查组构图

(1)区域基础调查。可分为以下几项工作：①土壤地球化学调查。这是农业生态地球化学调查的核心，最终为土壤环境评价、农业生态评价、区域国土规划、农业结构调整以及其他研究提供基础性地球化学资料。按中国地质调查局的要求对全区各种类型的土壤表层和深层分别取样，分析 54 种元素和指标，以便最全面了解营养元素、有毒有害元素在区域的分布特征、赋存形态及丰缺状况。②水环境地球化学调查。水是农业生产的命脉、也是养殖业的基本条件，又是元素迁移的重要介质，是区域农业生态环境评价仅次于土壤地球化学元素的第二个重要内容。水环境地球化学调查的基本任务是对查明地表水、浅层地下水水化学成分、水环境质量，了解不同生态环境水体的地球化学特征、区域变化规律，研究水地球化学成分对生态环境的影响和制约关系。③河湖底积物调查。底积物是汇水区物质经地表径流带入的，大量的营养元素和有毒元素逐年汇入沉积，是区域人类文明活动的历史记录，可以对环境演化追踪和反演，研究环境发展趋势。同时，底积物中若有污染，则可重新释放产生二次污泥，对现代养殖业产生潜在影响，是湿地生态环境评价的重要基础资料，河湖底积物调查既要系统采集表层沉积物，还要对重要部位布置垂直柱状剖面(泥芯柱)采样，为研究沉积过程和环境演化提供资料。④环境地质调查。第四纪地质环境是自然作用造成的环境条件对生态和人类生存的直接影响因素，前第四纪地质条件是成土的基本条件，是土壤常量元素和微量元素的来源。因此，地质环境调查是对覆盖区查明 0～2m 内疏松覆盖物特征，包括岩土特征、土壤成因类型及空间分布，包气带埋深厚度及其物化特征、微地貌特征、土体构形等。前第四纪调查适用于丘陵、岗地和山地，查明不同时代岩石类型及分布，主要岩石类型的岩石地球化学特征及微量元素含量，为探讨母岩与土壤间物质组分的关系及物质迁移转化提供背景资料。⑤区域生态效应调查。主要是通过对区域生物种类、生长发育状态及其分布进行全面调查，特别是对可食用部分品质及有害组分含量进行采样分析，以研究营养元素和有害元素所产生的生态效应，进行区域环境质量评价。

(2)局域研究性调查。内容与区域基础调查基本相似，只是更加细微，分析的指标不是对 50 多项全面分析，而是针对所选范围具体特征，针对性地分析部分指标。这一层次的研究调查颇似矿产勘查中的成矿区带普查化探工作。

(3)专题调查研究。这一阶段的工作主要是解释性和应用性的，是对前两个阶段调查中所发现的典型问题开展专题性深入研究，达到“异常”解释和各种有利环境的合理开发利用的目的。

二、农业生态地球化学调查方法技术

1. 土壤地球化学调查

(1)深层土壤地球化学调查。本项工作的目的是为可靠确定土壤元素背景值，了解不受现代人类活动影响的第一环境分布特征。样品布设以 16km^2 为一采样单元，每 4km^2 采一件样，同一单元的 4 件样品组合成一件组合样。以 1∶100 000 地形图为底图进行样点布设和系统编号，每幅图布设 2 个重复取样格子，2 个重复取样号，4 个重复分析样号，8 个监控样号。采样深度为 1.5m 以下，用洛阳铲作取样工具，或直接挖掘，样品原始重量不少于 1kg。重复采样由不同采样组在不同时间进行，两次采样点位相距应小于 50m。

(2)表层土壤地球化学调查。本项工作目的为了全面系统了解人类活动(农业生产、居民生活、工业排放等)综合影响下表层土壤的地球化学特征。样品布设以 4km^2 为一采样单元，每平方千米采集 1 件样品，4 件组合成 1 件组合样，以 1∶50 000 地形图进行样点布设和编号，每幅图布设2个重复取样格子,2个重复取样号,4个重复分析号,8个监控样号。采样深度为0～20cm,农业区采样点应选择在农田、林地,不要在水土流失严重或表土被破坏处。山地采样应选择在平坦覆盖层厚的地区。城镇居民区采样应选择原地土,不能采集异源土或垃圾土。表层土采集时,应在点位50m内采3～5单样集合而成,样品重量不少于1kg。采样单元中水域大于3/4时,应采集底积物样品。重复样由不同小组分时采集,方法同深层采样的重复样采集。

(3)土壤元素有效态调查。土壤元素有效态调查适用于局部农业环境的土壤质量评价。在区域调查基础上,根据土壤元素的丰缺程度、土壤类型、土壤理化条件及景观区的条件,选择有效态调查区。样品布设原则是,分布面积大于20%的土壤类型为一采样单元,分别在元素含量丰富、适中和缺乏的三种区域布点,每类样品数不少于30件。在同一采样单元内,pH每变化0.5个单位,需布置采样数量大于30件。

有效态分析元素为N(包括速效氯、氨态氮和硝态氮)、P、K、Si、Fe、Mn、Cu、Zn、Mo、B、Se等指标。

(4)土壤有机污染物调查。对于农业地质环境安全性和城市生态环境评价,还要对表层土壤进行有机污染物调查。它是根据评价对象的类型不同(土壤、水、农作物),每类布设样品数大于30件。样品布设于农田、湿地、城市不同功能区。样品采集分最表层0～5cm和近表层5～20cm分别取样,弃去生物碎屑和粗粒物,原始重量2kg,采样时间应在夏季和冬季各采一次。样品用聚乙烯密封袋包装、低温保存。有机污染物分析指标基本项目为艾氏剂/狄氏剂,氯丹、滴滴涕、六六六、节氯、毒杀酚、五氯苯氛、苯并(a)芘等,其他有机污染物等根据具体情况加以增选。

2. 水环境地球化学调查

(1)地表水地球化学调查。采样密度要求:平原区1件/16km²,丘陵区1件/32km²,山区1件/64km²。样点布设时在1:100 000地形图上划分不同地貌类型,进行采样密度分区,并进行点位布设。样点布设在最大汇水域的采样格子中心,做到均匀分布。同时要考虑江河不同地段、土地利用类型、植物群落分布和地表水水体功能,以及地表水污染区、地方病高发区等不同要素,合理布点或适当增设采样点。每批样品的重复采样不得少于2件,并采一组平行加标样,即加入一定量的被测物标准溶液,采样时间选择在平水期,采样前连续三天无雨,水质稳定为好。具体采样要求见第四章。

(2)浅层地下水地球化学调查。采样密度及样点布设同地表水的要求,但在布设具体点位时,要根据区域水文地质单元特征、地下水补给条件、地下水流向及开发利用状况、污染源及污水排放特征、土地利用特征及工程状况、垃圾场等具体特征,合理布置点位。浅层地下水主要采集民用井、泉水等,无井、泉时要人工挖掘取水,水坑挖好后待地下水位平衡后取水。

(3)样品分析。由于水样品特殊,一些指标如pH、Eh、Ec、T、溶解氧要现场测定。测微量元素,野外要酸化保存,而且要快速采样,尽快选样分析,存放时期一般不得大于7天。样品分析有两类指标:

必测指标:pH、氯化物、铁、锰、铜、锌、钼、汞、砷、镉、铬(六价)、铅、铍、钡、钴、镍、钙、镁、亚硝酸银、氧化物等。

选择指标主要用于专项研究,根据不同目的,可分为:①总硬度、氧化物、挥发性酚类(以苯酚计)、高锰酸盐指数、溶解性总固体、硫酸盐、阴离子合成洗涤剂、硝酸盐、氮、磷、钾、化学耗氧量、氧化还原电位、碘化物、氨氮等主要用于水质分析;②有机污染物:滴滴涕、六六六等;③细菌指标：总大肠杆菌，细菌总数；④放射性指标：总 α 放射和总 β 放射。

3. 河湖底积物调查

这是主要用于湿地环境评价而进行的地球化学调查，特别是对大型湖泊和水网区。河湖底积物采样类似土壤地球化学调查，分为浅层采样和深层采样，采样密度要求是浅层 1 件/$4km^2$，深层 1 件/$16km^2$。表层采样可用简单工具或开合式取样器采取表层 20cm 以上的样品。深层要求 150cm 深的样品，深层取样需运用特殊的湖泊取样工具，如静压取样或重力取样器。对于特殊专项研究，如环境演化史、环境预警评价等，对柱状底积物要求按 1cm 一件样品系统采集，并按物质成分、颜色、粒度、生物碎屑和沉积物结构等特征分层分类，并详细记录描述。分析时，按要求再进行组合选择。对河流沉积物，要分别对底积物、河漫滩、阶地进行采样，采样位置一般按 5km 长度一个点位布设，也可根据专项要求布置。采样方法同湖积物。

4. 生态环境地质调查

(1)第四纪生态环境地质调查。主要对岩石圈表层堆积物，实际也就是成土母质进行调查，查明区域第四纪地层的分布、成因类型、物质组分及元素地球化学特征以及古地理、古气候、景观地貌、新构造运动、地质灾害等。研究不同地质时期、不同成因类型的成土母质与成土过程、土壤类型、土壤质量、理化特征、岩土结构及其生态效应。本项工作中，以收集已有的区域基础地质、水文地质、遥感地质、地球物理、地球化学农业土壤调查、植被调查、环境监测资料为主，实地重点调查不同时期堆积物特征及分布、土壤类型、岩土结构，并在成土剖面上系统采集岩石—土壤—植物样品，进行相关分析。

(2)前第四纪生态环境地质调查。主要是调查岩石圈直接裸露地表的地质体即岩石和矿(化)体的分布及常量、微量元素含量特征，查明区域地质环境对农业生态的影响，对土壤类型、土壤元素组成的影响，以及地质环境与浅层地下水关系，预测地下水水资源、地质环境与灾害地质关系。对不同地层、岩体、岩石类型要采样分析，以了解主要组分和微量元素的背景特征。前第四纪调查以收集区域地质资料为主，辅以适量的基岩样品采集和分析。

5. 生态效应地球化学调查

生态效应地球化学调查实际可以理解为生物地球化学调查，其生长发育状态就是具体生态环境条件的总体效应反映。调查的方法是观察记录和采样分析。观察调查的主要对象是植被类型、分布规律、面积、覆盖率，植物群落特征及群落的土壤特征；区域动物类型、分布、种群量、生殖与居栖地及与地质环境、植物类型分布、地表水、湿地环境的生存关系。采集生物样品分析微量元素。植物样品按树本、草本植物、蔬菜瓜果、籽实分别采集。根据研究要求，树木可按叶、枝、皮、干、根分别采集；灌木按鲜叶和嫩枝采集，蔬菜按叶杆和根须分别采集，瓜果则在同一试验地分别采自不少于 10 株的同簇位置、成熟度一致的果实，鲜重＞1kg；籽实则采用对角线法布 4～5 点，每个样点取 50cm×幅距作一样方采集，缩分后样量约 500g。植物样品采集时，还应对应采集根系土壤以便对比研究。大动物样品主要采集可食部位，新鲜肉样至少 3 件，取里肌、胸肌和背肌，对小动物可从不同位置切取混合组成。肉食样品重量＞500g。采取后冷冻保存。水产类、大鱼按三部位法采集，小鱼采集多条，去头、鳍、鳞、内脏、骨刺皮等，取可食部分。贝类去壳留可食部分。人体样品主要采集血和头发，人发取枕部为佳 2～5g、洗净保存。

生物样品进行品质分析和有害组分分析。前者作单糖、多糖、氨基酸、总酸、维生素等营养成分分析。后者分析 Hg、Cd、As、Pb、Cu、Zn、Co、Ni、F、Se、Fe，必须达到食品卫生限量标准。对植物样品还可考虑分析 Fe、Mn、Ca、Mg、Si、B、Mo 等营养元素，以研究土壤中相应元素丰缺程度对作物的影响。

三、农业生态环境评价

以农业生态地球化学调查资料为依据，研究评价与农业生产和人居生存环境密切相关的岩石、土壤、水圈、生物圈的物质现状是否满足人民健康生活。评价的标准是国家或行业颁布的各项标准。若一些重要指标尚无正式标准的话，可按统计学原理用正常背景加减二倍均方差作暂时标准进行评价。

1. 区域农业生态环境质量评价

(1)区域土壤环境质量评价。以土壤为评价对象，研究评价农作物的营养元素、微量元素有效态、有害元素等指标现状，对农作物适宜性进行分区，即适宜区、优质区、不宜区，为优选高效农业区提供依据。此项评价工作中，还要进行农作物适宜性评价，因为不同种类的农作物对土壤环境质量有着不同的要求，通过作适宜性评价，为种植业的合理布局和产业结构调查提供依据。土壤有害组分评价是对区域土壤污染现况进行评价，主要是面源污染评价，包括大面积有毒重金属和难降解有机物的积累程度，矿山开采对周边环境的污染现状与影响。面源型有机污染指污染面积达 100km^2，并有一定代表性的区域。通过区域调查的深层与浅层资料对比，分析污染物输入输出量，预测未来发展趋势，进行农业环境安全性评估，并提出面源环境修复意见。

(2)水环境质量评价。水环境质量的优劣直接影响到农业的可持续发展。地表水多为灌溉水、养殖用水，浅层地下水多为饮用水。对水环境主要进行污染现状评价，为水资源合理开发提供依据。因此，对水的不同用途，要采用不同水质标准进行评价。另外，对湖泊水还应进行富营养化程度评价。

(3)河湖底积物评价。对陆地淡水沉积物国家尚无质量标准，可参照海洋沉积物质量标准对一些指标作适当调查，或参照国外标准进行探索性评价。评价方式借鉴土壤评价方法，对其营养元素、有益元素、有害重金属和有机毒物的含量和空间分布进行评价。

2. 局部农业生态环境质量评价

在区域评价的基础上，对局部尺度环境现状和特殊生态环境区进行综合评价，包括以下方面的评价：

(1)“名、特、优”农产品立地环境质量评价。“名、特、优”农产品是长期自然优选的结果，立地于特征的生态环境。查明其土、水、地质、气候环境、限制因素，研究“名、特、优”农产品的地域分布规律，“名、特、优”产品品质与地质环境关系，从而达到区域环境适宜性评价，为规划发展名特优产品提供依据。

(2)都市农业基地环境质量评价。农业发达区常常是城镇密集区，大都市分布其中，建立绿色环保生物食品生产基地是关乎国计民生的大事。在局部农业生态地球化学调查的基础上，选择目标区进行土壤、水环境质量现状评价，特别是营养组分的丰缺和有害组分污染状况，以及现有生态环境质量状况进行对比分析，优选出绿色环保生物食品(包括蔬菜茶果、畜牧水产、花卉苗木)生产基地。

(3)地方病生态环境质量评价。由于特殊地质环境或生活方式习惯的不同，一些局部区域居民摄取的某些元素过量或不足，成为一些地方性疾病诱发的因素。根据生态地球化学调查及卫生防疫部门的资料，对地方病区域分布特征，特别是高发区生态环境质量、自然地理因素、气候环境因素、土壤和水环境质量现况等因素进行综合分析，探讨环境特征元素与病源关系，并从基岩—土—水—生物系统中微量元素的迁移规律，分析疾病诱发因素。最终，对地方病高发区环境修复和减低发病率提出对策与建议。

(4)城市人居环境质量评价。通过局域农业生态地球化学调查，对城区及近郊土壤、水、大气环境质量现状进行评价，研究人口快速集中增长给生态环境造成的超前负荷和环境恶化的负面影响，进行城市环境质量分区，提出城市规划建设和可持续发展的建议。

第四节　农业生态地球化学的应用

农业生态地球化学调查获得丰富的地球化学资料，除进行区域和局域生态环境质量评价外，还可以在多方面获得广泛应用。现对已取得明显成效的几个方面的应用予以介绍。

一、土地利用规划

土地利用规划一般包括两个主要阶段：一是土地资源的调查，二是在调查研究基础上的土地利用评价，即对土地适宜性和土地潜力的综合分析，这样才能对土地利用进行科学、合理的规划。土地利用规划需要地球科学提供如下信息：洪水泛滥区、易发地震区、滑坡、水资源和矿床等。随着社会进步，农用土地资源的调查研究与评价在土地利用和规划中的作用及意义日益突出。

俄罗斯在进行该方面研究时主要是编制土地利用图，它由 3 个部分组成：①填图前的土地利用类型及自然地球化学趋势。包括编制土地利用类型图、天然和综合地球化学景观图、农业地球化学图、预测地球化学图等。在土地利用图上，应圈出特殊保护区和经济开发受限制的地区、林业区、农业区、工业化城市化区、采矿工业区的范围。②自然环境状况的生态地球化学评价及建议。标明自然环境被某种毒性元素或化合物所污染的性质和程度，以及灾害地质作用的性质、地点与发育程度和地下水的防护程度。③土地相对价值的评价。根据污染程度和生态地质状况，将其划分为令人满意的地区、中等危险地区、危险和灾害性地区，并针对不同情况采取相应的自然保护措施。

1999 年以来，成都地区在全国率先进行以土壤调查为主的生态地球化学调查及评价试点工作，综合土壤元素含量、环境污染、工农业布局等因素，完成了全市农业综合规划(图 10－6)。全区分为近郊平原、浅丘粮油副食品区，中部农、牧、渔区，中部丘陵粮、果、经济作物、林、牧区，远郊中低山林、土特产区，远郊高山水源涵养区等 5 类，为今后成都经济区的发展打下了坚实的科学基础。

湖南地球物理地球化学勘查院在洞庭湖地区，利用 1∶200 000 区域化探浅层土壤测量资料，对土壤进行了质量分区。洞庭湖地区是湖南省重点粮棉生产基地，因盲目耕作和不合理施肥降低了农业效益。湖南省地球物理地球化学勘查院对本区土壤质量进行了研究和评价。他们以 1∶200 000 区域化探潜层土壤测量为基础，对湖区 1×10^4 多平方千米的土壤进行质量分区，划分出农业优势区、劣质区和一般区。他们进行土壤质量分区的原则和方法是：

(1)以全区各营养元素或氧化物(实际为 11 种)的平均值 $\overline{A}_i$ 为背景，求出各元素或氧化物的优、劣势起始值 b_i。

$$b_{i优}=\overline{A}_i+S_i；\ b_{i劣}=\overline{A}_i-S_i$$

其中，S_i 为没有剔除特高值的离差，对于 CaO，因含量变化特大，只取 0.5 倍离差。

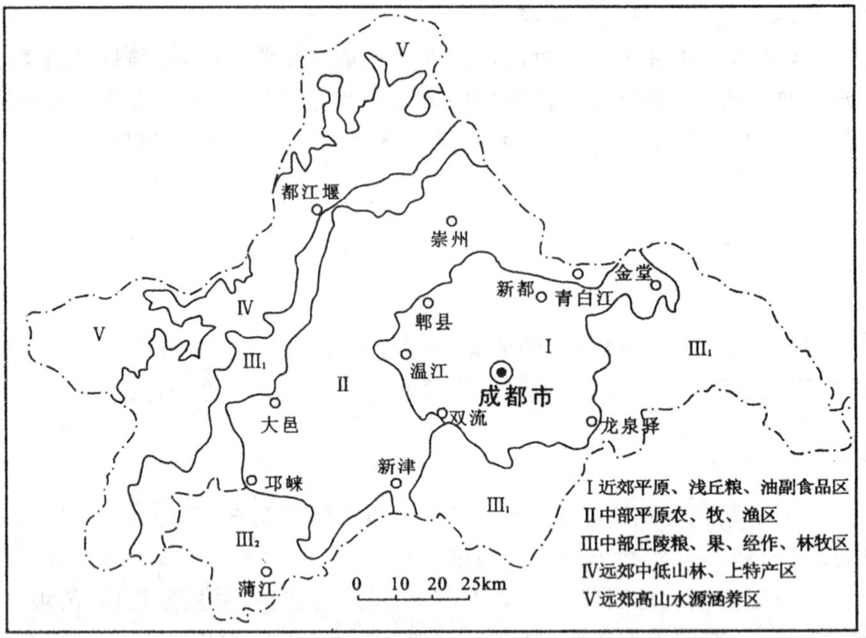

图 10－6　成都市农业综合分区图(朱礼学等,2003)

(2)求出全区各营养元素或氧化物的优、劣指数：

$$g_i = b_i / \overline{A}_i$$

(3)求出全区综合优、劣判别指数：

$$G = \sum_{i=1}^{n} g_i / n$$

计算结果见表 10－4。

表 10－4　洞庭湖区农业地球化学土壤质量分区各参数

统计	B	CaO	Cu	Fe_2O_3	K_2O	MgO	Mn	Mo	P	SiO_2	Zn	备注
$\overline{A}_i$	74.58	1.87	31.88	5.54	2.27	1.62	823.59	0.82	577.54	65.52	87.09	
$b_{i优}$	88.88	2.82	45.66	6.73	2.74	2.41	1 033.83	1.16	737.80	73.11	11.21	$G_{优(均值)}$ 1.3
$g_{优}$	1.19	1.52	1.43	1.22	1.21	1.89	1.26	1.42	1.28	1.11	1.29	
$b_{i劣}$	63.14	0.93	20.86	4.59	1.89	0.99	655.37	0.52	449.33	59.63	66.99	$G_{劣(均值)}$ 0.78
$g_{劣}$	0.85	0.50	0.65	0.83	0.83	0.61	0.80	0.67	0.77	0.91	0.77	

以 $G_{优(均值)}$ 和 $G_{劣(均值)}$ 为划分界限，$\geqslant G_{优(均值)}$ 的区域为农业优势区，$\leqslant G_{劣(均值)}$ 的地区为农业劣势区，两者之间的为农业一般区，进而编制农业地球化学土壤质量分区图(邓集余,1997)。

实地调查表明，洞庭湖地区的农业地球化学土壤分区是可行的(表 10－5)。

表 10-5　实地调查区的水稻产量及各元素优势指数(邓集余,1997)

优劣分区	水稻产量(kg/hm²)	优势均值	调查地点	各元素优势指数										
				B	CaO	Cu	Fe_2O_3	K_2O	MgO	Mo	Mn	P	SiO_2	Zn
优势区	7 500	1.52	千山红农场	1.55	2.85	1.74	1.36	1.35	1.50	1.63	1.13	1.55	0.86	1.21
一般区	6 000	1.03	华容县	0.96	0.24	0.87	0.82	1.31	0.93	1.78	0.88	1.18	1.10	1.25
劣势区	4 500	0.44	桃源县北东	0.39	0.12	0.19	0.33	0.85	0.27	0.37	0.38	0.36	1.29	0.33

需要特别强调的是,用于农业目的的土壤地球化学测量涉及诸多因素,目前还没有严格的统一规范。因而,在实际应用过程中,必须根据实际情况,选择合适的指标、划分标准和调查方法,不能盲目照搬。从理论上土壤有效态元素含量的指示意义更好,然而土壤中有效态元素含量容易受外界因素的干扰,不同时期、不同实验方法、不同地质地球化学背景下土壤中元素有效态含量存在较大的不稳定性,而土壤中元素总量具有稳定性、可比性、可操作性等特点,尽管其指示意义在理论上不如有效态,但只要土壤中元素总量与有效态含量基本呈线形关系,利用土壤元素总量开展农业地球化学调查还是可行的。

二、平衡施肥与合理施肥

生态地球化学调查不仅提供了土壤元素全量,而且可以分析得到有效态含量;不仅测定了植物营养元素含量,还提供了植物有益元素、具有颉颃或协同作用的元素含量。系统的元素资料使因土因需平衡施肥成为可能。

土壤的养分供应能否满足作物的养分需要,满足的程度如何,决定着作物产量的高低。在众多的植物必需养分中,各种养分相对于植物需要的程度也是不同的。在这种情况下,决定作物产量的是土壤中相对含量最小的养分。在一定限度内,随着这种养分相对含量的提高,产量也相对提高;如果不提高该养分的水平,而增加其他养分产量是难以提高的。平衡施肥主要是使土壤各养分间的供给均衡,满足作物对各种养分的需求,较好地克服土壤中的主要最小养分对作物高产的限制。

从我国的土壤肥力来看,20 世纪 50 年代农田土壤普遍缺氮,是当时限制产量提高的最小养分因子。所以施肥主要以有机肥与氮肥配合,增产效果非常显著。到了 20 世纪 60 年代由于施氮肥后克服了氮这一最小养分因子的限制作用,磷逐渐成为最小养分限制因子,施肥上采用氮磷配合达到了增产效果。到 20 世纪 70 年代后产量水平大幅度提高,钾的问题便日益突出。钾肥的肥效日益显著,故进入了氮磷钾配合的大量元素平衡施肥阶段。

不同的土壤地球化学分区,元素的有效性存在明显差异。如铁铝土区,由于磷与铁、铝的结合导致磷的有效性大大降低,因而存在严重缺磷的问题。因此对这类土壤的施肥,要重点解决磷的有效性问题。不同类型的土壤,微量元素的含量和有效性也存在差异,而研究表明微量元素对农作物的增产有一定作用。因此,通过农业地球化学的工作,我们可以有针对性地施用微肥以促进农业生产。如河北抚宁地区根据原地矿部物化探研究所朱立新等(1994)的研究成果,推广了微肥施用,取得了较好的效益(表 10-6)。

表 10-6 河北抚宁地区 1995 年微肥推广应用的效果

元素	用量(t)	施用面积(m^2)	农作物	施用效果
Mn	0.5	24×10^3	玉米	增产 8%～15%
Zn	150	11×10^7	果树、玉米、甘薯、水稻	增产 5%～18%
B	10	24×10^5	果树、水稻、花生	增产 10%～20%

再如，我国南方红壤地区气温高，雨量充沛，植物生长旺盛，生物循环强烈，一些养分贫化，对农作物品质有一定影响。如由于生物气候条件，南方红壤中含镁矿物分解殆尽，土壤有效含镁含量较低，土壤供镁能力不足，成为提高农业效益的制约因素。

黄鸿翔等(2000)针对研究区内优势农作物，在不同类型土壤条件下，开展不同镁肥品种的施用效果实验。按镁肥的溶解性，常用镁肥可分为水溶性镁盐和石灰质镁肥及微溶性镁化合物。这些镁肥性质的差异决定了施用效果。玉米的盆栽实验表明(表 10-7)，在硅质红壤上施用碳酸镁(菱镁石粉)、氧化镁肥效果最好。其次是硫酸镁和海泡石粉(富镁硅酸盐)。而氯化镁最差，对玉米苗期生长有抑制作用。这可能与氯化镁降低土壤 pH 值而增加土壤活性铝的毒害有关。

表 10-7 施用不同品质镁肥对玉米增产的盆栽效果实验(黄鸿翔等，2000)

镁肥品种	含镁量(MgO%)	镁施用量(mg/kg)	干物量(g/盆)	增产(%)	施后pH值
硫酸镁	16.1	200	9.3	31.0	4.1
氯化镁	19.6	200	2.0	−39.2	4.0
碳酸镁矿粉	38.0	200	12.5	76.1	4.6
氧化镁	95.0	200	13.3	87.3	4.7
海泡石粉	15.0	200	8.7	22.5	4.6
不施镁(对照)	—	—	7.1	—	4.4

开展大田实验是推广合理施肥前的重要步骤。大田实验中，不能只施用单一镁肥，还应考虑多种常用农肥(如氮、磷、钾肥等)复合施用的效果，以选择最佳施用量，提高经济效益。研究表明土壤施钾水平过高，会导致作物对镁吸收的减少。实践证明对我国南方红壤采取施镁措施后可以提高多种农作物的产量。

三、土壤整治与改良

世界上，大量土地的农业价值远未挖掘，一个主要原因在于这些土地存在着各种各样的问题，无法直接用于农业生产或生产效益太低。其中一部分土地，可以利用地球化学原理进行土壤改良来提高农业产出。最为典型的要算盐渍土了。盐渍土是一系列受盐碱作用的，包括各种盐土和碱土以及其他不同程度盐化和碱化的土壤的总称。在全球五大洲，涉及一百多个国家和地区，都有各种各样的盐渍土分布。据联合国教科文组织(UNESCO)和粮农组织(FAO)的不完全统计，全世界盐渍土面积为 9.543 8 亿公顷。

在盐渍土中，钠质碱化土分布广而危害大，是对农业生产影响最大的典型盐渍土之一。其原因有两方面：一方面，由于土壤交换性钠的水解，可以产生大量的钠的碳酸盐、重碳酸盐和有机酸盐，从而提高了土壤溶液的 pH 值，通常可达 8.5 以上。强烈的碱性，不仅会造成蚀根作用，而且会降低土壤中营养元素 Fe、Mn、Ca、P 的溶解度和有效性。另一方面，碱土及碱化土壤在 Na^+ 的作用下，胶体高度分散，恶化了土壤的物理性质，湿时泥泞而不透水，干时土壤坚硬而结壳，严重影响出苗和农作物的根系生长。因此，是重点改良对象。

碱化土壤的改良，一般包括农业及生物改良、种稻植树改良和化学改良几种方法。其中化学改良具有见效快的特点。常用的化学改良剂包括含钙物质和酸性改良剂。下面分别加以介绍：

(1)含钙物质：利用含钙物质改良盐渍土的地球化学原理主要是利用 Ca^{2+} 交换土壤吸收性的 Na^+，消除苏打(Na_2CO_3)，从而改善土壤的理化性质，达到改良的目的。

$$Ca^{2+}\ \boxed{\pm}\begin{matrix}Na^+\\ Na^+\end{matrix} \longrightarrow \boxed{\pm}\ Ca^{2+} + 2Na^+$$

$$Ca^{2+} + Na_2CO_3 \longrightarrow CaCO_3\downarrow + 2Na^+$$

石膏、磷石膏是常用钙质改良剂。一部分石膏、磷石膏可直接采用化工副产品，还有一部分可充分利用石膏尾矿，石膏是天然含钙物质，价格低廉。1970 年，在河南封丘县利用石膏改良盐碱地，取得了较好的改良效果。施用石膏、磷石膏改良盐碱地后，不仅农作物得以增产，土壤的大部分理化性质也明显得到改善。

(2)酸性改良剂：改良盐碱土，还可以利用酸性改良剂。特别是一些廉价的酸性改良剂，对于降低治理成本是十分重要的。如在我国山西一些盐渍土区，就利用当地产的酸性黑矾($Fe_2SO_4\cdot 7H_2O$)。黑矾用于改良盐碱土的化学机制就是利用其酸性来中和碱性，同时溶解出土壤中的钙离子，使钙离子与胶体表面的钠离子发生交换，从而降低钠碱化度，改善土壤的理化性质(表 10-8)。实践表明，黑矾能降低土壤碱度、消除土壤中游离的碳酸根。

表 10-8 黑矾改良碱土前后土壤的地球化学特征对比(王遵亲，1993)

处理	pH	离子组成(毫克当量/100g 土)							交换性钠[毫克当量/100g 土]	碱化度(%)
		CO_3^{2-}	HCO_3^-	Cl^-	SO_4^{2-}	Ca^{2+}	Mg^{2+}	$K^+ + Na^+$		
施用黑矾	8.4	0	0.13	0.01	7.67	5.56	1.42	0.83	痕迹	—
对照	10.0	0.25	0.43	0.10	0.27	0.05	0.04	0.96	0.96	15.98

除了 $Fe_2SO_4\cdot 7H_2O$、$Al_2(SO_4)_3\cdot 18H_2O$ 和硫磺等无机酸性改良剂外，还可以利用对土壤无污染的酸性有机改良剂。特别是一些成本低、见效快的天然改良剂。如在我国新疆风化煤资源非常丰富，总腐殖酸含量一般在 40%以上，pH 值在 3～4 之间，表面积也比较大(如新疆伊宁、九道湾风化煤的比表面积分别为 $259.58m^2/g$ 和 $359.22m^2/g$)，巨大的表面积使缓冲能力大大增强。风化煤改良碱土的机理主要是利用腐殖酸的功能：一方面，腐殖质能够影响土壤胶体的性质，能与土壤粘粒作用使土肥结合，水稳性复合体含量相对增加。同时，腐殖质本身的酸性可以中和土壤碱性，降低土壤的高 pH 值。另一方面，腐殖质可以增加土壤微团聚体，改善土壤容重、孔隙度、空气含量、渗透速度和板结程度等土壤物理性质(表 10-9)。

表 10-9　风化煤改良碱化土的土壤物理性质分析结果(王遵亲,1993)

处　理		微团聚体(q 干土重%)		容重 (g/cm³)	空隙度 (%)	土壤空气 (%)	渗透速度 (ml/min)
		<0.001mm	0.001～0.25mm				
大田试验	施 3 年	1.6	98.4	1.3	51.9	16.0	1.3
	对照	1.8	98.2	1.4	48.9	13.2	0.3
盆栽试验	风化煤	13.3	86.7	1.2	54.8	36.6	0.2
	对照	17.1	82.9	1.3	50.7	33.9	0.2

需要指出的是,由于改良盐渍土的根本途径在于控制、调节影响水盐运动的地球化学因素,消除和减少发生土壤盐碱化的诱因,避免人为因素的土壤次生盐渍化(如不合理利用地下水灌溉农田;地下水过度开采所引发的海水入侵等都会导致土壤的次生盐渍化)。因此,在采用化学改良盐渍土方法的同时,还必须在了解土壤盐渍化的发生机制的基础上,根据盐渍土发生的不同性质、不同背景、不同条件,从宏观上采用农业、水利工程等综合措施进行全面治理,才能从根本上提高土壤改良的成效。

四、绿色食品、名优特农产品合理种植规划及开发

各种作物,特别是一些名、优、特农作物对生长环境、土壤元素含量及营养配比有特定的要求。据此进行种植布局规划,可取得较高的农业生产效益,并减少因大量施肥引起污染的可能性。农业生态地球化学资料可为绿色食品及名优特农产品生产基地的选址规划、施肥和生产管理提供充分的科学依据。推动我国生态型可持续农业的发展,增加我国农产品的国际竞争力。

根据土壤地球化学特性进行因土种植是发挥土地潜力的重要措施,而对名、优、特农产品的开发则更为重要。农业地球化学研究成果表明,我国一些名茶产于酸性、高钾、高硅以及较高有效锌、铜、硼等微量元素的土壤环境;优质烟草则产于中性、低碳酸钙含量、钾素供应充足、较高有效硼、锰、铜和锌的土壤环境中;优质柑橘则生长于酸性适中、盐基组成钙、镁较丰富、有效锌、铜、钼和硼比较丰富的土壤中;大部分中草药,如龙脑香、罗汉果、山奈、浙八味、川贝母、杜仲、三七等 4 800 多种,集中产于铁铝土区。可见名优特农产品的生长环境对其品质的影响是很大的。如果根据不同的土壤地球化学条件,有计划地因土种植来扩大名优特农产品的规模或创造其适宜的生长环境,显然会带来巨大的经济效益和社会效益。

农业生态地球化学不仅在传统名优特农产品发展方面能够发挥重要作用,在新兴优质农产品的开发方面也能发挥学科优势。比较典型的例子是富硒茶的种植与开发。硒是瑞典科学家柏齐济阿斯在 1817 年发现的,早期被认为是有害元素。1957 年 Schwarz 和 Foltz 研究发现膳食硒可以防止缺乏维生素 E 的大鼠肝坏死,硒的生物价值才开始受到关注。我国克山县发生的地方病就与缺硒有关。目前硒已被认为是人体不可缺少的微量元素。但我国大部分地区普遍缺硒,如何充分、有效地利用宝贵的天然硒资源,涉及许多地球化学问题。

硒在植物体内一般含量 0.004～0.2mg/kg,在含量适度的情况下属有益元素,但没有证据表明硒是植物必需元素。选择合适的农作物作为硒的吸收载体为人类摄取获得天然硒源,

是开发利用有限硒资源的重要出路。研究表明茶树是天然富集硒能力较强的农作物，利用^{75}Se同位素示踪技术发现茶叶中80％硒是蛋白质硒，除少数与色素、多酚、核酸和果胶结合外，大部分蛋白质硒呈游离状态，而无机硒仅占总量的8％。茶硒价态分析的研究表明，Se^{4+}占总硒的3.89％～14.17％，结合态Se^{4+}占Se^{4+}总量的65％～78％，水溶性Se^{4+}占水溶性硒总量的11.49％～46.53％。相比之下，茶叶中Se^{2+}的含量就高多了，占87.13％～96.11％，水溶性Se^{2+}为13.14％～19.24％，水溶性Se^{2+}占水溶性硒总量的53.47％～88.51％，这表明茶叶及茶汤中大部分硒是有机硒。了解土壤中硒的来源、赋存形式、转化及有效态硒对茶树的影响，对于有效开发土壤硒资源、提高茶叶品质、生产基地的优选是极为关键的。

第十一章 在其他方面的应用

第一节 火山、地震监测与预测

火山、地震的频繁发生给人类带来了巨大的灾难，预报成为人类急待解决的重大问题。但因其突发性成为当今地球科学中尚未解决的重大难题。20世纪初，一些科学家提出了地震预报的设想，但限于科学发展水平和测试技术方面的原因，研究进展缓慢。20世纪60年代后，地震进入活跃时期，国内外一大批科学家投入实验研究，方法上、理论上均取得了明显进展，预报成功率和预报水平都有显著提高。

一、地震成因及地震预报概况

火山和地震既有区别，又有密切联系。火山是岩浆在活动过程中冲破地壳岩石圈的阻力后喷发或溢出地表，并伴随有地震发生。但地球内能积累、释放造成岩石圈岩石破裂，断层活动引发地震，也可以没有岩浆喷发或溢出，常常称为断裂地震。火山地震主要分布在不同板块的对接带上，特别是俯冲带造成的火山弧，而断裂地震既可分布在不同板块对接带上，也可分布在板内活动断裂上。对已发生的地震统计表明，90%左右的地震属于断裂地震，火山地震是次要的。另外尚有少量滑坡、塌陷引起的危害较小的局部地震。由于火山与地震诱发的成因相似，引起的地球物理和地球化学性质的应变相似，监测预报的方法也基本相同。因此，本节重点讲述地震预报的方法技术，这些方法同样也可应用于火山监测预报。

显然，地震是地球内部能量逐步积累产生的应力超过刚性的岩石圈承受限变时，集中释放内能引起的。因此，它有一个内能积累阶段、释放前兆阶段、能量大释放阶段和剩余能量释放阶段，即通常所说的地震孕育、发展、发震和震后阶段。在地震孕育发展过程中，在热应力作用下，地球岩石圈产生了一系列的地球物理和地球化学性质的变化。地球物理上表现为地应力、地热、地磁、地电流、地电阻、重力等方面的变化，这是地球物理监测的理论基础。地球化学上表现为化学成分的变化和地下流体的活动迁移。地幔熔融分异产生脱气，低应力造成岩石破裂，赋存于矿物结构中的组分活化，裂隙面吸附的各种离子、气体分子释放出来，以及放射性元素衰变产生的氡、氦、氩等气体，构成了地震孕育过程中最特征气体活跃组分。同时，水一岩平衡体系被破坏，地热流体吸收溶解了围岩的化学组分和气体，形成能灵敏映震的地下热流体。因此，地下射气和地下水化学特征的变化构成地球化学预震的两个主要监测内容。

早期的地震监测主要是地球物理方面的，地球化学方面相对开展较晚。前苏联科学家在20世纪早期提出了利用地下水化学成分预报地震的思想，但真正开展实质性的预测研究是在1966年4月塔什干地震之后。中国是在1966年3月邢台大地震之后，由中国科学院地球化学研究所和地矿部水文地质研究所先后对邢台地区地下水的氡、Cl^-、Ca^{2+}、Mg^{2+}及水中气体总量进行观测，获得了水化（水文地球化学的简称，以下同）异常，并在北京、天津、河北选择一批条件较好的井孔开展地震监测工作，并监测到1969年7月18日渤海7.4级强震的水化异常(特别是水氡异常最为明显),对 1975 年 2 月海城 7.3 级地震预报也起到了积极作用。因此,中国是略晚于前苏联的开展水化预震的最早国家之一。日本于 1973 年、美国于 1974 年开始开展地震地球化学研究工作。其他如意大利、西德、南斯拉夫、朝鲜等国家更晚一些开展此项研究工作。前苏联在研究深度和广度方面处于世界前列,我国在水化预震方面也取得了显著成绩,日本侧重于水氡、断层气测量研究,美国在测试仪器研制方面走在前面。

二、地震水文地球化学台网与监测指标

水化台网布设的原则是优先考虑地震活动带、地震危险区,适当兼顾少震、弱震区,在重要地震带上建设预报实验场进行重点实验研究。目前我国在 28 个省区(除西藏、贵州、台湾外)建成了 68 个国家基本台站、110 个区域台、152 个地方台,共 366 个观测点(至 1992 年),控制着全国 $207\times10^4 km^2$ 的易震面积,规模之大,居世界第一,并在新疆喀什、阿克苏、京津唐和滇西建立了 3 个重点实验场。

水化地震观测点应布设在以下部位:断裂活动带及其附近(断裂带两端及转折处),与深大断裂有关的地热异常区,地幔上隆区及其边缘,重力异常带上,不同地质构造的交界处及构造薄弱带。

地震水化监测内容十分丰富,如哈萨克斯坦在阿拉木图建立了 10 个观测井,其中 7 口是专门打井,井深最浅 120m,最深 2 730m,进行 28 项指标监测。根据我国 68 个基本台站统计,观测项目达 34 项之多,分为 4 个方面:

(1)氡气及辅助项目:水 Rn、水温、流量、室温、气压、气氡、水氡、水位,前 5 项是所有台站必测项目。

(2)气体监测项目:N_2、He、H_2、CO_2、Ar、CH_4、O_2、H_2S、气体总量。

(3)水质监测项目:K^+、Na^+、Ca^{2+}、Mg^{2+}、Hg、Cl^-、F^-、SO_4^{2-}、HCO_3^-、NO_3^-、NO_2^-、SiO_2。

(4)其他项目:电导、pH、Eh、总硬度、总碱度。

此外,还开展过 Li、Rb、Cs、Ba、Br、I、As、Cu、Pb、Zn、SO_2、CO、NH_3及放射性元素 U、Ra、Th 的映震研究。

气体是孕震过程中最活跃、最具扩散穿透力的组分,是映震最灵敏的指标。其中,尤以氡研究最早、最深入、应用最普遍,是地震台站必测项目,其次是汞、氦、氢等气体。

氡是镭(Ra)蜕变生成的惰性气体,有三种放射性同位素,即^{219}Rn、^{220}Rn和^{222}Rn,^{219}Rn半衰期为 3.96s、^{220}Rn为 55.65s、^{222}Rn最长为 3.8天。因此,只有^{222}Rn有实际地球化学意义,平时所说的测氡即指^{222}Rn。由于它半衰期短,能反映短期的局部变化,能出现明显的地震前兆反映。图 11-1 是 1975 年 2 月 14 日辽宁海城 7.3 级地震前后一年多的测氡曲线图,多孔水氡出现了几个月的明显的趋势性异常。

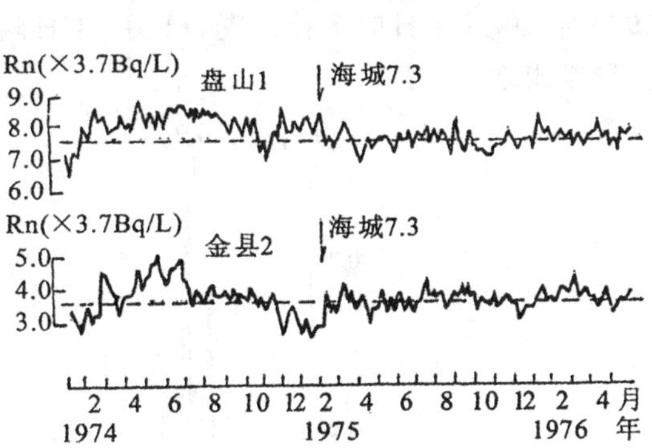

图 11-1　辽宁海城 7.3 级地震水氡五日均线图(张炜,1975)

汞具有低沸点、低升华、高蒸气压和强穿透性的特点。在地壳物质熔融分异过程中,极易分离出来被驱赶至地表,普遍被认为是深源物质,是地球深部呼吸脱气的产物,具有远程指示意义。在地震孕育过程中，常沿深大断裂快速向地表迁移。因此，汞对地震前兆具有独特指示意义。图 11－2 是 1988 年云南澜沧 7.6 级地震的汞含量曲线，震前 6 个月上升趋势异常。汞在地震监测中起着越来越重要的作用。

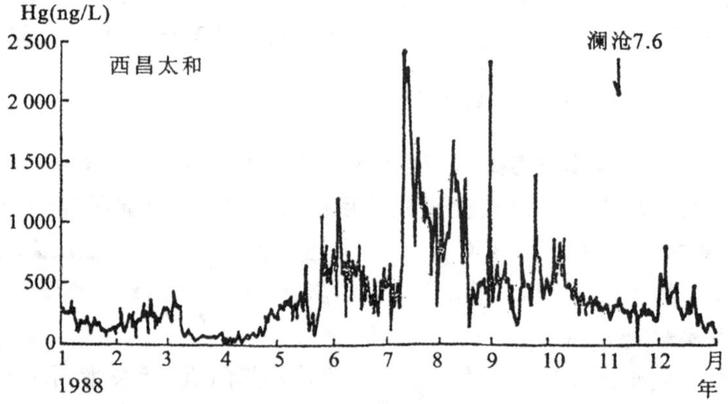

图 11－2　云南澜沧 7.6 级地震汞含量变化曲线(邢玉安等，1978)

氢是最轻的气体，是十分活跃的挥发性组分，迁移速度快，扩散能力强。高温条件下甚至可以穿透金属扩散，如在 300～600℃时，可以穿透铂、钯、铁、镍、铜等金属。氢的扩散速度随温度升高而增加，压力增大，氢的溶解度增加。在深部高温高压条件下氢易于富集。因此，氢可以将地震孕育信息快速传至地表。图 11－3 是 1976 年 11 月 15 日河北宁河 6.9 级地震氢含量曲线图。由于宁河地震是在 76 年 8 月 28 日之后强孕震背景条件下发生的，趋势异常不明显。但在光华染织厂热水井中氢含量比 10 月份的平均背景(0.02%)明显升高十几倍，从 11 月 2 日开始高跳，15 日地震时达到最高。至于氢来源的机理至今尚不清楚，但 Kita(1982)通过岩石在有水存在条件下加压实验，证实了氢气的产生，表明孕震过程深部可能产生氢气。

氦是铀、钍 α 衰变产生的惰性气体，它不与其他元素化合，具有强的扩散能力。前苏联科学院地球化学分析研究所(1978)多次在杜尚别实验场观察到地震前氦的变化(图 11－4)。1978 年 10 月 4 日的奥什地震，11 月 24 日阿富汗地震，11 月 1 日阿赖 7.0 级地震在震前均有氦异常出现。

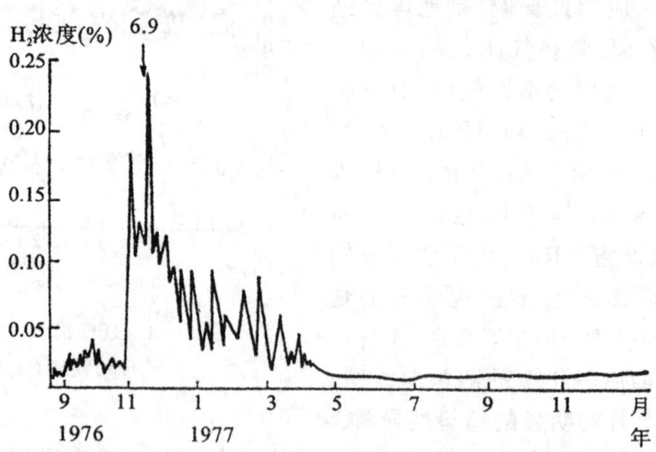

图 11－3　河北宁河 6.9 级地震前后光华热水井氢含量变化曲线(王基华，1976)

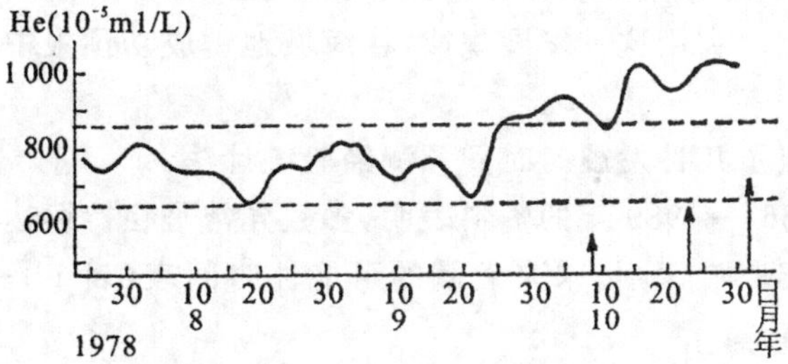

图 11-4 前苏联亚伏罗兹热水井氦含量变化曲线(巴尔苏科夫,1979)

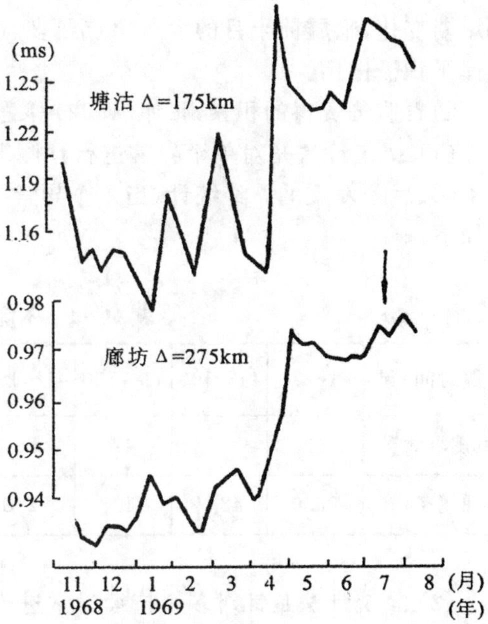

图 11-5 渤海 7.4 级地震前电导率五日均值曲线(马裕中等,1976)

电导率是水中离子总量的一个综合度量指标,具较好的映震能力(图 11-5)。

此外,Cl^-、F^- 等其他指标也有指示。

上述指标中氡应用最普遍,汞应用虽晚一些,但其优点渐显出,正成为很有前景的一个指标。

三、地震水化前兆特征及预报

国家地震局通过对 1969—1988 年近 20 年间大于 5.0 级地震 72 次的统计研究,以每次出现水化异常 3 次为判据,在 7.0 级的 7 次地震中,5 次有异常,占 71.4%,6.0~6.9 级 17 次,41.7%观察到异常,5.0~5.9 级 48 次中 33.3%有异常显示,证实了水化学预测地震的可能性和有效性。通过大量案例总结出了我国不同震级水化异常特征为:

(1)异常数量:震级越高,异常出现数越高。

(2)异常持续时间:震级越高,震前异常持续越长,具有明显的趋势异常。Ms≥7.0 级地震,持续时间可达 1 年以上,6.0~7.0 级多数持续半年左右,5.0~6.0 级持续半年以内。辽宁海城地震、唐山地震都有 1 年以上的趋势上升异常。

(3)异常出现时间:靠近震中的观测点异常出现时间早,而远离震中出现异常的时间晚。

(4)异常的空间分布:≥7 级的地震,水化异常点分布范围广,大多集中在 200~400km 范围内,6~6.9 级地震多集中在 100~300km 内,5~5.9 级多集中在 200km 以内。

(5)大陆板内地震,如中国大陆和中亚地区地震,不仅集中分布在震中附近,还能观测到远距离异常。而板缘地震异常点范围小,如日本伊豆大岛 7.0 级地震(1978.1.14)前兆异常点距震中一般 15~30km。我国华北地区地震水化异常点分布范围广,持续时间长,而西南地区的地震异常点范围小,持续时间短。

根据上述异常特征,国家地震局科技监测司张炜等(1992)总结了我国地震预报经验,提出了对发震时间、强度(震级)和地点三要素进行预测的认识。

1. 发震时间

地震预报中,将持续发展半年以上的称中期异常,半年以内的称短期异常,1 月以内的称临震异常。7 级以上地震一般都可观察中期异常,而 5~6 级地震一般只出现临震异常。

发震时间预报是最困难、最复杂、也是最重要的一项。早期预测主要是从异常发展特征进行预测。如图 11 - 1 的海城地震预报就是依据长达一年的趋势异常，强震在震前 2～4 月的剧烈短期变化，临震前半月的水氡单点或多点突跳。利用这一发展规律，在海城地震成功预报中发挥了积极作用。

随着监测资料的积累，张炜(1992)等总结出了几种发震时间预测经验统计法：

(1)$\Delta t'$统计法是对单个异常进行预测。1966 — 1989 年的资料表明，多数异常是在持续达到 40 天后才发震的。经统计，当一个异常持续到 40 天后，未来发震的可能性时间表(表 11 - 1)如下：

表 11 - 1　不同时间段发震异常统计表

发震时间(天)	41～70	41～100	41～130	41～160	41～190	41～220	41～250	41～280	41～310	41～535
发震异常数	19	37	47	55	62	66	70	70	72	76
出现概率(%)	25.0	48.7	61.8	72.3	81.5	86.8	92.1	92.1	94.7	100.0

(2)Δt 统计法是针对多个持续异常进行发震时间的预测方法。假定某个异常持续时间为 Δt_i，异常结束时间为 t_i^2，异常的最长发震时段($\Delta t_{\max}^i$)由经验统计表(表 11 - 2)确定，如某异常持续时间为 15 天，对应的最长发震时段($\Delta t_{\max}^i$)为 90 天。

表 11 - 2　不同持续异常最长发震时段表

异常持续天数 Δt_i(天)	1～32	33～178	≥179
最长发震时段($\Delta t_{\max}^i$)(天)	90	140	170

预测的发震开始时间 $T_i^1=\Delta t_i^2$，终止时间 $T_i^2= t_i^2+\Delta T_{\max}^i-1$，如果有 m 个异常，则分别计算单个异常对应的开始发震时间和最长发震时间后，再用集合运算法则预测该地区的开始发震时间 T'和最长发震时间(即终止时间)T^2：

$$T^1 = \max(T_1^1, T_2^1, \cdots, T_m^1)$$

$$T^2 = \min(T_1^2, T_2^2, \cdots, T_m^2)$$

(3) N - T 法是对连续出现多次异常后进行统计预测的方法。根据经验总结，各异常达到或超过 32 天，异常总数达 4 次，则可按下式计算发震开始时间 T^1 和终止时间 T^2：

$$T^1 = T_4^1 + 32$$

$$T^2 = T_4^1 + 121$$

其中 T_4^1为第 4 个异常的开始时间。

例如，1977 年 5 月 12 日天津宁河 6.3 级地震前，第一个异常为怀来 4 井水氡异常，开始于 1977 年 2 月 26 日，尔后还先后出现 4 次异常。若以 2 月 25 日为异常共同起点的时间计算(该天为 0)，根据各异常所预测的发震时间见表 11 - 3。根据全部异常预测的发震开始时间为 67 天，终止时间为 108 天，相当于 5 月 3 日至 6 月 13 日，真正发震时间恰在预测的早期。

表 11-3　Δt 统计法计算表(张炜等,1992)

异常位置	怀来 4 井 R_n	津二井 CO_2	廊坊自记 R_n	棉田井 R_n	怀来 4 井 R_n
异常开始时间 t_i^1(天)	1	11	18	60	66
异常结束时间 t_i^2(天)	41	42	19	61	67
异常持续时间 Δt_i(天)	40	31	1	1	1
对应最长发震时间 ΔT_{max}(天)	140	90	90	90	90
预测天始发展时间 T_i^1(天)	41	42	19	61	67
预测地震终止时间 T_i^2(天)	180	131	108	150	156

上述三种方法,均是经验统计法,就精度而论,Δt 统计法最高,$N-T$ 法其次,以单一异常预测的 $\Delta t'$ 统计法较差。

2. *震级预测*

已有的资料表明,地震强度越大,前兆异常时间越长。因此,可用回归方程建立各地区的震级预测经验公式。例如,华北京津冀地区公式为:

$$M_s = 4.70 + 0.0093T \pm 0.4$$

式中 T 为水化异常前兆时间。三江及甘青宁地区为:

$$\lg T = 0.506M_s - 0.984。$$

3. *发震地点*

震中地区异常出现多,该范围应占异常总数的 80%左右,即为优势范围。用优势范围半径作圆,多个异常对应圆的最大重合区,即为未来发生地震的地区。这种预测震中的方法称为交汇法。

由上可见,目前地震三要素的预测基本上还是经验统计分析作出的,有一定的局限性,还需要进一步加强水化异常机理研究,提高预测理论依据。

预测案例:青海共和 6.9 级地震(1990 年 4 月 26 日)预测。

区内有水化观测点 40 个,其中甘肃 17 个,青海 12 个,宁夏 11 个,属国家基本台 11 个。地震前共发现 9 个水氡异常,其中 3 个可靠性高,宁夏无异常显示。甘肃张掖西武当氡异常:上升泉,水温 7℃,异常始于 1988 年 10 月上旬,1989 年 6 月达到最高,8 月以后开始下降,至地震发生历时 1 年半。

青海乐都水氡异常,温泉水温 22℃,异常始于 1988 年 10 月 5 日,1989 年 9 月恢复,持续 345 天,异常结束后 225 天地震发生。

青海西宁水氡异常,为上升泉,始于 1989 年 5 月,于 7 月达到最高而后下降。

青海东部还出现多点水动异常。如共和、湟源、互助、民权、长宁及格尔木等地,自 1989 年 3～4 月以来均出现了上升趋势异常。

发震时间预测:根据乐都异常已于 1989 年 9 月结束。据表 11-2,异常持续时间 345 天。对应最长发震时间为 170 天。故预测 1990 年 3 月 3 日前应发震。考虑列为单一异常信度不高,预测时提出“1990 年上半年发震的可能性大”。

震级:采用经验公式 $\lg T = 0.506M_s - 0.984$ 公式计算,其中前兆时间 T 为乐都第一个水化异常开始前一天至预测发震时段中点(1990.1.16)共 469 天,结果 $M=7.2$ 级。

地点:根据水化异常主要出现在青海东部,发震地点预测在甘青交界区。

实际于1990年4月26日在青海共和发生了6.9级地震，证实预报基本正确。

四、影响地震水化异常的因素

地震预报精度尚不高，误差较大，这与影响地震孕育发展过程复杂、不定因素多有关。就水化异常的制约因素而言，主要有以下几个方面：

1. *自然地理因素*

自然地理包括了地形、气候、土壤、植被等，它们对地下水化学成分和动态变化具有十分重要的影响。如地形，决定了地下水和地表水的流向；气候主要是温度和降雨，温度升高，化学组分、气体的溶解度增高，产生由气候引起的年变波动。降水会使地下水补给量增大，起稀释效应，同时引起水交替加速，从而引起地下水成分变化。此外，土壤性质、植被发育程度也间接影响水分补给速度，对地下水成分和动态变化产生影响。

2. *水文因素*

(1)观测点与地表水的水力联系，距地表1km以内的水点，一般会受地表水影响，若为几米至几十米，地表水可直接混入井泉内，地表水(体)在取样上方影响也大。

(2)岩性性质，地表岩石若透水性强，厚度小，地表水渗入补给量大，尤其是井泉附近裂隙发育贯通性好时影响更大。

(3)地下水性质，指孔隙水、裂隙水或层压水，孔隙水受地表水补给影响大，层压水、深部裂隙水主要来自深部，反映深部信息好。

(4)不同含水层水化学性质差异大，若引起混合，影响水样成分变化。

(5)井泉性质，若为温泉，温度压力增高，组分溶解度、冷水溶解度小。

3. *地质构造因素*

(1)岩石性质的影响，地下水围岩性质直接影响水—岩相互作用，影响地下水组分特征。如花岗岩类围岩的地下水氡含量高，灰岩地区地下水氡就低。另外，不同围岩性质不同，影响地下水化学分类，灰岩区多HCO_3-Ca型水，溶解能力弱，水交替快，水中映震指标浓度低；平原坳陷区，水交替迟缓，地下水为$HCO-Na$、SO_4-Na、$Cl-Na$型，矿化度高。

(2)地质构造因素，影响地下水的循环、赋存条件和水文地球化学环境，如活动断裂带有利于温泉产生，构成水文地球化学异常带。不同方向的断裂，反映了不同构造活动机制。地层褶皱构造易造成层压水，形成自流盆地。新构造运动引起强烈升降，造成坳陷区、断裂盆地，不同单元地下水化学性质差别大。

由此可见，分析不同样点的水化异常特征时，必须充分考虑这些影响因素，才能真正认识各样点异常所反映的深部映震信息。

第二节　地热地球化学勘查

能源是经济发展的基础，随着不可再生资源煤、石油、天然气的消耗越来越快，寻找替代能源是各国科学家们面临的重要任务。地球内部蕴藏着巨大的热能，如何勘查和利用，正成为日益关注的问题。

一、地球内部的热状态及地热分布

众所周知，火山作用是从地球深部喷溢出的炽热岩浆。岩浆是一种具有850～1 300℃的高温硅酸盐融体，说明地球内有一个高温热场。岩石圈是漂浮在软流圈之上的活动刚体，岩石圈下部与软流圈顶面的界面为近熔点的等温面，其温度为 1 200±100℃(G. Buntebarth，1986)。由地震波资料进一步确定地幔有若干分界面，在 400km 深度压力下相应温度估计为 1 300±150℃(solomon. s. c，1976)，670km 深处为 p 波不连续面，为尖晶石结构的(Mg，Fe)与最紧密球状堆积的金属氧化物和 SiO_2 的超石英转变点，该相变平衡温度为 1 600±400℃(Cralcom，E. K 等，1976)，2 900km 为下地幔基底热边界，温度介于 2 600～2 900℃(Fouler，A，C，1983)。根据地核物质组成，若为纯铁组成，则幔—核界面的熔融温度可达 4 800℃，若为铁—硫共熔混合物，则为2 600℃，二者平均值为 3 700℃(G，Bunteharth，1986)。由此推论，地核温度在 3 000℃以上是没有疑问的。由上可见，地球内部蕴藏着巨大的热能，地球是一个大热库。

从地球内部流出的热流称为大地热流或热流量，它是单位时间内通过地球表面单位面积散失的热量，单位是微卡/平方厘米·秒($\mu cal/cm^2 \cdot s$)，称为一个热流单位，符号是 HFU(Heat Flow Unit)。近年来多用工程单位毫瓦/平方米(mW/m^2)表示，$1HFU = 41.86mW/m^2$。

地球内部的热量以热传导、热对流和热辐射三种形式向地表传输，地表所测到的总热量是三种传递热的总和。通常所说的热场，是指地球表面直接测量到的热场。它是地球内部热状在地表平面空间上的显示。

二、地热资源的形成

地球内，蕴藏着非常丰富的热能，但是，正常的地热分布在现代技术条件下还不能利用。地壳的平均热流值为 1.5HFU，平均地温梯度为每百米增温 3℃，要获得 100℃的地热水，需要钻井深 3 000m，显然是不经济。因此，只有那些高热流分布区才具经济价值，才能成为地热资源。可见，地热田就是在现代地壳内产于有利地质构造，占据一定空间位置，具有高热流值和特殊组成的地下热水、热蒸气，且在目前钻探技术可及深度上可供经济开发的地段。

全球热流资料表明，世界地热资源分布具有明显的规律性，高温地热资源(>150℃)分布在各板块边界，低温地热资源(<150℃)分布在板块内部，但板块内的一些热点，热柱区也有高温热资源，如太平洋板块内夏威夷群岛就有高温地热田。

1. 板缘地热带的形成及特征

大洋中脊是地幔熔浆上涌区，具显著的高热流。海沟中由于俯冲物质冷于软流圈而出现低热流。海沟大陆一侧，俯冲物质在深部重融消亡，产生大量的上升熔浆，形成火山活动带，又是年轻的造山带、地震频发区，也是高热流集中区。

板块与板块间的相对运动，使板缘受力最强，成为最活动地带，也是地热集中区。全球板缘地热带常常首尾相接而具有全球规模，常称作环球地热带(图 11－6)，我国台湾、雅鲁藏布江—滇西高温地带即为该温度带的一部分。

高温地热田的热流和地温梯度大大高于地壳平均值，一般高出几倍至十几倍。地热田区水热活动强烈，见有大量沸泉、喷泉、喷气孔、沸泥塘等。泉华、水热蚀变岩(硅化、叶蜡石化、高岭石化等)很发育。热水类型主要为氯化物型、硫酸盐型。水中含有大量的硅酸及氟，同时富含硼酸、砷、锂等。气体成分中含有 H_2S 和 CO_2。氢氧同位素资料证明，90%以上来源于大气降水，岩浆水或蒸气不超过 5%。

2. 板内地热田的形成及特征

板块内部是相对比较刚性的块体，构造活动强度，断裂深度和规模都不如板缘活动带。这

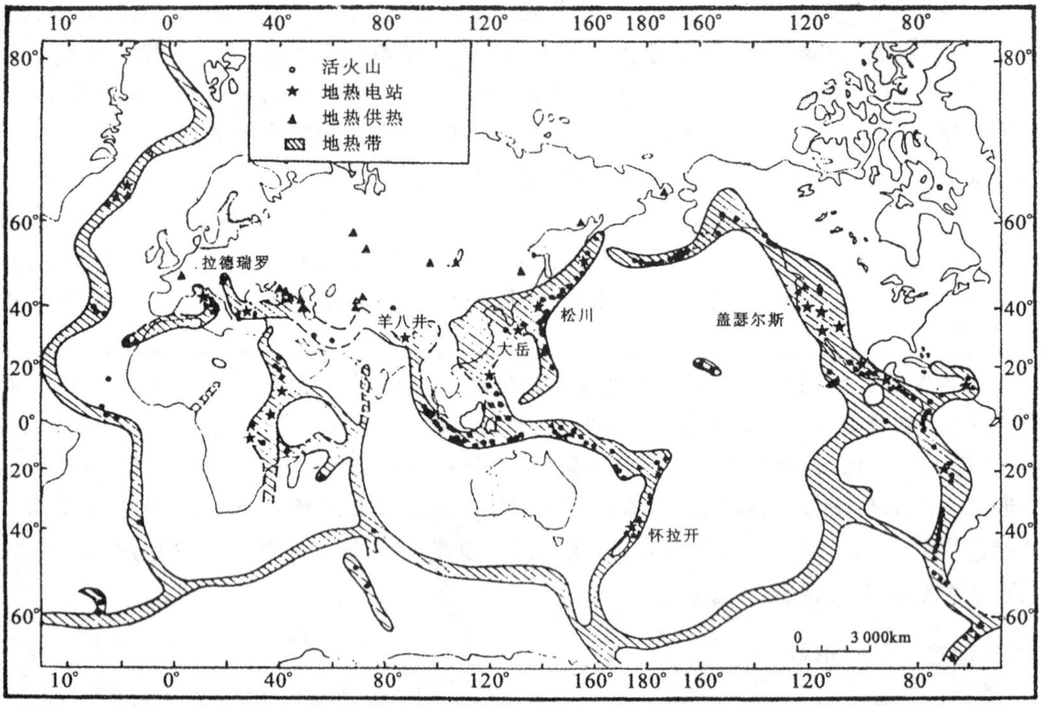

图 11－6　环球地热带分布图(佟伟,1981)

里一般无岩浆活动,虽在地质历史上发生过多次岩浆活动,但中新世以前(距今 2500 万年)的岩浆活动带来的热量早已消耗殆尽,因此,一般无火山或岩浆热源,只有第四纪以来的岩浆活动才有现实意义。只有在深断裂发育的有利地区,经深循环地下水增温后带来的热量才有意义,这类地热田地热梯度比正常值高 2～3 倍,为中低温地热田。

板内地热田主要发育在地壳隆起区和沉降区。

(1)隆起断裂型地热田。在地壳隆起区(褶皱山系)沿构造断裂带分布有温泉,断裂多为山前断裂,长几公里、几十公里甚至几千公里,深达数公里。由于补给区和排水区相对高差造成静水压力,使地下热水形成自流泉。温泉多分布于山前地带、山间盆地、河谷低部或阶地上。

这类地热田,地下热水类型单一,主要与地下水循环途经围岩有关。在花岗岩、片麻岩区,为低矿化度的重碳酸盐型钠质水,呈碱性,水中含一定量的 SiO_2 和 F。在灰岩地区则为重碳酸盐—硫酸盐—钠—钙型水。气体成分主要为 N_2、He、Rn 和 CO_2。泉华沉积为钙华。

(2)沉降盆地型地热田有两类:其一是沉积断陷盆地,由控制性边界断裂形成地堑、地垒或构造盆地,阶梯状基底断裂发育。基底岩层之上一般有较厚的保温隔热盖层。基底断裂中深循环地下水加热后上涌至基底层面上形成隐伏热储源,有一定规模。地热田水矿化度一般较小,水质类型以氯化物—钠质型或氯化物—重碳酸盐—钠质型为主。水中富含 SiO_2 和 F,局部含少量 Br、I、B。气体成分中含 N_2、CO_2 和 CH_4。其二是沉积坳陷型盆地,无边界断裂,是地壳稳定下沉过程中边沉降边沉积形成的。地下水在微倾斜含水层中缓慢运动,与围岩趋于热平衡,被地热加温形成地下热水。这种地下热水温度较低,但规模较大,常与油田、盐卤田密切相关。水源有大量古沉积水,有时为富钾热水。除 K 外,还含有 Li、Rb、Cs、Sr、Ba、Br、I、B 及有机质，气体成分主要为甲烷。

三、地热田的地球化学勘查

目前，对地热资源的开发利用，基本上是通过开采地下热水(汽)来实现的，水是重要媒介，即使是对干热岩体地热的利用，也是通过人工注入冷水以获得热水而加以利用。

从地热田的形成及其特征可知，地热田的勘查可从地质、地球物理和地球化学三个方面进行。地质调查可从有利的地质构造条件，以各种泉华及低温蚀变带(硅华、钙泉华、叶蜡石化、沸石化、高岭石化、硫化、铁华)为标志进行评价。地球物理可利用地温测量，红外测量直接圈定热蚀范围，地热降低电阻可用于地电测量，重力测量可确定地质构造并间接预测热田位置。地球化学方法主要是利用地下热水(汽)带来的化学成分的变化来勘查地热田。最常用的有水文地球化学方法、气体地球化学方法和土壤地球化学方法。其中汞量测量是最经济快速有效的。

1. 水文地球化学方法

水既是传热媒介，又携带了大量的矿物质，采用水化学方法，最直接有效。高温热田和中低温热田地热水的化学成分有一定差别(表 11－4)。

表 11－4　世界各地地热水化学成分特征(H. C. 阿姆斯特德，1978)　(单位：10^{-6})

	萨尔瓦多钻孔热水	冰岛间热泉	新西兰坏拉开井	新西兰油镘湖热水	台北阳明山热泉	美国蒸石公园	美国基石公园
t(℃)	220	100		55	81	90	72
SiO_2	456	501	640	412	322	109	60
B	131		28.8	4.4			
Li			14.2				2.3
Na	5 025	250	1 320	609	75	2.0	129
K	905	25	225	51	11	3.0	69
Ca	354	0.9	17	14	262	2.2	272
Mg	23.4	0.0	0.03	4	73	0.0	68
F	1.5	9.5	8.3				2.4
Cl	8 730	127	2 260	878	1 490	15	170
SO_4^{2-}	28	108	36	262	3 730	758	501

由表可见高温热水成分复杂，以富 SiO_2、Li、B、Na、K、Cl^-、F^- 为特征。中低温热水较为简单，以富 Ca、Mg、SO_4^{2-}、HCO_3^- 为特征。

西藏羊八井热田勘查中，用 Cl^-、F^-、SO_2、HBO_2 的含量(王自瑞，1989)，圈出了地热田范围。图 11－7 中，Cl^- 用 400mg/L 等值线圈出了两块异常，即羊八井热田北部，反映了热田高温泉水分布范围。F^-、SO_2 和 HBO_2 的等量线图也同样圈出了这两个异常，而且吻合甚好。

2. 土壤地球化学测量

据朱炳球等(1992)的资料，西藏羊八井蚀变岩石和未蚀变岩中微量元素如表 11－5，表明

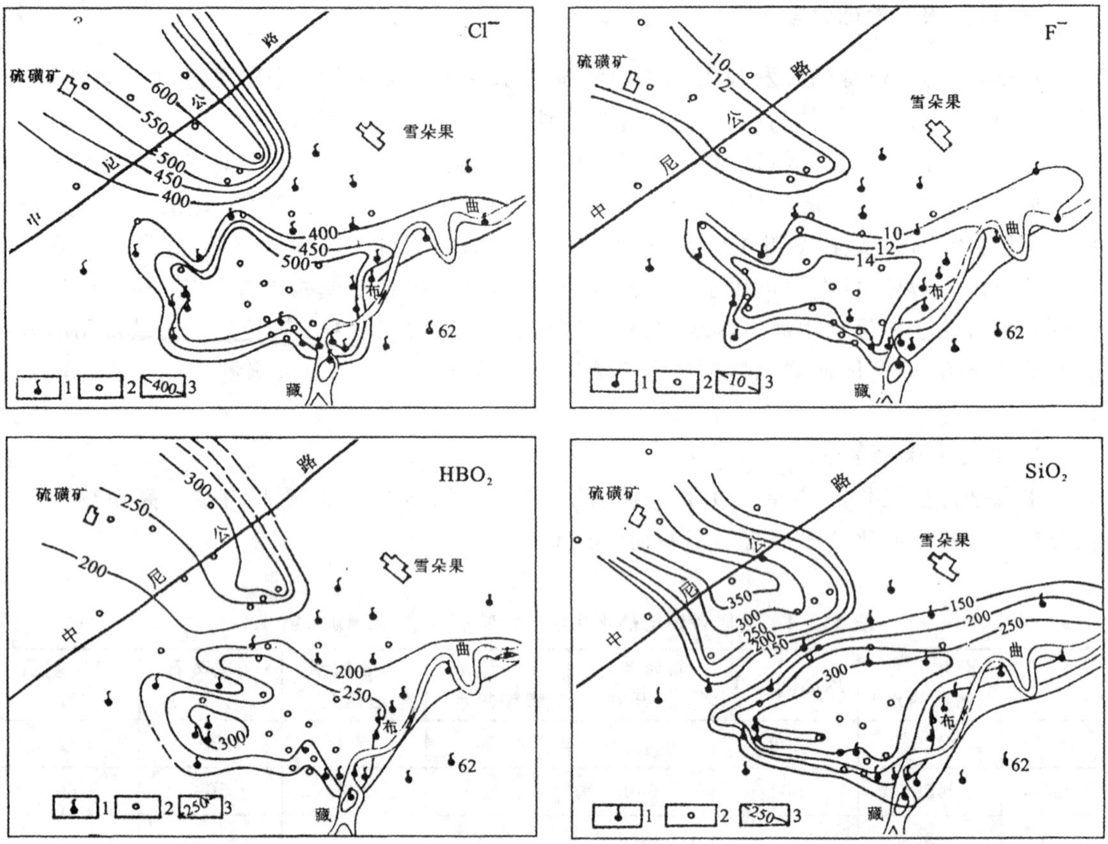

图 11－7　西藏羊八井热田热水化学异常图(王自瑞,1989)

1. 泉;2. 钻孔;3. 指标等值线(mg/L)

表 11－5　西藏羊八井热田蚀变岩中的微量元素　　(Hg:10^{-9};其他元素:10^{-6})

	Hg	As	Sb	Bi	Be	B	Cu	Pb	Zn	Sn	样品数
未蚀变花岗岩	27	1.6	0.4	0.08	<2	0.8	3.3	45	790	5.7	6
蚀变花岗岩	268	3.0	0.17	0.19	8.4	1.2	6.0	47	500	8.8	5
高岭土化花岗岩	450	17.0	0.6	0.27	6.2	3.1	9.6	41	720	5.1	32
赤铁矿化花岗岩	435	33.0	0.8	0.36	5.6	9.2	7.8	48	518	5.0	20
硫化花岗岩	443	3.3	0.3	0.26	4.7	4.4	6.6	19	746	2.4	16

蚀变岩中 Hg、As、Sb、Bi、Be 等明显增加,而 Cu、Pb、Zn 等相差不大,云南热海热田也具同样特征。

他们研究西藏热田和云南腾冲热海热田的泉华化学成分也发现 Hg、As、Sb、Bi、B、Be 在泉华中含量很高。

通过对蚀变岩石和热泉华微量元素的研究表明，Hg、As、Sb、Bi、B、Be 等是地热水运动带来的组分。因此，它们可作为岩石、土壤、水系沉积物测量的重要指标。这些元素特别类似于热液金属矿床轴向分带中的前缘晕组分。实际上地热泉水，特别是高温地热带热泉与火山—岩浆活动关系密切，有些直接与贵金属矿床有关，完全类似于是成矿热液的最前缘部分。这里只有 Be、Bi 稍微不同而已。

因此，Hg、As、Sb、Bi、B 等用于常规化探圈定热田是完全可行的，其中，土壤测量应用最为方便和经济，因此在热田调查中普遍使用土壤测量。

云南腾冲地区地震活动频繁，1512—1984 年间发生 4.7 级以上地震达 88 次之多，是一地震、火山活动强烈区。区内水热活动广泛，地表有温泉、沸泉、喷泉孔及各种热泉沉积物和水热蚀变现象。该区为一构造盆地，底部岩石为燕山期黑云母花岗岩(68.8Ma)，上覆较厚的第三纪和第四纪沉积岩系和火山岩。原地矿部物化探所朱炳球等于 1982—1983 年对热海热田及外围近 $60km^2$ 进行了土壤测量(密度 2 点/km^2)，图 11-8 为 Hg、As、Sb 异常图。

由图 11-8 显示了四个中心，除硫磺塘—黄向菁和热水塘两个已知热田外，还发现了坝派、朗蒲寨热异常，坝派异常有强烈硫磺味，水热蚀变硅化，高岭土化，硫化强烈。朗蒲寨异常海拔高，地表覆盖厚，土壤测量结果异常明显，且位于两已知热田之间，很可能是又一热中心。地表的多个热异常，可能是由于热水沿不同构造通道上升形成，深部热源可能为一个。取 10 个水样用 SiO_2 温标、Na—K 温标计算热储温度为 180～220℃。据浅孔资料，12m 处已达 145℃(袁学礼，1988)。综上所述，该热田具有规模大、热储温度高、地质环境有利的特点，前景甚优。

3. 气体地球化学测量

地热水活动多与断裂构造和岩浆活动有关，地热生成过程中，一部分与放射性核素有关。U、Ra、Rn 等的衰变过程形成大量 Rn 气。火山气体和火山热流活动，常伴有大量水蒸气，如前苏联堪察加群岛火山气体含 Hg 量达 4 000ng/m^3，火山热水含 Hg1 000～2 500ng/m^3，除自身带来 Hg 元素外，还可能活化及吸收围岩的 Hg。因而汞气是地热田中常见的气体。从地热资源形成过程即可知，高温地热带地下热水中含有 H_2S、CO_2，低温地热水中主要含有甲烷。由上可见，还可利用 Rn、Hg、H_2S 及 CO_2、CH_4 等气体指标圈定地热田范围。

由图 11-9 可见，Hg 气、Rn 气和 CO_2 气体均在地热蚀变带上显示出规则的地球化学异常，而且吻合极好，特别是在高岭土化带上尤为明显。

四、热储温度预测——地球化学温标法

地热水体系中，物质的溶解度与温度有关，即反应的平衡常数与反应温度有关。据此可以根据这一温度来推测反应温度，这种方法即为地球化学温标法。目前地球化学温标有 20 多种，但实际中应用最为普遍的有 SiO_2 温标、Na—K 温标和 Na—K—Ca 温标。

1. SiO_2 温标

SiO_2 温标是目前最广泛应用于推算热储温度的一种方法，热水中 SiO_2 的溶解度试验表明，SiO_2 的溶解度与温度成线性关系。马洪(1966)、福尼埃(1970)发现高温热水中 SiO_2 溶解度与温度有关，福尼埃提出无蒸气损失的温度计算式为：

$$t = \frac{1\ 300}{5.19 - \lg SiO_2} - 273.15$$

有蒸气损失的计算式为：

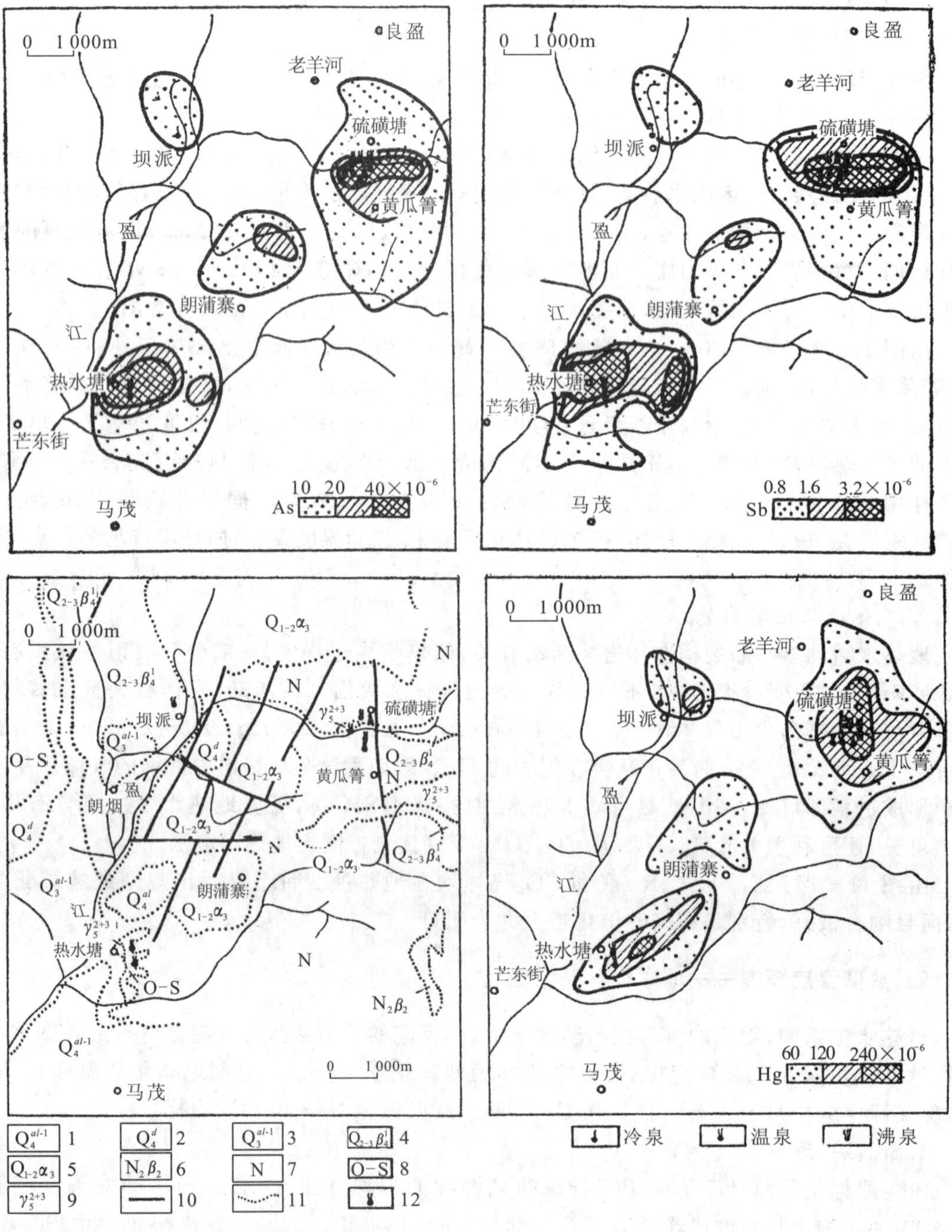

图 11-8　云南腾冲热海热田地质土壤测量异常图(朱炳球,伍宗华,1992)

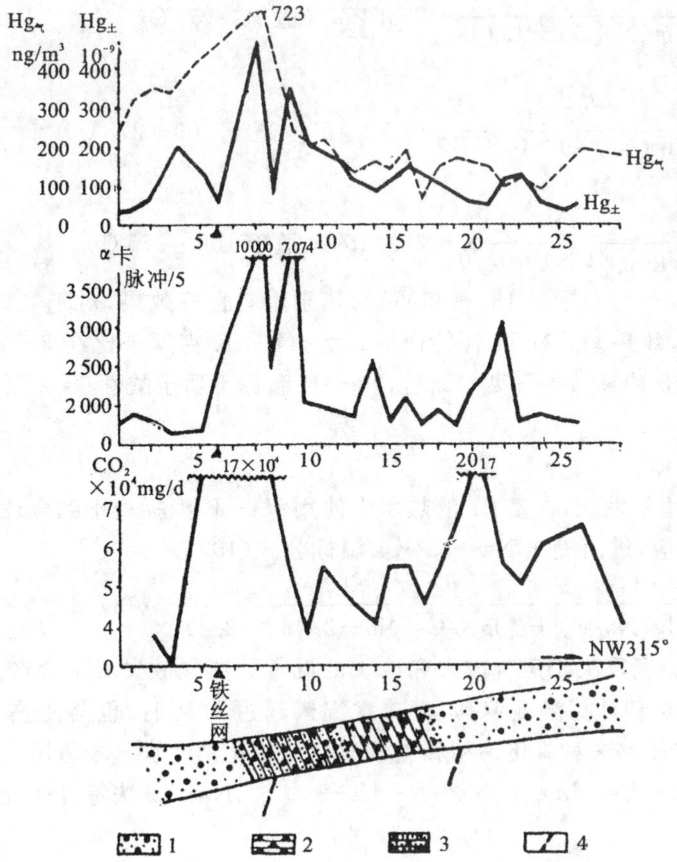

图 11－9　西藏拉多岗热区综合气体测量剖面图(朱炳球,伍宗华,1992)

1. 第四系;2. 高岭土化;3. 泉胶砂砾岩;4. 断层

$$t=\frac{1\,500}{4.90-\lg SiO_2}-273.15$$

SiO_2温标的应用条件：

(1)比较适用于火山活动区水热系统，这类水温度高，矿化度低，有较多挥发分。当沉积盆地中有古老封存水时，水中 SiO_2含量不是温度的函数。

(2)化学组分简单，低矿化度。水热系统中，其他组分的出现会影响 SiO_2的溶解度。如 Na^+会增加其溶解度，K^+会大大增加 SiO_2的溶解度，Mg^{2+}则会降低其溶解度，锶、锰、铝、铁离子也会明显减小溶解度。因此，低矿化度热水体系计算的热能温度更为可靠。

(3)最佳温度区间。SiO_2地热温标的最佳温度区间是 150～225℃，温度过高，计算温度不可靠。

R. O. 福尼尔(Fournier)和 A. H. 特鲁斯德尔(Truesdell)(1970)建立了 Na — K 温标公式。

2. Na—K 温标

许多人研究了热水中 Na 与 K 的克原子比值与温度的关系，从而建立了 Na—K 地热温标。

(1)福尼埃式：

$$t=\frac{1\ 217}{\lg(Na/K)+1.483}-273.15\quad(适于>150℃)$$

(2)特鲁斯德尔式：

$$t=\frac{855.6}{\lg(Na/K)+0.857\ 3}-273.15\quad(适于\ 100\sim275℃)$$

(3)特鲁斯德尔式：

$$t=\frac{77}{\lg(Na+K)+0.70}-273.15\quad(适于\ 100\sim275℃)$$

多年实践证明，Na—K 温标对 180～350℃的热泉水有良好效果，对于<120℃，特别是有钙华沉积的低温热水，效果差。D. E. 怀特研究认为，Na—K 克原子比在 8～20 间普遍有效，>20计算结果偏低，<8 计算结果偏高。而且，Na—K 温标不适于酸性泉，主要适于中性水，因为酸性泉 Na/K 比值小。

3. Na—K—Ca 温标

福尼埃和特鲁斯德尔发现，在富 Ca 的热水中使用 Na—K 温标得不到合理的温度，因其与围岩 Ca^{2+} 发生交换反应，进而提出 Na—K—Ca 温标公式(1973)：

$$t=\frac{1\ 647}{\lg(Na/K)+\beta[\lg\sqrt{Ca}/Na-2.06]+2.47}+273.15$$

这种方法计算的温度取决于蒸气散失和冷水的混入。蒸气散失 CO_2 会产生 $CaCO_3$ 沉淀，水中溶解的 Ca^{2+} 损失会使计算温度偏高，而冷水混入超过 20%时，也会使热水中 Ca 温度降低，影响计算结果。这种方法对氯化钠型和重碳酸盐—氯化钠型水比较适用。

此外，还有 Na—K—Ca—Mg 法、Na—K—Ca—p_{CO_2} 法、Na—Li 法等温标计算法，详见有关文献。

氢氧同位素温度法较为准确，但成本较高，详见地球化学书中有关章节。

第三节　在环境治理方面的应用——地球化学工程学

一、环境治理综述

环境问题的实质是某些元素(或某种物质)在地球表层系统中与背景丰度相比，出现了一定的过剩或亏损，而生命是在自然体系的背景浓度内演绎生息的。一旦这种相适应的平衡体系被破坏，对人、动物和植物的生理都会产生影响，造成障碍或病变。人类的活动是破坏这种平衡体系的主要因素，特别是工业化生产以来，大量出现的工业“三废”，使局部地区出现高浓度有害物质，造成严重污染。

不同污染物质须经生命机体吸收方能造成危害，因此活动态的污染物(气态或液态)才能真正起到危害效果，活动态污染物中又以水污染最重要，危害最直接。据 Anonynnus 的资料，约 97%的水污染是由化学工业、造纸工业、石油和原金属工业部门造成的。可见，工业废液处理是环境治理的关键。工业废液处理各方法的利弊列于表 11 - 6 中。

消除工业废液污染最常用的流程是中和和沉淀，它产生大量含金属的氢氧化物淤泥，成为需要再次处理的污染物。其他的一些处理废液的方法比中和沉淀法的投资成本还要高。可见，现行的治污方法投资高，价格昂贵，还可能产生需进一步处理的新的污染物。

表 11-6 废液去污染方法的优点和弊病(Corbitt，1990；Wilmoth 等，1991；Henze 等，1995)

方法	优点	弊病	每 m^3 的能量情况
中和/沉淀	适合于含高浓度金属离子的废液的高速率流动	·产生很大体积的污泥，其湿度在 50%左右 ·由于可溶性产物会导致(0.1～3)×10^{-6}的残余离子浓度，其使用受到限制 ·在其沉淀之前 Cr^{6+} 必须还原成 Cr^{3+} ·有机金属化合物的存在降低了处理效果	分别针对 1mg/L 和 1 500mg/L 石灰的情况，为 2.1～3.7kW·h
离子交换	·可对金属离子选择性提取 ·对废液有高的去污染速率 ·容易	·在高流动速率或高金属离子含量的情况下效果差 ·需要预先排除悬浮颗粒、氧化剂等物质 ·价格相对较高(1～4 欧元/kg) ·洗提会导致需作处理的流出物 ·某些离子交换剂在其失效后势必成为堆存废料	0.3kW·h
活性焦炭吸附	能高效地排除含于废液中的有机污染物	·每小时能处理的废液体积约为活性炭的 3 倍 ·对炭作热解回收(再生)时回收率不到 10% ·焦炭的成本比树皮高	≈0.3kW·h
薄膜分离	处理后的废液金属离子含量低	·不能足以处理含高浓度金属离子的废液 ·为保护薄膜必须将悬浮颗粒预先过滤掉 ·流动速率有限，为每小时每平方米 1～10L	2.1～2.6kW·h
电解、电还原、电渗析等	·对金属离子浓度高的废液效果很好 ·运行成本低	·投资成本高 ·对人员的资质要求高 ·对稀释溶液的运行效力低[对含(150～15 00)×10^{-6}]的废液来说约为 40% ·净化极限较低，因设备不同为(5～150)×10^{-6} ·流动速率受限，低于 0.2m^3/h	2～10kW·h
生物技术	·对废液的脱氮作用或硝化作用效力高 ·作为已用其他方法处理过的废液的精处理手段很有效	·不适用于重金属浓度高的废液 ·易受损坏，因为诸如氧化剂等污染物可能会破坏系统的生物平衡 ·细菌的营养物不便宜	≈0.3kW·h

能否在现行的治理方案之外找到治污的新途径呢？近十几年来地球化学家们在环境治理方面别开生面、另辟蹊径，利用地球化学的原理进行环境治理，这便是地球化学工程学。

二、地球化学工程学的概念

就化学元素在各圈层中的循环而论，无论是地球固有的天然物质，还是人类活动产生的污染物，化学元素的活动迁移、沉淀固定都必须遵守地球化学规律。依自然规律，使活动态的污染物由分散而富集处理，由活动态变为沉淀结晶的固定无害物质，从而使污染物变为无害物以达到环境治理的目的。20 世纪末，北欧、俄罗斯的一些地球化学家在这方面做了探索研究，取得了明显的成效。荷兰乌德勒支大学地球科学研究所在这方面作了大量工作，成为地球化学工程学的发源地。1997 年 8 月在那里举行了“地球化学工程学，目前应用与未来趋势”学术讨论会,“勘查地球化学杂志”1998 Vol. 62(1～3)以专刊形式特刊30余篇论文(其中荷兰占20篇),本节主要根据这些文献,综合介绍地球化学工程学的主要研究思想和方法。

地球化学工程学创始人荷兰乌德勒支大学教授休宁(Schuiling,1998)这样定义地球化学工程学:立足于天然地球化学研究,给天然物料派上用场,针对环境或市政工程,设计出遵循所关注系统自然演变的解决办法,并使该系统组元性能得到最佳利用。

沃罗克维奇(Voronkevich,1994)更为简洁的提法是:开发以地球化学作用为基础的环境技术,以求从自然循环中去除污染物质和改善地质环境条件。

两位学者的定义都强调了以地球化学作用、地球化学规律为依据,以天然物料(也可利用污染物)为反应物,在自然循环过程中,变害为利,变废为宝,达到治理环境的目的。因此,地球化学工程学或应用地球化学工程师不仅要深入研究地球化学作用和地球化学规律,而且要了解化学物质、化学反应的工艺流程、反应物性质,以设计出符合法规、有市场销路的可实施的工艺流程。

三、地球化学工程学的研究思路和方法

活动态的污染物是最有危害的,如何将活动态变为不活动形式,降低或消除活动态的地球化学工程学方法,可以归结为以下几个方面。

1. 分解分离

大量的石油漏失,特别是失事油船造成的漏失,常常导致触目惊心的鸟类死亡。尽管造成的危害非常广泛,但自然界的恢复远比环境保护主义者的悲观预测要快得多。在有空气和细菌参与的情况下,大部分石油的降解是相当快速的。许多有机农药即是按这一原理设计的,它们在相当短的时间内便自行破坏。有机毒物通常降解成无害物质(H_2O、CO_2、N_2)或中等危害物质(HCl、SO_2)。但一些非活动态有机物却要难解得多,特别是当污染存在于非惨透性的介质(如黏土、淤泥)中时,氧气不能自动进入到污染位置上,生物降解便难以进行。休宁建议将氢氧化铁软泥或拜耳法生产铝粉时产生的大量红泥与有机污染软泥并置堆放,高价氧化铁或氢氧化铁还原放出氧气可起到“固态氧”的供氧作用,使生物降解作用得以继续下去,而金属则在还原环境下形成不溶硫化物沉淀,固定下来。

石膏降氟则是通过复分解反应将水中的氟离子与石膏中的钙结合形成不溶的CaF_2来实现的。干旱区水蒸发浓缩,常出现方解石沉淀,这种高钙的碱水氟含量通常很低。而高氟水通常是碱性低钙的软水。因此,设计出了一种简便适用的降氟方法,即让水通过石膏颗粒层,产生下列反应:

$$CaSO_4 \cdot 2H_2O + 2F = CaF_2 + SO_4^{2-} + 2H_2O$$

在一个桶中装入石膏砂粒,让水通过,毋须管理可使用数月,只需到时更换石膏即可。尽管这种方法增加水中SO_4^{2-}的浓度,但低浓度的SO_4^{2-}无毒、无味,且若不事先告之尝试者,人们会觉察不出味道有何不同。

2. 中和

酸碱中和是众所周知的。对于工业生产产生的废酸,一般用苏打、苛性苏打$Ca(OH)_2$或者灰岩来中和,近来MgO、$Mg(OH)_2$越来越多地被用作中和剂。尽管欧洲的工业大部分已解决了废酸处理的问题,但解决的办法往往很昂贵。休宁(1986)根据岩石风化的原理设计出了利用岩石中和酸的技术。硅酸盐矿物作为强碱弱酸盐,水解显碱性,如长石风化形成高岭石、SiO_2和KOH或NaOH即可中和酸,但这一过程速度太慢。岛状硅酸盐矿物橄榄石则不同,

岛状 SiO_4^{2-} 未被氧键结合，在酸中易呈单体释放出来而溶解：

$$Mg_2Fe_{(2-3x)}SiO_4 + 2H_2SO_4 \longrightarrow 2Mg^{2+} + (2-3x)Fe^{2+} + 2SO_4^{2-} + H_4SiO_4$$

室温下，这一反应相当慢，但在 70～100℃时，搅拌器中粉状橄榄石只需两三小时上述反应即结束，而且这是一个放热反应，一旦起动，不需要能量输入，绝热反应器中反应即可维持下去。

反应产物为硅石，经过滤清洗后的纯净产品具有商业价值，有多种用途。如橡胶的充填剂、硅酸酯的原材料、催化剂载体等。铁可形成细粒的磁铁矿或赤铁矿结晶沉淀，Ni 呈类质同象存在其中，球粒化后可作镍矿石用，因为它含有 4%左右镍。最终液相是一种浓缩的硫酸镁溶液，大部分硫酸镁在冷却时呈水泻盐（$MgSO_4 \cdot H_2O$）沉淀下来，可用于生产水镁矾（$MgSO_4 \cdot H_2O$）或无水 $MgSO_4$ 的原料，广泛用于造纸工业，还可作 MgO 原材料。

这是最初为中和二氧化钛工业废酸而研制的流程图，它既达到了中和废酸的目的，其产物还大具商业价值，真是一举两得。

利用天然灰岩中和废酸，则廉价得多。而且，灰岩与废硫酸反应生成的石膏比方解石体积大两倍多，不仅填充了孔隙，还会引起体积膨胀使岩石体积增大。由于荷兰临海，水平面低，休宁提仪在沿海岸浅水下灰岩中灌注废硫酸，通过形成石膏膨胀来构筑海岸防护堤。这是一项最引人注意的大胆想法。为了防止紧挨灌注井环带因致密石膏的形成而堵塞通路，最先在灌注硫酸之前，灌注定量的盐酸，就会形成糊状 $CaCl_2$。硫酸在通过时，盐酸就会脱释出来，然后得以继续流动去溶解下一个灰岩带。

3. 结晶浓集分离

对液态污染物进行结晶浓缩以达到分离处理是行之有效的方法，最典型的案例当数乌克兰克里米亚的沃罗格铁矿的废水处理了。该矿开采一百多年了，高峰年产矿石 100×10^6 t，每年抽出废水达 3 000×10^4 m^3 的矿井水。随采矿深度增加，矿坑水会有越来越高的盐分，含盐度达海水 3 倍多。当地气候干燥寒冷，流过矿区的克列茨河流量小，环保部门限制向小河排放咸水。已建议的治理方案是：将咸水储集在大池内，冬天结冰后定期搬走储于冰窖内，不断结冰，咸水逐渐浓缩成卤水。这样达到三个结果，其一是冰融化后为淡水，解决了矿区紧缺的淡水问题。其二是夏天冰融化，产生的冷气输入供暖管道系统，达到降温的目的，提供了低廉的空调。其三是浓缩的咸水送蒸发池结晶成盐。这一方法将对环境有害的咸水变成了三种有用的产品（图 11－10）。

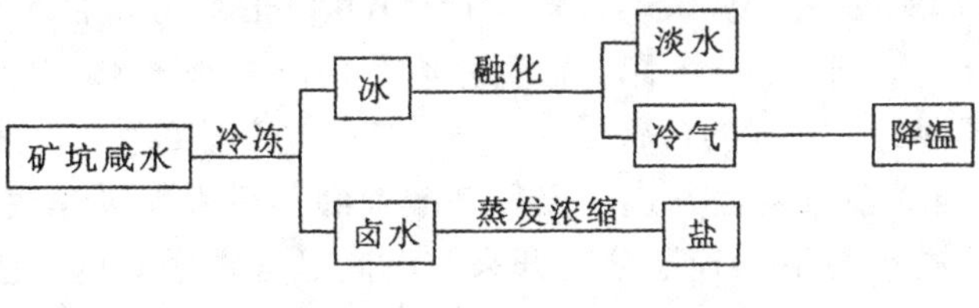

图 11－10　沃罗格铁矿咸废水处理框图

这种冷冻技术，在我国东北、西北的寒冷地区也可借鉴，从工业废液中把盐和其他污物分离出来，同时产生了廉价的淡水。

从有机废水，特别是粪便中排除磷酸盐以避免水体富营养化，一直是一个难题。欧洲许多国家高度发达的饲养业相当集中，产出的粪便超过了可耕田地的需要，粪便处理困绕着相关部门。一次有趣的发现找到了解决这一问题的途径。1979 年新年之夜，阿姆斯特丹中心一所电影院失火，在这个覆盖着中世纪遗迹的地方，考古部门在重建前的发掘中发现了褐色的结晶物质，最后被确定为鸟粪石($NH_4MgPO_4 \cdot 6H_2O$)。他们认为中世纪时没有下水道工程，人们将粪便堆放在后院坑内，这种混合物后来结晶成磷酸盐。在实验室取得肯定结果后又在试点工厂进行了检验，发现在几个月时间内，在 200 多 m^3 的脱氮粪便中结晶出了鸟粪石。反应很简单，只须向粪便中加入 MgO 浆并加以搅拌，大约半小时鸟粪石晶体便可生成，反应式如下：

$$K^+ + MgO + H_2PO_4^- + 5H_2O \longrightarrow KMgPO_4 \cdot 6H_2O$$

从粪便中回收磷酸盐的一个优点是避免了沉积型磷酸盐矿石常含有氟、镉、铀及其衰变产物等有害杂质的缺点。而且，该方案还可进一步改进，让挥发出的氨气通过加入硫酸和硫酸镁使之形成铵镁矾复盐[$(NH_4)_2SO_4 \cdot MgSO_4 \cdot 6H_2O$]，从而进一步提高其经济价值。这一方案，作为一种环境技术，经济意义更加显著。

4. 稀释

对液体污染物进行稀释处理是环境治理中广泛采用的方法。但是人们常认为“稀释不是解决问题的办法”。特别是对某些加入食物链的持久性污染肯定不是最好的解决方法。如果污染物稀释后又被消化利用，稀释便是一种好的处理方法了。

前面提到的饲养业发达国家的粪便处理问题，即可通过向海洋施放的办法来解决。海洋中常存在大片的缺营养区域，被称之为生物荒漠或海洋沙漠。磷酸盐常是生物量的一个重要限制因素。在这样的海域分撒一定量的粪便，可增加海洋生物量。用这种方法处理粪便成本将为 3 美元/m^3 左右，而其他方法成本在 20 美元/m^3 或更高(Schuiling 和 dewijs，1992)。现在，在挪威已开始进行有限的向海里补加营养物的试验。

休宁认为，解决燃煤的飞灰也可用稀释的办法。大多数国家只对中等比例的飞灰作水泥制造或其他建筑使用，其余作填土处理了。其实，大多数飞灰具有 pH 的缓冲容量，并含有多种微量元素。将适当比例的飞灰加入增肥剂做成团粒，便兼有增肥剂和撒石灰的功能，特别适于贫瘠的砂质土壤，这种土壤常贫微量元素。几年后飞灰转化成碳酸盐和黏土消失在土壤中。这既达到增加土壤微量元素，减少了石灰施放，解决了飞灰的出路，又使贫瘠的土壤增加了产率。

5. 隔离

隔离是用一种不渗透的障把废弃物包围起来，防止它散失或与生物圈接触，这种方法是较为廉价和相对可靠的。例如放射性废弃物的处置通常采用这种办法。

对于工程地球化学来说，这种隔离障应当在废弃物处理过程中自发形成隔离障。一个引人注目的例子是克里米亚的 Armyansk，一家生产 TiO_2 和化肥的联合工厂排放的废酸、废液，其数量达 $1\,100 \times 10^4 m^3/a$，流入一个围堵的浅海湾。由于气候干燥，造成了一片酸湖。随着时间推移，湖底沉积了厚达 70cm 的黄钾铁矾污泥，湖水 pH 降到 0.8。然而令人惊奇的是，在湖区及工厂附近所打 300 多口监控井迄今未发现酸渗漏。后来发现是底部形成了几厘米厚的反应层，非常有效地将湖水与下伏地层分隔开来。湖底是含碳酸盐的黏土构成，硫酸与之反应形成了强胶结的石膏层。其上方孔隙水 pH 为 0.9，然而其下 2～3cm，孔隙水 pH 为 6.2。硬石膏含颇高的 Co、As、Cr、V 等元素，废液中的微量元素也被固定下来。这一概念可用于其他废弃物的处理，如生产锌的工厂，黄钾铁矾[$(NH_4、Na、K)Fe_3(SO_4)_2(OH)_6$]是主要废物。锌矿石含大量的铁，在电解之前，必须把铁与硫酸盐溶液中的锌分离开。这是通过使铁呈黄钾铁矾形式来实现的。黄钾铁矾中还含大量的铅、铜、砷等其他重金属元素。此前多用高温氧熔炼流程处理黄钾铁矾，但这种流程成本极高，只好储集在尾矿池或洞穴中。根据前述硫酸湖石膏隔离层形成机制，即可将含钙质的煤飞灰或其他碳酸盐物质作底层，黄钾铁矾置其上，自动形成自封闭自隔离的石膏层和铁的羟化物 FeO(OH)，局部遭损坏也无须干预便能自行修复，有毒物质便不会向地下水渗漏释放。M. Ding(1998)的实验证明,整个系统三天渗漏的阻力系数增加了两个数量级。

6. 模拟自然地质过程

火山岩区由火山喷发出的玻璃质火山灰、凝灰岩在低温水热条件下转变生成沸石,进而形成方沸石和长石:玻璃质⟶沸石⟶方沸石⟶长石。

利用这一过程,G. Steenbruggen 和 G. G. Hollman 提出了对煤飞灰的一种可能的应用途径。煤飞灰和火山灰相似,都是呈团粒状的含大量硅酸的玻璃质,如果使其生成沸石,就成为有经济价值的商业产品了。但这一过程在自然条件下可能需要几十年至几千年时间才能完成,实验条件下转化的可能性如何呢? 20 世纪 80 年代以来不少人作过研究。1994 年荷兰 G. Steenbruggen等开始的研究项目即为检验荷兰煤飞灰生产沸石的可能性。他们在 90～150℃温度下用 2M NaOH 处理煤飞灰,结果在不同温度下形成了占重量 40%～45%的 Na—P 沸石(图 11-11)。

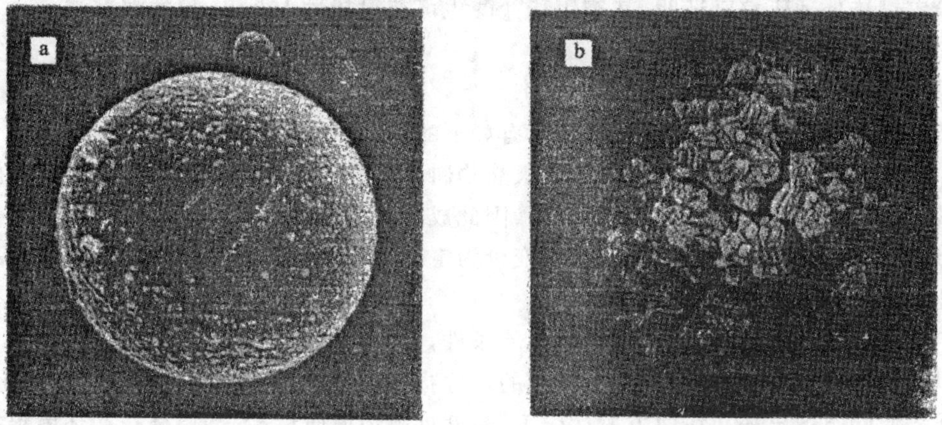

图 11-11　用 2M NaOH 溶液 90℃、12 小时沸石化的煤飞灰颗粒

a. 沸石化前煤飞灰;b. 沸石化煤飞灰

对合成的沸石进行了 Ni、Co、Zn、Cd、Cu、Pb 和 Ba 等元素离子的吸附性实验,证明阳离子交换容量从煤飞灰的 0.02meq/g 增加了 100 倍,沸石为 2.4meq/g。选择性吸附顺序是:Ba＞Cu＞Cd≈Zn＞Co＞Ni。这使从污染物中固定重金属元素具有很强的能力。相信该项技术经进一步改进完善,会成为处理煤飞灰的一种先进方法。

同样,模拟氧化还原生成硫化物的过程,可用来处理铁和重金属的废弃物。可以这样设计方案:将金属氧化物、氢氧化物废弃物与有机废弃物并置埋放,造成还原环境,引起金属形成不溶的金属硫化物沉淀而固定下来。

7. 复合方法技术

将几种单一原理的治理技术复合起来处理环境问题,可以更优越合理。

前述的一些方法中,实际也都含有一定的复合技术。如废硫酸灌注入灰岩中的处理技术,先是酸碱中和反应,之后在石膏层中大量吸附沉淀的金属元素则是碱性障使金属呈氢氧化物沉淀。

另外一个例子是锰矿石尾矿回收的理论研究,在乌克兰第聂伯罗彼特罗夫斯克省 Nikopol 地区采锰选矿后留下大量尾矿，仍含锰 13%左右，干重已达 16 500×10^6t。现行技术尚不能经济回收，从矿业管理上看又是一种战略储备。锰在氧化环境中有很高的不溶性，但在还原和弱酸性条件下，溶解性大为增加。用锰矿尾矿进行的实验研究证明，注入泥浆的孔隙水中锰的浓度升高达 55mg/L，当加一定量的硫酸后，锰浓度猛升到 2.9g/L，最终的 pH 值达到 7。因此，可在尾矿底部造成还原环境（向底部灌注新的含碳泥浆），导出孔隙水，二价锰氧化后生成氧化锰或氢氧化锰沉淀，形成次生锰矿石。这种将离解、活化、浓集复合为一体的技术，实际上是对成矿作用的一种模拟。如果在实施区有废酸可用，加入尾矿，可以大大提高孔隙水中的锰浓度。

对其他贫矿和边界品位以下的表外矿石，尾矿也可采用诸如堆淋的办法来解决。这种办法成本低，即使在高薪国家，这种技术也是可行的。所剩固体残渣中活动性的和有潜在危害的金属已被淋浸出来，即环境已无害，而且增加了金属产量。对尾矿再进行矿物分离，如将长石、石英和磁铁矿分离，可进一步提高综合利用价值。金属冶炼厂的废渣，含铜甚至达 0.4%～0.5%，用稀盐堆淋被磨细了的铜渣再用置换沉淀或还原来回收铜是有利可图的。波兰和俄罗斯的实验室铜渣处理研究已证明，甚至用稀盐酸也可获得超过 100mg/L 的铜溶液。

四、地球化学工程学的未来

与其他环境技术相比，地球化学工程学有如下的特点：

(1)它是依据自然的地球化学作用，以天然物料为基础开发的，过程自然化，虽然有的时间较长，但不需要高新技术设备和高消耗能源，因此成本是低廉的。

(2)地球化学工程学多采用以废治废，变废为宝，工艺流程不仅解决环境问题，其产品常常具有商业价值，大大提高了经济效益。

(3)充分利用原地的物料、气候条件、地质条件，具有高度的灵活性，适用性。

(4)尽管有的工艺技术在经济上是微利的或亏损的，但如果将环境治理效益货币化，其经济效能优势便能凸现出来。在西方发达国家，高度重视环境质量，不惜重金花在环境保护和恢复上，低廉的工程地球化学技术更显示了可适用性。

应当看到，地球化学工程学还是一门很年轻的学科，它于 20 世纪 80 年代末 90 年代初萌发，经十几年来的发展逐步成熟而被肯定。但它毕竟还年轻，还有许多不尽完善之处，还存在一些严重的不足，有待克服解决。比如，模拟地球化学作用过程，反应速度慢，作用时间长。在工艺设计上它需要通过加温或磨细增加反应面或加入催化剂才能实现。也正因为如此，还不能广泛被环境部门所接受。因此，地球化学工程学真正实现产业化，还有一段艰难的路程要走。特别是在西方国家，要求新技术在三年内收回成本，更是不现实的。当然，不讲成本、效益的工艺技术是不会有生命力的。所以地球化学工程学要抓住环境治理中的紧迫问题，发展自身优势，开发出有比较效应的先进工艺，推进地球化学工程学产业化。

21 世纪，是一个更加重视环境质量的时代，地球化学工程学在“三废”处理、矿山环境治理、城市垃圾处置以及农业生产环境效应等方面，充分利用天然物料，依照自然条件，遵循地球化学原理来解决环境问题，已充分显示了低成本，高效益变废为宝，无再生危害等诸多优点。本节扼要介绍的这些方法，只是应用地球化学原理的一些思路，远未展现出它的全部潜力。地球化学家沿此方向深入研究下去，结合实际，不懈努力，必将为工程地球化学的发展展现出广阔的空间和美好的未来。

附录1　地壳元素丰度表

单位：$\times 10^{-6}$

原子序数	元素符号	克拉克和华盛顿 Clarke and Washi-ngton (1924)	费尔斯曼 Ферс-МаН (1933—1939)	戈尔德施密特 Golds-chmidt (1937)	维诺格拉多夫 Виноградов (1949)	维诺格拉多夫 Виноградов (1962)	泰勒 Taylor (1964)	马逊 B. Mason (1966)	魏德波尔 K. H. We-depohl (1967)	黎彤 (1967)
1	H	8 800	10 000	—	1 500	—	—	1 400	700	1 400
2	He	—	0.01	—	—	—	—	—	0.003	6.3×10^{-5}
3	Li	40	50	65	65	32	20	20	30	21
4	Be	10	4	6	6	3.8	2.8	2.8	2	1.3
5	B	10	50	10	3	12	10	10	9	13
6	C	870	3 500	320	1 000	230	200	200	320	2 800
7	N	300	400	—	100	19	20	20	20	18
8	O	495 200	491 300	466 000	472 000	470 000	464 000	466 000	472 500	4.6×10^{5}
9	F	270	800	800	270	660	625	625	720	450
10	Ne	—	0.005	—	—	—	—	—	—	7×10^{5}
11	Na	26 400	24 000	28 300	26 400	25 000	23 600	28 300	24 500	23 000
12	Mg	19 400	23 500	20 900	21 000	18 700	23 300	20 900	13 900	2.8×10^{4}
13	Al	75 100	74 500	81 300	88 000	80 500	82 300	81 300	78 300	83 000
14	Si	257 500	260 000	277 200	276 000	295 000	281 500	277 200	305 400	2.9×10^{5}
15	P	1 200	1 200	1 200	800	930	1 050	1 050	810	1 200
16	S	480	1 000	520	500	470	260	260	310	400
17	Cl	1 900	2 000	480	450	170	130	130	320	280
18	Ar	—	4	—	—	—	—	—	0.04	0.04
19	K	24 000	23 500	25 900	26 000	25 000	20 900	25 900	28 200	17 000
20	Ca	33 900	32 500	36 300	36 000	29 600	41 500	36 300	28 700	52 000
21	Sc	$x\cdot10^{-1}$	6	5	6	10	22	22	14	18
22	Ti	5 800	6 100	4 400	6 000	4 500	5 700	4 400	4 700	6 400
23	V	160	200	150	150	90	135	135	95	140
24	Cr	330	300	200	200	83	100	100	70	110
25	Mn	800	1 000	1 000	900	1 000	950	950	690	1 300
26	Fe	47 000	42 000	50 000	51 000	46 500	56 300	50 000	35 400	5.8×10^{4}
27	Co	100	20	40	30	18	25	25	12	25
28	Ni	180	200	100	80	58	75	75	44	89
29	Cu	100	100	70	100	47	55	55	30	63
30	Zn	40	200	80	50	83	70	70	60	94
31	Ga	$x\cdot10^{-5}$	1	15	15	19	15	15	17	18
32	Ge	$x\cdot10^{-5}$	4	7	7	1.4	1.5	1.5	1.3	1.4
33	As	x	5	5	5	1.7	1.8	1.8	1.7	2.2
34	Se	$x\cdot10^{-2}$	0.8	0.09	0.6	0.05	0.05	0.05	0.09	0.08
35	Br	x	10	2.5	1.6	2.1	2.5	2.5	2.9	4.4
36	Kr	—	2×10^{-4}	—	—	—	—	—	—	—
37	Rb	x	80	280	300	150	90	90	120	78
38	Sr	170	350	150	400	340	375	375	290	480
39	Y	—	50	28.1	28	29	33	33	34	24
40	Zr	230	250	220	200	170	165	165	160	130
41	Nb	—	0.32	20	10	20	20	20	20	19
42	Mo	x	10	2.3	3	1.1	1.5	1.5	1	1.3
43	Tc	—	0.001	—	—	—	—	—	—	—
44	Ru	$x\cdot10^{-5}$	0.05	—	0.005	—	—	0.01	0.001	0.001
45	Rh	$x\cdot10^{-5}$	0.01	0.001	0.001	—	—	0.005	0.001	0.001
46	Pd	$x\cdot10^{-5}$	0.05	0.01	0.01	0.013	—	0.01	0.01	0.01
47	Ag	$x\cdot10^{-2}$	0.1	0.02	0.1	0.07	0.07	0.07	0.07	0.08
48	Cd	$x\cdot10^{-1}$	5	0.18	0.5	0.13	0.2	0.2	0.2	0.2
49	In	$x\cdot10^{-5}$	0.1	0.1	0.1	0.25	0.1	0.1	0.1	0.1
50	Sn	x	80	40	40	25	2	2	2	1.7

续表附录 1

原子序数	元素符号	克拉克和华盛顿 Clarke and Washi-ngton (1924)	费尔斯曼 Ферс-МаН (1933—1939)	戈尔德施密特 Golds-chmidt (1937)	维诺格拉多夫 Виноградов (1949)	维诺格拉多夫 Виноградов (1962)	泰勒 Taylor (1964)	马逊 B. Mason (1966)	魏德波尔 K. H. We-depohl (1967)	黎彤 (1967)
51	Sb	$x \cdot 10^{-1}$	0.5	(1)	0.4	0.5	0.2	0.2	0.2	0.6
52	Te	$x \cdot 10^{-3}$	0.01	(0.001 8)	0.01	0.001	—	0.01	0.01	0.000 6
53	I	$x \cdot 10^{-1}$	1	0.3	0.3	0.4	0.5	0.5	—	0.6
54	Xe	—	3×10^{-5}	—	—	—	—	—	—	—
55	Cs	$x \cdot 10^{-3}$	10	3.2	7	3.7	3	3	2.7	1.4
56	Ba	470	500	430	500	650	425	425	590	390
57	La	—	6.5	18.3	18	29	30	30	44	39
58	Ce	—	29	41.6	45	70	60	60	75	43
59	Pr	—	4.5	5.53	7	9	8.2	8.2	7.6	5.7
60	Nd	—	17	23.9	25	37	28	28	30	26
61	Pm	—	??		—	—	—	—		
62	Sm	—	7	6.47	7	8	6.0	6	8.6	6.7
63	Eu	—	0.2	1.06	1.2	1.3	1.2	1.2	1.4	1.2
64	Gd	—	7.5	6.36	10	8	5.4	5.4	8.8	6.7
65	Tb	—	1	0.91	1.5	4.3	0.9	0.9	1.4	1.1
66	Dy	—	7.5	4.47	4.5	5	3.0	3	6.1	4.1
67	Ho	—	1	1.15	1.3	1.7	1.2	1.2	1.8	1.4
68	Er	—	6.5	2.47	4	3.3	2.8	2.8	3.4	2.7
69	Tin	—	1	0.20	0.8	0.27	0.48	0.5	—	0.25
70	Yb	—	8	2.66	3	0.33	3.0	3.4	3.4	2.7
71	Lu	—	1.7	0.75	1	0.8	0.50	0.5	1.1	0.8
72	Hf	30	4	4.5	3.2	1	3	3	3	1.5
73	Ta	—	0.24	2.1	2	2.5	2	2	3.4	1.6
74	W	50	70	1	1	1.3	1.5	1.5	1.3	1.1
75	Re	—	0.001	0.001	0.001	7×10^{-4}	—	0.001	(0.001)	5×10^{-4}
76	Os	$x \cdot 10^{-4}$	0.05	—	0.05	—	—	0.005	(0.001)	0.001
77	Ir	$x \cdot 10^{-4}$	0.01	0.001	0.001	—	—	0.001	(0.001)	0.001
78	Pt	$x \cdot 10^{-3}$	0.2	0.005	0.005	—	—	0.01	(0.005)	0.05
79	Au	$x \cdot 10^{-3}$	0.005	0.001	0.005	0.004 3	0.004	0.004	0.004	0.004
80	Hg	$x \cdot 10^{-1}$	0.05	0.5	0.07	0.083	0.08	0.08	0.08	0.089
81	Tl	$x \cdot 10^{-4}$	0.1	0.3	3	1	0.45	0.5	1.3	0.48
82	Pb	20	16	16	16	16	12.5	15	15	12
83	Bi	$x \cdot 10^{-2}$	0.1	0.2	0.2	0.009	0.17	0.2	0.2	0.004
84	Po	—	0.05	—	2×10^{-10}	—	—			0.001
85	At	—	?	—	—	—	—			—
86	Rn	—	?	—	7×10^{-12}	—	—			—
87	Fr	—	?		—	—	—			—
88	Ra	$x \cdot 10^{-6}$	2×10^{-6}	—	10^{-6}	—	—			—
89	Ac	—	—	—	$x \cdot 10^{-10}$	—	—		—	—
90	Th	20	10	11.5	8	13	9.6	9.6	11	5.8
91	Ra	—	7×10^{-7}	—	10^{-6}	—	—	—		—
92	U	80	4	4	3	2.5	2.7	2.7	3.5	1.7

注：(1)本表转引自南京大学地质系编《地球化学》(修订本)；

(2)本表上列有历年各国学者发表的元素地壳丰度表，供读者查阅。对大多数微量元素来说，测定值只能达到级次的精度。

附录 2　主要类型岩浆岩中化学元素的平均含量

单位：$\times 10^{-6}$

元素符号	超基性岩		基性岩(玄武岩)		中性岩		酸性岩		
	(涂和魏)	(维)	(涂和魏)	(维)	正长岩(涂和魏)	内长岩(维)	富钙(涂和魏)	贫钙(涂和魏)	花岗岩等(维)
Li	$x \cdot 10^{-1}$	0.5	17	15	28	20	24	40	40
Be	$x \cdot 10^{-1}$	0.2	1	0.4	1	1.8	2	3	5.5
B	3	1	5	5	9	15	9	10	15
N	6	6	20	18	30	22	20	20	20
F	100	100	400	370	1 200	500	520	850	800
Na	4 200	5 700	18 000	19 400	40 400	30 000	28 400	25 800	27 700
Mg	204 000	259 000	46 000	45 000	5 800	21 800	9 400	1 600	5 600
Al	20 000	4 500	78 000	87 600	88 000	88 500	82 000	72 000	77 000
Si	205 000	190 000	230 000	240 000	291 000	260 000	314 000	347 000	323 000
P	220	170	110	1 400	800	1 600	920	600	700
S	300	100	300	300	300	200	300	300	400
Cl	85	50	60	50	520	100	130	200	240
K	40	300	8 300	8 300	48 000	23 000	25 200	42 000	33 400
Ca	25 000	7 000	76 000	67 200	18 000	46 500	25 300	5 100	15 800
Sc	15	5	30	24	3	2.5	14	7	3
Ti	300	300	13 800	9 000	3 500	8 000	3 400	1 200	2 300
V	40	40	250	200	30	100	88	44	40
Cr	1 600	2 000	170	200	2	50	22	4.1	25
Mn	1 200	1 500	1 500	2 000	850	1 200	540	390	600
Fe	94 300	98 500	86 500	85 600	36 700	58 500	29 600	14 200	27 000
Co	150	200	48	45	1	10	7	1.0	5
Ni	2 000	2 000	130	160	4	55	15	4.5	8
Cu	10	20	87	100	5	35	30	10	20
Zn	50	30	105	130	130	72	60	39	60
Ga	1.5	1.5	17	18	30	20	17	17	20
Ge	1.5	1	1.3	1.5	1	1.5	1.3	1.3	1.4
As	1	0.5	2	2	1.4	2.4	1.9	1.5	1.5
Se	005	0.05	0.05	0.05	0.05	0.05	0.05	0.05	0.05
Br	1	0.5	3.6	3	2.7	4.5	4.5	1.3	1.7
Rb	0.2	2	30	45	110	100	110	170	200
Sr	1	10	465	440	200	800	440	100	300
Y	$x \cdot 10^{-1}$	—	21	20	20	—	35	40	34
Zr	45	30	140	100	500	260	140	175	200
Nb	16	1.0	19	20	35	20	20	21	20
Mo	0.3	0.2	1.5	1.4	0.6	0.9	1.0	1.3	1
Pb	0.12	0.12	0.02	0.019	?	—	$x \cdot 10^{-3}$	$x \cdot 10^{-3}$	0.01
Ag	0.06	0.05	0.11	0.1	$x \cdot 10^{-2}$	0.07	0.051	0.037	0.05
Cd	$x \cdot 10^{-1}$	0.05	0.22	0.19	0.13	—	0.13	0.13	0.1
In	0.01	0.013	0.22	0.22	$x \cdot 10^{-2}$	—	$x \cdot 10^{-2}$	0.26	0.26
Sn	0.5	0.5	1.5	1.5	x	—	1.5	3	3
Sb	0.1	0.1	0.2	1.0	$x \cdot 10^{-1}$	0.2	0.2	0.2	0.26
I	0.5	0.01	0.5	0.5	0.5	0.3	0.5	0.5	0.4
Cs	$x \cdot 10^{-1}$	0.1	1.1	1	0.6	—	2	4	5
Ba	0.4	1	330	300	1 600	650	420	840	830
La	$x \cdot 10^{-1}$	—	15	27	70	—	45	55	60
Ce	$x \cdot 10^{-1}$	—	48	4.5	161	—	81	92	100

续表附录 2

元素符号	超基性岩		基性岩(玄武岩)		中性岩		酸性岩		
	(涂和魏)	(维)	(涂和魏)	(维)	正长岩(涂和魏)	内长岩(维)	富钙(涂和魏)	贫钙(涂和魏)	花岗岩等(维)
Pr	$x\cdot10^{-1}$	—	4.6	4	15	—	7.7	8.8	12
Nd	$x\cdot10^{-1}$	—	20	20	65	—	33	37	46
Sm	$x\cdot10^{-1}$	—	5.3	5	18	—	8.8	10	9
Eu	$x\cdot10^{-1}$	0.01	0.8	1	2.8	—	1.4	1.6	1.5
Gd	$x\cdot10^{-1}$	—	5.3	5	18	—	8.8	10	9
Tb	$x\cdot10^{-1}$	—	8	0.8	2.8	—	1.4	1.6	2.5
Ho	$x\cdot10^{-1}$	—	1.1	1	3.5	—	1.8	2.0	2
Er	$x\cdot10^{-1}$	—	2.1	2	7.0	—	3.5	4.0	4
Tm	$x\cdot10^{-1}$	—	0.2	0.2	0.6	—	0.3	0.3	0.3
Yb	$x\cdot10^{-1}$	—	2.1	2	7.0	—	3.5	4.0	4
Lu	$x\cdot10^{-1}$	—	0.6	0.6	2.1	—	1.1	1.2	1
Hf	0.6	0.1	2.0	1	11	1	2.3	3.9	1
Ta	1.0	0.018	1.1	0.48	2.1	0.7	3.6	4.2	3.5
W	0.77	0.1	0.7	1	1.3	1	1.3	2.2	1.5
Au	0.006	0.005	0.004	0004	$x\cdot10^{-3}$	—	0.004	0.004	0.004 5
Hg	$x\cdot10^{-2}$	0.01	0.09	0.09	$x\cdot10^{-2}$	—	0.08	0.08	0.08
Tl	0.06	0.01	0.21	0.2	1.4	0.5	0.72	2.3	1.5
Pb	1	0.1	6	8	12	15	15	19	20
Bi	?	0.001	0.007	0.007	?	0.01	?	0.01	0.01
Th	0.004	0.005	4	3	13	7	8.5	17	18
U	0.001	0.003	1	0.5	3.0	1.8	3.0	3.0	3.5

注:(1)涂和魏:据涂里干和魏波尔(Turekian and Wedepohl),1961 年;

(2)维:据维诺格拉多夫(Виноградов),1962 年;

(3)涂和魏:富维诺花岗岩类—相当于闪长岩和花岗闪长岩;

(4)维氏分四类,将碱性岩并入中性岩类。

附录3 主要类型沉积岩中化学元素的平均含量

单位：$\times 10^{-6}$

元素符号	页岩（涂和魏）	页岩＋黏土（维）	砂岩（涂和魏）	碳酸盐（涂和魏）	深海沉积碳酸盐（涂和魏）	黏土（涂和魏）
Li	60	60	15	5	5	57
Be	3	3	$x \cdot 10^{-1}$	$x \cdot 10^{-1}$	$x \cdot 10^{-1}$	2.6
B	100	100	35	20	55	230
N	?	600	?	?	?	?
F	740	500	270	330	540	1 300
Na	9 600	6 600	3 300	400	20 000	40 000
Mg	15 000	13 400	7 000	47 000	4 000	21 000
Al	80 000	104 500	25 000	4 200	20 000	84 000
Si	73 000	238 000	368 000	24 000	32 000	250 000
P	700	770	170	400	350	1 500
S	2 400	3 000	240	1 200	1 300	1 300
Cl	180	160	10	150	21 000	21 000
K	26 000	22 800	10 700	2 700	2 900	25 000
Ca	22 100	25 300	39 100	302 300	312 400	29 000
Sc	13	10	1	1	2	19
Ti	4 600	4 500	1 500	400	770	4 600
V	130	130	20	20	20	120
Cr	90	100	35	11	11	90
Mn	850	670	$10x$	1 100	1 000	6 700
Fe	47 200	33 300	9 800	3 800	9 000	65 000
Co	19	20	0.3	0.1	0.7	74
Ni	68	95	2	20	30	225
Cu	45	57	x	4	30	250
Zn	95	80	15	20	35	165
Ga	19	30	12	4	13	20
Ge	1.6	2	0.8	0.2	0.2	2
As	13	6.6	1	1	1	13
Se	0.6	0.6	0.05	0.08	0.17	0.17
Br	4	6	1	6.2	70	70
Rb	140	200	60	3	10	110
Sr	300	450	20	610	2 000	180
Y	26	30	40	30	42	90
Zr	160	200	220	19	20	150
Nb	11	20	$x \cdot 10^{-2}$	0.3	4.6	14
Mo	2.6	2	0.2	0.4	3	27
Pd	?	—	?	?	?	?
Ag	0.07	0.1	$x \cdot 10^{-2}$	$x \cdot 10^{-2}$	$x \cdot 10^{-2}$	0.11
Cd	0.3	0.3	$x \cdot 10^{-2}$	0.035	$x \cdot 10^{-2}$	0.42
In	0.1	0.05	$x \cdot 10^{-2}$	$x \cdot 10^{-2}$	$x \cdot 10^{-2}$	0.08
Sn	6	10	$x \cdot 10^{-1}$	$x \cdot 10^{-1}$	$x \cdot 10^{-1}$	1.5
Sb	1.5	2	$x \cdot 10^{-2}$	0.2	0.15	1.0
I	2.2	1	1.7	1.2	0.05	0.05
Cs	5	12	$x \cdot 10^{-1}$	$x \cdot 10^{-1}$	0.4	6
Ba	580	800	$10x$	10	190	2 300
La	92	40	30	x	10	115
Ce	59	50	92	11.5	35	345

续表附录3

元素符号	页岩（涂和魏）	页岩十黏土（维）	砂岩（涂和魏）	碳酸盐（涂和魏）	深海沉积碳酸盐（涂和魏）	黏土（涂和魏）
Pr	5.6	5	8.8	1.1	3.3	33
Nd	24	23	37	4.7	14	140
Sm	6.4	6.5	10	1.3	3.8	38
Eu	1.0	1	1.6	0.2	0.6	6
Gd	6.4	6.5	10	1.3	3.8	38
Tb	1.0	0.9	1.6	0.2	0.6	6
Ho	1.2	1	2.0	0.3	0.8	7.5
Er	2.5	2.5	4.0	0.5	1.5	15
Tm	0.2	0.25	0.3	0.04	0.1	1.2
Yb	2.6	3	4.0	0.5	1.5	15
Lu	0.7	0.7	1.2	0.2	0.5	4.5
Hf	2.8	6	3.9	0.3	0.41	4.1
Ta	0.8	3.5	$x \cdot 10^{-2}$	$x \cdot 10^{-2}$	$x \cdot 10^{-2}$	$x \cdot 10^{-2}$
W	1.8	2	1.6	0.6	$x \cdot 10^{-1}$	x
Au	$x \cdot 10^{-3}$	0.001	$x \cdot 10^{-3}$	$x \cdot 10^{-3}$	$x \cdot 10^{-3}$	$x \cdot 10^{-3}$
Hg	0.4	0.4	0.03	0.04	$x \cdot 10^{-2}$	$x \cdot 10^{-1}$
Tl	1.4	1	0.82	$x \cdot 10^{-2}$	0.16	0.8
Pb	20	20	7	9	9	80
Bi	?	0.01	?	?	?	?
Th	12	11	1.7	1.7	x	7
U	3.7	3.2	0.45	2.2	$x \cdot 10^{-1}$	1.3

注：(1)涂和魏：据涂里千和魏德波尔(Turekian and Wedepohl),1961年；
(2)维：据维诺格拉多夫(Виноградов),1962。

附录4 世界土壤的元素含量及其范围

单位：$\times 10^{-6}$

元素	平均含量	范围	元素	平均含量	范围
Ag	0.05	0.01～8	I	5	0.1～25
Al	71 000	10 000～300 000	In	1	0.7～3?
As	6	0.1～40	K	14 000	80～37 000
Au	—	0.001～0.02?	La	40	2～180
B	20	2～270	Li	25	3～350
Ba	500	100～3 000	Lu	0.4	0.1～0.7
Be	0.3	0.01～40	Mg	5 000	400～9 000
Bi	0.2	0.1～13	Mn	1 000	20～10 000
Br	10	1～100	Mo	1.2	0.1～40
C(有机)	20 000	7 000～500 000	N	2 000	200～5 000
Ca	15 000	700～500 000	Na	5 000	150～25 000
Cd	0.35	0.01～2	Nd	10	6～300
Ce	50	3～170	Nd	35	4～63
Cl	100	8～1 800	Ni	50	2～750
Co	8	0.05～65	O	490 000	—
Cr	70	5～1 500	P	800	35～5 300
Cs	4	0.3～20	Pb	35①	2～300
Cu	30	2～250	Pr	7	3～12
Dy	5	2～12	Ra	0.8×10^{-6}	$(0.2\sim 5)\times 10^{-6}$
Er	2	0.6～6	Rb	150	20～1 000
Eu	1	0.1～3.2	S	700	30～1 600
F	200	20～700	Sb	1	0.2～10
Fe	40 000	2 000～550 000	Se	7	0.5～55
Ga	20	2～100	Se	0.4	0.01～12
Gd	4	2～6	Si	330 000	250 000～410 000
Ge	1	0.1～50	Sm	4.5	0.6～23
Hf	6	0.5～34	Sn	4	1～200
Hg	0.06	0.01～0.5	Sr	250	4～2 000
Ho	0.6	0.4～2	Ta	2	0.4～6
Tb	0.7	0.1～1.6	V	90	3～500
Th	9	1～35	W	1.5	0.5～83
Ti	5 000	150～25 000	Y	40	10～250
Tl	0.2	0.1～0.8	Yb	3	0.04～12
Tm	0.6	0.3～1.2	Zn	90	1～900
U	2	0.7～9	Zr	400	60～2 000

①在全球沾污前为12，在城市土壤中Pb含量可达$1\ 000\times 10^{-6}$以上。

（据Bowen，1979以及其中的参考文献）。

附录5 全球河水元素含量及其范围(据 Bowen,1979)

(单位:mg/L)

元素	平均丰度	丰度范围	可能的赋存状态
Ag	0.3	0.01～3.5	
Al	300	8～3 500	胶体
Ar	600		Ar(气)
As	0.5	0.2～230	阴离子,甲基化
Au	0.002	0.001～0.002	阳离子?
B	15	7～500	$B(OH)_3$
Ba	10	<3～150	Ba^{2+}
Be	0.3	0.01～1	
Bi	0.02?		
Br	14	0.05～55	Br^-
C	11 000	6 000～19 000	HCO_3^-
Ca	15 000	2 000～120 000	Ca^{2+}
Cd	0.1	0.01～3	有机
Ce	0.2	0.1～0.2	胶体
Cl	7 000	1 000～35 000	Cl
Co	0.2	0.04～8	
Cr	1	0.1～6	
Cs	0.02	0.005～1	Cs^+
Cu	3	0.2～30	有机
Dy		0.05	
Eu	0.006	0.002～0.009	
F	100	50～2 700	F^-
Fe	500	10～1 400	胶体
Ga	0.09		
Hf	0.01	0.005～0.13	
Hg	0.1	0.000 1～2.8	有机
I	2	0.5～7	I
K	2 200	500～10 000	K^+
La	0.1	<0.05～0.8	
Li	2	0.07～40	Li^+
Lu	0.003	0.002～0.005	
Mg	4000	400～6 000	Mg^{2+}
Mn	8	0.02～130	
Mo	0.5	0.03～10	MoO_4^{2-}
N	50	2～1 800	NO_3^-
Na	6 000	700～25 000	Na^+
Nd	0.15	<0.06～0.25	
Ni	0.5	0.02～27	
P	20	1～300	$H_2PO_4^-$
Pb	3	0.06～120	
Ra	4×10^{-7}		
Rb	1	0.6～9	Rb^+
Rn	1.7×10^{-12}		Ra
S	3 700	200～40 000	SO_4^{2-}
Sb	0.2	0.01～5	Sb(V)
Sc	0.01	0.000 4～0.04	
Se	0.2	0.02～1	SeO_3^{2-}
Si	7 000	500～12 000	
Sm	0.06?	0.01～0.12	
Sn	0.009	0.004～0.009	Sn(IV)甲基化
Sr	70	3～1 000	Sr^{3+}
Ta	<0.002		
Tb	0.003	0.001～0.005	
Th	0.03	0.007～0.1	
Ti	5	3～18	
U	0.4	0.002～5	
V	0.5	0.01～20	
W	0.03< 0.02～0.1		
Yb	0.01	0.005～0.2	
Zn	15	0.2～100	Zn^{2+},有机
Zr	0.8	0.05～20	

注:(1)平均丰度为主观估算值;(2)"有机"表示未知的有机络合物。

附录 6 标准正态分布函数 $F(u)$的数值表

$$F(u)=\int_{-\infty}^{u}\frac{1}{\sqrt{2\pi}}e^{-\frac{t^2}{2}}dt(当\ u<0\ 时)$$

u	0	1	2	3	4	5	6	7	8	9
−0.0	0.500 0	0.496 0	0.492 0	0.488 0	0.484 0	0.480 1	0.476 1	0.472 1	0.468 1	0.464 1
−0.1	0.460 2	0.456 2	0.452 2	0.448 3	0.444 3	0.440 4	0.436 4	0.432 5	0.428 6	0.424 7
−0.2	0.420 7	0.416 8	0.412 9	0.409 0	0.405 2	0.401 3	0.397 4	0.393 6	0.389 7	0.385 9
−0.3	0.382 1	0.378 3	0.374 5	0.370 7	0.366 9	0.363 2	0.359 4	0.355 7	0.352 0	0.348 3
−0.4	0.344 6	0.340 9	0.337 2	0.333 6	0.330 0	0.326 4	0.322 8	0.319 2	0.315 6	0.312 1
−0.5	0.308 5	0.305 0	0.301 5	0.298 1	0.294 6	0.291 2	0.287 7	0.284 3	0.281 0	0.277 6
−0.6	0.274 3	0.270 9	0.267 6	0.264 3	0.261 1	0.257 8	0.254 6	0.251 4	0.248 3	0.245 1
−0.7	0.242 0	0.238 9	0.235 8	0.232 7	0.229 6	0.226 6	0.223 6	0.220 6	0.217 7	0.214 8
−0.8	0.211 9	0.209 0	0.206 1	0.203 3	0.200 5	0.197 7	0.194 9	0.192 2	0.189 4	0.186 7
−0.9	0.184 1	0.184 1	0.178 8	0.176 2	0.173 6	0.171 1	0.168 5	0.166 0	0.163 5	0.161 1
−1.0	0.158 7	0.156 2	0.153 9	0.151 5	0.149 2	0.149 6	0.144 6	0.142 3	0.140 1	0.137 9
−1.1	0.135 7	0.133 5	0.131 4	0.129 2	0.127 1	0.125 1	0.123 0	0.121 0	0.119 0	0.117 0
−1.2	0.115 1	0.113 1	0.111 2	0.109 3	0.107 5	0.105 6	0.103 8	0.102 0	0.100 3	0.098 5
−1.3	0.096 8	0.095 1	0.093 4	0.091 8	0.090 1	0.088 5	0.086 9	0.085 3	0.083 8	0.082 3
−1.4	0.080 8	0.079 3	0.077 8	0.076 4	0.074 9	0.073 5	0.072 1	0.070 8	0.069 4	0.068 1
−1.5	0.066 8	0.065 5	0.064 3	0.063 0	0.061 8	0.060 6	0.059 4	0.058 2	0.057 1	0.055 9
−1.6	0.054 8	0.053 7	0.052 6	0.051 6	0.050 5	0.049 5	0.048 5	0.047 5	0.046 5	0.045 5
−1.7	0.044 6	0.043 6	0.042 7	0.041 8	0.040 9	0.040 1	0.039 2	0.038 4	0.037 5	0.076 7
−1.8	0.035 9	0.035 1	0.034 4	0.033 6	0.032 9	0.032 2	0.031 4	0.030 7	0.030 1	0.029 4
−1.9	0.028 7	0.028 1	0.027 4	0.026 8	0.026 2	0.025 6	0.025 0	0.024 4	0.023 9	0.023 3
−2.0	0.022 8	0.022 2	0.021 7	0.021 2	0.020 7	0.020 2	0.019 7	0.019 2	0.018 8	0.018 3
−2.1	0.017 9	0.017 4	0.017 0	0.016 6	0.016 2	0.015 8	0.015 4	0.015 0	0.014 6	0.014 3
−2.2	0.013 9	0.013 6	0.013 2	0.012 9	0.012 5	0.012 2	0.011 9	0.011 6	0.011 3	0.011 0
−2.3	0.010 7	0.010 4	0 010 2	0.009 9	0.009 6	0.009 4	0.009 1	0.008 9	0.008 7	0.008 4
−2.4	0.008 2	0.008 0	0.007 8	0.007 5	0.007 3	0.007 1	0.006 9	0.006 8	0.006 6	0.006 4
−2.5	0.006 2	0.006 0	0.005 9	0.005 7	0.005 5	0.005 4	0.005 2	0.005 1	0.004 9	0.004 8
−2.6	0.004 7	0.004 5	0.004 4	0.004 3	0.004 1	0.004 0	0.003 9	0.003 8	0.003 7	0.003 6
−2.7	0.003 5	0.003 4	0.003 3	0.003 2	0.003 1	0.003 0	0.002 9	0.002 8	0.002 7	0.002 6
−2.8	0.002 6	0.002 5	0.002 4	0.002 3	0.002 3	0.002 2	0.002 1	0.002 1	0.002 0	0.001 9
−2.9	0.001 9	0.001 8	0.001 8	0.001 7	0.001 6	0.001 6	0.001 5	0.001 5	0.001 4	0.001 4
−3.0	0.001 3	0.001 3	0.001 3	0.001 2	0.001 2	0.001 1	0.001 1	0.001 1	0.001 0	0.001 0
0.0	0.500 0	0.504 0	0.508 0	0.512 0	0.516 0	0.519 9	0.523 9	0.527 9	0.531 9	0.535 9
0.1	0.539 8	0.543 8	0.547 8	0.551 7	0.555 7	0.559 6	0.563 6	0.567 5	0.571 4	0.575 3
0.2	0.579 3	0.583 2	0.587 1	0.591 0	0.594 8	0.598 7	0.602 6	0.606 4	0.610 3	0.614 1
0.3	0.617 9	0.621 7	0.625 5	0.629 3	0.633 1	0.636 8	0 640 6	0.644 3	0.648 0	0.651 7
0.4	0.655 4	0.659 1	0.662 8	0.666 4	0.670 0	0.673 6	0.677 2	0.680 8	0.684 8	0.687 9
0.5	0.691 5	0.695 0	0.698 5	0.701 9	0.705 4	0.708 8	0.712 3	0.715 1	0.719 0	0.722 4
0.6	0.725 7	0.729 1	0.732 4	0.735 7	0.738 9	0.742 2	0.745 4	0.748 6	0.751 7	0.754 9
0.7	0.758 0	0.761 1	0.764 2	0.767 3	0.770 4	0.773 4	0.776 4	0.779 4	0.782 3	0.785 2
0.8	0.788 1	0.791 0	0.793 9	0.796 7	0.799 5	0.802 3	0.805 1	0.807 8	0.810 6	0.813 3
0.9	0.815 9	0.818 6	0.821 2	0.823 8	0.826 4	0.828 9	0.831 5	0.834 0	0.836 5	0.838 9
1.0	0.841 3	0.843 8	0.846 1	0.848 5	0.850 8	0.853 1	0.855 4	0.857 7	0.859 9	0.862 1
1.1	0.864 3	0.866 5	0.868 6	0.870 8	0.872 9	0.874 0	0.877 0	0.879 0	0.881 0	0.883 0
1.2	0.884 9	0.886 9	0.888 8	0.890 7	0.892 5	0.894 4	0.896 2	0.898 0	0.899 7	0.901 5
1.3	0.903 2	0.904 9	0.906 6	0.908 2	0.909 9	0.911 5	0.913 1	0.914 7	0.916 2	0.917 7
1.4	0.919 2	0.920 7	0.922 2	0.923 6	0.925 1	0.926 5	0.927 9	0.929 2	0.930 6	0.931 9
1.5	0.933 2	0.934 5	0.935 7	0.937 0	0.938 2	0.939 4	0.940 6	0.941 8	0.942 9	0 .944 1
1.6	0.945 2	0.946 3	0.947 4	0.948 4	0.949 5	0.950 5	0.951 5	0.952 5	0.953 5	0.954 5
1.7	0.955 4	0.956 4	0.957 3	0.958 2	0.959 1	0.959 9	0.960 8	0.961 6	0.962 5	0.963 3
1.8	0.964 1	0.964 9	0.965 6	0.966 4	0.967 1	0.967 8	0.968 6	0.969 3	0.969 9	0.970 6
1.9	0.971 3	0.971 9	0.972 6	0.973 2	0.973 8	0.974 4	0.975 0	0.975 6	0.976 1	0.976 7
2.0	0.977 2	0.977 8	0.978 3	0.978 8	0.979 8	0.979 8	0.980 3	0.980 8	0.981 2	0.981 7
2.1	0.982 1	0.982 6	0.983 0	0.983 4	0.983 8	0.984 2	0.984 6	0.985 0	0.985 4	0.985 7
2 2	0.986 1	0.986 4	0.986 8	0.987 1	0.987 5	0.987 8	0.988 1	0.988 4	0.988 7	0.989 0
2.3	0.989 3	0.989 6	0.989 8	0.990 1	0.980 4	0.990 6	0.990 9	0.991 1	0.991 3	0.991 6
2.4	0.991 8	0.992 0	0.992 2	0.992 5	0.992 7	0.992 9	0.993 1	0.993 2	0.993 4	0.993 6
2.5	0.993 8	0.994 0	0.994 1	0.994 3	0.994 5	0.994 6	0.994 8	0.994 9	0.995 1	0.995 2
2.6	0.995 3	0.995 5	0.995 6	0.995 7	0.995 9	0.996 0	0.996 1	0.996 2	0.996 3	0.996 4
2.7	0.996 5	0.996 6	0.996 7	0.996 8	0.996 9	0.997 0	0.997 1	0.997 2	0.997 3	0.997 4
2.8	0.997 4	0.997 5	0.997 6	0.997 7	0.997 7	0.997 8	0.997 9	0.997 9	0.998 0	0.998 1
2.9	0.998 1	0.998 2	0.998 2	0.998 3	0.998 1	0.998 4	0.998 5	0.998 5	0.998 6	0.998 6
3.0	0.998 7	0.998 7	0.998 7	0.998 8	0.998 8	0.998 9	0.998 9	0.998 9	0.999 0	0.999 0

附录 7　F 分布临界值 F_α 表

（显著性水平 $\alpha=0.05$）

$$P\{F \geqslant F_{0.05}\} = \int_{F_{0.05}} h(F)\mathrm{d}F = 0.05$$

y_1：第一自由度　　　y_2：第二自由度

V_2 \ V_1	1	2	3	4	5	6	7	8	9	10	11	12	13	14	15	16
3	10.1	9.55	9.28	9.12	9.01	8.94	8.89	8.85	8.81	8.79	8.76	8.74	8.73	8.71	8.70	8.69
4	7.71	6.94	6.59	6.39	6.26	6.16	6.09	6.04	6.00	5.96	5.94	5.91	5.89	5.87	5.86	5.84
5	6.61	5.79	5.41	5.19	5.05	4.95	4.88	4.82	4.77	4.74	4.70	4.68	4.66	4.64	4.62	4.60
6	5.99	5.14	4.76	4.53	4.39	4.28	4.21	4.15	4.10	4.06	4.03	4.00	3.98	3.96	3.94	3.92
7	5.59	4.74	4.35	4.12	3.97	3.87	3.79	3.73	3.68	3.64	3.60	3.57	3.55	3.53	3.51	3.49
8	5.32	4.46	4.07	3.84	3.69	3.58	3.50	3.44	3.39	3.35	3.31	3.28	3.26	3.24	3.22	3.20
9	5.12	4.26	3.86	3.63	3.48	3.37	3.29	3.23	3.18	3.14	3.10	3.07	3.05	3.03	3.01	2.99
10	4.96	4.10	3.71	3.48	3.33	3.22	3.14	3.07	3.02	2.98	2.94	2.91	2.89	2.86	2.85	2.83
12	4.75	3.89	3.49	3.26	3.11	3.00	2.91	2.85	2.80	2.75	2.72	2.69	2.66	2.64	2.62	2.60
14	4.60	3.74	3.34	3.11	2.96	2.85	2.76	2.70	2.65	2.60	2.57	2.53	2.51	2.48	2.46	2.44
16	4.49	3.63	3.24	3.01	2.85	2.74	2.66	2.59	2.54	2.49	2.46	2.42	2.40	2.37	2.35	2.33
18	4.41	3.55	3.16	2.93	2.77	2.66	2.58	2.51	2.46	2.41	2.37	2.34	2.31	2.29	2.27	2.25
20	4.35	3.49	3.10	2.87	2.71	2.60	2.51	2.45	2.39	2.35	2.31	2.28	2.25	2.22	2.20	2.18
22	4.30	3.44	3.05	2.82	2.66	2.55	2.46	2.40	2.34	2.30	2.26	2.23	2.20	2.17	2.15	2.13
24	4.26	3.40	3.01	2.78	2.62	2.51	2.42	2.36	2.30	2.20	2.21	2.18	2.15	2.13	2.11	2.09
26	4.23	3.37	2.98	2.74	2.59	2.47	2.39	2.32	2.27	2.22	2.18	2.15	2.12	2.09	2.07	2.05
28	4.20	3.34	2.95	2.71	2.56	2.45	2.36	2.29	2.24	2.19	2.15	2.12	2.09	2.06	2.04	2.02
30	4.17	3.32	2.92	2.69	2.53	2.42	2.33	2.27	2.21	2.16	2.13	2.09	2.06	2.04	2.01	1.99
40	4.08	3.23	2.84	2.61	2.45	2.34	2.25	2.18	2.12	2.08	2.04	2.00	1.97	1.95	1.92	1.90
50	4.03	3.18	2.79	2.56	2.40	2.29	2.20	2.13	2.07	2.03	1.99	1.95	1.92	1.89	1.87	1.85
60	4.00	3.15	2.76	2.53	2.37	2.25	2.17	2.10	2.04	1.99	1.95	1.92	1.89	1.86	1.84	1.82
70	3.98	3.13	2.74	2.50	2.35	2.23	2.14	2.07	2.02	1.97	1.93	1.89	1.86	1.84	1.81	1.79
80	3.96	3.11	2.72	2.49	2.33	2.21	2.13	2.06	2.00	1.95	1.91	1.88	1.84	1.82	1.79	1.77
90	3.95	3.10	2.71	2.47	2.32	2.20	2.11	2.04	1.99	1.94	1.90	1.86	1.83	1.80	1.78	1.76
100	3.94	3.09	2.70	2.46	2.31	2.19	2.10	2.03	1.97	1.93	1.89	1.85	1.82	1.79	1.77	1.75
150	3.90	3.06	2.66	2.43	2.27	2.16	2.07	2.00	1.94	1.89	1.85	1.82	1.79	1.76	1.73	1.71
200	3.89	3.04	2.65	2.42	2.26	2.14	2.06	1.98	1.93	1.88	1.84	1.80	1.77	1.74	1.72	1.69

V_2 \ V_1	18	20	22	24	26	28	30	40	50	60	80	100	200	500
3	8.67	8.66	8.65	8.64	8.63	8.62	8.62	8.59	8.58	8.57	8.56	8.55	8.54	8.53
4	5.82	5.80	5.79	5.77	5.76	5.75	5.75	5.72	5.70	5.69	5.67	5.66	5.65	5.64
5	4.58	4.56	4.54	4.53	4.52	4.50	4.50	4.46	4.44	4.43	4.41	4.40	4.38	4.37
6	3.90	3.87	3.86	3.84	3.83	3.82	3.81	3.77	3.75	3.74	3.72	3.71	3.69	3.68
7	3.47	3.44	3.43	3.41	3.40	3.39	3.38	3.34	3.32	3.30	3.29	3.28	3.25	3.24
8	3.17	3.15	3.13	3.32	3.10	3.09	3.08	3.04	3.02	3.01	2.99	2.98	2.96	2.94
9	2.96	2.94	2.92	2.90	2.89	2.87	2.86	2.83	2.80	2.79	2.77	2.76	2.73	2.72
10	2.80	2.77	2.75	2.74	2.72	2.71	2.70	2.66	2.64	2.62	2.60	2.59	2.56	2.55
12	2.57	2.54	2.52	2.51	2.49	2.48	2.47	2.43	2.40	2.38	2.36	2.35	2.32	2.31
14	2.41	2.39	2.37	2.35	2.33	2.32	2.31	2.27	2.24	2.22	2.20	2.19	2.16	2.14
16	2.30	2.28	2.25	2.24	2.22	2.21	2.19	2.15	2.12	2.11	2.08	2.07	2.04	2.02
18	2.22	2.19	2.17	2.15	2.13	2.12	2.11	2.06	2.04	2.02	1.99	1.98	1.95	1.93
20	2.15	2.12	2.10	2.08	2.07	2.05	2.04	1.99	1.97	1.95	1.92	1.91	1.87	1.85
22	2.10	2.07	2.05	2.03	2.01	2.00	1.98	1.94	1.91	1.89	1.86	1.85	1.81	1.80
24	2.05	2.03	2.00	1.98	1.97	1.95	1.94	1.89	1.86	1.84	1.82	1.80	1.76	1.74
26	2.02	1.99	1.97	1.95	1.93	1.91	1.90	1.85	1.82	1.80	1.78	1.76	1.72	1.70
28	1.99	1.96	1.93	1.91	1.90	1.88	1.87	1.82	1.79	1.77	1.74	1.73	1.69	1.67
30	1.96	1.93	1.91	1.89	1.87	1.85	1.84	1.79	1.76	1.74	1.71	1.70	1.66	1.64
40	1.87	1.84	1.81	1.79	1.77	1.76	1.74	1.69	1.66	1.64	1.61	1.59	1.55	1.53
50	1.81	1.78	1.76	1.74	1.72	1.70	1.69	1.63	1.60	1.58	1.54	1.52	1.48	1.46
60	1.78	1.75	1.72	1.70	1.68	1.66	1.62	1.59	1.56	1.53	1.50	1.48	1.44	1.41
70	1.75	1.72	1.70	1.67	1.65	1.64	1.62	1.57	1.53	1.50	1.47	1.45	1.40	1.37
80	1.73	1.70	1.68	1.65	1.63	1.65	1.60	1.54	1.51	1.48	1.45	1.43	1.38	1.35
90	1.72	1.69	1.66	1.64	1.62	1.60	1.59	1.53	1.49	1.46	1.43	1.41	1.36	1.32
100	1.71	1.68	1.65	1.63	1.31	1.59	1.57	1.52	1.48	1.45	1.41	1.39	1.34	1.30
150	1.67	1.64	1.61	1.59	1.57	1.55	1.53	1.48	1.44	1.41	1.37	1.34	1.29	1.25
200	1.66	1.62	1.60	1.57	1.55	1.53	1.52	1.46	1.41	1.39	1.35	1.32	1.26	1.22

附录 8　最大累积频率绝对差 D_N 的临界值 $D_{N,\alpha}$ 表

$P\{D_N > D_{N,\alpha}\} = \alpha$

N \ α	0.10	0.05	0.01	N \ α	0.10	0.05	0.01
1	0.950 0	0.975 0	0.995 0	36	0.199 1	0.221 2	0.265 3
2	0.776 4	0.841 9	0.929 3	37	0.196 5	0.218 3	0.261 8
3	0.636 0	0.707 6	0.829 0	38	0.193 9	0.215 4	0.258 4
4	0.565 2	0.623 9	0.734 2	39	0.191 5	0.212 7	0.255 2
5	0.509 5	0.563 3	0.668 5	40	0.189 1	0.210 1	0.252 1
6	0.468 0	0.519 3	0.616 6	41	0.186 9	0.207 6	0.249 0
7	0.436 1	0.483 4	0.575 8	42	0.184 7	0.205 2	0.246 1
8	0.409 6	0.454 3	0.541 8	43	0.182 6	0.202 8	0.243 3
9	0.387 5	0.430 0	0.513 3	44	0.180 5	0.200 6	0.240 6
10	0.368 7	0.409 3	0.488 9	45	0.178 6	0.198 4	0.239 7
11	0.352 4	0.391 2	0.467 7	46	0.176 7	0.196 3	0.235 4
12	0.338 2	0.375 4	0.449 1	47	0.174 8	0.194 2	0.233 0
13	0.325 5	0.361 4	0.432 5	48	0.173 0	0.192 2	0.230 6
14	0.314 2	0.348 9	0.417 6	49	0.171 3	0.190 3	0.228 3
15	0.304 0	0.337 6	0.404 2	50	0.169 6	0.188 4	0.226 0
16	0.294 7	0.327 3	0.392 0	55	0.161 9	0.179 8	0.215 7
17	0.286 3	0.318 0	0.380 9	60	0.155 1	0.172 3	0.206 7
18	0.275 8	0.309 4	0.370 6	65	0.149 1	0.165 7	0.198 8
19	0.271 4	0.301 4	0.361 2	70	0.143 8	0.159 8	0.191 7
20	0.264 7	0.294 1	0.352 4	75	0.139 0	0.154 4	0.185 3
21	0.258 6	0.287 2	0.344 3	80	0.134 7	0.149 6	0.179 5
22	0.252 8	0.280 9	0.336 7	85	0.130 7	0.145 2	0.174 2
23	0.247 5	0.274 9	0.329 5	90	0.127 1	0.141 2	0.169 4
24	0.242 4	0.269 3	0.322 9	95	0.123 8	0.137 5	0.164 9
25	0.237 7	0.264 0	0.316 6	100	0.120 7	0.134 0	0.160 8
26	0.233 2	0.259 1	0.310 6	120	0.112 3	0.124 2	0.148 9
27	0.229 0	0.254 4	0.305 0	140	0.104 0	0.115 1	0.137 8
28	0.225 0	0.249 9	0.299 7	160	0.097 2	0.107 5	0.129 8
29	0.221 2	0.245 7	0.294 7	180	0.091 7	0.101 3	0.121 5
30	0.217 6	0.241 7	0.289 9	200	0.087 0	0.096 2	0.115 3
31	0.214 1	0.237 9	0.285 3	220	0.082 9	0.091 7	0.109 9
32	0.210 9	0.234 2	0.280 9	240	0.079 1	0.087 8	0.105 2
33	0.207 7	0.230 8	0.276 8	260	0.076 3	0.084 4	0.101 1
34	0.204 7	0.227 4	0.272 8	280	0.073 5	0.081 3	0.094 7
35	0.201 9	0.224 3	0.269 0	300	0.071 0	0.078 5	0.094 1

主要参考文献

彼德·胡德.地球物理和地球化学找金属矿(地球化学部分).北京:地质出版社,1986
弁保磊.元素地球化学.北京:北京大学出版社,1999
弁树森,青长乐.环境土壤学.北京:中国农业出版社,1993
不破敬一郎.生物体与重金属.北京:中国环境科学出版社,1985
曹志洪,胡国松.优质烤烟与土壤地球化学特性的关系,龚子同主编."中国名优特农产品的土宜".吉林:吉林人民出版社,1994
陈焕伟,张凤荣,黎明等.土壤资源调查.北京:中国农业大学出版社,1997
陈静生,周家义.中国水环境重金属污染.北京:中国环境科学出版社,1992
陈瑞生,黄玉凯等.河流重金属污染.北京:中国环境科学出版社,1988
陈尚芹编著.环境污染物监测.北京:冶金工业出版社,1999
陈远荣,贾相国,徐庆鸿等.气体集成快速定位预测隐伏矿的新技术研究.北京:地质出版社,2003
龚子同等.我国土壤地球化学及其在农业生产中的意义.地理科学,1998,18(1)
龚子同等著.中国土壤系统分类.北京:科学出版社,1999
关广岳等著.中国金矿床表生地球化学.沈阳:东北大学出版社,1994 年
国家地震局科技监测司.地震预报方法实用化研究论文集,水位水化专集.北京:地震出版社,1989
国家地震局科技监测司.地震预报方法实用化研究论文集,综合预报专集.北京:地震出版社,1991
国家地震局科技监测司.水文地球化学地震前兆观测与预报.北京:地震出版社,1992
国家地震局科技监测司.中国地震预报方法研究,实用化研究论文集.北京:地震出版社,1991
国家环境监测总站主编.中国土壤元素背景值.北京:中国环境科学出版社,1990
国家自然科学基金委.地球化学.北京:科学出版社,1996
何振立等.污染及有益元素的土壤化学平衡.北京:中国环境科学出版社,1998
黄尚玲,胡素敏,马先编著.火山温泉地热能.北京:地震出版社,1986
黎彤,倪守斌著.地球和地壳化学元素丰度.北京:地质出版社,1990
李惠,张文华,常凤池等.大型、特大型金矿盲矿预测的原生叠加晕模型.北京:冶金工业出版社,1998
廖志杰.中国的火山、温泉和地热资源.北京:科学出版社,1990
廖自基.环境中微量重金属元素的污染危害与迁移转化.北京:科学出版社,1989
刘培桐主编,薛江渝,王华东合编.环境学概论.北京:中国教育出版社,1995
刘若新主编.火山作用于人类环境.北京:地震出版社,1995
刘英俊,曹励明,李兆麟.元素地球化学.北京:科学出版社,1984
刘英俊,邱德同等.勘查地球化学.北京:科学出版社,1987
罗先熔著.地球电化学勘查及深部找矿.北京:地质出版社,1996
马倩如,程声道等编.环境质量评价.北京:中国环境科学出版社,1990
前田正男,松尾嘉郎.土壤基础知识.北京:科学出版社,1983
任天祥,伍宗华,羌荣生.区域化探异常筛选与查证的方法技术.北京:地质出版社,1998
阮天健,费琪.石油天然气地球化学勘探.武汉:中国地质大学出版社,1992
阮天健,朱有光.地球化学找矿.北京:地质出版社,1985
山县登.微量元素与人体健康.北京:地质出版社,1987
涉谷政夫.土壤污染的机理与解析.北京:高等教育出版社,1998
孙焕振,李善芬主编.勘查地球物理勘查地球化学文集(第 11 集).北京:地质出版社,1990

孙焕振,叶家瑜,周庆来主编.勘查地球物理勘查地球化学文集(第17集).北京:地质出版社,1993
孙天蔚,李建华.区域化探资料在农业及环境中的应用.物探与化探,1992,16(1)
唐森本,王欢畅,葛碧洲,朱晓云编著.环境有机污染化学.北京:冶金工业出版社,1995
涂光炽等.地球化学.上海:上海科学出版社,1984
王崇云等.地球化学找矿基础.北京:地质出版社,1986
王继伦,李善芬,顾正乾等.金矿地球物理地球化学勘查新方法新技术论文集.北京:冶金工业出版社,1994
王玉,魏复盛.土壤环境元素化学.北京:中国环境科学出版社,1995
王元等著.土壤环境元素化学.北京:中国环境科学出版社,1995
吴锡生主编.化探数据处理方法.北京:地质出版社,1994
伍宗华,金仰芬,古平等著.汞的勘查地球化学.北京:地质出版社,1994
夏增禄,李森照,李连芳,巴音.土壤元素背景及其研究方法.北京:气象出版社,1987
谢学锦.面向21世纪的应用地球化学——谢学锦院士从事地球化学研究50周年,中国地学院士文集.北京:地质出版社,2002
谢学锦.区域化探.北京:地质出版社,1979
谢学锦,邵跃,王学球主编.走向21世纪矿产勘查地球化学.北京:地质出版社,1999
严健汉,詹重慈.环境土壤学.武汉:华中师范大学出版社,1981
於崇文编著.数学地质的方法与应用.北京:冶金工业出版社,1978
袁可能.植物营养元素的土壤化学.北京:科学出版社,1983
张承亮,陈德兰.地球化学样品的分析.北京:地质出版社,1993
张从主编.环境评价教程.北京:中国环境科学出版社,2002
张虎才.元素表生地球化学特征及理论基础.兰州:兰州大学出版社,1997
张立成,余中盛,章申等.水环境化学元素研究.北京:中国环境科学出版社,1996
张炜,王吉易,鄂秀满等.水文地球化学地震预报的原理与方法.北京:教育科学出版社,1988
章申,张立成,田笠卿等.化学元素水环境背景值研究.北京:测绘出版社,1989
章申、唐以剑等.白洋淀区污染控制研究(第一集)——水陆交错带水环境特征与调控机理.北京:科学出版社,1995
章申.化学元素水背景值研究.北京:中国环境科学出版社,1994
赵伦山,张本仁.地球化学.北京:地质出版社,1988
中国环境优先监测研究课题组编.环境优先污染物.北京:中国环境科学出版社,1989
中国科学南京土壤研究所土壤地理研究室.国际土壤分类评述.北京:科学出版社,1988
中国科学院地球化学研究所.高等地球化学.北京:科学出版社,1998
朱炳球,朱元新,史长义等.地热田地球化学勘查.北京:地质出版社,1991
朱有光,蒋敬业.金矿地球化学找矿.武汉:中国地质大学出版社,1993
朱元芳,祖汉民.微量元素化学概论.北京:原子能出版社,1994
Chen Y. Growing Se－rich plant. Proceedings of 95′ International Tea Quanlity－Human Health Symposium, 1995
G. W. Leeper. Managing the Heavy Metals on the Land. Marcel Dekker, Inc. New York and Basel. 1978
H. Aubert, M. Pinta. Trace Elements in Soils. Elsevier Scientific Publishing Commpany. 1977
A. A. 格奥杰基扬编著.油气化探普查方法.哈尔滨:黑龙江科学技术出版社,1989
B. B. 波利卡尔波奇金著,吴传壁,邱郁文译.次生分散晕和分散流.北京:地质出版社,1976年
D. R. 休宁编著,吴传壁等译.地球化学工程学.北京:地质出版社,2002
G. J. S戈维特主编.勘查地球化学手册(二).北京:冶金工业出版社,1986
G. J. S戈维特主编.勘查地球化学手册(三).北京:冶金工业出版社,1988
G. 邦特巴思著,易志新,熊亮萍译.地热学导论.北京:地震出版社,1988

H. A. 施罗德. 微量元素与人. 北京:科学出版社,1979
H. J. 勒斯勒,H. 朗格. 地球化学表. 北京:科学出版社,1985
M. 克维亚特科夫斯基,张国容,邱郁文译. 岩石化学找矿法. 北京:地质出版社,1981
H. H. 金兹堡著,司幼东等译. 地球化学普查法的理论基础. 北京:地质出版社,1960
Q. C 雷斯. 地电化学探矿法. 北京:地质出版社,1986
W. K. 弗来彻. 地球化学勘探中的分析方法. 北京:地质出版社,1987
A. A. беус,C. B. Григорян. Геохимичёские методы поисков и разведок,Москва "недра",1975
B. A. Алексенко,Геохимические методы поисков месторождений полезных ископаемх, Москва "недра",1979
B. Л. Барсуков,C. B. Григорян,Л. H. Овчиников, Геохимические методы поисков месторождений,Москва "недра",1981
B. Л. Барсуков,C. B. Григорян,Л. H. Овчиников, Геохимические методы пойсков рудных месторождений, Москва "недра",1977